低碳生态视觉下的市政工程规划新技术

（第二版）

广东省城乡规划设计研究院
凌 霄 杨高华 等 编著
陈 满 主审

中国建筑工业出版社

图书在版编目（CIP）数据

低碳生态视觉下的市政工程规划新技术/凌霄，杨高华编著．—2版．—北京：中国建筑工业出版社，2019.12
ISBN 978-7-112-24462-1

Ⅰ．①低…　Ⅱ．①凌…②杨…　Ⅲ．①生态环境建设-市政工程-城市规划　Ⅳ．①TU99

中国版本图书馆CIP数据核字（2019）第237881号

本书在总结作者多年丰富的市政工程规划设计实践和研究大量的文献资料基础上，向读者系统介绍了低碳生态视觉下的市政工程规划新技术，主要内容包括：绿色交通、分质供水、源头消纳、黑臭水体治理、能源综合利用、生活垃圾分类、综合管廊、物联网等绿色基础设施。可供市政工程规划建设领域的科研人员、规划设计人员、政府部门和企业管理人员，以及相关专业高等院校师生参考使用。

*　　*　　*

责任编辑：王砾瑶　刘　江
责任校对：姜小莲

低碳生态视觉下的市政工程规划新技术（第二版）
广东省城乡规划设计研究院
凌　霄　杨高华　等　编著
陈　满　主审

*

中国建筑工业出版社出版、发行（北京海淀三里河路9号）
各地新华书店、建筑书店经销
北京鸿文瀚海文化传媒有限公司制版
天津翔远印刷有限公司印刷

*

开本：787×1092毫米　1/16　印张：23¾　字数：590千字
2020年1月第二版　2020年1月第二次印刷
定价：**89.00**元
ISBN 978-7-112-24462-1
（34935）

第二版前言

自2012年出版以来，《低碳生态视觉下的市政工程规划新技术》深受广大读者欢迎，在低碳生态城市建设、绿色基础设施应用等方面发挥了重要的引领和推动作用，成为行业内较早关注城市基础设施工程规划新技术的专著。

随着生态文明思想日益深入人心，人们比以往任何时候都更加关注人居环境的改善和生活质量的提高，开始探索生态优先、绿色发展之路，按照生态文明的核心理念指引城市基础设施的规划、建设和管理。与此同时，国内外先进技术的创新实践和大量标准规范的全面或局部修订，使得城市基础设施建设从规划理念、设计内容到施工方法都发生了重大的变化，在广度、深度和高度方面拓展了城市基础设施规划建设的新内涵。为了满足新时代绿色基础设施规划建设的需要，广东省城乡规划设计研究院组织技术人员开展《低碳生态视觉下的市政工程规划新技术》的修订工作。

《低碳生态视觉下的市政工程规划新技术》（第二版）修订，遵循原有的整体框架结构思路，融入先进的规划设计理念和方法，遴选收录已在工程实践中有应用实例的新技术，调整完善各章节内容。修订后的章节由原来的8章增至9章，新增源头消纳、黑臭水体治理、生活垃圾分类、物联网等热点内容，更新绪论、绿色交通、分质供水、能源综合利用、综合管廊等章节内容，替换低冲击开发、城市水体生态修复、封闭式生活垃圾自动收集等章节，使本书在技术上更为先进、在内容上更为丰富，为市政工程规划建设提供最新和最全的技术指引。

全书由广东省城乡规划设计研究院凌霄、杨高华主编，陈满主审。各章节的编写人员如下：第1章，凌霄，杨高华，黄炀；第2章，陈斌，单双成，雷康，王敏，黄炀，王佳康，张跃文；第3章，陈钟卫，张玲，王南钦，邱诗楷；第4章，黄冕眉，童学强，蒋焦，任立媛，黄炜；第5章，刘家卓，刘青，邓天奇，蒋彧然，刘纬伦；第6章，方百宁，赖传豪，叶震民，李新烘；第7章，何健雄，李敏，禤梓琪；第8章，何明磊，王雪妙，陈维勇；第9章，杨俊峰，吴彤彤，韦唯。

本书在编写过程中得到了广东省城乡规划设计研究院邱衍庆、钱中强、王浩、马向明、熊晓冬等领导的大力支持和指导，在此深表谢意！

限于编者水平，书中不妥之处，敬请读者批评指正。

前　言

随着城镇化进程的推进，大多数城市普遍存在人口增多、水、能源及土地资源紧缺、交通拥堵、城市内涝、环境恶化等问题。面对资源环境约束条件下的城镇化所面临的现实矛盾与未来挑战，建设低碳生态城市既是中国城镇发展的必然趋势，又是未来实现碳减排的主要出路。

低碳生态城市是可持续发展思想在城市发展中的具体化，而市政基础设施作为以政府为主导的公共服务体系和城市建设、运行管理中最基础的组成部分，处于低碳生态城市规划、建设工作的前沿，是低碳生态城市规划建设的重要抓手，是贯彻低碳生态理念的切入点，以达到节约资源、减排污染、优化城市生态环境之目的。

本书在总结作者多年丰富的工程规划经验和研究大量的文献资料基础上，全面系统地阐述了市政工程规划中涉及的低冲击开发、绿色交通、分质供水、城市水体生态修复、新能源利用、封闭式生活垃圾自动收集、综合管沟等关键技术。

全书由广东省城乡规划设计研究院凌霄主编，陈满主审。各章节的编写人员如下：第1章，凌霄；第2章，黄冕眉，徐志标；第3章，林伟强，杨文杰，单双成，雷康；第4章，曾胜庭，文艳；第5章，李敏，刘家卓，蒋彧然；第6章，李新烘，方百宁；第7章，杨高华，陈龙喜，何健雄，徐东川；第8章，何明磊，唐峰。

本书在编写过程中得到了广东省城乡规划设计研究院曾宪川、钱中强、马向明、熊晓冬等领导的大力支持和帮助，在此深表谢意！

限于编者水平，书中不妥之处，请读者批评指正。

目　录

第1章 绪论

1.1 低碳生态城市发展概况

1.1.1 低碳生态城市时代背景

城市是人类政治、经济、文化和社会生活的主要载体。18世纪中叶以来的工业文明在为人类创造极大物质财富的同时，也带来一系列的生态和环境危机。这已经成为城市可持续发展面临的巨大障碍和严峻挑战，以往基于工业文明的传统城市发展模式已难以为继，主张人与自然和谐共处的生态文明已成为全球的共识和时代的主题。

19世纪开始，西方工业化国家出现了一些体现生态的规划理念和实践，如城市美化运动、田园城市理论、芝加哥古典生态学理念、有机疏散理念等，其中霍华德的“田园城市”理念被认为是现代生态城市思想的起源[1]。1971年，联合国教科文组织在“人与生物圈”计划中提出“生态城市”的概念，应用生态学的理念和观点研究城市环境，明确了追求人与人、人与环境高度和谐的生态城市的目标。生态城市概念的提出受到了国际社会的广泛关注并逐渐成为各国城市发展的战略方向。而低碳的概念则是在应全球气候变化、提倡减少人类生产、生活活动中温室气体排放的背景下提出的。一般认为低碳城市是在城市空间内发展低碳经济，优化能源结构，改变生活方式，最大限度地减少城市温室气体的排放。

随着低碳生态理论的不断演进和深化，其示范实践也在世界许多城市广泛展开，遍布世界各大洲。目前，德国、英国、意大利、美国、加拿大、澳大利亚、巴西、阿根廷、南非、新加坡、日本、印度等国家都相继开展了不同规模和类型的示范建设活动，并取得了诸多成功经验。自古以来，我国就遵从“天人合一”的朴素生态理念；20世纪70年代，开始对“生态城市”的相关理论开展研究和实践；进入21世纪后，天津中新生态城、唐山曹妃甸国际生态城、深圳国际低碳城等越来越多的城市投入到低碳生态城市的建设。

党的十八大以来，以习近平同志为核心的党中央，深刻总结人类文明发展规律、自然规律和经济社会发展规律，将生态文明建设纳入中国特色社会主义“五位一体”总体布局，先后提出“建立系统完整的生态文明制度体系”“用严格的法律制度保护生态环境”，确立了“绿色发展”的新理念。十九大报告中指出，“必须树立和践行绿水青山就是金山银山的理念，坚持节约资源和保护环境的基本国策，像对待生命一样对待生态环境，统筹山水林田湖草系统治理，实行最严格的生态环境保护制度，形成绿色发展方式和生活方式，坚定走生产发展、生活富裕、生态良好的文明发展道路，建设美丽中国，为人民创造良好生产生活环境，为全球生态安全做出贡献”。例如，雄安新区作为生态文明建设千年大计的试验田，其规划建设充分融入生态文明理念，体现生态文明建设的历史高度与责任感，为人类文明发展提供中国智慧、中国模式和中国道路。

1.1.2 低碳生态城市内涵

低碳生态城市是可持续发展思想在城市发展中的具体化，是低碳经济发展模式和生态化发展理念在城市发展中的落实。低碳城市即通过零碳和低碳技术研发及其在城市发展中的推广应用，节约和集约利用能源，有效减少碳排放；生态城市是城市生态化发展的结果，即以自然系统和谐、人与自然和谐为基础的社会和谐、经济高效、生态良性循环的人类住区形式，自然、城、人融为有机整体，形成互惠共生结构[2]。低碳生态城市亦可理解为是生态城市实现过程中的初级阶段，是以“减少碳排放”为主要切入点的生态城市类型。它既体现了通过“低碳”手段来减少城市发展对自然生态环境的负面影响力，又体现了创造“人与自然”和谐共生的关系。其在哲学层面主要体现了关系和谐；在功能层面主要体现了流通、共生；在经济层面主要体现了低碳、循环、高效率；在社会层面主要体现了协调发展；在空间层面主要体现了紧凑、复合。

实施低碳生态城市发展战略，就是面向资源环境约束条件下的中国城镇化所面临的现实矛盾与未来挑战，通过明确城市发展的资源消耗和环境影响等目标要求，按照低碳生态城市的理念确定新型城市发展模式，选择一条既符合中国城镇化与经济社会发展趋势需要，又能够在城市发展中有效地逐步降低资源消耗和减少碳排放，使城市发展最大限度地满足、维系良好人居环境的可持续发展城镇化道路的要求。

1.1.3 低碳生态城市类型

低碳生态城市的主要类型可分为四种：一是技术创新型；二是适用宜居型；三是逐步演进型；四是灾后重建改造型[3,4]。

1. 技术创新型生态城市

城市不仅是生产、消费的场所，还是现代技术创新萌发、集合和应用的主要场所。进入工业化时代以来，世界上几乎所有的技术创新成果，或者绝大多数现代科学知识的涌现，基本上都产生于城市。从应对灾难来说，城市不仅是“接纳”或者自我创造各种各样灾难的场所，更重要的是应对这些灾害的主战场。灾难发生于城市里，但人们也确实从这些灾难中接受了教训，掌握了应对的技巧，学到了防灾的知识。城市化就是在不断地克服各种各样的城市灾难中推进，城市本身也是从各种灾难的应对过程中成长进化。创新城市的结构和成长机理，不仅能够挽救城市本身，也许是整个地球。因为全球80%以上的污染物由城市产生，80%的二氧化碳气体排放来自于城市，80%的资源和能源为城市所消耗。城市是应对气候变化的关键，也是解决此类问题的总枢纽。

阿联酋的阿布扎比“零排放”生态城，是“马斯达尔计划”的组成部分（图1-1、图1-2），由英国建筑师诺曼·福斯特设计，已于2008年5月动工，因金融危机建成时间由原定的2016年推迟到2020～2025年，耗资由原来的220亿美元削减至187亿～198亿美元。该生态城提出了零碳、零排放的高端目标；建成后将有6万人口居住；有1500个商铺；城内所有的建筑物基本上都覆盖太阳能薄膜电池；城里没有私人小轿车，采用无人驾驶的轨道电动车，同时使用太阳能空调；设计理念是将多种高端技术在这里集合，使之成为可再生能源应用的“集合性”创新基地。但是，我们也要看到，这类生态城不具有可复制性，也不具有可推广性。没有哪一个发展中国家可轻易拿出近200亿美元来建造一座只有6万人的生态城，也没有多少居民有足够富裕的资本在这样昂贵的城市里生活。

图 1-1 马斯达尔生态城

图 1-2 马斯达尔生态城建筑物

2.适用宜居型生态城市

人类五千年的文明史，始终没有停止过对乌托邦的追求，整部城市史其实就是对乌托邦思想实践、扬弃和修正的历史。但是，应对气候变化这样空前的大敌，人类不仅需要乌托邦式的梦想，更需要具有可操作性、多样化、大众化的实践活动。城市的拯救不能仅依托于未来的技术，更要注重那些现在就可以用来应对气候变化的“实用武器”。因此，在推进城镇化的进程中，我国选择了与英国、新加坡、意大利等国家合作建设生态城，如中英崇明岛东滩生态城、中新天津生态城等（图 1-3、图 1-4）。

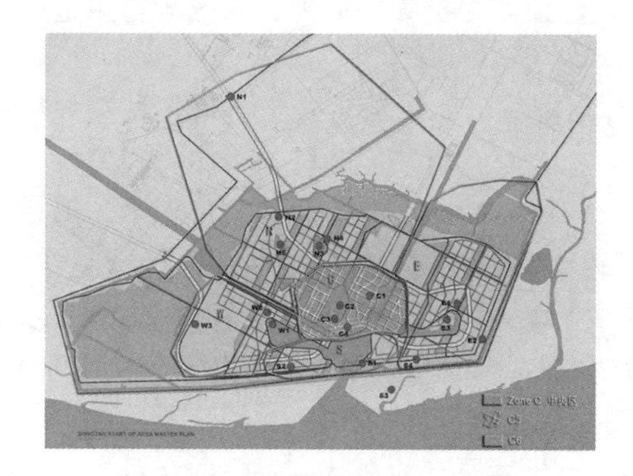

图 1-3 中英崇明岛东滩生态城

图 1-4 中新天津生态城

生态城的人居环境比一般城市更好，二氧化碳排放更低，能源消耗更少，人类居住更适宜。一般来说，人口规模控制在 30 万，建成期 8～10 年；以实用技术而不是高端技术作为技术主体，如太阳能与建筑一体化、水循环利用、风力和生物质发电等；以绿色建筑为建筑主体；以服务业为城市产业主体，可谓是后工业化时代的城市；以步行、自行车、公交等绿色交通为交通主体；以公共交通为导向的土地利用开发模式，即把大运量的公共交通与土地的密集型使用密切组合起来，以获得社会、生态和经济三者效益的均衡；以可复制、可持续和可改进为目标主体。也就是说，适用宜居型的生态城市是低成本的、可复制的、可改进的，城市自身发展是可持续的。

3.逐步演进型生态城市

城市是社会、经济、文化、自然和生态、资源等各种基本元素在一个有限的地理空间内相互交织的网络体系。因此，城市就成了具有自我组织、自动演进的复杂有机体。正如罗伯特·蒙代尔教授所演示的意大利从中世纪的城市到现代化城市进程那样。生态城市的战略能够促使这些“古老的城市”向可持续发展的方向演进，使人们可以把握住城市发展的正确方向，而不让它偏移可持续发展的轨道。

我国正面临城镇化、机动化和市场化相重合的特殊时期，机动化和市场化大大扩大了个人居住点的选择权。先行国家的实践表明，此时城市低密度的蔓延几乎是难以制止的。实施生态城市战略的一项重要功能，就是在我国面临机动化、市场化和城镇化的重合时期，防止出现美国式的过度郊区化。资源、环境的严峻挑战要求我国所有城镇都要朝着生态城镇的方向去努力，首先要在条件比较好的城镇中实行生态城镇的战略。对于那些已经具有良好基础的城市，如已经获得国家园林城市、国家环保模范城市，或者获得中国人居环境奖等称号的城市，他们有能力，也有责任主动地向生态城镇演进。这类城市，应要求其产业转型与生态化改造同步进行。从发展阶段上看，这些城市应着眼于产业结构转型，力争率先步入后工业时代；城市的领导和市民群众具有较好的生态意识，因为他们始终是生态城镇建设的主体；城市生态化改造的目标和措施明确而扎实；能够及时安排生态城项目建设，有效地解决城市本身面临的污染、缺水、耗能和地质灾害等问题。

4.灾后重建改造型生态城市

实现城镇的可持续发展要非常注重把握重建和发展的机遇。因为危机意味着危难本身也是机遇，所以每一个城镇领导人都要学会在克服这些危难中把握发展机遇。生态化重建改造，能够使受灾城镇改变原先的演进轨道，跳跃性地获得抗灾害能力、系统的自主适应性和发展的可持续性。

从四川省“5·12”汶川地震灾后重建的实际情况来看，灾后重建生态城，城镇规模以中小型为主（2万～10万人），而且这些城镇从诞生的时刻起，都与自然环境有较好地融合。从震前影像图中可以看出（图1-5、图1-6），这些城镇在漫长的演进过程中，形成了多组团、分割式的空间格局，与自然山水联系较为密切。灾后重建要与原来的“三线”工业企业搬迁相结合，城镇产业结构转型与城镇灾后重建同步进行。从某种意义上来说，大灾之后这些城镇的环境生态足迹是减少的。虽然有一些人口死亡，一些企业迁移了，但并不是说城镇要搬迁。国内外地震以后城镇重建的历史经验教训表明，在原址重建的，一般都可以利用原有的基础设施、当地文化习俗，可以延续原有的文脉，人民群众对当地的

图1-5　汶川县震前影像图

图1-6　北川县震前影像图

地理特征比较熟悉，重建工作较为成功（图1-7）。因此，一般来说，不应该做长距离、大规模的异地重建。当面临现代工程技术无法克服的地质灾难等特殊情况时，可以考虑将极个别的城镇做局部的迁移（图1-8）。

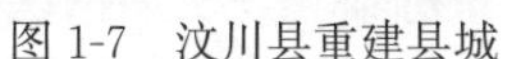

图1-7 汶川县重建县城

图1-8 北川县重建县城

灾后重建对城镇基础设施的优化升级，是不可多得的机遇。一旦把这些基础设施确定为生态型的基础设施、抗震型的生命线工程，那这个城镇的抗灾保障能力就可以有飞跃性的提高；国家财政与对口支援城市的投资力度也非常大，每一座城镇几乎都可以得到相当于原来投资的历史总和的外部投资，能够短时间内完成整个城镇基础设施的升级改造式重建，从而有条件地实现城镇服务功能质的飞跃。与此同时，灾后重建可以快速地推广、应用国内外先进、适用的生态和抗震的技术。

1.2 绿色基础设施规划建设关键技术

绿色基础设施是建设低碳生态城市的重要保证，是城市发展的基础，是保障城市可持续发展的关键性设施，主要由交通、水务、能源、环卫、智慧等各项工程系统构成。从碳排放角度来看，联系最紧密的首当其冲是交通和能源，交通方式、能源结构及其运行效率将直接对碳排放产生巨大影响；联系比较密切的还有水务系统和环卫系统，水务系统可通过节水降低输送及处理能耗，以及通过水环境的改善达到优化生态体系的作用；环卫系统通过资源再生循环利用可减少产品制造过程的能耗；其他行业即使联系不够密切，但其用能和用材的节约对减碳也都能够产生贡献。伴随着城市功能的运转，碳排放的产生无所不在。

绿色基础设施作为以政府为主导的公共服务体系，作为城市建设及运行管理最基础的组成部分，处于低碳城市建设工作的最前沿，最容易贯彻低碳生态理念从而形成示范效应。因此，绿色基础设施应率先调整规划思路，在保证功能的前提下充分落实低碳生态理念，节约资源，减排污染，优化城市生态环境，成为低碳生态城市建设的主力军[5,6]。

1.2.1 低碳生态城市规划建设要求

第一，在环境与碳排放问题上，要求通过采用创新、覆盖全城镇范围的可再生能源系统，全面实施可再生能源的利用，将家庭、学校、商店、办公室和社区设施全部纳入系统中，实现全面的低碳排放控制。包括街道、公共场所，所有建筑必须是绿色建筑或高性能节能建筑，所有的公园或公共空间都应进行高水平的城市设计，而且必须满足节能减排的要求。这些设计和控制内容必须纳入生态城镇社区远期规划管治的范畴，能够长期监控和指导生态城镇的发展和建设。

第二，在交通问题上，要求编制覆盖整个地区的交通规划，将提高步行、骑车和使用公共交通出行的比例作为生态城镇的整体发展目标，至少减少50%的小汽车出行。为实现这个目标，每个住宅的规划和区位设置的标准具体规定为：10min以内的步行距离，能够抵达发车间距较密的公共交通或地铁车站；设置邻里社区服务设施，包括卫生健康、社区中心、小商店等。在生态城镇各种设施的整体布局规划上，不能出现依赖小汽车的规划模式和空间布局。

第三，在住宅问题上，要求目前应首先依据65%以上建筑节能标准进行建筑设计与施工；要求在房屋内配置实时的能源监控系统、实时的通信、高速度的宽带。在建筑材料上必须体现高标准的节能性。例如，通过综合节能，在当地产生低碳或零碳排放的能源；通过开发和使用过程中低碳和零碳排放的供暖系统和供热计量等措施，实现在现有建筑标准基础上再至少降低70%的碳排放。

第四，在就业问题上，要求生态城镇内部应当实现混合的商务和居住功能，尽可能减少非可持续、钟摆式的通勤出行的生成。同时，还要求保证每一个新的住宅与就业岗位有良好的可持续的交通联系，能够便利地通过步行、骑车或使用公共交通实现工作的出行。

第五，在服务设施上，要求建设可持续的社区，提供对居民实现富裕、健康和愉快的美好生活有所帮助的设施。这些设施必须是高标准和高质量的，并与城市的发展规模相匹配。例如，娱乐、健康和社会护理、教育、零售、艺术与文化、图书馆、体育和游玩以及与社区志愿者相关的设施等。

第六，在绿色基础设施上，要求生态城镇绿化空间不低于总面积的40%，且其中至少有50%是公共的、管理良好的、高质量的绿色开放空间网络。绿色空间要求具有多功能和多样化，例如，可以是社区绿地、湿地、城镇广场等，可以用于游玩和娱乐，可以安全地步行和骑车，能够提供休憩健身功能，可以是城市纳凉之处，也可以是雨水蓄积与排散之地。

第七，在水资源问题上，要求生态城镇在节水方面需具备更为长远和实效的目标，特别是在那些严重缺水的地区。具体要求包括：开发建设应当在考虑未来发展的同时解决和改善供水的质量；明确水循环战略；要求生态城镇的开发建设不会对地表和地下水造成冲击，不会恶化水源质量；要求生态城镇必须实施“可持续的排水系统”。

第八，在废弃物处理问题上，要求市政垃圾的处理程度和回收水平达到100%；所有的开发建设应当通过规划设计实现既定的目标；在处理本地区的垃圾废弃物时，应当考虑如何将其作为燃料，获取生态城镇的热能和电能资源。

1.2.2 绿色基础设施规划建设关键技术

在低碳生态城市的规划建设过程中，绿色交通、分质供水、源头消纳（低影响开发）、黑臭水体治理、能源综合利用、生活垃圾分类、城市地下空间开发（综合管廊），以及城市物联网基础设施等核心技术，是支撑低碳生态城市建设的重要有生力量。

1. 绿色交通

绿色交通是在客货运输中，按人均或单位货物计算，占用城市交通资源和消耗的能源较少，且污染物和温室气体排放水平较低的交通活动或交通方式，如采用步行、自行车、集约型公共交通等方式的出行。绿色交通体系主要包括绿道、碧道、古驿道、步行、自行车、常规公共交通、快速公共交通以及轨道交通等系统，其本质是建立维持城市可持续发展的交通体系，以满足人们的交通需求，以最少的社会成本实现最大的交通效率。

2.分质供水

分质供水作为一种城市供水方式，是人类利用水资源模式的变革。分质供水只有起到水资源配置的作用，才有长久的生命力，也是各国长期研究、探索、试验、总结分质供水各种可能的动力所在，其特点是根据用户对用水水质的不同需求，建立两个或两个以上的供水系统，分别供应符合不同水质标准的用水，每个系统又包括多个环节的工程措施。在不同水质供水系统中，饮用水系统作为城市主体供水系统，非饮用水系统作为主体供水系统的补充，非饮用水系统通常是局部或区域性的，是有效配置各种水资源的供水模式。

3.源头消纳

源头消纳是采取接近自然系统的生态技术，以低影响开发技术为载体，通过分散的、小规模的源头控制机制和设计技术，以达到控制雨水径流、减少径流污染的目的，尽量降低城市发展对环境的影响。作为海绵城市建设中的源头治理阶段，源头消纳是解决城市洪涝灾害和生态环境问题的有效途径。

4.黑臭水体治理

黑臭水体是城市建成区内，呈现令人不悦的颜色和（或）散发令人不适气味的水体的统称。针对黑臭水体治理，采取“十六字方针”技术路线，即控源截污、内源治理、生态修复、活水保质。通过整治城市黑臭水体，可以实现河道清洁、河水清澈、河岸美丽，对于促进城市生态文明建设和城市品质提升具有重要的意义。

5.能源综合利用

能源是可以直接或经转换提供人类所需的光、热、动力等任一形式能量的载能体资源，主要包括煤炭、石油、天然气、水能、核裂变能等常规能源，以及太阳能、风能、生物质能等新能源。通过创新技术，创新管理体制和创新市场模式的方法，打破技术、体制和市场壁垒，构建能源综合利用系统，提高能源利用效率、实现能源互补，以及从整体上解决能源需求问题。

6.生活垃圾分类

实行垃圾分类，关系广大人民群众生活环境，关系节约使用资源，也是社会文明水平的一个重要体现。推行垃圾分类，关键是要加强科学管理、形成长效机制、推动习惯养成。要加强引导、因地制宜、持续推进，把工作做细做实，持之以恒抓下去。要开展广泛的教育引导工作，让广大人民群众认识到实行垃圾分类的重要性和必要性，通过有效的督促引导，让更多人行动起来，培养垃圾分类的好习惯，全社会人人动手，一起来为改善生活环境作努力，一起来为绿色发展、可持续发展做贡献。

7.城市地下空间开发（综合管廊）

城市地下空间是城市规划区内地表以下的空间，涵盖轨道交通、道路交通、人防工程、商业街、停车场和综合管廊等多种地下建（构）筑物，是解决城市有限土地资源和改善城市生态环境的有效途径。综合管廊是城市规划建设的一部分，也是城市管线综合、地下空间开发利用的重要内容。

8. 城市物联网基础设施

作为智慧城市建设的基础设施，物联网是通过射频识别、传感器、全球定位系统等信息传感设备，按约定的协议，把任何物品与互联网连接起来，进行信息交换和通信，以实现智能化识别、定位、跟踪、监控和管理的一种网络。

1.2.3 推广绿色基础设施的重要意义

1. 为应对全球气候变化和推进生态文明建设提供探索窗口

低碳生态城市是以低能耗、低污染、低排放为标志的节能、环保型城市，是一种在生态环境综合平衡制约下全新的城市发展模式。城市作为温室气体的主要排放源，其发展模式和运行机制将直接影响城市二氧化碳减排目标的实现。因此，探索低碳生态城市建设技术，是当前城市可持续发展和生态文明建设的迫切需要，对积极应对气候变化、促进城市可持续发展具有重要的现实意义。

2. 为新时期城镇化发展模式转型提供技术支撑

资源能源、环境容量和土地空间是城镇化发展的主要制约因素。今后，城镇化发展仍将保持较快速度，人地矛盾和资源环境压力必将进一步加剧。因此，在城镇化发展的重要阶段，积极探索有利于资源循环利用、节能减排、土地集约节约的城市建设模式，总结推广低碳生态技术和管理经验，为走出一条新型城镇化道路提供技术支撑，这是非常迫切的。

3. 为实现城市节能减排目标提供重要抓手

面对日趋强化的资源环境约束，必须树立低碳生态发展理念，以节能减排为重点，大力降低能源消耗、调整能源结构、减少污染排放、发展低碳经济和循环经济，从而得以长久地实现节能减排的目标，同时推动低碳生态技术相关产业的发展。

参考文献

[1] 黄肇义，杨东援. 国内外生态城市理念研究综述 [J]. 城市规划，2001，25 (01)：59-66.
[2] 李迅. 低碳生态引领城市发展新方向 [J]. 环境保护与循环经济，2010 (06)：4-6.
[3] 仇保兴. 灾后重建生态城市纲要 [J]. 城市发展研究，2008，15 (03)：1-7.
[4] 仇保兴. 从绿色建筑到低碳生态城 [J]. 城市发展研究，2009，16 (07)：1-11.
[5] 徐彦峰. 基于低碳生态理念的市政基础设施规划思路 [C]. 中国城市规划学会. 规划创新：2010 中国城市规划年会论文集. 重庆：重庆出版社，2010.
[6] 仇保兴. 我国低碳生态城市发展的总体思路 [J]. 建设科技，2009 (15)：15-17.

第 2 章　绿色交通

2.1　绿色交通技术概况及推广现实意义

2.1.1　绿色交通含义

绿色交通（Green Transport）的概念于 20 世纪 90 年代被提出，广义上是指采用低污染、适合城市环境的运输工具来完成社会经济活动的一种交通系统。狭义上是指为节省建设维护费用而建立起来的低污染、有利于城市环境多元化的协调的交通运输系统。从交通方式看，绿色交通体系包括步行交通、自行车交通、常规公共交通、快速公共交通和轨道交通等。从交通工具看，绿色交通工具包括自行车、各种低污染车辆如电动汽车、氢动力汽车、太阳能汽车、混合动力汽车等，以及各种电气化交通工具如无轨电车、有轨电车、轻轨、地铁等[1]。2003 年，建设部、公安部首次明确了中国绿色交通的内涵是适应人居环境发展趋势的城市交通系统，旨在建设方便、安全、高效率、低公害、景观优美、有利于生态和环境保护的、以公共交通为主导的多元化城市交通系统。

2018 年 9 月，《城市综合交通体系规划标准》（GB/T 51328—2018）明确：绿色交通是指在客货运输中，按人均或单位货物计算，占用城市交通资源和消耗的能源较少，且污染物和温室气体排放水平较低的交通活动或交通方式，如采用步行、自行车、集约型公共交通等方式的出行[2]。

绿色交通的特点主要有五个方面：第一，绿色性。它强调的是城市交通的“绿色性”，即减轻交通拥挤、减少环境污染、促进社会公平和合理利用资源。第二，可持续性。其本质是建立维持城市可持续发展的交通体系，以满足人们的交通需求，以最少的社会成本实现最大的交通效率。它与解决环境污染、促进交通可持续性发展的概念一脉相承。第三，以人为本。绿色交通强调以人为本的规划理念，考虑人的出行需求，主要目的是使人们能快速、安全、舒适地到达目的地。第四，颠覆性。它是道路运输系统的革命。以往的道路运输体系是以机动车辆为优先，通过机动车来加快人和货物的运输效率和速度，这样带来的后果是交通环境的持续恶化，能源的加剧损耗。绿色交通是以步行为优先，接着是自行车，再次为公共交通，这样就限制了机动车数量的高速增长。第五，和谐性。它增强了人们出行的意愿，增大了公共空间的使用范围。环境优美的步行和自行车交通网络，便捷的自行车租赁点，更广阔的公共活动空间带给了人们休闲出行的意愿，人们更愿意出去走走看看，亲近大自然，通过更多地参与公共社交活动，增进彼此间的感情交流，人与人之间以及人与大自然之间的关系更加和谐。

2.1.2　政策演变和探索创新

1. 国家政策演变

近几年，我国的绿色交通事业从中央到地方都得到了空前的关注和长足的发展，国家相继出台一系列政策措施（表 2-1），使得相关设施的规划建设、服务水平等有了较大提升。2015 年 12 月，时隔 37 年之后中央再次召开城市工作会议，并在 2016 年 2 月发布《中共中央国务院关于进一步加强城市规划建设管理工作的若干意见》，明确提出“认识、尊重、顺应城市发展规律”“优先发展公共交通……统筹公共汽车、轻轨、地铁等多种类型公共交通协调发展”“加强自行车道和步行道系统建设，倡导绿色出行”等要求，在国家层面明确提出了绿色交通体系发展的总体目标和思路。党的十九大报告明确指出“建设生态文明是中华民族永续发展的千年大计”，对新时代加快生态文明体制改革、建设美丽中国做出全面部署，要求推进绿色发展、着力解决突出环境问题、加大生态系统保护力度、改革生态环境监管体制等 4 大任务，并对交通强国、绿色出行、污染防治攻坚战、国土绿化行动、构建生态廊道等进行了明确部署，其中绿色交通已经成为交通强国的重要特征和内在要求。

国家推进绿色交通发展主要政策措施　　表 2-1

序号	时间	事件	内容
1	2003 年	建设部、公安部《创建“绿色交通示范城市”活动》	坚持“以人为本”的原则引导发展绿色交通
2	2004 年	建设部、国家发展和改革委员会、科学技术部、公安部、财政部、国土资源部《关于优先发展城市公共交通的意见》	明确了城市公共交通的公益性地位，优先发展城市公共交通
3	2006 年	建设部、国家发展和改革委员会、财政部、劳动和社会保障部《关于优先发展城市公共交通若干经济政策的意见》	对公共交通行业进行财政补贴
4	2006 年	交通运输部《公路水路交通“十一五”发展规划》	强调公路水路交通发展必须坚持“以人为本”“可持续发展原则”
5	2007 年	建设部“中国城市公共交通周暨无车日”活动	核心主题是“绿色交通与健康”
6	2009 年	住房城乡建设部“中国城市无车日”活动	活动主题为“健康环保的步行和自行车交通”，大力倡导绿色交通
7	2011 年	交通运输部《关于开展国家公交都市建设示范工程相关事项的通知》	开展国家“公交都市”建设示范工程
8	2011 年	交通运输部《交通运输“十二五”发展规划》	构建绿色交通运输体系
9	2012 年	《国务院关于城市优先发展公共交通的指导意见》	城市交通要坚持“绿色发展”的原则
10	2012 年	《住房城乡建设部、发展改革委、财政部关于加强城市步行和自行车交通系统建设的指导意见》	应加强自行车道建设、保障自行车的基本路权、加大政策支持力度、保障资金投入、加强宣传和监督管理
11	2013 年	《交通运输部办公厅关于加强交通运输标准化工作的意见》	首次提出“组织开展绿色交通标准体系研究工作”

续表

序号	时间	事件	内容
12	2013年	《住房城乡建设部关于开展城市步行和自行车交通系统示范项目工作的通知》	加强城市道路交通基础设施建设，推动低成本、高效率、低环境影响的交通系统建设，鼓励和支持绿色出行方式，建设系统完善、环境友好的步行和自行车交通系统，促进城市绿色交通发展
13	2013年	住房城乡建设部《城市步行和自行车交通系统规划设计导则》	指导各城市步行和自行车交通系统的发展，促进城市交通发展方式的转变和人居环境的改善
14	2013年	财政部、科技部、工业和信息化部、发展改革委四部委启动新能源汽车推广示范城市建设工作	通过财政补贴形式，开展新能源汽车推广
15	2014年	《国务院办公厅关于印发2014—2015年节能减排低碳发展行动方案的通知》	加快推进绿色交通发展，确保实现国家和行业提出的公路水路交通运输节能减排"十二五"规划目标
16	2014年	中共中央、国务院《国家新型城镇化规划(2014—2020年)》	"将公共交通放在城市交通发展的首要位置，加快构建以公共交通为主体的城市机动化出行系统""合理控制机动车保有量，加快新能源汽车推广应用，改善步行、自行车出行条件，倡导绿色出行"
17	2015年	《交通运输部关于全面深化交通运输改革的意见》	完善绿色交通体制机制，研究制定绿色交通发展框架和评价指标体系
18	2016年	《中共中央、国务院关于进一步加强城市规划建设管理工作的若干意见》	"认识、尊重、顺应城市发展规律""树立'窄马路、密路网'的城市道路布局理念""优先发展公共交通……统筹公共汽车、轻轨、地铁等多种类型公共交通协调发展""加强自行车道和步行道系统建设，倡导绿色出行"，国家层面明确提出了绿色交通体系发展的总体目标和思路
19	2016年	交通运输部《绿色交通标准体系(2016)》	确定了绿色交通标准制修订发展方向，明确发布"绿色交通标准体系"的工作任务
20	2016年	住房城乡建设部《绿道规划设计导则》	指导各地科学规划、设计绿道，提高绿道建设水平，发挥绿道综合功能
21	2016年	交通运输部《交通运输节能环保"十三五"发展规划》	把绿色发展理念融入交通运输发展的各方面和全过程，加快建成绿色交通运输体系
22	2016年	《交通运输部等10部门关于鼓励和规范互联网租赁自行车发展的指导意见》	明确了共享单车是城市绿色交通系统的组成部分，实施鼓励发展政策
23	2017年	《交通运输部关于全面深入推进绿色交通发展的意见》	在重点领域和关键环节集中发力，推动形成绿色发展方式和生活方式

续表

序号	时间	事件	内容
24	2018年	中华全国总工会、交通运输部、公安部、国管局组织开展2018年绿色出行宣传月和公交出行宣传周活动	开展创建节约型机关、绿色家庭、绿色学校、绿色社区和绿色出行，倡导绿色、安全、文明出行
25	2019年	交通运输部、中国科学技术协会、中国工程院主办“智能绿色引领未来交通”2019世界交通运输大会	涵盖智慧交通、车路协同自动驾驶、物联网、绿色出行、交通绿色材料等方面的新技术、新产品和新业态，展现了绿色交通未来的发展方向
26	2019年	交通运输部《数字交通发展规划纲要》	加快交通运输信息化向数字化、网络化、智能化发展，进一步指明绿色交通未来发展方向

2. 地方创新实践——广东“三道”（绿道、碧道和古驿道）

为了积极响应党中央生态文明建设的号召，深入贯彻落实中央文件精神，广东省率先在国内开展了以“三道（绿道、碧道和古驿道）”为核心的一系列绿色交通探索和创新实践（表2-2）。特别是，在慢行交通系统建设领域，广东省走在了全国前列。

2003年，在借鉴国外先进经验和结合本地发展实际的基础上，广东省首先推出《区域绿地规划指引》，并逐步形成了在生态廊道引入步行道或自行车道供公众使用的“绿道”概念[3]。2009年，“珠三角绿道网”建设是国内第一次大规模的绿道实践[4]；《珠三角区域绿道（省立）规划设计技术指引》是我国第一个有关绿道规划设计的技术指引。作为国内绿道建设的先行者，广东省绿道建设的成功探索和创新实践为我国绿道网建设提供了丰富的经验和做法。2016年，住房城乡建设部在总结提炼全国各地规划建设经验的基础上组织编制和颁布《绿道规划设计导则》[5]，标志着绿道完成了在中国的落地生根。

在多年的绿道实践过程中，广东省与实际相结合进行理论创新，将绿道与历史文化线路相结合，赋予绿道新的内涵[6]：以古驿道为纽带，整合串联历史文化资源、自然资源，对古驿道进行活化、保护，开展升级版绿道——“南粤古驿道”建设[7]，让区域绿道在内容上得到极大的充实。2017年、2018年先后制定《广东省南粤古驿道线路保护与利用总体规划》和《南粤古驿道保护与修复指引》等政策文件，用以指导南粤古驿道保护、开发和利用。

为进一步推动绿色交通的发展，广东省根据珠三角地区河网密布、水道交错，拥有大量自然保护区的特点，创造性地提出共享河流治理成果，合理利用以江河湖库水域及岸边带为载体的公共开敞空间，建设升级版滨水绿道——“碧道”系统[8]。2019年6月，根据《广东省河长制办公室关于开展万里碧道建设试点工作的通知》（粤河长办函〔2018〕195号）要求及各地申报情况，广东省河长制办公室会同技术咨询单位通过深入调研和综合比选，并经省级河长专题会议研究，确定1个大湾区“碧道”和10个粤东粤西粤北地区“碧道”共11个碧道工程为省级试点，同时发布了《广东万里碧道试点建设指引（暂行）》等技术支撑文件，明确了“碧道”建设要求，指明了“碧道”系统发展方向。2019年7月，广东省河长制办公室组织召开广东万里“碧道”建设总体规划纲要咨询会，就广东万里“碧道”建设建言献策。

广东省“三道”（绿道、碧道和古驿道）的探索和创新实践，通过打造功能多样、特色鲜明的魅力慢行系统，提升绿色交通的吸引力和沿线的资源价值，推动文化、体育、旅游、农业等生态产业体系的绿色要素融合，带动乡村振兴发展，做好美丽山水大文章，实现生态效益、社会效益和经济效益的有机统一，切实践行“绿水青山就是金山银山”的生态文明发展理念，成为广东当好“两个重要窗口”和展现习近平生态文明思想的重要载体。

广东“三道”（绿道、碧道和古驿道）创新实践 **表2-2**

序号	时间	事件	内容
1	2003年	广东省建设厅《区域绿地规划指引》	指导环城绿带建设，奠定绿道系统建设基础
2	2010年	广东省住房和城乡建设厅《珠三角区域绿道（省立）规划设计技术指引（试行）》	按照“统一规划，设定标准，分市建设，限期建成，以人为本，各显其能”原则，推进珠三角绿道网的规划建设
3	2010年	广东省住房和城乡建设厅《关于严格按照绿道内涵和功能推进绿道建设的工作意见》	进一步提高对绿道内涵和功能的认识，全面准确地把握绿道建设的重点
4	2010年	广东省住房和城乡建设厅《珠江三角洲绿道网总体规划纲要》	明确绿道网发展目标、战略导向与总体框架；从实施层面明确技术标准、设施布局、实施政策和保障机制
5	2010年	广东省住房和城乡建设厅《绿道连接线建设及绿道与道路交叉路段建设技术指引》	系统指导珠三角省立绿道连接线、绿道与道路交叉口的规划建设工作
6	2011年	广东省住房和城乡建设厅《广东省绿道控制区划定与管制工作指引》	划定广东省省立绿道和城市绿道控制区、社区绿道控制区，并提出管制要求
7	2011年	广东省住房和城乡建设厅《广东省省立绿道建设指引》	确保绿道建设符合生态、经济、安全、适用等要求，为省立绿道建设提供基本参考标准
8	2011年	广东省住房和城乡建设厅《广东省城市绿道规划设计指引》	为全省城市绿道规划编制工作提供指引，与省立绿道有机衔接，共同构建连续、完整的绿道网络
9	2013年	广东省住房和城乡建设厅《广东省绿道网“公共目的地”规划建设指引》	指导广东省绿道网与“公共目的地”的规划设计和建设实施工作
10	2013年	广东省人民政府《广东省绿道建设管理规定》	为绿道规划、建设、管理和开发利用提供总体指导
11	2013年	《广东省人民政府关于城市优先发展公共交通的实施意见》	大力发展低碳、高效、大容量的城市公共交通系统，加快新技术、新能源、新装备的推广应用
12	2017年	广东省住房和城乡建设厅、广东省文化厅、广东省体育局、广东省旅游局《广东省南粤古驿道线路保护与利用总体规划》	依托历史古迹建设升级版绿道，分阶段提出建设任务，进行合理保护与利用
13	2018年	广东省住房和城乡建设厅、广东省文化厅《南粤古驿道保护与修复指引（2018年修编）》	提出古驿道保护原则、修复要求、做法，是全省古驿道保护与修复的基本参考标准
14	2019年	《广东省河长制办公室关于开展万里碧道建设试点工作的通知》	确定1个大湾区碧道和10个粤东粤西粤北地区碧道共11个（“1+10”）碧道工程为省级试点
15	2019年	广东省河长制办公室《广东万里碧道试点建设指引（暂行）》	提出碧道概念，以水为主线，统筹生态要素，推进绿道系统升级，指明了碧道系统发展方向

2.1.3 绿色交通体系构成

绿色交通是为了实现缓解交通拥堵、降低环境污染、促进社会公平、节省建设维护费用等目标而发展的低污染、有利于城市环境的多元化城市交通运输体系，主要包括：绿道、碧道、古驿道、步行交通、自行车交通、常规公共交通、快速公共交通和城市轨道交通等系统。

1. 绿道系统

绿道是引自欧美发达国家的先进理念，查尔斯·E·利特尔（Charles Little）在其经典著作《美国绿道》（Greenway for American）中所下的定义：绿道就是沿着诸如河滨、溪谷、山脊线等自然走廊，或是沿着诸如用做游憩活动的废弃铁路线、沟渠、风景道路等人工走廊所建立的线型开敞空间，包括所有可供行人和骑车者进入的自然景观线路和人工景观线路。它是连接公园、自然保护区、风景名胜区、历史古迹，以及其他与高密度聚居区之间进行连接的开敞空间纽带。

（1）绿道系统分级

绿道系统可分为区域绿道、城市绿道和社区绿道三级。区域绿道是指连接城市与城市，对区域生态环境保护和生态支撑体系建设具有重要影响的绿道；城市绿道是指连接城市重要功能组团，对城市生态系统建设具有重要意义的绿道；社区绿道是指连接社区公园、小游园和街头绿地，主要为附近社区居民服务的绿道。

（2）绿道类型及系统构成

根据绿道不同功能，可分为三大类型：生态型、郊野型、都市型。生态型绿道主要位于乡村地区，以保护大地生态环境和生物多样性、欣赏自然景致为主要目的。郊野型绿道主要位于城郊地区，以加强城乡生态联系、方便城市居民前往郊野公园休闲娱乐为主要目的。都市型绿道主要分布在城区，以改善人居环境、方便城市居民进行户外活动为主要目的。绿道系统整体由绿廊系统、慢行系统、交通衔接系统、服务设施系统、标识系统等五大系统构成[9]，涵盖十六个基本要素（表 2-3）。

绿道建设基本要素 **表 2-3**

系统代码	系统名称	基本要素	备注
1	绿廊系统	绿化保护带	—
		绿化隔离带	—
2	慢行系统	步行道	根据实际情况选择
		自行车道	
		综合慢行道	
3	交通衔接系统	衔接设施	包括桥梁、码头等
		停车设施	包括公共停车场、公交站点、出租车停靠点等
4	服务设施系统	管理设施	包括管理中心、游客服务中心等
		商业服务设施	包括售卖点、自行车租赁点、饮食点等
		游憩设施	包括文体活动场地、休憩点等
		科普教育设施	包括科普宣教设施、解说设施、展示设施等
		安全保障设施	包括治安消防点、医疗急救点、安全防护和监控设施、无障碍设施等
		环境卫生设施	包括公厕、垃圾箱、污水收集、排污或简易处理等设施

续表

系统代码	系统名称	基本要素	备注
5	标识系统	信息墙	—
		信息条	
		信息块	

注：引自广东省住房和城乡建设厅. 广东省省立绿道建设指引. 2011。

(3) 绿道设置条件

绿道一般围绕环境优美的山体、水体、绿地、公园、湖泊进行设置，形成滨水绿道、登山绿道、公园广场绿道、郊野绿道等。

2. 碧道系统

碧道是以水为主线，统筹山水林田湖草各种生态要素，兼顾生态、安全、文化、景观、经济等功能，通过系统思维共建共治，优化生态、生产、生活空间格局，打造“清水绿岸、鱼翔浅底、水草丰美、白鹭成群”的生态廊道，是“升级版的绿道”。绿道推动的是生态保护与人的享用相结合，碧道则是在绿道的基础上，将水的治理跟人的享用相结合，通过碧道建设使治水成果人人共享。碧道系统各部分建设范围如图 2-1 所示。

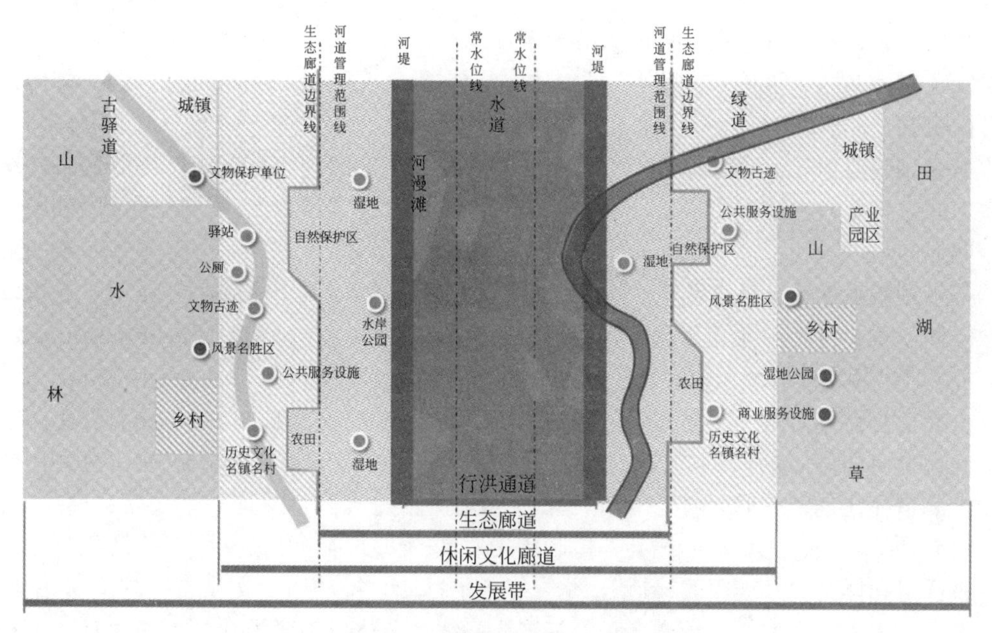

图 2-1　碧道建设范围示意图

注：引自广东省河长制办公室. 广东万里碧道试点建设指引（暂行）. 2019

根据不同类型滨水区所处区位和环境风貌特征，碧道可分为自然生态型、乡村型、城镇型、都市型四种类型（图 2-2）[8]。

自然生态型碧道依托生态环境敏感性较高的河湖水系而建，河湖水系两侧主要为自然保护地、风景名胜区等，或为陡峭的山体，空间比较狭窄，难以开展游憩系统建设，但具有一定的景观、科普、水上游览价值的公共开敞空间。以保护生态为前提，通过修整土质人行通道等生态措施，适当构建人与自然和谐共生的游憩系统。

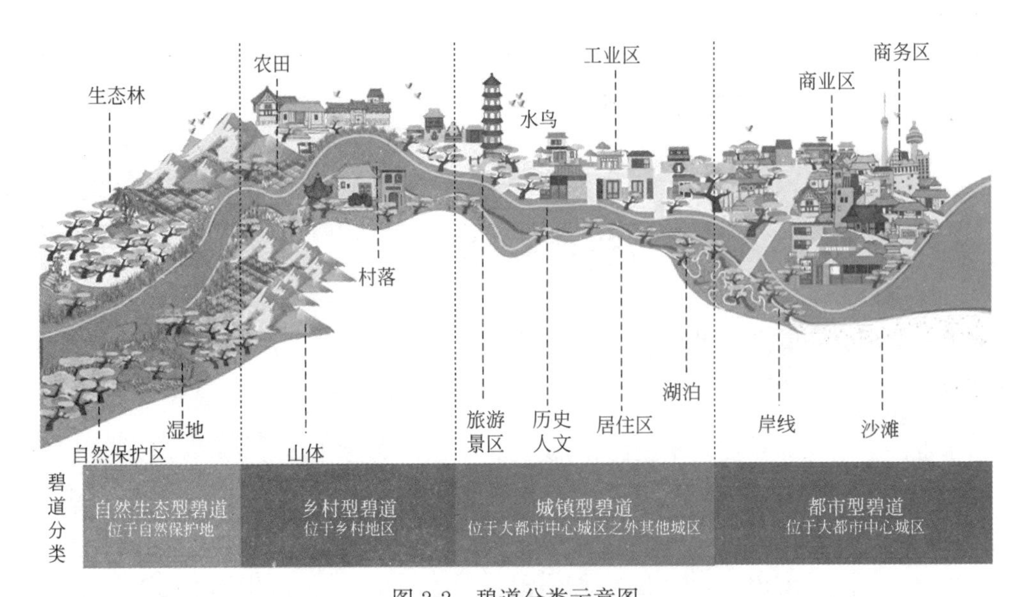

图 2-2 碧道分类示意图

注：引自广东省河长制办公室.广东万里碧道试点建设指引（暂行）.2019

乡村型碧道依托流经农村居民点的河湖水系而建，串联起乡村居民点、周边农田、山林等绿色开敞空间、重要人文节点，为人民群众提供农业灌溉、亲水游憩、健身休闲的公共开敞空间。

城镇型碧道依托流经大都市中心城区之外其他城区的河湖水系而建，串联起各类绿色开敞空间，重要自然、人文、功能节点等，为人民群众提供亲水游憩、健身休闲的公共开敞空间。

都市型碧道依托流经大都市中心城区的河湖水系，串联城市重要功能组团、各类绿色开敞空间、重要自然与人文节点等，为都市居民提供康体、休闲、游憩等滨水场所。

3. 古驿道系统

古驿道是指古代用于传递文书、运输物资、人员往来的通路，包括水路和陆路，官道和民间古道，如著名的丝绸之路，古代的湖广驿道、杭徽驿道、青蒿驿道、梅关古驿道等。古驿道往往是某一地区对外经济往来、文化交流的通道，既是军事之路、商旅之路，也是民族迁徙、融合之路，体现某一地区历史发展的重要缩影和文化脉络的延续。

古驿道同样是“升级版的绿道”，是在绿道的基础上推动历史文化与人的享用相结合，通过古道、步道、绿道、风景道、水道等多元的线性载体，串联沿线的古驿道遗存、历史文化城镇村、文物古迹以及自然景观资源等节点，挖掘和展示非物质文化遗产，为公众创造满足现代生活需求的线性文化空间[7]。

4. 步行交通系统

（1）步行交通系统组成

人们的日常生活离不开步行，步行交通是出行方式中非常重要的部分，构筑环境优美、功能完善的步行系统是提高人们步行意愿，增强人们体质，增进人们之间的情感交流，降低能源消耗，保护生活环境的重要城市交通设施。

步行交通系统是由城市道路人行道、小区步行专用道、滨河步道（图 2-3）、登山步行道等步行子系统构成的步行交通网络。滨河步道、登山步道等经过多年理论发展及建设实践，根据其所处地域环境及功能定位不同，逐步演化出“绿道”“碧道”“古驿道”等各具特色的慢行道系统。在绿色交通系统等级中，步行处于最高级别（图 2-4）。

图 2-3　环境优美的步行道

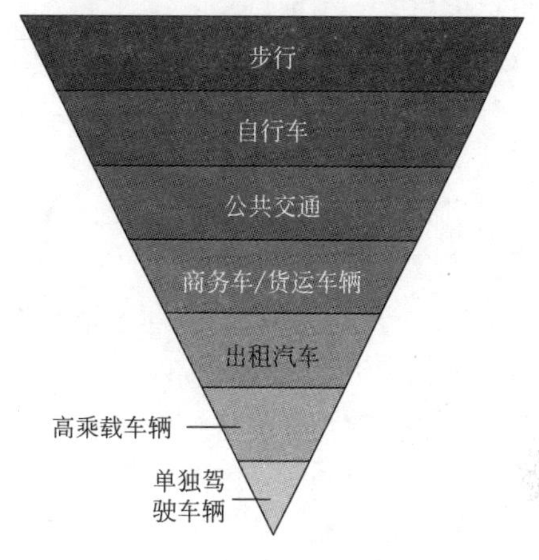

图 2-4　绿色交通系统等级示意图

（2）步行交通子系统

1）城市道路人行道

城市道路人行道是指城市主干路、次干路、支路中用路缘石或绿化带加以分隔的专供行人通行的部分，其宽度一般大于 2.0m。大多数国家都明确规定人行道应设置有专供轮椅通行的无障碍通道。

2）小区步行专用道

小区步行专用道是指小区内专供行人通行的通道，主要是满足小区居民日常出行、休闲健身等需求。小区步行专用道宽度一般为 4.0m，步行道两边通常种植有高大乔木以供人们遮荫避雨。

3）滨河、登山步道

滨河、登山步道是指依托海岸、湖畔、河流、山体等修建的“依山傍水”步道，为民众回归山水、亲近大自然提供良好的步行休闲空间，亦可成为绿道、碧道、古驿道系统的重要组成部分。

（3）步行交通系统主要特征

第一，安全。该系统强调的是人在步行专用道上通过行走来到达目的地，避免了与机动车的冲突。

第二，节能环保。步行无须消耗能源，也不会产生污染。

第三，健康。步行是可以终身坚持的锻炼方式，并且是一种安全、适量的运动。

第四，便利。能充分满足民众在步行环境中的各种活动要求与便利。

第五，生态。该系统往往设置在风景优美的山水、海边、湖畔、绿地中，具有良好的生态性。

步行交通系统作为绿色交通体系中最重要的一环，是值得大力推广的，特别是沿海城市、“依山傍水”的城市和历史文化名城，更要大力推动步行交通系统的建设。

5. 自行车交通系统

（1）自行车交通系统组成

自行车交通系统由城市道路自行车专用道、滨河自行车专用道、公共自行车系统、共享自行车系统等组成。

（2）自行车交通子系统

1）城市道路自行车专用道

城市道路自行车专用道是指城市道路中独立设置的非机动车道，或与人行道共板设置，用不同颜色、铺装材料加以区分的专供自行车行驶的部分（图 2-5）。

2）滨河自行车专用道

滨河自行车道一般与滨河步道共板，用不同颜色的铺装材料加以区分，满足人们日常休闲游玩、亲近大自然的需求。

3）公共自行车系统

公共自行车系统，主要是通过在社区服务中心、公交枢纽站、绿道服务驿站、大型公共活动聚集处、流动服务站设置公共自行车租赁点，通过统一管理和统一维修，以便民众随时随地租赁和归还质量良好的公共自行车，以此来满足人们短距离出行、健身休闲、购物及解决与公交接驳等需求（图 2-6）。目前，东京、巴黎、波特兰以及北京、杭州、太原、常州等国内外城市均已兴建了公共自行车系统。

4）共享自行车系统

共享自行车是指企业在校园、地铁公交站点、居民商业区等主要客流集散点提供自行车共享服务，投资主体主要为民间商业力量，一般采用分时租赁模式，按照骑行时间收取租借费用。共享自行车系统最大的特点就是没有固定的锁桩，用户通过 APP 扫描二维码的方式即可实现开锁、骑行、还车等服务。

图 2-5 共板设置的自行车专用道

图 2-6 公共自行车系统

（3）自行车交通系统主要特点

第一，方便。可直接从出发点到目的地，易于停放，便于换乘其他交通工具。

第二，费用低廉。购置保养维修费用较低廉。

第三，节能环保。不消耗能源，不排放废气，基本不产生噪声污染。

第四，健康。有益身体健康，是短距离出行优选的交通方式。

自行车交通作为城市交通方式的一种，在中短距离出行、延伸接驳公共交通服务等方面具有较大优势，同时也是民众游憩、健身的主要方式。

6. 常规公交系统

(1) 常规公交系统概念

常规公共交通系统是指城市范围内定线运营的公共汽车、渡轮、索道等交通方式，由通路、交通工具、站点设施等物理要素构成。

(2) “公交优先”理念及实施措施

所谓“公交优先”，就是让公交系统在各方面都具有优先权：①在基础设施建设方面，应优先完善公交设施，提高线网密度和站点覆盖率。②在道路通行权方面，应设置公交专用道，保障公交车的优先行驶权。③在公交服务方面，应优先提高运营质量和效率，为群众提供安全可靠、方便周到、经济舒适的公共交通服务。④在公交宣传方面，要充分发挥公共交通运量大、价格低廉的优势，引导群众优先选择公共交通作为主要出行方式。

(3) 常规公交系统主要特点

第一，运量大。公交车的运量大于小汽车。

第二，节能。公交车的人均能耗低于小汽车。

第三，费用省。公交车的人均出行费用相比于小汽车是很节省的。

第四，节省道路资源。公交车的人均道路占有率是所有常规交通方式中最低的。

城市公共交通是与人民群众生产生活息息相关的重要基础设施。优先发展城市公共交通是提高交通资源利用效率，缓解交通拥堵，减少环境污染的重要手段，公交优先越来越成为全社会的共识。

7. 快速公共交通系统

(1) 快速公交系统概念

快速公交系统（Bus Rapid Transit，BRT）是由公共汽车专用线路或通道、服务设施较完善的车站、高新技术装备的车辆和各种智能交通技术措施组成的客运系统，具有快捷舒适的服务水平，是新兴的大容量快速公共汽车系统[10]（图 2-7、图 2-8）。

图 2-7　彩色路面铺筑的公交专用道

图 2-8　快速公交系统（BRT）

(2) 快速公交系统主要技术

1) BRT 车辆的设计技术

BRT 采用铰接式的公交车，长度通常在 18.0m 左右，车门宜尽可能多，车内配有空调系统。

2）智能交通系统（Intelligent Transport System，ITS）

快速公交系统需要 ITS 设施的支持，如 BRT 信号优先、公交车辆智能控制、电子售票、乘客信息、运营控制和通信系统等。

3）车站设计技术

车站设计不仅能够确保提供足够的乘客候车区域，还能够保证快速公交系统车辆在走廊内的运行速度保持在 30km/h 以上。车站应具有审美感染力，例如，座位、通风、遮阳/遮雨棚、安全设施、耐用材料、照明及乘客信息系统，都是快速公交系统站台设计的特色所在。

（3）快速公交系统的主要优势

第一，乘客节省时间。乘坐快速公交系统的出行速度要比乘坐常规公交车快得多。

第二，节约运营成本。实施快速公交系统后公交车的行驶速度要比以前快得多，同时因使用载客量较大的车辆，同一线路运营车辆数量可以大大减少，进而降低运营成本。

第三，舒适、方便、安全。乘客和司机的乘车环境更加舒适，快速公交系统还将根据目的地不同，合理安排线路停靠不同的子站，乘客乘车更方便、安全。

第四，系统灵活。BRT 系统可分阶段逐步建设，可随着客流条件、资金条件、技术条件进行升级改造。例如，可随着客运量的逐步增加更换大容量新型车辆；当某一客运走廊交通需求尚不稳定时，可先通过 BRT 系统建设提升公交竞争力，培育客流，避免盲目建设轨道交通造成的资金浪费。

BRT 先进的公共交通车辆和高品质的服务设施，通过专用道路空间来实现快捷、准时、舒适和安全的服务，是一种高品质、高效率、低能耗、低污染、低成本的公共交通形式，充分体现了以人为本，构建和谐社会的发展理念。

8. 城市轨道交通系统

（1）城市轨道交通系统概念

城市轨道交通是采用专用轨道导向运行的城市公共客运交通系统，包括地铁、轻轨、单轨、有轨电车、磁浮、自动导向轨道、市域快速轨道等类别[10]。

1）地铁是在城市中修建的快速、大运量、用电力牵引的轨道交通。列车在全封闭的线路上运行，位于中心城区的线路基本设在地下隧道内，中心城区以外的线路一般设在高架或地面上[11]。

2）轻轨是一种中运量的轨道运输系统，采用钢轮钢轨体系，主要在城市地面或高架桥上运行，线路采用地面专用轨道或高架轨道，遇繁华街区也可进入地下或与地铁系统接轨。与地铁系统相比，由于轻轨系统的运营车辆尺寸较小、车辆编组较少，其平均运行速度及客运能力均小于地铁系统[10]。

3）单轨系统是一种车辆与特制轨道梁组合成一体运行的中运量轨道运输系统，轨道梁不仅是车辆的承重结构，同时还是车辆运行的导向轨道。单轨系统的类型主要有两种：一种是车辆跨骑在单片梁上运行的方式，称之为跨座式单轨系统；另一种是车辆悬挂在单根梁上运行的方式，称之为悬挂式单轨新系统[10]。

4）有轨电车是依靠司机瞭望驾驶，采用沿轨道行驶、电力牵引的低地板有轨电车车辆，按照地面公交模式组织运营的公共交通系统[12]。

5）磁浮系统是在常温下利用电导磁力悬浮技术使列车上浮，车厢不需要车轮、车轴、齿轮传动机构和架空输电线网，列车运行方式为悬浮状态，采用直线电机驱动行驶，主要在高架桥上运行，特殊地段也可在地面或地下隧道中运行[10]。

磁浮系统主要有两种基本类型：一种是高速磁浮列车，最高行车速度可达 500km/h 以上；另一种是中低速磁浮列车，一般最高行车速度达 100km/h 以上。

6）自动导向轨道系统（Automated Guided Transit System，AGTS）是一种车辆采用橡胶轮胎在专用轨道上运行的中运量客运系统，其列车沿着特制的导向装置行驶，车辆运行和车站管理均采用计算机控制，可实现全自动化和无人驾驶技术。通常在繁华市区，线路可采用地下隧道，市区边缘或郊外宜采用高架结构[10]。

7）市域快速轨道系统是一种大运量的轨道运输系统，主要服务于城市郊区和周边新城、城镇与中心城区联系，并具有通勤客运服务功能的中、长距离的大运量城市轨道交通系统，简称市域快轨，一般运营速度可达 120～160km/h[13]。

（2）轨道交通系统主要技术

1）轨道交通动力装置

现代绝大多数轨道交通工具都是用电力驱动的。轨道交通车辆的供电方式主要有两种，即“第三轨供电方式”与“接触网供电方式”。第三轨供电就是在钢轨的左侧铺设一条特殊的轻型钢条，形状与钢轨相似，截面的形状亦为“工”字形，但体积要比钢轨小许多，称为“受流轨”，输入直流电作为牵引动力。列车运行时靠车辆底部的电刷（专业术语称为“集电靴”）接触受流轨而传导电力。接触网供电是在轨道上方架设高压线，输入直流电作为牵引动力。列车运行时靠车辆顶部的受电弓传导电力。

2）轨道交通的轨道一胶轮系统

大多数轨道交通工具采用钢轨一钢轮系统行走。近年来亦有采用混凝土轨道一胶轮系统行走的，其优点是降低车辆运行时由钢轨与钢轮摩擦而产生的噪声，以及减小震动。现代新型有轨电车则采用单轨一胶轮系统，即铺设一条轨道作为“导向轨”，胶轮行走，电力驱动，轨道仅作为导向使用，不承担承重及行走功能，是一种新型轨道交通工具。

3）轨道交通直流牵引供电系统

地铁是高密集载客交通工具，轨道交通直流牵引供电系统为列车提供直接动力和安全保护，减少甚至消除不必要的停电时间，同时在供电系统发生故障时，可以有选择性地迅速切除和隔离故障，有效保证列车、设备和乘客的人身安全。

（3）轨道交通系统主要优势

第一，用地省，运量大。一条复线轨道交通线路与一条 16 车道的道路具有大体相同的运输能力，节省了大量的道路建设用地。

第二，速度快。轨道交通系统相对于常规公交系统更为快捷。

第三，准点。采用智能信号系统控制，准点率较高。

第四，节能环保。轨道交通由电驱动，低碳、节能、环保。

第五，噪声小。轨道交通系统运行时产生的噪声较小，且易于治理。

2.1.4 推广绿色交通的现实意义

随着城市社会经济的迅猛发展和城市化水平的迅速提高，人口快速向城市集中，城市的经济职能不断加强，居民的生产生活和经济文化活动更加频繁，导致城市交通需求量急剧增加。为了适应城市经济发展对城市交通的需求，政府部门投入大量资金进行城市交通系统的规划和建设。但是，由于传统城市交通规划方法和理念的局限性，很多城市普遍存在交通拥挤严重、交通资源得不到充分利用、交通环境质量日趋恶化等问题，造成交通发展的恶性循环。城市交通已经成为影响城市经济进一步发展和人民生活水平进一步提高的制约因素。

城市交通的发展首先要明确交通的目的是促进现代社会的发展，因而不能以破坏社会赖以生存的基础为代价。交通是为了人和物的移动而不是车辆的移动。交通规划不能以机动性为主要目标，交通服务的可靠性和可达性也应被视为公民的基本权利。交通发展不只受到资金投入的制约，还受到城市形态和环境容量、城市用地布局、能源与支撑条件等因素的影响。因此，城市交通必须实现可持续发展，认真研究有限资源与环境的关系，协调供需关系，向绿色交通方向发展。

发展绿色交通，源于可持续发展的基本理念，绿色交通的目标是要追求经济的可持续性、社会的可持续性和环境的可持续性。

（1）经济可持续性体现在交通需求与交通设施供给之间的动态平衡，体现在交通运输的低成本、高效率。

（2）社会可持续性以实现社会的公平为目标，并实施公众乐意接受的、以人为本的交通系统，最大限度地满足各个阶层用户的需求，切实体现交通系统的“以人为本”。

（3）环境可持续性的实现，鼓励和引导城市居民放弃私家车而转向公共交通，从而有效减少汽车燃料的消耗和废气的排放，改善城市环境，保障居民身心健康。

2.2 国内外绿色交通实践与经验启示

2.2.1 国外绿色交通实践经验启示

1. 国外绿色交通发展历程

早在1843年，为解决英国伦敦市区内的交通堵塞问题，皮尔逊为伦敦市设计了世界上最早的城市地铁系统。1863年，世界上第一条市内载客地下铁路“大都会铁路（Metropolitan Railway）”正式建成运营，这一重大工程的兴建拉开了世界绿色交通发展的序幕。

1896年，奥匈帝国的布达佩斯开通了地铁。随后，法国的巴黎地铁、俄罗斯的莫斯科地铁、德国的柏林地铁、美国的纽约地铁、日本的东京地铁、加拿大的多伦多地铁等相继建成运营，世界上的地铁事业蓬勃发展。

20世纪60年代，丹麦政府部门率先对拥挤的街道进行步行街、步行广场等改造，成功打造出了一个以步行和自行车交通方式为主的交通网络，德国、法国等国家也大力推进公交系统的建设，这些措施极大地抑制了小汽车的出行需求，丰富了人们的公共生活，对保护城市交通环境、减少能源消耗等方面均起到了积极的作用。

20世纪80年代，巴西库里提巴市（Curitiba）开始进行快速公交系统（Bus Rapid Transit，BRT）的建设，取得了很好的效果，该市许多有小汽车的人都选择准点、快速的公交出行，而交通和空气污染问题没有再出现过。该市的成功经验使得世界上许多城市纷纷加以效仿。

20世纪90年代，查尔斯·E·利特尔（Charles Little）出版了《美国绿道》一书，绿道这一概念的出现受到了世界各国的热烈追捧，有众多国际、国家和区域层次的绿道项目，在理论研究方面，涌现出了大量的研究成果、研究专著和论文等。

21世纪开始，从欧洲主要城市的规划发展动态上看，自行车专用车道已经成为一个不成文的城市规划原则。另一方面，在能源和环境的双重压力下，电动车等绿色交通工具的研发应用也进入了活跃阶段。

绿色交通是在城市产生一系列交通、社会、环境问题的背景下出现的，人们逐渐认识到建设城市的过程中要充分尊重自然规律，尽量保护自然，让人们的活动融于自然，回归自然，这样城市交通系统才是可持续发展的系统，城市才是可持续发展的城市。

2. 国外典型国家绿色交通的应用

（1）美国东海岸绿道——慢行系统的“脊梁路线”[14]

美国是最早推出绿道理念的国家，公认最早的绿道是1867～1900年规划先驱奥姆斯特德的作品“翡翠项链——波士顿公园绿道系统”，被视为史上第一条真正意义的绿道。美国绿道建设的要求是：所有居民都能在15min内从家或工作场所到达最近的绿道。规划绿道线路时，还注重考虑串联主要的交通枢纽和换乘设施，实现绿道与其他交通方式的“无缝衔接”，最终形成良好的衔接转换交通体系。延绵4500多km的东海岸绿道，是美国一条代表性绿道。它北起缅因州（Maine）的加莱（Calais）南至佛罗里达的基韦斯特（Key West），途经15个州，23个大城市和122个城镇，连接了重要的州府、大学校园、国家公园、历史文化遗迹。东海岸绿道可以说是一条动态走廊。它北至寒带，南至热带，贯穿美国大陆。沿途既有城市的工商业景观，又有山川河流等开放的自然景观，不但是周围居民健身、娱乐和通行的绝佳选择，同时还吸引了大量慕名而来的游客，从而提高了地区经济活力。其中，最让人津津乐道的是东海岸绿道的自然游径。由于游径中包含大量与日常慢行道路并不冲突的越野路段，为自行车尤其是山地越野自行车运动提供了得天独厚的运动环境，多年来一直被全美的越野自行车爱好者列为必到之处。

东海岸绿道其实更像是一种南北贯通的长途慢行交通系统，它将途经地区既有的城市慢行系统和小型游径彼此相连，既能满足人们长途骑行的需要，又让短途出行变得更加方便。

（2）欧洲自行车高速公路——“一辆自行车游遍欧洲”

自行车高速公路是指路面平坦宽阔、专门用于骑自行车的城市交通线路。这些专用通道两边虽然不是全封闭的，但全程没有交叉路口，因此不用设红绿灯，时速可达40km/h，晚间也有夜光照明标识。路上禁止行人行走及汽车行驶，这使得骑车人能以极快的速度在城市中或城市间来往。自行车高速路属于城市的基础设施，自行车高速路对城市规划意义非凡，其出发点都是为了让自行车更多地回归城市、较少碳排放。现在，自行车高速路在国内还是新事物，但它早已风靡欧洲。德国、法国、英国、丹麦等国家都建起了先进的自行车“高速路”。

欧洲各国普遍倡导的“低碳生活，绿色出行”理念源于丹麦。丹麦自行车人均拥有率居世界前茅（图2-9），近90%丹麦人拥有自行车，每8个人中就有1个人计划每年购买一辆新自行车。早在20世纪60～70年代，哥本哈根已经形成局部自行车网络，现已开辟约510km自行车道，倡导低碳出行。2012年哥本哈根开通了一条全长约220km的自行车专用“高速路”。这条自行车专用道连接哥本哈根市和郊区艾尔伯特伦德镇，是整个哥本哈根区 26 条自行车“高速路”项目中首条通行的路线。自行车专用道宽 4m，位于街道两侧，沿途每隔 1 英里（约 1.61km）就设有自行车充气站、修理站、停靠站（提供饮水、避雨服务），方便骑车族使用；使用特殊交通信号系统，骑行者可以优先通行，最大限度地减少了路口处的延误[15]。

(a)

(b)

图 2-9　自行车王国哥本哈根
(a) 自行车通勤人群；(b) 街头自行车租赁点

2002 年，在德国传统的工业重地鲁尔区，鲁尔地区协会与政府合作实施自行车高速公路项目，规划全程 60km，已于 2016 年先期通车 5km。这条自行车高速公路将德国西部 10 个城市和 4 所大学连接起来，主要沿着鲁尔工业区废弃的铁路轨道行进，这条路线两旁 2km 区域内生活着约 200 万人，部分路段将能够用于上班族日常通勤。

荷兰阿姆斯特丹郊区的克罗默尼（Krommenie）镇建设了全世界第一条太阳能自行车道，全长 230 英尺（70.1m）。这个名为 Sola Road 的项目由私有投资者、政府和荷兰应用科学研究组织共同投资，使用 2.5m×3.5m 的混凝土模块建造。太阳能电池就嵌在混凝土模块中，顶部由 1cm 的钢化玻璃覆盖，面朝路面。建造者希望这条道路产生的电力有朝一日能够为路灯照明、交通信号甚至电动汽车供电。

欧盟对自行车道的发展也给予了巨大的支持力度，EuroVelo（欧洲自行车路网）是欧洲自行车联盟推出的一个项目，截至 2018 年年底一共建有 19 条路线（图 2-10），通过自行车道连接欧洲不同区域。比如 EuroVelo 6 Atlantic-Black Sea 可实现从大西洋到黑海，这条路从法国到德国，再一路沿着多瑙河到奥地利维也纳、斯洛伐克、匈牙利布达佩斯、塞尔维亚贝尔格莱德、罗马尼亚到黑海。EuroVelo 7 Sun Route 可以从挪威途经柏林、布拉格，最后抵达意大利，横穿南北欧洲。EuroVelo 8 Mediterranean Route 则可以从希腊的雅典一直到意大利、西班牙的马德里[16]。

（3）巴西库里提巴市（Curitiba）、新加坡——成熟的快速公共交通系统

库里提巴市在城市规划上坚持以交通先行，在道路中央辟出一条公交专用的快速通道，封闭设计保证了公交车的专属权。司机可以控制交叉路口的红绿灯，车速可达 60km/h。同时，采用大容量的双铰接巴士运营，配合对传统公交车站的改造，如水平乘降、车外售票，既方便乘客上下车，也节约等待的时间，这就是 BRT 的起源，（图 2-11、图 2-12）。

图 2-10　EuroVelo 线路布局示意

注：引自 EuroVelo 官网. https：//en. eurovelo. com

图 2-11　独特的圆筒式公交站点

图 2-12　BRT 交通系统

库里提巴市创建了“三轴道路系统”，有效整合快速公交、道路体系和土地开发。在“三轴道路系统”中，中央轴线布设两条全封闭的中央公交专用道，专用道两侧是单行交通管制的辅路，仅供社会车辆出入道路两侧建筑。库里提巴市的公交由 6 个功能层次不同的公交线路构成。除“三轴道路系统”上运营的主干线和大站快线外，还包括区间线、普通线、接驳线等，线网全长超过 1100km，承担着全市 78%的通勤交通[17]。通过这 6 个层面公交线路的合理衔接，乘客可快速、方便地到达全市的任何地方。快速公交系统把轨道交通和传统公交的优势有机地结合起来，仅用 1/10 地铁投资和 1/3 建设周期，取得了与其相当的运营效果，美国、法国、日本和韩国等国竞相效仿。

新加坡的国土面积极其狭小，人口密度超过 7000 人/km^2，人口密度为世界第二，另外还有持续增长年均超过 1000 万的外国游客，是一个交通需求极为旺盛，而供给又极其有限的国家。

新加坡极为重视发展公共交通系统，1996 年新加坡政府颁布《交通发展白皮书——建设世界一流的陆路交通系统》，其四项基本策略中的第二项便是优先发展公共交通。新加坡的公共交通系统由地铁系统（Mass Rapid Transit，MRT）、轻轨系统（Light Rail Rapid Transit，LRRT）、公共巴士系统、出租车系统组成，具有高质高效、方便可达、舒适安全、快速且票价合理的特点。85%的公共交通使用者在早高峰时可在 45min 内完成出行，公共交通体系四通八达，覆盖全岛。预计到 2020 年，70%的上下班时间段高峰交通将由公交系统承担[18]。

（4）21 世纪绿色交通工具——新能源汽车[19]

美国的新能源汽车技术研发和政策支持一直走在世界前列。早在克林顿、布什政府期间就提出过许多的政策来扶持新能源汽车的发展。奥巴马执政期间，将重点放在充电式混合动力汽车，通过政府采购、示范运行、立法规范、退坡补贴、税收抵扣以及不断完善的积分机制等策略扶持新能源汽车发展。2010 年，新能源汽车首次处于国家战略高度被提出，计划到 2015 年将会有 100 万辆充电式混合动力汽车行驶在美国的土地上。2013 年，美国能源部发布《电动汽车普及蓝图》，明确美国未来十年在电动汽车动力电池、电机等关键技术领域的研发道路；提出到 2022 年每户家庭都能拥有插电式电动汽车。2016 年，美国政府发布关于“加快普及电动汽车”计划的声明，希望通过加强政府与企业合作，进一步推广电动汽车和加强充电基础设施建设。

日本的新能源汽车主要有混合动力汽车、电动汽车以及燃料电池车。近年来，插电式纯电动汽车和混合动力汽车市场销售高速增长，进入全面推广阶段。日本政府采取绿色税制、购车补贴和分层次建设充电设施等多种措施发展新能源汽车。日本《2010 年新一代汽车战略》提出，2020 年混合动力汽车与纯电动汽车总销量占比目标达到 50%，然而 2013 年新能源汽车的销量就已经达到了 2020 年的目标，发展速度相当快。2013 年和 2014 年，日本政府分别提出“日本重振战略”和“汽车战略 2014”，加大对电动汽车补贴。2014 年 6 月，日本政府发布《氢燃料电池战略规划》，明确下一步政策重点从混合动力汽车向燃料电池车转移，提出全力打造“氢社会”的目标。2016 年 3 月，日本政府新制定《电动汽车发展路线图》，提出到 2020 年国内电动汽车保有量突破 100 万辆。在日本《氢能燃料电池发展战略路线图》中，提出到 2025 年，日本燃料电池汽车保有量将达到 200 万辆。

德国早在 2009 年 9 月就发布了《国家电动汽车发展计划》，明确发展重点是纯电动汽车，提出到 2020 年保有量达到 100 万辆，2030 年突破 600 万辆，2050 年基本实现新能源汽车普及，并设立“国家电动汽车平台”，保证计划实施。2016 年，德国在柏林气候论坛上表示，德国计划在 2030 年之前规定禁止燃油车登记，全力推广新能源汽车。2016 年 5 月，德国出台政策激励电动汽车发展，支持政策主要包括研发支持、示范支持、使用支持和财税支持等领域。到 2016 年初，市场上已经有 35 款不同类型的电动汽车来自于德国汽车制造商。充电基础设施方面，到 2016 年 6 月，德国总计有 6517 个公共充电设施，与 2015 年年末相比提高 10%。

（5）英国、法国、美国、西班牙、日本、韩国等——完善的地铁系统[20]

截至 2018 年年底，伦敦已建成 12 条，总长度约 402km 的地铁线路网（图 2-13），每条线路都有自己的代表色，比如中央线是鲜红色的，东伦敦线是金黄色的，维多利亚线是浅蓝色的，区域线则是翠绿色的。地铁车站超过 273 个，站间距离平均为 1.5km。伦敦地铁 2018～2019 年的客流量大约 13.84 亿人次[21]。

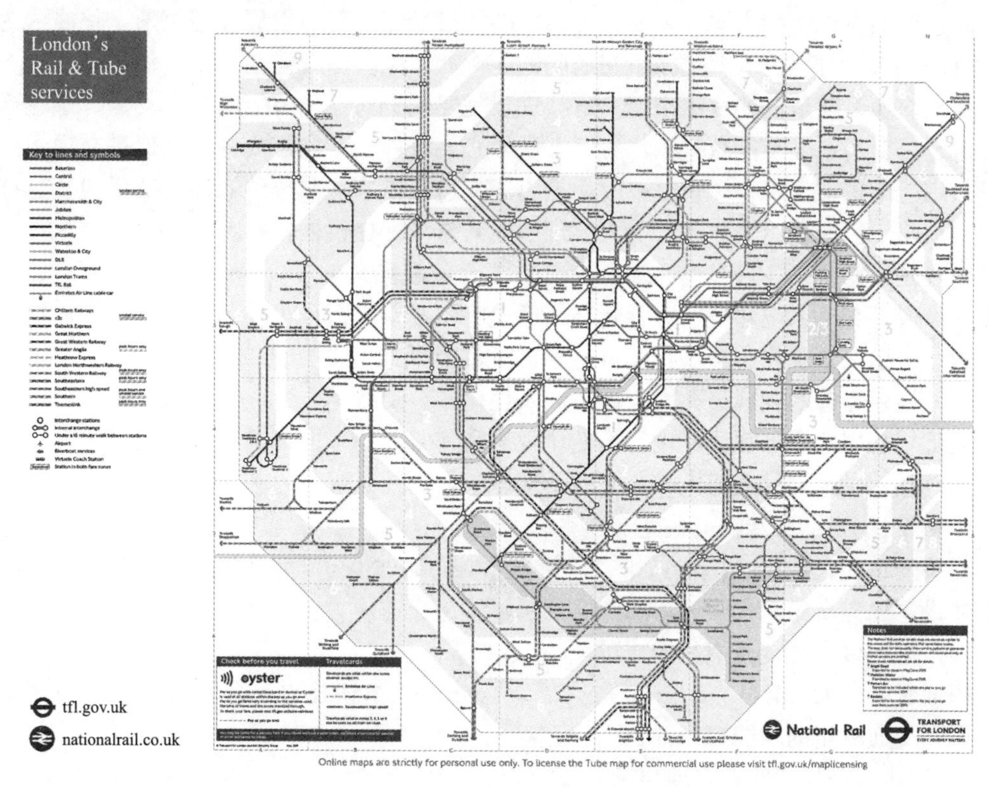

图 2-13　伦敦地铁运营线网图

注：引自伦敦地铁官网. https://madeby.tfl.gov.uk

自英国开通首条地铁以来，其他发达国家均开始兴建自己的地铁系统。法国巴黎地铁总长度 219km，有 14 条主线、2 条支线，合计 303 个车站，每天的客流量超过 600 万人次[22]。

美国纽约第一条地铁于 1904 年建成通车，现有地铁线路 36 条，总长 376km，设车站 472 座。纽约地铁的特点是 24h 运营，有些运量较大的线路，还采用 3 条或 4 条轨道，实现了快慢车分道行驶。

西班牙马德里地铁于 1919 年 10 月 17 日开通运营。直至现在，整个地铁网络包括 12 条主线、1 条支线，合计长度为 296km。此外，马德里地铁亦包括三条轻铁电车线，总长度 27.8km，地铁及轻轨共设 326 个车站。

日本东京地铁包含东京地下铁路线和都营地下铁路线（都营线）。东京地铁从根本上舒缓了城市的交通压力，此外快捷的地铁也有效控制了汽车的数量。东京地铁目前共开通 13 条线路，包括东京地下铁 9 条路线，都营地铁 4 条路线，线路总长 312.6km，共计 290 座车站投入运营。

韩国首尔地铁是世界上单日载客量最大的铁路系统之一，其服务范围为韩国首尔特别市和周边的首都圈，日均载客量超过800万人次（2015年统计数据），合共19条路线。截至2015年年底，整个铁路系统总长度已达596.9km，其中地铁里程314km，车站数量376座。

3.国外绿色交通经验启示

从交通发展历程来看，国外城市大都经历了私家车数量高速增长，城市交通拥堵不堪。绿色交通发展经验表明，采取各种不同的积极措施，努力发展绿色交通，使之成为公众出行的优选，可以有效解决城市交通问题。例如，完善综合运输体系、倡导公交优先发展是实现交通运输节能的战略举措；科技进步是实现交通运输节能的强大动力；强化政府节能监管是交通运输节能减排工作有序开展的必要条件；节能法规标准是促进交通运输合理高效用能的重要保障；绿色财税政策是引导交通运输节能减排的有效调节手段。这些可为中国构建绿色交通运输体系，努力实现节能减排目标提供借鉴参考[23]。

（1）建设以步行、自行车和绿道为主的慢行交通系统

注重慢行交通系统建设，完善慢行交通设施，改善出行环境。因地制宜地开展绿道系统建设，吸引民众优先选择步行和自行车进行短距离出行。

（2）构建完善的常规公共交通体系和人性化的公交线路。

对常规公交的服务和线路进行人性化规划和完善，并采取措施将“公交优先”这一政策落到实处，以改善民众对常规公交的不良印象，增强其吸引力。

（3）重视BRT和地铁等快速交通系统的建设

经济发达的大城市或工业城市、旅游城市，可以考虑开展BRT、地铁等快速交通系统的建设，以提高民众出行效率和速度，缓解城区交通压力。

（4）做好综合性交通枢纽的建设

用地紧张、人口较多的城市，应开展综合性交通枢纽建设，可有效改善城市用地布局，增强交通枢纽的功能多样性。

2.2.2 国内绿色交通实践经验启示

1.国内绿色交通发展历程

20世纪80年代之前，我国城市交通以自行车交通为主，全国汽车不足200万辆，城市交通的矛盾并不突出。

20世纪90年代以来，我国城市机动车快速增长，年均增长率达到15%～30%。随着城市经济的发展和人民生活水平的提高，人们开始追求机动化的交通方式。虽然城市道路建设取得了较大的成绩，但是城市的基础设施建设速度远远跟不上机动车数量的高速增长，道路变得越来越拥挤，交通严重堵塞，人们的出行时间反而变得越来越长，噪声、大气污染等问题接踵而至。人们开始反思这一问题的产生原因和解决方案，并采取兴建公交、地铁等系统来分担庞大的交通压力。例如，北京、杭州等地积极推行公共自行车交通系统的建设；北京、上海、广州、香港、台北等城市均已开通地铁；北京、广州、厦门、乌鲁木齐等城市均已开通BRT；步行道、自行车道和绿道等慢行系统的建设也在广州、深圳、珠海、厦门、青岛、海口等地如火如荼地开展。

2.国内典型城市绿色交通的应用

（1）推进绿道建设

截至2018年年底，广东省累计建设完成绿道18019km，其中省立绿道6024km、市立

绿道 11995km，形成了省立绿道—城市绿道—社区绿道互联互通的完整、连续、可达的绿道网络，其中珠三角已建成超过 1 万 km，森林公园 482 个，配套建成驿站 238 个、自行车租赁点 368 个，绿道的各项服务配套设施，特别是驿站、停车场、公共目的地、社区体育公园日趋完善，使用日益广泛，基本实现“300m 见园，500m 见绿”。

珠三角绿道已串联起广佛肇、深莞惠、珠中江三大都市区（图 2-14），为粤港澳大湾区建设构建了生态安全新格局[24]。

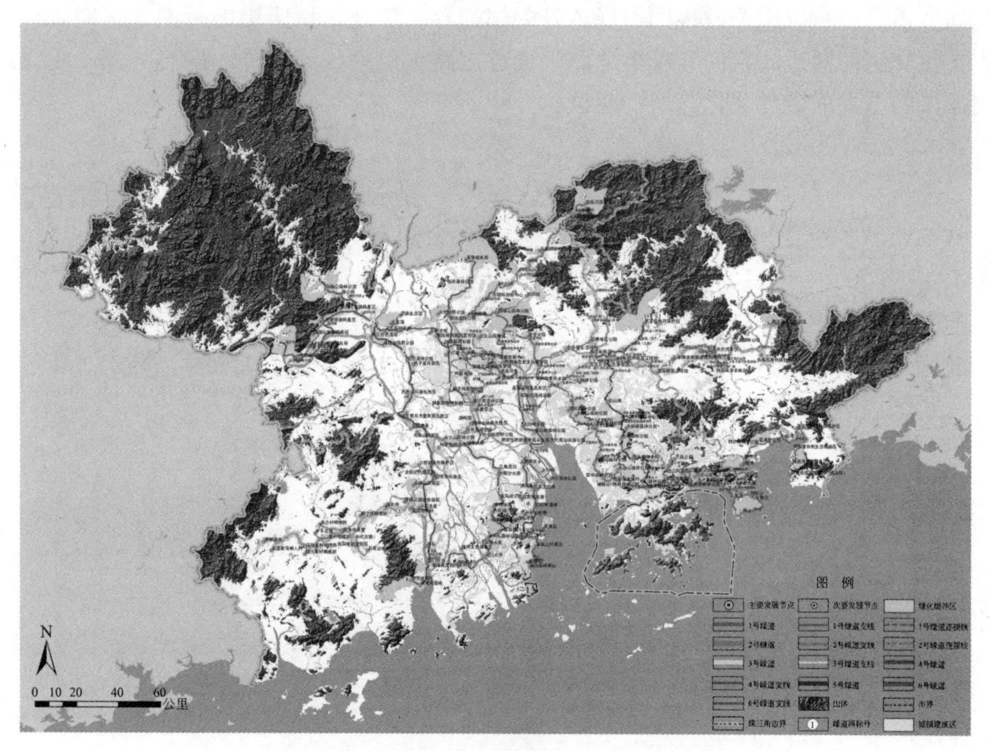

图 2-14　珠三角区域绿道网总体布局示意图

注：引自广东省住房和建设厅. 珠江三角洲绿道网总体规划纲要. 2010

珠三角绿道网的建成，扩大了城市绿地的供给，提升公园绿地的使用效率，推动自行车的回归，特别是通过整体性的推介，让一种新的休闲方式进入了民众的生活。因绿道而提升的“获得感”有目共睹。珠三角绿道网也先后获得全国人居范例奖、联合国人居署“迪拜国际改善居住环境最佳范例奖”全球百佳范例等称号。

（2）推进碧道建设

广东省正在实施的万里碧道是以水为主线，统筹山水林田湖草各种生态要素，兼顾生态、安全、文化、景观、经济等功能，成为老百姓美好生活的好去处、“绿水青山就是金山银山”的好样板、践行习近平生态文明思想的好窗口。

万里碧道建设的主要任务包括：水环境治理、水生态保护与修复、水安全提升、景观与特色营造、游憩系统构建 5 方面，涵盖相关的绿道、古驿道等生态文化产品，构建南粤大地“融入自然、品味文化、畅享健康”的休闲游憩网络。

截至 2019 年 5 月，广东省河长办已确定 11 个碧道建设省级试点，总长度达 180.09km，分布于广东省 18 个地市。万里碧道规划范围为广东省全域所有水系，以“构建山海连通的河川生态廊道，建立应对极端天气的韧性水系，营造彰显南粤特色的魅力水岸，促进区域平衡的绿色发展带”为目标。规划将构建“一湾三片、十廊串珠”的广东碧道空间格局，其中“一湾”是指以粤港澳大湾区为核心，建设湾区岭南宜居魅力水网。“三片”则为粤北秀丽诗画河川片区、粤东历史文化长廊片区、粤西锦绣生态田园片区。

（3）推进古驿道建设

古驿道是指古代用于传递文书、运输物资、人员往来的通路，包括水路和陆路，官道和民间古道。广东省迄今发现的古驿道及附属遗存 202 处，是历史上岭南地区对外经济往来、文化交流的通道。它们是军事之路、商旅之路，也是民族迁徙、融合之路，更是广东历史发展的重要缩影和文化脉络的延续。

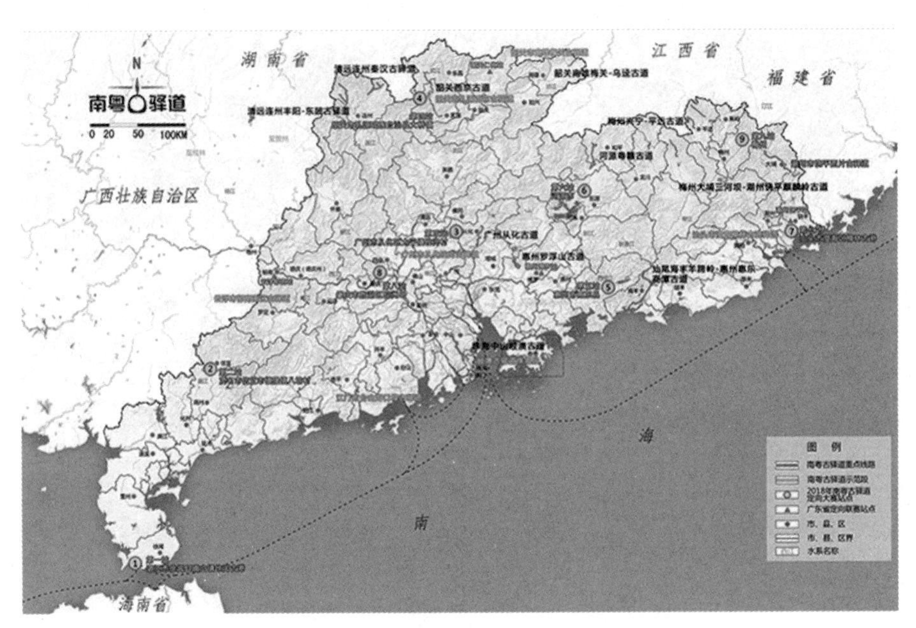

图 2-15　南粤古驿道重点线路示意图

注：引自南粤古驿道网. http://www.infonht.cn/map.aspx

广东省基于历史研究和综合调查，形成以广州为中心，向东、西、南、北四个方向延伸的南粤古驿道线路网络。结合资源分布、交通组织、城镇发展和精准扶贫等要素，南粤古驿道线路的空间结构为六条古驿道线路和四个重要节点。六条南粤古驿道线路包含 14 条主线，56 条支线，贯穿广东省 21 个地级市、103 个区县，串联 1200 个人文及自然发展节点，全长约 11230km，其中陆路古驿道线路长约 6900km、水路古驿道线路长约 4330km。

为保证线路的连贯性，路径载体由古道、步道、绿道、风景道和水道 5 部分组成，走向大致沿历史线位规划布局[7]，如图 2-15 所示。

（4）兴建公共自行车系统

目前，全国已有 200 多个城市建立了公共自行车租赁系统，2014 年我国已经超过意大利成为自行车系统基础设施规划最多的国家，近年来随着国内各地公共自行车系统相继建成使用，我国成为世界上投放公共自行车数量最多的国家。

1）杭州公共自行车系统：国内最早实行公共自行车的城市是杭州，2008 年 5 月 1 日，率先运行公共自行车租赁系统，将自行车纳入公共交通领域，意图让慢行交通与公共交通“无缝对接”，破解交通末端“最后一公里”难题。2018年杭州公共自行车项目荣获全国公共自行车行业卓越项目奖。

2）北京公共自行车系统：自2012年6月开通运营，截至2019年6月，已建成2700多个公共自行车服务站点，与城市公共交通系统形成了有机结合，解决了民众出行“最后一公里”问题，公共自行车高效、便捷、实用的优势得到了社会各界的广泛认可。

3）太原公共自行车系统：2012年9月28日正式开通，民众可通过现有的公交IC卡及手机扫码实现自助租、还车。自运营以来，由于收费、覆盖率等方面优势，太原公共自行车系统创造了免费率、周转率、租用率、建设速度四个国内领先，让民众在公共交通“最后一公里难题”上更加便利。

（5）推广共享单车系统

2014年以来，随着移动互联网的快速发展，在公共自行车系统基础上，开始出现许多由营利性企业经营的短时租赁“共享单车”系统，主要以摩拜、ofo等互联网共享单车企业为主。与公共自行车相比，共享单车最大的区别是无桩停放且须付费使用。相比于政府的有桩自行车，无桩共享自行车更加灵活方便，不用依赖固定停放管理场地，车辆均被投放到路边，只需在微信、支付宝或专属APP上支付一定的押金（或免押金）即可租用。

（6）重视BRT建设

1）北京BRT：现有6条线路，分别为快速公交1号线（前门—德茂庄）；快速公交2号线（朝阳门—杨闸）；快速公交3号线（安定门—宏福苑小区西）；快速公交3号线区间线（安定门—温都水城）；快速公交4号线（阜成门—龙泉西公交场站）；快速公交4号线支线（地铁海滨五路居站—龙泉西公交场站）。

2）广州BRT：现有1条主线，长22.9km，设置车站26座，其中对开式15座，错位式11座，如图2-16所示。

图2-16 广州BRT

图2-17 杭州BRT

3）杭州BRT：现有6条主线，13条支线见（图2-17）。

4）厦门BRT：已建成开通8条BRT线路，即快1线、快2线、快3线、快5线、快6线、快7线、快8线、机场专线，是中国首个采取高架桥模式的BRT系统。

（7）加强轨道交通建设

1）北京地铁：1969年10月1日第一条地铁线路建成通车，使北京成为中国第一个拥有地铁的城市。北京地铁于1981年正式开放运营，目前已开通16条（其中包括1号线、2号线、5号线、6号线、7号线、8号线、9号线、10号线、13号线、15号线、八通线、机场线、房山线、昌平线、亦庄线、S1线），截至2019年6月，总运营里程超过620km。

2）上海地铁：第一条线路于1995年4月10日正式运营，是继北京地铁、天津地铁建成通车后中国内地投入运营的第三个城市轨道交通系统，也是目前中国线路最长的城市轨道交通系统。截至2019年6月，上海轨道交通线网已开通运营16条线，运营里程达700km（不含磁浮线）。

3）广州地铁：1997年6月28日开通第一条地铁。现有1号线、2号线、3号线、4号线、5号线、8号线、广佛线及珠江新城APM线等，截至2019年6月，广州地铁总里程约477km（包括广佛线广州段）。

4）香港特别行政区地铁：第一条线路东铁线于清宣统二年（1910年）10月1日正式运营。据2019年2月香港铁路有限公司官网显示，港铁运营线路共47条，其中包括铁路线路及地铁线路10条、机场快线1条、高速铁路线路1条、轻铁线路12条。截至2018年4月，港铁共设车站161座，运营里程共248.4km（包括市区线、机场快线和轻轨线路）。其中，市区线共设车站93座，运营里程共约187km；机场快线运营里程共25.2km；轻铁线路共设车站68座，运营里程共约36.2km[25]。

5）台湾省城市轨道交通系统：截至2019年6月，台北捷运运营线路有木栅线、淡水线、新店线、中和线、板南线、新北投支线、小南门支线共7条线，线路总长度136.6km，共设车站117座。车站多为岛式站台（包括高架线），站台宽度多达到10m以上，个别的设置了一些雕塑小品。

3.国内绿色交通经验启示

与国外发达的绿色交通系统相比，国内大多数城市的绿色交通还处于探索和发展阶段。北京、上海、广州、香港、杭州等城市的绿色交通发展经验值得学习和借鉴。

（1）兴建绿道串联城市自然、人文景点要素

为改善城市生态环境，丰富民众的业余生活，促进人与自然的和谐，增强城市的可持续性发展，山水城市、沿海城市、历史文化古城等有条件的城市，应积极宣传和开展绿道建设工作。

（2）兴建碧道构建山海连通的河湖生态廊道

碧道建设将治水作为一个纽带，统筹山水林田湖草各种生态要素，形成全循环的系统治理，其建设结合海绵城市理念，保障了行洪通道，提高了河流防洪标准；碧道建设需城乡协同推进，可带动交通、新型城镇化、生态旅游农业等发展，助推乡村振兴。同时，在文化层面上，以广东省东江为例，碧道建设可以将流域内的岭南文化、客家文化、红色文化等气息凸显出来，把历史人文资源串联起来。万里碧道建设架起了一座绿水青山和金山银山之间的桥梁，对带动广东乃至粤港澳大湾区的高质量发展、绿色发展具有重要意义[26]。

（3）兴建古驿道串联整合历史遗存、风景名胜等历史文化、自然资源

以古驿道文化为脉络，串联和整合沿线的古道历史遗存、历史文化城镇村、文物古迹等人文资源和风景名胜区、森林公园、自然保护区、湿地公园、旅游景区等自然资源，深入发掘并展示古驿道线路的多元文化特色，探索灵活多样的文化遗产活化利用方式，发挥古驿道线路的时代新价值。依托沿线村镇设置服务设施，改善人居环境品质，满足城乡居

民文化体验、休闲健身、科普教育等多种需求。

(4) 引导共享单车健康发展，做好“最后一公里”衔接

共享单车以低廉的价格和便捷的使用解决了市民“最后一公里”困扰，这与国家倡导的“绿色出行”理念不谋而合。但是，近年来共享单车在发展过程中也出现了一些突出问题。特别是2017年以来，共享单车公司为抢占市场份额激进投放，造成自行车过度投放、乱停乱放现象严重、运营维护不到位、企业主体责任不落实等，严重影响城市交通秩序和形象，成为现阶段亟待解决的问题。因此，在绿色交通体系发展过程中，政府需做好顶层设计，加强管理，规范引导共享单车健康有序发展。

(5) 加快推广BRT系统建设

从国内多个开通BRT系统的城市运行效果来看，BRT不仅能让乘客更快到达目的地，而且还能让乘客及时了解到班车到站信息，充分体现了“以人为本”的公交理念，可在全国范围内进行推广。

(6) 有序推进城市轨道交通系统建设

牢固树立和贯彻落实全新发展理念，按照高质量发展的要求，以服务人民群众出行为根本目标，持续深化城市交通供给侧结构性改革，坚持补短板、调结构、控节奏、保安全，科学编制城市轨道交通规划，严格落实建设条件，有序推进项目建设，着力加强全过程监管，严控地方政府债务风险，确保城市轨道交通发展规模与实际需求相匹配、建设节奏与支撑能力相适应，实现规范有序、持续健康发展。

2.3　绿色交通体系总体发展策略

通过全面分析我国绿色交通发展的实际情况和吸收借鉴国内外先进城市的绿色交通建设经验，结合新型城镇化交通系统建设需求，围绕“生态文明、以人为本”等核心理念，从宏观、中观和微观三个层面，提出绿色交通体系的总体发展对策，引导绿色交通体系的建设。即从宏观上讲，绿色交通的发展应与城市的发展更加紧密地结合，构建交通与用地更加紧密一体化发展的框架，同时积极应对当前大数据、无人驾驶、新能源交通工具等新技术的发展趋势，清晰地提出不同类型城市的发展政策，以尽量小的建设、运行、维护成本和出行距离、时间支出成本支撑城市各项功能的实现。从中观层面来看，绿色交通的核心任务是不断协调对外交通和城市交通的关系，优化城市内部出行结构，不断提升绿色交通在出行中的比重，使得符合绿色交通优先顺序的交通方式如步行、自行车、公共交通等占据更高的份额。微观层面需要提升交通的精细化水平，通过优化步行和自行车交通与其他方式的衔接，全面改善“最后一公里”的出行服务，提高交通安全水平[27~31]。

2.3.1　宏观层面统筹协调规划和应对新技术挑战

1.建立符合国情的针对各类型城市交通发展模式及政策的分类指导

中国不同地区的社会经济发展水平不均衡，发展阶段差异性较大，这种差异性也反映在交通系统发展中，不同地区的交通发展需要提出不同的发展对策，即使在一个城市内部，不同片区和组团之间也存在较大的差异，因此需要有差异化的交通解决对策[29]，对不同城市、不同发展阶段应提出分类指导措施。绿色交通体系在不同规模、不同地域、不同发展阶段的城市，应该有不同的内涵，轨道交通、公共交通、步行和自行车交通应该有

差异性的发展对策。

2.进一步加强空间拓展与交通体系的协同性，建立与城镇体系相耦合的枢纽体系

交通与用地布局的一体化，需要在更加广泛的范围内得到共识，城市交通发展模式将很大程度影响城市空间布局的形态。中国城市群空间格局、区域交通基础设施布局，正面临从“中心—腹地”模式向“枢纽—网络”模式进行转化，需要结合各地实际情况打造高品质的交通枢纽及枢纽片区，将综合交通枢纽与城市核心功能区紧密结合，建立交通与土地使用一体化的技术体系和工作机制。

3.进一步适应新技术发展的挑战

随着大数据、无人驾驶等新技术不断创新和发展，智能交通技术的发展已经从传统的关注机动车出行效率和通行能力，越来越转向关注以人为主体的智慧出行服务，绿色交通体系迫切需要积极应对新技术的挑战，推动绿色交通系统的不断更新。新能源汽车等新技术的发展同样对绿色交通带来积极影响，在基础设施和技术条件更新的推动下，积极探索新技术并在实际中加以推广应用。

2.3.2 中观层面优化交通系统出行结构

1.优化城市交通与对外交通的关系，促进铁路融入城市

将铁路作为城市的一部分进行考虑，提升铁路作为城市群、都市圈内部交通联系的重要程度，结合铁路布局调整道路结构网络，协调道路性质及周边用地，做好铁路与城市公共交通的衔接，促进铁路融入城市，全面提升铁路与城市的亲和力。

2.优化城市交通结构，创新公交体制机制

从调度和运营管理、资金投入、经济政策制定、城市交通规划、交通设施建设、城市交通管理等方面着手，统筹各部门横向协同，确保公交优先真正落实。

3.创新公共交通发展的新模式，确保财务的可持续

创新公共交通发展的新模式，吸收借鉴香港“轨道＋物业”整体开发建设模式经验[30]，采用合理机制引入更多的社会资本参与公共交通的建设，实现公共交通体系的可持续发展。

2.3.3 微观层面建立公共交通和慢行主导模式

1.补齐末端交通短板，科学引导共享单车健康发展

平等地考虑交通的各类参与者尤其是行人的出行需求，以行人的需求为导向来优化整个衔接系统。将车站附近的步行、自行车、公共交通与轨道交通车站进行一体化规划建设，改变将步行、自行车等交通设施仅作为“配套”的做法。坚持“创新、协调、绿色、开放、共享”五大发展理念，以交通供给侧结构性改革为引领，以优先满足短距离出行和对接公共交通需求为导向，鼓励支持共享单车发展；以合理配置城市公共资源为主导，以规范企业市场经营活动和维护城市环境为重点，汇集政府、社会、企业等多方面力量，规范引导共享单车的有序发展[31]。

2.精细化交通设计，体现“以人为本”建设理念

在交通系统规划和工程设计阶段之间，增加交通设计工作，向上承接各类城市规划与交通规划，统筹考虑交通设施的通行功能与生活服务、城市交往空间、景观生态等多方面的功能要求，协调各类交通空间要素的安排，包括路网功能、交通组织、道路空间、公共交通、步行及自行车、标志标识、交通信号、景观环境等；向下与工程实施紧密衔接，注

重包括道路转弯半径、坡度、高程、宽度等设计细节，确保上位规划理念的落实与实施[32]。

2.4　绿色交通关键技术要点解析

2.4.1　绿色交通适用性分析

1. 步行、自行车及绿道、碧道、古驿道等慢行交通系统

步行、自行车系统主要设置在小区组团内部、城市道路路侧或人行道上，主要满足人们日常短距离出行需求。作为零排放、零能耗的交通方式，步行和自行车交通是绿色交通系统的重点推动方向，应通过城市空间优化营造适宜慢行交通的生活圈，鼓励慢行交通在非通勤交通中的使用。

绿道、碧道和古驿道，是慢行交通系统的重要组成部分。绿道系统通常依山傍水或位于大片绿地之中，连接城市范围内或城市间的山体、水体、海洋、湖泊、人文历史景点等；旅游城市、滨海城市、山地城市、历史文化古城等均可通过修建绿道来提升当地旅游环境、刺激社会经济增长，同时达到供民众休闲健身的目的。碧道适宜设置在河网较密且联通度较高的区域，通过绿道网与水网结合布局，既将河网营造为城市生活和户外运动的网络骨架，也为人们与自然的联系提供了天然通道[8]。古驿道是依托历史文化遗产（物质和非物质文化遗产），通过古道、步道、绿道、碧道、风景道等多元的线性载体，串联沿线的古驿道遗存、历史文化城镇村、文物古迹以及自然景观资源等节点，挖掘和展示非物质文化遗产，为公众创造满足现代生活需求的线性文化空间[7]。

2. 常规公交系统

常规公交是人们日常中等距离出行的主要交通方式。国务院对发展城市公共交通做出了以下规定①：公共汽（电）车要在稳步增加线路、延长营运里程、扩大站点覆盖面的基础上，优化线网结构和运力配置，满足人民群众日益增长的出行需求和多样化交通需求。公共汽（电）车线路和停靠站点要尽量向居住小区、商业区、学校聚集区等城市功能区延伸，方便人民群众生产生活。

3. 快速公交系统（BRT）

BRT 系统不仅能有效提高常规公交的运行效率，还能通过良好的服务给民众以好的印象，真正体现了“公交优先”的先进理念。就世界范围来讲，不管是发达国家，还是发展中国家，都有不少的城市和地区应用 BRT 系统，并取得了良好的使用效果。国务院办公厅对发展城市快速公共交通做出以下规定：大运量快速公共汽车系统具有与轨道交通相近的运量大、快捷、安全等特性，且建设周期短，造价和运营成本相对低廉。具备条件的城市应结合城市道路网络改造，因地制宜地发展大运量快速公共汽车系统。在做好规划建设的基础上，要处理好与其他公共交通方式的衔接和配合。

4. 地铁、轻轨等轨道交通系统

地铁作为一种大运量、中远距离的公共交通方式，在改善城市交通环境方面具有较大优势，适用于每小时 3.0 万～6.0 万人次的客流运输需求，但也有其局限性，主要受到项目所在城市人口、经济、面积、客流量等方面的限制。国务院对地铁项目的申报城市做出

① 资料来源于《国务院办公厅转发建设部等部门关于优先发展城市公共交通意见的通知》（国办发［2005］46 号）。

了较为明确的规定①：地方财政一般预算收入在300亿元以上，国内生产总值达到3000亿元以上，城区常住人口在300万人以上，规划线路的初期客运强度不低于0.7万人次，远期客流规模达到单向高峰小时3.0万人次以上。从该规定可以看出，我国政府对发展地铁项目具有较为深刻的认识和理解。

轻轨是地铁的“简化版”，其运量和运输效率均小于地铁，适用于每小时1.0万～1.5万人次的客流运输需求，作为大城市地铁系统的有益补充，中等城市的主要公共运输方式，轻轨在世界很多国家和地区都得到了广泛的应用。国务院对轻轨项目的申报城市做出了以下规定①：地方财政一般预算收入在150亿元以上，国内生产总值达到1500亿元以上，城区人口在150万人以上，初期客运强度不低于0.4万人次，远期规划线路客流规模达到单向高峰小时1.0万人次以上。

单轨系统适用于单向高峰小时最大断面流量1.0万～3.0万人次的交通走廊，其单位占地面积很少，建设适应性较强，主要适用于：①城市道路高差较大、道路半径较小、线路地形条件较差的地区；②旧城改造已基本完成同时道路较窄区域；③大运量客流集散点的接驳线路；④市郊与市区之间联络线；⑤旅游区域内景点之间的联络线。

在已建设或规划建设大运量快速轨道交通的特大或大城市，有轨电车可作为城市轨道交通的延伸，提高骨干公交覆盖范围。在中小城市由于受客运需求及财力等限制，不具备建设轨道交通条件，有轨电车可以作为城市的骨干公交网络。在旅游地区或大型园区内，有轨电车可以作为旅游特色公交线路，发挥有轨电车舒适、美观等方面的优势。

高速磁浮列车行车速度很高，通常对于站间距离不小于30km的城市之间远程线路客运交通较为适宜，是重大客流集散区域或城市群、市际之间较理想的直达客运交通方式。中低速磁浮列车行车速度相对较低，对于城市区域内站间距大于1km的中、短程客运交通线路较为适宜。

自动导向轨道系统适用于城市机场专用线或城市中客流相对集中的点对点运营线路，必要时中间可设少量停靠站。自动导向轨道系统平均运行速度大于25km/h，运能可以达到1.0万～3.0万人次/h。

市域快速轨道系统适用于城市区域内重大经济区之间中长距离的客运交通，其列车主要在地面或高架桥上运行，必要时可采用隧道[10]。

2.4.2 绿色交通规划建设理念

1. 以人为本

绿色交通“以人为本”的设计思想源于14世纪欧洲文艺复兴的“人本主义”，经过几百年的发展和演变，已成为20世纪以来被各国普遍认同和接受的人类重要思想遗产。它在人类社会的经济、交通、文化等领域产生了巨大的影响。人是整个交通体系中最弱的群体，一旦行人、自行车与机动车发生冲突时，行人、自行车骑车者更容易受到伤害，甚至造成严重的后果。因此，在制定交通政策和进行交通管理时，充分考虑以行人和非机动车等为代表的弱势群体的安全是十分必要的。

2. 可持续发展

优化交通结构，合理利用有限的空间与环境资源，协调城市交通供需关系，引导交通

---

① 资料来源于《国务院办公厅关于进一步加强城市轨道交通规划建设管理的意见》（国办发〔2018〕52号）。

建设对整个城市经济系统的长远发展产生积极的影响，探索出一条城市交通、经济、环境与资源和谐共存、可持续发展的新道路。

3. 系统协和

绿色交通是交通与环境、未来、社会、资源等多方面协调的交通系统。绿色交通也是一个主要由人、车、路和环境构成的系统。重点要协调好绿色交通与对外交通等其他交通方式的关系，以及与环境、城市规划、土地利用等的关系。

4. 公众参与

公众参与不仅可以减少城市绿色交通建设中的决策失误，保障公众利益，而且还能使绿色交通意识深入人心，促进居民对绿色交通方式出行的选择。

2.4.3 绿色交通规划影响因素

绿色交通的本质是建立良好的城市可持续发展交通体系，以满足人们出行需求，同时注重资源节约、环境保护和社会公平。影响绿色交通的因素主要有土地利用及城市布局、交通出行结构、道路网络结构、车辆技术发展、出行者交通行为特征等方面[33]。

1. 土地利用及城市布局——TOD模式

城市的发展伴随着交通的发展，城市土地利用与城市交通之间存在着一种客观的互动反馈关系，城市空间形态在不同交通系统的影响下会表现为“步行城市”“轨道城市”或“汽车城市”等不同形态。土地利用模式和城市形态将会影响城市交通需求总量、时空分布特质和交通出行距离特性等，是影响绿色交通的主要因素，需要将绿色交通理念融入城市规划中，研究城市开发强度与交通容量和环境容量的关系，使土地利用和交通系统两者协调发展，真正实现可持续发展的绿色交通。

TOD（Transit-Oriented Development）是一个以公共交通为导向的开发模式，由新城市主义代表人物、美国建筑师、城市规划师彼得·卡尔索普（Peter Calthorpe）提出[34]。该理论主要是解决美国在第二次世界大战后，各个城市无限制地蔓延而采取的一种以公共交通为中枢、综合发展的城区，同时在城市规划上主张透过采用道路网格化、功能混合使用、适宜的开发密度、居住区内步行可达、设施的开放等回应传统以汽车使用为主导的发展模式[35]。基本原则要求有适宜步行的街区、自行车网络优先、高品质的公共交通、混合使用街区、根据公共交通容量确定城市密度、透过快捷通勤建立紧凑的都市区域，并以调节停车和道路使用来增加机动性[36]。以公共交通枢纽和车站为核心的同时，倡导高效、混合的土地利用，如商业、住宅、办公、酒店等。此外，其环境设计对于行人友好，可以有效控制步行空间。设立TOD后居民只需在公共交通站步行400～800m（5～10min路程）就能到达集商业、文化、教育、住宅为一体的城区。

2. 交通出行结构

随着经济发展和城市化进程的加快，城市交通量急剧上升，机动化水平快速提高。当城市交通需求总量达到一定程度时，应通过实施公交优先、提高公交出行分担率来减少道路网络中的机动车总量及机动车尾气排放总量，从而实现绿色交通。

在城市公共交通系统中，常规公共交通具有运量大、节能、费用省、节省道路资源等特点，是城市交通的重要组成部分；城市轨道交通是一种低污染、低能耗、高效率的运输方式，是解决大城市、特大城市交通供需矛盾的有效手段；而自行车交通是一种“绿色交通工具”，具有价格低廉、机动灵活、节约能源、有益健康等特点，是城市居民短距离出行的首选交通方式。

3. 道路网络利用

建立合理的道路网络结构，改善路网节点功能布局，提高交叉口通过能力，强化完善的道路交通设施，加强科学交通管理，实现城市交通通畅有序的良好运行状态，大量减少道路机动车交通噪声、尾气排放等环境污染。

4. 车辆技术发展

汽车尾气污染已经是我国城市空气污染的主要来源，汽车尾气中的有毒有害物质会对人体健康造成损害，也会形成酸雨，破坏臭氧层。通过大力发展电动、混合动力、燃料电池等新能源汽车，提高尾气排放标准，降低机动车单车排放量，强制淘汰污染严重的车辆。通过更新交通工具的能耗技术，减少碳排放，实现真正的绿色交通。

5. 出行者交通行为特征

出行者的认识和交通行为是保证绿色交通目标完成的重要条件。提高节约能源的环保意识，鼓励选用步行、自行车和公共交通等出行方式，减少个体机动化交通出行，是实现绿色交通的根本和重要保障。

2.4.4 绿色交通规划主要内容

1. 慢行交通系统规划

慢行交通是城市交通系统的重要组成部分，是居民休闲、购物、锻炼及短距离出行的主要方式，也是中、长距离出行与公共交通接驳不可或缺的交通纽带。慢行交通主要特点包括：以人力为空间移动的动力，平均出行速度较低；出行距离也比较短，一般小于3km；绿色环保健康，不产生环境污染，还兼有锻炼身体的功效；在交通安全中处于弱势地位。

慢行交通规划主要包括步行、自行车交通网络规划、公共自行车系统规划、慢行交通设施规划，以及绿道、碧道、古驿道系统规划等。

（1）步行、自行车交通网络规划

步行交通大多是在步行道和行人过街步行通道等基础设施上完成，其中步行道主要包括日常步行道网和休闲步行道网等。在进行步行系统规划时，可采取“点线面”相结合的规划方法。首先从“面”入手，即宏观上从规划城市的各功能片区着手，根据步行的适宜范围，依托城市道路网和天然的屏障进行步行系统的基本分区和步行单元的划分。一般步行单元主要分为中心区步行单元、居住区步行单元、混合功能区步行单元、文教区步行单元、工业仓储区步行单元等。其次从“线”入手，即中观层面上的各个步行单元内的步行道路网络的构建和整合，在此阶段应综合考虑不同步行单元的不同功能和用地布局。最后是从“点”入手，即微观层面上的行人过街设施、道路路肩、景观绿化的布置等。日常步行道网主要由城市道路两侧的人行道系统构成，以步行交通、交通换乘和向次级通道疏散为基本功能，因此必须首先保证系统的延续性和畅通性，人行道的有效通行宽度不得小于1.5m，在道路绿化带较宽的路段可结合绿地安排休憩设施。过街通道的设置宜根据其两侧用地功能的不同而采用不同标准，一般路段间距为300～500m，商业路段间距为200～300m，结合重要步行通道的交叉口、人流量大的次级道路路口、公交站点设置[37]。

自行车交通网可分为骨干路网、辅助路网、休闲道三个级别。自行车骨干路网应充分考虑机非分离的需要，在考虑骑车者安全、时间和体力的情况下，将重要的慢行节点串联起来，网格间距一般不大于2.0～4.0km。辅助路网主要服务于街区内的短途骑行，又可向骨干路网输送中长途自行车客流。自行车休闲道宜沿绿道、碧道等布局，连通社区与公园，宜与机动车道完全分离，优先选择车流量较低、风景优美的城市支路布局，以鼓励并培养居民的自行车休闲健身需求。

（2）公共自行车系统规划

公共自行车是指公司或组织在大型居住区、商业中心、交通枢纽、旅游景点等客流集聚地设置公共自行车租赁点，随时为不同人群提供适于骑行的公共自行车，并根据使用时间长短征收一定费用。

公共自行车可为居民和旅游者提供便捷的绿色出行方式，有助于强身健体，同时可作为公共交通接驳的辅助性工具，最大限度地促进各种交通资源的合理利用，满足居民及旅游者多层次的短距离出行及不同出行目的的交通需求。

公共自行车系统规划主要包括公共自行车租赁网点布局规划、公共自行车运营系统规划等方面内容。

（3）慢行交通设施规划

慢行交通过街设施是连接骨干路网慢行系统、小区慢行系统和休闲慢行道的节点。借助过街设施的连接作用，慢行系统才能实现连续出行功能。对于步行和自行车的过街设施一般可以统一，如果自行车的过街流量较大的话，可以单独辟出自行车的过街通道。

慢行交通设施规划主要包括过街设施类型的选取及过街设施布局规划等方面内容。慢行交通过街设施按空间来分，可分为地面过街和立体过街两种形式。地面过街设施包括行人横道线、行人安全岛、行人信号灯、按钮式行人信号灯等设施；立体过街设施主要包括人行天桥、行人地道。在设置立体过街通道时，应确保过道的连续性和可达性，面对非机动车和行人共同使用的过街通道，保障通道内的照明和行走区的宽度，建议行走区宽度不宜小于 3.7m。慢行过街设施规划应从行人的设施使用心理角度出发，合理确定行人过街设施形式与布局间距，体现“以人为本”的思想。在过街设施的设计中应本着安全、清晰、距离合理的原则，减少过街同其他交通流之间的冲突，确定过街设施的间距和穿越的距离合理，避免行人等待时间过长，在过街设施的附近应设有显眼的过街标识。具体规划时应优先考虑平面过街方案，对于功能等级不同的道路，采用不同的设施及布局间距来解决步行和自行车过街。行人过街设施的距离可参考如表 2-4 所示的设置[37]。

行人过街设施距离参考值（单位：m） **表 2-4**

道路类型	居住、公共用地		商业、办公		对外交通		工业仓储
	核心区	外围区	核心区	外围区	核心区	外围区	
次干路	150	200	150	200	150	200	250
综合性主干路	200	300	250	300	250	300	400
交通性主干路	250	400	250	400	300	400	500

注：许梦莹. 基于绿色交通的城市交通规划方法改进研究，2013。

（4）绿道系统规划

1）规划设计原则

系统性。应统筹考虑城乡发展，衔接相关规划，整合区域各种自然、人文资源，加强城乡联系，引导形成绿色网络，发挥综合功能。

人性化。应以满足民众休闲健身为重点，注重人性化设计，完善绿道服务设施，保证城乡居民安全、便捷、舒适的使用。

生态性。应尊重生态基底，顺应自然机理，对原生环境和自然、水文地质、地形地貌、历史人文资源最小干扰和影响，避免大拆大建。通过绿道有机连接分散的生态斑块，强化生态连通和“海绵”功能，构建连通城乡的生态网络体系。

协调性。应紧密结合各地实际条件和经济社会发展需要，与周边环境相融合，与道路建设、园林绿化、排水防涝、水系保护与生态修复，以及环境治理等相关工程相协调。

特色性。应充分结合不同的现状资源与环境特征，突出地域风貌，展现多样化的景观特色。

经济性。应集约利用土地，合理利用现有设施，严格控制新建规模，降低建设与维护成本。鼓励应用绿色低碳、节能环保的技术、材料、设备等。

2）绿道选线

充分利用现状自然肌理的开放空间边缘（水系边缘、农田边缘、林地边缘等），以及现有步行道、自行车道等作为绿道选线的依托，应避开易发生滑坡、塌方、泥石流等地质灾害的危险区域。

就近联系各级城乡居民点及公共空间，方便民众使用；尽可能连接自然景观及历史文化节点，体现地域特色。绿道串联节点的衔接要求如表 2-5 所示。

绿道串联节点的衔接要求　　表 2-5

节点分类	节点	衔接联系要求
城乡居民点	城镇居住区，乡村居民点	结合居住区步行系统，尽量衔接联系居住区内集中绿地及配套服务设施，保证绿道网络贯通连续
公共空间	文娱体育区、公园绿地、广场	保证步行系统连续，自行车、公交等交通方式衔接顺畅，优先连接民众使用频繁的公共空间
自然景观节点	风景名胜区、自然保护区、旅游度假区、水库和湖泊湿地、海岸、森林公园、湿地公园、郊野公园、观光农业园	尽量利用现状游步道，并与已有服务设施相衔接。遵循生态影响最小的原则，避开生态敏感区，减少对野生动植物生境的干扰
历史文化节点	历史文化名镇（村）、历史文化街区、名镇（村）、传统村落、具有成片地域特色建筑的街区、历史文化遗迹、重点文物保护单位	尽量利用已有的步行道及设施，注重保护和修复历史文化资源及环境

注：引自住房城乡建设部. 绿道规划设计导则. 2016。

在有条件的情况下，绿道线路宜网状环通或局部环通，可依托绿道连接线加强绿道的连通性，并满足绿道连接线长度控制要求。

综合考虑环境现状，包括可依托区域的长度、可达性、建设条件等因素，对绿道选线进行多方案比选，最终确定绿道的适宜线路[5]。

3）建设要求

生态型绿道控制区宽度一般不小于 200m（在绿道慢行道路缘石线之外一定距离划定边界线，两条边界线之间的距离为控制区宽度），郊野型一般不小于 100m，都市型一般不宜小于 20m（条件不具备时，绿道慢行道路缘石线与城镇建设用地之间应有 8m 以上的距离）。

生态型、郊野型绿道必须设置绿化保护带，生态型绿道每一侧的绿化保护带宽度不宜小于 15m，郊野型不宜小于 10m。都市型绿道应设置绿化隔离带，新城地区绿化隔离带的宽度不宜小于 3m，旧城不宜小于 1.5m，旧城中心或改造难度较大的地区不宜小于 1m。最大限度地保留原有植被，注重乡土植物的开发利用。

慢行道建设应满足以下要求：①生态型、郊野型绿道的步行道宽度不小于 1m；都市型绿道的步行道单独设置时宽度不小于 2m，与市政道路结合时不小于 3m。②单向设置自行车道时，其一条车道的路面宽度不应小于 1.5m，两条车道不应小于 2.5m；双向设置的最小宽度不应小于 3.5m。绿道与城市桥梁、隧道合并设置时，自行车道宽度不小于 2m，且自行车道、人行道与机动车道之间应通过防护栏进行隔离。③综合慢行道宽度应满足人与自行车混行的要求，生态型绿道不小于 2m，郊野型不小于 3m，都市型不小于 4m。④慢行道一般不得直接借道公路和城市道路。为确保绿道连通成网而建设的绿道连接线，其总长度不超过本行政区范围内省立绿道总长度的 10%，单段长度不宜超过 3km。⑤绿道连接线沿线应设置与机动车道实现有效隔离的设施，优先次序为绿化隔离带、隔离墩、护栏和交通标线[9]。

绿道连接线所在路段的两端应提前 30～50m 设置机动车限速标志，有条件的路段可设置机动车减速带，车速不宜超过 20km/h；在慢行道弯道、涵洞、陡坡、缺少标志的交叉路口等可能出现危及生命安全事故的路段，应在危险地段前方 80m 处设置警示标志；绿道连接线所在道路沿线有车辆或行人出入口时，应在绿道连接线两端及沿线出入口处设置警示标识，提醒有车辆或行人出入。在绿道连接线的两端，距路缘石 30cm 处应设置绿道连接线专用标志，箭头指示连接线方向[38]。

（5）碧道系统规划

1）规划建设原则

坚持以安全为本。应把保护人民生命财产安全、促进人的安全发展放在首要位置。严禁擅自填塞河道、侵占水面及河岸通道，保证河势稳定、河湖流畅，不存在明显淤积。堤岸完整，河道中的堰坝、桥梁等设施布置合理，符合防洪、排涝等要求。

坚持生态优先。应确保河湖平面形态自然优美、宜弯则弯，堤岸断面形式要因地制宜，不同断面形式之间过渡自然。河湖中的浅滩、湿地等没有被破坏，不存在脱水段和断头河。鱼鸟的栖息地及岸边的植被得到有效保护，河湖水面及岸边无垃圾，实现碧水清流。

坚持系统治理。应将山水林田湖草湿地作为一个生命共同体进行综合施策、系统施策、科学施策，实现整体修复和系统治理，营造人与自然和谐共生的水环境。高质量推进碧道全流域综合治理，注重延续性和融合性，实现与重大发展战略紧密结合，发挥综合效益。

坚持共建共享。应落实“以人民为中心”的发展理念，在水环境治理工作推进过程中，强化碧道建设的共管共治和共建共享，推动全民联动治理和公众参与共同缔造，实现还地于河（湖）、还清还绿于水、还水还美于民，提升碧道可达性、开放性和共享性。

2）系统建设要求

碧道系统是“升级版的绿道”，其建设首先应达到绿道建设的基本要求，在此基础上需达到水环境、水安全、水生态保护等多方面的要求。碧道建设可开展“一道一主题”建设探索，也可探索“一道多段主题”建设模式，鼓励各地结合自身实际，主动探索、积极实践、勇于创新，形成主题鲜明、内容丰富、形式多样，系统展示碧道试点护水、治水、净水、活水、美水、用水建设成果，碧道亲水活动空间范围如图 2-18 所示。

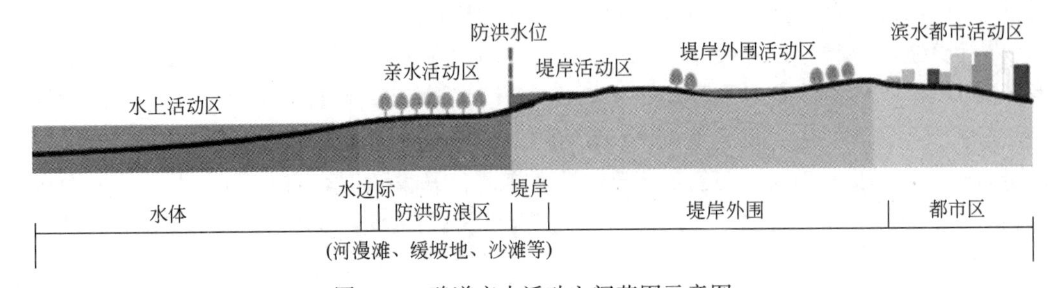

图 2-18　碧道亲水活动空间范围示意图

注：引自广东省河长制办公室.广东万里碧道试点建设指引（暂行），2019

水环境治理。碧道水质应清澈无异味，水体流动，健康有活力。都市型、城镇型碧道水质不低于 V 类水标准，乡村型碧道水质不低于 IV 类水标准。

水生态保护与修复。水资源得到保护，水生境得到营造和恢复，有白鹭、鱼群以及其他水生动植物栖息，将碧道建成永不落幕的自然博物馆。

水安全提升。应遵循现有河道、岸线资源和堤防安全，确因建设需提高防洪（潮）标准的，应修建相应级别的堤防工程。各项建设应符合现行《防洪标准》（GB 50201—2014）、《堤防工程设计规范》（GB 50286—2013）的规定要求，将碧道建设成为行洪安澜的生命线。

景观与特色营造。应注重地域特色营造，结合沿线人文资源和自然资源的挖掘，植入休闲、旅游、康体、科普、教育等功能，形成具有浓郁特色和吸引力的碧道休闲旅游线路或多段主题特色展示区等，将碧道建设成为生机勃勃、一碧千里的活力走廊。

游憩系统构建。应在保证安全、兼顾美观的基础上，建设近水可憩，远足自然的慢行系统、滨水自然公园、亲水便民设施、公共休闲场所等，满足动植物栖息和人的公共休闲活动需求，实现人与自然和谐相处，共享美好滨水空间[8]。

（6）古驿道规划建设

1）规划建设原则

统筹规划，逐步推进。古驿道线路宜按照“重点优先、兼顾周边”的建设时序，优先保护和建设古驿道遗存及文化资源丰富、历史价值高的古驿道重点发展区域，在此基础上建设重点发展区域之间的古驿道线路，以点连线带面逐步推进古驿道线路的建设。

尊重历史，保护文化遗产完整性和真实性。古驿道沿线的文化遗产是线路的核心资源，保护其历史价值和原真性，是线路利用的重要原则和基础。尊重历史，全面保护体现古驿道线路的价值要素，包括古道、附属设施、水工设施、赋存环境、相关的物质文化遗存和非物质文化遗存等。

古为今用，突出活化利用。以古驿道文化为脉络，串联和整合沿线的古道历史遗存、历史文化城镇村、文物古迹等人文资源和风景名胜区、森林公园、自然保护区、湿地公园、旅游景区等自然资源，深入发掘并展示古驿道线路的多元文化特色，探索灵活多样的文化遗产活化利用方式，发挥古驿道线路的时代新价值。

以人为本，改善镇村配套设施和交通可达性。坚持以人为本，采用低成本、高效率的方式开展古驿道线路的规划建设工作。主要依托沿线村镇设置服务设施，改善人居环境品质，满足城乡居民文化体验、休闲健身、科普教育等多种需求。强化古驿道与各类交通设施及绿道、碧道系统的衔接，引导公众便捷到达、使用古驿道。

市场参与、强化运营管理。在线路资源活化利用、活动组织策划等方面，由政府出台扶持政策，引导鼓励企业、社会组织、个人的积极参与。积极推进古驿道线路的历史保护、文化展示、特色旅游、康体健身、惠民致富等功能，实现古驿道综合效益最大化。拓宽公众参与渠道，建立多部门联合、社会各界共同参与的古驿道管理维护机制；建立多元化的投融资体系，探索市场化、产业化的运营模式。

2）设施系统规划

根据古驿道线路总体布局和线路类型，结合沿线的历史文化城镇村、历史文化资源、风景区、森林公园等发展节点，规划建设服务设施系统、标识系统和交通衔接系统，为古驿道线路使用者提供通勤、休憩、旅游、指示、停车、交通换乘、卫生、安全等服务。

古驿道设施系统主要包含区域服务中心及驿站，其中驿站根据其规模和服务范围分为一级驿站和二级驿站两个层级。

区域服务中心，是为提升古驿道的旅游功能而设置的综合服务中心，提供区域古驿道管理、文化展示、线路资讯、旅游服务等综合服务功能。区域服务中心的建设应充分利用现有绿道户外活动中心等各种资源，配备完善的服务设施，提供交通集散、游客服务、商业服务、住宿和游憩活动的场所。

驿站，是古驿道使用者途中休憩、交通换乘的场所。结合沿线主要发展节点、历史城镇和特色村，设置一级驿站，主要承担驿道管理、综合服务、交通换乘、文化展示等功能，设置间距为 10～20km；二级驿站由各地根据实际使用需求，依托沿线古村落、特色村、古驿铺遗址、古茶亭等进行设置，主要承担售卖、休憩和交通换乘等功能。驿站的建设应优先利用古建筑、绿道驿站、景区服务点等现有设施，严格控制新建设施的数量和规模，禁止建设破坏古驿道风貌和生态环境的设施。

根据驿站的区位将驿站分为城镇型和郊野型两类，位于城镇规划区范围内的为城镇型驿站，位于城镇规划区范围外的为郊野型驿站。根据驿站类型、级别不同，需配备的设施标准亦有所不同，其相关建议如表 2-6 所示。

古驿道线路驿站设施建设指引　　**表 2-6**

类别	项目	城镇型驿站		郊野型驿站	
		一级驿站	二级驿站	一级驿站	二级驿站
停车设施	公共停车场	●	○	—	○
	出租车停靠点	●	●	●	○
	公交站点	●	●	○	○
	汽车露营营地	—	—	○	—
管理设施	管理中心	●	○	●	—
	游客服务中心	●	○	●	○

续表

类别	项目	城镇型驿站		郊野型驿站	
		一级驿站	二级驿站	一级驿站	二级驿站
商业服务设施	售卖点	●	●	●	●
	自行车租赁点	●	●	●	●
	餐饮点	—	●	○	—
游憩设施	文体活动场地	●	●	○	○
	休憩点	●	●	●	●
文化设施	文化宣教设施	●	○	●	○
	解说设施	●	○	●	○
	展示设施	●	○	●	○
安全保障设施	治安消防点	●	●	●	●
	医疗急救点	○	○	●	●
	安全防护设施	●	●	●	●
	无障碍设施	●	●	●	●
环境卫生设施	公厕	●	●	●	●
	垃圾箱	●	●	●	●
	污水收集设施	—	—	●	●

注：①“●”必须设置，“○”表示可设；

②引自广东省住房和城乡建设厅，广东省文化厅，广东省体育局等.广东省南粤古驿道线路保护与利用总体规划.2017。

3）交通衔接系统建设要求

①与区域交通系统的衔接：加强古驿道线路与轨道站点、长途汽车站、高速公路出入口、客运码头等区域交通节点的衔接，结合标识系统的建设，按照就近原则建设公路、绿道、碧道等交通连接线。

②与城镇公共交通系统的接驳：在以风景道为路径载体的古驿道线路开设古驿道公交专线；结合古驿道线路附近的城镇公交线路停靠站或地铁站点设置换乘点，提供自行车租赁与停车服务，实现古驿道与城镇公交系统有效接驳。优化改造公共交通设施，提供自行车停放空间或搭乘设备，方便乘客携带自行车在目的地站点进行换乘。

③与绿道、碧道系统的衔接：已规划或建设的绿道、碧道与古驿道线路走向基本一致的，应依托绿道、碧道布局古驿道线路，并在绿道碧道设施、绿道碧道标识系统的基础上，增设古驿道线路标识，避免重复建设。在绿道、碧道系统与古驿道线路相交处，设置驿站或休憩亭，设置转换标识，配置必要的服务设施，实现无缝对接。

④设置交通转换节点：针对不同路径载体的古驿道交叉口，设置交通转换节点，实现各类型古驿道线路的有效衔接。与风景道交汇，可设置公交站点、公共停车场、自行车租赁点等设施；与绿道、碧道交汇，可设置休憩点、自行车租赁点等设施；与步道、古道交汇，可设置休憩点；与水道及其辅线交汇，可设置人行桥、摆渡码头、自行车租赁点等设施。

2.公共交通系统规划

为实现道路交通系统为多数人服务的目标，道路规划建设理念应由“为车服务”转变至“为人服务”上来，并采用以公共交通为主体的交通组织方式。公共交通以最低的环境代价实现最多的人和物的流动，以有限的资源提供高效率与高品质的交通服务水平，因此成为我国城市发展绿色交通的必然选择。在交通规划中着重突出公共交通规划，走符合我国城市交通实际情况的可持续发展道路。发展大容量公共交通是优化城市交通方式结构，改善城市交通系统、减少道路拥挤的关键环节和首要条件，也是符合绿色交通标准的交通方式。

根据《城市公共交通分类标准》（CJJ/T 114—2007），城市公共交通按照系统形式、载客工具类型、客运能力进行分类，可分为：城市道路公共交通、城市轨道公共交通、城市水上公共交通、城市其他公共交通四个大类，如表 2-7 所示。

城市公共交通分类　　**表 2-7**

大类	中类	小类
城市道路公共交通	常规公共汽车	小型公共汽车
		中型公共汽车
		大型公共汽车
		特大型(铰接)公共汽车
		双层公共汽车
	快速公共汽车系统	大型公共汽车
		特大型(铰接)公共汽车
		超大型(双铰接)公共汽车
	无轨电车	中型无轨电车
		大型无轨电车
		特大型(铰接)无轨电车
	出租汽车	小型出租汽车
		中型出租汽车
		大型出租汽车
城市轨道公共交通	地铁系统	A 型车辆
		B 型车辆
		LB 型车辆
	轻轨系统	C 型车辆
		LC 型车辆
	单轨系统	跨座式单轨车辆
		悬挂式单轨车辆
	有轨电车	单厢或铰接式有轨电车(含 D 型车)
		导轨式胶轮电车
	磁浮系统	中低速磁浮车辆
		高速磁浮车辆
	自动导向轨道系统	胶轮特制车辆
	市域快速轨道系统	地铁车辆或专用车辆

续表

大类	中类	小类
城市水上公共交通	城市客渡	常规渡轮
		快速渡轮
		旅游观光轮
城市其他公共交通	客运索道	往复式索道
		循环式索道

注：引自建设部.城市公共交通分类标准.2007。

公共交通系统规划主要包括公交网络规划、客运枢纽规划、公交场站设施规划等方面的内容。

3.道路路网规划

（1）路网空间结构规划

路网空间结构形式应与城市发展、城市交通和慢行交通的布置相结合。传统的路网规划偏重于对机动车的车流量进行分析，对绿色交通考虑较少。而绿色交通路网规划是在传统路网规划的基础上，增加非机动车流量分析内容，并加强分析非机动车、人流与机动车之间的交通流关系。路网规划应与慢行网络规划同步进行，互相优化，最终达到优化绿色交通路网空间结构的目的。

（2）路网等级划分

城市道路通常分为城市快速路、主干路、次干路及支路四个等级。城市道路分级应综合考虑用地、景观、慢行网络布置等因素，要重视低等级道路的建设，提高次干路与支路的比例，快速路∶主干路∶次干路∶支路尽可能达到1∶2∶4∶8的金字塔形路网结构比例关系。城市道路网规划和设计，应充分体现慢行交通网络的密度、面积及其所占城市道路总面积的比例等指标，宜在道路红线范围内提高慢行交通所占的比例，结合不同等级的道路设计不同级别的慢行交通，同时也应结合不同道路性质、等级，合理布置地面公交服务设施等。

在城市道路路网规划中，按照承担的城市活动特征，应将城市道路划分为干线道路、支线道路，以及联系两者的集散道路三大类，并对道路进行路权规划，减少道路上不同交通流之间的相互干扰。在规划建设中，尽可能使得交通分区的外围部分有快速路通过，城市内重要的次干路则尽量贯穿交通分区的中心，既保证道路的连续性，交通分区间能够顺畅舒适安全的联系，同时减少过境交通流对交通分区内部交通的影响[39]。在道路衔接时要避免过多的低等级道路与快速路、主干路的交叉，减少对主干路和快速路的干扰。城市道路功能特征和技术标准，如表2-8、表2-9所示。

4.停车设施规划

停车场是城市的一项重要基础设施，按其使用性质可以分为公共停车场（路外、路边）和配建停车场两大类。完善、健全的停车系统是城市静态交通健康有序的重要保证。停车设施规划应在分析现状问题的基础上，通过停车需求预测确定合理的停车供应规模，制定合理的停车配建标准，进行路外、路边公共停车场的规划布局，并制定停车发展策略，以期达到动静态交通的平衡。

城市道路功能特征和技术标准　　　　**表 2-8**

道路等级			功能		地位和作用			特征		
			服务对象	功能性质	路网中地位	布线位置	对城市结构的作用	交通流特征	路网密度（km/km²）	公交服务
干线道路	快速路	Ⅰ级快速路	长距离机动快速、高效出行，汽车专用	纯粹交通功能	构成路网骨干，承担机动车走廊和对外交通设施交通联系	覆盖全区，但尽量避免进入中心区和与轨道交通线网重叠	连接组团，对用地分隔作用强	大流量，连续，快速，完全分流，出入口控制，路口应全立交	0.4～0.5	公交干线、普线
		Ⅱ级快速路	长距离机动快速出行，汽车专用							
	主干路	Ⅰ级主干路	主要分区（组团）间中、长距离出行，不限车种	交通功能为主，服务为辅	构成片区路网基本形态，承担组团间的交通联系	覆盖全区，连接中心城区和周围片区	连接片区，对用地分隔较强	中流量，不连续，中速	0.8～1.2	
		Ⅱ级主干路	分区（组团）间中、长距离联系及分区（组团）内部主要交通联系，不限车种	交通功能为主，服务为辅	构成各组团路网基本形态，为各组团内出行提供交通服务	覆盖全区，连接中心区和周围主要生活区	连接片区中心，对用地分隔较弱			
		Ⅲ级主干路	分区（组团）间联系及内部中等距离交通联系，为沿线用地服务较多，不限车种	交通、服务并重						
集散道路	次干路		干线道路与支线道路的转换及城市内中、短距离的地方性活动组织服务，不限车种	交通、服务并重	干路路网体系的补充部分	覆盖全区，连接支路与主干路	连接组团内部，两侧用地联系密切	中流量，不连续，低速，混合交通	1.2～1.4	
支线道路	Ⅰ级支路		短距离地方性活动，不限车种	服务功能为主	城市路网的辅助填充部分	覆盖全区，交通产生吸引点的出入连接	连接小区内部，用地联系密不可分	小流量，不连续，低速，混合交通	3～4	公交支线
	Ⅱ级支路		短距离地方性活动，不限车种	服务及休闲功能为主	城市路网的辅助填充部分	覆盖全区	城市道路网络的重要组成部分	连续，低速	—	—

注：引自住房城乡建设部.城市综合交通体系规划标准.2018。

不同连接类型与用地服务特征所对应的城市道路功能等级　　表 2-9

连接类型	用地服务			
	不为沿线用地服务	为沿线用地少量服务	为沿线用地服务较多	直接为沿线用地服务
城市主要活动中心之间连接	快速路	主干路	—	—
城市分区(组团)间连接	快速路/主干路	主干路	主干路	—
分区(组团)内连接	—	主干路/次干路	主干路/次干路	—
(社区级)渗透性连接	—	—	次干路/支路	次干路/支路
(社区级)到达性连接	—	—	支路	支路

停车设施规划主要包括公共停车规划需求预测、路外路边停车场规划、配建停车指标制定等方面的内容。

土地资源紧缺，对于停车需求量大，用地矛盾突出，没有充足停车设施并且没有充足的用地用于停车规划，其相应的停车设施供应的原则如下：为减少过境交通对城市造成的交通压力，在进出城主要的道路周边以及城市边缘地区配建停车场；公共建筑物周边及大型商业中心附近，配建停车场的服务半径不宜超过 200m；将公共停车场配建在码头、机场、客运站、物流园区等客货流密集的地段。建议在城市中心区的公共停车位供应比例设定为 20%～30%，以便于维护交通安全、疏散交通的作用，特别针对公共停车场进行差别化车位供应，通过限制停车场规模的方法间接影响机动车的使用数量。而对于暂时还未得到完全开发的地段，把这一类区域公共停车场的供应原则定位为“尽可能地缩短出行目的地与停车场的距离”，最远距离不宜超过 300m；根据区域内停车的需求合理地设置停车场的规模与形式，以实现出行者以最短的步行距离从停车场到出行目的地，同时保证停车设施较高的服务水平，并保证停车位的充足供应[39]。

5. 交通管理规划

交通管理规划是对交通管理需求、道路交通组织、车辆管理、空间分配、交通管理设施、交通管理科技化水平等一系列问题的分析和解决的过程。主要研究内容可分为交通需求管理（Transportation Demand Management，TDM）和交通系统管理（Transportation Management System，TMS）两大类。

交通需求管理是对交通源的管理，是一种政策性的管理，通过影响城市交通结构，削减不必要和效率低的交通需求，从而减少道路交通流量，缓解交通拥堵，提高社会的整体出行效率。

交通系统管理是对交通流的管理，是一种技术性管理，通过对交通流进行管制及合理引导，均衡道路网络的交通流分布，从而创造安全和谐的交通环境，促进和提高系统的效率和容量。

2.5 绿色交通工程实践与效果

2.5.1 广州大学城绿色交通①

1. 工程概况

广州大学城位于广州市番禺区小谷围岛，共有十所高校，生活区处于内环与中环之

① 资料来源于《广州大学城校区控制性详细规划》和《广州大学城道路交通及市政工程综合规划》。

间，教学区处于中环与外环之间，规划总面积为 18.0km^2，其中教学区约 5.95km^2，学校生活区约 2.48km^2，公共设施约 3.05km^2（包括医院、生活配套设施 0.29km^2），岛内居民生活区约 1.24km^2，其余用地面积约 5.28km^2。

2.空间布局和交通出行特征

(1) 空间布局分析

“城一组团一校区”是广州大学城的空间结构。以教育共享设施的辐射范围为标准，形成分散的组团式结构。大学城各个组团以生态公园为“软核心”，并把周边区域规划为各大学资源共享区。这种扇形结构布局的核心是信息与体育共享区；内圈则组成了大学城的生活设施公共区，而外圈则组成了大学城的教学科研区（见图 2-19、图 2-20）。

图 2-19　广州大学城规划示意图

图 2-20　广州大学城中心共享区

大学城“环形＋放射状”的道路交通空间结构，客观上为绿色交通的发展提供良好的物质基础。中、短距离交通适宜采用公共交通、自行车和步行交通等，而对外交通则适宜采用大运量的轨道交通等。

(2) 交通出行特征分析

大学城内部交通以学生和教职员工的出行为主，学校特征和生活规律决定了交通出行方式的特点。因此，大学城应建立以轨道交通、公共汽车、自行车、步行为主的公共交通和慢行交通系统，这非常符合“绿色交通”的典型特征。

3.绿色交通规划设计

绿色交通技术的应用，主要体现在道路交通网络、人性化的道路断面规划设计（图 2-21～图 2-24）、便捷高效的公共交通网络、环境优美的自行车和步行系统。

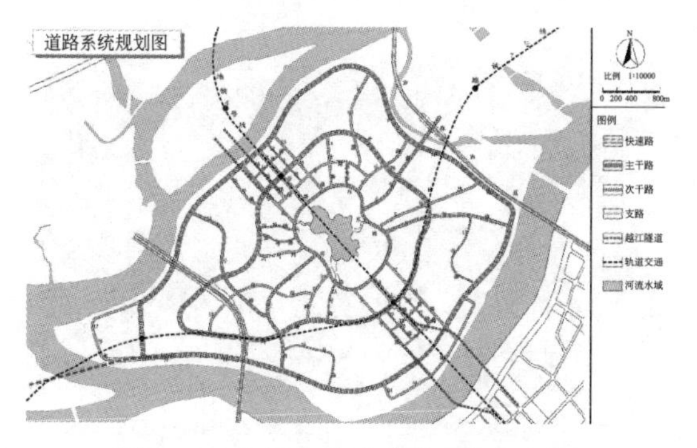

图 2-21　广州大学城道路系统规划图

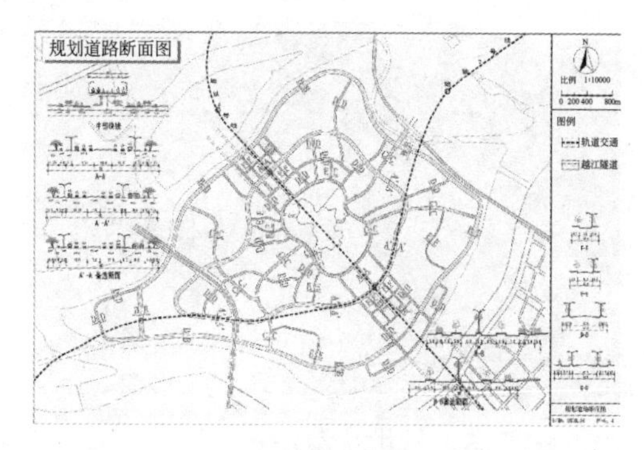

图 2-22　广州大学城道路断面规划图

图 2-23　广州大学城主干路断面

图 2-24　广州大学城次干路断面

（1）道路交通网络

根据大学城用地性质以及对内、对外交通流量的分析，规划形成“三环六射”的干路网结构。其中，“三环”包括内环路、中环路和外环路，对外放射道路主要由六条次干路构成。这种干路网结构能够较好地适应岛内公共交通的服务需要，而各大组团之间及内部支路则适宜推广自行车和步行交通。可见，在路网整体结构中，形成了功能吻合的道路网络，确保绿色交通体系的实施。

（2）道路断面规划设计

大学城支路主要以一块板形式为主，满足自行车和步行交通的出行，次干路、主干路主要以三块板、四块板形式为主，减少机动车与机动车、机动车与自行车、行人之间的干扰。结合大学城四周临水的特点，考虑设置环岛自行车专用道，宽度为 9m，举办赛事时也可作为自行车赛道。

（3）自行车和步行系统

由于大学城内部学生出行以自行车交通为主，所以需要构建体系完整的自行车系统（图 2-25、图 2-26）。结合三条环路，规划形成环形的自行车交通系统，并在道路横断面中给予足够的空间。同时，结合重要的放射性道路、组团间绿地系统，设置自行车道的连接线，形成完善的自行车专用网络。另外，结合人流集散特点，在各组团出入口、轨道交通站点和公交枢纽站设置自行车停车区，以便与其他交通方式的接驳和自行车的管理。

图 2-25　广州大学城自行车专用道

图 2-26　广州大学城环形自行车系统

大学城步行系统是绿色交通体系的重要组成部分，核心步行区主要布置在中心公园、图书中心、体育馆等区域。结合大学城的整体设计，各个校园组团和居住组团灵活布置步行道网，确保通达外环、中环的校门和划分组团的放射道路，并使各组团的步行道网能够相互连接；居住组团的步行道网还应能通达中心公园。除沿着三条环路布置环形步行系统外，规划还结合各组团之间的绿化带和放射性道路，设置步行系统的连接线，并做好与轨道交通站点、公交站点和自行车交通系统的衔接。

（4）公共交通网络

大学城对外交通主要包括轨道交通、常规地面交通和出租车等，而组团间机动化交通出行则以地面交通为主。公交线路有岛外交通线路和岛内交通线路两种；岛外线路主要通过横纵交汇的两条地铁线及中部快速路与外界联系，串联广州市区的学校和重要交通枢纽，强化与广州市区校本部、重要交通节点的衔接；岛内线路主要由环形和直线形组成；通过合理规划线路、站点，实现与外部公交网络、内部自行车和步行系统的合理衔接。

4. 实施效果

因需要承办广州亚运会部分项目的比赛，广州大学城在原有的自行车、步行系统基础上新增绿道的建设，（图2-27、图2-28）。大学城绿道包括两环三线三口，总长度26km（双向52km）。两环即内环路与外环路，其中内环双边双向9km，外环单边双向34km；三线即贯穿内环、外环的三条放射支线：中一路、中八路、东四路，总长双边双向7km；三口分别与岛外连接的三个出路口：通往海珠区的小洲便桥出入口、通往黄埔区长洲岛的赤坎桥出入口、通往新造镇的练溪码头出入口，新增绿道2km，还有3个临江湿地公园，大学城外环路上共设4个驿站。绿道基本覆盖大学城所有的交通要道。

绿道的建设不仅可以美化大学城的城市环境，让亚运会期间的四方游客来宾感受优雅的生态环境，还可为大学城内的各高校师生和村民提供休闲健身的场所。

图2-27 广州大学城公共自行车租赁服务

图2-28 广州大学城绿道标识系统

在优化道路交通环境的同时，对大学城道路及交通配套设施进行全面升级改造，包含交通路牌改造、交通标志标线翻新，增设、改造交通信号灯，中环路中间绿篱建设及掉头路口改造，新增LED情报板及原有信息情报板维护改造5个子项目，改善大学城交通指引系统，保障大学城绿色交通“有序、安全、畅通”。

5. 建设经验

提倡步行、自行车和公交出行，构建慢行和公交两套平行的网络系统。即组团内出行以步行和自行车交通为主，组团间出行以自行车和常规公共交通为主，对外交通出行以轨道交通和快速公共交通为主。

（1）依托路网结构，合理利用蓝绿空间，构建与需求相宜的绿色交通体系。

（2）完善慢行设施建设，做好与公共交通站点、自行车系统等的衔接。

（3）注重环境保护，强调绿色低碳出行，降低能源消耗。

（4）增加公共活动空间，促进各个校园的交流和融合。

2.5.2 广州知识城绿色交通①

1. 工程概况

面对珠三角进一步推进经济增长方式转型，广州市和新加坡于 2009 年正式启动建设“知识城”项目，规划总面积 123km^2，总人口 50 万人。“知识城”是指通过研发、技术和智慧，创造高附加值的产品和服务，从而成为全球知识流动的港湾，推动城市的发展。

2. 建设理念

交通系统是“知识城”依托广州和服务广州的纽带，对外需要高速通达中心城区和主要交通枢纽，形成具有竞争力的交通联系方式，在内部则要形成高效的土地利用模式，发挥交通建设对土地开发的引导作用。因此，要求知识城构建一个内外交通联系顺畅、土地利用和交通紧密结合的绿色交通体系，强调以人为本、公交优先的“绿色交通”。

3. 慢行道规划

知识城绿道是珠三角绿道网 2 号绿道的主要发展节点之一。通过知识城的慢行交通系统，可以便捷地通达至珠三角绿道网络。

在主干路、次干路、支路构成的路网中，自行车车道与机动车车道并行建设，形成整个知识城的自行车干路网：一方面为机动车交通尤其是公共交通提供良好的通勤交通服务；另一方面可作为知识城休闲绿道和小区内部慢行系统的外部衔接。另外，从交通设计（如道路横断面、过街设施）和自行车停车位配置等方面，充分考虑步行和使用自行车的便捷性。

（1）自行车道

考虑到广州知识城未来的交通发展策略，规划以实体分隔的自行车道（图 2-29）为骨干，以各小区内部自行车专用道或画线分隔的自行车车道为辅助，构成完善的交通性慢行系统，与依山傍水的休闲性慢行绿道（图 2-30）相衔接，共同组成自行车道路网络系统。

图 2-29 有实体分隔的自行车道

图 2-30 绿化退缩带内蜿蜒的自行车道

① 来源于《广州知识城总体规划》和《广州知识城综合交通专项规划》。

鉴于广州“知识城”各级道路的横断面两侧都有10m的绿化退缩带，所以在沿线布设自行车车道和人行道（休闲性慢行）时，可在服务带外侧包括绿化退缩带的范围内灵活设置，从而增加道路系统的景观功能。

（2）步行系统

知识城步行系统主要包括：以交通功能为主的道路两侧人行道、居住区步行系统、滨水步道及林荫道、城市广场等。

居住区步行系统（休闲性慢行）：在居住区级道路系统实现人车分流之后，进入居住区内部的车辆就相对减少，可采取不同于外部的道路设计，保证步行者的优先权，形成人性化的生活场所（图2-31）。

滨水步道及林荫道（休闲性慢行）：“知识城”水网密布，境内的平岗河、凤凰河两条主要河流四周都是绿地，有条件修建“依山傍水”的滨河步道，为居民提供亲切宜人的步行休闲空间（图2-32、图2-33）。

图2-31　居住区步行系统

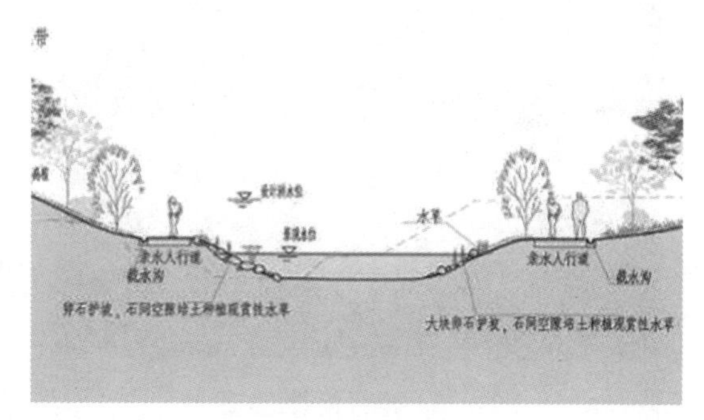

图2-32　滨河步道

城市广场（休闲性慢行）：通常是城市居民社会生活的中心，可进行集会、交通集散、居民游览休息、商业服务及文化宣传等活动。街道提供行走空间，广场则提供暂时停留的空间，街道和广场共同组成配套的步行系统（图2-34）。

图2-33　林荫道

图2-34　城市休闲广场

4.建设经验

（1）从城市整体发展的角度确定慢行区域，建立通畅便捷的慢行路径和网络，满足各类人群交通性和休闲性的出行需求。

（2）塑造优美、富于特色的慢行环境，营造良好城市氛围，为民众休闲、健身提供生态型、人性化的活动空间。

（3）在居住地和工作地之间，建设与机动车道分离的独立自行车道，确保自行车道的无缝衔接和顺畅。

2.5.3 揭阳榕江新城环岛路绿道

1. 工程概况

环岛路绿道位于揭阳市榕城区和空港经济区（图 2-35），2018 年下半年开始建设，建成后将与临江南路、揭阳大道绿道形成环线（图 2-36），绿道总长约 32km。

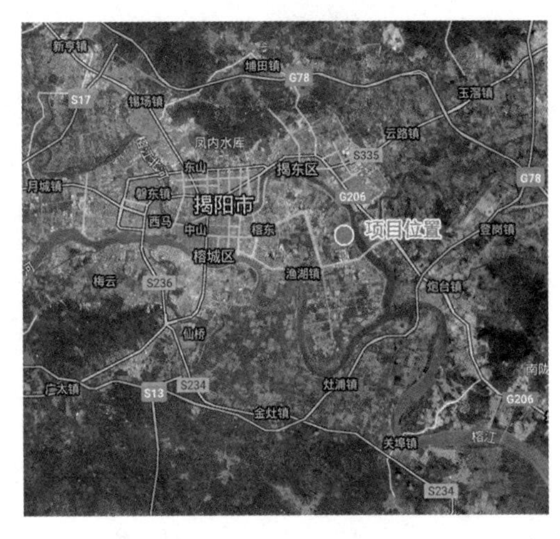

图 2-35　项目位置示意图

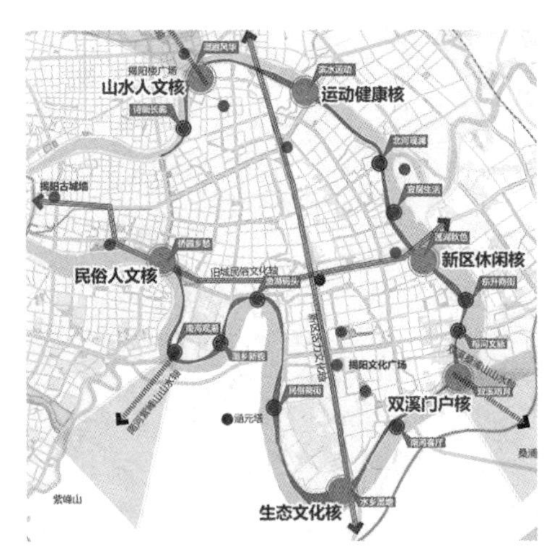

图 2-36　绿道及景观节点结构规划图

2. 设计理念

利用滨水空间，增加文化元素及民众休闲设施，塑造“人水和谐、水城共荣、宜居休闲”的滨江活力带。依据地形地貌，因地制宜，建构“枕水而居”的山水环境，尊重传统山水格局，打造岭南山水名城。

通过滨江景观带的建设，提升榕江新城的知名度，建立生态城市形象；通过廊、湿地、公园、花园、绿道的打造，营造友好的开敞空间；通过公共服务设施配套的建设，成为当地民众休闲活动的场所和提升生活品质的滨水公园。

3. 规划设计方案

提升沿线景观品质，营造良好创新环境，构筑“一带、五轴、六核、十八景”的布局，打造旅游城市印象与民众休闲健身一体化的两江四岸滨江风光带。项目北起榕河文脉景观节点，南至渔湖码头景点，形成一整条以临江狭长带状绿地为主的绿道，串联榕江南河风光带多处重要节点。

景观设计范围内的道路设计方式以人行步道为主，沿江两岸设计休闲步道和绿道，其中休闲步道宽 3～5m，绿道宽约 2.5m。通过不同材质、色彩铺装将休闲步道和绿道进行区分，有利于划分骑行、慢跑与漫步者的活动区间（图 2-37）。

根据地形特点，合理确定园路和主要景物的高程（图 2-38）。园路的高程随地形变化适当调整，并在满足场地排水要求的情况下营造趣味性；主要景观的高程则根据景观视线的特点进行高低错落设计；与周边室外地面或道路标高相比，公厕、驿站等建筑物的室内

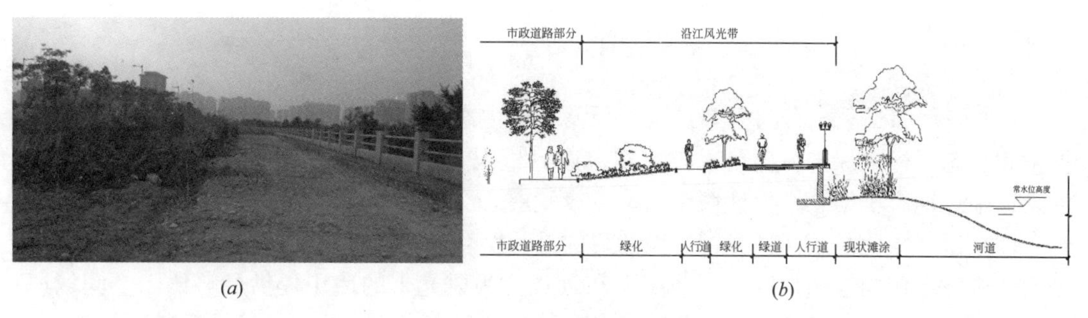

图 2-37　绿道现状及设计断面图

（a）现状断面；（b）设计断面

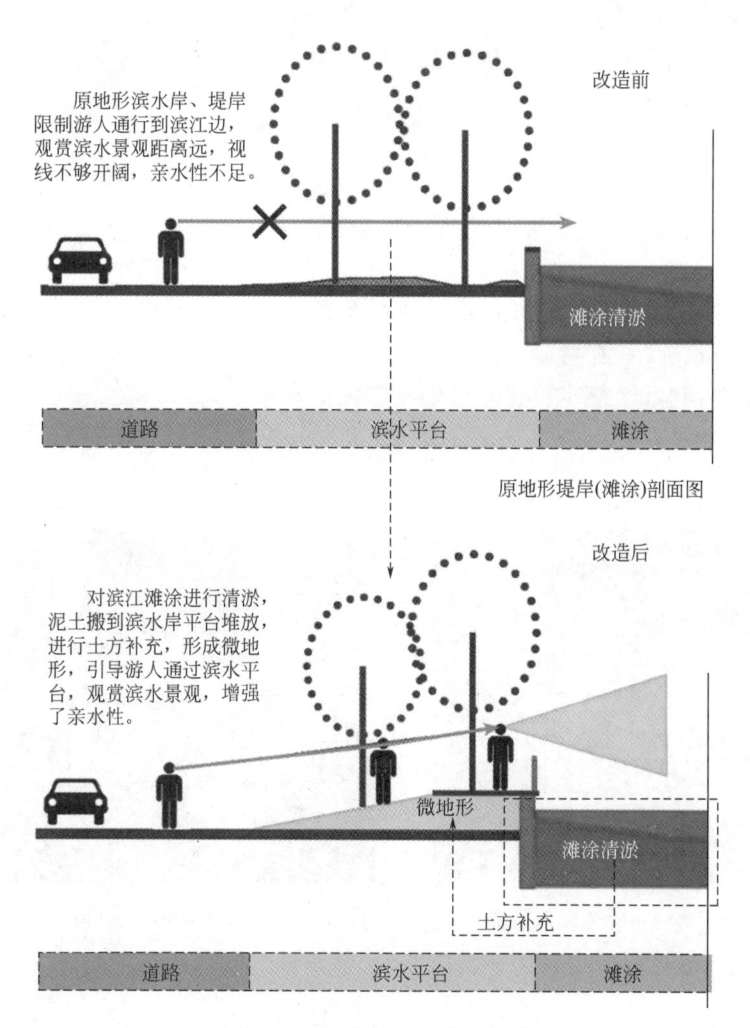

图 2-38　场地竖向改造示意图

标高要高出 0.15～0.3m，以适应排水的要求。

在设计范围内采用自然排水和管道排水两种排水方式，利用地形高差雨水自然排放并通过排水管道流入榕江。所有与绿地相邻广场及人行道均采用平缘石收边，并向绿地方向找坡，同时在面积较大的广场及宽度超过 4.0m 的人行道采用自然找坡排水和管道排水两种排水方式并用。

4. 建设经验

（1）三分打造，七分自然，展现最原始、最生态、最质朴的环境印象。高度重视环境保护和生态平衡，保护古树名木与文物古迹等景观资源，合理安排道路景观的建设时序，注重近中远期有机结合，保证城市的可持续发展。

（2）道路绿化与滨江风光带建设的目的是为民众提供人性化的休闲活动绿色空间。规划设计应站在使用者的角度，从功能上和景观上为风光带的使用提供足够休闲空间场所；从心理上考虑各种空间的大小及分隔，各种设施的尺度，力争为民众提供最好的服务。

（3）充分利用一切可利用资源，重视乡土树种，选择适合当地生长的树种，以乡土树种为主，最大限度保证成活率。

（4）滨江绿道结合驳岸设计，创造人工与自然环境协调的景观体验。

2.5.4 河源粤赣古驿道

1. 工程概况

2016～2017 年，广东省重点打造韶关南雄梅关古道等 8 条示范段，古驿道保护修复工作取得较好成效，圆满完成“两年试点”阶段性目标。2018 年广东省组织开展南粤古驿道重点线路保护修复与活化利用工作，要求在全省范围内重点建设几条很好用的古驿道，实现从“试点”向“线路”的转变，其中河源粤赣古道被列入 2018 年南粤古驿道重点线路。根据古道保存情况，在粤赣古道中选取一段（大湖—热水段）作为重点修复段，即从连平县大湖镇罗径村起至热水镇北联村止，总长度为 60.76km，重点修缮和修复古道上的驿站、驿亭等历史遗存，以及建设完善沿线配套服务设施、标识系统等工程（图 2-39、图 2-40）[40]。

图 2-39　河源粤赣古驿道标识系统

图 2-40　河源粤赣古驿道定向越野活动

2. 设计原则[41]

（1）原真性

遗存保存的原真性是评估古驿道遗产价值和确定其保护等级的核心标准。保护与修复应当以现存有价值的实物为主要依据，并必须保存重要事件和重要人物遗留的痕迹。

（2）完整性

遗存保存的完整性是评估古驿道遗产价值和确定其保护等级的重要依据和重要指标。完整保护是指在对古驿道沿线所有的历史文化遗存保存现状进行全面调查和价值评估的基础上，对古驿道及与其遗产价值关联的自然和人文景观构成的环境统一进行保护，保护好历史遗存的真实载体和古驿道沿线的生态格局。

（3）科学性

古驿道的保护与修复应当注重科学性和专业性，科学研究应贯穿于保护与修复工作的全过程，所有保护与修复措施要以学术研究成果为依据。

（4）安全性

古驿道的保护与修复应以安全保障为客观前提，应建立涵盖古驿道本体和附属设施保护、安全排查、灾害预警信息发布、后期维护和事后紧急救援的全流程安全保障体系，切实保障古驿道本体、附属设施及游客人身安全，减少安全隐患。

（5）生态性

古驿道的保护与修复，应有助于维护与改善沿线的自然生态环境，同时在古驿道建设过程中坚持原生态、再利用、再循环原则，确保对原生态环境的最少干预，实现生态和谐。

（6）可持续性

古驿道保护与修复应采用动态管理、持续利用的机制，满足文化活动、户外活动等项目的举办要求，在保护历史文化遗存、维护其周边环境的基础上，修复设计可根据使用功能，适当加入与古驿道相协调、有特定地域特征或时代特征的一些建筑元素，保持文化遗产保护传承的可持续性、现代活力和时代特征。

3.选线布局

古驿道的选线布局主要通过三个步骤来完成（图2-41）。第一步，以古驿道原有线路为基础。与绿道选线常用的多要素适宜性评价得出选线布局不同，古驿道是历史上人们商贸往来的道路，有其固定的线路走向，重点线路选线应尊重历史基本走向，通过现场踏勘、文献资料查找、咨询当地老百姓等多种方式梳理古驿道历史路线，作为古驿道重点线路的选线基础。第二步，古驿道重点线路选线要素评价。在古驿道历史走线的基础之上，建立古驿道重点线路选线要素评价体系，将各项要素对古驿道历史走线的影响进行适宜性

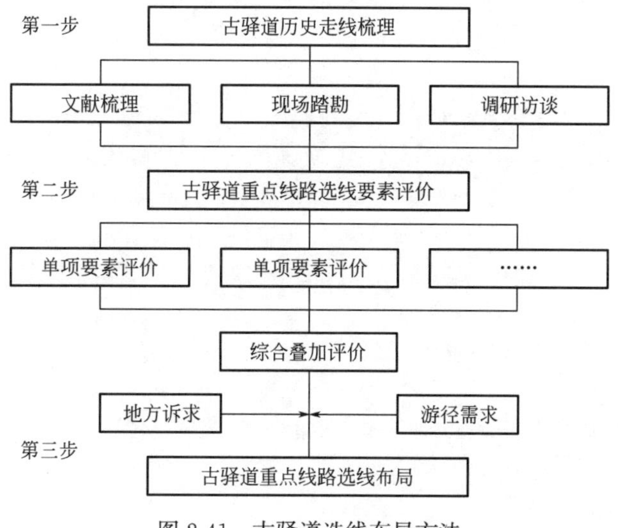

图2-41 古驿道选线布局方法

评价，并进行权重叠加，得出古驿道重点线路综合评价图。第三步，优化调整古驿道重点线路在定量判断出初步选线之后，综合考虑整合周边资源、带动沿线村庄、地方诉求、规划整合等多种因素，对古驿道重点线路综合评价图进行优化调整，得出古驿道重点线路的最终选线。

4. 建设经验[40]

（1）优先考虑古驿道保存较好路段

古驿道作为古代人员、货物往来的通道，主要包括陆路与水路。相比水路，陆路更容易保留遗存印记。陆路古驿道一般是以石块、鹅卵石、麻石等石材铺砌而成，重点线路应优先选择古驿道保存较好、较为连续的路段，能更加直观地向世人展现古驿道的特色风光和历史印记。

（2）重点发展先导热点地区

与成熟景区相比，古驿道的通行条件、周边景观、配套服务都较为落后，在资金、时间都有限的条件下，仅保护修复古驿道无法吸引游客。因此，需要挖掘古驿道周边已有的热点地区，如风景区、度假山庄等，利用已有一定吸引力的旅游资源点来集聚人气，借助交通可达性的优势，让游客来这些资源点的同时走走古道、锻炼身体、重塑历史，进而带动古道的人气与知名度，并形成古道与先导地区互相带动、整体统筹发展的态势。

（3）尊重徒步爱好者用脚选出的路

随着人们对健康的关注，越来越多的徒步爱好者自发地去古驿道或风景较好的山林地区徒步。可通过大数据抓取、现场调研、访谈等多种方式提取游客用脚选出的路线。

（4）整合串联沿线村庄和各类资源

为实现乡村振兴等战略，古驿道重点线路应选择靠近村庄，尤其是省定贫困村、特色村庄等，整合沿线历史文化、自然生态、服务配套等各类资源，增强古驿道趣味性，带动沿线村庄发展。

参考文献

[1] 杨志峰，刘静玲. 环境科学概论 [M]. 北京：高等教育出版社，2004.

[2] 住房城乡建设部. 城市综合交通体系规划标准：GB/T 51328-2018 [S]. 北京：中国建筑工业出版社，2019.

[3] 马向明，程红宁. 广东绿道体系的构建：构思与创新 [J]. 城市规划，2013，37（02）：38-44.

[4] 秦小萍，魏民. 中国绿道与美国 Greenway 的比较研究 [J]. 中国园林，2013，29（04）：119-124.

[5] 住房城乡建设部. 住房城乡建设部关于印发绿道规划设计导则的通知 [EB/OL]. [2016-09-21]. http：//www. mohurd. gov. cn/wjfb/201610/t20161014 _ 229168. html.

[6] 马向明，杨庆东. 广东绿道的两个走向——南粤古驿道的活化利用对广东绿道发展的意义 [J]. 南方建筑，2017（06）：44-48.

[7] 广东省住房和城乡建设厅，广东省文化厅，广东省体育局等. 广东省南粤古驿道线路保护与利用总体规划 [R]. 广东，2017.

[8] 广东省河长制办公室. 广东省河长办关于印发万里碧道省级试点名单及建设指引的通知——广东万里碧道试点建设指引（暂行）[EB/OL]. [2016-09-21]. http://slt. gd. gov. cn/gdwlbdjxsztzcwj/content/post _ 2522982. html.

[9] 广东省住房和城乡建设厅. 广东省省立绿道建设指引 [Z]. 广东，2011.

[10] 建设部. 城市公共交通分类标准：CJJ/T 114—2007 [S]. 北京：中国建筑工业出版社，2007.

[11] 住房城乡建设部. 地铁设计规范：GB 50157—2017 [S]. 北京：中国建筑工业出版社，2017.

[12] 上海市住房和城乡建设管理委员会. 有轨电车工程设计规范：DG/TJ 08-2213—2016 [S]. 上海：同济大学出版社，2016.

[13] 中国土木工程学会. 市域快速轨道交通设计规范：T/CCES 2—2017 [S]. 北京：中国建筑工业出版社，2017.

[14] 于伟. 浅析美国东海岸城市绿道建设——以纽约城市绿道建设为例 [J]. 建筑学报，2012 (08)：5-8.

[15] 徐璐. 步行城市哥本哈根对绿色交通发展的启示 [C] //中国城市规划学会. 规划创新——2010 中国城市规划年会论文集. 重庆：重庆出版社，2010：5863-5871.

[16] EuroVelo. Routes & Countries [EB/OL]. https://en. eurovelo. com/.

[17] Curitiba. Brazil-Rede integrada de transporte [EB/OL]. [2019-08-16]. https://brtdata. org/location/latin _ america/brazil/curitiba.

[18] 郑晓俊. 打造以人为本的高品质公共交通出行体系——新加坡公共交通体系剖析 [J]. 广东交通职业技术学院学报，2012，11 (03)：1-6.

[19] 孙腾，冯丹，胡利明. 国外新能源汽车发展现状及对我国发展的启示 [J]. 化工时刊，2018 (09)：30-35.

[20] 韩宝明，代位，张红健. 2018 年世界城市轨道交通运营统计与分析 [J]. 都市快轨交通，2019 (01)：9-14.

[21] Transport for London. Tube trivia and facts [EB/OL]. [2019-07-29]. https://madeby. tfl. gov. uk/2019/07/29/tube-trivia-and-facts/.

[22] Metro de París. La forma más rapida de moverse por París [EB/OL]. https://www. paris. es/metro.

[23] 刘振峰. 绿色交通运输发展国际经验借鉴分析 [J]. 交通运输部管理干部学院学报，2014 (06)：8-11.

[24] 广东省体育局群众体育处. 广东省绿道建设情况 [EB/OL]. [2019-03-13]. http://tyj. gd. gov. cn/bigdata _ qzty/content/post _ 2223137. html.

[25] 香港铁路有限公司. 港铁网络 [EB/OL]. http://www. mtr. com. hk/ch/customer/services/more _ our _ network. html.

[26] 谢庆裕. 2022 年初步建成 5000 公里碧道 [N/OL]. 南方日报. 2019-07-26. http://epaper. southcn. com/nfdaily/html/2019-07/26/content _ 7813264. htm.

[27] 陈小鸿，叶建红. 绿色导向，慢行优先——上海 2040 总体规划的交通发展价值观点 [J]. 上海城市规划，2017 (04)：18-25.

[28] 戴继锋，张宇，杨克青. 新型城镇化背景下绿色交通的发展对策 [J]. 科技导报，2019，37 (06)：44-52.

[29] 刘雪杰，全永燊，孙明正等. 中国城镇化进程中的交通问题及对策 [C] //中国城市规划学会城市交通规划学术委员会. 公交优先与缓堵对策——中国城市交通规划 2012 年年会暨第 26 次学术研讨会论文集. 北京，2012：197-205.

[30] 香港铁路有限公司. 港铁 2018 年财务报告 [EB/OL]. [2019-03-26]. http://www. mtr. com. hk/archive/corporate/ch/investor/ annual2018/CMTRAR18. pdf.

[31] 上海市人民政府. 上海市人民政府关于印发《上海市鼓励和规范互联网租赁自行车发展的指导意见（试行）》的通知 [EB/OL]. [2017-11-09]. http://www. shanghai. gov. cn/nw2/nw2314/nw2319/nw12344/u26aw54099. html.

[32] 戴继锋，周乐. 精细化的交通规划与设计技术体系研究与实践 [J]. 城市规划，2014，38 (S2)：

136-142.
[33] 陆化普. 城市绿色交通的实现路径 [J]. 城市交通，2009，7（06）：23-27.
[34] 彼得·卡尔索普（Peter Calthrope）. 未来美国大都市：生态·社区·美国梦 [M]. 郭亮，译. 北京：中国建筑工业出版社，2009.
[35] 于文波，王竹，孟海宁. 中国的“单位制社区”vs 美国的 TOD 社区 [J]. 城市规划，2007（05）：57-61.
[36] 彼得·卡尔索普（Peter Calthrope），杨保军，张泉. TOD 在中国面向低碳城市的土地使用与交通规划设计指南 [M]. 北京：中国建筑工业出版社，2014.
[37] 许梦莹. 基于绿色交通的城市交通规划方法改进研究 [D]. 南京：南京林业大学，2013.
[38] 广东省住房和城乡建建设厅. 印发绿道连接线建设及绿道与道路交叉路段建设技术指引的通知 [EB/OL]. [2010-10-09]. http://www.gdcic.gov.cn/HTMLFile/shownews _ messageid=114284.html.
[39] 李炯. 基于绿色交通理念的中小城市综合交通规划体系研究 [D]. 石家庄：石家庄铁道大学，2017.
[40] 徐涵，廖泽群，韦杰豪. 南粤古驿道重点线路选线方法初探——以河源粤赣古道为例 [C] //中国城市规划学会，杭州市人民政府，中国城市规划学会. 共享与品质——2018 中国城市规划年会论文集（05 城市规划新技术应用）. 杭州，2018：1160-1174.
[41] 广东省住房和城乡建设厅，广东省文化厅. 广东省住房和城乡建设厅. 广东省文化厅关于印发《南粤古驿道保护与修复指引（2018 年修编）》的通知 [EB/OL]. [2018-06-08]. http://zwgk.gd.gov.cn/006939799/201806/t20180609 _ 768838.html.

第 3 章　分质供水

3.1　分质供水技术概况及推广现实意义

3.1.1　分质供水内涵

1. 传统供水模式带来的水资源浪费问题

自来水是指通过自来水处理厂净化、消毒后生产出来的符合现行《生活饮用水卫生标准》（GB 5749—2006）的供人们生活和生产使用的水。它主要通过水厂的取水泵站汲取江河湖泊、地下水及地表水，并经过沉淀、消毒、过滤等工艺流程，最后通过配水泵站输送到各个用户。长期以来，大多数城市采用一套供水管网且供给所有用户同一水质标准的自来水系统，这不仅造成优质水资源的浪费（图 3-1、图 3-2），而且也难于实现各种水资源的有效配置。

图 3-1　城市供水用于道路洒水

图 3-2　城市供水用于绿化用水

2. 分质供水模式概念的提出

随着经济社会的发展和居民生活水平的日益提高，城市用水量出现急剧上升的趋势，城市用水量和原水量之间的供需矛盾越来越突出，同时各种用途的用水水质标准也各不相同。在这种背景下，分质供水最早出现在 1920 年美国的亚利桑那，由于当地水资源奇缺，分质供水是解决淡水资源不足的有效办法之一。其后美国西岸的加利福尼亚、洛杉矶等城市也开始推行分质供水。在 20 世纪六七十年代，由于日本水资源有限和经济腾飞所引起的用水需求增加，所以在东京、川崎、福冈等缺水城市推行分质供水。

从 20 世纪 80 年代开始，我国部分区域实施了分质供水，已涌现出多种分质供水的建设模式。例如，上海世博园、广州大学城、广州亚运城采用生活用水和杂用水两套管网；珠海高栏港区采用城市用水和工业原水两套管网；天津市、北京市采用城市用水和污水再生回用水两套管网；香港特别行政区及部分海岛区域采用城市用水和海水冲厕两套管网；部分城市采用城市用水和雨水综合利用两套管网；部分小区采用城市用水和管道直饮水两套管网。

由此可见，分质供水是指一个区域建设两套或两套以上市政供水管网系统，且供给满足两种或两种以上水质标准要求用水的城市供水模式。

3. 供水专业术语[1~11]

（1）城市给水：是指由城市给水系统对城市生产、生活、消防和市政管理等所需用水进行供给的给水方式。

（2）给水系统：是指由取水、输水、水质处理和配水等工程设施以一定方式组成的总体。

（3）城市供水：是指向城市居民提供生活饮用水和城市其他用途的水。

（4）自来水：是指通过自来水处理厂净化、消毒后生产出来的符合现行《生活饮用水卫生标准》（GB 5749—2006）的供人们生活、生产使用的水。

（5）生活饮用水：是指供人生活的饮水和生活用水，符合现行《生活饮用水卫生标准》（GB 5749—2006）。

（6）直饮水：是指以符合生活饮用水水质标准的自来水或水源水为原水，经过再净化后可供给用户直接饮用的管道直饮水，符合现行《饮用净水水质标准》（CJ 94—2005）。

（7）再生水：是指城市污水经适当再生工艺处理后，达到现行《城市污水再生利用》系列标准的要求，满足某种使用功能要求，可以进行有益使用的水。

（8）回用水：是指污水经适当处理后，达到现行《城市污水再生利用》系列标准的要求，应用于具有收益的用途，需要管路或其他输送设施送到用户。当再生水在污水处理后进入新的应用系统，称为回用水。

（9）城市杂用水：是指利用河涌水、雨洪水、海水、污水等水源经过适当处理后，达到现行《城市污水再生利用 城市杂用水水质》（GB/T 18920—2002）标准的要求，用于冲厕、道路清扫、消防、城市绿化、车辆冲洗、建筑施工的非饮用水。

（10）中水：是指各种排水经处理后，达到现行《建筑中水设计标准》（GB 50336—2018）规定，可在生活、市政、环境等范围内杂用的非饮用水。

（11）循环水：通常是指只包括一种用途或一个用户，用户的出水被收集、处理、输送回到其初始用途或用户，并实现水在同一系统的不断循环，主要用于工业用水系统。

4. 分质供水内涵

通过研究国内外分质供水的不同做法，分质供水的表现形式首先应符合“不同管网、不同水质”的基本概念。分质供水作为一种供水方式，是人类利用水资源模式的变革，分质供水只有起到水资源配置的作用，才具有长久的生命力，也是各国长期研究、探索、试验、总结分质供水各种可能的动力所在。

分质供水是城市供水的一种形式，其特点是根据用户对用水水质的不同需求，建立两个或两个以上的供水系统分别供应符合不同水质标准的用水，每个系统又包括多个环节的工程措施。在不同水质供水系统中，可饮用水系统作为城市主体供水系统，非饮用水系统作为主体供水系统的补充，非饮用水系统通常是局部或区域性的，是有效配置各种水资源的供水模式之一。

3.1.2 分质供水分类模式

借鉴国内外城市供水的发展经验，城市供水模式可分为单质供水和分质供水两大类，其中分质供水又可根据用水对象的不同分为三种，即城市型分质供水、工业型分质供水和分散型分质供水。

1.单质供水模式

单质供水是指区域内采用相同的一套供水管网系统供给用户同一水质标准的供水模式，水质达到现行《生活饮用水卫生标准》(GB 5749—2006)，并选取优质的水源地作为取水口。目前，大多数城市采用该供水模式。

2.分质供水模式

分质供水一般宜采用两套供水系统。鉴于管理复杂和造价较高等因素，不提倡采用两套以上的供水系统。根据各个区域供水对象的差别和分质供水区域范围的大小，又可细分为城市型分质供水、工业型分质供水和分散型分质供水三种。

(1) 城市型分质供水

城市型分质供水是指建立两套不同的供水系统，一套以供应与居民生活紧密接触的用水为主，水质需达到现行《生活饮用水卫生标准》(GB 5749—2006)，并选取饮用水源保护区作为取水口。另外一套以供应市政杂用水及冲厕用水为主，水质达到相对应的卫生标准，就近选择水源。比如，广州大学城和广州亚运城的供水系统属于城市型分质供水，即采用水质良好的地表水作为饮用水源，河涌水、污水处理厂出水、雨水等非常规水源作为非饮用水源。该分质供水模式适用于主要以居民生活用水、公建用水、第三产业用水和市政用水等用途为主，且工业用水所占比例较低的区域。

(2) 工业型分质供水

工业型分质供水是指建设两套不同的供水系统，一套以供应工业企业生产用水为主，供水水质各地要求不一，就近选择水质良好的地表水、污水处理厂出水、雨水、海水等作为水源；另外一套以供应工业企业生产用水之外的用水为主，水质达到现行《生活饮用水卫生标准》(GB 5749—2006) 且原水取自饮用水源保护区。例如，抚顺市、株洲市、兰州市、上海市金山区、常州市、宁波市、珠海市高栏港经济区等城市工业区。该分质供水模式适用于主要以企业的生产用水为主，且生活用水、市政用水及其他用水所占比例相对较低的工业区。

(3) 分散型分质供水

分散型分质供水是指供水区域内的大部分地区采用单质供水模式，在局部有条件的区域实施分质供水。该分质供水模式适用于污水处理厂周边区域、常年水质良好的地表水周边区域和具备雨水利用条件的区域。这种类型在我国的应用已非常广泛，尤其是在工业企业内部和污水处理厂周边区域，具有非常成熟的运行技术和管理经验。另外，对于部分经济条件较好的区域，可在供给自来水的基础上进一步提高水质，供应直饮水。

3.供水模式比较

单质供水模式不仅具有造价较低、维护管理难度相对较小等优势，而且还在我国长期的建设和运行中积累了丰富的经验，是一种非常成熟的供水模式，涵盖建筑内部、小区、工业企业和市政道路等区域。

但是，从水资源合理配置的角度来衡量，单质供水模式既没有做到“优水优用”，又没有对再生水、雨水等非常规水资源进行合理利用。当城市面临工程性或水质性缺水时，单质供水模式的弊端则日益突显。为此，在未来的城市建设中，必须倡导多元化的供水模式，为城市的可持续发展奠定基础。各种供水模式特点的比较，如表 3-1 所示。

各种供水模式特点的比较　　表 3-1

序号	比较项目	单质供水	分质供水		
			城市型	工业型	分散型
1	给水管网造价	★★	★★★	★★★	★★☆
2	泵站造价	★★	★★☆	★★☆	★★☆
3	给水厂造价	★★	★★☆	★★☆	★★☆
4	综合造价	★★	★★★	★★★	★★☆
5	维护管理	★★	★★★	★★★	★★☆
6	实施难度	★	★★★	★★☆	★★
7	水源选择	★★★	★★	★★	★★☆
8	污水回用	—	★	★	★
9	保护环境	—	★	★	★
9	水费	★★★	★☆	★☆	★★
10	节约优质水资源	—	★★	★★	★
11	城市形象提升	★	★★★	★★★	★☆
12	水源短缺影响	★★★	★☆	★☆	★★☆
13	水资源合理配置	—	★★	★★	★

注：(1) ★和☆符号表示难易程度、费用高低、效果程度等内容。
(2) ★和☆数量越多表示难度越大，费用越高，效果越好等情况，其中一个☆相当于半个★。

3.1.3 分质供水水质标准

1. 单质供水模式对应的水质标准

单质供水模式的供水对象包含所有用户，其水质标准需要满足人类健康饮用的需求，即供水水质必须符合现行《生活饮用水卫生标准》(GB 5749—2006)；有条件的城市，其供水水质可按现行《生活饮用水卫生标准》(GB 5749—2006) 和《城市供水水质标准》(CJ/T 206—2005) 两者之中较严格者执行。

2. 分质供水模式对应的水质标准

(1) 城市型分质供水模式对应的水质标准

城市型分质供水需要建设两套不同水质的供水系统。其中一套以供应与居民生活紧密接触的水为主，水质标准和单质供水模式一致，即供水水质必须符合现行《生活饮用水卫生标准》(GB 5749—2006)；有条件的城市，其供水水质可按现行《生活饮用水卫生标准》(GB 5749—2006) 和《城市供水水质标准》(CJ/T 206—2005) 两者之中较严格者执行。另外一套则以供应城市杂用水为主，水质标准需达到现行《城市污水再生利用 城市杂用水水质》(GB/T 18920—2002) 标准执行，不同用途的城市杂用水之水质标准也有所区别，一般是按现行该标准中对水质要求最严格的车辆冲洗水质标准执行。

根据现行《城镇污水处理厂污染物排放标准》(GB 18918—2002) 中的相关规定，一级 A 标准是城镇污水处理厂出水作为回用水的基本要求，符合该标准的出水可作为城镇景观用水和一般回用水。目前国内正在大规模推行污水处理厂的提标改造，即将出水排放标准由原有的一级B标准提升到一级A标准。然而，与《城市污水再生利用 城市杂用水水质》(GB/T 18920—2002) 标准中对车辆冲洗水质的要求相比（表3-2），一级A标准较城市杂用水水质标准还有一定的差距。例如，一级A标准中粪大肠菌群数的最高允许排放浓度（日均值）规定为103个/L，而城市杂用水水质标准中车辆冲洗用水规定为3个/L；一级A标准中锰的最高允许排放浓度（日均值）规定为2.0mg/L，而城市杂用水水质标准中车辆冲洗用水规定为0.1mg/L；同时一级A标准并未对嗅觉、浊度、溶解性总固体、总铁、溶解氧等指标做出规定。这也就意味着即使污水处理厂已将排放标准提升为一级A标准，出水还需进一步深度处理和消毒后才能作为再生水供应。

城市杂用水水质标准 **表3-2**

序号	项目		冲厕	道路清扫、消防	城市绿化	车辆冲洗	建筑施工
1	pH		6.0～9.0				
2	色(度)	≤	30				
3	嗅		无不快感				
4	浊度(NTU)	≤	5	10	10	5	20
5	溶解性总固体(mg/L)	≤	1500	1500	1000	1000	
6	五日生化需氧量(mg/L)	≤	10	15	20	10	15
7	氨氮(mg/L)	≤	10	10	20	10	20
8	阴离子表面活性剂(mg/L)	≤	1.0	1.0	1.0	0.5	1.0
9	铁(mg/L)	≤	0.3			0.3	
10	锰(mg/L)	≤	0.1			0.1	
11	溶解氧(mg/L)	≥	1.0				
12	总余氯(mg/L)		接触30min后≥1.0,管网末端≥0.2				
13	总大肠菌群(个/L)	≤	3				

(2) 工业型分质供水模式对应的水质标准

工业型分质供水需要建立两套不同水质的供水系统，其中一套同样以供应与居民生活紧密接触的水为主，水质标准和单质供水模式一致，即供水水质必须符合现行《生活饮用水卫生标准》(GB 5749—2006)；有条件的城市，其供水水质可按现行《生活饮用水卫生标准》(GB 5749—2006) 和《城市供水水质标准》(CJ/T 206—2005) 两者之中较严格者执行。另外一套则以供应工业企业生产用水为主，水质标准需达到现行《城市污水再生利用 工业用水水质》(GB/T 19923—2005) 的相应规定，其对再生水用作工业生产用水水源的水质标准提出了具体的要求。

通过分析各种生产用水的水质要求，敞开式循环冷却水系统补充水、锅炉补给水、工艺与产品用水等三类用水对水质要求较高，冷却水同时又是工业用水中所占比例最大的用水。因此，工业生产用水的水质标准可按照《城市污水再生利用 工业用水水质》(GB/T 19923—2005) 中对锅炉补给水、工艺与产品用水的水质要求。另外，工业水厂的水质标准，特别是以污水处理厂的出水作为水源时，除应满足上表各项指标外，其化学毒理学指标还应符合现行《城镇污水处理厂污染物排放标准》(GB 18918—2002) 中“一类污染物”

和“选择控制项目”各项指标限值的规定，可根据供水对象的实际水质需求进行相应调整。

（3）分散型分质供水模式对应的水质标准

分散型分质供水模式比较灵活，供水对象可以为景观环境用水、绿地灌溉用水、城市杂用水、工业用水、农业灌溉用水、地下水回灌、海水冲厕及直饮水等。

《城市污水再生利用 景观环境用水水质》（GB/T 18921—2002）适用于作为景观环境用水的再生水。

《城市污水再生利用 绿地灌溉水质》（GB/T 25499—2010）适用于以城市污水再生水为水源，灌溉绿地的再生水。

《城市污水再生利用 城市杂用水水质》（GB/T 18920—2002）适用于厕所便器冲洗、道路清扫、消防、城市绿化、车辆冲洗、建筑施工杂用水。

《城市污水再生利用 工业用水水质》（GB/T 19923—2005）适用于以城市污水再生水为水源，作为工业用水的下列范围：冷却用水、洗涤用水、锅炉用水、工艺用水、产品用水等。

《城市污水再生利用 农田灌溉用水水质》（GB 20922—2007）适用于以城市污水处理厂出水为水源的农田灌溉用水。

《城市污水再生利用 地下水回灌水质》（GB/T 19772—2005）适用于以城市污水再生水为水源，在各级地下水饮用水源保护区外，以非饮用为目的，采用地表回灌和井灌方式进行地下水回灌。

利用海水冲厕时，水质标准可参考香港海水冲厕水质标准，如表 3-3 所示。

香港特别行政区海水冲厕水质标准 **表 3-3**

指标项目	海水抽水站进水点的海水水质指标		冲厕水分配系统的海水水质指标	
	目标	上限	目标	上限
颜色	<20	<40	<20	<40
浑浊度	<10	<20	<10	<20
气味阈限	<100	<100	<100	<100
氨氮(mg/L)	<1	<1	<1	<1
悬浮固体(mg/L)	<10	<20	<10	<20
溶解氧(mg/L)	>2	>2	>2	>2
BOD_5(mg/L)	<10	<10	<10	<10
合成清洁剂(mg/L)	<5	<5	<5	<5
大肠杆菌数/100mL	<20000	<100000	<1000	<5000

注：引自香港水务署官网. https：//www.wsd.gov.hk。

《饮用净水水质标准》（CJ 94—2005）适用于以符合生活饮用水水质标准的自来水或水源水作为原水，经过再净化后可供给用户直接饮用的管道直饮水。

3. 各种供水模式的水质标准

各种供水模式相对应的水质标准[1~11]，如表 3-4 所示。

各种供水模式对应的水质标准　　表 3-4

序号	供水模式	供水对象	水质标准
1	单质供水	所有用户	供水水质必须符合现行《生活饮用水卫生标准》(GB 5749—2006);有条件的城市,其供水水质可按现行《生活饮用水卫生标准》(GB 5749—2006)和《城市供水水质标准》(CJ/T 206—2005)两者之中较严格者执行
2	城市型分质供水	饮用水用户	供水水质必须符合现行《生活饮用水卫生标准》(GB 5749—2006);有条件的城市,其供水水质可按现行《生活饮用水卫生标准》(GB 5749—2006)和《城市供水水质标准》(CJ/T 206—2005)两者之中较严格者执行
		非饮用水用户	现行《城市污水再生利用 城市杂用水水质》(GB/T 18920—2002)中对于城市杂用水水质的相应规定
3	工业型分质供水	企业生产用水用户	现行《城市污水再生利用 工业用水水质》(GB/T 19923—2005)中对于工业用水水质的相应规定
		其他用水用户	供水水质必须符合现行《生活饮用水卫生标准》(GB 5749—2006);有条件的城市,其供水水质可按现行《生活饮用水卫生标准》(GB 5749—2006)和《城市供水水质标准》(CJ/T 206—2005)两者之中较严格者执行
4	分散型分质供水	非分质用户	供水水质必须符合现行《生活饮用水卫生标准》(GB 5749—2006);有条件的城市,其供水水质可按现行《生活饮用水卫生标准》(GB 5749—2006)和《城市供水水质标准》(CJ/T 206—2005)两者之中较严格者执行。直饮水水质可按现行《饮用净水水质标准》(CJ 94—2005)执行
		分质供水用户	根据供水对象所需水质标准确定

注：城市供水的水质标准应随着国家标准的修订而做好相应的水质达标工作，同时开展各种标准的水质研究工作，必要时可根据实际情况制订比国家标准更为严格的地方标准。

3.1.4　分质供水技术特点

1. 多类型的供水水源

分质供水的性质决定了它需要采用多类型的供水水源，以起到节约优质水资源的作用。污水、雨水、海水或非水源保护区的水均可作为非饮用水的水源，如，广州大学城杂用水采用河道水，北京市部分杂用水采用高碑店污水处理厂出水，天津市滨海新区利用雨洪水、海水、再生水组成了多水源、多对象的分质供水体系。

2. 多套的供水管网

常规的生活用水供水管网是不可缺少的，第二套管网通常作为市政杂用水管、工业用水管或直饮水管，在管网建设时，应清晰标示各种管网，避免错接。

3. 不同的供水水质

分质供水最显著的特点就是为用户提供多种水质标准的用水，提供多元化的用水服务，满足不同的需求，间接降低用户的用水成本。

4. 多种处理工艺

不同的供水水质和水源水质，决定了水厂处理工艺的差异性，如常规处理工艺包括混凝、沉淀、过滤、消毒，部分区域的水厂还需采用深度处理工艺。若采用污水或海水等水资源作为水源的水厂，其处理工艺有所不同：海水通常采用过滤、消毒等，污水采用深度处理技术；直饮水则需在采用生活饮用水作为水源的基础上，经过滤、吸附、膜处理、消毒等工艺深度处理后方可饮用。

5. 不同供水的运营主体

生活用水的供水通常由自来水公司负责，第二套供水系统的运营主体通常会根据水源或项目运营方式确定，例如，广州大学城生活用水运营主体为广州市自来水公司，杂用水的运营主体为深水海纳水务集团股份有限公司。珠海市高栏港经济区的高质水和工业原水的运营主体均为珠海水务集团。

3.1.5 推广分质供水的现实意义

1. 实现水资源的优质优用和低质低用

分质供水根据用户需求的不同，生活饮用水的水源来自水源保护区内的水，非饮用水的水源来自海水、再生水、雨水或非水源保护区的水。分质供水可减少对优质水资源的使用量，使有限的优质水资源用在最必要的地方，是解决饮用水源短缺的重要措施之一。

2. 建立多层次的水资源综合循环利用系统

分质供水是水资源高效利用的供水方式，可与雨水、污水厂出水、海水等水资源有机地结合，实现水资源综合循环利用，对不同品质的水资源实现高效配置作用。

3. 减少污染物的排放，提高区域生态承载力

水资源是确定区域生态承载力的重要指标之一，而水资源量是决定城市的发展规模的重要制约因素之一。通过实施分质供水，挖掘内部水资源，增加各种取水方式，可有效减少城市发展对水体带来的污染，从而直接提高区域的生态承载力。

4. 提升城市高品质形象，增强城市吸引力

分质供水是用水精细化管理的一种模式，避免了不必要的资源浪费，为用户提供更加到位的服务，可有效提升城市形象。实施分质供水模式，不仅可降低供水企业的成本，也可降低用户的用水成本，增强区域吸引力。

3.2 国内外分质供水实践与经验启示

3.2.1 国外分质供水应用经验启示

1. 国外分质供水发展历程

国外分质供水的发展经历了从示范区实验到大区域、从单体建筑到市政系统、从缺水区到丰水区的过程。实施分质供水最初的原因是发达国家的缺水地区在枯水季节为满足各种供水需求而采取的临时措施，后来逐步延伸为各时期包括丰水期在内的一个常规性措施。美国是最早实施分质供水的国家之一，早在 1920 年就开始实施了分质供水，分质供水以污水回用为主；日本在 1950 年后开始实施分质供水，分质供水模式多样，包括单体建筑污水回用、小区污水回用及区域污水回用，并建立了完善的体制、法规及标准，出台了一系列的鼓励政策。此外，新加坡、以色列、澳大利亚等国也于 1950 年后大力推广分质供水，其分质供水规模日趋增大，并形成了一套较为完整的分质供水产业体系。总之，实施分质供水的区域都比较缺乏水资源。各国分质供水的模式既有一致的地方，又各具特色。

2. 国外典型国家分质供水的应用[12、13]

（1）美国——以污水回用为主，集中在污水厂周边地区

1920 年，美国亚利桑那实施了第一个分质供水工程。亚利桑那将城市污水经过处理

和再生净化后，建立独立的管网系统供给特定区域浇洒绿地和冲厕，并在部分永久居住区用于洗车、冷却水、建筑和其他一些非饮用的地方。在美国西南部和中南部水资源短缺且地下水严重超采的州，当地为满足经济的发展，推广再生水利用工程。美国分质供水的特点是集中处理回用，供给特定区域的集中用户，很少直接用于城市生活杂用。美国的回用水标准各州不一，并且针对不同的回用对象所制定的标准也不一样，但标准都很严格。

美国给水工程协会（American Water Works Association，AWWA）下属分质供水委员会于 1983 年总结了当时国际上分质供水经验，这为建立全美统一的分质供水标准规范奠定了基础。《分质供水指南》指出："可饮用水"是城市供水系统的主体，是用于饮用、烹调与清洗的水，主体供水的目的是由其向居民家庭提供的所有生活用水，直至用户每一只水龙头，都是可饮用的。"非饮用水"是人类偶然使用不致造成危害，用于非饮用用途的水，非饮用水在户内只用于冲洗厕所。美国已建成的城市分质供水系统，主要是建立饮用与非饮用水的双管道供水系统。非饮用水系统的水源主要有两类：一类是未经处理或稍加处理的地面水及水质较差的地下水；另一类是废水经过处理后，达到一定标准的回用水。已建成的非饮用水系统以后一类做法居多，特别是在美国西南部干旱地区的一些城市中，利用废水经处理后的回用水作为非饮用水，主要用于浇灌绿化地带、工业冷却、娱乐用水及冲厕、洗车等。2000 年，美国有 357 个城市建设了 536 个回用点，每年回用污水处理量达 9.4 亿 m^3。

(2) 日本——集中与分散相结合

为了解决水资源短缺问题，日本政府采取各种控制地下水使用和推广合理用水的办法，如节约用水、重复用水、调整用水结构。分质供水的供水方式作为节约可饮用水资源及实现重复用水的工程措施，在日本许多城市得到广泛应用。

日本东京、福冈等城市建设的分质供水系统，主要供应生活用水、工业用水及城市杂用水，其分别由上水道、工业水道及杂用水道（又称中水道）输送，供给不同等级的用水。

1) 工业水道

东京建成了生活用水与工业用水分质供水系统，其中生活用水系统，建有十余座生活用水净水厂，以优质河水、地下水为原水，每日总供水能力约 600 万 m^3，并通过上水道供给生活用水。同时，还建设了工业水供水体系，以地表水和回用水代替地下水，并通过工业水道输送到工业区。

日本工业水道水源的选择主要有两类：非饮用水源的河水和污水厂处理后的水。由于日本城市污水处理厂的建设时间比欧美等发达国家晚，到 1986 年日本城市污水处理人口普及率全国平均只有 36%，所以在污水处理厂较多的大城市，工业用水采用再生净化污水厂出水的比重较大，其余大量的工业用水采用河水。

2) 日本杂用水（中水）道

日本城市杂用水包括厕所冲洗、喷洒用水、空调冷却用水、洗车用水、建筑景观用水等用途。以污水与雨水为水源的杂用水道都称为中水道。目前，日本中水设施形式多样，已形成了三大类基本系统：独立建筑中水系统、建筑小区中水系统和城市（区域）中水系统。

① 独立建筑中水系统——以单个建筑物内的杂排水、生活污水或屋顶雨水为水源，

处理成中水再利用。东京规定凡是建筑面积超过 3 万 m^2 以上的大型建筑物都应采用中水道系统。而缺水较为严重的福冈市则限制较严，它规定自来水进口管径在 50mm 以上或建筑面积 5000m^2 以上的新建建筑物（居住部分、仓库和停车场除外）应采用中水道系统。中水道系统的建设运行费用，涉及中水设施的面积、结构、规模、配置、水量、原水的种类、处理方式及不同用途的水质要求等因子。一般说来，规模较小的中水道系统费用要高于使用单一自来水系统的费用。根据日本国土厅对 165 处中水设施调查结果表明，61%的中水费用在 600 日元/m^3 以上；最高的甚至达 5000 日元/m^3 以上，对此则由当地政府提供一定程度的资金补助。

② 建筑小区中水系统——以住宅小区或数个建筑物形成的建筑群排放的污水为水源，处理成中水再利用。如芝山住宅区对生活污水进行深度处理后作为冲洗厕所及室外清扫等杂用水利用，全区有住宅 2247 户、幼儿园 2 所、小学 2 所、初中高中各 1 所、商店等，中水以芝山住宅区 8～11 层的高层住宅 13 栋（住户 888 户、3222 人）为供水对象。按照当地污水排放标准，污水经活性污泥法二级处理后，再进行混凝沉淀过滤处理达到排放标准，处理出水的 75%～80%排放，余下 20%～25%作为中水水源利用。

③ 城市（区域）中水系统——以城市污水处理厂出水为水源，深度处理后供大面积的建筑群作为中水使用。城市区域性中水系统在东京已形成，由城市污水处理厂深度处理后送到子中心区的配水中心，配水中心内只装备后氯化和分配再生水到子中心区每栋大楼。

（3）新加坡

新加坡国土面积 719.1km^2（含填海），2017 年人口数量约 561 万人。新加坡年均降雨量在 2400mm 左右，因地理条件所限其水资源缺乏，水资源总量约 6 亿 m^3，人均水资源量仅 110m^3，世界排名倒数第二。不过，极度缺水的新加坡却是全世界最优秀的水务管理国家之一。

为维护新加坡的经济政治自主与长远发展，新加坡自 20 世纪 70 年代开始研究相关水处理技术（包括海水淡化、污水处理、管网漏损控制等），同时投入巨资对城市水务系统进行彻底改造，努力提高新加坡饮用水的自给率，建立了所谓的国家“四大水喉”计划。即第一水喉——城市河道与雨水沟渠，第二水喉——向马来西亚购入原水，第三个水喉——新生水，第四个水喉——海水淡化。所谓新生水，是指将污水处理厂处理后的出水通过微滤、反渗透与紫外线消毒后水质达到世界卫生组织标准的饮用水。目前，新加坡共有 5 家新生水厂，其供水量达到整个新加坡用水量的 30%。

新加坡新生水是高档再生水，其采用先进的反渗透技术，以达到饮用纯净水水质标准，可安全饮用（图 3-3～图 3-6）。根据新加坡供水发展规划，到 2020 年新加坡 40%的水将由新生水厂提供，到 2060 年新加坡计划将新生水产能提升 2 倍，以满足未来 50%的用水需求。

（4）澳大利亚

澳大利亚是世界上最干旱的大陆之一，其中悉尼是澳大利亚最大、人口最多的城市，年降水量大约为 1200mm，其分质供水的最早形式是再生水回用于灌溉。1964 年，在悉尼农业学院建立了第一个再生水回用灌溉系统，1973 年后将再生水回用于灌溉高尔夫俱乐部、体育场地、公园等。在 2000 年悉尼奥林匹克公园再生水利用和管理计划中，再生水

图 3-3　新生水厂

图 3-4　处理车间

图 3-5　反渗透元件

图 3-6　新生水产品

除了应用于灌溉、体育场馆、商业设施、悉尼奥林匹克公园外，还进入邻近郊区的住宅，供居民绿化、洗车、冲厕等非饮用水用途。随着悉尼水处理技术的进步、处理成本的下降、出水水质的提高和管理经验的完善，再生水回用于悉尼新建居住区及再生水厂附近工业企业的情形，得到迅速发展。2008 年，悉尼再生水回用量为 25 万 m^3/a，之后再生水回用量达到了 150 万 m^3/a，主要用于农业灌溉、居民生活杂用、建筑用水、部分工业用水、环境用水等用途。

目前，澳大利亚再生水回用根据用途分为 5 个等级，主要根据粪大肠杆菌数量来衡量水中微生物指标的水平。澳大利亚对于不同级别的再生水回用用途有非常严谨的分类，使国民对再生水的使用非常有信心。此外，由于全球变暖和极端气候导致澳大利亚干旱与洪涝灾害频率的增加，分质供水已经成为澳大利亚政府节约饮用水资源、保证可持续发展的长期政策。多年以来，澳大利亚政府在国民教育与公众宣传领域对“保护环境、节约能源与资源”理念做了大量的基础性工作，使得澳大利亚人民对回用水的接受程度较高。

（5）其他国家

以色列是世界上人均污水回用量最高的国家，污水回用于农业的比例达到 65%～70%，居世界第一。早在 20 世纪 60 年代，以色列便把污水回用列为一项国策。全国最大的水处理及回收装置，污水处理量为 1.13 亿 m^3/a，经过进一步生物处理除去氮、磷后回灌地下，占总灌溉用水量的 50%。

纳米比亚首都温得和克于 1969 年建成了世界第一个市政污水回用，用于直接饮用水的项目，将处理后的城市污水经过混凝、溶解氧浮选、快速砂滤、粒状活性炭吸附和加氯杀菌，每天向居民提供 $4800m^3$ 饮用水，1995 年又将规模扩大到 2.1 万 m^3/d，以满足不断增长的人口对饮用水的需求。

当然，一些水资源相对充足的欧洲国家，工业污水回用实例很少，这是因为节水后产生的污水量达不到回用规模。不过，城市污水处理后出水主要回用于厕所冲洗和公园、绿地、高尔夫球场的灌溉等用途。例如，比利时佛兰德斯建有用来生产饮用水的回用污水处理工程；巴塞罗那和伦敦北部分别建有大规模的污水回灌地下工程。

（6）海水利用

海水利用包括海水淡化和海水直接利用两大类。海水淡化在美国、日本、新加坡、澳洲以及世界很多海滨地区都有应用。淡化后的海水通常达到饮用水水质要求，直接进入城市饮用水供水系统。

海水直接利用主要是指工业冷却、生活冲厕、低盐度海水灌溉等。从总的情况来看，工业冷却用水占海水总利用量的 90%。临海地区的电力、石油、化工等大型企业内部设有独立的海水冷却系统。至于在城市推行海水冲厕的情况在国外很少见，但是在我国香港特别行政区却建有独立的海水管网系统，作为全市 70%以上的冲厕用水。

3. 国外应用经验启示

（1）水资源缺乏和经济基础良好是实施分质供水的关键因素。其中水资源缺乏是实施分质供水的内在推力，而经济基础是实施分质供水的基础条件。

（2）分质供水配套政策是实施分质供水的重要保障。如美国、日本、新加坡等国家有完善的分质供水法规、规范、标准、优惠政策和宣传机制。

（3）供水系统按用途可分为“饮用水”和“非饮用水”，其中非饮用水系统一般作为饮用水系统的补充；非饮用水系统水源的选择具有多样性，且再生水利用占主导地位；非饮用水水质标准多样化，且呈细化和提高的趋势；服务范围也受用户分布、水源等情况影响。

（4）分质供水的发展与水处理技术的进步密切相关。在早期水处理技术尚未成熟时，分质供水覆盖面较小，供给对象也较少。随着水处理技术的成熟和处理成本的降低，分质供水的覆盖面和供给对象越来越广。

3.2.2 国内分质供水应用经验启示

1. 国内分质供水发展历程

与美国、日本、新加坡等国家相比较，我国分质供水的建设起步较晚。分质供水具有一定规模的城市有北京、天津、广州、深圳、珠海、青岛、香港等。香港特别行政区是我国最早实施分质供水的城市之一，早在 1950 年就开始建设海水冲厕系统。北京分质供水最早的形式是始于 1987 年的建筑单体污水再生利用。1992 年大连建成了国内第一个城市污水回用于工业的示范工程。水质型缺水沿海城市也于 2000 年前后开始在局部区域实施分质供水，例如，2003 年广州大学城约 $18km^2$ 的范围内实施了分质供水，建设了供应城市杂用水的第二套管网，设计规模为 10 万 m^3/d。2008 年珠海高栏港建设了供应原水的第二套管网，用于工业用水，2010年的供应规模约为3万m^3/d。2009～2010年上海世博园和广州亚运城也分别建成了供应城市杂用水的第二套管网。2015年，天津滨海新区雨洪利用年供水量为1520万m^3；已建成7座深度处理再生水厂，日处理规模为10.58万m^3/d；经过处理后可达到城市杂用水标准，主要用于工业、除尘、绿化等。

近年来，将自来水与直饮水分开供应的模式在我国一些城市也得到一定的发展。1999年我国第一个直饮水工程在上海浦东锦华小区建成运行，随后深圳市自来水公司也借鉴浦东新区的供水经验建设开发了“梅林一村管道直饮水”工程，设计供水规模为$2000m^3/d$，覆盖居民约3万人。2003年包头市在市辖四区和稀土高新区范围内开始推行健康水（直饮水）工程，截至2013年底实现直饮水覆盖人口153.44万人，占全市城区人口的78%。2010年上海世博会园区内建成的直饮水系统，解决了全球约7300万游客的免费饮水问题。2016年建成的上海迪士尼乐园也依旧延续园区内的直饮水系统，为入园游客提供方便优质的饮用水。目前我国各大中城市都建成了不同规模的直饮水系统，但多数规模较小，仅局限于单个住宅小区或公共建筑内部。在供水水质较好的发达国家和先进地区，这种将直饮水与自来水分开的分质供水系统也很少见。

2. 国内典型城市分质供水的应用[14～23]

（1）北京市

北京市再生水利用工作始于20世纪80年代，坚持大、中、小并举，集中与分散相结合的原则，再生水回用工程分为两大类：一是单体建筑中水建设，二是市政再生水建设。

1）单体建筑中水建设

北京单体中水建设始于1987年。2001年，北京市市政管理委员会、规划委员会、建设委员会联合发布《关于加强中水设施建设管理工作的通告》，其规定“建筑面积5万m^2以上，或可回收水量在$150m^3/d$的居住区和集中建筑区必须建中水设施”。随着北京小区开发高潮的到来，建筑中水建设进入快速增长阶段，中水水源主要来自洗浴等杂排水，经处理达到中水水质标准后，回用于冲厕、洗车、绿化、景观、河湖补水等用途。据统计数据，到2006年，北京已运行的建筑中水设施达到400座，总处理能力12万m^3/d，年利用中水2000万m^3/a；到2008年，年利用中水4000万m^3/a。

2）市政再生水建设工程

2001年，北京市最大的高碑店污水处理厂再生水利用工程投入运行，分别供给华能电厂、第一热电厂和市自来水集团第六水厂。大量再生水替代原河水用于冷却水补水、少量用于护城河补水、公园绿化、道路降尘等市政用水。2007年，北京市区利用再生水4.8亿m^3，占总用水量的14%，其中工业冷却1.2亿m^3，农业灌溉2.3亿m^3，城市杂用3000万m^3，城市水环境用水1亿m^3。到2008年，北京市政已建再生水管线约450km。根据《北京市区城市污水处理厂再生水回用规划》，北京市再生水回用管网将覆盖北京整个市区。北京再生水生产单位的出水水质要达到现行《城市污水再生利用 城市杂用水水质》(GB/T 18920—2002)、《城市污水再生利用 景观环境用水水质》(GB/T 18921—2002）中对于城市杂用水水质和景观环境用水水质的规定。

3）政策引导与行政法规

北京市再生水重点发展工业用户，并扩大农业灌溉、增加环境用水和鼓励市政杂用。1987年以来，北京市制定了一系列法规推动再生水回用。同时，在水价引导方面的做法和经验值得各城市借鉴，如北京市自来水价格如表 3-5 所示，而市政再生水（中水）价格不超过 3.5 元/m³。自 2004 年开始，北京市将调整自来水价格给再生水企业一定的资金补助，以便于促进再生水的发展。

2008 年，北京市再生水利用率实现 50%的目标，成为全国再生水利用率最高的城市。2014 年，北京市再生水用量达到 8.6 亿 m³，再生水利用率 62%，占全市用水量的 23%。2015 年，北京市再生水用量达到 9.5 亿 m³，再生水利用率 66%，占全市用水量的 25%。2016 年，北京市再生水用量达到 10 亿 m³，再生水利用率 65.4%，占全市用水量的 26%。

北京市自来水价格　　表 3-5

<table>
<tr><th colspan="2" rowspan="2">用户类别</th><th rowspan="2">供水类型</th><th rowspan="2">阶梯</th><th rowspan="2">户年用水量（m³）</th><th rowspan="2">水价（元/m³）</th><th colspan="3">其中</th></tr>
<tr><th>水费（元/m³）</th><th>水资源费改税（元/m³）</th><th>污水处理费（元/m³）</th></tr>
<tr><td colspan="2" rowspan="6">居民</td><td rowspan="3">自来水</td><td>第一阶梯</td><td>0～180(含)</td><td>5</td><td>2.07</td><td rowspan="11">按照《北京市水资源税改革试点实施办法》相关规定执行</td><td rowspan="3">1.36</td></tr>
<tr><td>第二阶梯</td><td>181～260(含)</td><td>7</td><td>4.07</td></tr>
<tr><td>第三阶梯</td><td>260 以上</td><td>9</td><td>6.07</td></tr>
<tr><td rowspan="3">自备井</td><td>第一阶梯</td><td>0～180(含)</td><td>5</td><td>1.03</td><td rowspan="3">1.36</td></tr>
<tr><td>第二阶梯</td><td>181～260(含)</td><td>7</td><td>3.03</td></tr>
<tr><td>第三阶梯</td><td>260 以上</td><td>9</td><td>5.03</td></tr>
<tr><td rowspan="4">非居民</td><td rowspan="2">城六区</td><td>自来水</td><td>—</td><td>—</td><td rowspan="2">9.5</td><td>4.2</td><td rowspan="5">3</td></tr>
<tr><td>自备井</td><td>—</td><td>—</td><td>2.2</td></tr>
<tr><td rowspan="2">其他区域</td><td>自来水</td><td>—</td><td>—</td><td rowspan="2">9</td><td>4.2</td></tr>
<tr><td>自备井</td><td>—</td><td>—</td><td>2.2</td></tr>
<tr><td colspan="3">特殊行业</td><td>—</td><td>—</td><td>160</td><td></td></tr>
</table>

注：引自北京市发展和改革委员会. 关于本市水价有关问题的通知（京发改〔2018〕115 号）。

（2）青岛市、西安市、天津市

2002 年年底，国家计委正式选定和投资支持的全国缺水城市污水回用示范项目城市，包括天津市、大连市、青岛市、西安市和牡丹江市。这些城市在再生水利用和推广方面做出许多探索与尝试，取得了一定的成绩，积累了宝贵的经验（表 3-6）。例如，天津对全市推广再生水回用做了全面的部署，提出“城市污水资源化——再生水利用产业化”的发展思路，建立四大再生水利用的长效发展机制。特别是统筹规划、法规保障、试点推广、投资建设等方面的机制，均得到国务院和有关部委的肯定。

天津滨海新区建立多水源供水的总体思路，即优先利用外调水用于城市生活、生产；合理开发地表水，用于农业和生态环境；控制开采地下水，用于农村生活与农业生产；充分利用再生水、适度发展海水淡化作为城市补充水源，主要作为工业直用，部分进入市政管网，根据供水范围内不同用户对水质的需求实行分质供水。2015 年，滨海新区万元 GDP 取水量为 4.76m³，年雨洪利用供水量为 1520 万 m³；共建成 4 座海水淡化厂，主要用于工业生产和居民生活，年生产量为 1.1534 亿 m³；共建成 7 座深度处理再生水厂，总日处理规模为 10.58 万 m³/d；经过处理后可达到生活杂用水标准，用于工业、除尘、绿化等。

青岛市、天津市、西安市再生水回用情况 表3-6

比较项目		青岛市	天津市	西安市
水资源	多年平均降水	688.2mm	578.97mm	583mm
	人均占有量	$342m^3$/人	$101.5m^3$/人	$350m^3$/人
再生水回用	开始时间	—	2000年	—
	范围	—	中心城区	—
	再生水处理能力	4.1万m^3/d	25万m^3/d	16万m^3/d
	再生水利用量	1万m^3/d	—	2.3万m^3/d
	再生水管道建设	20多km	821km	13km
单体再生水工程设施	建设单位	50多家	20余家	—
	再生水利用量	5万m^3/d	12万m^3/d	—
水价政策	政策基础	—	使用新型水源暂行办法,免缴污水处理费的单位认定暂行办法	—
	居民自来水价	1.8元/m^3	4.9～8元/m^3	2.90元/m^3
	排污费	0.7元/m^3	—	0.80元/m^3
	再生水价格	1.0元/m^3	3.9元/m^3	1.25元/m^3
	机制建设	—	完善	—
	其他	—	企业投资建厂、政府配套建设管网、开发商投资建设区内管网、工业企业自行管网配套	—

(3) 广州市

2018年,广州市共有46座水厂,总供水能力为786.9万m^3/d。自西江引水工程(首期供水规模242万m^3/d)于2010年9月29日通水后,广州市就形成了以东江、北江、西江、流溪河为四大水源且相互补充的供水格局。

2018年,广州市各项指标均达到节水型城市标准,其中再生水利用率25.3%,城市公共供水管网漏损率9.62%。在创建国家节水型城市建设中,主要做法有:高度重视节水法规制度建设。从立法、水价层面健全城市节水管理制度和长效机制,促使企业、单位、家庭、个人在社会活动过程中自觉将节水意识转变为实际行动。强化宣传培训提升全民节水意识。定期组织对用水大户和测试机构的业务培训,指导企业、单位按照标准规范要求开展水平衡测试和节水型载体申报工作。大力推广节水型生活用水器具,印发实施工作方案,全社会共同推进节水型生活用水器具普及。组织开展丰富多样的节水宣传活动,推进节水进社区、进学校、进企业、进机关,发放节水提示牌和节水海报,普及节水法律法规、推广普及节水型用水器具;同时通过新闻媒体、地铁公交等刊登公益宣传片、宣传声带和海报,引领广大市民自觉树立爱水、节水和护水意识。全力治水注重环境改善。2018年,广州市成功申报为国家黑臭水体整治示范性城市。2017～2018年,广州市13个地表水国考、省考断面水质优良率达到省考年度目标。

到2020年,广州市计划完成全部城镇污水厂的提标改造(改造总规模达210.13万m^3/d),全市污水处理规模将达734万m^3/d。污水处理厂提标改造后,出水BOD_5、

COD、TN、NH_3-N 分别达到 10mg/L、40mg/L、15mg/L、2mg/L，部分指标优于珠江水质，可满足河涌的生态景观补水要求。规划以西朗、大坦沙等 7 座净水处理厂出厂的优质再生水为补水水源，对荔湾、海珠、白云、黄埔 4 个区的主要河涌进行补水。

（4）深圳市

2007 年，深圳市作为广东省再生水利用试点城市，启动了深圳市“十一五”再生水利用计划，总投资约 18 亿元，计划建设的 5 个项目于 2009 年已经全部完工。同时，深圳市在星河丹堤、中银花园、鲸山别墅等一系列住宅小区开展了再生水利用示范工程。其中星河丹堤生活小区设计处理水量 4800m^3/d，总投资 1000 万元，已于 2006 年 3 月完成一期工程，进入试运行，全部回用为绿化、道路、车辆冲洗、景观补水换水、施工及公共厕所冲洗用水，效果很好。

2011～2018 年，深圳市以每年平均 0.6%的用水微增长保障了经济社会高速迅猛发展，这其中节水工作发挥了重要作用。此外，深圳万元 GDP 水耗由 2010 年的 19.95m^3 降至 2018 年的 8.41m^3，万元工业增加值用水量从 14.15m^3 降至 5.22m^3，供水管网漏损率由 2013 年的 12.72%降至 2018 年的 10.66%，各项指标在全国大城市中均处于领先水平。而水循环利用是节水工作里的重要一环，2018 年全市污水总处理能力达 622.5 万 t/d，其中 362 万 t 出水主要指标达地表水Ⅴ类，再生水利用率达到 69%，成为河道补水和景观、绿化用水的主要来源。

（5）包头市

2003 年，包头市在市辖四区和稀土高新区范围内开始推行健康水（直饮水）工程，采取“政府主导、企业运作、社会参与”的方式，选择包钢集团公司、包头市惠民水务有限责任公司、北方重工集团公司、一机集团公司、包头市供水总公司、包头市融通水业有限责任公司等大型国有企业，以特许经营的形式，建设运营直饮水工程。截至 2013 年 12 月 31 日，包头市健康水工程完成投资 7.27 亿元，其中财政投资 1.365 亿元，实现直饮水覆盖人口 153.4 万人，占全市城区人口的 78%。另外，包头市政府还在政策保障方面给予很大的支持，出台了“包头市鼓励‘健康水工程’建设经营优惠政策”，积极推动了包头直饮水的发展。

3. 国内应用经验启示

（1）分质供水实施区域主要集中在经济基础较好且水资源缺乏或水质性缺水的地区，但目前非饮用水量占总用水量的比例较低，仍有很大的提升空间。

（2）分质供水应用形式多样化，包括污水再生利用、海水利用、雨水利用等方式，但均作为局部地区主体供水系统的补充。华东、华南地区分质供水中的非饮用水系统（第二套供水系统）主要以河道水、污水厂出水、海水为主要水源，而北方地区主要以污水厂出水、雨水为水源，西部地区的分质供水总体规模较小，主要以雨水利用为主。

（3）通过分析北京市、广州市、深圳市、珠海市等城市的成功经验，非饮用水系统配套政策法规的建立，是推动分质供水可持续发展的重要条件。

（4）由于生产、安装、运行维护等成本问题，目前直饮水系统的建设多集中在经济基础较好的城市部分区域，一时还难以在城市整体范围内推广。当人们对高品质饮用水有个性化需求的情况下，可作为一种过渡性措施进行适当推广。

3.3 分质供水关键技术要点解析

3.3.1 适用性分析

1. 制约分质供水发展的因素

(1) 对水资源现状认识不够彻底

由于我国的用水成本一直较低，所以在人们印象中水资源是非常廉价的、丰富的。实质上我国水资源分布不均，包括区域分布不均和时空分布不均，人均优质水资源量指标较低。随着社会经济快速发展，城市发展与水资源、水环境承载力不协调的矛盾越来越突出，同时产生的水污染也带来了水质性缺水，水资源日趋紧张，如广东省就有30多座城市出现过供水紧缺的现象。

(2) 对分质供水接受程度不高

各国人民对分质供水的认识都有一个渐进的过程，而现状认识的偏差导致分质供水的推广并不顺利。在水源紧缺的时候，很多地区选择的是跨区域调水，而不是分质供水。我国环保政策与公众教育的侧重点还只是停留在限制破坏行为的阶段。分质供水对于广大民众而言都是一个可有可无的事情，于是居民对于使用分质供水拒绝的比接受的多。

(3) 深度水处理成本有待进一步降低

与常规供水相比，分质供水对水处理技术提出了更高、更复杂的要求。深度水处理包括臭氧预接触、活性炭吸附、膜处理等技术，其处理成本相对较高。这在一定程度上阻碍了分质供水的普及和推广。

(4) 不合理水价制约分质供水的发展

合理的水权制度、价格体制、污者自负等制度是分质供水实施的保障。体制和资金保障在分质供水的实施中起到非常重要的作用。居民生活用水和工业用水价格水平较低，不能反映用水成本的真实价格，各种用水的水价差别不大，这在一定程度上限制了分质供水的发展。因此，水价改革是分质供水发展过程中巨大的障碍之一。与国外同等规模城市相比，国内城市饮用水水费相对较低，如表3-7所示。

国内外主要城市2017年饮用水水费比较（按每100m³饮用水用水量计算） 表3-7

序号	城市	饮用水水费总额(元/100m³)
1	巴黎	1483.68
2	伦敦	1481.04
3	东京	981.2
4	澳门特别行政区	578.16
5	首尔	367.84
6	台北市	364.32
7	深圳市	281.6
8	香港特别行政区	230.56
9	北京市	218.24
10	上海市	202.4

注：(1) 汇率按6.8人民币兑1美元计算；

(2) 国际水协会报告的饮用水水费总额包括固定、浮动、其他相关收费及增值税。

（5）分质供水水质维护管理机制有所缺失

虽然目前国家专门针对分质供水制定了《城市污水再生利用》《饮用净水水质标准》（CJ 94—2005）等相关标准，但是，对于分质供水系统的维护、管理方面的政策仍有所缺失。由于政策的不完善和分质供水模式的多样性，导致了分质供水在实施的过程中出现难统一和难管理的问题，进而容易造成管网终端水质不达标。

2. 实施分质供水的基本条件

根据国内外分质供水的应用经验，开展分质供水的区域通常是由于水资源缺乏、经济基础较好而有提高水资源利用率内在动力的城市。

（1）水资源缺乏，包括水量型缺水和水质型缺水。这是推动分质供水的主要内在动力，也是推行分质供水的优势条件之一。

（2）经济基础良好。分质供水的建设成本和维护成本均相对较高，特别是建设初期需要财政补贴。若没有长期稳定的财政投入，城市分质供水很难形成良性发展。

（3）提高水资源利用率的内在动力。当城市发展到一定阶段后，提高水资源利用率是必然的。例如，虽然通过远距离调水工程可基本解决城市缺水问题，但大部分城市仍采用单质供水模式，浪费优质水资源；而分质供水是一种水资源高效利用的供水方式，可以起到水资源配置的作用，符合新时代的发展要求。

3. 实施分质供水的社会总成本分析

分质供水的广义社会总成本主要包含资源成本、工程成本和环境成本。其中资源成本是指城市实施分质供水后，每年直接减少原水取水量，每年免交水资源费的数量；工程成本是指水资源从其自然水体、再生水、海水、雨水状态经工程措施处理后的加工成本，也可理解为供水系统的供水成本加上适当的利润和税收；环境成本是指城市实施分质供水后，每年直接减少污水厂出水排放量，每年直接减少各项环境指标的排放数量。因此，规划首先应对单质供水和分质供水模式进行社会总成本核算。

虽然分质供水可对水资源实现综合配置和精细化管理，但并不是每个地区都适合采用分质供水模式。供水规划应遵循先挖掘内部水量再争取外部水源的原则，并通过技术经济比较因地制宜地选择城市供水模式。

3.3.2 分质供水技术框架

城市应当以公共供水作为主体供水系统，提高生活饮用水水质应建立在整体提高公共供水水质的基础上，因地制宜地适度发展生活用水与工业或城市杂用水相分离的大分质供水系统（图 3-7），并有选择地开发利用城市再生水、河水、海水、雨水等非常规水资源。现阶段的直饮水系统可在有条件的住宅小区或公共建筑应用，不宜在城市整体范围内推广。另外，在城市公共供水可供区域内应限制各种自备水源，原则上不应再新建自备水源设施，对原有的自备水源应逐步递减其许可取水量。

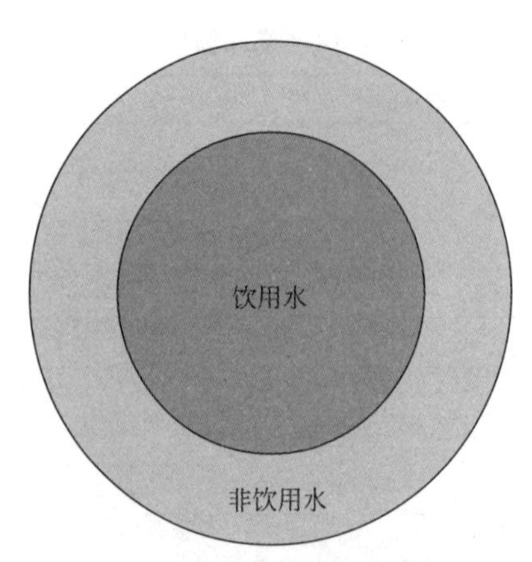

图 3-7 以饮用水为主、非饮用水为辅的大分质供水系统

3.3.3 分质用水量预测

城市用水量主要由生活用水量、工业用水量、

杂用水量及其他用水量组成，其中杂用水量包括冲厕、道路清扫、城市绿化、车辆冲洗等用水。

1. 生活用水量预测

生活用水量按用途包括冲厕、厨房、沐浴（含盆浴和淋浴）、盥洗、洗衣等方面的用水。生活用水量预测指标一般宜根据规划建设区的历年用水量及用水增长速度等因子确定。在没有历史数据的情况下，可参照现行《城市给水工程规划规范》（GB 50282—2016）、《建筑给水排水设计规范》（GB 50015—2003，2009 年版）、《城市居民生活用水量标准》（GB/T 50331—2002）中的用水量指标确定。除住宅冲厕用水外，其余部分用水与人体均可能产生亲密的接触，应使用符合现行国家标准的生活饮用水，而冲厕用水可使用非饮用水。由于现状各类建筑物的分项给水率难以实测，所以各类建筑物的分项给水百分率可参照现行《建筑中水设计标准》（GB 50336—2018）中的建议值进行选取，如表 3-8 所示。

各类建筑物分项给水百分率（单位:%）　　**表 3-8**

项目	住宅	宾馆、饭店	办公楼、教学楼	公共浴室	餐饮业营业餐厅
冲厕	21.3～21	10～14	60～66	2～5	6.7～5
厨房	20～19	12.5～14	—	—	93.3～95
沐浴(含盆浴和淋浴)	29.3～32	50～40	—	98～95	—
盥洗	6.7～6.0	12.5～14	40～34	—	—
洗衣	22.7～22	15～18	—	—	—
总计	100	100	100	100	100

2. 工业用水量预测

工业用水的水质标准相差较大。参照生活饮用水卫生标准，将与饮用水水质标准相差不大或高于饮用水水质标准的工业用水定位为工业高质水，将低于生活饮用水卫生标准的工业用水定位为工业低质水。

工业高质水用户包括电子制造业、制药、食品行业、生物制药工程、电子、五金、电器设备、休闲器材等产业。这些产业对水质要求较高，所用的工业用水需在生活饮用水的基础上进行深度处理，才能达到使用要求。

工业低质水用户包括钢铁业、石油工业等产业。这些产业对水量要求很大，水质要求不太严。钢铁业用水种类很多，总体上对水质要求不高。石油工业的工艺用水有水精练、脱盐和裂解等。炼油大部分是冷却水；还有锅炉水，一般要求 pH 值在 6～9 之间，悬浮固体小于 10mg/L。

因此，工业用水总量确定后，应通过分析规划定位和产业特征，划分工业高质水及工业低质水的比例，得出相应的水量。其中工业用水量预测通常采用万元产值耗水量指标法或工业用地用水量指标法确定。

3. 杂用水量预测

城市杂用水通常可分为道路清扫用水、绿化用水及车辆冲洗用水等。

（1）道路清扫和绿化用水。现行《城市给水工程规划规范》（GB 50282—2016）条文说明指出："根据调查，不同城市的仓储用地，对外交通、道路广场、市政用地，绿化及特殊用地等用水量变化幅度不大，而且随着规划年限的延伸增长幅度有限"。可知，在预测道路清扫和绿化用水的数据时，建议以现状该项用水量占总用水量的比例为依据，适当考虑城市道路建设和绿化设施用地建设的情况，合理确定该部分的用水量。在无水量统计数据的区域，可参照现行《城市给水工程规划规范》（GB 50282—2016）、《建筑给水排水设计规范》（GB 50015—2003，2009 年版）、《城市居民生活用水量标准》（GB/T 50331—2002）等的用水量指标确定。

（2）车辆冲洗用水量。地区车辆数量是车辆冲洗用水量的主要依据。同时，还应根据该地区的功能定位，如定位为旅游城市的，应适当考虑外来车辆的冲洗用水量。

4. 其他用水量预测

其他用水包括消防用水及环境景观补水等。消防用水宜采用生活饮用水系统，主要是因为生活饮用水管网通常沿着市政道路布置，可确保消防供水安全，而非饮用水管网通常不会敷设在所有市政道路。因此，在生活饮用水系统预测水量时需校核消防用水量。环境景观补水宜根据河涌、湖体等城市水体的功能区划、水环境容量、补水量和水质要求等因素综合确定。例如，封闭式湖体一般不建议采用非饮用水作为补充水。

5. 用水量与供水模式关系分析

各种用水量之间的比例是决定分质供水模式的重要技术依据。在工业低质水用量少且杂用水量有一定规模需求的区域，宜实施城市型分质供水。在工业低质水需求较大的区域，宜实施工业型分质供水，并考虑建设工业水厂。在工业低质水用量少且杂用水量也少的区域，宜实施分散型分质供水模式。

3.3.4 供水模式划分和方案比选

1. 供水模式划分思路

供水模式的选择应充分考虑建设区域的规划定位、产业类型、用地类型，规划用水量、周边水系及建设现状、改造难易程度等多方面因素。供水模式划定的思路，主要从以下两方面考虑。

（1）通过分析各建设区域供水模式现状及污水回用情况，并根据现状及规划各种用水量情况、用水大户类型，生活及工业用水量所占比例，确定各种供水模式在该区域实施的可能性。

（2）根据规划定位、产业类型、用地类型，现状建设情况、改造工程量的大小及周边水系情况，评估各种供水模式的可实施性及规模效应，同时结合污水厂建设情况，以科学合理地确定该区域的供水模式。现状建设情况及改造工程量的大小关系能否顺利新建第二套供水管网，对于老城区来说，现状道路基本上管线比较密集，改造的难度较大，建筑内部新增加一套管网也比较困难。新城区则处于建设初期，道路上的管线相对有序和集中，有剩余的地下管线空间，相对有条件建设分质供水工程。

2. 供水方案比选

（1）工业低质水用量少且杂用水用量有一定规模要求的区域

供水比选方案通常包括单质供水、饮用水＋城市原水利用、饮用水＋海水直接利用、饮用水＋污水再生利用、饮用水＋雨水综合利用、饮用水＋直饮水等，其中比选因子主要有水源、用户对象、建设工程量、投资成本、运行费用、用水成本、回收年限等。经综合比较后，最终确定推荐方案。例如，上海世博园、广州大学城、广州亚运城、珠海横琴新区等，经比选后采用城市型分质供水，第二套供水管网的水源以就近的河道水或污水厂出水为主。

1）单质供水

单质供水方案包括系统方案（水源、水厂、管网、加压设施等）、供水保证率、工程量统计、实施难度、投资成本和用水成本等。

2）饮用水＋城市原水利用

饮用水＋城市原水利用方案包括两套系统的水量分配、系统方案（水源、水厂、管网、加压设施等）、供水保证率、工程量统计、实施难度、投资成本和用水成本等。重点在水源及第二套管网的处理成本及工程量。

水源选择是供水工程规划的关键，而确保水源水量和水质符合要求是水源选择的首要条件。因此，供水工程规划应紧扣城市国土空间总体规划中各个发展阶段的需水量，合理安排城市给水水源，并提出供水综合解决方案。特别是在规划阶段应对水资源做充分的调查研究，以减少日后供水工程决策失误。

3）饮用水＋海水利用

海水直接利用的用途为冲厕、冷却等。方案比较应区分冲厕水量和工业冷却水的水量，比较内容与饮用水＋城市原水利用类似。海水用于城市，其水质应符合相应的水质标准。

4）饮用水＋雨水综合利用

雨水综合利用除与饮用水＋城市原水利用比较内容类似外，还应做好枯水期调蓄应对方案。雨水综合利用的范围一般不宜太大，并且应做好枯水期的临时用水措施。

5）饮用水＋污水再生利用

做好再生水用户调查，取得用户理解和支持，使用户愿意接受再生水，是落实污水再生利用的重要环节。这样有利于准确预测再生水设计水量和水质，以便最大限度地发挥污水再生利用工程的综合效益。

6）饮用水＋直饮水

直饮水的水源仍是自来水，因此在市政管网已实施单质供水的区域内，宜区分食用水量与其他生活用水量；在市政管网已实施分质供水的区域内，则宜区分食用水量与洗漱用水量。除了常规的比选因子以外，应当注重直饮水系统日常维护管理成本的估算，保证直饮水系统在当地经济条件允许的情况下正常运行。

鉴于污水量与城市建设时序、发展程度密切相关，且城市建设初期污水量较低，所以其比较内容除与饮用水＋城市原水利用类似外，还应做好近期因污水量没有达到规模，再生水系统无法供水的应对方案。为了使工程规模经济合理，再生水厂规模受到一定的限制，既有可能出现高峰时再生水需水量大于供水量，此时用户可用自来水补足；又有可能出现再生水不能满足用户水质要求，或者发生设备事故停水时，仍需用户用自来水补足。

再生水生产设施的建设，既可在已建成的城市污水厂基础上进行改扩建并增加深度处理工艺，或者在新建污水处理厂中增加污水再生利用处理设施，也可单独建设污水完全再生利用的再生水厂。从污水再生利用角度出发，再生水厂不宜过于集中，宜根据城市国土空间总体规划并考虑到用户位置进行分散布局。

（2）工业低质水需求较大的区域

供水比较方案通常包括饮用水＋原水、饮用水＋工业水厂、饮用水＋海水淡化、饮用水＋污水再生利用等，其中比较因子主要有用水需求、水质稳定性、建设工程量、投资成本、运行费用、用水成本、回收年限等。经综合比较后，最终确定推荐方案。例如，珠海高栏港、无锡工业园等产业园区，一般以工业型分质供水为主。

1）饮用水＋原水

原水是直接利用、用水成本相对较低，但原水可能存在水质不稳定的情况，因此方案的重点在于原水用户的确定，此外还需考虑系统方案（水源、水厂、管网、加压设施等）、供水保证率、工程量统计、实施难度、投资成本和用水成本等，还应做好原水水质不稳定时的应对措施。

2）饮用水＋工业水厂

工业水厂主要是利用非水源地，如水质良好的河道或水库，经简单处理后供给工业企业。方案比较内容与饮用水＋原水比较内容类似。

3）饮用水＋海水淡化

目前海水淡化成本较高，适用的范围也比较小。方案比较应考虑电力供应是否满足海水淡化的需要，其他比较内容与饮用水＋原水比较内容类似。

4）饮用水＋污水再生利用

污水再生利用主要考虑污水量及出水水质的问题。当污水量达到一定规模时，污水回用才有规模效益，其他比较内容与饮用水＋原水比较内容类似。

（3）工业低质水用量少且杂用水用量少的区域

虽然供水比选方案的内容基本上与上述两个区域的方案比较内容一致，但比选范围有所缩小且更注重实施的可行性。

3.3.5 分质供水设施规划

1.规划基本原则

1）统一规划、分期实施、适当超前

增强规划设施的可操作性，实事求是，切实反映城市各阶段的发展需求，并在此基础上适度超前，体现规划的前瞻性。

2）协调城市总体规划等上层次规划，落实用地

水厂、加压泵站、高位水池等供水设施的位置、规模，应与国土空间总体规划相协调，并确保规划的一致性，以便于各项设施能落地实施。

2.规划主要内容

（1）饮用水供水设施规划

饮用水供水设施规划与单质供水基本一致。根据城市的发展方向、功能布局及水源情况等因素，确定水厂的布局，包括位置、用地、规模等内容。同时，输配水管道应满足规划期给水规模及近期建设的要求，加压泵站等附属设施应按规范进行控制和建设。

对于经济条件较好、饮用水需求量较大的部分区域，可适当建议其内部独立设置直饮水系统。当然，也可根据该区域相关政策的要求，设置规模较大的直饮水净水站，规划内容包括位置、用地、规模等。直饮水管道及其附属设施除了应满足规划期给水规模及近期建设要求外，还应更加注重管材比选及系统日常维护管理措施的制定。

总的来说，饮用水供水设施远期规划的目标，应当注重整体提高自来水供水水质、不断加强水源保护、提升供水设施能力、加强供水运行监管等，而不是在城区内大规模推广自来水与直饮水分开供应的供水模式。

（2）非饮用水供水设施规划

1）以污水厂出水为水源

当以污水厂出水为水源时，通常再生水厂和污水处理厂合建。在规划污水处理厂时，应按照现行《城市污水处理厂工程项目建设标准》（建标［2001］77号）中关于污水处理厂的用地标准确定，规划应包括深度处理设施用地。

2）以雨水为水源

雨水利用对象和实施主体比较广泛，如单体建筑、小区及市政系统均可实施雨水利用，因此雨水利用的调蓄设施应根据实施主体和使用对象综合确定。

3）以海水为水源

海水泵站和处理设施一般宜采用合建方式，规划应考虑设施用地。由于海水具有腐蚀性，所以海水冲厕的泵站及输配水管网必须是专用的。市政海水管道通常采用球墨铸铁管或钢管，室内采用塑料管。

4）以河涌、水库等水系为水源

与单质供水设施比较，以河涌、水库等水系为水源的供水设施在水厂处理工艺及用地上存在一定差异。此类型水源的处理工艺比单质供水的处理工艺相对简单，水厂用地相对较小，但加压泵站等设施是基本一致的。此外，河涌、水库等水系的取水点应加强水质保护，这有利于降低水处理成本。

3.3.6　与其他专业规划衔接

分质供水规划必须符合城市国土空间总体规划，并与给水排水、防洪排涝等专业规划衔接。

总体规划是分质供水的规划依据，其中规划人口、用地布局、产业类型是需水量预测及各种类型用水量划分的依据。

竖向规划及组团划分是给水系统布局规划的依据；道路布局则直接影响管网的走向；用地规划关乎给水设施的落地。

污水规划确定的污水处理厂出水是分质供水的水源之一，再生水厂通常与污水处理厂合建，因此污水处理厂的选址及排放标准均会影响再生水系统的投资运行费用。污水处理厂的规模是确定再生水规模的重要依据，受纳水体的水环境容量大小也影响再生水回用规模的大小。如果受纳水体的水环境容量较小，则需要提高污水再生利用率，提高再生水使用规模，减少入河污染物排放量。

防洪排涝规划中的雨水调蓄利用会影响分质供水非饮用水水源的选择，在实施雨水调蓄的区域可将雨水用于市政杂用水等，因此，雨水调蓄设施的位置和规模也会影响分质供水的覆盖范围、供应规模等。另外，竖向规划中的场地标高也会影响供水分区的划分、加压设施的设置等。

当然，分质供水确定的供水模式也对总体规划、排水规划、防洪排涝等专业规划提出了各种要求，如设施用地、污水再生回用规模、雨水调蓄规模、水量分配等。因此，在编制分质供水规划时，应加强与其他专业规划的协调，保证各规划有机衔接，使得各项措施得到落实。

3.3.7　分质供水实施保障措施

（1）理顺管理体制

实施城市分质供水是一项庞大而复杂的系统工程，涉及城市规划、建设、环保、市政、工业、农业、水利、卫生等众多单位与部门。由于分质供水的推广应用会导致利益在不同部门之间的重新分配，势必要求从节约用水和保护水资源可持续发展的高度来统筹协调实施过程中出现的重大问题。

（2）拓宽融资渠道

分质供水应拓宽融资渠道，依靠财政投资、民间集资、引进外资等多渠道融资，并尽快建立起与市场接轨的多元化投资体制。

（3）制定配套政策

城市分质供水的发展，除了从法律法规层面进行强制推广外，还应从技术、经济等层面予以支持。如完善标准规范、制定合理水价体系、减免分质供水生产企业增值税等。

（4）预留设施用地和地下管位

分质供水设施的建设首先应落实各类分质供水设施的用地，如再生水厂、雨水利用设施等。同时，还应考虑预留道路地下中水管线的敷设位置。

（5）健全日常监管机制

由于国内多数分质供水工程以分散型为主，所以管网设施的日常运行维护投入普遍不足，甚至造成部分区域终端出水连续多年不达标却没有得到整治的现象，因此，分质供水的日常监管机制还需进一步健全。

3.4 分质供水的工程实践与效果

3.4.1 广州大学城分质供水

1. 工程概况

广州大学城包括小谷围岛和新造镇大学城校园两大区域，规划用地总面积为43.3km^2。首期小谷围岛大学城分为在中环路以内的生活区和在外环路与中环路之间的教学区，占地面积为18.0km^2，其中教学区约5.95km^2，学校生活区约2.48km^2，公共设施约3.05km^2（其中医院、生活配套设施0.29km^2），岛内居民生活区约1.24km^2，其余用地面积约5.28km^2。

2. 分质供水系统

广州大学城分质供水系统由高质水系统和杂用水系统两部分组成，其中与人体直接接触的用水（如饮用、沐浴、洗涤等用水）采用高质水，不与人体直接接触的用水（如市政杂用水、城市景观用水、河道水体置换等用水）采用杂用水。大学城组团内部杂用水管道仅考虑为冲洗道路、绿化浇洒及洗车等用途，而建筑物内生活、冲厕及消防等用水统一采用高质水。

（1）用水量预测

广州大学城规划最高日供水量9.5万m^3，其中高质水水量为4.9万m^3/d，杂用水水量为4.6万m^3/d。时变化系数$K_h=1.5$。

（2）水质标准推荐

广州大学城高质水的水质除应满足《生活饮用水卫生标准》（GB 5749—2006）外，还应满足当时《城市供水行业2000年技术进步发展规划》中提出的一类水水质目标和欧共体饮水水质指令。杂用水的水质按《城市污水再生利用 城市杂用水水质》（GB/T 18920—

2002）中对水质要求最严格的车辆冲洗水质标准执行。

（3）高质水系统

高质水由广州市区的南洲水厂供给，首期由仑头经生物岛向小谷围岛敷设 DN800 管道，远期由南洲路经生物岛向小谷围岛增敷 DN1000 管道。高质水管网基本采用单管，成环形布置。主干管基本沿岛内中环路布置，并考虑向南片管网及长洲岛转输水量。主干管口径为 DN500～DN800，长度约 21.6km（图 3-8）。

图 3-8　广州大学城高质水管网

（4）杂用水系统

杂用水由大学城内的杂用水厂供给。杂用水厂以官山水道的河水为水源，取水采用近岸式取水头部，于岸边设置地下/半地下式提升泵房，河水提升后，采用“絮凝＋沉淀＋过滤＋消毒”的处理工艺，处理后的杂用水经调节后泵送至杂用水管网。杂用水管网采用分压供水，且高压区、低压区管网相对独立成环形布置。主干管成枝状布置。主干管口径为 DN400～DN600，长度约 18.6km（图 3-9）。

3. 运行管理

目前，广州大学城分质供水系统运行状况良好（图 3-10），每年可节约水费数百万元。高质水系统由南洲水厂负责供应，试行期综合水价为 2.29 元/m^3。根据大学城实际用水类别和比例，实行四类水价：居民生活用水，包括 4 个保留自然村内居民住宅中居家生活等用水，价格为 2.09 元/m^3；大学城内学校生活区的学生生活用水、学生食堂用水，价格为 1.88 元/m^3；行政事业用水和经营服务用水，价格为 2.55 元/m^3；特种用水，包括洗车等用水，价格为 5.11 元/m^3。广州大学城杂用水厂由深水海纳水务集团股份有限公司负责经营，供水规模为 10 万 m^3/d，杂用水水价为 0.68 元/m^3。

4. 建设经验

广州大学城分质供水系统的成功建设和良好运行：一是得益于政府部门的大力推动，二是大学城本身是新建区域，实施分质供水的难度较小；三是将杂用水水厂推向市场，采

图 3-9　广州大学城杂用水管网

(a)　(b)

图 3-10　广州大学城杂用水厂

（a）杂用水厂外景；（b）杂用水厂工艺

用 TOT 模式进行建设运营管理[24]。

3.4.2　广州亚运城分质供水

1. 工程概况

亚运城规划赛时总建筑面积 148 万 m^2，规划容纳 14000 名运动员和随队官员（运动员村）、10000 名媒体人员（媒体村）、2800 名技术官员、其他工作人员 18000 名（配套中小学及医院内安排）进驻。同时，还需满足亚残会 4000 名参赛人员的使用需要。因此，广州亚运城赛时规划总人口约 4.48 万人，赛后居住人口最高峰达到 5.6 万人。

2. 分质供水系统

广州亚运城分质供水系统，由生活饮用水系统和杂用水系统两部分组成（图 3-11）。

（1）用水量预测

亚运城赛时规划总用水量确定为 2.2 万 m^3/d，其中生活饮用水用水量为 1.4 万 m^3/d，

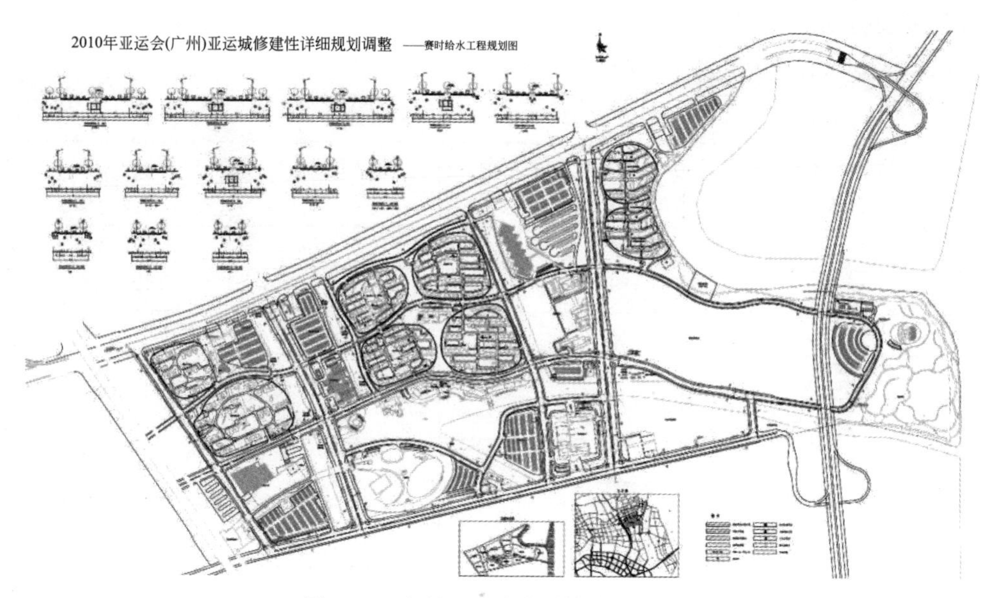

图 3-11　广州亚运城分质供水系统规划

杂用水用水量为 0.8 万 m^3/d。

(2) 供水水质规划

生活饮用水的水质达到现行《生活饮用水卫生标准》(GB 5749—2006)。杂用水的水质按现行《城市污水再生利用 城市杂用水水质》(GB/T 18920—2002) 中对水质要求最严格的车辆冲洗水质标准执行。

(3) 生活饮用水系统

生活饮用水系统主要由沙湾水厂新建水厂和亚运城输水干管组成，作为主供。同时，由南洲水厂提供的饮用水将从新建的大学城过江输水管延伸至南村镇番禺区自来水公司所属的清河东路现有 DN1000 输水管道，作为备用。

(4) 杂用水系统

杂用水系统，近期规划采用河水和屋面雨水作为杂用水水源，远期规划以番禺区前锋中水厂和屋面雨水作为杂用水水源，并建设杂用水管网。

3. 运行管理

亚运城分质供水系统在 2010 年广州亚运会举行期间运行良好，不仅实现了优质供水，而且整套系统水量充足、水压稳定。

4. 建设经验

广州亚运城分质供水的成功实施，得益于亚运城的高标准和高定位。它不仅有利于提升广州的城市形象，而且还为华南地区实施分质供水积累了大量的工程经验[25]。

3.4.3　香港特别行政区海水冲厕供水

1. 工程概况

香港特别行政区是我国最早推行分质供水的城市之一。1950 年前开始大量采用海水冲厕，至今海水每日平均消耗量已达到全港总用水量的 21%～22%。到 2018 年，每天供应的冲厕海水平均达 76.0 万 m^3，2003～2018 年每日平均用水量如表 3-9、图 3-12 所示。

无论在硬件设备如海水抽水站、管路输送、污水处理等，还是软件措施如操作营运、相关法令等均已累积许多成功经验，非常值得借鉴。

香港 2003～2018 年用水量统计　　表 3-9

年份	可食用水每日平均用水量(百万 m^3)	可食用水每日平均用水量增长率(%)	海水每日平均用水量（百万 m^3）	可食用水全年用水量（百万 m^3）
2003	2.67	2.6	0.66	973.75
2004	2.61	−2.2	0.70	955.33
2005	2.65	1.5	0.72	967.71
2006	2.64	−0.4	0.71	963.42
2007	2.61	−1.1	0.74	950.89
2008	2.61	0	0.75	956.15
2009	2.61	0	0.74	952.03
2010	2.56	−1.9	0.74	935.56
2011	2.53	−1.2	0.74	923.35
2012	2.56	1.0	0.75	935.43
2013	2.56	0	0.76	932.78
2014	2.63	2.9	0.74	959.46
2015	2.66	1.4	0.75	972.71
2016	2.70	1.2	0.71	987.22
2017	2.68	−0.5	0.76	979.80
2018	2.77	3.3	0.76	1,012.59

注：引自香港水务署官网. https：//www. wsd. gov. hk。

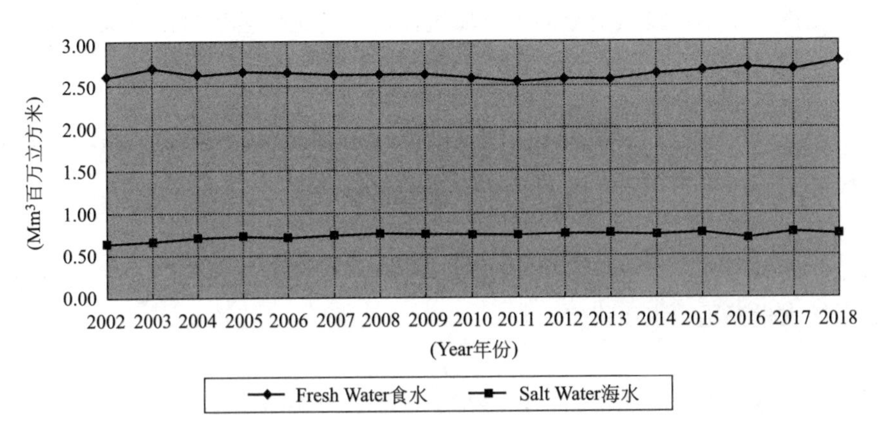

图 3-12　香港 2002～2018 年每日平均用水量示意图

注：引自香港水务署官网. https://www. wsd. gov. hk

2. 建设推动过程

香港特别行政区没有任何大型河流或湖泊，属亚热带地区，全年雨量约 2200mm，但雨季集中于夏天，分布并不均衡。引水道及贮水库系统虽然发展良好，但各集水区所得水量仍不足以供应全香港目前 1/3 的用水需求。此外，由于坚硬花岗岩地层无法提供大量地下水，超过2/3的淡水水源来自广东省东江。

1950～1960年期间，香港特别行政区经济飞速发展，社会日趋繁荣，已蜕变为商业金融服务中心，对淡水的需求急剧增加，当时香港特别行政区尚未就供水问题与广东省签订协议，虽然当时已实施若干水资源开发计划，但仍难应付需求激增的情况。因此，在1960年前后，实施限水成为经常措施。鉴于淡水供应不足的事实，香港开始把注意力转到利用海水冲厕方面。最初，海水冲厕仅应用于临海的政府办公大楼，之后由于成效良好逐渐扩大应用范围。海水抽水站、海水配水库及海水输水管组成的供应系统已相继兴建完成。目前，海水供应系统与淡水供应系统同时并存且各自操作。香港特区市内大部分地区和一些新市镇均已设有完备的海水供应系统（图3-13），全港约77%的人口利用海水冲厕。共计兴建了16座位于海边的海水抽水站。每座海水抽水站负责抽取海水，然后通过干管和输水管组成的网络把海水泵送至用户和配水库。

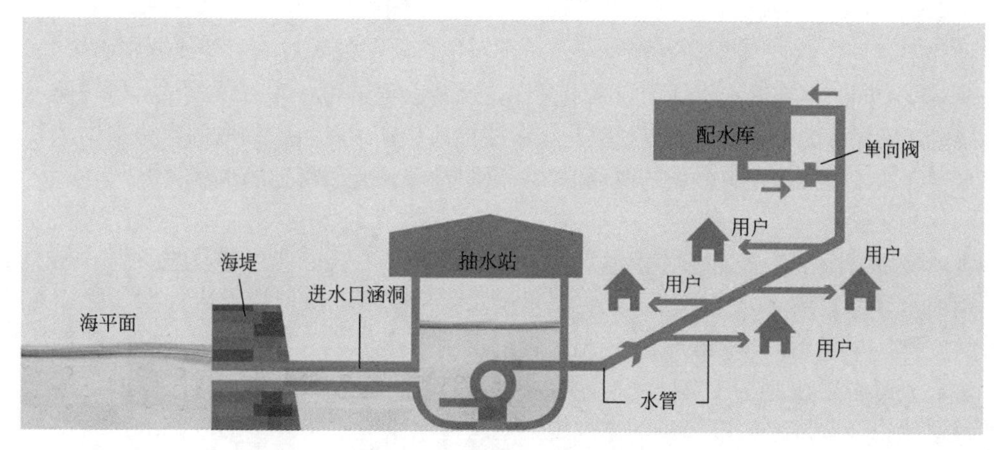

图3-13　香港海水供水系统

注：引自香港水务署官网. https://www.wsd.gov.hk

此外，全港设有15座陆上的海水加压站，负责把海水从低处送往较高地区。各抽水站均设有主抽水机及备用抽水机，抽水站内均设置流量测定仪器、控制设备及消毒设备。各设备与海水直接接触部分均为不锈钢材料，以抵抗海水锈蚀。每一座海水分配系统中，都有一组由干管和输水管组成的供水网络，其中大部分管线均埋于地下。凡直径超过600mm的管线均由钢管组成。钢管内部铺设抗硫酸盐的混凝土作为保护层，防止海水锈蚀。直径不足600mm的水管则属石棉水泥管、内层铺设抗硫酸盐混凝土的球墨铸铁管，或使用塑料管；目前石棉水泥管已渐被弃用，新的中型海水管大多已采用球墨铸铁管，住户大楼的海水管线以塑料管最为普遍。海水管网络以每年平均25km的速率不断增长。已设置有36座海水配水库，总容量达20万m^3。每座海水配水库容量，足以供应该配水库所在区内平均每日冲厕用水需求量的1/4。

3. 管理技术细节

（1）水质保持

海水处理须达到的标准虽低于淡水，但仍须符合香港水务署规定的水质标准（表3-3），以免出现水质恶化的情况。海水先由隔网除掉较大的杂质，然后再以氯气或次氯酸盐消毒，再输往配水库供应给用户。海水抽水站入口处，须设置拦污栅防止漂浮物进入，以及加氯防止分配管线腐蚀及抑制微生物生长，并可防止水质产生异味。抽水站入口处虽设有拦污栅，但小的悬浮固体仍会抽入供应系统，为防止悬浮固体或漂浮物过高，规定在海水入水口 60m 内禁止货柜装卸或船只停泊。通常拦污栅每周清理一次，供应系统中不同地点均定期水质采样进行化学分析，以此决定抽水站的加氯量。抽水站残余氯气浓度应维持可被接受的标准，如海水受到污染需增加加氯量，以抑制微生物生长，减少感染及去除异味。为了达到可接受的冲厕水质，香港水务署在新的海水供应计划中均会特别考量抽水站海水水质。

（2）用户接驳

由于海水管线与淡水管线均埋设于地下，因此在操作时须特别小心，尤其是与一些使用中的水管接驳时，更需格外注意。海水管线在外表上与淡水管线并无分别，倘若误把海水管线接驳淡水管线，海水便会进入自来水供应系统，自来水一旦受到污染则会对用户健康造成影响。由于自来水用量比海水用量大得多，在同一地点铺设的自来水管线与海水管线口径并不相同，因此只需翻查管线纪录，便可把自来水管线与海水管线分别出来。此外，若发现某位置同时存有海水管线与自来水管线，通常会先进行一项确认测试，再与使用中的水管接驳，确保万无一失。方法是把氯化钡溶液加入从预接驳水管抽取的水样本中，若样本为海水，则加入后会呈现硫酸钡的白色混浊，通过简单试验便可把海水管线辨识出来。

（3）相关法规

香港特别行政区法令对于使用海水冲厕有所规定。根据香港水务设施条例，凡未经批准使用淡水做冲厕用途即属违法。凡有海水供应的地区将不准使用淡水冲厕，必须接受海水冲厕安排。早期用户冲厕的海水并无水表记录用水量，亦不会根据用水量向用户征收费用。住户大厦必须在地下设置贮水槽贮存海水，且须将海水输送到顶楼贮水槽，再分别输送到每家住户。香港水务设施条例亦规定，凡与海水供应系统连接的内部水管装置必须适合海水冲厕用途，水管装置必须经得起海水侵蚀，海水供应内部水管均为塑料管，迄今并未发生严重污水系统或污水处理方面的问题。未有海水供应的地区，基于卫生方面的理由，经核准可暂时以淡水冲厕，若以淡水冲厕将以水表记录用水量，使用淡水冲厕的用户，须遵照香港水务设施条例的规定，装设可经得起海水锈蚀的内部水管装置。此项规定旨在确保日后当海水供应工程完成，可为用户提供海水冲厕时，用户无须重铺室内水管。

（4）务实分析与持续发展

2007 年香港特别行政区海水供应量已占全部用水量的 22.1%，而 2007～2018 年海水每日平均用水量在 74 万～76 万 m^3/d 之间，占全港用水量的 21%～22%之间，这一比例相对较为稳定。这些数据说明，香港的海水供应系统已经趋于完善，供水量没有明显增加。1950 年代末期开始采用海水冲厕措施，当时的原因主要在于缺乏淡水资源，使用海水可降低淡水的需求量。而后进一步扩大海水冲厕供应则是进行经济分析后所得的成果。近年来，由于来自广东省的供水量日增，以及污水处理厂相继落成启用，冲厕水源可以选择淡水、海水或再生水。因此，新市镇选择冲厕用水时，会先进行详尽的经济分析，兼顾设备成本与操作成本，采用淡水、海水或再生水总成本最低者。以沙田市冲厕用水的经济分析为例，显示以海水冲厕的总成本仅为淡水的 1/10（淡水系以购买成本计算），也远比再生水的成本低。但并非所有地区均相同，以西贡市镇为例，由于海水供应系统管线较长，总成本经分析后得出，海水的供应成本较高，因此采用海水冲厕并不恰当[26～30]。

参考文献

[1] 住房城乡建设部.城市给水工程规划规范：GB50282—2016 [S].北京：中国计划出版社，2016.
[2] 住房城乡建设部.城市排水工程规划规范：GB50318—2017 [S].北京：中国建筑工业出版社，2017.
[3] 国家质量监督检验检疫总局.城市污水再生利用 景观环境用水水质：GB/T18921—2002 [S].北京：中国标准出版社，2002.
[4] 国家质量监督检验检疫总局.城市污水再生利用 城市杂用水水质：GB/T18920—2002 [S].北京：中国标准出版社，2003.
[5] 国家质量监督检验检疫总局，国家标准化管理委员会.城市污水再生利用 工业用水水质：GB/T 19923—2005 [S].北京：中国质检出版社，2005.
[6] 国家质量监督检验检疫总局，国家标准化管理委员会.城市污水再生利用 农田灌溉用水水质：GB20922—2007 [S].北京：中国质检出版社，2007.
[7] 国家质量监督检验检疫总局，国家标准化管理委员会.城市污水再生利用 地下水回灌水质：GB/T 19772—2005 [S].北京：中国标准出版社，2005.
[8] 国家质量监督检验检疫总局，国家标准化管理委员会.城市污水再生利用 绿地灌溉水质：GB/T 25499—2010 [S].北京：中国质检出版社，2010.
[9] 住房和城乡建设部，国家质量监督检验检疫总局.建筑中水设计标准：GB50336—2018 [S].北京：中国建筑工业出版社，2018.
[10] 国家环境保护总局，国家质量监督检验检疫总局.城镇污水处理厂污染物排放标准：GB18918—2002 [S].北京：中国环境科学出版社，2002.
[11] 建设部，国家质量监督检验检疫总局.城市居民生活用水量标准：GB/T50331—2002 [S].北京：中国建筑工业出版社，2002.
[12] 田林莉.城市分质供水系统研究 [D].重庆：重庆大学，2007.
[13] Sydney Water. Water recycling [EB/OL].[2019-07-25]. http：//www. sydneywater. com. au/SW/education/Wastewater-recycling/Water-recycling/index. htm.
[14] 袁志彬.谈城市中水利用的现状及未来 [EB/OL].[2004-08-27]. http：//info. water. hc360. com/html/001/002/010/005/36 408. html.
[15] 张亚军，高晓夏，王晶等.浅谈北京水资源状况及提高污水资源化措施 [J].节能与环保，2019 (05)：38-40.
[16] 马越，崔子腾，王树东.青岛市城阳区管道直饮水建设 [J].科技创新导报，2018 (15)：58-59.
[17] 蒋绍阶，田林莉，岳崇峰等.深圳市分质供水模式的探讨 [J].重庆建筑大学学报，2008，30 (03)：92-95.
[18] 李霞，韩笑，孙莹等.天津城市分质供水发展策略 [J].饮水安全，2014 (17)：44-45.
[19] 张蓉.天津市城市水价及其对节水的促进作用 [D].天津：天津大学，2014.
[20] 武永祜.滨海新区多水源供水体系构建举措探讨 [J].海河水利，2017 (S1)：9-10.
[21] 王现领.天津市降水量及蒸发量变化趋势研究 [J].水资源开发与管理，2018 (07)：8-11.
[22] 张蕊.天津出台再生水利用规划 2020 年再生水年利用量将达到 5.61 亿立方米 [N/OL].中国环境报.2018-12-11. http：//env. people. com. cn/n1/2018/1211/c1010-30457839. html.
[23] 林明利，张桂花，张全等.我国典型城市管道直饮水特征及启示 [J].给水排水，2015，41 (03)：30-33
[24] 罗广寨.广州大学城分质供水简介 [J].给水排水，2006，32 (03)：65-67.
[25] 凌霄，陈钟卫，蔡倩瑜等.2010 年亚运会亚运村分质供水系统构建 [J].给水排水，2009，35 (06)：14-16.

[26] 王先登. 浅谈香港海水冲厕成功经验 [EB/OL]. [2003-03-21]. http：//www. szwrb. gov. cn/cn/zwgk _ show. asp?id=715.

[27] 许经纶. 分质供水的香港海水冲厕系统 [J]. 上海水务，2005（01）：50-53.

[28] 香港水务署. 刊物、短片及统计资料-图表 [EB/OL]. [2019-05-23]. https：//www. wsd. gov. hk/tc/publications-and-statistics/statistics/key-facts/miscellaneous-data/graph/index. html.

[29] 香港水务署. 刊物、短片及统计资料-耗水量 [EB/OL]. [2019-06-17]. https：//www. wsd. gov. hk/tc/publications-and-statistics/statistics/key-facts/miscellaneous-data/index. html.

[30] 香港水务署. 核心工作-海水冲厕 [EB/OL]. [2019-08-30]. https：//www. wsd. gov. hk/sc/core-businesses/water-resources/seawater-for-flushing/index. html.

第4章　源头消纳

4.1　源头消纳技术概况及推广现实意义

源头消纳是采取接近自然系统的生态技术，以低影响开发技术（Low Impact Development，LID）为载体，通过分散的、小规模的源头控制机制和设计技术，以达到控制雨水径流、减少径流污染的目的，尽量降低城市发展对环境的影响。源头消纳是解决城市洪涝灾害、生态环境问题的有效途径，它是海绵城市中的源头治理阶段，对推广海绵城市建设具有十分重要的意义[1]。

4.1.1　海绵城市发展

1. 海绵城市的基本内涵

我国正处在城市化高速发展的时期，城市的建设日新月异。但是，粗放式的城市化发展，在一定程度上加剧了人与自然环境之间的矛盾，从而引发出一系列社会、环境和生态问题[2]。城市化改变了城市局部地区的降雨等气候条件，并彻底改变了局部地区的自然生态本底环境，特别是破坏了正常的水文自然循环，如径流系数的改变（图4-1）。城市规模的不断扩大给城市带来了难以估量的风险，主要包括城市洪灾风险加大、雨水资源大量流失、雨水径流污染严重、水土流失、生态环境破坏等，严重制约了中国城市的可持续发展[3]。

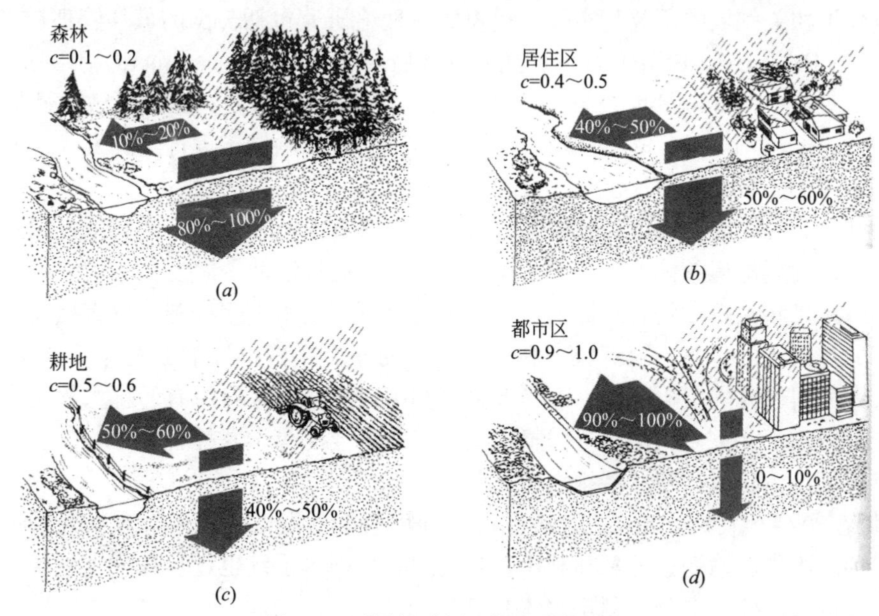

图4-1　不同性质用地径流系数对比

（a）森林；（b）居住区；（c）耕地；（d）都市区

注：引自 Watershed Management Planning and Design. 2011

海绵城市通过建设绿色雨水基础设施，采用工程和非工程措施，以“渗、蓄、滞、净、用、排”等关键技术，构建和完善城市“海绵体”，下雨时吸水、蓄水、渗水、净水，需要时再将蓄存的水“释放”并加以利用[4]。海绵城市建设遵循生态优先的原则，在确保城市排水防涝安全的前提下，最大限度地实现雨水在城市区域的积存、渗透和净化，将生态发展的理念和低影响开发的雨洪管理结合起来，持续保护水资源、改善水环境、修复水生态、保障水安全，实现人与自然的和谐相处[5]。

“海绵城市”理念在实践的过程中，其概念与内涵随着时代和城市的发展得到不断的充实和完善，其本质包含以下几个方面：

（1）海绵城市建设体现了城市发展的新模式。与传统的粗放式发展不同，海绵城市把城市的发展与自然生态系统的保护相结合，充分利用雨水资源，把城市建设对城市环境的影响降低到最低，是一种长久的可持续发展理念。

（2）海绵城市建设体现了排水防涝的新思路。传统防洪排涝模式单纯依靠地下排水管道系统进行排水，忽视水资源的综合利用。海绵城市把雨水的渗、滞、蓄、净、用、排密切结合，既实现了雨水资源化利用，又大大降低了城市内涝风险[6]。

（3）海绵城市建设体现了生态优先的发展观。海绵城市尽可能维持原有的水文条件，减少对原有生态环境的破坏。通过源头治理、过程管理和末端处理 3 个阶段来实现低影响开发，有效地减少城市的水环境污染，缓解城市的水资源短缺，改善城市的水生态。

（4）海绵城市建设体现了与时俱进的思想。海绵城市建设伴随时代的发展不断完善，创造性地运用了非常多的现代工程技术，在构建城市海绵体的过程中充分融入现代科学技术，从不同的角度出发，构建满足多方面需求的海绵系统[5]。

2.海绵城市的发展

国外一些发达国家针对雨洪管理的研究起步较早，早在 20 世纪 60 年代，国外就有了海绵城市建设相关领域的研究与实践。代表性的理论研究包括美国的最佳管理措施（Best Management Practices，BMP）和低影响开发（Low Impact Development，LID）、英国的可持续排水系统（Sustainable Drainage Systems，SuDS）、澳大利亚的水敏感性城市设计（Water Sensitive Urban Design，WSUD）、新西兰的低影响城市设计与开发（Low Impact Urban Design and Development，LIUDD）等[7]。

国内开展有关海绵城市建设的研究相对较晚，研究内容和研究深度与国外相比也较为片面和单一，发展历程总体上分为“不作处理”和“处理”两个阶段。

一直以来，我国雨水的管理提倡在大多数情况下，雨水不用处理，可直接就近排入水体，强调的是雨水的排放。随着城市和工业建设的发展，城市排水工程有了很大的发展。为了改善人民居住区的卫生环境，中华人民共和国成立初期除对原有的排水管渠进行疏浚外，还先后修建了北京龙须沟、上海肇嘉浜、南京秦淮河等十几处管渠工程。当然，许多城市也有计划地新建或扩建一些排水工程[8]。

20 世纪 80 年代初期，由于污水而引起的环境污染问题陆续出现，人们开始重视对污水进行单独的收集、输送、处理和利用。与此同时，雨水系统也逐步从排水系统中分离出来，由合流制排水体制向分流制排水体制过渡。

90 年代后期，在水资源日益紧缺和国际雨水集流事业的不断推动下，国内雨水管理开始在“全面建设节水型社会”理念的指导下发展，促进水资源的集约和高效利用，减少污水排放量，实现人水和谐，是解决水资源短缺最根本、最有效的出路。

2012 年 4 月，在“2012 低碳城市与区域发展科技论坛”中，“海绵城市”概念首次提出。2013 年 12 月 12 日，习近平总书记在中央城镇化工作会议的讲话中强调要建设“自然积存、自然渗透、自然净化”的海绵城市。2014 年 10 月住房城乡建设部发布了《海绵城市建设技术指南低影响开发雨水系统构建（试行）》，对“海绵城市”的概念给出明确的定义。2014 年，住房城乡建设部对《室外排水设计规范》（GB 50014—2006，2011 年版）进行修编，特别提出雨水综合管理应按照低影响开发理念，采用源头削减、过程控制、末端处理的方法，对城市雨水利用提出了较为详细的规定，并总结了雨水调蓄池容积的计算方法，提出了雨水渗透设施、雨水综合利用和内涝防治设施的相关设计原则和要求。2015 年初，住房城乡建设部、财政部和水利部联合发布了《关于组织申报 2015 年海绵城市建设试点城市的通知》，并鼓励全国各大城市积极申报；同年 4 月，我国 16 个城市被列入首批“海绵城市”试点城市。目前，我国已有 30 个“海绵城市”试点城市，130 多个城市制定了“海绵城市”建设方案。建设技术指南和建设方案的提出，标志着“海绵城市”的建设已提升到国家战略层面，雨水作为“海绵城市”的研究对象也成为了研究热点[9]。

我国学者在充分借鉴和吸收国外“城市现代雨洪管理”的理念后，立足于自身水情特征和水问题，针对我国雨洪管理技术层面与管理层面存在的不足，积极研究和探讨“海绵城市”的构建以及雨洪处理等问题[10]。海绵城市相关研究现已进入深层次的研究、实践阶段。如李兰等人提出了“海绵城市”建设的关键科学问题，建立“SPONGE”框架来概括整个“海绵城市”的建设内容，为今后“海绵城市”的研究和建设提供了参考[11]。祁磊等人以珠海横琴国家湿地公园为例，探讨了海绵城市理论下的城市湿地公园景观设计理念及相关要点，为城市湿地公园设计提供了借鉴[12]。王琦从缓解城市排水系统压力出发，根据海绵城市理念对城市市政排水系统进行了规划设计研究[13]。

4.1.2　源头消纳主要技术

源头消纳可以通过低影响开发技术实现，按主要功能一般可分为渗透、储存、调节、转输、截污净化等几类[4]。通过各类技术的组合应用，可实现径流总量控制、径流峰值控制、径流污染控制、雨水资源化利用等目标。实践中应结合不同区域水文地质、水资源等特点及技术经济分析，按照因地制宜和经济高效的原则选择低影响开发技术及其组合系统。

各类低影响开发技术又包含若干不同形式的低影响开发设施，主要有透水铺装、绿色屋顶、下沉式绿地、生物滞留设施、渗透塘、渗井、湿塘、雨水湿地、蓄水池、雨水罐、调节塘、调节池、植草沟、渗管/渠、植被缓冲带、初期雨水弃流设施、人工土壤渗滤等，如表 4-1 所示。

低影响开发设施比选一览表　　**表 4-1**

单项设施	功能					控制目标			处置方式		经济性		污染物去除率（以 SS 计，%）	景观效果
	集蓄利用雨水	补充地下水	削减峰值流量	净化雨水	转输	径流总量	径流峰值	径流污染	分散	相对集中	建造费用	维护费用		
透水砖铺装	○	●	◎	◎	○	●	◎	◎	√	—	低	低	80～90	—

续表

单项设施	功能					控制目标			处置方式		经济性		污染物去除率（以SS计，%）	景观效果
	集蓄利用雨水	补充地下水	削减峰值流量	净化雨水	转输	径流总量	径流峰值	径流污染	分散	相对集中	建造费用	维护费用		
透水水泥混凝土	○	○	◎	◎	○	◎	◎	◎	√	—	高	中	80～90	—
透水沥青混凝土	○	○	◎	◎	○	◎	◎	◎	√	—	高	中	80～90	—
绿色屋顶	○	○	◎	◎	○	●	◎	◎	√	—	高	中	70～80	好
下沉式绿地	○	●	◎	◎	○	●	◎	◎	√	—	低	低	—	一般
简易型生物滞留设施	○	●	◎	◎	○	●	◎	◎	√	—	低	低	—	好
复杂型生物滞留设施	○	●	◎	●	○	●	◎	●	√	—	中	低	70～95	好
渗透塘	○	●	◎	◎	○	●	◎	◎	—	√	中	中	70～80	一般
渗井	○	●	◎	◎	○	●	◎	◎	√	√	低	低	—	—
湿塘	●	○	●	◎	○	●	●	◎	—	√	高	中	50～80	好
雨水湿地	●	○	●	●	○	●	●	●	√	√	高	中	50～80	好
蓄水池	●	○	◎	◎	○	●	◎	◎	—	√	高	中	80～90	—
雨水罐	●	○	◎	◎	○	●	◎	◎	√	—	低	低	80～90	—
调节塘	○	○	●	◎	○	○	●	◎	—	√	高	中	—	一般
调节池	○	○	●	○	○	○	●	○	—	√	高	中	—	—
转输型植草沟	◎	○	○	◎	●	◎	○	◎	√	—	低	低	35～90	一般
干式植草沟	○	●	○	◎	●	●	○	◎	√	—	低	低	35～90	好
湿式植草沟	○	○	○	●	●	○	○	●	√	—	中	低	—	好
渗管/渠	○	◎	○	○	●	◎	○	◎	√	—	中	中	35～70	—
植被缓冲带	○	○	○	●	—	○	○	●	√	—	低	低	50～75	一般
初期雨水弃流设施	◎	○	○	●	—	○	○	●	√	—	低	中	40～60	—
人工土壤渗滤	●	○	○	●	—	○	○	◎	—	√	高	中	75～95	好

注：(1) ●——强，◎——较强，○——弱或很小。
(2) SS去除率数据源于美国流域保护中心。
(3) 引自住房城乡建设部．海绵城市建设技术指南——低影响开发雨水系统构建（试行）．2015。

1．透水铺装

透水铺装按照面层材料的不同可分为透水砖铺装、透水混凝土铺装和透水沥青混凝土铺装，嵌草砖、园林铺装中的鹅卵石、碎石铺装等也属于渗透铺装（图4-2）。

2．绿色屋顶

绿色屋顶也称种植屋面、屋顶绿化等（图4-3），根据种植基质深度和景观复杂程度，绿色屋顶又分为简单式和花园式，基质深度根据植物需求及屋顶荷载确定，简单式绿色屋顶的基质深度一般不大于150mm，花园式绿色屋顶在种植乔木时基质深度可超过600mm，绿色屋顶的设计可参考《种植屋面工程技术规程》（JGJ 155—2013）。

3．下沉式绿地

下沉式绿地具有狭义和广义之分，狭义的下沉式绿地是指低于周边铺砌地面或道路在

(a)

(b)

图 4-2　透水砖铺装

（a）实施效果 1；（b）实施效果 2

(a)

(b)

图 4-3　公共建筑及住宅绿色屋顶

（a）实施效果 1；（b）实施效果 2

注：引自 Low Impact Development Manual，Low Impact Development Center. 2010

200mm 以内的绿地（图 4-4）；广义的下沉式绿地泛指具有一定的调蓄容积（在以径流总量控制为目标进行目标分解或设计计算时，不包括调节容积），且可用于调蓄和净化径流雨水的绿地，包括生物滞留设施、渗透塘、湿塘、雨水湿地、调节塘等。

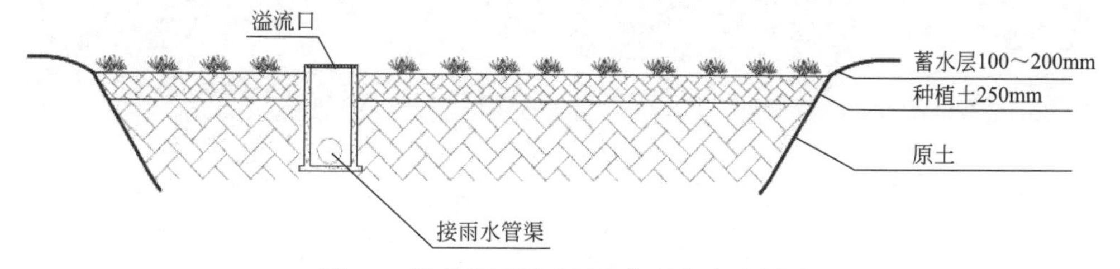

图 4-4　狭义的下沉式绿地典型构造示意图

注：引自住房城乡建设部. 海绵城市建设技术指南——低影响开发雨水系统构建（试行）. 2015

4. 生物滞留设施

生物滞留设施是指在地势较低的区域，通过植物、土壤和微生物系统蓄渗、净化径流雨水的设施。生物滞留设施分为简易型生物滞留设施和复杂型生物滞留设施（图 4-5～图 4-7），按应用位置不同又称雨水花园、生物滞留带、高位花坛、生态树池等。

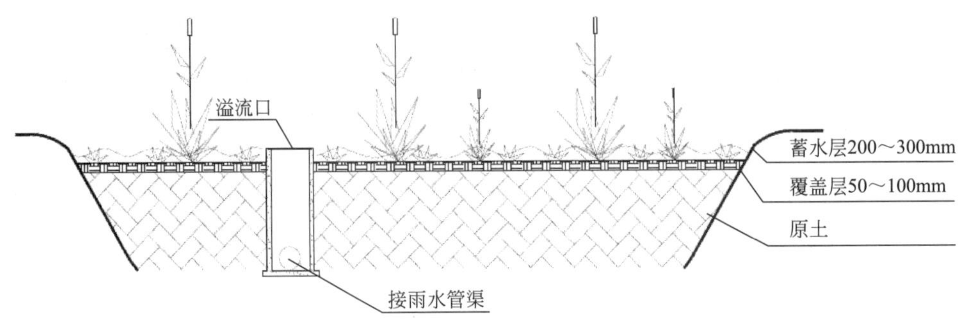

图 4-5　简易型生物滞留设施典型构造示意图

注：引自住房城乡建设部. 海绵城市建设技术指南——低影响开发雨水系统构建（试行）. 2015

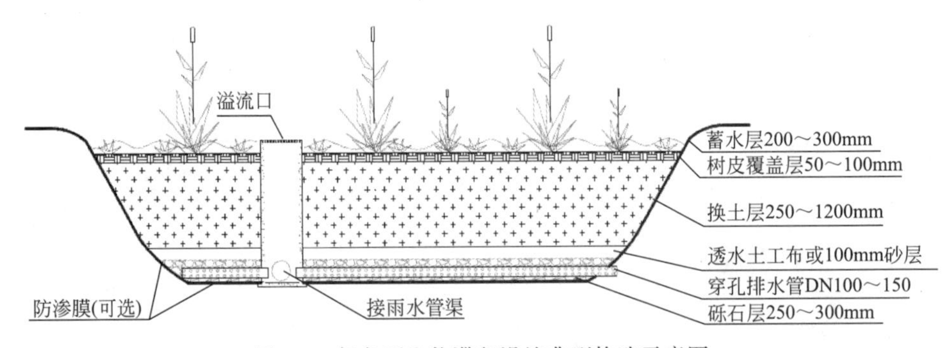

图 4-6　复杂型生物滞留设施典型构造示意图

注：引自住房城乡建设部. 海绵城市建设技术指南——低影响开发雨水系统构建（试行）. 2015

(*a*)　　(*b*)

图 4-7　雨水滞留塘

（*a*）实施效果 1；（*b*）实施效果 2

注：引自 Low Impact Development Handbook. Department of Planning and Land Use. 2007

5. 渗透塘

渗透塘是一种用于雨水下渗补充地下水的洼地，具有一定的净化雨水和削减峰值流量的作用（图 4-8）。

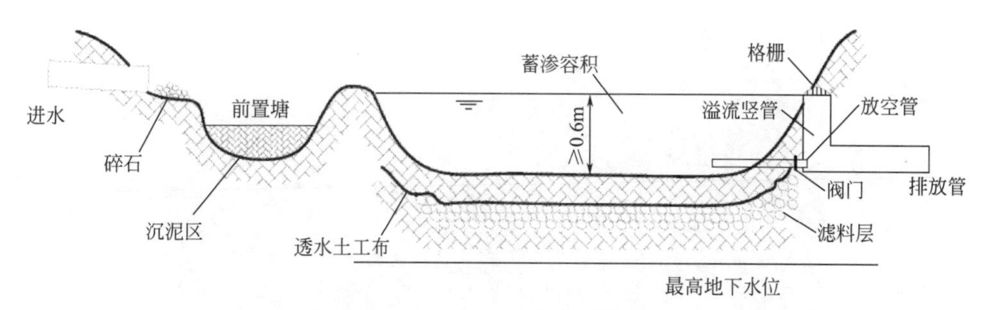

图 4-8　渗透塘典型构造示意图

注：引自住房城乡建设部.海绵城市建设技术指南——低影响开发雨水系统构建（试行）. 2015

6. 渗井

渗井是指通过井壁和井底进行雨水下渗的设施，为增大渗透效果，可在渗井周围设置水平渗排管，并在渗排管周围铺设砾（碎）石（图 4-9）。渗井调蓄容积不足时，也可在渗井周围连接水平渗排管，形成辐射渗井。

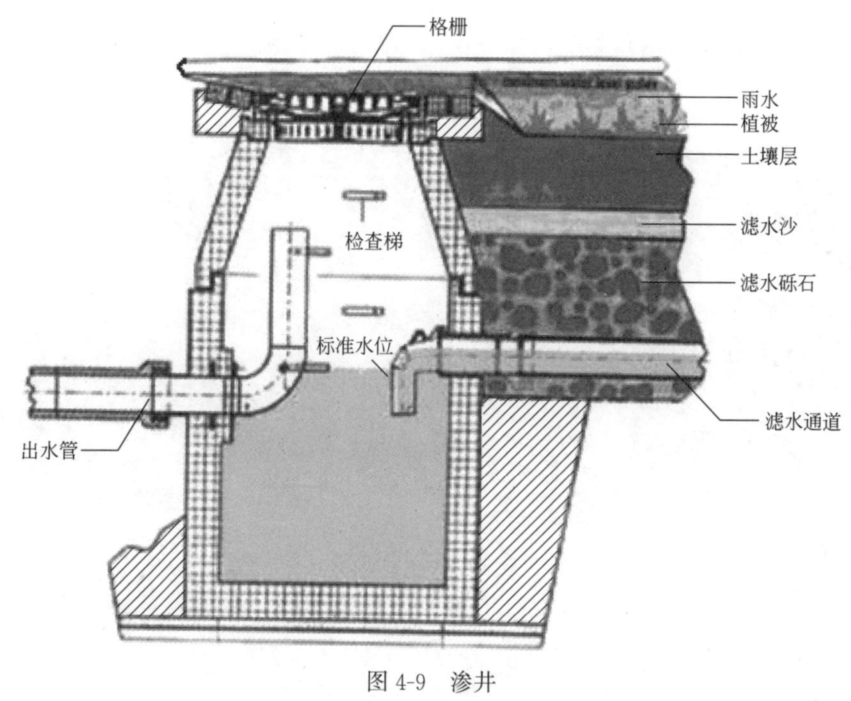

图 4-9　渗井

注：引自中国设计师网. http：//shui. shejis. com/shuial/201010/article _ 23515 _ 2/3. html

7. 湿塘

湿塘是指具有雨水调蓄和净化功能的景观水体，雨水同时作为其主要的补水水源。湿塘有时可结合绿地、开放空间等场地条件设计为多功能调蓄水体（图 4-10），即平时发挥正常的景观及休闲、娱乐功能，暴雨发生时发挥调蓄功能，实现土地资源的多功能利用。湿塘一般由进水口、前置塘、主塘、溢流出水口、护坡及驳岸、维护通道等构成。

8. 雨水湿地

雨水湿地利用物理、水生植物及微生物等作用净化雨水，是一种高效的径流污染控制设施，雨水湿地分为雨水表流湿地和雨水潜流湿地，一般设计成防渗型以便维持雨水湿地

图 4-10　湿塘

植物所需要的水量，雨水湿地常与湿塘合建并设计一定的调蓄容积。雨水湿地与湿塘的构造相似，一般由进水口、前置塘、沼泽区、出水池、溢流出水口、护坡及驳岸、维护通道等构成（图 4-11）。

(*a*)

(*b*)

图 4-11　雨水湿地（雨水入渗洼地）

（*a*）实施效果 1；（*b*）实施效果 2

注：引自 Seattle's Natural Drainage Systems. Seattle Public Utilities. 2010

9. 蓄水池

蓄水池是指具有雨水储存功能的集蓄利用设施，同时也具有削减峰值流量的作用，主要包括钢筋混凝土蓄水池，砖、石砌筑蓄水池及塑料蓄水模块拼装式蓄水池，用地紧张的城市大多采用地下封闭式蓄水池。蓄水池典型构造可参照国家建筑标准设计图集《雨水综合利用》（10SS705）。

10. 雨水罐

雨水罐也称雨水桶，为地上或地下封闭式的简易雨水集蓄利用设施，可用塑料、玻璃钢或金属等材料制成（图 4-12）。

(a)　　(b)

图 4-12　雨水桶（雨水罐）

（a）样式 1；（b）样式 2

注：引自 http：//www. jlhysw. com. cn/nitu/abc. asp? id=show/1/77/0290df88950a4a29. html 和 http：//www. xiangoo. com/step/1330976/

11. 调节塘

调节塘也称干塘，以削减峰值流量功能为主，一般由进水口、调节区、出口设施、护坡及堤岸构成（图 4-13），也可通过合理设计使其具有渗透功能，起到一定的补充地下水和净化雨水的作用。

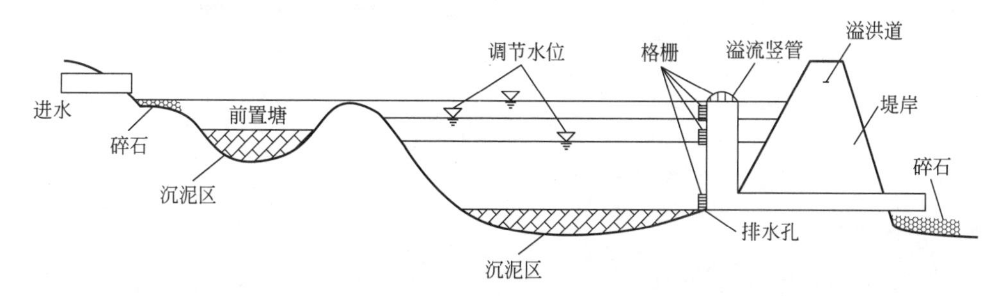

图 4-13　调节塘典型构造示意图

注：引自住房城乡建设部. 海绵城市建设技术指南——低影响开发雨水系统构建（试行）. 2015

12. 调节池

调节池为调节设施的一种，主要用于削减雨水管渠峰值流量，一般常用溢流堰式或底部流槽式，可以是地上敞口式调节池或地下封闭式调节池，其典型构造可参见《给水排水设计手册》（第 5 册）。

13. 植草沟

植草沟是指种有植被的地表沟渠，可收集、输送和排放径流雨水，并具有一定的雨水净化作用，可用于衔接其他各单项设施、城市雨水管渠系统和超标雨水径流排放系统。除转输型植草沟外，还包括渗透型的干式植草沟及常有水的湿式植草沟，可分别提高径流总量和径流污染控制效果（图 4-14）。

(a)

(b)

图 4-14　植草沟

（a）实施效果 1；（b）实施效果 2

14. 渗管/渠

渗管/渠是指具有渗透功能的雨水管渠，可采用穿孔塑料管、无砂混凝土管/渠和砾（碎）石等材料组合而成（图 4-15）。

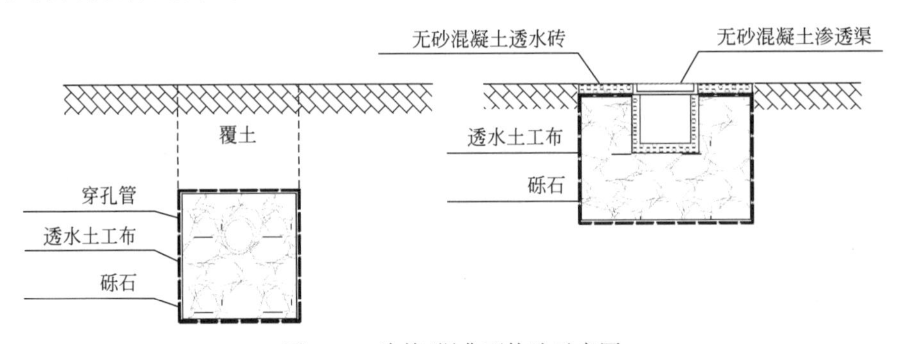

图 4-15　渗管/渠典型构造示意图

注：引自住房城乡建设部. 海绵城市建设技术指南——低影响开发雨水系统构建（试行）. 2015

15. 植被缓冲带

植被缓冲带为坡度较缓的植被区，经植被拦截及土壤下渗作用减缓地表径流流速，并去除径流中的部分污染物，植被缓冲带坡度一般为 2%～6%，宽度不宜小于 2m（图 4-16）。

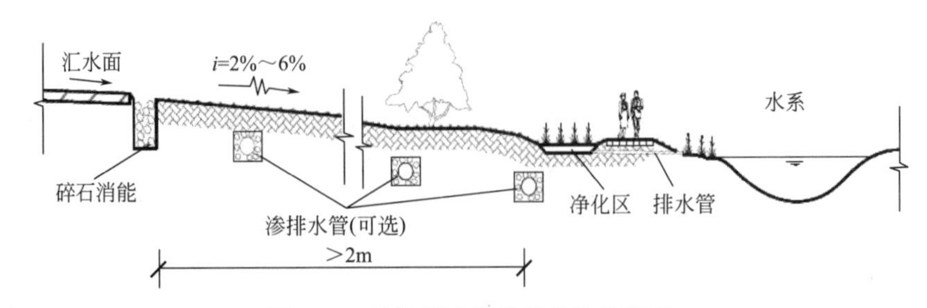

图 4-16　植被缓冲带典型构造示意图

注：引自住房城乡建设部. 海绵城市建设技术指南——低影响开发雨水系统构建（试行）. 2015

16. 初期雨水弃流设施

初期雨水弃流是指通过一定方法或装置将存在初期冲刷效应、污染物浓度较高的降雨初期径流予以弃除，以降低雨水的后续处理难度。弃流雨水应进行处理，如排入市政污水管网（或雨污合流管网）由污水处理厂进行集中处理等。常见的初期弃流方法包括容积法弃流、小管弃流（水流切换法）等（图 4-17），弃流形式包括自控弃流、渗透弃流、弃流池、雨落管弃流等。

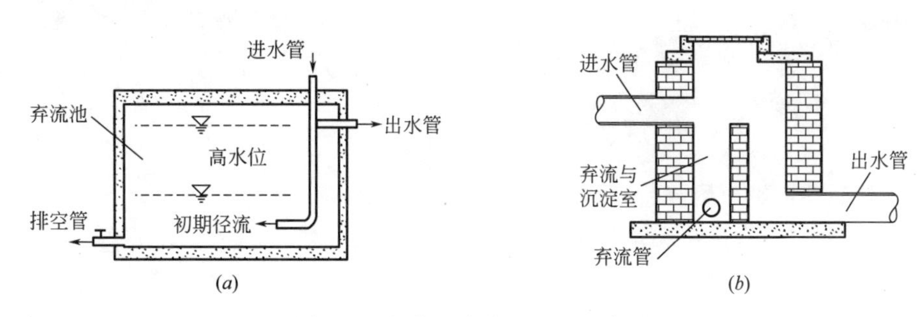

图 4-17　初期雨水弃流设施示意图

（a）容积法弃流装置；（b）小管弃流井

注：引自住房城乡建设部.海绵城市建设技术指南——低影响开发雨水系统构建（试行）.2015

17. 人工土壤渗滤

人工土壤渗滤主要作为蓄水池等雨水储存设施的配套雨水设施，以达到回用水水质指标的要求。人工土壤渗滤设施的典型构造可参照复杂型生物滞留设施。

4.1.3　推广源头消纳的现实意义

1. 提高城市的蓄水能力，减轻城市管网的排水压力

尽力保护现有的湖泊和池塘等天然水体，并作为周围雨水排放的受纳水体，以减少汇入城市雨水管网和城市河道的雨水量。在城市公园和新建住宅小区开挖较大面积的水体，作为环境景观水体和汛期蓄水设施。利用城市公共设施，如公园、校园、体育场、各种球场、停车场以及居民住宅楼前空地，兼建地表或地下雨水贮流设施，以降低对城市排水系统的压力。在城市下水道修建小型雨水调节池，削减城市雨水径流量，调节下水道、泵站入流量，有效增加城市管网的调蓄能力。结合道路的改扩建，修建雨水渠箱，打通地块排水出路，使雨水的排放距离缩短。

2. 增加雨水渗透量和补给地下水，减少雨水径流污染环境

加强城市雨水的渗透可有效地减少城市雨水径流量，大幅减少排入城市雨水管网的排水量，同时降低地表积水的概率，减轻城市河道的排洪负担，一定程度上可相应地降低配套排水泵站的用地规模。城市雨水渗透有利于地下水资源的补充和改善城市水环境。充分利用和保护城市现有的洼地，增加雨水的天然渗透。在条件允许的情况下，积极采用各种渗透措施加强雨水渗透效果，如停车场、广场、步行街、景点等地表采用透水材料铺设。

3. 提高雨水资源利用效率，减缓城市供水压力

充分利用当地雨水资源，将雨水作为中水或中水的补充水源用于冲厕、洗车、浇洒绿化等用途，可有效节约城市水资源量，缓解城市用水与供水的矛盾，保证城市水资源安全。同时，雨水收集利用在一定程度上可降低因长距离调水、水厂处理和管道输送的成本，进而减少居民使用自来水的成本。

4. 修复城市生态系统，增强城市的弹性和韧性

在充分保护自然海绵的基础上，采用生态的手段对受到人类干扰甚至破坏的水系、湿地和其他自然环境进行修复和恢复。充分发挥建筑、道路、绿地、水系等生态系统对雨水的吸纳、蓄渗和缓释作用，能有效控制雨水径流，实现自然积存、自然渗透、自然净化的城市发展方式。这些工作所带来的效益除了恢复水系统本身的健康之外，在一定程度上还建立了自我维持、自我修复的机制，增强了其应对灾害和风险的抵抗能力，增强了城市的弹性和韧性。

4.2 国内外源头消纳实践与经验启示

4.2.1 国外源头消纳应用经验启示

随着人们对城市水系统和水文过程的不断深入了解，城市雨水管理的含义和内容逐渐扩展——由最初的防洪排涝，逐步发展到对非点源污染的控制和预防、对城市水生态系统的关注，直至综合考虑水资源保护与利用、生物多样性保护、城市美化、环境教育等方面的问题。

1. 国外雨水管理发展史[14]

国外城市雨水管理的发展历史，可划分为三个阶段：

第一阶段，19 世纪初，随着西方国家高速的工业化和城市化的发展，雨水排放成为城市建设需要解决的问题。最初，人们利用沟渠来收集和排放城市中的雨水和生活污水，后来逐渐过渡为通过雨污合流管道、雨污分流管道来高效地排除及处理城市雨水。总体上，与城市供水和污水处理相比，城市雨水的管理和利用在这一时期没有受到重视。逐渐地，人们注意到雨污分流管道系统会导致河流下游洪水和河道侵蚀。因此，人们开始考虑用场地滞留的理念解决雨水排放问题。

第二阶段，20 世纪 80 年代，大量研究表明城市及农耕区雨水径流是导致河湖等自然水体水质下降的重要原因。美国环保部门开始将注意力转移到雨水的污染治理。同时，与雨水有关的市政基础设施也经历了巨大转变，即排水沟渠以浅草沟的形式重新出现在城市中，滨河的狭长地带也被改造成滨水过滤带并布置了水处理装置，但许多设计仅从经验出发，缺乏通过综合监测手段验证各种模型和措施的有效性。

第三阶段，20 世纪 90 年代以来，一些基于可持续发展思想的价值标准和指导思想逐渐形成，其中低影响开发（LID）就是在这一时期涌现出来的理论和技术手段，它在美国的发展和影响较为广泛。它是雨水管理和可持续发展思想、精明增长理论相结合的产物，主张源头采用分布式、小尺度的技术手段管理雨洪径流，实现环境保护和经济发展的双赢[15]。

2. 国外典型国家低影响开发（LID）技术的应用

（1）美国

1）美国芝加哥——LID 技术推广应用[16]

位于美国密歇根湖西岸的芝加哥，在城市建设中积极应用各种绿色公共基础设施。芝加哥市区人口约 300 万人，整个城市有超过 100 平方英里（约 $259km^2$）的城市不透水地面面积，渠道系统由成千上万公里的给水管道和排水管道组成，系统还包括沿芝加哥河敷设的 28 英里（约 45km）大型排水渠，以及接近 100 英里（约 61km）的暴雨洪水储存隧

道。芝加哥早在 20 世纪 30 年代就已经建成雨污合流制的排水收集系统，每当暴雨来临，洪水量超过排水系统的承载能力时，未经处理的污水和雨洪流进芝加哥河，对德斯普兰斯河及密歇根湖的水质造成污染。为了提高城市抗雨洪的能力，芝加哥政府尽管已经投放了大量资金去兴建更大型的深埋式排水管道系统，但效果并不显著。自 2003 年起，芝加哥开始推广使用从源头开始管理的雨洪治理技术并立法保障。这些雨洪治理措施不但削减了 50%的暴雨径流量，还减少了因热岛效应造成的城市温度上升等问题，明显降低了能源的消耗以及每年在空调制冷和供暖方面的开支，创造了更为宜居的环境。

芝加哥市推广 LID 技术的具体措施主要包括以下四个方面：

第一，雨洪管理立法。由芝加哥政府颁布的《雨洪管理条例》自 2008 年 1 月 1 日起生效，规定任何新建或重建的地区［大于 15000 平方英尺（约 1393.55m^2）的用地，或者是大于 7500 平方英尺（约 696.77m^2）的停车场］，下雨时必须滞留该区内不低于 0.5 英寸（1.27cm）的降雨量，否则，该建设区必须减少 15%的不透水区域面积。

第二，道路绿化。早在 1989 年，芝加哥市市长查理德·戴利已经宣布“道路绿化计划”以增加城市绿化面积，但是收效不太理想。直至 2006 年，芝加哥市重新种植了超过 58.3 万棵树木，把城市树木绿化率提高到 14.6%；2010 年，又新种植了近 60 万棵树，城市树冠覆盖面积进一步增加。茂密的树木不但改善了居住环境，改善了空气质量，树冠和土壤对雨水起到拦截和临时储存作用，减少了雨水的径流量。

第三，绿化屋顶。芝加哥市政府通过设立“绿化屋顶促进基金”，为建设绿化屋顶的企业和居民提供资助。2005～2007 年间，绿化屋顶拨款计划共向 75 个住宅及小型商业建筑绿化屋顶项目授予补助资金。此后，政府还希望在日后的财政预算中，增加对该基金的拨款。至 2010 年，有 300 间建筑物敷设了共 400 万英尺（1219.2km）的绿色屋顶。

第四，绿色街道。芝加哥已经建设了 1900 英里（约 3058km）的大街小巷，采用了约 3500 英亩（约 14.16km^2）的不透水铺面。自 2006 年起，由芝加哥交通部门组织开展了一系列的绿色街巷试验项目，测试各种能减少径流、增加入渗量的路面铺设材料的使用效果。到 2009 年底，试验项目开始转为永久性使用，并编制了相关的技术手册以指导绿色街巷的技术应用，约 100 多条街巷按这种方式进行设计和建设（图 4-18）。

(*a*)

(*b*)

图 4-18　芝加哥市绿色街巷改造

（*a*）改造前外观；（*b*）改造后外观

注：引自 Green infrastructure case studies

2）美国宾州费城——植生覆盖屋顶[17]

植生覆盖屋顶的设计是LID策略中较受欢迎的，在许多欧洲国家行之已久。宾州费城案例区面积约279m²，是植生覆盖屋顶的示范地。植生覆盖层的厚度并不大，大约只有8.6cm，除了植生层和介质层外，还有排水层。植生覆盖屋顶具有节能等许多附加效益，因此，实际的价值将超过实验场地所估算的效益。

3）美国佛罗里达州坦帕水族馆停车场[17]——透水性铺面及沟渠

美国佛罗里达州坦帕市的水族馆停车场案例区面积约4.65hm²，将停车场视为一个集水区，并将整个区域分为8个子流域区块，每2个区块为一单位，设置不同的水质水量控制设施，包括无沟渠之沥青柏油铺面、有沟渠之沥青柏油铺面、有沟渠之水泥材质铺面及有沟渠之透水性铺面等四种。实验数据表明，在小暴雨事件下（降雨深度小于2cm），各种材质之铺面及是否有设置沟渠，所产生的暴雨径流体积有较明显的差异。在四种水质水量控制条件下，暴雨转变为径流的比例分别约为51％、35％、33％和20％，有沟渠之透水性铺面对于径流体积削减的效果，超过无沟渠之沥青柏油铺面效果的一倍。

（2）德国[18]

1）柏林市居民小区——入渗沟和洼地

柏林市居民小区约有居民1万人，设计雨水标准为5年一遇短历时暴雨，区内的屋顶雨水首先通过雨落管进入楼寓周围绿地，经过天然土壤渗入地下，若雨水量大于土壤的入渗能力，则进入小区的入渗沟或洼地；道路及停车场的雨水径流直接进入小区的入渗沟或洼地。入渗沟或洼地根据绿地的耐淹水平设计，标准内降水径流可全部入渗，若遇超标准降水，则通过溢流系统排入市政污水管道。该小区已建成，观测结果表明，3年来无径流流失，系统可拦蓄超过5年一遇的短历时暴雨。

2）柏林坡斯坦广场——屋顶绿化和蓄水池

坡斯坦广场是东西德统一后开发兴建的欧洲最大商业区，总投资约为80亿德国马克。由于地下水位埋深较浅，所以要求商业区建成后既不能增大地下水的补给量，也不能增加雨水排放量。为此，开发商把适宜建设绿地的屋顶全部建成绿色屋顶，利用绿地的滞蓄作用滞蓄雨水，一方面延缓径流的产生，起到防洪作用，另一方面增加雨水的蒸发，起到增加空气湿度、改善生态环境的作用；对不宜建设绿地的屋顶，将屋顶雨水通过雨落管井除去前期径流和过滤后引入地面蓄水池，构造水景观。水景观与位于楼寓地下室的泵站相连，形成循环流动水流。泵站前设水质自动监测系统，若水流水质不能满足要求时，要先进入处理系统，处理达标后再进入循环系统；若水流水质满足要求，则直接进入循环系统。水景观由三部分组成，一是涌泉状的水循环系统出口，若隐若现于水生植物之中；二是两个面积为1.3万m²的地面蓄水池，池内水面有鸳鸯戏水，水中有金鱼游动，路经此处的游人无不留恋驻足；阶梯状瀑布上游与蓄水池相连，下游与泵站相连，形成循环系统。

（3）日本——蓄洪池、雨水渗沟、渗塘和透水地面[18]

日本于1963年开始兴建滞洪和储蓄雨水的蓄洪池，许多城市在屋顶修建用雨水浇灌的“空中花园”，有些大型建筑物如相扑馆、大会场、机关大楼，建有数千立方米容积的地下水池来储存雨水，以充分利用地下空间。近年来，各种雨水入渗设施在日本得到迅速发展，包括渗井、渗沟、渗池等，这些设施占地面积小，可因地制宜地修建在楼前屋后。

在日本，集蓄的雨水主要用于冲洗厕所、浇灌草坪、消防和应急用水。日本于1992年颁布了“第二代城市下水总体规划”，正式将雨水渗沟、渗塘及透水地面作为城市总体规划的组成部分；要求新建和改建的大型公共建筑群必须设置雨水就地下渗设施。

3. 国外经验启示

国外城市对基于“可持续、近自然、多功能”原则的低影响开发（LID）技术进行了大量的有益探讨和应用实践，这给予了重要的经验启示。

1）注重设计的可持续发展。低影响开发（LID）技术应以可持续发展思想为指导，摒弃过往单一目标的水利工程或环境治理工程。通过尽可能地遵循和恢复自然水文过程，与城市水系统乃至城市整体生态系统相协调，利用雨水创造优美宜人的城市景观和空间，使水系统保护自然循环。

2）建立与当地相适应的技术措施。由于低影响开发（LID）的设置与区域特性关联性极大，每个区域内必须依照区域限制及实际需求，方能建立适合的配套措施。

3）注重与雨水利用相结合。面对日益严重的水资源危机，城市雨水的利用日益受到人们的关注。有必要在实施低影响开发（LID）的过程中充分利用雨水资源，实现社会、经济、环境效益的最大化。

4.2.2　国内源头消纳应用经验启示

1. 国内雨水管理发展历程

国内雨水管理发展历程从自然排放，到引导排放，再到管理利用。一开始雨水不用处理，直接就近排入水体。20世纪80年代初期，雨水系统也逐步由排水系统中分离出来，成为独立的系统。90年代后期，国内雨水管理开始在“全面建设节水型社会”理念的指导下发展。自2013年习近平总书记提出“海绵城市”概念以来，海绵城市的建设进入了一个全新的发展时代。

2. 国内典型城市低影响开发（LID）技术的应用

（1）北京市

北京市的雨水利用一直走在国内前列。1998年北京市城市节约用水办公室（现北京市节约用水管理中心）和北京建筑工程学院开始对城市雨水利用项目进行系统研究，先后完成了包括技术、经济评价、管理指南、示范应用等在内的一系列科研项目，并对雨水项目决策、雨水水质特征、雨水收集与截污措施、雨水调蓄、雨水处理与净化技术、雨水集蓄利用、雨水渗透、雨水综合利用系统设计、技术经济评价、工程验收、运行和维护等进行了研究。2000年北京市水利局和德国埃森大学启动了城市雨洪控制与利用示范小区雨水利用合作项目，总投资6000万元，完成了6个示范项目。截至2006年底，北京已在城区完成了60项雨水利用工程，分布在学校、公园、机关和居住小区等处。这些项目对实施雨水资源化起到了一定的带动作用，但公众对雨水资源化的认识及其积极性与设想的目标还相距较远。在城区已建雨水直接利用工程收集的雨水资源量只有200万m^3/a，仅占城区雨水资源总量的1%。2007年是北京市雨水利用发展最快的一年，共新建300余项雨水利用项目。北京奥林匹克公园正是这一时期的代表，设计以雨水利用为核心思想，利用下垫面的透水特性对降雨进行有效入渗和滞蓄，从而对降雨径流的发生、发展及水量、水质进行控制。同时，通过雨水利用设施的建设，减少区域内因开发建设造成的降雨径流系数增大，控制外排水量的增加[19]。

2016年4月25日，通州区入选全国第二批海绵城市试点。试点区域西南起北运河，东至规划春宜路，北至运潮减河，总面积19.36km²。试点区域作为全国海绵城市建设试点，采用“渗、滞、蓄、净、用、排”等措施，让城市能够像海绵一样，在适应环境变化和应对自然灾害等方面具有良好的“弹性”，下雨时吸水、蓄水、渗水、净水，需要时将蓄存的水“释放”并加以利用。现行海绵改造方式包括：下凹绿地、雨水花园、植草沟、透水铺装、半透水盖板沟、屋面雨水收集渗井、屋面雨水收集罐、屋顶滞水花园、PP模块、环保型雨水口、生态滞留池等技术手段，将70%以上的降雨就地消纳和利用。试点区域规划建设海绵型建筑与小区、道路与广场、公园与绿地以及水系整治与生态修复、排水防涝、管网建设、管控平台等8大类工程项目。

截至2018年，试点范围内应当推进各类工程项目130余项，其中建成区内完工项目14项，包括建筑与小区类6项，公园绿地类4项，道路类1项，防洪排涝类3项；在建项目21项，包括建筑与小区类19项，公园绿地类2项；行政办公区内完工项目19项，包括建筑与小区类9项，道路类9项，防洪排涝类1项；在建项目14项，包括建筑与小区类13项，公园绿地类1项；人大校区及周边区域内完工项目3项，包括建筑与小区类1项，道路类2项；在建项目6项，包括建筑与小区类6项[20]。

（2）深圳市

深圳市的城市相关规划，较早开始引入低影响开发（LID）且不断探索实践，并在“绿色城市”和“生态城市”建设中发挥越来越重大的作用。《深圳市雨洪利用系统布局规划》《光明新区雨洪利用详细规划》《深圳市居住小区雨水综合利用规划指引》等，从不同的角度和层次应用低影响开发（LID）理念，提出要结合城市景观及绿化带，因地制宜采取入渗、调蓄、收集回用等各种雨洪利用手段，使城市建设项目建设后的外排雨水设计流量不大于开发建设前，并控制和削减日益严重的面源污染。低影响开发（LID）在深圳的应用比较接近低影响开发（LID）的初始原理，即通过分散的、小规模的源头控制机制和设计技术，达到对暴雨所产生的径流和污染的控制，从而使开发的区域尽量接近开发前的自然水文循环状态[21]。

2015年9月，深圳市节水办组织编制《低影响开发雨水综合利用技术规范》（SZDB/Z145—2015），作为深圳市标准化指导性技术文件，自2015年9月1日起实施。

2017年9月，《深圳市海绵城市建设专项规划及实施方案》编制完成并印发，形成了深圳市海绵城市建设的顶层设计架构，为全市海绵城市建设实施提供了规划引导。专项规划对深圳市海绵城市建设条件、问题识别、需求分析进行了总结，提出海绵城市建设的总体目标，到2020年，城市建成区20%以上的面积达到目标要求；到2030年，城市建成区80%以上的面积达到目标要求。建立了海绵城市规划指标体系；结合海绵生态安全格局与生态本底条件，划定了深圳市六类海绵城市功能分区并提出了建设指引；将年径流总量控制率等目标分解到全市九大流域、25个管控单元，并提出了分级分类的目标管控指引；结合深圳本地现有特点，对水污染治理、排水防涝、雨水调蓄、河湖水系的生态修复等进行灰绿结合的技术设施系统布局；确定了24个近期建设区域，并编制了重点区域详细规划案例，对涉及“黑臭”“内涝”治理的重点项目进行了梳理；从组织保障、制度保障、资金保障、能力建设等方面对规划保障体系提出了要求和建议。

深圳市自2016年4月入选第二批全国海绵城市建设试点城市以来，积极探索试点与全域同步推进的海绵城市建设工作。2017年，深圳海绵城市建设工作超额完成，全年完成海绵城市建设项目422个，新增海绵城市面积达39.1km^2，超出年度目标14%。2018年年底完工项目965项（含改造项目471项）以上，完工面积可达55km^{2}以上[22、23]。

（3）武汉市

武汉江河湖泊众多，水域面积占全市国土面积25%，水资源丰富，城市因水而优。然而，近年大雨渍水之痛，河湖污染之忧，流域控水调水之虞，直接影响着城市的水安全和水生态。在“优于水又忧于水”的现实困境中，海绵城市理念的出现给武汉带来了全新的思考视角和解决思路[24]。

2015年4月，武汉入选国内首批海绵城市建设试点城市。当年启动青山、汉阳四新2个海绵城市示范区建设。截至2017年底，青山区和汉阳四新片区两个试点片区288项工程主体完工，试点区域总面积38.5km^2，占武汉中心城区面积的4.4%，涉及城市水系、管渠、小区、公建、市政道路、公园绿地等。青山区作为典型的老城区，大量社区建于20世纪八九十年代，地下雨水管网老旧不足，下大雨后积水严重。通过海绵化改造，青山123社区、临江港湾、青和居、青康居等一批小区居民受益，雨水通过下沉式绿地、植草沟、能“吸水”的路面、地下蓄水模块等，快排快吸。东湖港、东杨港、2号明渠等城市水系管渠改造通水，武丰闸综合整治完成，既成为蓄水“海绵体”，又通过整治消除黑臭。

武汉的海绵改造，重在将海绵城市改造与老旧社区改造二合一。统计数据显示，青山区改造了117个小区、公建及29所学校，受益师生近3万人，还为社区新增停车位3737个、座位1276个，活动场所33100m^2。汉阳四新片区改造了29个小区、公建及4所学校，同时改造生态停车位2700多个，为8万余m^{2}的休闲活动区提升品质。另外，占地20万m^{2}的韵湖公园于2017年7月初正式开放，这一光谷最大的海绵社区公园，让周边10余个小区近10万居民受益。韵湖公园所在地原是个低洼鱼塘，大部分是荒地，经海绵化改造后，水面扩至7.3万m^2，绿地8.4万m^2，占公园面积近八成，调蓄雨水容积近3万m^3，汛期能缓解该区域内涝，同时也能缓解热岛效应[25]。

经过3年建设，至2018年年底海绵试点项目全部完工，同时还因地制宜地建设了园博园、东湖绿道、潘庙新家园等一批示范工程。示范区的内涝基本消除，黑臭水体全部消除，水环境质量改善，生态品质得到提升，市民生活舒适感提高。作为武汉市首批海绵城市建设试点区域，改造区的“海绵功能”已经初步显现。

（4）厦门市[26]

2015年5月，厦门获选全国首批海绵城市建设试点城市。2015年8月，厦门在全国率先提出全市域内开展海绵城市建设的工作计划，明确要求新建城区应全面落实海绵城市理念，老城区结合城市更新，有序推进海绵城市建设，实现从“试点海绵”到“全域海绵”的转变。

厦门启动立法程序，将《厦门市海绵城市建设管理办法》从政府规章提升到人大立法。厦门还以统筹规划为方向，制定了全面融合海绵城市理念的《美丽厦门战略规划》，将其作为城市空间规划体系顶层设计。在此指引下，编制了“市、区及重点区域”的三级海绵城市规划体系，做到各级海绵规划与法定规划层层衔接。厦门以海绵城市建设为契机，规划统筹海绵城市空间发展，用系统性思维策划建设项目，逐步搭建起信息共享平台、项目规划实施平台、建设项目生成平台，形成“规划指导建设”的绿色通道。

厦门市海绵城市试点建设总面积 35.4km²，其中，海沧马銮湾试点区试点面积 20km²，翔安南部新城试点区 15.4km²。

在马銮湾片区内的一些城中村，由于排水系统不完善，一遇暴雨，极易发生内涝，给附近居民带来严重影响。自海绵城市试点建设开展后，2017 年汛期，马銮湾试点区历史内涝点均未发生内涝，6 个城中村居民免受内涝之苦。厦门的地理环境生态素有“风头水尾”一说，是一个水资源非常紧缺的城市。海绵城市的建设，为厦门缓解水资源紧张局面提供了新方向。据统计，在马銮湾试点区内，随着海绵项目的实施，绿化灌溉用水、景观水体补水、市政杂用水开始大量使用雨水等非常规水资源，年雨水资源利用量达 83.6 万 m³。

定位为厦门城市副中心的翔安新城，是厦门实施海绵城市试点的另一大片区。经过三年多的海绵城市建设，翔安新城的水环境明显改善，水安全得到有力保障，“小雨不积水、大雨不内涝、水体不黑臭、热岛有缓解”的目标正逐步实现，鼓锣公园、东山水系公园等一批“海绵公园”的建成投用，也大大提升了片区的人居环境。

截至 2018 年年底，厦门市海绵城市试点完工项目 196 个；完成海绵城市建设面积 32.544km²。通过三年试点建设，海沧新阳主排洪渠已消除黑臭，正在逐步恢复水生态及周边自然生态，7 处内涝点都已完成治理并在雨季中没有出现内涝；翔安鼓锣流域通过构建“海绵骨架”及源头海绵建设已形成较为完整的连片海绵成效。

3. 国内经验启示

自 2013 年 12 月，习近平总书记在中央城镇化工作会议的讲话中将“海绵城市”的要求明确提出至今，中央的政策、资金、技术方面的支持力度空前强大，国内海绵城市建设迅速进入一个全面建设实施的时期。结合试点城市的建设情况，海绵城市的建设已取得一定的成效，但是在规划、设计、施工、绩效考核、投资融资、管理方案等方面都还存在有待改进之处。因此，还应继续学习借鉴国外的相关成果经验，并结合我国的实际情况，继续探索符合国情的建设路线，构建适合我国实际需要的低影响开发（LID）技术体系。

（1）因地制宜制定合理的目标措施

中国地域辽阔，自然环境复杂多样，各地降水与水资源状况差异巨大。鉴于水资源短缺、水生态恶化、城市内涝和地下水位剧降等问题在各个城市中的存在状况和严重程度有较大的差异，所以应对现状进行充分扎实的调研，准确识别主要问题，因地制宜地制定合理的目标和可行的实施路径。

（2）加快出台相关技术指南

我国的海绵城市建设还处于初级阶段。在已发布的《海绵城市建设技术指南——低影响开发雨水系统构建（试行）》（建城函［2014］275 号）、《海绵城市专项规划编制暂行规定》（建规［2016］50 号）、《海绵城市建设评价标准》（GB/T 51345—2018）等相关规范基础上，宜检查是否尚存在相关指导文件修订滞后或尚未编制的问题，现有文件细化程度和可操作性是否有待提高，地区差别背景下的设计是否缺乏相应的差异化设计规范。指导文件的编制应在保持现有原则、理论和规范合理性基础上，更多地关注微观层面的海绵城市设计规范、做法的一致性[27]。

（3）全社会树立低影响开发建设理念

相比传统的建设模式，低影响开发的建设目标不是局限于满足“当下”的需求，而是着眼于“未来”的可持续发展。虽然“海绵城市建设”“低影响开发”等是新概念，该工作直至近几年才在国内较大规模进行推广，但是其理念和某些类似做法在中国具有悠久的历史。例如，一些古代建筑中灵活采用卵石、碎石、瓦片等材料对地面铺砌进行装饰，这与透水铺装技术类似[28]。因此在规划建设过程中，应同时做好群众宣传、科普工作，让普通百姓对“海绵城市建设”“低影响开发”有一定的认知，有助于更好地开展海绵城市建设工作。

4.3　规划总体层面关键技术要点解析

4.3.1　规划编制分类和内容要求

国土空间规划是对一定区域国土空间开发保护在空间和时间上做出的安排，包括总体规划、详细规划和相关专项规划。下级国土空间规划要服从上级国土空间规划，相关专项规划、详细规划要服从总体规划[29]。低影响开发雨水系统建设内容应纳入国土空间规划体系，各规划中有关低影响开发的建设内容应相互协调与衔接。

低影响开发（LID）雨水系统的核心是维持场地开发前后水文特征不变，包括径流总量、峰值流量、峰值时间等。国土空间规划应采用创新规划理念与方法，将低影响开发雨水系统作为新型城镇化建设和生态文明建设的重要手段。通过开展低影响开发专题研究，结合城市生态保护、土地利用、水系、绿地系统、市政基础设施、环境保护等相关内容，最大限度地保护、保留原有的山体、调蓄水体，制定城市低影响开发雨水系统的实施策略、原则和重点实施区域，并将有关要求和内容纳入城市水系、排水防涝、绿地系统、道路交通等相关专项（专业）规划，在自然海绵体总体格局稳定后，再因地制宜地确定城市年径流总量控制率及其对应的设计降雨量目标。而编制控制性详细规划的城市应在国土空间规划的基础上，按低影响开发的总体要求和控制目标，将低影响开发雨水系统的相关内容纳入其规划中。

有条件的城市（新区）可编制基于低影响开发（LID）理念的雨水控制与利用专项规划，兼顾径流总量控制、径流峰值控制、径流污染控制、雨水资源化利用等不同的控制目标，构建从源头到末端的全过程雨水控制系统；利用数字化模型分析等方法分解低影响开发控制指标，细化低影响开发规划设计要点，供各级城市规划及相关专业规划编制时参考；落实低影响开发雨水系统建设内容、建设时序、资金安排与保障措施。也可结合国土空间规划要求，积极探索将低影响开发雨水系统作为城市水系统规划的重要组成部分。

生态城市和绿色建筑作为国家绿色城镇化发展战略的重要基础内容，对我国未来城市发展及人居环境改善有长远影响，应将低影响开发控制目标纳入生态城市评价体系、绿色建筑评价标准，通过单位面积控制容积、下沉式绿地率及其下沉深度、透水铺装率、绿色屋顶率等指标进行落实。

1. 国土空间总体规划

国土空间总体规划应结合所在地区的实际情况，开展低影响开发的相关专题研究，在绿地率、水域面积率等相关指标基础上，增加年径流总量控制率等指标，纳入国土空间规划，具体要点如下：

（1）保护水生态敏感区

应将河流、湖泊、湿地、坑塘、沟渠等水生态敏感区纳入城市规划区中的非建设用地

（禁建区、限建区）范围，划定城市蓝线，并与低影响开发雨水系统、城市雨水管渠系统及超标雨水径流排放系统相衔接。

（2）集约开发利用土地

合理确定城市空间增长边界和城市规模，防止城市无序化蔓延，提倡集约型开发模式，保障城市生态空间。

（3）合理控制不透水面积

合理设定不同性质用地的绿地率、透水铺装率等指标，防止土地大面积硬化。

（4）合理控制地表径流

根据地形和汇水分区特点，合理确定雨水排水分区和排水出路，保护和修复自然径流通道，延长汇流路径，优先采用雨水花园、湿塘、雨水湿地等低影响开发设施控制径流雨水。

（5）明确低影响开发策略和重点建设区域

应根据城市的水文地质条件、用地性质、功能布局及近远期发展目标，综合经济发展水平等其他因素提出城市低影响开发策略及重点建设区域，并明确重点建设区域的年径流总量控制率目标。

2.详细规划（控制性详细规划、修建性详细规划）

详细规划（控制性详细规划、修建性详细规划）宜落实国土空间总体规划及相关专项（专业）规划确定的低影响开发控制目标与指标，因地制宜，落实涉及雨水渗、滞、蓄、净、用、排等用途的低影响开发设施用地，并结合用地功能和布局，分解和明确各地块单位面积控制容积、下沉式绿地率及其下沉深度、透水铺装率、绿色屋顶率等低影响开发主要控制指标，指导下层级规划设计或地块出让与开发。

控制性详细规划应协调相关专业，通过土地利用空间优化等方法，分解和细化城市总体规划及相关专项规划等上层级规划中提出的低影响开发控制目标及要求，结合建筑密度、绿地率等约束性控制指标，提出各地块的单位面积控制容积、下沉式绿地率及其下沉深度、透水铺装率、绿色屋顶率等控制指标，纳入地块规划设计要点，并作为土地开发建设的规划设计条件，具体要点如下：

（1）明确各地块的低影响开发控制指标

控制性详细规划应在城市国土空间总体规划或各专项规划确定的低影响开发控制目标（年径流总量控制率及其对应的设计降雨量）的指导下，根据城市用地分类（R 居住用地、A 公共管理与公共服务用地、B 商业服务业设施用地、M 工业用地、W 物流仓储用地、S 交通设施用地、U 公用设施用地、G 绿地）的比例和特点进行分类分解，细化各地块的低影响开发控制指标。地块的低影响开发控制指标可按城市建设类型（已建区、新建区、改造区）、不同排水分区或流域等分区制定。有条件的控制性详细规划也可通过水文计算与模型模拟，优化并明确地块的低影响开发控制指标。

（2）合理组织地表径流

统筹协调开发场地内建筑、道路、绿地、水系等布局和竖向，使地块及道路径流有组织地汇入周边绿地系统和城市水系，并与城市雨水管渠系统和超标雨水径流排放系统相衔接，充分发挥低影响开发设施的作用。

（3）统筹落实和衔接各类低影响开发设施

根据各地块低影响开发控制指标，合理确定地块内的低影响开发设施类型及其规模，做好不同地块之间低影响开发设施之间的衔接，合理布局规划区内占地面积较大的低影响开发设施。

修建性详细规划应按照控制性详细规划的约束条件，绿地、建筑、排水、结构、道路等相关专业相互配合，采取有利于促进建筑与环境可持续发展的设计方案，落实具体的低影响开发设施的类型、布局、规模、建设时序、资金安排等，确保地块开发实现低影响开发控制目标。细化、落实上位规划确定的低影响开发控制指标。可通过水文、水力计算或模型模拟，明确建设项目的主要控制模式、比例及量值（下渗、储存、调节及弃流排放），以指导地块开发建设。

3. 海绵城市专项规划

海绵城市专项规划可与国土空间总体规划同步编制，也可单独编制。海绵城市专项规划是建设海绵城市的重要依据，是城市国土空间规划的重要组成部分。

城市原有生态系统是城市径流雨水排放的重要通道、收纳体及调蓄空间。维持城市开发前的自然水文特征，是目前海绵城市建设的基本要求。海绵城市专项规划经批准后，编制或修改国土空间总体规划时，应将雨水年径流总量控制率纳入城市总体规划，将海绵城市专项规划中提出的自然生态空间格局作为国土空间总体规划空间开发管制要素之一。

编制或修改控制性详细规划时，宜参考海绵城市专项规划中确定的雨水年径流总量控制率等要求，并根据实际情况，落实雨水年径流总量控制率等指标。

根据住房城乡建设部发布的《海绵城市专项规划编制暂行规定》（建规［2016］50号）、《海绵城市建设评价标准》（GB/T 51345—2018），海绵城市专项规划应当包括下列内容[30]：

（1）综合评价海绵城市建设条件

分析城市区位、自然地理、经济社会现状和降雨、土壤、地下水、下垫面、排水系统、城市开发前的水文状况等基本特征，识别城市水资源、水环境、水生态、水安全等方面存在的问题。

（2）确定海绵城市建设目标和具体指标

确定海绵城市建设目标（主要为雨水年径流总量控制率），明确近、远期要达到海绵城市要求的面积和比例，参照住房城乡建设部发布的《海绵城市建设绩效评价与考核办法（试行）》（建办城函［2015］635号），提出海绵城市建设的指标体系。

（3）提出海绵城市建设的总体思路

依据海绵城市建设目标，针对现状问题，因地制宜地确定海绵城市建设的实施路径。老城区以问题为导向，重点解决城市内涝、雨水收集利用、黑臭水体治理等问题；城市新区、各类园区、成片开发区以目标为导向，优先保护自然生态本底，合理控制开发强度。

（4）提出海绵城市建设分区指引

识别山、水、林、田、湖等生态本底条件，提出海绵城市的自然生态空间格局，明确保护与修复要求；针对现状问题，划定海绵城市建设分区，提出建设指引。

（5）落实海绵城市建设管控要求

根据雨水径流量和径流污染控制的要求，将雨水年径流总量控制率目标进行分解。超大城市、特大城市和大城市要分解到排水分区；中等城市和小城市要分解到控制性详细规划单元，并提出管控要求。

（6）提出规划措施和相关专项规划衔接的建议

针对内涝积水、水体黑臭、河湖水系生态功能受损等问题，按照源头减排、过程控制、系统治理的原则，制定积水点治理、截污纳管、合流制污水溢流污染控制和河湖水系生态修复等措施，并提出与城市道路、排水防涝、绿地、水系统等与相关规划相衔接的建议。

（7）明确近期建设重点

明确近期海绵城市建设重点区域，提出分期建设要求。

4.低影响开发雨水系统构建

（1）现状调研分析

通过对当地自然气候条件（降雨）、水文及水资源条件、地形地貌、排水分区、河湖水系及湿地、用水供需关系、水环境污染等情况的调查，分析城市竖向、低洼地、市政管网、园林绿地等建设情况及存在的主要问题。

（2）制定控制目标和指标

各地应根据当地的环境条件、经济发展水平等，因地制宜地确定适用于本地的径流总量、径流峰值和径流污染控制目标及相关指标。

（3）建设用地选择与优化

本着节约用地、兼顾其他用地、综合协调设施布局的原则选择低影响开发技术和设施，保护雨水受纳体，优先考虑使用原有绿地、河湖水系、自然坑塘、废弃土地等用地，借助已有用地和设施，结合城市景观进行规划设计，以自然为主，人工设施为辅，必要时新增低影响开发设施用地和生态用地。有条件的地区，可在汇水区末端建设人工调蓄水体或湿地。严禁城市规划建设中侵占河湖水系，对于已经侵占的河湖水系，应创造条件逐步恢复。

（4）低影响开发技术、设施及其组合系统选择

低影响开发技术和设施选择应遵循以下原则：注重资源节约，保护生态环境，因地制宜，经济适用，并与其他专业密切配合。

结合各地气候、土壤、土地利用等条件，选取适宜当地条件的低影响开发技术和设施，主要包括透水铺装、生物滞留设施、渗透塘、湿塘、雨水湿地、植草沟、植被缓冲带等。恢复开发前的水文状况，促进雨水的储存、渗透和净化。

合理选择低影响开发雨水技术及其组合系统，包括截污净化系统、渗透系统、储存利用系统、径流峰值调节系统、开放空间多功能调蓄设施等。地下水超采地区应首先考虑雨水下渗，干旱缺水地区应考虑雨水资源化利用，一般地区应结合景观设计增加雨水调蓄空间。

（5）设施布局

应根据排水分区，结合项目周边用地性质、绿地率、水域面积率等条件，综合确定低影响开发设施的类型与布局。应注重公共开放空间的多功能使用，高效利用现有设施和场地，并将雨水控制与景观相结合。

（6）确定设施规模

低影响开发设施往往具有补充地下水、集蓄利用、削减峰值流量及净化雨水等多个功能，可实现径流总量、径流峰值和径流污染等多个控制目标，因此应根据城市总规、专项

规划及详规明确的控制目标，结合汇水区特征和设施的主要功能、经济性、适用性、景观效果等因素灵活选用低影响开发设施及其组合系统，其设施设计规模应根据水文和水力学计算得出，也可根据模型模拟计算得出[31]。

4.3.2　场地适用性评估和设计要点

1. 场地适用性评估

全面的场地评估是实施低影响开发（LID）技术至关重要的首要步骤。在场地评估后，方可进行选址评估、总平面规划、场地设计等步骤[32]。

在场地评估过程中，首先应通过收集了解现有的水文、地形、地貌、土壤、植被、河流等基础资料，判定拟开发区域的降雨过程。其次，必须了解土地利用规划的要求。例如，国土空间总体规划、详细规划、多物种生态保护规划的需求，道路设计标准、人行道、停车位置的需求以及其他公共空间的发展需求。只有充分掌握现状自然条件和发展需求，路网规划、地块功能布局规划、实施建设要求等一系列的设计和政策，才能充分体现场地的自然特征，并确保规划区保持原有水文状态（图 4-19）。如果规划区的地貌发生变化并使得水文自然循环中的部分环节缺失，那么此时可利用低影响开发（LID）技术来填补，使得规划区接近和保持原有的水文状态。

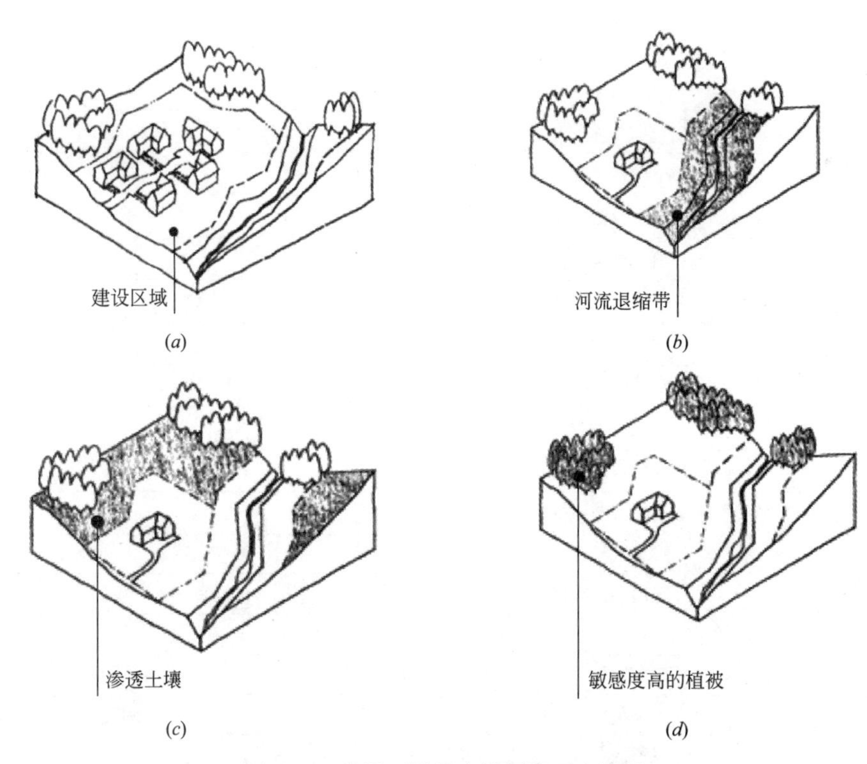

图 4-19　建设区域及自然环境要素控制

（a）建设区域；（b）河流退缩带；（c）渗透土壤；（d）植被

注：引自 Low Impact Development Handbook. Department of Planning and Land Use. 2007

场地评估可通过评价地形、水资源等各种要素（表 4-2）对规划区的影响，鉴别和评估规划区运用低影响开发（LID）技术的可行性。

场地评估要素一览表 **表 4-2**

类别	序号	评估内容
地形	1	坡度
	2	陡坡(i>20%)所占比例
	3	方位
	4	自然地物(悬崖、岩石)
水资源	1	河流水量
	2	河流水质
	3	水系类型
	4	河岸带区域
	5	洪水灾害情况
	6	地下水贮存情况
	7	潜水及承压水的贮存情况
土壤	1	土壤类型
	2	土壤的渗透性
	3	膨胀土
	4	湿陷性土
	5	滑坡山崩情况
	6	表土和深度底土
	7	土壤侵蚀现状
	8	岩土参数
植被	1	植被种类
	2	土壤水分蒸发蒸腾损失总量
	3	现有的树木和灌木
	4	杂草的种类
	5	高敏感度物种
	6	即将会被替代的植被种类
	7	生物开放空间
气候	1	平均气温
	2	降雨(雪、冰雹)
	3	主风向
	4	遮阳区域
	5	火灾危害
规划区特点	1	保留区和开发区的现状特点
	2	现状围墙的位置和高度
	3	古迹
	4	土地使用权属
	5	规划区内或周边的自然景观
	6	规划区自然景观的质量

续表

类别	序号	评估内容
土地利用规划	1	国土空间总体规划
	2	停车场要求
	3	景观要求
	4	建筑限制
周边土地情况	1	周边建筑物的位置分布
	2	周边建筑物的高度
	3	周边建筑物的形式和特性
服务配套	1	现有公共设施的位置
	2	街道宽度要求
	3	防火间距要求

注：引自 Low Impact Development Handbook. Department of Planning and Land Use. 2007

2. 场地平面布局规划

首先，应根据规划区的现状环境和场地适用性评估结果，利用地理信息系统（Geographic Information System，GIS）等软件绘制出现状图，并采用不同图层分别表示河流水系、湖泊、湿地、陡峭的斜坡、危险地区、自然生物保护区、土壤类型分布以及火灾、湿地、开阔空间、边坡等缓冲区。

其次，通过 GIS 等软件将现状图上代表土壤种类、斜率、水文分区、城市区域划分等不同地貌的图层进行叠加，就可得出规划区内最适合开发的区域。

最后，合理确定街区建筑布局、路网规划，配置市政基础设施，减少规划区内的土壤、重要植被及现状排水免受干扰和破坏，并充分利用规划区内天然的排水系统。当预计开发后土地入渗情况不能满足要求时，则应通过合理配置雨水湿地、雨水滞留塘、市政排水管道来弥补该功能的缺失。

3. 场地设计要点分析

通过合理的场地设计，引导城市规划布局，减少硬地化面积，增强对污染物的过滤。在设计过程中，必须注重保护自然环境、土壤和植被，减少对天然排水过程的影响，减少不透水面积和减少直接相连的不透水面积，减少土壤机械压实，合理确定透水地面的处理能力，以及尽早与城市规划相协调。

（1）保护自然环境、土壤和植被

场地设计的首要任务是保护自然资源，即根据当地政府相关职能部门对受保护树种、敏感度高的植被、渗透土壤等提出的保护要求，开展方案设计。一方面，天然植被的表土层包含有机物、土壤、植物及微生物等，这样复合而成的结构有利于雨水的渗透流动和储存。另一方面，乔木和灌木的树冠也像一个集水篷，在雨水降到地面之前将水盛起来，在一定程度上起到了雨水调蓄的作用。可见，保留这些自然条件，可利用天然“设施”来达到调节雨洪、净化雨水的作用。保留自然植被区域（图 4-20），不仅可减少暴雨的径流和改善径流雨水的水质，而且还可降低对环境的影响。原生态环境能够较好地保留将有助于提升城市的吸引力。保留的自然景观特色也为景观规划提供最优的设计条件。

合理的布局应选择在非敏感地区进行建设，然而，由于社会经济发展需求等各方面因

(a)

(b)

图 4-20 自然植被区域

(a) 实施效果 1；(b) 实施效果 2

素，并不是所有项目的建设范围都能控制在敏感生态区以外。此时，需要通过政府制定相关的法规要求，限制开发区域对自然环境的破坏或通过其他方式降低对自然环境的影响（图 4-21）。

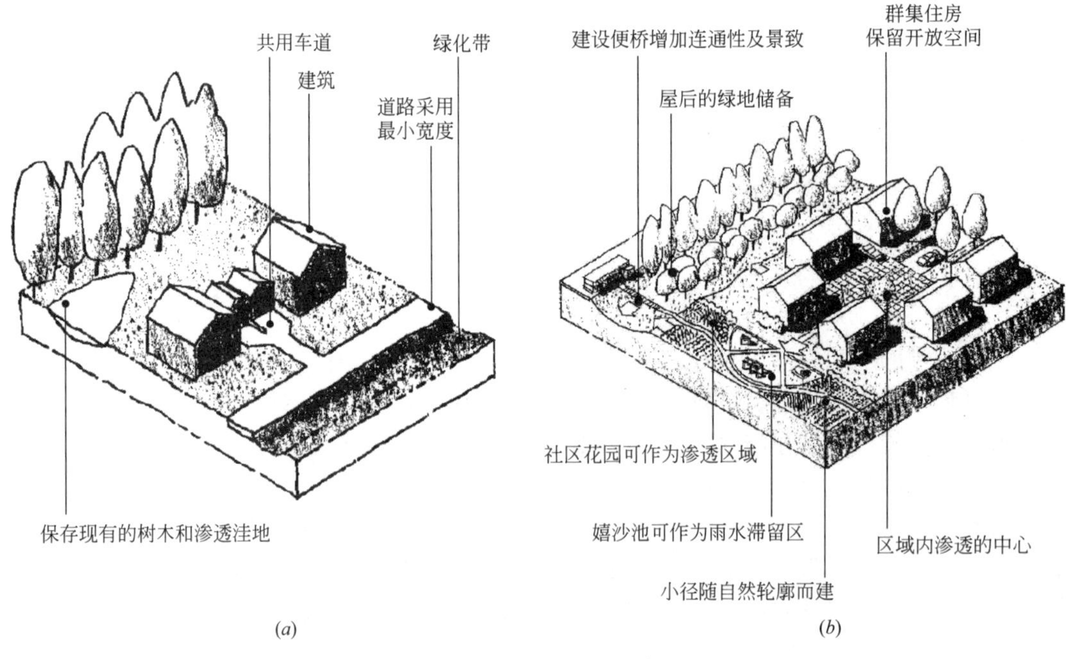

图 4-21 场地布局设计示意图

(a) 布局方案 1；(b) 布局方案 2

注：引自 Low Impact Development Handbook. Department of Planning and Land Use. 2007

(2) 减少对天然排水过程的影响

场地设计的第二个任务是减少对天然排水过程的影响。在场地评估阶段，就必须把河流、水系以及汇入其中的支流情况摸查清楚。水系为雨水管理提供了土壤和环境条件，是一种天然的过滤、渗透系统。建设区域应尽量避免侵占河流、水系的位置，使得天然排水系统能保持原有的雨水净化能力。不过，有时因经济效益和开发需要等原因，开发区要逐步往河道边靠拢。为了避免这种情况的发生，政府应制定相关的政策法规，加强项目建设审批环节的审查过程，确保项目的规划设计符合要求且对天然排水过程的影响降至最小。

（3）减少不透水面积、减少直接相连的不透水面积

城市建设使得硬地化程度加大，不透水面积增加，降低了地表对雨水下渗的能力。在以往的开发建设模式中，随着硬地化面积的增加，往往是新建排水管道，收集雨水后直接排入大市政雨水管网。目前，通过管道把雨水收集并排放这一建设模式已经运行多年，并且被认定为有利于排泄雨时积水、降低污染的有效方式，而低影响开发（LID）技术则更侧重雨水的入渗方式。

1）减少不透水面积

通过减少规划区的不透水面积和保留地表原有的渗透性，雨水径流可在自然下泄过程中得到过滤，并达到减少点源污染的目的。

在开发建设过程中，有许多方法可以实现减少不透水面积和增加建设用地的渗透能力。例如道路（图 4-22）、停车场（图 4-23）、人行道等交通系统的设计宽度只要满足最小宽度要求即可，其余用地可设为绿化用地。二级以下的城市道路以及步道、山径、小街道等机动车流量较少的交通区域，可采用适合的透水性铺装材料。在建筑领域多采用垂直绿化，铺设小石子和草坪等透水性强的地面形式，以及应用路面渗透系数高的材料铺砌人行道。

(*a*)

(*b*)

图 4-22　透水性道路

（*a*）实施效果 1；（*b*）实施效果 2

如果在新建或改建的道路采用透水性路面铺装材料（如透水混凝土或透水沥青等），则其透水能力将大大提高。如果有些采用透水混凝土或透水沥青，但其处于下层渗水能力较差的地区，可在透水性材料之下增加砾石及砂垫层。由于砾石和砂层间存在毛细管孔隙，形成含水层，实现了临时蓄水，所以可在径流进入市政排水管道之前，增加过滤、储存、蒸发等过程，对径流下渗起到缓冲作用。

在高密度的城市建设模式中，采用减少不透水面积的方式会有一定的难度。这种情况下，可考虑应用低影响开发（LID）技术中的其他方式。例如人行道雨水过滤系统、LID 树池、屋顶雨水收集装置等，显得更为合适。当确定采用这些技术措施时，必须把低影响

(a)

(b)

图 4-23　透水性植草砖停车场

（a）实施效果 1；（b）实施效果 2

开发（LID）技术应用到整个项目的每一个层面，包括从项目规划到实施阶段时的材料应用环节，以确保实施的效果。

2）减少直接相连的不透水面积

在不透水地面之间增加透水地面，如增加绿化带、截水横沟等，是一种拦截径流、减少径流量的有效方式（图 4-24）。这种技术通过采用透水材料或绿化带，隔断大片的不透水面积，使地表径流可下渗至植被、土壤或其他透水性材料中，使得汇水排入城市雨水系统或天然水道之前，径流峰量大大减少。同时，此举也将使地表径流尽量在本规划区内入渗，减少了下游地区的转输径流量。在设计和建造时，透水地面的设计标高应低于不透水地面约 5～10cm，便于雨水向低处汇流。

(a)

(b)

图 4-24　隔断拦截不透水地面之间径流的排水设施

（a）实施效果 1；（b）实施效果 2

注：引自 Seattle's Natural Drainage Systems. Seattle Public Utilities. 2010

不透水表面上的径流雨水直接汇流至排水管或进入调蓄水池，这类区域被统称为“直排区域”，其面积的计算方法是将所有不透水的、雨水直排不下渗区域的建筑面积相加，这些不透水表面主要由屋顶和由不透水铺装材料建成的路面组成。若不透水表面被透水面分隔，其径流经由相连的透水面下渗，则这类的不透水表面积不应计算在内。对于接纳上游径流的透水地面，为保证其下渗承载力，它的设计宽度、位置、坡度需经过计算校核。

（4）减少土壤机械压实

场地设计的第四个设计要点是，尽量减少透水地面（渗透区域、园林绿化、草坪、绿地等）土壤的机械压实度，以及降低对整个规划区现状土壤的扰动。表层土壤含有有机物、微生物群，为径流的存储、缓慢下渗提供了良好的梯度结构。在分期建设过程中应保护规划区中某些特定地区的现状土壤和植被，有利于保留原来有益的水文功能。但是，有些毗邻建筑、道路、挡土墙的场地，或建筑、道路、挡土墙的地基，必须严格按照设计标准规范，满足最低压实度要求。由于在清表和压实的过程中会使该区域的水文特征完全改变，所以应避免破坏性扰动那些保留绿地或计划进行景观绿化建设区域的土壤。为了保护这些地区有益的水文功能，即使在它附近地区进行建设时，也应限制车辆、施工建筑设备驶入，以免在无意中破坏了这些特殊地区的渗透性能。

然而，在城市开发建设过程中，很难完全避免对开发区土地的破坏，对透水地面地区的保护仍存在一定的实施难度。如果该景观绿化场地必须进行场地平整施工，那么应该合理确定表土的压实度，使得这个区域日后仍具有较好的下渗能力，必要时可通过提高土壤渗透率和增加有机物质含量来改良土壤性质。与土壤压实度有关的土壤稳定性、密度及其他相关岩土特性，必须由具备资格的岩土或相关专业工程师审核确定。

（5）充分利用透水地面的入渗能力

在进行雨水管理的相关项目或排水系统规划时，应注意保留或提高规划区的地表渗透能力。在设计和建造景观绿化区域、透水地面时，应考虑接纳并渗滤其他场所（包括屋顶、停车场、人行道、通道等）的雨水径流。这些透水地面的表层土壤有助于减缓、储存、过滤径流，最后才排至城市雨水管道系统。在农村地区，这些建设在合适位置的透水地面（如滞留塘、雨水湿地等）应接纳本区内所有雨水径流，并蓄集或入渗，不向外排放；而雨水管网建设相对完善的地区，先通过透水地面接纳一部分降雨径流的入渗，剩余径流排入雨水管网。若透水地面的形式采用雨水滞留塘（图 4-25）、雨水湿地（图 4-26）、入渗沟（图 4-27）、入渗洼地、渗透管沟及渗透井时，需要由具备资格的岩土工程师确定这些设施的坡度、土壤条件和其他设计参数。

(*a*)

(*b*)

图 4-25　雨水滞留塘

（*a*）实施效果 1；（*b*）实施效果 2

在密集式发展的城市地区，最大限度地提高规划区的地表渗透能力的建设方式通常会

(*a*) (*b*)

图 4-26 雨水湿地

（*a*）实施效果 1；（*b*）实施效果 2

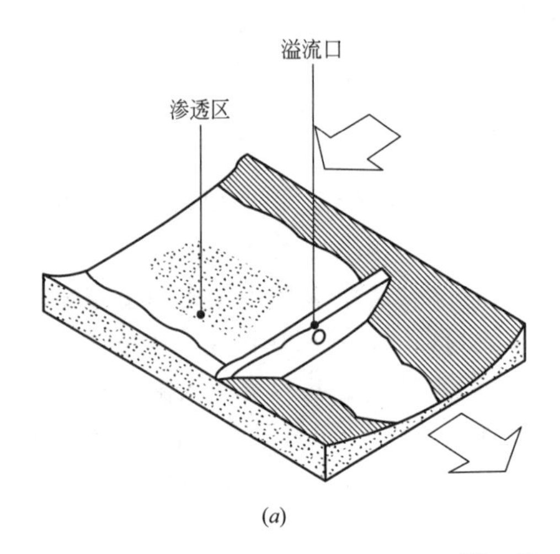

(*a*) (*b*)

图 4-27 雨水入渗沟

（*a*）结构示意；（*b*）实施效果

注：引自 Low Impact Development Handbook. Department of Planning and Land Use. 2007

受到一定的限制。此时，规划区宜采用低影响开发（LID）技术中的 LID 树池、道路侧边透水性绿化带（图 4-28）、透水材料铺装人行道、绿化屋顶（图 4-29）、绿化墙面等建设方式，可能更为合适。

应用 LID 技术的绿化屋顶，其要点在于栽种植物的土壤层厚度约为 15cm，应比常规屋顶景观绿化所需要的最小土壤层厚度（10cm）厚一些。

（6）尽早与城市规划相协调

以土地使用情况和自然土地特点为主要研究对象的低影响开发（LID）技术，正逐步成为城市发展规划中的一个主要设计要素。低影响开发（LID）技术越早介入城市规划，这些雨水管理技术越能有效地发挥作用。通过在雨水管理和排水规划中应用低影响开发（LID）技术，可优化街区路网布局，确定休憩用地（开敞空间）、街心公园、建筑用地等最合适的选址。这样的雨水管理规划可使得整个规划项目更符合建筑美学的要求，使自然界和人类开发行为协调发展，使整个规划项目与其周边地块的关系更为融合。在那些地表

图 4-28　道路侧边透水性绿化带

（*a*）实施效果 1；（*b*）实施效果 2；（*c*）实施效果 3；（*d*）实施效果 4

注：引自 Seattle's Natural Drainage Systems. Seattle Public Utilities. 2010 和 Low Impact Development Handbook. Department of Planning and Land Use. 2007

图 4-29　公共建筑绿化屋顶

（*a*）实施效果 1；（*b*）实施效果 2

排水和地表径流受阻的重建项目或发展用地受限的项目，可考虑构建地下储水构筑物，并对峰值径流量起到调蓄过滤作用，实现错峰排入市政雨水管网的目标。

4.4 详细布置层面关键技术要点解析

通过不同形式的低影响设施组合系统，可以实现源头消纳的作用，包括：透水铺装、绿色屋顶、下沉式绿地、生物滞留设施、植草沟、植被缓冲带等。

单项低影响设施往往同时具有多个功能，如生物滞留设施的功能除渗透补充地下水外，还可实现削减峰值流量、净化雨水，实现径流总量、径流峰值和径流污染控制等多重目标。因此，应根据设计目标灵活选用低影响设施及其组合系统，根据主要功能按相应的方法进行设施规模计算，并对单项设施及其组合系统的设施选型和规模进行优化。

4.4.1 低影响设施组合系统优化选用

低影响设施的选择应结合不同的水文地质、水资源、建筑密度、绿地率及土地利用布局等条件，根据国土空间总体规划、专项规划及详细规划明确的控制目标，结合汇水区特征和设施的主要功能以及其经济性、适用性、景观效果等因素选择效益最优的单项设施及其组合系统。组合系统的优化应遵循以下原则[4]：

1. 适应性应符合场地土壤渗透性、地下水位、地形等特点

组合系统适合于土壤渗透性大、地下水位低、地形较平坦的地区。如果所在地区土壤渗透性能差、地下水位高、地形较陡，选用渗透设施时应进行必要的技术处理，防止塌陷、地下水污染等次生灾害的发生。

2. 主要功能应与规划控制目标相对应[31]

内涝风险严重的地区以径流峰值控制为主要目标时，可优先选用峰值削减效果较优的雨水储存和调节等技术；缺水地区以雨水资源化利用为主要目标时，可优先选用以雨水集蓄利用主要功能的雨水储存设施；水资源较丰富的地区以径流污染控制和径流峰值控制为主要目标时，可优先选用雨水净化和峰值削减功能较优的雨水截污净化、渗透和调节等技术。

3. 综合考虑组合系统的经济效益、环境效益和社会效益

当场地条件允许时，优先选用成本较低且景观效果较优的设施。为充分发挥各类低影响设施的优势，使整体效益达到最优效果，优化组合系统的选择步骤（图 4-30）[33]：①根据设计要求确定控制目标。②从地质、地形、地下水位、土壤特点、径流污染特性等方面，分析汇水区特征。③选择主要功能与规划控制目标一致的单项设施。④根据汇水区特征，从已选取的单项设施中选定适用的单项设施。⑤对选择的单项开发设施进行优化组合。

4.4.2 海绵型道路设施布置

1. 布置要点

（1）道路分散式雨水控制利用的目标以控制面源污染与削减地表径流为主，雨水调节和收集利用为辅。适宜在道路使用的分散式雨水设施主要有：植草沟、雨水花园、透水铺装。

（2）已建道路可通过降低绿化带标高、路缘石开口改造等方式将道路径流引到绿化空间雨水控制利用设施，溢流接入原有市政排水管线或周边水系。

（3）针对城区内已建下穿式立交桥、低洼地等严重积水点进行改造，应充分利用周边现有绿化空间，建设分散式源头调蓄措施，减少汇入低洼区域的“客水”；在周边绿化空

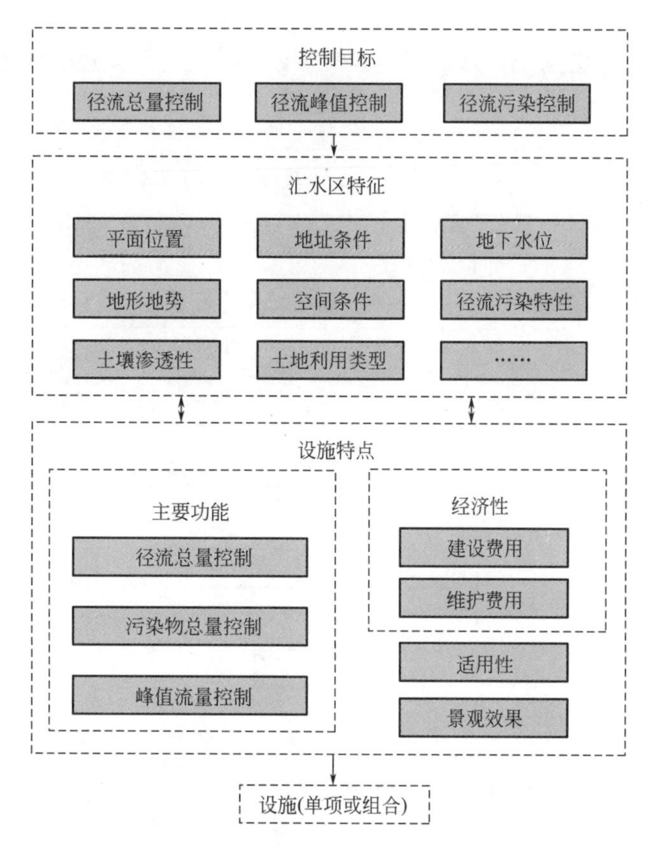

图 4-30　低影响设施选用流程图

间较大的情况下，应结合周边集中绿地、水体、砂石坑、公园、广场等空间，建设雨水调蓄、蓄渗设施。

(4) 新建道路应结合红线内外绿地空间、道路纵坡及标准断面、市政雨水排放系统布局等，优先采用植草沟排水。

(5) 自行车道、人行道以及其他非重型车辆通过路段，优先采用渗透性铺装材料。

(6) 道路红线内绿地高程应低于路面、人行道，并通过在绿化带内设置植草沟、雨水花园、生态树池等滞留设施净化、消纳雨水径流，并与道路景观设计紧密结合。

(7) 充分利用立交桥区域内的绿化空间，合理布置雨水控制利用设施。桥面雨水落水管尽量接入绿地，管口应铺设卵石层消能、散水。

(8) 道路中交通环岛、公交车站的雨水控制利用设施的布置应结合相邻绿化带、雨水口位置综合考虑，尽可能利用绿化带净化、削减径流。

(9) 当道路红线外绿地空间有限或毗邻建筑与小区时，可结合红线内外的绿地，采用植草沟、生物滞留设施等雨水滞蓄设施净化、下渗雨水，减少雨水排放。

(10) 当道路红线外绿地空间规模较大时，可结合周边地块条件设置雨水湿地、雨水塘等雨水调节设施，集中消纳道路及部分周边地块雨水径流，控制径流污染。

2. 雨水控制利用流程示例

道路雨水进入周边绿带内（可设置雨水花园、植草沟等设施），通过绿带滞留、净化和传输，下渗及溢流的雨水会同地表径流通过雨水管道（有条件的地方还可经过雨水塘、雨水湿地处理）排入下游河道，从而减轻径流污染，改善道路周边整体环境（图 4-31）。

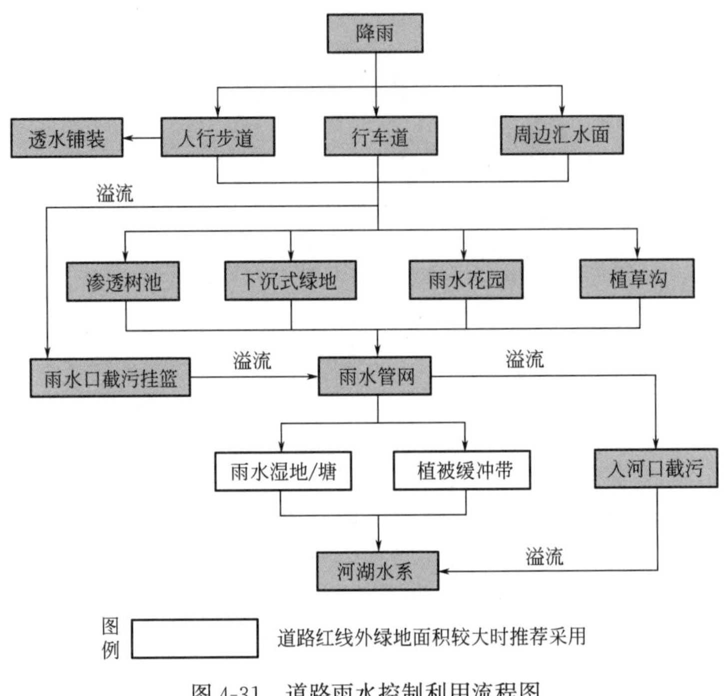

图 4-31　道路雨水控制利用流程图

3. 已建道路改造指引示例

现有传统的城市排水方式主要以直接排放为主，如图 4-32 所示。针对已建道路的排水系统，可采用源头削减、中途控制、末端处理的多层次雨水控制策略进行改造，如可通过降低绿化带标高、路缘石开口改造等方式将道路径流引到绿化空间雨水控制利用设施，溢流接入原有市政排水管线或周边水系。

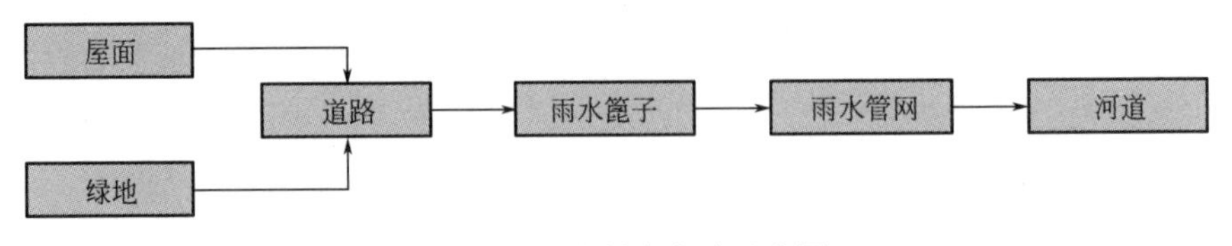

图 4-32　现有排水方式示意图

结合道路施工进度及自身设计特点，选用人行道透水铺装、行道生态树池、下凹式绿地和末端管网调蓄池措施，并综合考虑沉沙井、路缘石、雨水口等进行处理（图 4-33）。

4.4.3　海绵型公园布置

1. 布置要点

（1）集中绿地分散式雨水控制利用的目标以雨水调节、控制面源污染、收集利用为主，并应尽可能收集处理周边硬化表面的径流。适宜在集中绿地使用的分散式雨水设施主要有：雨水花园、植草沟、植被缓冲带、雨水湿地、雨水塘、生态堤岸、生物浮床。山体应以保护性开发为主，避免破坏山体绿化，逐步恢复植被。

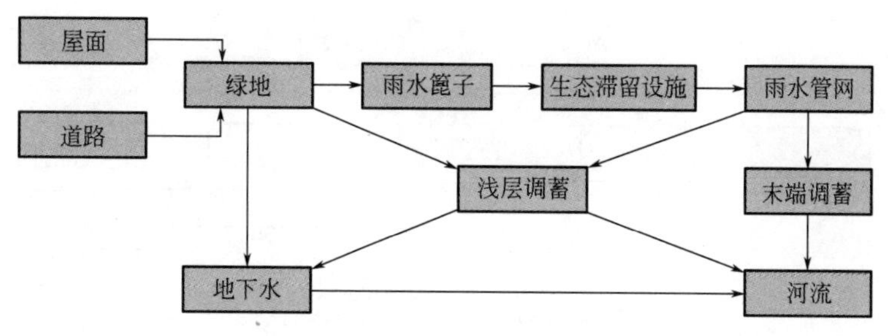

图 4-33　绿色排水方式示意图

(2) 将集中绿地周边汇水面（如广场、停车场、建筑与小区等）的雨水径流通过合理竖向设计引入集中绿地，结合排涝规划要求，设计雨水控制利用设施。

(3) 城市绿地中雨水塘、雨水湿地等大型源头消纳开发设施应在进水口设置有效的防冲刷、预处理设施。

(4) 将雨水处理设施与景观设计相结合，绿地应设计为下沉式绿地，采用雨水花园、植草沟、雨水塘以及雨水湿地等雨水滞蓄、调节设施，以达到滞留、净化及传输雨水的目的。实现土地资源的多功能利用，其总体布局、规模、竖向设计应与城市雨水管渠系统和超标雨水径流排放系统相衔接。

(5) 城市绿地源头消纳开发设施应建设有效的溢流排放系统，溢流排放系统可考虑与城市雨水管渠系统或超标雨水径流排放系统相衔接。

(6) 构建多功能调蓄水体，在满足景观要求的同时，对雨水水质和径流量进行控制，并对雨水资源进行合理利用。

(7) 城市绿地雨水塘、雨水湿地等大型源头消纳开发设施应建设警示标识和预警系统，保证暴雨期间人员的安全撤离，避免事故的发生。

(8) 城市园林绿地系统源头消纳开发雨水系统建设及竣工验收应满足《城市园林绿化评价标准》(GB/T 50563—2010)、《园林绿化工程施工及验收规范》(CJJ 82—2012) 中相关要求。

(9) 山体植被保护以封山育林为主，可适当结合人工干预，诱导植被正向演替更新，形成稳定的群落结构和顶级群落。按照适地适树的原则，尽量选用乡土树种。对于山体裸岩，景观价值较高，或可利用雕刻和雕塑加工组景的予以保留，其余用植被进行覆盖。

(10) 山体开发游览设施，如道路修建等，应结合源头消纳开发理念，不允许破坏山体形态轮廓，并应合理控制游人容量，防止超过其最大生态容量，造成人为生态破坏，其中属于公园山体的按国家《公园设计规范》(GB 51192—2016) 执行，属于风景区山体的按国家《风景名胜区规划规范》(GB 50298—1999) 执行。

2. 雨水控制利用流程示例

雨水先经过低影响设施的滞留、净化、传输，再进入雨水排放系统或河湖水系，避免雨水径流直接排入水体，造成水体污染及水资源的浪费（图 4-34、图 4-35）。

3. 结合源头消纳模式的公园绿地设计要点[34]

(1) 综合性公园

综合性公园是指为大众提供休闲娱乐场所，具有一定的绿地面积，是城市公园系统中

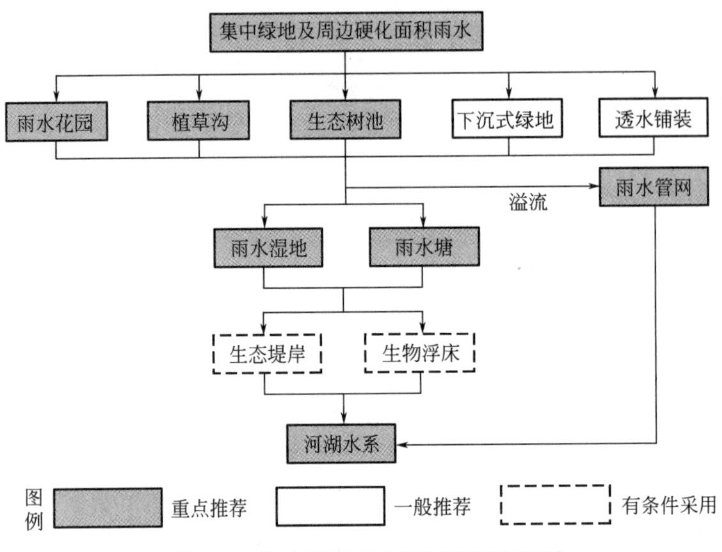

图 4-34　集中绿地雨水控制利用流程图

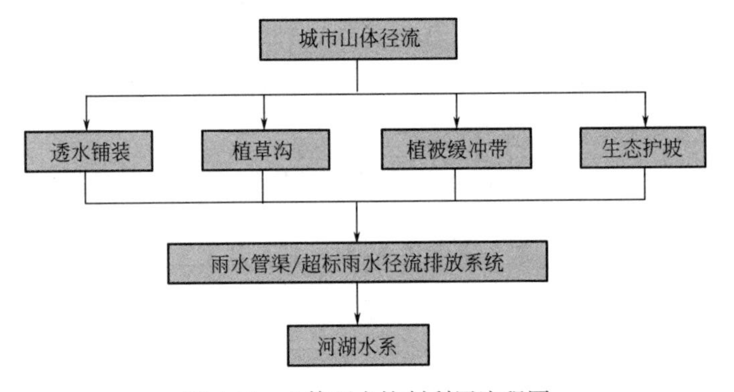

图 4-35　山体雨水控制利用流程图

的主要部分。这一类公园通常情况下规模比较大，服务的半径为 1～3km。该类公园一般情况下都和城市的自然环境相结合，应充分发挥这类公园的雨洪调蓄功能。一般综合公园场地都包括了雨水径流的整个过程，因此应针对各个关键点布置相应的设施，尽可能提高雨水管理的效果。利用雨水花园等对雨水进行收集与净化，经生态草沟等把雨水排到自然水体中。尽可能通过公园绿地来完成雨水的消纳，降低雨水给市政管道所带来的压力。此外，连接自然水体和景观用水设施，利用这些水来进行植物浇灌等，充分发挥雨水资源的利用。此外，综合性公园绿地应结合周围的地形地貌布置相关设施，提高公园对于雨水的调蓄能力。对水体进行处理时，不仅需要考虑防洪减排方面，同时还需考虑生态环保因素，可以设置人工湿地等。

（2）专类公园

专类公园通常情况下具有特定的内容或形式，可以为大众提供一定面积的休闲娱乐场所，如动物园、植物园等。因此在对这类公园进行雨水管理时，需要依据公园的具体类型采用不同的方法，采用的雨水管理方案必须符合公园的特殊情况。例如，上海世博后滩湿地公园是上海世博园的核心绿地景观之一，位于黄浦江东岸与浦明路之间，南临园区新建浦明路，西至倪家浜，北望卢浦大桥，占地18hm^2。场地原为钢铁厂（浦东钢铁集团）和后滩船舶修理厂所在地，是对这些老旧厂房进行改造之后所形成的湿地公园，公园的设计充分体现了环境修复理念，设计中充分结合城市现有的雨水管道，把破旧的场地改造为可以净化水体的人工湿地。通过梯田、沉淀池等手段对水质进行了有效改善，改善之后的水体可以用于植物灌溉或公园景观用水。

（3）带状公园

带状公园是指沿城市道路、城墙、水滨等，有一定游憩设施的狭长形绿地。带状公园除具有公园一般功能外，还承担有城市生态廊道的职能，是城市公园绿地系统的重要组成部分。

滨河带状绿地处于河道的两旁，在设计的过程中与城市河道应充分结合，以此来实现城市雨水管理的特点，可以有效地对流入河道中的雨水进行净化。对原有的环境进行有效保护，只需要在周围种植一些景观植物以及建设一些休闲娱乐设施，这样就可以为大众提供一个休闲娱乐场所。充分利用滨河两边现有的绿色空间，通过这些绿地对雨水进行收集，同时对收集的雨水进行净化，通过这样的方式对周围的径流进行管理，可有效降低雨水给市政管网所带来的压力。对于城市区域内的河流系统，大部分都是采用硬质驳岸，没有办法全面发挥绿色地带所具有的净水作用，因此在设计的过程中需要充分考虑这些区域所具有的蓄洪排涝能力，条件允许的情况下设计为自然式驳岸，增加滨河绿带的生态功能和净水能力。

街道带状绿地的主要作用是对道路周围的雨水进行收集，延长这部分雨水的下渗时间，对这部分雨水进行净化。道路两旁的铺装可以采用透水性材料，同时可以结合雨水花园等设施，把周围的雨水引入雨水花园进行调蓄和净化。

（4）街旁绿地

街旁绿地是指处于道路之外形成的小范围独立绿地，包括街道广场绿地、小型沿街绿化用地等。这类绿地的管理范围是自身以及周围的道路雨水，城市道路一般会汇聚以及转输大量雨水，同时雨水中的大部分污染物都来自于道路。相关的研究显示，道路径流量在总径流量中所占比例只有25%，但是却有40%～80%的污染物来自于道路。大量的道路雨水都会汇集到街道绿地，通过下凹绿地等设施滞留这些雨水，延长这些雨水的下渗时间，对这一部分雨水进行净化，同时还可以和城市管道进行连接，使得净化之后的雨水可以通过管道进行排放。

4.4.4　海绵型建筑与小区布置

1.布置要点

（1）建筑与小区分散式雨水控制利用的目标以控制面源污染、削减地表径流、雨水调节为主，有条件的小区可兼顾雨水收集利用。适宜在建筑与小区使用的分散式雨水设施主要有：植草沟、雨水花园、透水铺装、雨水湿地、雨水塘。

（2）既有建筑改造时，优先考虑雨落管断接方式，将建筑屋面、硬化地面雨水引入周边绿地中分散式雨水控制利用设施（如雨水花园、植草沟、雨水桶等）下渗、净化、收集回用。

（3）坡度较缓（小于15°）的屋顶或平屋顶、绿化率较低、与雨水收集利用设施相连的建筑与小区（新建或改建）可考虑采用绿色屋顶。普通屋面的建筑可利用建筑周围绿地设置雨水花园等承接、净化屋面雨水。

（4）建议优先采用植草沟、渗透沟渠等自然地表排水形式输送、消纳、滞留雨水径流，减少小区内雨水管道的使用。若设置雨水管道，宜采用截污挂篮等雨水口截污设施。

（5）广场、人行道、支路及其他无大容量汽车通过的路面，优先采用透水性铺装，步行、自行车道采用渗透性铺装。

（6）建筑与小区景观水体、雨水湿地/塘等调蓄设施的设置应充分考虑小区场地条件，应保证周边径流尽可能汇入其中，并结合安全、生态环境、景观设计的要求来确定。

（7）有水景的建筑与小区，应优先利用水景来收集和调蓄场地雨水，同时兼顾雨水蓄渗利用及其他设施。景观水体面积应根据汇水面积、控制目标和水量平衡分析确定。雨水径流经各种源头处理设施后方可作为景观水体补水和绿化用水。对于超标准雨水进行溢流排放。

（8）无水景的建筑与小区，如果以雨水径流削减及水质控制为主，可以根据地形划分为若干个汇水区域，将雨水通过植草沟导入雨水花园，进行处理、下渗，对于超标准雨水溢流排入市政管道。如果以雨水利用为主，可以将屋面雨水经弃流后导入雨水桶进行收集利用，道路及绿地雨水经处理后导入地下雨水池进行收集利用。

（9）对带有地下车库的小区进行雨水控制利用设施布局时，优先采用雨水池等集雨设施，不宜采用对种植土层、地下水位要求较高的设施。

2.雨水控制利用流程示例

建筑与小区雨水控制利用流程，如图4-36所示。

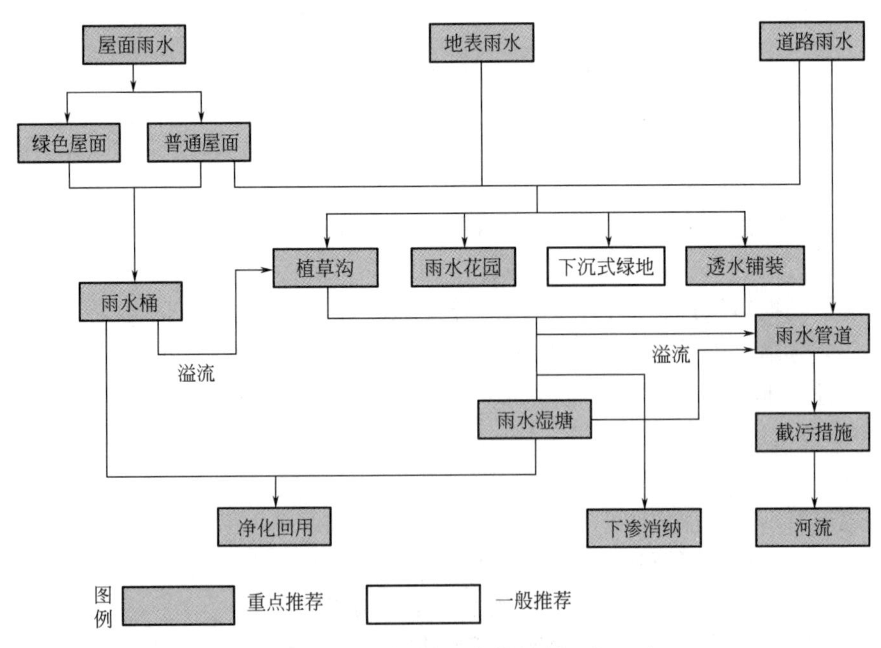

图4-36 建筑与小区雨水控制利用流程图

3.建筑小区低影响设施改造特点与要点分析[35]

传统开发模式下的建筑小区中含有大量的灰色基础设施，具体到排水排污方面，其基本功能是实现污染物的排放、转移和治理，不管是雨水还是污水，都是采用迅速排出的方式解决，并不能对减少地表径流形成和削减污染物排放发挥显著作用，且建设成本高、市政管网的压力大，建筑小区普遍存在易形成内涝积水、降雨外排雨水水质差等问题。

可将建筑小区分为新建建筑小区和老旧建筑小区，虽然该两类小区均存在未达到海绵建筑小区的可能，但是两者在改造的难易程度、采用的源头消纳改造措施和方式、改造后所能达到的效果上均存在较大差异。

（1）新建建筑小区

1）特点分析

对于新建建筑小区而言，首先，近几年新建的建筑小区多位于城市新开发区域，周边具有较好的市政基础设施条件，排水管网系统建设较为完善且设计标准较高，一般已达到 1～2 年一遇以上管网设计标准；其次，由于人们对住宅建设品质需求的提升，对于小区绿化、景观塑造、公共活动空间等方面有了更高的要求，迫使开发商对绿地、景观设计及公共活动场地打造等方面预留更大的空间且建设品质更高，为海绵化改造创造了较为广阔的空间；最后，由于海绵城市建设的兴起，部分新建建筑小区已经在小区内道路、停车场等区域大量使用了透水铺装工艺，同时结合小区景观设计布置了一些雨水调蓄设施，部分建筑小区已经达到了较好的径流总量控制和污染物减排效果，仅需在原有基础上改进建设工艺、梳理并完善建筑小区地表与地下整体的雨水系统，以及根据需求适度扩大设施规模即可达到较好的海绵化改造效果。

2）问题分析

虽然新建建筑小区具有较好的海绵化改造条件，但是也存在一定困难和挑战：一是由于建设年代较近，建筑小区改造意愿不足；二是由于新建建筑小区地下空间利用开发强度较大，顶板设有防水层，对于采用自然下渗类的源头消纳设施较为不利；三是一般新建建筑小区开发规模较大，小区雨水外排口较多，出流时间偏后且峰值流量较大，对于海绵化改造设计要求更加精细，对各类源头消纳设施规模建设要求较高。

3）设计要点

新建建筑小区周边管道系统建设标准较高，绿地及周边调蓄空间较为充足，但同时片区内也面临着内涝积水和水体污染等问题。因此，小区海绵化改造主要依托绿地系统建立雨水生态控制系统，通过绿地的系统改造，将普通绿地改造为雨水花园、下凹式绿地、生物滞留带等，大大减少了径流外排总量，缓解了周边市政管道排水压力，同时进一步提升了小区内污染物的自然净化能力（图 4-37）。

（2）老旧建筑小区

老旧建筑小区一般建设年限已达到 10 年以上，且相较于新建建筑小区更易形成周边及地块内积水，严重的小区已经影响了住户的正常出行，同时周边区域的水环境问题也更为严峻。在建筑小区内部，海绵化改造建设条件薄弱，布置规模较大、类型丰富的源头消纳设施空间及条件有限，构建完整的海绵化排水系统，整体嵌套组合各类源头消纳设施存在较大难度。

然而，老旧建筑小区海绵化改造任务量巨大，例如，2015～2018 年，遂宁市在老城区试点区海绵化改造建筑小区面积合计 79.8hm^2，项目数量 14 个，基本全部为老旧建筑小区。建筑小区海绵化改造是海绵城市建设的重要组成部分，也是提升人居生活环境的一项重要举措，而老旧建筑小区更是建筑小区海绵化改造的关键和实施难点。因此，在有限

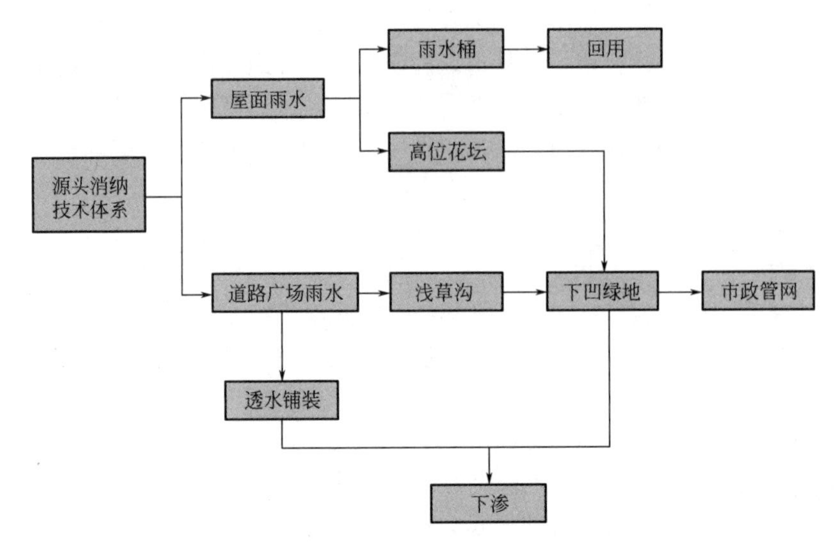

图 4-37　新建建筑小区海绵化改造策略

的空间和薄弱的建设条件下，如何选择海绵化改造措施和方法从而发挥改造的最佳效果，是老旧建筑小区海绵化改造需要思考和解决的问题。

1）周边区域特点与要点分析

首先，老旧建筑小区一般位于城市老城区，周边排水系统建设标准低，部分老城区排水管网设计重现期不足 1 年一遇，且由于常年缺乏维护，实际运行能力根本达不到设计标准，管网排水能力十分有限，导致老城区易形成内涝积水。同时，周边排水管网系统建设年代久远且多为合流制排水体制、改造难度大，导致在老城区周边合流制管道溢流频次高，雨水携污水一并排入受纳水体，对水体环境造成不利影响。研究结果显示，老城区由于硬化程度高于其他地区，导致雨水冲刷效果更为明显，再加上道路环境卫生条件较差，且受地块内外雨水污染物浓度较高等因素影响，周边地表水环境的污染较为严重。

其次，老旧建筑小区周边开发强度大，以遂宁市老城区试点区为例，现状城市建设用地中，居住、商业用地占比约 78%，绿地面积仅占约 11%。老城区始建于 20 世纪八九十年代，现状呈现建设强度大、密度高、公共绿色空间与区域调蓄空间占比低的特点。周边区域没有足够的海绵体可以容纳和自然净化外排至河道的雨水，排水通道单一且调蓄空间不足。同时，由于大量污染物外排，管网内淤积阻塞严重，老城区排水管网系统运行不畅。

因此，老城区依靠区域管网排水能力提升和区域大型海绵体调蓄的难度较大，最好的方式还是通过微型的海绵化改造，通过单体建筑、硬质路面、绿地及景观系统等海绵化改造控制径流形成，减少小区外排雨水总量，降低老城区合流制管网溢流频次；削减峰值流量并缓排出流，缓解老城区排水管网的系统压力；同时，通过地块内的自然净化源头消纳设施控制外排污染物总量，减少管网淤积，间接提升管网系统的排水能力，改善河道水环境质量。

2）下垫面特点与问题分析

老旧建筑小区现状内部大多具有不透水面积大、建筑密度高、绿地及开敞空间面积有限等下垫面特点。根据研究表明，老旧建筑小区建筑密度一般在 45%以上，目前建筑小区内约2/5的道路是硬化路面，而老旧建筑小区内交通道路和环境景观道路合计不透水面积一般能达到约85%～90%，绿地率一般低于20%。其中绿地面积不足对海绵化改造较为不利，绿地是多类源头消纳设施的建设基础，绿地总体规模不足对源头消纳设施类型的选择影响较大，严重制约了雨水的自然下渗和发挥自身调蓄能力。另外，由于硬质化比例高使雨水积聚在地表，增强了雨水地表径流裹挟污染物的能力，而地块内净化污染物能力不足，大量污染物随雨水进入排水管道系统或随地表径流外排形成面源污染，造成管道淤积和地表水环境水质污染。

3）绿地景观系统特点与问题分析

老旧建筑小区往往设计方案与最终的施工结果存在差异，主要是绿地空间，往往会出现绿地挪为他用或建设面积未按设计施工等情况，造成绿地布局呈现分散、破碎化的状态。绿地分散且破碎化对海绵化排水系统建立绿地与绿地、绿地与道路雨水地表径流、绿地与管道排水系统关联造成困难，不易组织雨水地表径流和源头消纳设施，且现状绿地建设形式多采用传统工艺，未达到绿色基础设施建设标准，仅能对降落在绿地上的雨水进行有限的净化和自然下渗，滞留、下渗和净化雨水等海绵功能未能充分发挥，径流总量控制效果不佳。

另外，老旧建筑小区对雨水的景观化处理少之又少。例如，落水管的设置在建筑中显得特别突兀，且没有美感；绿地建设一般为绿地草坪，未结合景观打造景观水池等，因此在海绵化改造中试图利用景观调蓄水体对径流总量进行控制的改造措施难以实施。同时，小区内也未对景观植物配置种类进行精细化设计，雨水调蓄和回用设施建设基本为空白，不能有效地蓄积雨水和削减污染物外排总量。

4）场地竖向特点与问题分析

老旧建筑小区对于场地竖向设计不够精细，普遍存在地势低洼点，路面沉降低于两侧构筑物或绿地且由于老旧建筑小区开发规模较小，道路坡度较为平缓。造成小区内路面雨水积水坑洼较多，且一旦降雨两侧高地的雨水向路面汇集极易形成积水，同时小区内道路及管道坡度较缓，雨水地表径流难以有组织地进入雨水排水系统，管道排水不畅且淤积较为严重。因此，在海绵化老旧建筑小区改造过程中，除了对现有绿地、硬质化地面进行海绵化改造，增强其雨水径流控制效果外，还需同步改造并建立地表与地下立体式的排水系统，对场地内地表径流雨水组织通道进行重新设计和改造，使雨水地表径流有组织地排入低影响设施，充分发挥低影响设施的作用。

5）布置要点

根据小区存在的问题，通过灰色与绿色基础设施相结合的方式，重新组织设计雨水排放系统。结合建筑小区改造条件，以问题为导向，通过屋面雨水、道路系统雨水、绿地雨水、末端调蓄四方面对径流和污染物削减总量进行控制（图4-38）。对于屋面雨水，主要通过雨水立管出口改造，将雨水经盖板沟导流进入下凹绿地或结合下凹式绿地在低洼处布置渗井的方式加强雨水下渗和自然净化；对于道路系统的雨水，主要采用路缘石和透水铺装改造的方式加强地表径流导排路径组织和提高雨水下渗能力，车行道主要采用透水混凝土材质，楼间停车场则主要采用植草砖铺装；对于绿地雨水，采用下凹式绿地和雨水花园等低影响设施受纳调蓄和自然净化雨水，同时在末端调蓄方面，采用蓄水模块。

改造方案主要从问题入手，并根据小区下垫面现状和土壤条件等特点，有针对性地选择适宜的低影响设施类型，结合小区现状建设条件布局并建设源头消纳设施，在布局设施时对有限的改造空间充分利用。同时，建立低影响设施之间、低影响设施与雨水管道排水系统之间的联系，注重低影响设施的嵌套组合。

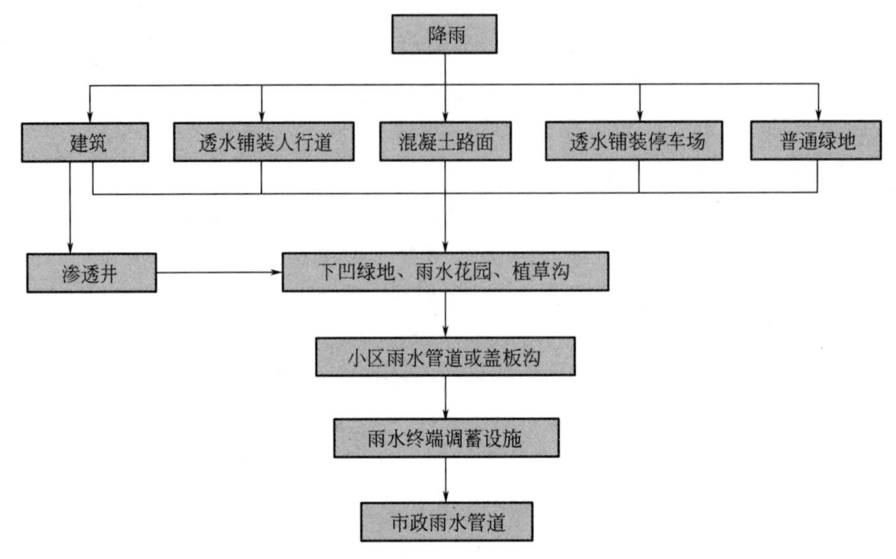

图 4-38　老旧建筑小区海绵化改造技术路线

4.5　施工建设层面关键技术要点解析

4.5.1　透水型道路施工建设要点

在海绵城市建设中，多种新型生态材料不断地尝试应用在工程项目中，由于透水型道路的应用处于起步阶段，没有相对成熟的施工工艺和验收标准，在工程实际应用中也逐渐出现了很多问题。目前，建设透水型机动车道路的材料主要有三类：透水混凝土、透水沥青、多孔排水混凝土基层与透水沥青面层相结合；建设透水型人行道的材料，主要是透水砖。

1. 透水混凝土

（1）材质特点及路面结构

透水混凝土是具有一定孔隙率的混合型材料，它由水泥和水掺配同粒径或间断级配骨料。它主要由粗骨料及其表面包覆的薄水泥浆相互粘结而成，其孔穴分布均匀，呈蜂窝状，因此具有透水、透气、重量轻的性质。路面结构从下到上采用无砂大孔混凝土基层、素色强固透水混凝土和彩色强固透水混凝土面层（图 4-39）。

（2）透水混凝土路面施工工艺流程

透水混凝土路面施工工艺流程，如图 4-40 所示。

（3）透水混凝土配合比例及控制要点

透水混凝土配合比的设计首先要满足强度和孔隙率的需求，再通过体积填充法进行试配，即以 $1m^3$ 透水混凝土中骨料所占的体积为已知参数，确定孔隙率，再以此计算出胶结料浆体材料所占的体积，最后根据水灰比分别得出水泥和用水的量[36]。

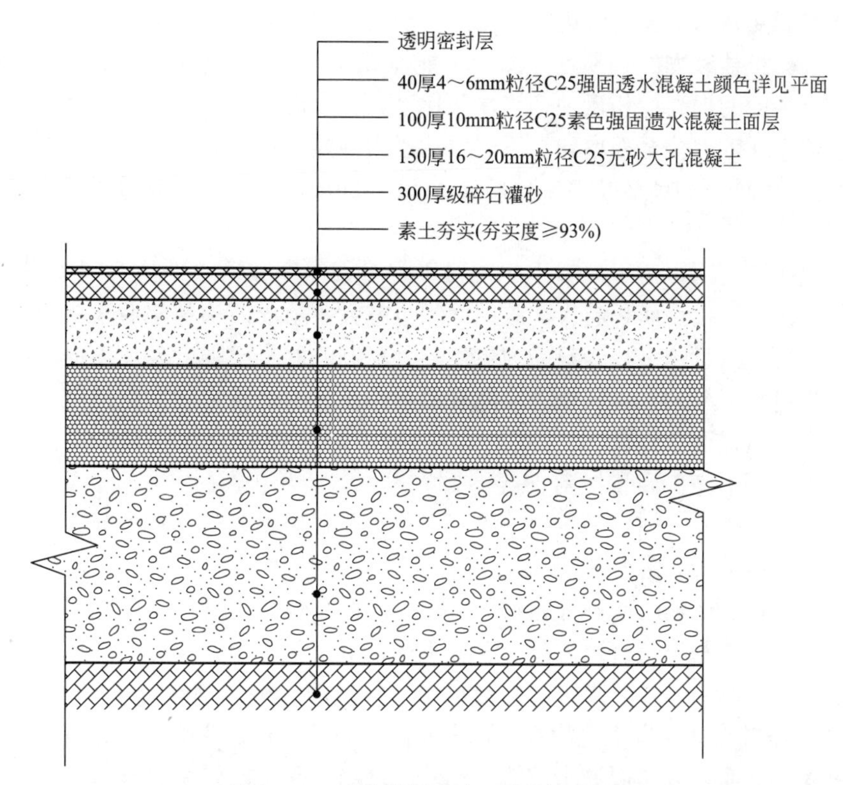

图 4-39　透水混凝土路面结构示意图

注：引自杜晋. 海绵城市改造中透水混凝土施工质量控制要点浅析. 2019

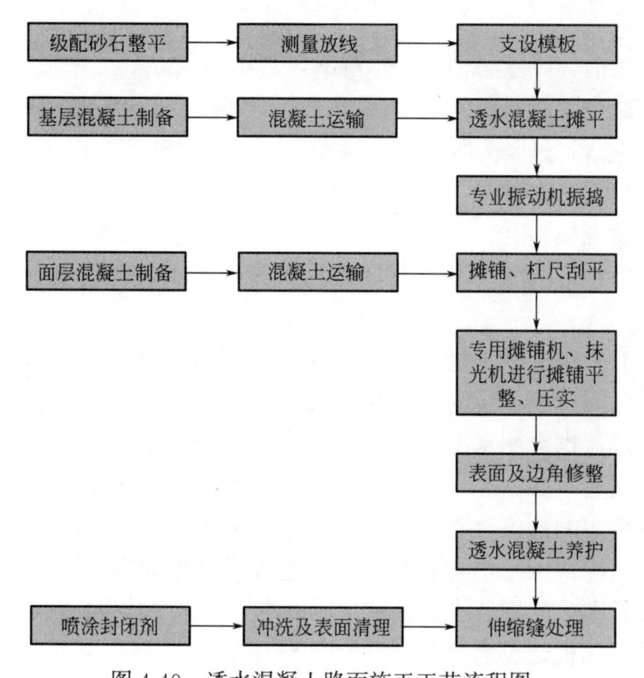

图 4-40　透水混凝土路面施工工艺流程图

水灰比是影响透水混凝土强度及其透水性能的重要参数之一。当水灰比过小，水泥浆过于干稠，混凝土拌和物的和易性太差，不能搅拌均匀，导致水泥浆无法充分包裹骨面，不利于混凝土强度的提高；相反地，当水灰比过大，水泥浆稀液可能更容易渗入骨料间的孔隙，造成透水孔隙部分全部堵死，不但影响透水性能，也不利于强度的提高。根据《透水水泥混凝土路面技术规程》（CJJ/T 135—2009）的规定，水灰比应通过试验确定，选择范围控制在 0.25～0.35。

多项试验研究表明，透水混凝土的骨料级配对其强度和透水性能起到决定性的作用。因为骨料粒径越小，比表面积越大，胶结面积也越大，组成结构骨架后其单位体积内各骨料颗粒之间接触点数量越多，骨料受力更均匀，配制的混凝土强度高，而透水性能则会降低。反之，骨料粒径越大，骨料颗粒之间接触点数量越少，骨料间空隙越多，从而使透水性能得以提高，但强度会降低。

（4）透水混凝土施工质量控制要点

透水混凝土在搅拌、铺筑和振捣等施工工艺上与普通混凝土存在差异。透水混凝土的搅拌必须采用机械搅拌，宜采用强制性搅拌机。由于透水混凝土水灰比较小，初凝时间短，从出厂至作业面运输时间不宜超过 30min，以免出现散子现象，影响混凝土的施工质量。透水混凝土的拌制也与普通混凝土有所不同，具体步骤为：首先，将骨料和 50%用水量加入到搅拌机中拌合 30s；然后，再加水泥、外加剂和增强剂拌合 40s；最后，加入剩余 50%的用水量拌合 50s 以上至出料。以上做法的目的是可以先润湿骨料表面，防止水泥浆过稀、过多，从而影响路面透水性能，此外对透水混凝土的强度也有保障。透水混凝土自搅拌机出料后，运至施工现场直至浇筑完成的允许最长时间为 1～2h。透水混凝土在运输过程中要防止拌合物发生离析。气温较高时，应注意采取必要的遮盖措施保持拌合物的湿度。

在浇筑混凝土之前，路基必须先用水湿润，否则透水混凝土被干燥的路基吸水后会快速失去水分，从而减少了骨料间的粘结强度。透水混凝土拌合料摊铺时应均匀，摊铺厚度可考虑 1.1 的松铺系数，这是为了使透水混凝土可以一次铺完，同时又能保证达到规范要求的密实度，避免出现二次铺料，从而影响混凝土施工质量。在施工过程中，要特别注意边角等细部位置，发现缺料时，应及时补料再用人工压实。当透水混凝土路面采用双层设计时，上层混凝土应在下层水泥初凝时间之内铺设，且不宜超过 1h，以保证上下面层的结合度。

透水混凝土一般采用低频平板振动器振动。不能使用高频振捣器，或者采用低频振动器时在同一处振动时间过长，否则会使混凝土过于密实而孔隙率降低，影响透水效果。同时高频振捣器或者过振也会使水泥浆液从粗骨料表面离析出来，流入底部后形成一层不透水面，使混凝土失去透水性。透水混凝土振捣完成以后，可采用专用钢制滚筒压实。对局部机械无法振动和压实的部位，应辅以人工作业。透水混凝土压实后，宜采用抹平机械进行收面。必要时，应配合人工拍实和整平。因透水混凝土的表面与普通混凝土有所不同，为水泥浆包裹的细石颗粒，而非水泥砂浆，所以在进行抹平作业时，采用的抹平机械应有足够的功率，当采用抹板时也需要有一定的刚度。

接缝控制部分，由于透水混凝土孔隙率较大，且路面厚度一般较薄，故路面砌缝深度宜为面层厚度的 1/2～1/3，且不小于 30mm。填缝时，应注意避免使用热流性材料，因为热流性材料在高温下会液化，进而可能渗透到透水混凝土的孔隙中，堵塞孔隙。因此，填缝材料应采用可以定型的橡树塑胶材料等。

由于透水混凝土中存在着大量孔洞，在自然环境下容易失去水分，干燥也快，所以及时进行养护非常重要，应避免初浇筑完成的混凝土中的水分大量蒸发。由于透水混凝土的水灰比较小，早期强度较高，通常其拆模时间会比普通混凝土早，如此其侧面和边缘就会暴露于空气中，应用塑料薄膜或彩条布及时覆盖，以保证混凝土的湿度和确保水泥充分水化。一般情况下透水混凝土路面应在浇筑完成24h以后开始进行洒水养护，洒水时不宜用压力水枪直接喷冲混凝土表面，以免带走混凝土表面的水泥浆，造成表面强度不足，出现薄弱部位。正确的做法是采用喷壶自上而下洒水保湿[36]。

2.透水沥青

(1) 材质特点及路面结构

透水沥青具有快速排除路面积水、路面抗滑性能好和行车安全性能好等特点，但是其使用后期养护需要得当，否则将影响路面使用效果及耐久性。

透水沥青多使用在混凝土路面基层之上。路面结构形式自下而上为混凝土路面基层、防水粘结层、橡胶沥青应力吸收层、透水沥青混凝土。道路路面的径流渗入表面层后排入邻近设施。

(2) 透水沥青混合料配合比

透水沥青混合料的原材料常常由粗集料、细集料、填料、纤维及改性沥青组成。粗集料为10～15mm和5～10mm的石灰石碎石，细集料为0～5mm石灰石机制砂，填料为石灰石矿粉，纤维为木质素纤维，其性能指标满足《公路沥青路面施工技术规范》(JTGF 40—2004) 的相应要求。改性沥青为高黏改性沥青，透水沥青与一般沥青混合料不同，其矿料级配较粗且多为开口空隙，其最大的特点是空隙率高，而且难以使用通常的马歇尔试验方法确定沥青含量。

(3) 透水沥青施工质量控制要点

为保证生产的透水沥青混合料的质量，首先要对各种原材料包括粗集料、细集料、沥青、矿粉、纤维等做进场的取样检测，合格的原材料才能投入使用；其次在拌和时严格按照生产配合比确定各类材料用量，控制好粗、细集料和高黏改性沥青的加热温度和混合料的出厂温度。透水沥青混合料的温度下降速度快，在运输过程中要控制以下几点：①在运输前对车辆车厢进行了全面的清理，并每车涂刷隔离剂。②温度检测，采用数字显示插入式热电偶温度计检测沥青混合料的出厂温度和现场温度。③沥青混合料运输车的运量应较拌和能力和摊铺速度有所富余，加强前后场的协调，保证摊铺机前方有运料车等候卸料。④运料车采用双重保温布进行覆盖，卸料过程中继续覆盖，直到卸料结束取走篷布，以达到保温或避免污染环境的目的。

在已施工防水粘结层和橡胶沥青应力吸收层的路面上进行透水沥青混合料的摊铺。例如，在路幅宽度均在12m左右的路面进行施工时，为了减少纵向冷接缝，透水沥青摊铺时应采用两台摊铺机进行全幅梯队作业，每台摊铺机摊铺宽度6m，两台摊铺机之间前后间隔20m，采用非接触式平衡梁装置控制摊铺厚度。摊铺时主要对以下几点进行控制：①由于OGFC-13（特种玄武岩纤维增强混合料）采用高黏改性沥青，沥青黏度大，摊铺机在工作前对熨平板底面进行了全面清理，并先预热熨平板温度达到100℃以上。②摊铺速度控制在 2～4m/min 连续稳定地摊铺，保证路面的平整度。③机械摊铺的混合料未压实前，施工人员不得进入踩踏。一般不用人工不断地整修，只有在特殊情况下，如局部离析，需在现场主管人员指导下，允许用人工找补或更换混合料，缺陷较严重时应予铲除。④摊铺机螺旋布料器中的混合料控制在略高于螺旋布料器的 2/3，使熨平板的挡板前混合料的高度在全宽范围内保持一致，避免摊铺层出现离析现象。⑤随时检测松铺厚度是否符合规定。

碾压时主要对以下几点进行控制：①透水沥青混合料面层的整个碾压过程采用钢轮压路机配合轮胎压路机进行碾压，要求碾压平整，避免采用人工修整。②选用植物油作为隔离剂。③由于透水沥青混合料空隙率较大，温度散失较快，严格控制钢轮压路机喷水嘴出水为雾状效果，减少过多的水渗入混合料内部；由于混合料采用高黏改性沥青，采用胶轮压路机碾压过程中应派专人负责胶轮上混合料的清除及涂抹隔离剂。④压路机行驶速度及碾压温度。根据透水沥青混合料的级配组成特征，通过试验段确定压路机的行驶速度范围。初压紧接摊铺机进行，初压温度为 140～165℃（最好控制在 150℃以上）；由于透水沥青混合料温度散失较快，为确保压实度，复压紧跟初压进行，复压温度为 120～140℃；两阶段的界限一般重叠 3～5m；终压温度为 90～120℃。现场设专人测定摊铺温度，以有效控制碾压温度。⑤现场设置初压、复压、终压标牌，并安排专人及时调整，防止漏压或过压。⑥由于沥青黏度较大，施工过程中在混合料未冷却前应尽量减少作业人员及车辆在表面行走[37]。

3. 多孔排水混凝土基层与透水沥青面层结合

（1）材质特点及路面结构

多孔排水混凝土基层与透水沥青面层路面，也叫细粒式排水性沥青混合材料路面，其作为路面结构具有良好的强度特性、抗车辙、抗水损坏、抗飞散的路用性能，还具有优良的抗滑和排水功能。满足上述功能的细粒式排水沥青混合料成功与否，主要取决于原材料的选择、矿物级配和配合比（最佳油石比）和施工工艺要点等方面。

细粒式排水沥青混合料路面结构自下而上采用改性乳化沥青超前预养护层、细粒式排水沥青混合料＋粗粒式排水沥青混合料、抗裂渗水分流层、多孔排水混凝土、橡胶沥青封层、水泥稳定碎石（图 4-41）。

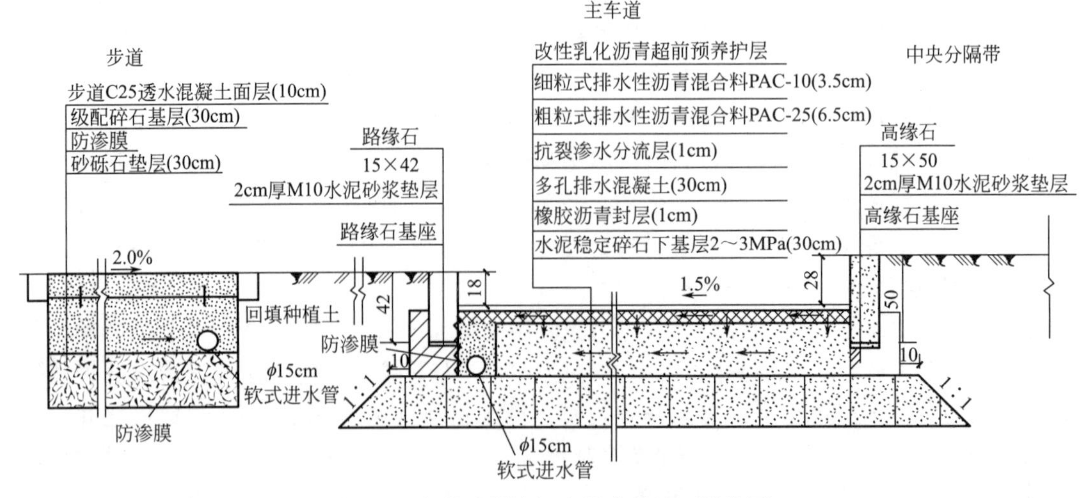

图 4-41　细粒式排水沥青混合料路面结构图

注：引自刘金，刘嘉茵，高强等. 细粒式排水性沥青面层在海绵城市道路中的应用. 2018

（2）细粒式排水沥青混合料施工质量控制要点

正式拌制前，应对确定的混合料配合比进行拌合机试拌，验证配合比标准级配、沥青混合料油石比以及混合料质量各项指标是否满足设计要求。

在正式开展施工前，先进行试验段施工。施工摊铺前，根据运距和天气实际情况，保证现场4～5辆以上的车等待卸料，正常摊铺后保持3辆车等待卸料，从而保证摊铺机匀速前进。运输过程采取保温措施，运送到摊铺现场的混合料温度不小于175℃，由专人负责混合料出厂温度的检测工作，对不符合出厂温度要求的混合料做废料处理。摊铺机受料前在料斗内涂刷防胶粘剂并在施工中经常将两侧收拢。施工前提前0.5h预热摊铺机熨平板，使其温度不小于100℃，铺筑过程中，调整校核熨平板的振捣或夯锤压实装置的振动频率和振幅。摊铺机应缓慢、均匀、连续不间断进行。排水沥青混合料摊铺温度不小于170℃，摊铺过程中随时检查摊铺厚度、平整度及路拱、横坡。碾压是排水沥青路面至关重要的环节，压实过程中，初压温度不小于160℃，复压紧接初压进行，复压温度不小于130℃，终压温度不小于90℃，通过试验段确定压实机械组合和压实遍数。试验段完成后，方可进行大面积摊铺。针对试验段成形质量和试验段数据，调整摊铺机的速度（控制在1.5～3.0m/min）、混合料的松铺系数以及碾压机械的速度和遍数。摊铺注重摊铺的连续性、均匀稳定性、减少离析和接缝等环节，同时减少不必要的人工修补。

在中途万一出现停机，应将摊铺机熨平板锁紧不下沉，停顿时间大于20min或混合料温度小于130℃时，要按照处理冷接缝的方法重新接缝。摊铺结束后用3m直尺检查已压实路面，在厚度、平整度均合格处切割、清扫、成缝。接缝施工前先涂刷黏层油并用熨平板预热，摊铺时注意熨平板的预留高度。在弯道交口圆头部位等无法进行机械摊铺的部位只能采用人工摊铺，要集中组织工人快速实施，及时用刮板修正，保证材料外观的均匀性，做到路面基本平整、无蜂窝。压路机碾压的死角部位用平板振动机辅助压实或配合木槌等工具压实。由于透水水泥混凝土孔隙率大，在碾压前清除压路机碾压轮铁锈、泥土等污染物，终压后覆盖彩条布，并设置栏杆禁止人员入内踩踏。为防止污染路面，试验段排水性沥青面层施工后封闭交通。路面应待摊铺层完全自然冷却、混合料的表面温度小于50℃后方可开放交通[38]。

4.透水铺装

透水铺装主要应用于人行道以及部分车流量小、荷载小的道路路面。

先进行人行道路的路床回填，将混合料进行拌和后，集中进行场外作业。拌合的过程要注意控制好石灰、水的配比，保证石灰含量能够符合路基的施工质量要求。采用石灰拌合的方法对水量的控制也要做好。①一般含水量要比普通的高1%～2%，并且对运输过程中的水分流失进行及时的补充；②摊铺要首先将人行道的上层进行湿润，然后采用洒水的方法将路基浸湿，使用机械施工的方法，配合人工的整修，按照图纸的设计，进行人行道的松铺，保证厚度；③当摊铺超过一定面积后，混合料的含水量达到正常值后进行结构层碾压，方式包括静压和强震碾压。碾压的过程要保持匀速，使用振动压路机进行匀速碾压后，再使用光轮压路机进行静压，做好收尾工作；④对人车隔离带进行施工，保证车行道的工程量要符合道路结构层的施工技术要求，对于路沿位置要进行虚填。按照施工图纸的设计要求，采用油锤进行破锤处理，然后使用挖掘机作业；⑤对于人行道两侧的结构施工，根据道路的中心线进行边线的控制，使用经纬仪对路缘石的内侧和边线进行设计，采用曲线设计的方法先进行放样，放样的设计要以路缘石的接缝处作为切点，保证线型的圆顺，对于路缘石的安装采用双线控制的方法，上内口线保持平直度和高程的控制。根据线型的变化对沿杆进行位置的布设，沿着路口分段安装后，不能采用整体切割的方式对路缘石进行切割，要严格按照施工图纸的设计进行安装和控制，确保安全问题。

路面透水砖需透水性强且满足铺装要求。在人行道路和透水需求的原则上，为了降低施工成本，一般应选择 30mm×30mm 的产品，采用整体铺装的方式可以既达到美观，又能够保证施工厚度和透水率，人行道的施工在小雨的情况下能够达到即下即干。路面透水砖的选择指标应该首先选择质量较好的材料，从侧面看砖面平整，没有粗细不均的针孔，敲击后可以听到声音清脆，质地上密度较高，硬度也较高。另外，从专业建材的强度上看透水性应该符合道路使用年限的要求。

在路面透水转的铺装上，按照人行道设计图纸的定位和高程，对基层的表面采用复查的手段进行质量的检测。如果发现施工质量没有达到施工图纸的要求，则需要整改。根据标高、中线和边线的设计要求，在进行道砖的铺砌时，要先铺装水泥砂浆进行调平，然后在铺设前要对每一块透水砖进行试拼。保证两个方向的编号要排列对齐。砂浆的铺筑要按照水平线进行厚度的虚铺，拉好十字线后，进行刮大杠、拍实的处理，用抹子抹平砂浆，保证砂浆的厚度超出水平线[39]。

4.5.2 建筑低影响设施施工建设要点

建筑低影响设施主要由绿色屋顶、雨水落水管等组成，其中绿色屋顶起到最重要的源头消纳作用。

1. 绿色屋顶

（1）刚性防水屋面施工

1）1∶3 水泥砂浆找平层；

2）40mm 厚细石混凝土加 4%防水剂内配 ϕ4@200mm 双向钢筋，提浆抹光；

3）隔离层：抹 20mm 厚黏土砂浆，抹 20mm 厚白灰砂浆，刷沥青玛瑞脂一道；

4）耐根穿刺 PVC（Poly Vinyl Chloride）防水卷材一道，同材性胶粘剂二道；

5）25mm 厚 1∶3 水泥砂浆找平层；

6）水泥膨胀珍珠岩；

7）隔气层：冷底子油一遍，热沥青二遍（石油沥青）；氯丁胶乳沥青二遍；改性沥青防水卷材一道；改性沥青一布二涂 1mm 厚；合成高分子涂膜大于 0.5mm 厚；

8）基层处理。

（2）花坛、花境建植

花坛、花境的设计是绿色屋顶设计的点睛之笔，虽然作为附属工程，但对于绿色屋顶的整体效果和其他附属设施的布置形式都是起决定作用的。得当的布置和合理栽植花木，使得同期开放的多种花卉，或不同颜色的同种花卉，花朵露珠、株高整齐、叶色和叶形协调，再根据一定的图案设计，可使其发挥群体美的布置形式。排水方式一般顺着花坛或花境的样式，自然向屋顶落水口找坡排水。在设计中往往也有意将给水排水系统以及电力、电缆等一些管线系统隐藏于花坛、花境下，以达到整体美观的效果，所以施工过程中一定要按水、电及弱电图纸施工。

（3）土壤、透水层陶土颗粒铺设

在土壤铺设前按设计要求先铺设一层陶土颗粒，陶土颗粒层在绿化栽植基层中起到排水、蓄水、透气的作用。由于陶土的吸水率可达到 10%，所以陶土能收集上层土壤饱和水以外的多余水分，保证植物根系不被浸泡，避免烂根问题，同时陶土颗粒的透气、过滤、保水性也能保证植物循环用水需求。陶土颗粒层铺设完毕后，还应铺设一层海绵薄膜以阻止上层土壤铺设或水流冲刷时堵塞下层陶土颗粒层透气、排水通道。屋顶绿化栽植用土，土壤不得含有有害成分（特别是有害化学成分），宜选取当地耕种土壤。受屋顶承受荷载限制，屋顶土壤的铺设厚度不应过厚，但也必须满足其生长成活的最低土层厚度。

（4）屋顶路面小径铺筑

屋顶路面小径与城市道路不同，除用于行人外，还需达到一定的造型功效。

1）铺筑各种预制砖块，应轻轻放平，宜用橡胶锤敲打、稳定，不得损伤砖的边角；

2）卵石嵌花路面，先铺筑 M10 水泥砂浆，厚度 30mm，再铺水泥素浆 20mm，按卵石厚度 60%插入素浆，待砂浆强度升至 70%时，以 30%草酸溶液冲刷石子表面；

3）嵌草路面的缝隙应填入培养土，种植穴深度不小于 80mm；

4）水泥混凝土路面的装饰施工可在混凝土振动密实后，初步收水，表面稍干时，再用滚花、压纹、刷纹、锯纹等方法进行路面纹样处理；

5）预制块料做路面面层，在面层与基层之间所用的结合层做法有两种：一种是用湿性的水泥砂浆、石灰砂浆或混合砂浆做结合材料；另外一种是用干性的细砂、石灰粉、灰土（石灰和细土）、水泥粉砂等作为结合材料或垫层材料；

6）在铺设时，注意结合水电施工，进行预埋、预留等后期工序处理。

（5）屋顶给水工程

屋顶用水主要可分为生活用水、养护用水、造景用水、消防用水。屋顶园林用水的使用要做到不污染环境、无害于动植物，可收集的雨污水经净化处理后再次作为园林等灌溉所用的二次水源。

（6）屋顶排水工程

屋顶排水主要是雨水和少量生活污水，由于屋顶绿地通常植被丰富，屋顶地面吸收能力强，地面径流较小，因此雨水一般采取地面排水为主、沟渠和管道为辅的综合排水方式。排水方式尽量结合造景，如花坛、瀑布跌水、溪流等，同时还要考虑土壤（吸水层）的吸水、保水性能，做到雨污水循环使用这一绿色环保功能[40]。

2. 雨水落水管

建筑物的雨水落水管宜采取雨落管断接的方式将屋面雨水通过周边绿地、植草沟、雨水管渠等引入场地内的集中调蓄等海绵设施。

4.5.3　其他低影响设施施工建设要点

其他低影响设施包括植草沟、雨水花园、下沉式绿地和调蓄模块等。

1. 植草沟

植草沟有转输型植草沟、干式植草沟及湿式植草沟，具有提高径流总量和径流污染控制效果的作用。以转输型植草沟为例，从路缘石开孔接入植草沟处需铺设消能砾石，施工建设时应注意以下要点：

（1）植草沟的纵向坡度取值范围宜为 0.2%～0.3%；

（2）转输型植草沟内植被高度宜控制在100～200mm；

（3）砾石孔隙率应为40±5%，有效粒径大于80%；

（4）通常转输型植草沟应设置防渗膜，存在雨水下渗时应设置土工布；

（5）转输型植草沟考虑雨水下渗时渗透系数应大于5×10^{-6} m/s，不考虑雨水下渗时渗透系数应小于1×10^{-4} m/s；

（6）植草沟边应设置安全警示标志。

2. 雨水花园

雨水花园是集收集、净化和造景功能于一体的雨水设施，对控制径流污染效果较好，施工建设时应注意以下要点：

（1）雨水花园采用换填式，种植土层采用原素土、中砂并补充少量营养剂；

（2）在砾石层内设置穿孔管排除下渗雨水，穿孔管接入雨水检查井。穿孔管只在砾石层内铺设，如因坡度要求高于砾石层时，降低坡度保持穿孔管埋于砾石层中；

（3）在雨水花园中设置雨水溢流口，雨水溢流口排水就近接入雨水管道中；

（4）雨水花园边坡坡度按1∶3放坡，并与周边未改造的绿地或场地竖向自然衔接。

3. 下沉式绿地

为了有利于植物正常生长须保证24～36h的雨水排空时间，宜将下沉深度控制在80mm。下沉式绿地内宜设置溢流口，溢流口顶部标高一般应高于绿地60mm。绿地与园路之间应设置植草沟（边沟），以收集路面雨水。

4. 调蓄模块

调蓄模块是具有雨水蓄存功能的再利用设施，还有控制雨水流量的作用。方形模块对齐叠加，外围用土工布包裹；模块中单独设立反冲洗装置；设施内的雨水考虑回用或调蓄[41]。

施工前需进行精确定位和计算开挖量与回填量，尽量减少超挖及回填工作量。开挖面为雨水利用系统实际尺寸加回填夯实工作宽度（操作宽度不小于1m）。严格保证施工安全情况下，依据开挖深度及土壤状态放坡，断面应采用T形开挖并做好保护，应减少机械及人工的边坡扰动，消防通道超挖部分需进行分层夯实回填。

调蓄模块基础处理方式，其设计、施工参照地勘报告及现场实际开挖土质情况，分为以下几种情况考虑：①未扰动原土层，土质密实，无明显地下水渗析，可直接夯实平整100mm河沙垫层。②回填土、沙土土质，无明显地下水渗析，使用10%水泥三合土300mm夯实，100mm河沙垫层。③有地下水渗出、淤泥层、冻土回填、靠近地下室及地下建筑、底部管道隧道穿越、顶部为停车场、路面、建筑物等状态，需做混凝土垫层，混凝土垫层强度及井点降水视实际而定。④特殊情况，视具体情况协商解决方案。基础底面平整，平整公差小于±10mm/10m。底部铺100mm河沙并刮平夯实。彻底清除底面尖锐石块/铁钉铁丝及其他遗留物。

高聚物聚丙烯模块蓄水池的组装前检查组装件质量，有破损产品及时剔除，小板插接脚缺失的产品不得使用组装。组装时小板顺单一方向插接组装，组装时小板方向需一致，防止不一致或错位。大小板插接必须到位，不能有缝隙。若干个模块之间通过卡扣连接组成水池。所有组装模块人员需观看学习组装示范视频或安装图片，并按照技术人员指导操作。模块的码放需严格按照技术人员放线位置码放，相邻模块不得有缝隙，弧形部分外缘相邻距离不得超过 2mm。码放人员不得穿着钉鞋操作；码放人员不得在无纺布/土工膜表面推动模块到位。上模块顶部操作时须动作轻缓，防止动作过大踩坏模块[42]。

4.6　管理层面关键实践要点解析

源头消纳建设项目管理主要包括应用推广、组织管理和项目管理三个层面。其中，应用推广层面主要是在政府、行业、公众三个层面建立源头消纳建设项目管理平台；组织管理层面的重点是要尽快建立统一协调的管理组织体系；项目管理层面主要包括方案评价、设计规定、施工及验收管理、运行维护、雨水管理、风险管理等多方面的内容。

4.6.1　加快完善技术政策和管理平台

源头消纳的应用推广主要从政府、行业、公众三个层面进行。其中，政府层面主要涉及源头消纳建设项目管理相关政策、法规和技术标准的制定；行业层面主要协助政府制定源头消纳技术标准、规范以及构建数据共享平台；公众层面主要是建立民众参与源头消纳建设项目管理互动平台，三者相辅相成，相互促进。

1. 政府层面——制定源头消纳建设项目管理相关政策、法规和技术标准

目前，我国雨水管理政策包括国家层面和地方政府层面两大类。这些法规政策为城市雨水管理提供了保障和支持，但主要偏重于“要求”，多是政府管制和行政措施，缺乏使社会资本自发投向城市雨水综合利用控制工程建设的激励机制和手段。因此，还需要从法律、技术、经济等方面建立完善的法规体系，推动雨水管理事业的发展[43]。

（1）建立全国性和地方性的源头消纳建设项目管理法律法规

建立配套的源头消纳建设管理法律法规是保障雨水资源综合利用控制的基础。在雨水管理的初期，政府可通过行政命令和补贴等政策来推动源头消纳建设管理系统的建立。当雨水事业发展到一定阶段，政府可借鉴源头消纳建设管理法律法规较为完善国家（如美国、德国、日本等）的先进理念，合理制定源头消纳建设管理的全国性和地方性法律法规，重点做好雨水排放许可、雨水排放费、防洪费减免等制度的建设工作。

（2）加快源头消纳建设管理相关技术标准的制定和修订工作

我国早期的雨水排放标准是以“排出雨水”为指导思想而制定的，而现在逐步建立起以“雨水综合利用控制”为指导思想的雨水综合管理技术标准体系，尽可能地遵循和恢复自然水文过程，将雨水管理与城市水系统，乃至城市整体生态系统相协调，并利用雨水创造优美宜人的城市景观和空间。加快修订完善建筑物排水、道路排水、园林排水以及雨水利用产品等重点技术标准，扫除雨水管理的技术标准障碍。同时，进一步扩大示范工程范围，实现以点带面，推动源头消纳建设管理技术的进步。

（3）制定源头消纳建设管理相关的经济补偿或奖励措施

源头消纳建设管理不仅具有生态效益和社会效益，还有巨大的直接和间接经济效益。对源头消纳建设管理要运用经济杠杆的手段给予经济政策的倾斜，可从以下几个方面进行尝试：①出台一套估算源头消纳建设管理经济效益的方案，确定项目效益具体包括的内容及计算方法，并落实负责单位。②争取设立专项基金，对雨水综合利用控制项目实施补助金制度。对雨水综合利用控制建设项目适当减免雨水排放费、防洪费用，以激发公众对源

头消纳建设管理的积极性；对不同规模的雨水利用设施进行适当补助，资金可从污水排放费或雨水排放费适当提取。③对于从事水利用设备制造和技术开发的企业、公司、科研院所，可从税收、项目资助等方面进行扶持，以促进源头消纳建设管理技术的升级换代并向实用阶段转化。

2.行业层面——协助制定源头消纳建设项目管理相关技术标准，搭建数据共享平台

目前，在国内源头消纳技术发展中，行业内各企业的专业技术水平参差不齐，工艺参数缺乏统一标准，设备选型及材料材质差异巨大，导致雨水利用设施的系统存在许多不稳定性和不可靠性，造成了运行过程中需不断维修、更换和整改。其次，雨水利用设施监理存在一定的特殊性，整个项目涉及土建、给水排水、设备安装及电气控制等，建设方和监理公司委派的工程师专业技术，难以保证系统工程建设的质量。另外，在雨水管理行业内，有很多可行的新工艺和新技术，仅凭单个企业或个人来进行推广和应用，费时且成效不高。面临雨水管理发展中凸显的重大问题，有必要成立全国性或地方性雨水管理协会，并做好以下几个方面的工作：

（1）协助政府组织好源头消纳建设管理推广工作

雨水管理协会作为协会成员和政府部门之间沟通、联络的桥梁，应及时传达落实政府政令，并向政府反馈协会成员提出的意见和建议；协助政府制定源头消纳建设管理技术标准、规范及相关政策法规；组织制定雨水利用设施建设和管理的行规行约、行业发展规划、源头消纳建设管理技术服务标准，建立行业自律机制，协调会员关系，促进平等竞争；通过协会联合行业中的专业设计单位，从设计开始规范行业的行为，在协会的整合下推广和申报各项源头消纳建设管理科技创新成果及专利。

（2）开发筛选经济性和实用性相结合的源头消纳建设管理技术

鉴于雨水综合利用控制基础理论和经济实用技术是推动源头消纳建设管理发展的强大动力，所以应开发和筛选技术上适用、经济上实惠的源头消纳建设管理技术，可从以下几个方面逐步开展[44]：①发展立体绿化特别是屋顶绿化。布鲁塞尔地区的试验表明，增加10％的屋顶绿化，区域上能减少2.7％的径流量。城市的绿化用地日趋紧张，城市绿化从地面转向空间发展是必然趋势，通过屋顶绿化利用雨水潜力巨大。②实施“生态排水”技术。如美国波特兰市的“绿色街道”，利用街道两旁的植物将街道雨水径流就地用于景观绿化，而非通过城市的雨水管网排放，实现“生态排水”。③充分利用天然雨水储存设施进行雨水蓄积利用。充分利用河网水系作为天然雨水储存设施将雨水蓄积起来，既节省雨水储存设施的费用，又融入自然景观。如上海浦东国际机场利用围场河收集雨水，经处理后用于航站楼的冲厕和浇洒绿化。

（3）建立信息健全、资源共享的数据平台

建立协会成员技术资料库和技术交流平台。在政府部门指导及引导下，积极支持参与雨水利用设施建设的设计、建设、监理、验收以及各项源头消纳建设管理科技创新的申报。收集整理源头消纳建设管理发展动态和有关技术资料，及时为协会成员提供技术经济信息和市场信息，积极开展行业技术交流和合作，组织协会成员参展、考察，举办展览会、招商会、技术培训、技术推广等活动，不定期举办技术交流会，研究行业内出现的新工艺新技术，组织交流，并出版有关书刊和交流材料，并可以组织开展国内外先进技术的交流合作，推广源头消纳建设管理新技术，从而推进这一行业的发展。

3. 公众层面——建立民众参与源头消纳建设项目管理互动平台

民众参与的雨水管理模式，已成功应用于泰国的“泰缸”工程、澳大利亚的屋顶雨水收集利用，并持续受到学者的重视。民众很容易运用当地知识，进行因地制宜或具当地创意的雨水管理设计，这些过程将使民众从消极的水资源消费者，转化为积极的水资源开发者。因此，必须认识到民众的参与是解决城市雨水问题的重要组成部分，通过各种形式对雨水利用进行广泛的宣传和教育。

（1）源头消纳建设管理工程需要政府主导下的企业和普通民众的共同参与。利用网站、报纸、电台、电视台和科普读物等多种形式加强宣传力度，让公众更多地了解源头消纳建设管理项目的优点，并鼓励企事业单位开展源头消纳建设管理工作，形成全民参与源头消纳建设管理项目建设的局面。

（2）通过政府购买服务的方式，动员、组织社会团体参与社区建立源头消纳建设管理推广志愿服务小组中来，负责小型雨水蓄积工程的修建、管理和维护。政府则以购买行业协会服务的方式与委托服务方签署服务协议，支付相应的费用，并负责监管。

（3）建立民众可参与的源头消纳建设管理设计平台。建立民众可参与的源头消纳建设管理设计平台，以期达到以互动的方式进行源头消纳建设管理的效能仿真、空间可视化展示及经济效益分析，这将有助于民众参与源头消纳建设管理，提高雨水的利用率，进而提升雨水资源的可持续利用[45]。

4.6.2　强化责任主体和绩效考核

源头消纳建设是一项复杂的系统工程，涉及水利、城市建设等诸多方面。由于涉及的专业多样，因此源头消纳建设项目必须建立专业统筹衔接机制，在团队成员配置上要考虑专业的全面性，这样才能保障海绵城市项目符合各专业的要求。源头消纳建设项目的广泛性和复杂性决定了涉及部门的多样性，在具体实施时需与城市建设、市政管理、建筑设计、环境等部门进行合作，如何实现各部门的高效协作，对保障雨水资源利用控制的可持续性有着重要的作用。因此，应在借鉴国外成功经验的基础上结合我国实际情况，加强和落实统一性和可持续性的源头消纳建设项目的管理机制，并形成协调统一、密切配合的管理模式。

1. 责任主体

各级人民政府是落实源头消纳建设项目的牵头责任主体，宜通过法律、行政和经济等多种手段对源头消纳建设项目进行统筹规划和管理；建立责权统一、运行有效的源头消纳建设项目管理体制，加强源头消纳建设项目管理的体制保证；制定城市源头消纳建设项目管理法律法规和条例，规范相关利益主体的行为，调整相关部门的利益冲突；通过各种经济杠杆来调动市场参与源头消纳建设项目管理的积极性，通过税费、保险、贷款等多种经济手段的调控，促进雨水利用的推广和实施。此外，政府应通过加强宣传教育以提高公众对雨水资源利用的认知水平，消除公众对雨水资源利用的矛盾心理。

2. 职能分工

为了切实加强源头消纳建设项目的领导和管理，避免出现管理部门多头而导致效率低下的问题，各级人民政府可成立源头消纳建设项目工作领导小组，明确成员单位及各单位责任分工，健全工作机制。领导小组的主要职能包括统筹推进消纳建设项目建设，决策建设工作的重要事项，研究制定相关政策，协调解决工作中的重大问题等。领导小组组长一般由各级人民政府的主要领导担任，领导小组成员由消纳建设项目建设相关的职能部门以及下级人民政府的主要领导构成。

发展改革委：负责将雨水综合利用控制建设相关工作纳入国民经济和社会发展计划；对项目相关内容在立项进行审查时进行把关。

财政部门：负责拓宽投资渠道，强化投入机制；负责源头消纳建设项目 PPP（Public-Private Partnership）运作模式研究；负责源头消纳建设项目投融资机制研究。

自然资源部门：负责源头消纳建设项目的规划、审查、报批、备案以及源头消纳工程建设用地管理等工作。

水务部门：负责编制源头消纳建设项目的相关规划、标准和政策文件等；负责落实源头消纳项目建设要点审查。

住房城乡建设部门：规范源头消纳建设工程的建设标准；监督项目建设的整个过程，并组织竣工验收，验收合格后进行备案等。

园林绿化部门：负责制定公园和绿地等的源头消纳设施建设、运营维护标准和实施细则；负责对源头消纳设施的建设进行管理和维护。

生态环境部门：加强对源头消纳具体建设项目或相关规划环境影响报告书（或规划的环境影响篇章、说明）的组织审查；严格环境执法，加强对企业污染源监管；负责开展相关河湖水质的环境监测工作；探索城乡面源污染监控、评估、削减等机制、标准和方法。

3. 绩效考核

良好的绩效考核体系是源头消纳建设项目顺利进行和后期高效运行的保障。绩效考核应针对每个项目不同的特点做出具体的考核体系，良好的绩效考核体系应当包含两方面的内容。一是考核办法，源头消纳建设项目考核办法应当严格根据绩效考核的制度来制定，在考核办法中明确绩效考核的内容，考核的内容主要集中在项目的建设情况以及运行状况上。在具体的考核中应当在工程项目总量控制的基础上，对工程的分项工程进行分项考核，对考核的内容进行细化分解，便于量化操作。为使考核结果能够适时反映日常的状态，提高考核指标中数据的可靠性、真实性、实时性，应当建立在线监测系统。另一方面要建立合理的奖惩机制。在具体的实施过程中不仅要处罚考核中表现不好的，更应该奖励考核中表现优秀的。针对考核未达标的项目应当给相关单位一定的约束性手段，如经济处罚和失信惩戒等，对于在源头消纳建设项目中表现优异的单位进行正向激励，鼓励其加快发展，具体的措施中应当包括经济奖励和税收优惠等手段。

4.6.3 加强项目建设和运维管理

1. 源头消纳项目的建设管理

近年来，国家在源头消纳项目建设方面陆续出台了不少相关政策，并不断细化相关细则，但源头消纳项目建设的有些做法还在探索，所以项目的建设管理必须坚持因地制宜和自力更生的原则。在政府的积极引导和支持下，按照当地的有关规定进行建设管理。

（1）做好充分的调查和论证工作，明确雨水的水质、用水对象及其水质和水量要求。应确保雨水利用工程水质水量安全可靠，防止产生新的污染。按照源头消纳项目建设相关的专项规划，筛选适宜 PPP 的项目，强化项目前期策划和论证，做好信息公开。

（2）源头消纳项目设计以国土空间总体规划为主要依据，从全局出发，正确处理雨水直接利用与雨水渗透补充地下水、雨水安全排放的关系，正确处理雨水资源的利用与雨水径流污染控制的关系，正确处理雨水利用与污水再生水回用、地下自备井水与市政管道自来水之间的关系，以及集中与分散、新建与扩建、近期与远期的关系。

(3) 积极引进新技术，鼓励技术创新，不断总结和推广先进经验，使这项技术不断完善和发展。

(4) 建设单位在编制建设工程可行性研究报告时，应对建设工程进行专题研究，并在报告书中设专门的章节进行说明。雨水利用工程应与主体建设工程同时设计、同时施工、同时投入使用，其建设费用可纳入基本建设投资预决算。

(5) 施工单位必须按照经有关部门审查的施工设计图纸建设雨水利用工程。擅自更改设计的，建设单位不得组织竣工验收，并由职能部门负责监督执行。未经验收或验收不合格的雨水工程，不得投入使用。

(6) 建设单位要加强对已建源头消纳工程的管理，确保工程正常运行。

2.源头消纳项目的运行管理

(1) 运行维护

雨水利用设施必须按照操作规程和要求使用与维护，一般设专人管理，定期对工程运行状态进行观察，发现异常情况后及时处理。如雨水利用工程各工艺段产生的沉淀物和拦截的漂浮物，以及雨水调节沉淀池和清水池产生的淤泥，均应及时清理。定期检查滞留槽内植物的生长情况，及时更换或调整植物品种。人工控制滤池运行时，注意观察清水池蓄水量，蓄水位达到设定水位时应及时停止运行。对雨水滤池还应采取反冲洗等维护措施。对汇流管（沟）、溢流管（口）等宜经常观察，进行疏掏，保持畅通。地下水池埋设深度不够防冻深度或开敞式水池应采取冬季防冻措施，防止冻害。地下清水池和调节池的人孔应加盖（门）锁牢。

(2) 水质监测

根据项目的不同要求其水质监测指标也不尽相同，部分工程运行过程中需要对进出水进行监测，有条件时可实施在线监测和自动控制措施。每次监测的水质指标应存档备查。

(3) 蓄积雨水的安全使用

雨水经处理后往往仅用于城镇杂用水，其供配水系统应单独建造。为了防止出现误用和混淆，应在系统上安置特殊控制阀和相应警示标志。同时，保持集水面及其四周的清洁，避免采用污染材料做汇水面，不得在雨水汇集面上堆放污物或进行可能造成水污染的活动。

(4) 蓄积雨水的用水管理

雨水利用工程应提倡节约用水和科学用水。在雨量丰沛时尽量优先多利用雨水，节约饮用水；在降雨较少年份，应优先保证生活等急需用水，调整和减少其他用水量。雨水集蓄量较多，本区使用有富裕时可对社会实行有偿供水。

(5) 风险管理

在源头消纳项目的风险控制中，要注重加强事前、事中、事后的风险控制。事前风险控制中应尽量使用相对成熟的技术，在具体的工程项目中尽量减少对原有生态环境的影响，同时也要对源头消纳建设项目的全过程进行长期、系统地分析和评价。事中控制中将源头消纳的地下监控、水质检测结合现代信息技术构建源头消纳信息平台，建立应急救援保障队伍，定期开展演练，增强应急保障能力。在风险发生后，应立即启动安全预案，尽量把损失降到最低，及时反思总结，防止类似事件的再次发生。

4.7 源头消纳的工程实践与效果

4.7.1 美国波特兰东北西斯基尤街道

1. 工程概况[46]

波特兰市位于美国西北部俄勒冈州，年降雨量 1029.5mm，全年 80%降水集中在 11 月至次年 4 月。东北西斯基尤街道（NE Siskiyou）是一条有着 80 年历史的波特兰市旧街道，于 2003 年进行“绿色街道雨洪改造”。该工程巧妙地解决了雨水的排放和渗透问题（图 4-42），既体现了如何实现雨水的可持续管理，取代以往把多余的雨洪涝水排往泛洪地区或排入污水处理系统的形式，又体现了简单、节约和创新设计方案的价值。

(a)

(b)

图 4-42 波特兰 NE 西斯基尤“绿色街道”

(a) 街道整体景观 1；(b) 街道整体景观 2

注：引自 ASLA Honor Award Recipient. NE Siskiyou Green Street by Kevin Robert Perry. ASLA

2. 雨水径流削减和去污效果[46]

在街道绿化改造过程中，将街道雨水管理与利用融入其中，成为支撑街道景观的重要元素。作为以自然途径利用城市雨水的一项举措，“绿色街道”项目将一部分街道上的停车区域改建成种植区，借助栽种多种植物，形成一个集雨水收集、滞留、净化、渗透等功能于一体的生态处理系统——植生滞留槽（图 4-43），并营造出自然优美的街道景致。传统的分车绿化带、行道树绿化带、路侧绿化带，主要起交通隔离以及保护行人安全的作用，而 NE 西斯基尤的植生滞留槽除了包含原有功能外，还起到汇流雨水、降低径流量、净化径流、入渗等功能。

通过“绿色街道”项目的改造，街道雨水径流就地用于景观绿化，而不需通过城市的雨水管道系统排放。降雨时，汇水面积达 1.44km^2 的雨水径流，沿着道路汇集到道路两侧 2 个 2m 宽、15m 长的种植区，并通过在路沿侧石设计的 45cm 宽的入口流入种植区。当雨水流入种植区，池内土壤渗水速度为 7.6cm/h，当池内的水深达到 17.8cm，种植区内的植物和土壤吸收水分达到容量极限。该种植单元将无法继续收集雨水，多余的雨水将从卵石垒起的小水坝流入第二个种植单元，以此类推到第四个种植单元。当第四个种植单元也达到饱和时，多余的雨水将流入现有的城市雨水管网系统。由于有了这样的绿化种植区，该街区几乎全年的雨水径流，大约 8500m^3，都可通过该系统进行生态管理。模拟实

(a)　　(b)

图 4-43　波特兰 NE 西斯基尤街道植生滞留槽

(a) 植生滞留槽；(b) 植生滞留槽入口

注：引自 ASLA Honor Award Recipient. NE Siskiyou Green Street by Kevin Robert Perry. ASLA

验表明，NE 西斯基尤街道的绿化种植区能处理 25 年一遇暴雨径流量 85%的雨水。

植物是这个生态雨水管理系统的关键要素。设计所选的植物基本上都是乡土品种，如俄勒冈葡萄、肾蕨、灯心草、蓝燕麦草、大叶黄杨、莎草等（图 4-44），这些品种养护成本低廉而且非常适应当地的生长环境。产自当地的灯心草在雨水管理上起到举足轻重的作用，其挺拔的外形能有效减缓雨水流速和吸附污染物质，强劲的根系可大量吸收水分。虽然这些植物都是低矮常绿品种，但由于其不同的色彩和质感，也使得植物景观富于变化。每当春季到来，种植区内盛开着美丽的水仙和鸢尾，就如同居民院子前的花园一般。

(a)　　(b)

图 4-44　波特兰 NE 西斯基尤街道植生滞留槽植物

(a) 耐水性植物；(b) 槽内卵石

注：引自 ASLA Honor Award Recipient. NE Siskiyou Green Street by Kevin Robert Perry. ASLA

3. 建设经验[46]

成功的项目离不开社区居民的参与。由于 NE 西斯基尤街道绿化改造工程是当地的首个试点项目，社区居民积极参与设计的全过程，诸如削减多少停车位、种植什么植物品种等问题，社区居民都充分表达了自己的意见。这种与当地居民的联系一直保持至今，目的是为了调查居民对改造项目的满意度。公开设计和建设过程，不仅拉近了政府与市民的距离，而且促进了市民社区管理的积极性和创造性。如今当地社区居民已普遍接受这一街道绿化改造工程，其他社区居民也积极准备修建类似的项目。NE 西斯基尤街道绿化改造项目提供了一种生态、新颖、美观的城市街道雨水管理方式。它不仅建设成本低廉，总造价不超过两万美元，而且美化了社区环境，提高了社区环境管理和教育水平。

4.7.2 深圳南山区登良路

1. 工程概况

登良路位于深圳市南山区后海中心区，西起后海滨路，北至海德三道，沿线与中心公园路、科苑大道、创业路、海德一道、海德二道相交，路线全长 1.208km。已经完工的登良路是深圳市中心城区的首条海绵型道路，源头消纳设施与主体设施同时设计、施工，在总结推广成功经验的基础上，辐射带动高效益、低成本、易维护的海绵城市建设技术。

2. 设计要点

(1) 减轻防洪排涝压力，缓解道路积水

登良路海绵建设的玄机就是透水路面以及由绿化带形成的雨水花园。海绵道路设计主要体现在“渗、滞、净、排”四个方面，利用源头消纳技术解决道路积水问题，减轻城市防洪排涝的压力。同时，可以避免雨水资源流失，最大限度地吸收涵养水分，为城市注入生机与活力。

登良路的路面采用快速透水混凝土，路面下方是砾石层、素土。下雨时，雨水会快速通过透水路面渗入地下，可以避免路面积水，人行道、自行车道也铺设这种透水混凝土。

(2) 雨水花园吸水、蓄水作用突出

当降雨较强时，未能迅速渗入地下的雨水通过路沿石的入水口排入两侧的绿化带（图 4-45）。绿化带的植物以本地耐旱灌木和乔木为主，以“乔－灌－草”多层结构模式、自然式群落组合配置，绿化面积约达18450m^2。

图 4-45 绿化带入水口

注：引自 http://www.sohu.com/a/250167983_487436

雨水花园的土壤也非常“有讲究”。植物种植土采用混合土，由当地土、沙土、椰糠和水厂底泥混合而成，有机物质含量控制在 8%～10%的范围内，渗透率大于 25.4mm/min，充分保证雨水花园、自然排水系统内的地表积水在 24h 内渗透至底部碎石层。让绿化带形成一个“水池”，使雨水能够留在绿地内，不进入道路雨水沟。种植土下面还铺设透水土工布，下方为碎石层，土工布可以阻隔上方的种植土流入碎石层。碎石层埋设排水盲管，上部使用管顶加盖溢流口格栅的溢流管。

3. 实施效果

登良路是深圳中心城区的首条海绵型道路，于 2014 年 5 月正式动工，2017 年 9 月竣工（图 4-46）。建成后，有记者分别将同等体积的纯净水倒在登良路、东滨路路面进行对比测试。在登良路上，约 10s 后 400mL 纯净水基本渗入路面；在东滨路上，约 20s 后 400mL 纯净水基本渗入路面。从测试结果来看，两条道路吸水能力确实不同。

基于深圳的降雨特点，登良路按照 25 年一遇最大日降雨量 387mm 进行设计。同时，

图 4-46　登良路实景图

注：引自 http：//www.dipingjianshe.com/article/484

在约 1.2km 长的线路上设置了 3 处流量观测点和水质监控点，以便观察海绵设施的实时运行效果。2018 年汛期期间，登良路海绵路段的透水铺装路面、雨水花园渗水效果良好。

4. 建设经验

海绵道路设计主要体现在“渗、滞、净、排”，而登良路的建设完全体现了这四个方面。通过下凹式绿地和透水路面，使雨水径流慢慢下渗，此为“渗”；设置雨水花园，使地表径流下渗补充地下水，同时积蓄滞留雨水，此为“滞”；雨水经雨水花园后，水质得到净化，最大限度地削减和控制流域的点源、面源污染，此为“净”；超标雨水通过排水雨水口收集后排入市政雨水管网系统，此为“排”。

登良路路面采用透水混凝土，路面下为砾石层、素土，可以有效避免路面积水，相较于其他非海绵型道路，登良路渗水能力较强。登良路雨水花园的种植土比较有讲究，将当地土、沙土、椰糠和水厂污泥按一定比例进行混合，不仅为水厂污泥的处置提供了一条途径，而且为植物生长提供了必要的养料。

4.7.3　广州天河区大观湿地公园

1. 工程概况

大观湿地公园是广州第一个“海绵城市”试点，是一条绵延 3km 长、30～120m 宽的生态长廊（图 4-47），是集水质净化、雨洪调蓄、生态循环设施以及休憩科普旅游基地于一体的多功能生态湿地公园。它位于天河智慧城东部、大观路的西侧，背靠旧羊山，南接车陂涌的支流杨梅河，呈狭长条状，总占地面积 46.8hm^2。

图 4-47　大观湿地公园航拍图

2. 设计特点[47]

（1）运用生态雨水管理方法

对场地及周边雨水进行综合控制利

用，修复场地内被破坏的生态系统，形成一条城市雨洪湿地廊道。保留原有湿地资源，利用工程技术对部分湿地资源进行保护与恢复建设，依地势营建了8个小水塘为“海绵泡”。由于地形阻缓减弱，雨水流经高低错落的“海绵泡”，不会产生较大的洪流。同时，景观水位保持稳定，营造“林灌、草、湿”系统三道防护，起到降低径流速度，过滤沉积物，避免侵蚀水塘的作用。

（2）运用微地形和水生植物净化水质

通过地形塑造、建设下沉式绿地、雨水塘、雨水湿地、植被缓冲等生态雨洪管理措施，调蓄、净化周边用地的雨水，有效缓解城市内涝，回补地下水，恢复水体的洪涝调蓄与生态自净功能。利用地表植被，结合水生植物进行去污处理，水生植物具有极强的污染物削减功能，能够将污染物在径流运输过程中分离出来，以达到保护水体和提高水质的目的。

（3）选择节能减排的物料

优先使用经久耐用的塑木，更换容易、节约资源；优先使用透水砖，在铺装时用冰裂纹或植草砖等，方便地表水渗透；倡导野草之美与低碳景观，大量使用乡土水生植物，适应性好，维护成本低，消耗的水资源比较低；建设下凹式绿地和植草沟，强化城市雨水滞留能力；环湖绿道铺装采用透水沥青。

3.实施效果

大观湿地公园在改造后，水质较改造前得到很大改善，优美的环境不仅吸引了人们来此游玩，而且随处可见麻雀、蟛蜞、青蛙、白鹤、野鸟、野鸭。经过“海绵城市”改造后，湿地内水面面积从13.67hm^2增加至16.5hm^2。新塘水库总库容从55.71万m^3增加至61万m^3；防洪库容从52.11万m^3增加至55.71万m^3。

4.建设经验

大观湿地公园在海绵改造过程中，充分利用了原有的微地形，通过精密计算、洪峰流量分析得到防洪要求及调蓄量，最后确定了每个“海绵泡”的深度和宽度。整个大观湿地公园是天河区按照“海绵城市”理论对智慧城东部水系进行生态建设的一期示范工程，体现了天河智慧城“低碳、智慧、幸福”的建设理念。

4.7.4 苏州昆山杜克大学校园

1.工程概况

昆山杜克大学校园项目规划总面积14.7hm^2，场地平缓，竖向差异不大。项目所在地土壤从上往下依次为素填土、耕填土、淤泥质粉质黏土、黏土、粉质黏土等，土壤渗透性差，地下水位1～1.5m。

2.需求分析[48]

（1）区域问题对项目的要求

由于存在部分面源污染，庙泾路东部部分水体受到一定程度污染；圈圩设闸造成圩区内水循环速度慢，水动力不足。随着建设强度的逐步增加，径流污染将逐渐加重，圩区内水环境保护压力将进一步增大。同时，由于临近引用水源地傀儡湖，水质问题较为敏感，对区域水环境保护需提出更高的要求。

根据区域的问题分析，在雨水系统设计中应以水环境保护为核心目标，通过绿色基础设施实现雨水径流在源头、过程和末端的全过程治理，削减径流污染。

(2) 场地问题及需求分析

1) 径流污染控制：随着下垫面的硬化以及人流活动的加剧，径流污染对圩区水环境质量的影响将逐渐增大，如何净化雨水水质、削减径流污染将是项目需要解决的主要问题。

2) 径流总量及流量控制：作为新开发建设项目，需严格遵循海绵城市建设理念，加强径流总量控制，维持场地开发前后水文特征不变，同时削减径流峰值流量，缓解区域排涝压力。

3) 雨水资源利用：杜克大学提倡生态、低碳理念，校园绿地面积较大，水面设置较多，绿地浇洒水源、水景水质的保持和景观水源补给是项目设计需要重点考虑的问题。

3. 设计亮点[48]

(1) 适应环境变化的弹性：可淹与不可淹

在昆山杜克大学校园内，中央景观池对海绵城市理念中的适应环境变化的弹性：可淹与不可淹，做了完美诠释，在人与水争夺空间中创造了动态变化。中央景观池布置了两座桥，一条东西向的桥连接着学术楼和会议中心，另一条南北向桥连接着宿舍楼和学术楼，这两座桥成为校园师生光顾最多的区域。

设计师根据昆山洪水位、常水位以及枯水位的特征，创造性地设计了弹性平台。在枯水期，桥上所有平台全部不淹没，增加了景观的亲水性；在常水期，允许淹没三级平台；在洪水期，允许淹没二、三级平台，只保留线性的交通空间。

(2) 结合景观效果设计雨水循环处理系统

把原来校园西面的绿化带改造成一条弹性的雨水处理系统，表面上看是一系列水生植物池塘，但在地下潜藏着由中心水池、沉淀池、曝气池、水生植物塘、地下渗滤系统和清水消毒池组成的雨水处理系统，构成了校园的“活水公园”(图4-48)。这座公园不仅提供

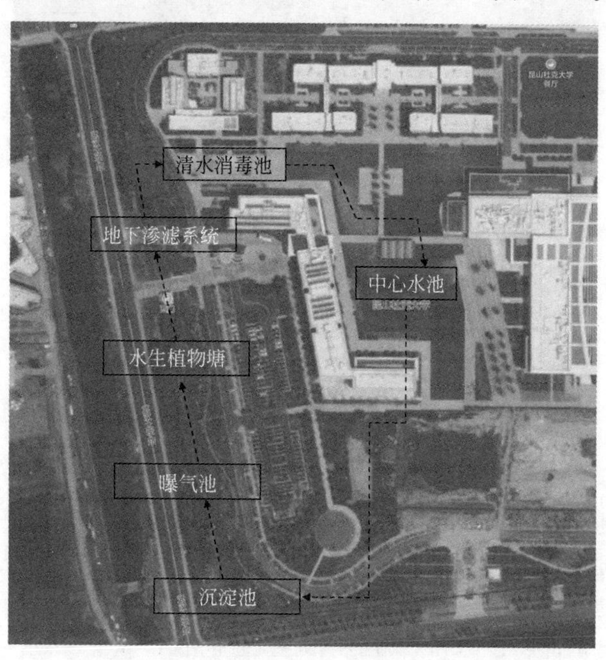

图4-48 雨水循环处理系统流程示意图

了江南水乡的静怡空间，而且与中央水池形成一条弹性水系统。一条木栈道把雨水沉淀调节池、曝气池和水生植物塘串联起来，构成江南特有的滨水慢步道。往北延伸的水生池塘最终结束于校园西北角的活动草坪，草坪不但提供了活动空间，而且其下方的清水消毒池是“活水公园”雨水处理系统中的最后一个环节。

（3）结合当地实际情况，优选植物配置

该项目对于屋顶、生物滞留池、水生植物塘以及中央水池的植物配置进行了优化，结合昆山当地的生态环境实际情况，优选出净化能力强、景观效果好和便于维护管理的植物。绿色屋顶植物种植选用景天类植物，如三七景天、胭脂红景天等；生物滞留池植物种植选用半水生植物，如旱伞草、千屈菜、矮蒲苇等；水生植物塘、中央水池植物种植选用苦草、马来眼子菜、轮叶黑藻等沉水植物，以及千屈菜、旱伞草、再力花和睡莲等挺水植物。

（4）高效动态景观，节省水循环的能耗

校园景观设计模拟了自然的水位变化，以中央景观水池为主体，通过水位变化影响空间，丰富景观内容。经过水量平衡计算，将收集的雨水在系统中反复循环，在控制水质的同时，做到系统高效节能。整个水处理系统近3万m^3的水池，仅需要$60m^3/h$的循环流量即可确保中央景观水池的水质达到地表水IV类标准，循环系统的运行功率仅8～17kW。

4. 实施效果[48]

建成的杜克大学校园是昆山庙泾圩中一个巨大的海绵体，在整个区域中成为改善水质、缓解雨水径流的生态细胞（图4-49）。校园建设获得了两项LEED金奖和国内绿色建筑二星认证，获得了中外师生和参观者的赞赏，成为这个高规格大学品牌和特色的一部分。

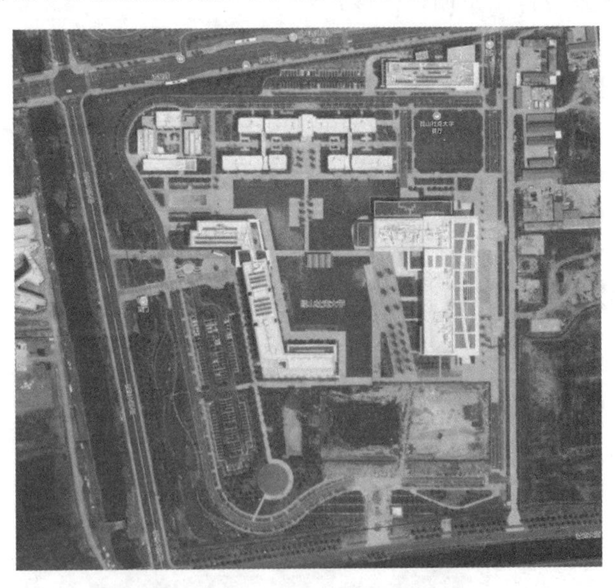

图4-49　昆山杜克大学航拍图

昆山杜克大学通过校园内绿色屋顶、生物滞留池以及雨水处理系统，中央景观池对降雨进行滞蓄及循环处理净化，经过2年的调试运行，能够保证稳定地去除效果。监测数据显示，水质均达到地表水IV类要求。

项目通过源头分散滞蓄设施和末端集中调蓄设施相结合，较好地实现了LEED可持续场地指标中对雨水水量控制的要求，径流总量控制达到$6581m^3$左右，控制率约为95%，对于缓解片区防涝压力具有一定意义。同时，该项目也创造了经济效益，年节约灌溉用水3.5万m^3，折合自来水费用12.25万元，创造了雨水的经济价值。

5.建设经验

海绵城市的设计并非单纯从技术出发，而是将水生态设计与行为主体（人）的空间需求有机结合起来，使生态系统的构造与景观设计融合到一起，单体的布置在提升景观效果的同时，更要符合人的需求。无论是考虑地域气候条件，还是强调系统收集/雨洪管理，以及适应环境变化的弹性策略，都是海绵理念应对场地问题的具体反映[49]。昆山杜克大学根据常水位、洪水位、枯水位的不同，设置了可淹和不可淹的观景休憩平台，增加了中央景观池的亲水性，将源头消纳技术与人有机结合起来。

昆山杜克大学充分利用现有空间结构，有效地运用生态技术，把设施与景观有机融合在一起，构建了雨水循环处理系统，不仅使雨水在循环系统中得到净化，而且为人们提供了江南水乡的静怡空间，提高了人们对源头消纳技术的认知。

参考文献

[1] 沈齐婷.基于海绵城市理念的建筑屋面雨水源头减排模式研究［D］.淮南：安徽理工大学，2018.

[2] 张建云，宋晓猛，王国庆等.变化环境下城市水文学的发展与挑战——I.城市水文效应［J］.水科学进展，2014，25（04）：594-605.

[3] 洪忠，范培沛.低冲击开发模式在城市雨水系统中的应用［J］.中国农村水利水电，2011（07）：76-77.

[4] 住房城乡建设部.海绵城市建设技术指南——低影响开发雨水系统构建（试行）［M］.北京：中国建筑工业出版社，2015.

[5] 韩斌.海绵城市建设研究［D］.济南：山东大学，2018.

[6] 曾祥沐.探讨海绵城市（LID）的内涵、途径与展望［J］.城市地理，2017（02）：22.

[7] 车伍，赵杨，李俊奇等.海绵城市建设指南解读之基本概念与综合目标［J］.中国给水排水，2015（08）：1-5.

[8] 孙慧修.排水工程［M］.北京：中国建筑工业出版社，1993.

[9] 戎贵文，沈齐婷，戴会超等.基于海绵城市理念的屋面雨水源头调控技术探讨［J］.水利学报，2017，48（8）：1002-1008.

[10] 程磊.兰州市海绵城市建设研究［D］.兰州：兰州交通大学，2017.

[11] 李兰，李锋."海绵城市"建设的关键科学问题与思考［J］.生态学报，2018，38（07）：358-365.

[12] 祁磊，黄倩.基于海绵城市理论的城市湿地公园设计探讨［J］.现代园艺，2018（06）：113-114.

[13] 王琦.海绵城市市政给排水规划设计分析［J］.绿色环保建材，2019（03）：66-67.

[14] 王思思.国外城市雨水利用的进展［J］.城市问题，2009，171（10）：80-81.

[15] 丁跃元.德国的雨水利用技术［J］.北京水利，2002（06）：38-40.

[16] EPA Office of Wetlands，Oceans and Watersheds. Green infrastructure case studies［S］. USA，2010.

[17] 俞露.低冲击开发模式综述［J］.城市建设，2010（06）：180.

[18] 人民日报.发达国家如何利用城市雨水［J］.给水排水动态，2005（05）：37.

[19] 赵飞，张书函，李文忠等.北京奥林匹克公园中心区雨水利用总体思路［J］.给水排水，2008，34（10）：91-94.

[20] 北京市水务局.北京市海绵城市建设试点工作建设情况［EB/OL］.［2018-02-13］. http：//www.bj-

water. gov. cn/bjwater/ 300795 /300797/1113615/index. html.
[21] 董超文. 深圳城市规划引入低冲击模式重建自然生态 [N]. 深圳商报. 2008-01-09.
[22] 郭宇立. 深圳今年将新增海绵城市面积 55 平方公里 [N]. 深圳晚报. 2018-03-07.
[23] 方胜. 深圳海绵城市建设工作推进顺利 [N]. 深圳特区报. 2018-09-07.
[24] 万建辉. 武汉海绵城市建设走在全国前列 已超过 30 万人受益 [N]. 长江日报. 2018-6-23.
[25] 武汉市人民政府. 海绵城市试点片区 288 项工程完工 [EB/OL]. [2018-04-02]. http://www.wh.gov.cn/ hbgovinfo/zwgk/ zdlyxxgk_1/zdjsxm/xmjzxx/201808/t20180829_224479. html.
[26] 吴海奎. 厦门积极创建国家海绵城市示范市 提升城市承载力宜居度 [N]. 厦门日报. 2019-03-11.
[27] 张寿通，李明曦，吕晗. 关于实施“海绵城市建设”工作的几点建议 [J]. 环境科学与管理，2019 (05)：23-25.
[28] 魏泽崧，汪霞. 我国古代雨水利用对当代海绵城市建设的启示 [J]. 华中建筑，2016 (05)：132-136.
[29] 新华社. 中共中央国务院关于建立国土空间规划体系并监督实施的若干意见 [EB/OL]. [2019-05-23]. http://www.gov.cn/xinwen/2019-05/23/content_5394187. htm.
[30] 住房城乡建设部. 住房城乡建设部关于印发海绵城市专项规划编制暂行规定的通知 [EB/OL]. [2016-03-11]. http://www.mohurd.gov.cn /wjfb/201603/t20160317_226932. html.
[31] 任心欣，俞露深等. 海绵城市建设规划与管理 [M]. 北京：中国建筑工业出版社，2017.
[32] Department of Planning and Land Use. Low Impact Development Handbook——Department of Planning and Land Use [S]. USA，2007.
[33] 牛帅. 源头消纳开发模式单项设施适用性评价 [D]. 天津：天津大学，2015.
[34] 胡帆. 低影响开发设施在公园绿地规划设计中的应用——以杭州市东湖路市民公园为例 [D]. 杭州：浙江大学，2018.
[35] 冯一帆. 老城区建筑小区海绵化改造效果模拟研究——以遂宁市某小区为例 [D]. 北京：北京建筑大学，2018，16-23.
[36] 杜晋. 海绵城市改造中透水混凝土施工质量控制要点浅析 [J]. 福建建材，2019 (05)：52-54+79.
[37] 李刚，郑煜，刘艳等. 透水沥青路面（OGFC）在秀山县海绵城市建设中的应用 [J]. 城市道桥与防洪，2018 (09)：105-107+13-14.
[38] 刘金，刘嘉茵，高强等. 细粒式排水性沥青面层在海绵城市道路中的应用 [J]. 施工技术，2018，47 (05)：77-79+113.
[39] 吴万衡. 浅析海绵城市市政道路的人行道施工技术要点 [J]. 江西建材，2017 (23)：183+189.
[40] 汪兴建. 浅谈绿色屋顶的功能及施工要点 [J]. 四川建筑，2018，38 (05)：201-202.
[41] 吴良良，石萌，李涛等. 高校海绵校园设计与施工管理 [J]. 建筑技术，2019，50 (04)：508-511.
[42] 刘鸿雁. 海绵城市建筑雨水处理施工方法研究 [J]. 四川建材，2017，43 (10)：138-139+154.
[43] 汪元元，马东春，王凤春. 北京市雨水利用政策体系研究 [J]. 南水北调与水利科技，2010 (01)：95-98.
[44] 钟春节，吕永鹏，杨凯等. 国内外城市雨水资源利用对上海的启示 [J]. 给水排水，2009，35 (增刊)：154-158.
[45] 邱奕儒，廖朝轩，王韦力. 雨水利用之空间化研究——建立民众参与的平台 [J]. 地理资讯系统季刊，2007，1 (03)：36-40.
[46] 陶一舟. 城市街道雨水的管理与利用 [J]. 园林，2007 (06)：22-23.
[47] 姚超. 海绵城市理论在湿地公园建设中的实践——以广州大观湿地公园为例 [J]. 现代园艺，2017 (14)：155.
[48] 章林伟. 海绵城市建设典型案例 [M]. 北京：中国建筑工业出版社，2017.
[49] 曾颖. 水生态在空间与时间维度上的塑造 [J]. 时代建筑，2017 (04)：52-57.

第 5 章　黑臭水体治理

5.1　黑臭水体及治理现实意义

5.1.1　黑臭水体定义

城市水体是指位于城市范围内、与城市功能保持密切相关，且与城市景观、建筑艺术、生态环境等方面充分融合的水域。它包含流经城市的河段、城乡结合部的河流及沟渠、城市建成区（或规划区）范围内的河流沟渠、湖泊和其他景观水体。城市水体是城市生态系统的重要组成部分，其主要功能有排水、分流、蓄水、防洪、防涝、渗补地下水、蒸发缓解热岛效应、滋润净化空气等[1]。然而，近几十年，我国城市经济飞速发展，城市化进程加剧所带来的人口剧增，城市环境基础设施建设滞后，城市水体普遍污染较重，这些已严重制约了城市发展和人居生活。水体污染问题已经引起了社会各界的广泛关注，而相关学者、研究人员则对水体污染进行了更深入的研究。

黑臭水体是水体污染中的一种极端状态[2]，可以通过外在感官以及内在形成机理两个方面进行解释。在视觉感官上，水体呈黑色或泛黑色，在嗅觉上有刺激性气味，引起人们不愉快、恶心或厌恶。从形成机理上，水体发黑发臭主要是在缺氧或厌氧状况下，水体内的有机污染物发生一系列物理、化学、生物作用的结果[3]。

2015 年 4 月，住房城乡建设部发布了《城市黑臭水体整治工作指南》，对城市黑臭水体进行了定义：城市建成区内，呈现令人不悦的颜色和（或）散发令人不适气味的水体的统称。黑臭水体可细分为“轻度黑臭”和“重度黑臭”，其污染程度分级标准如表 5-1 所示。

城市黑臭水体污染程度分级标准　　　　**表 5-1**

特征指标(单位)	轻度黑臭	重度黑臭
透明度(cm)	25～10 *	<10 *
溶解氧(mg/L)	0.2～2.0	<0.2
氧化还原电位(mV)	−200～50	<−200
氨氮(mg/L)	8.0～15	>15

注：* 水深不足 25cm 时，该指标按水深的 40%取值。

5.1.2　黑臭水体成因

1. 黑臭水体污染来源

（1）有机污染物等外源污染物

污染物排入水体是产生黑臭水体的原因之一。随着城市化进程的加速，城市居住人口不断攀升，市政基础设施的建设没有跟上城市的发展。城市污水处理能力不足，截污治污设施相对落后，加之城市地表径流污染负荷较大，造成大量有机污染物排入水体。有机污染物主要包括有机碳污染源、有机氮污染物（氨氮）以及含磷化合物，这些污染物主要来自废水、污水中的糖类、蛋白质、氨基酸、油脂等有机物的分解。在分解过程中有机物消耗大量的溶解氧，造成水体缺氧。厌氧微生物大量繁殖并分解有机物，产生大量致黑、致臭物质，从而引起水体发黑、发臭。另外，大多数有机物富集在水体表面形成有机物膜会破坏正常水气界面交换，从而加剧水体发黑发臭[3]。

（2）底泥等内源污染物

底泥是城市水体的主要内源污染物之一，人类、生物活动及水力冲刷等影响，会导致沉积在水体下层的底泥再悬浮，使大量污染物在水体扩散，悬浮颗粒在水中漂浮，水质恶化，最终水体产生黑臭现象。另外，水体中大量底泥也为微生物提供良好的生存空间，其中放线菌和蓝藻通过代谢作用使得底泥甲烷化、反硝化，导致底泥上浮及水体黑臭[4]。

（3）水体热污染

居民生活污水、高温工业冷却水等有较高温度的水排入城市水体，会导致局部甚至整个水体温度上升，从而使水体中大量微生物活动加剧，大量有机物在水体中分解，消耗水中溶解氧含量，发臭物质因此增多[5]。

2. 黑臭水体形成机理

（1）水动力学条件不足

水动力学条件不足也是造成城市水体黑臭的原因之一，如河道水量不足，流速较缓或河道硬质化程度高等都容易使水体产生黑臭。河道水流不畅使河道中大量藻类繁殖，进而导致水体产生黑臭。河道硬质化也会减少土壤与水体的相互渗透，河道水生态循环受到破坏，水体自净能力也随之降低，污染物不断累积，水体水质变差，导致水体黑臭[3]。

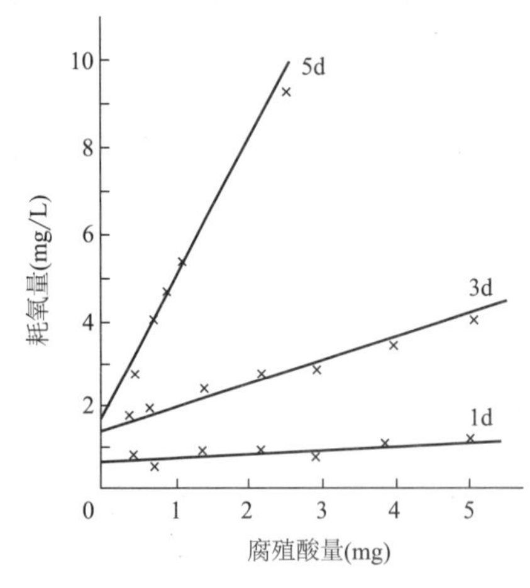

图 5-1　黑度与腐殖酸提取量的关系[6]

注：引自罗纪旦，方柏容. 黄浦江水体黑臭问题研究，1983

（2）水体致黑致臭的化学机理

1）致黑机理

水体致黑主要是通过不溶性物质吸附在悬浮颗粒上，罗纪旦等[6] 发现悬浮颗粒中的致黑物质为腐殖酸和富里酸，腐殖酸物质的含量直接影响着水体的发黑程度。腐殖酸和富里酸不仅导致水体发黑，还会不断消耗水体中溶解氧的含量，两者之间呈线性关系，如图 5-1 所示。

2）致臭机理

城市水体中大量有机污染物被厌氧菌分解，产生多种含氨、硫化氢等中间产物或最终产物，而这些含氨、硫化氢的小分子化合物挥发至大气，从而散发臭味。这也是引起水体发臭的主要原因之一[7]。腐殖酸和富里酸水解产生大量游离氨臭气及硫醚类化合物，也是水体致臭的重要因素[6]。

5.1.3　加强黑臭水体治理的现实意义

城市水环境质量是人居环境的重要内容，事关人民群众切身利益。2015 年 4 月，住房城乡建设部发布的《城市黑臭水体整治工作指南》要求，将城市黑臭水体治理作为一项重要任务，到 2020 年，全国地级及以上城市建成区黑臭水体控制在 10%以内，到 2030 年，城市建成区黑臭水体总体得到消除。然而，城市黑臭水体整治并不是一项简单的工作，甚至这是最难的工作，因为消除城市黑臭水体，需要构建完善的城市水系统和区域健康水循环体系，从根本上改善和修复城市水生态环境。因此，整治城市黑臭水体，实现河道清洁、河水清澈、河岸美丽，对于促进城市生态文明建设和城市品质提升具有重要的意义。

1. 改善人居环境，提升城市形象

黑臭水体的治理能够改善城市的人居环境，也能提升整体城市形象，为城市提供更多的发展机遇。2019 年 7 月，生态环境部公布了《2019 年统筹强化监督（第一阶段）黑臭水体专项排查情况》，全国 259 个地级城市黑臭水体数量 1807 个，消除比例 72.1%，黑臭水体整治工作加快补齐了城市环境基础设施短板，有效提升了城市水污染防治水平，但黑臭水体治理不平衡、不协调的情况依然突出，治理任务十分繁重。城市水体质量改善，恢复河流生态系统良性循环，营造良好的人居环境是黑臭水体治理的重要目的。

2. 完善城市排水管网，提高城市水安全

虽然我国城市排水管网覆盖率已经达到 90%以上，但城市排水管网密度远远低于日本、美国等发达国家。日本城市排水管网长度在 2004 年已达到 35 万 km，排水管网密度一般在 20～30km/km^2，高密度城区可达 50km/km^2；美国城市排水管道长度在 2002 年约为 150 万 km，城市排水管网密度平均在 50km/km^2 以上[8]。我国许多城市往往过多重视总管和干管的建设，而忽视了收集管网的建设。特别是在中国县级城市这种问题尤为突出，众多污染源无法排入城市污水管网系统，只能直排入城市水体，导致城市水体黑臭。如图 5-2 所示可知，全国范围内进水 COD 浓度低于 300mg/L 的污水处理厂就超过 70%，进水 COD 浓度低于 200mg/L 的污水处理厂也超过 30%。

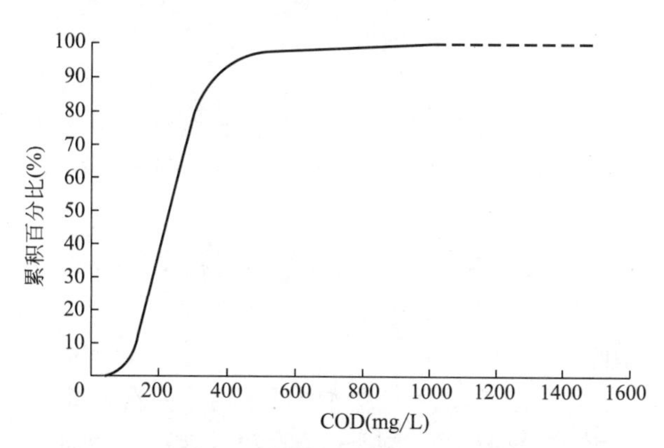

图 5-2　中国污水处理厂进水 COD 浓度累积百分比

注：引自徐祖信，徐晋，金伟等. 我国城市黑臭水体治理面临的挑战与机遇. 2019

中国和外国污水处理厂进水浓度比较[8]（单位：mg/L）　　**表 5-2**

地区	中国		欧洲	美国南加州	
参数	范围	均值	范围	范围	均值
COD	226～347	314	441		
BOD	87.9～160	136		154～217	183

续表

地区	中国		欧洲	美国南加州	
参数	范围	均值	范围	范围	均值
SS	131～197	181		272～311	289
NH_3-N	22.3～36.7	28.1	22.0	28.0～31.0	30.0
TN	30.0～49.2	37.9			
TP	2.69～5.0	4.4			

注：美国南加州污水处理厂进水 BOD 浓度按照 BOD_T 的 70%折算；欧洲污水处理厂进水水质数据由德国 Max Dohmann 提供。

如表 5-2 所示可知，我国污水处理厂进水 COD 浓度低于欧洲的数值，SS 浓度也远低于美国的数值。数值上的差异暴露出我国城市排水管网系统存在的问题：大量地下水、雨水排入污水管网后进入污水处理厂，虚高了城市污水处理率；相当一部分颗粒态污染源被沿程沉积在污水管道中等[8]。

城市排水管网不完善、管网混乱、管网破损是城市排水系统中面临的主要问题。城市排水管网的修复，让城市雨水、污水管网能发挥各自作用，对提高水安全、解决城市内涝问题起到了积极的作用。这些城市排水管网所面临的问题也恰巧是治理黑臭水体的难点之一。因此，开展黑臭水体治理对完善城市排水管网，提高城市水安全有着积极的推动作用。

5.2 国内外黑臭水体治理实践与经验启示

5.2.1 国内外黑臭水体治理实践

1. 德国埃姆舍河[9]

(1) 治理前水环境问题

埃姆舍河全长约 70km，位于德国北莱茵-威斯特法伦州鲁尔工业区，是莱茵河的一条支流，其流域面积 865km^2，流域内约有 230 万人，是欧洲人口最密集的地区之一。该流域过去煤炭开采量大，导致地面沉降，河床遭到严重破坏，出现河流改道、堵塞甚至河水倒流的情况。19 世纪下半叶起，鲁尔工业区的大量工业废水与生活污水直排入河，河水遭受严重污染，曾是欧洲最脏的河流之一。

(2) 治理思路与措施

雨污分流改造和污水处理设施建设。流域内城市历史悠久，排水管网基本实行雨污合流。因此，一方面实施雨污分流改造，将城市污水和重度污染的河水输送至两家大型污水处理厂净化处理，减少污染直排现象；另一方面建设雨水处理设施，单独处理初期雨水。此外，还建设大量分散式污水处理设施、人工湿地以及雨水净化厂，全面削减入河污染物总量。

采取“污水电梯”、绿色堤岸、河道治理等措施修复河道。“污水电梯”是指在地下45m 深处建设提升泵站，把河床内历史积存的大量垃圾及浓稠污水送到地表，分别进行处理处置。绿色堤岸是指在河道两边种植大量绿植并设置防护带，既改善河流水质又改善河道景观。河道治理是指配合景观与污水处理效果，拓宽、加固清理好的河床，并在两岸设置雨水、洪水蓄滞池。

统筹管理水环境水资源。为加强河流治污工作，当地政府、煤矿和工业界代表于 1899 年成立德国第一个流域管理机构，即“埃姆舍河治理协会”，独立调配水资源，统筹管理排水、污水处理及相关水质，专职负责干流及支流的污染治理。治理资金 60%来源于各级政府收取的污水处理费，40%由煤矿和其他企业承担。

（3）治理效果

河流治理工程投资约 45 亿欧元。目前，流经多特蒙德市的区域已恢复自然状态，如图 5-3 所示。

(a)

(b)

图 5-3　埃姆舍河治理后河流恢复自然状态

（a）治理后效果 1；（b）治理后效果 2

注：引自 http：//www.hehuzhili.com/Article/dgleqamshs_1.html

2. 法国巴黎塞纳河[9]

（1）治理前水环境问题

塞纳河巴黎市区段长 12.8km，宽 30～200m。巴黎是沿塞纳河两岸逐渐发展起来的，两旁建成区高楼林立，河道改造十分困难。20 世纪 60 年代初，严重污染导致河流生态系统崩溃。污染主要来自 4 个方面：一是上游农业过量施用化肥农药；二是工业企业向河道大量排污；三是生活污水与垃圾随意排放，尤其是含磷洗涤剂的使用导致河水富营养化问题严重；四是下游的河床淤积，既造成洪水隐患，又影响沿岸景观。

（2）治理思路与措施

截污治理。政府规定污水不得直排入河，要求搬迁废水直排工厂，难以搬迁需严格治理。1991～2001 年，投资 56 亿欧元新建污水处理设施，污水处理率提高 30%。

完善城市下水道。巴黎下水道总长 2400km，地下还有 6000 座蓄水池，每年从污水中回收的固体垃圾达 1.5 万 m^3。巴黎下水道共有 1300 多名维护工负责清扫坑道、修理管道、监管污水处理设施等工作。配备清砂船及卡车、虹吸管、高压水枪等专业设备，并使用现代技术进行管理维护。

削减农业污染。河流 66%的营养物质来源于化肥施用，主要通过地下水渗透入河。一方面从源头加强化肥农药等面源控制；另一方面对 50%以上的污水处理厂实施脱氮除磷改造，但硝酸盐污染仍是难以处理的痼疾。

河道蓄水补水。为调节河道水量，建设 4 座大型蓄水湖，蓄水总量达 8 亿 m^3。同时修建 19 座水闸船闸，使河道水位从不足 1.0m 升至 3.4～5.7m，改善航运条件与河岸带景观。此外，还进行河岸河堤整治，采用石砌河岸，避免冲刷造成泥沙流入。建设二级河堤，高层河堤抵御洪涝，低层河堤改造为景观车道。除工程治理措施外，还进一步加强管理：一是严格执法；二是多渠道筹集运维资金。

（3）治理效果

经过治理后，塞纳河水生态状况大幅改善，生物种类显著增加。但是沉积物污染与上游农业污染问题依然存在，说明城市水体整治仅针对河道本身是不够的，需进行全流域综合治理。

3. 韩国清溪川[9]

（1）治理前水环境问题

清溪川全长11km，自西向东流经首尔市，流域面积51km^2。20世纪40年代，随着城市化和经济的快速发展，大量生活污水和工业废水排入河道。后来又实施河床硬化、砌石护坡、裁弯取直等工程，严重破坏河流自然生态环境，导致流量变小，水质变差，生态功能基本丧失。20世纪50年代，政府用长5.6km、宽16m的水泥板封盖河道，使其长期处于封闭状态，几乎成为城市下水道。20世纪70年代，河道封盖上建设公路，并修建4车道高架桥，一度被视为现代化标志。

（2）治理思路及措施

2000年初，韩国政府下决心开展综合整治和水质恢复，主要采取三方面措施：一是疏浚清淤，拆除河道上高架桥、清除水泥封盖、清理河床淤泥、还原自然面貌；二是全面截污，两岸铺设截污管道，将污水送入污水处理厂进行统一处理，截流初期雨水；三是保持水量，从汉江取水9.8万m^3/d，通过泵站注入河道，加上净化处理的2.2万m^3/d城市地下水，总注水量达12万m^3/d，让河流保持40cm水深。

（3）治理效果

治理后，清溪川成为重要的生态景观。除生化需氧量和总氮2项指标外，其他各项水质指标均达到韩国地表水一级标准。由于环境的改善，周边房地产价格飙升，旅游收入激增，带来的直接效益是投资的59倍，附加值效益超过24万亿韩元，解决20多万个就业岗位。

4. 中国广州市车陂涌

（1）治理前水环境问题

车陂涌自北向南，流经9个街道、9个城中村，有支涌和暗渠23条，主涌长度18.6km，支涌长度48km，流域面积80km^2，常住人口60多万，是天河区最长、流域面积最大的河涌。

治河涌黑臭严重，主要原因有：一是流域内排水体制主要为合流制，污水大量溢流入河；二是污水管网覆盖率低、收集能力不足，存在污水乱排问题；三是猎德污水处理厂120万m^3/d处理能力已接近满负荷运行；四是散乱污企业偷排严重；五是河涌沿线截污管网不完善，存在问题排水口。

（2）治理思路与措施[10、11]

将车陂涌流域按分水岭划分为58个排水分区，按用地情况划分为872个排水单元，结合用水、人口分布和水质监测情况，对污染源情况进行了定量分析和科学研判。经测算，车陂涌流域日均排污量18.3万m^3，其中城中村污水占44%，小区污水占29%，企事业单位污水占 16%，商业经营污水占 9%，工业污水占 2%。

开展洗楼行动。以街道为单位，全面摸清流域内建（构）筑物排水情况，甄别定性“散乱污”企业，摸清污染源底数，为截污纳管提供基础性数据。

开展洗河行动。一是制定河涌保洁标准和工作机制，实行定人、定责、定时、定标准的“四定”保洁模式，确保每个区域有人管、有人干、有人巡；二是坚持水域陆域全覆盖，落实环卫工人包片责任制，大力推行河涌保洁机械化作业，有效提升保洁效率和质量；三是开展周末“洗河”大会战，组织职工、群众、志愿者参与，提高周边群众环保意识。同时，实施“河底捞、河面捕、河墙洗、河岸堵”，将保洁范围延伸至支流、水渠等小微型水体。

实施清污分流整治。对车陂涌上游荔枝园排洪渠、旺岗排洪渠、乌蛇坑等有山水来源的支涌，沿线截流入涌生活污水，使上游山水和直排生活污水分开，完善北部山区市政基础设施，恢复河涌自净的自然生态环境，支涌清污分流工程投资少、见效快、效果好，每条支涌清污分流工程投资约 600 万元，可使每条支涌每天约有 5000m^3 清水流入车陂涌进行生态补水，能有效提高河涌水质。

实行交叉式巡查管理机制。一是落实区、街、村（居）三级河长责任，加强日常巡查管理，紧盯河涌排水口、污染源，并及时通过河长 APP、微信群等信息平台，推动问题整改；二是发挥水上、岸上环卫工人作用，在日常保洁工作的同时，积极参与巡河护涌，及时通过微信沟通平台上报，严查严控发现违法排水行为；三是区河长办成立 5 个督导组，每日开展巡查督导，通过抽查、督办推动治理工作有序推进。

（3）治理效果

经过治理后，车陂涌实现了晴天各断面水质不黑、不臭的目标。由于各项措施到位，加上每日山水补给，利用生态基流，车陂涌逐渐形成了良好的生态环境，河床逐渐长草，鱼群开始繁生，河道内源污染被生态自净逐步消除，原本的清淤计划得以取消（原计划清淤总量 37.5 万 m^3，投资约 1.31 亿元）。

5. 中国深圳白花河[12]

（1）治理前水环境问题

白花河属于深圳市观澜河流域的一级支流，黑臭水体长度为 4.81km，级别为轻度黑臭，是 2017 年国家重点挂牌督办黑臭水体之一。

依据 2016 年逐月水质监测数据，白花河河口全年水质状况不容乐观，在 4 项黑臭指标中，透明度、氨氮两项指标超标最为严重。

白花河现状污染严重，其污水由生活污水、工业废水、合流制管道溢流等组成。流域内主要是厂房和城中村小区，排水系统大部分是合流制，合流制污水沿白花河两岸排口直排河道。虽然白花河河道综合整治工程已开始实施，且在河道内新建了截污管道，但是截污工程不完善、不彻底，仍有部分排水口存在旱季污水直接入河的问题。白花河支流大水坑河截污管道未实施，大部分污水通过大水坑河直接排入白花河。

（2）治理思路与措施

排水口治理。针对排口的不同性质和不同口径，分类进行截污处理。由于沿河道已经建有 DN400～DN800 截污管道，故近期将污水就近接入沿河截污管道，远期结合流域内雨污分流管网工程，将合流制管道雨污水分离，污水接入市政污水管道，入河雨水口通过截流井截流初期雨水后接入沿河截污管。

白花河支流大水坑河向白花河排放污水量约 6.3 万 m^3/d，由于大水坑河截污还未实施，水量较大，如直接排入附近市政管道，会造成污水主干管溢流，治理方案在大水坑河口实施总口截污，将一部分截流污水进行旁路处理，即采用“超磁分离＋曝气生物滤池”工艺，共设置 4 套一体化设备处理规模为 4 万 m^3/d。出水水质标准为《城镇污水处理厂污染物排放标准》(GB18918—2002) 一级 A 标准（除 TN 外)，处理后的出水作为白花河的河道补水。剩余的污水通过污水提升泵站抽排至附近市政管道，进入下游污水处理厂进行处理。

底泥处理采用底泥清淤方式，将底泥从河道中移出后进行离心机脱水（含水率 80%)，脱水后的底泥运至垃圾填埋场进行填埋。工程实施过程中运营单位对河道进行 3 次清淤处理，清淤量约 5000m^3/d。

(3) 治理效果

白花河治理完成后，进行公众调查，对白花河黑臭水体整治效果表示“非常满意”和“满意”的比例达到 94%。

建设单位委托第三方水质检测单位对白花河黑臭段布点检测，按照《城市黑臭水体整治工作指南》要求，白花河一共设置了 8 处监测点，整治前进行了 3 次河道水质检测工作(2017 年 4 月 28 日～5 月 25 日，检测间隔约 15d)，整治后进行了 6 次河道水质检测工作(2017 年 12 月 6 日～2018 年 4 月 8 日，检测间隔约 15d)。整治后白花河黑臭水质指标均满足不黑不臭要求，白花河黑臭整治效果达标。

5.2.2 国内外黑臭水体治理经验启示

通过对比分析德国、法国、韩国等国家和国内广州、深圳等城市的黑臭水体治理经验，可以发现河涌治理的技术措施大同小异，但因地制宜各有侧重。如表 5-3 所示，截污纳管是黑臭水体治理最直接有效的工程措施，也是采取其他技术措施的前提；其次才是活水保质、内源治理等应用较多的工程措施。

国内外黑臭水体治理经验比较 **表 5-3**

序号	名称	控源	截污	内源治理	生态修复	活水保质
1	德国埃姆舍河	中	高	高	高	低
2	法国巴黎塞纳河	中	高	低	低	高
3	韩国清溪川	低	高	高	低	高
4	广州车陂涌	高	高	低	低	中
5	深圳白花河	中	高	高	低	中

注：按投入强度定性分析，大致分为高、中、低三个等级。

5.3 黑臭水体治理技术路线与主要措施

5.3.1 黑臭水体治理技术框架

自 2015 年国务院印发《水污染防治行动计划》以来，各地区在治理城市黑臭水体方面，通过大量的探索与实践，取得了积极进展，成效显著。住房城乡建设部也印发了一系列的技术指南和标准，明确了黑臭水体治理的十六字方针技术路线，即控源截污、内源治理、生态修复、活水保质（图 5-4）。

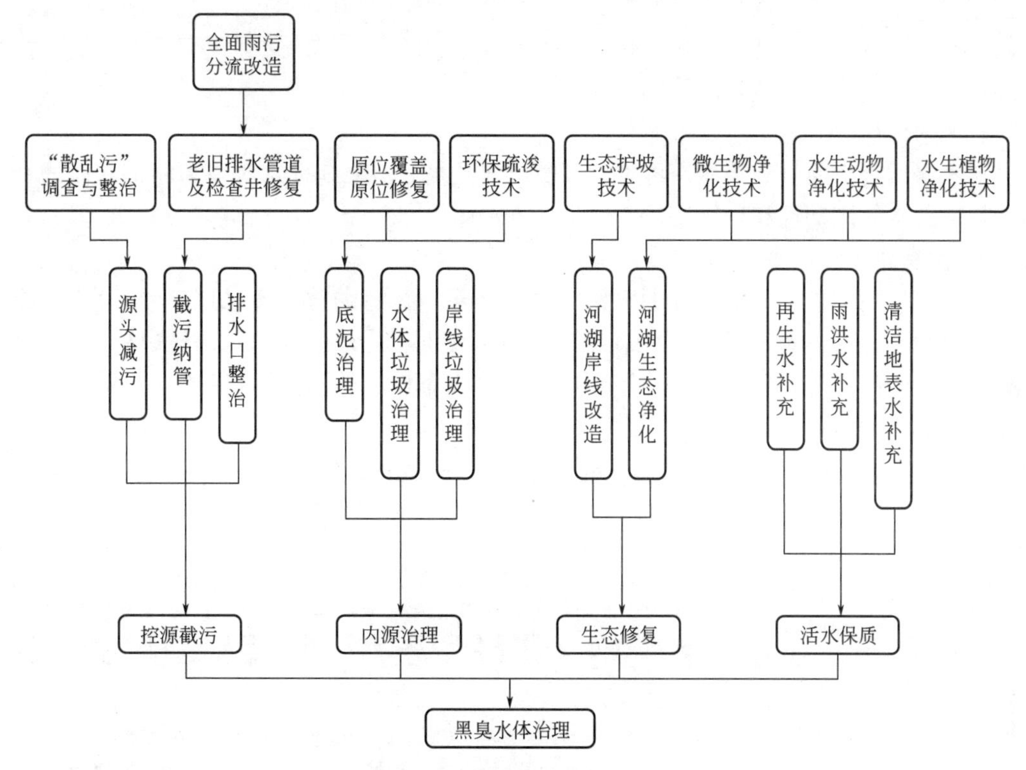

图 5-4　黑臭水体治理技术路线

目前，我国黑臭水体治理工作已经进入攻坚决战阶段，黑臭水体治理应从实施最困难、问题最多的地方入手，“十六字方针”对应的具体措施应更加具有针对性。

1. 控源截污

控源截污重点措施有源头减污、截污纳管、排水口整治等，源头减污是指采用各种先进的手段和方法，摸清黑臭水体流域内违法违规生产排污的个体商户和企业（尤其是散乱污企业），通过采取关停取缔、整合搬迁、升级改造等措施，实现污水源头减量；截污纳管是指通过沿水体铺设污水截流管，合理设置提升泵站，将污水截流并纳入城市污水收集和处理系统，对于老旧城区的合流制管网，因地制宜进行雨污分流改造，实现污水全收集、全处理；排水口整治是指对入河湖排水口进行统一编码和管理，开展城市黑臭水体沿岸排水口排查，摸清底数，分别采取清理、规范或取缔等措施进行整治。

2. 内源治理

内源治理重点措施有底泥治理、水体及其岸线垃圾清理等。底泥治理有清淤疏浚、原位覆盖和生物修复等具体做法，其中最常用的是清淤疏浚，要保证清除底泥中沉积的污染物，又要为沉水植物、水生动物等提供休憩空间，同时清淤底泥要妥善处置，不能沿岸随意堆放或未经处理作为水体治理工程回填材料；水体及其岸线垃圾清理是指对水体内垃圾和漂浮物进行清捞并妥善处理处置，整治河湖管理范围内的非正规垃圾堆放点，建立健全垃圾收集（打捞）转运体系。

3. 生态修复

生态修复的主要措施有河湖岸线生态化改造、河湖生态净化等。河湖岸线改造是指采取植草沟、生态护岸、透水砖等形式，对原有硬化河岸（湖岸）进行改造，恢复岸线和水体的自然净化功能；河湖生态净化是指采用各种生态净化技术，重建河湖生态系统，持续去除水体污染物，改善生态环境和景观。

4. 活水保质

活水保质是指通过利用城市再生水、城市雨洪水、清洁地表水等作为城市水体的补充水源，增加水体流动性和环境容量，逐步恢复水体生态基流。

5.3.2 黑臭水体治理主要措施

黑臭水体治理措施主要有控源截污（源头减污、截污纳管、排水口整治等）、内源治理（底泥治理、水体及其岸线垃圾清理、河湖岸线生态化改造等）、生态修复（水生植物净化、水生动物净化、微生物净化、生态浮床、生态护坡等）、活水保质（水系连通、活水循环、清水补给等），其适用范围如表 5-4 所示。

黑臭水体治理主要措施及适用范围　　表 5-4

序号	黑臭水体治理措施		适用范围
1	控源截污	源头减污	采用各种先进的手段和方法，摸清黑臭水体流域内违法违规排污的个体商户和企业（尤其是“散乱污”企业），通过采取关停取缔、整合搬迁、升级改造等措施，实现污水源头减量。主要适用于黑臭水体流域范围内的城中村、工业区等区域
2		截污纳管	通过沿水体铺设污水截流管，合理设置提升泵站，将污水截流并纳入城市污水收集和处理系统，对于老旧城区的合流制排水管网，因地制宜地进行雨污分流改造，实现污水全收集、全处理。主要适用于黑臭水体流域范围内的合流制区域
3		排水口整治	对入河湖排水口进行统一编码和管理，开展城市黑臭水体沿岸排水口排查，摸清底数，分别采取清理、规范或取缔等措施进行整治。主要适用于黑臭水体沿线的入河支涌口、渠箱口、管口等位置
4	内源治理	底泥治理	通过清淤疏浚、原位覆盖和生物修复等具体措施，对黑臭水体中的底泥进行处理，为沉水植物、水生动物等提供休憩空间，恢复河底生态系统。主要适用于黑臭水体河湖底部位置
5		水体及其岸线垃圾清理	对水体内垃圾和漂浮物进行清捞并妥善处理处置，整治河湖管理范围内的非正规垃圾堆放点。主要适用于河湖管理范围内的岸坡和水体
6	生态修复	河湖岸线生态化改造	采取植草沟、生态护岸、透水砖等形式，对原有硬化河岸（湖岸）进行改造，恢复岸线和水体的自然净化功能。主要适用于河湖管理范围边线与水体之间的岸坡位置
7		河湖生态净化	采用各种生态净化技术（水生植物净化、水生动物净化、微生物净化、生态浮床、生态护坡等），重建河湖生态系统，持续去除水体污染物，改善生态环境和景观。主要是指对黑臭水体本身进行原位处理

续表

序号	黑臭水体治理措施		适用范围
8	活水保质	水系连通	采取合理的疏导、沟通、引排、调度等工程和非工程措施，以天然河道和连通工程、输水工程、配套工程为通道，建立或改善江河湖库水体之间的水力联系。主要适用于黑臭水体所在区域水系发达的城市
9		活水循环	通过人为措施改造原有水体，构建水体循环机制，使水“动起来”。主要适用于黑臭水体所在区域地势平坦，水体坡降非常小的城市
10		清水补给	通过利用城市再生水、城市雨洪水、清洁地表水等作为城市水体的补充水源，增加水体流动性和环境容量，逐步恢复水体生态基流。主要适用于城市缺水水体的水量补充，或滞流、缓流水体的水动力改善，可有效提高水体的流动性

5.4　黑臭水体治理关键技术要点解析

5.4.1　市政、小区和建筑全过程控源截污

控源截污是黑臭水体治理的技术核心，其基本原则是控源为本，截污优先[13]。主要以控制污染物、外来污水直接或随雨水排入城市水体，包括截污纳管和城市面源污染控制两大方面。控源截污是城市黑臭水体治理的根本措施，也是采取其他技术措施的前提，但实施起来难度大、周期长，需要城市规划建设整体统筹考虑[14]。

1. 污染源调查的基本内容

城市黑臭水体多处于老旧城区、人口密集区等区域，地下管线基本成型，普遍具有建筑拥挤、人口密度大、路面狭窄等特点，实施彻底雨污分流改造难度较大。

控源截污措施主要针对解决点源污染和面源污染，其工作重点之一是详细调查污染源（图 5-5）。点源污染主要包括污废水直排口、合流制管道雨季溢流、分流制雨水管道初期雨水或旱季排水、非常规水源补水等。调查内容包括污染物来源、排放口位置、污染物类

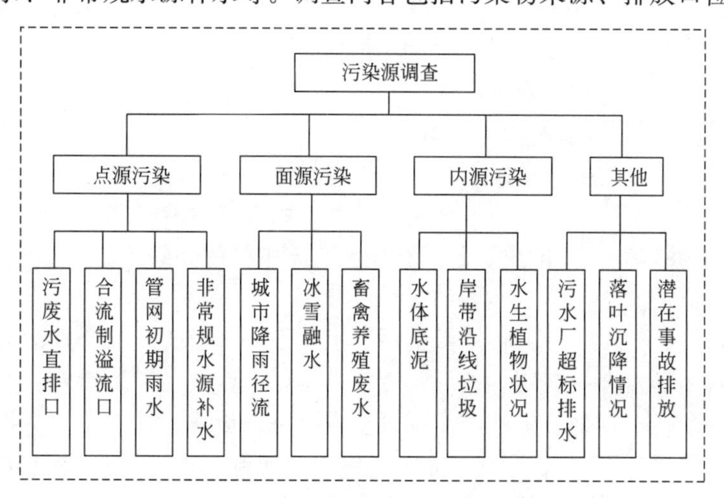

图 5-5　城市黑臭水体污染源调查

注：引自住房城乡建设部，环境保护部. 城市黑臭水体整治工作指南. 2015

型、排放浓度及排放量，以及上述指标的时间、空间变化特征。

面源污染主要包括各类降水所携带的污染负荷、城乡结合部地区分散式畜禽养殖废水等，通常具有明显的区域和季节性变化特征。调查内容包括城市降雨、冰雪融水的污染特征及时空变化规律、城市下垫面特征、畜禽养殖类型及其污染治理情况等。

点源污染的治理可采取雨污分流改造、截污纳管等方式，从源头控制污水排向城市水体，主要用于城市水体沿岸排水口、合流制区域改造、分流制雨水管道初期雨水或旱流水排口等。

面源污染的治理可结合海绵城市建设，采用各种低影响开发（Low Impact Development，LID）技术、初期雨水控制与净化技术、地表固废收集技术、生态护岸等措施进行控制[15]。

2.“散乱污”工业企业（场所）排查整治措施

（1）“散乱污”工业企业（场所）排查摸底

根据《广东省人民政府关于印发广东省“散乱污”工业企业（场所）综合整治工作方案的通知》（粤府函〔2018〕289号），“散乱污”工业企业（场所），“散”是指不符合当地产业布局等相关规划的工业企业（场所），没有按要求进驻工业园区的规模以下工业企业（场所）；“乱”是指不符合国家或省产业政策的工业企业，应办而未办理规划、土地、环保、工商、质量、安全、能耗等相关审批或登记手续的工业企业，违法存在于居民集中区的工业企业、工业摊点、工业小作坊；“污”是指依法应安装污染治理设施而未安装或污染治理设施不完备的工业企业，不能实现稳定达标排放的工业企业。有效排查“散乱污”场所的具体措施主要有以下3种：

1）地毯式摸查——“四洗”行动[16]

由区（县）河长办组织镇（街）河长对辖区内所有建（构）筑物进行地毯式摸查，挨家挨户查清建（构）筑物底数，对每栋楼暗藏的污染源建立“身份卡”，污染源产生时间、所属行业、整治情况等信息全部登记在册。

区（县）河长办对摸查结果进行分类，梳理出涉嫌违法用地、违法建设、违法经营、违法生产、违法排污的“五违”“散乱污”生产经营企业和生活类污染源，并将“分诊”出的“五违”“散乱污”企业交由有关部门进行合法性核查。镇（街）根据整治意见分类整治、挂图作战、销号管理、逐个击破。

2）巧用大数据锁定“散乱污”藏身地

排查创新利用信息化手段，以用电量、用水量数据为线索，通过“散乱污”场所大数据监控系统进行建模筛选，甄别用电、用水异常、用电“活跃时间”常态化等用户，大幅度提高排查效率与准确度，“揪出”隐藏在民宅与城中村的污染源。

3）加强信息公开[17]

在政府门户网站开设专栏，将“散乱污”工业企业（场所）综合整治清单在专栏进行公开，公开内容要涵盖企业名称、地址、责任单位、责任人、整治措施、整治时限等。同时，于每月月底前在专栏公开整治进度。设立专门举报热线、短信微信举报平台等，畅通线索收集渠道，接受群众监督。加大对违法违规“散乱污”工业企业（场所）的曝光力度，增强震慑力。对于已查处的违法违规“散乱污”工业企业，作出行政处罚决定的部门及时在信用信息公示系统公示环境违法企业的行政处罚信息，对严重违法失信行为，实施联合惩戒。

(2)“散乱污”工业企业(场所)综合整治措施[17]

1)关停取缔

对不符合国家或省产业政策、依法应办理而未办理相关审批或登记手续、违法排污严重的工业企业(场所),达到法律规定应停产、停业、关闭情节的,坚决依法进行查处。列入关停取缔类的,基本做到“两断三清”(切断工业用水、用电,清除原料、产品、生产设备)。

2)整合搬迁

对达不到法律规定应停产、停业、关闭情节,符合国家和省产业政策,但不符合本地区产业布局规划或者没有按要求进驻工业园区的规模以下且长期污染环境的工业企业(场所),要加强排污监管,并由县级以上人民政府行政主管部门组织进行综合评估,评估认为经整合可以达到相关管理要求的,要按照产业发展规模化、现代化的原则,依法限期整合搬迁进驻工业园区并实施升级改造,并依法办理审批或登记等手续。

3)升级改造

对达不到法律规定应停产、停业、关闭情节且未列入整合搬迁计划,符合国家和省产业政策,符合本地区产业布局规划,依法可以补办相关审批或登记手续的工业企业(场所),要加强排污监管,依法限期进行整改,并按照程序补办相关审批或登记手续,纳入日常监管范围。

3. 排水口、排水管道及检查井整治措施

(1)排水口、排水管道及检查井调查[18]

现状建成区,尤其是老旧城区排水系统复杂,存在着不同程度的截留式合流制排水、不完全雨污分流制排水、雨污水错接混接等情况。截污是减少污染物进入水体最直接、有效的方式。但长期有效治理黑臭水体,需要在科学调查和诊断现有排水系统的基础上,针对问题排水口、管道及检查并制定切实可行且行之有效的治理方案。

首先是针对排水口的调查。排水口类型较多,主要分为合流制排水口、分流制排口以及其他排水口(包括泵站排水口、沿河用户私接排水口以及设施应急排水口等),具体分类如图5-6所示。

对调查区域的全部排水口进行编号、分类,根据排水口的类别以及存在问题,分别调查:①旱天有无污水直排;②雨天有无溢流污染;③是否存在倒灌;④排水口出水流量、水质;⑤溢流频次等方面的情况。通过整理分析,锁定污染严重的排水口,以排水口为起点,沿管道追溯排水口中污染物的来源,包括源头混接的污水、市政管道中混接的污水、初期雨水及道路浇洒、清扫、沿街餐馆、洗车污水经雨水口等非直接进入的污水。

排水管道及检查井的检测主要是针对可能存在的各类缺陷及雨污混接的情况进行排查,其技术路线如图5-7所示。常采用闭路电视检测(Closed Circuit Television Inspection,CCTV)、声呐检测、管道潜望镜检测(Pipe Quick View Inspection,QV)以及传统的反光镜检测、人工目视观测等技术手段,检测管道及检查井的各类存在问题(如管道脱节、破裂、错位、异物侵入、管道内淤积;检查井壁破裂、管口连接脱开、井底淤积等),具体检测方法按照《城镇排水管道检测与评估技术规程》(CJJ 181—2012)执行。

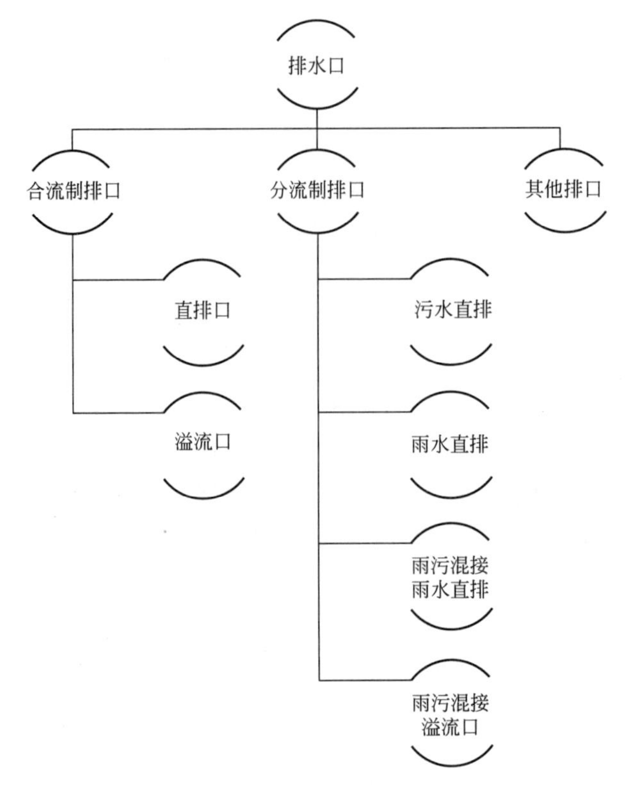

图 5-6　排水口分类

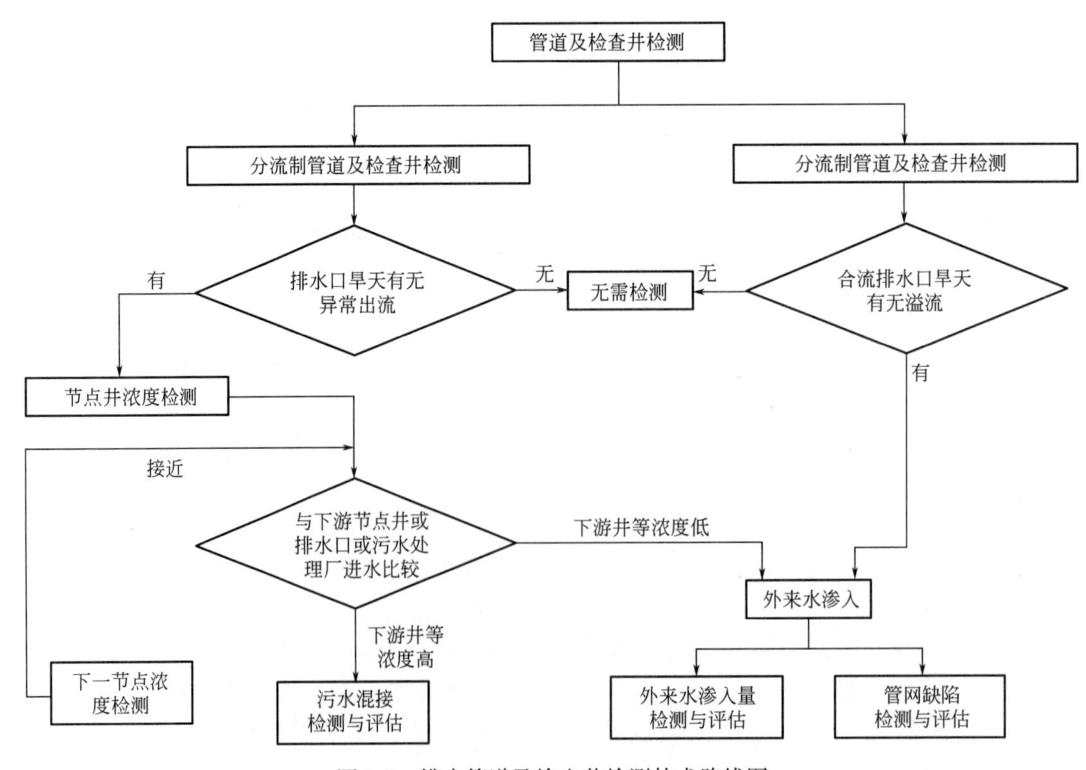

图 5-7　排水管道及检查井检测技术路线图

除上述存在的问题外，对排水管道及检查井的调查还应包括针对老旧管网的使用安全进行评估。部分老旧城区存在排水管道即将超龄或已超龄服役的情况，针对管道剩余强度的相关检测，是管道能否继续使用或修复后继续使用的重要参考依据。

（2）排水口治理[18]

排水口治理必须与有效解决雨污混接、排水管道及检查井各类缺陷的修复以及设施维护管理统筹进行。排水口治理措施主要有封堵、改造或增设截流设施、雨污混接改造、提高截流制排水系统截流倍数等。通过对排水口的情况排查，根据排水口分类，具体治理对策详如图 5-8 所示。

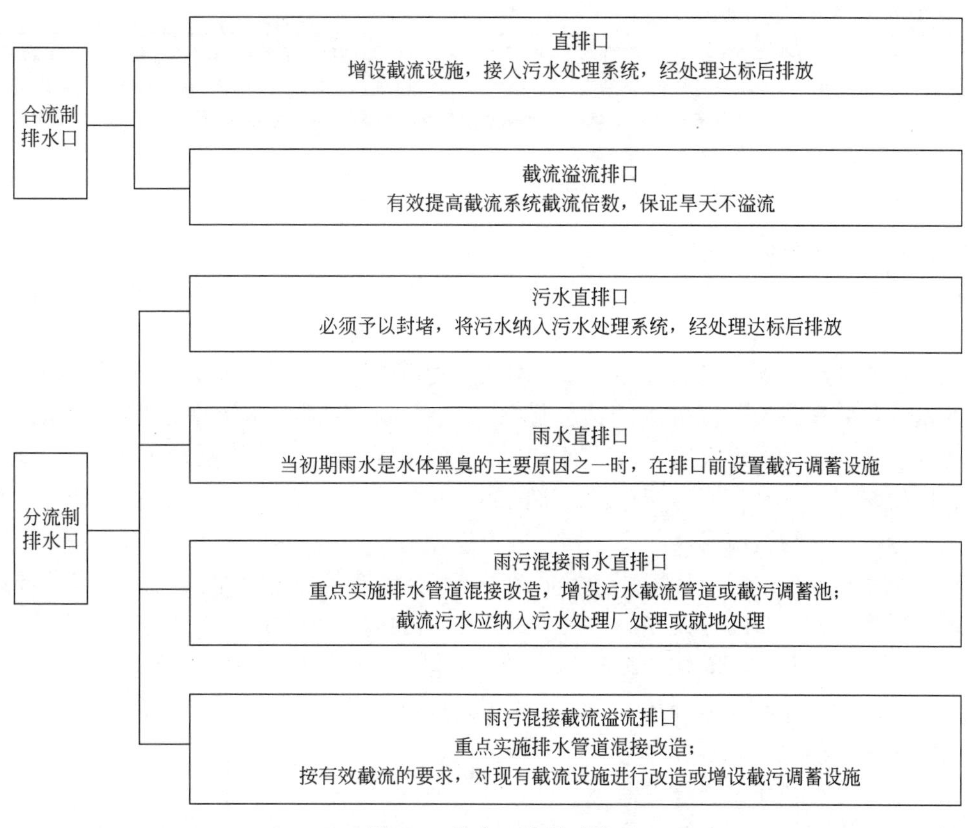

图 5-8　排水口治理对策

（3）排水管道及检查井修复治理[18]

根据排水管道、检查井的缺陷排查情况，依据相关规程和标准，采用非开挖或开挖等各种技术进行修复。排水管道及检查井的修复治理工作应满足管道的荷载要求；修复后的管道流量一般应达到或接近管道的原设计流量；修复后的管道强度须满足国家及现行的相关行业规范标准；管道整体修复后的设计使用年限不应小于 30 年；分流制地区，修复后的排水管道应杜绝雨污混接，严禁污水管道直排；杜绝分流制排水系统与合流制排水系统链接；经结构性缺陷修复的污水及合流管道，地下水入渗比例（地下水入渗量占地下水入渗量与污水量之和的比例）不应大于 20%，或地下水渗入量不大于 70m^3/km · d。排水管道及检查井在修复治理作业时，应符合《城镇排水管道维护安全技术规程》（CJJ 6—

2009)、《城镇排水排水管道与泵站运行、维护及安全技术规程》（CJJ 68—2016)、《城镇排水管道非开挖修复更新工程技术规程》（CJJ/T 210—2014）等现行行业标准规定。

排水管道及检查井经修复治理后，应制定相应的维护管理方案，定期检测、定时维护、建立台账管理等。排水管道及检查井、雨水口的维护频率，如表 5-5。

排水管道、检查井和雨水口的维护频率 **表 5-5**

排水管道性质	排水管道划分				检查井	雨水口
	小型	中型	大型	特大型		
雨水、河流管道(次/年)	2	1	0.5	0.3	4	4
污水(次/年)	2	1	0.3	0.2	4	—

注：一般情况下，雨季维护频率高于旱季；老城区维护频率高于新建城区；低等级道路的维护频率高于高等级道路；小型管道的维护频率高于大型管道。具体维护路段的选择应基于以往维护管理经验，结合各地区设施特征，充分考虑大、中、小管道分布比例，以及重点（敏感）区域、易积水区域所占比例等多方面因素综合确定。

4. 合流制区域改造策略

(1) 改造政策目标要求

住房城乡建设部、生态环境部 2018 年 9 月联合印发《城市黑臭水体治理攻坚战实施方案》(建城〔2018〕104 号)，明确提出要求：“全面推进城中村、老旧城区和城乡结合部的生活污水收集处理，科学实施沿河沿湖截污管道建设。所截生活污水尽可能纳入城市生活污水收集处理系统，统一处理达标排放；现有城市生活污水集中处理设施能力不足的，要加快新、改、扩建设施，对近期难以覆盖的地区可因地制宜建设分散处理设施。城市建成区内未接入污水管网的新建建筑小区或公共建筑，不得交付使用。新建城区生活污水收集处理设施要与城市发展同步规划、同步建设”。

住房城乡建设部、生态环境部、发展改革委 2019 年 4 月联合印发《关于印发城镇污水处理提质增效三年行动方案（2019—2021 年）的通知》（建成〔2019〕52 号)，明确提出目标要求：“经过 3 年努力，地级及以上城市建成区基本无生活污水直排口，基本消除城中村、老旧城区和城乡结合部生活污水收集处理设施空白区，基本消除黑臭水体，城市生活污水集中收集效能显著提高”。

(2) 雨污分流整体改造技术框架

城市排水系统一般由“市政排水＋地块排水”两大子系统组成，其中地块排水子系统由小区排水和建筑物排水构成。因此，合流制排水系统的雨污分流改造工程，主要包括：市政排水系统改造和地块排水系统改造，其中地块排水系统改造又可细分为：小区地下管道、建筑单体排水管道等改造工程。

为了做到生活污水收集处理全覆盖和实现彻底有效的雨污分流，需要完整落实全过程的雨污分流改造，确保建筑单体污（废）水从楼宇排出后完全进入地块小区地下污水管道，并最终通过市政污水管网进入污水处理设施。特别是，要注意市政排水系统与地块小区地下排水系统之间的无缝衔接，保障地块小区排水有出路，避免市政排水混接错接，实现地块内污水接入市政污水管，地块内雨水接入市政雨水系统，如图 5-9 所示。

(3) 市政排水系统雨污分流改造

对于合流制市政排水系统而言，应从排水分区层面进行系统性治理，避免局部“合改

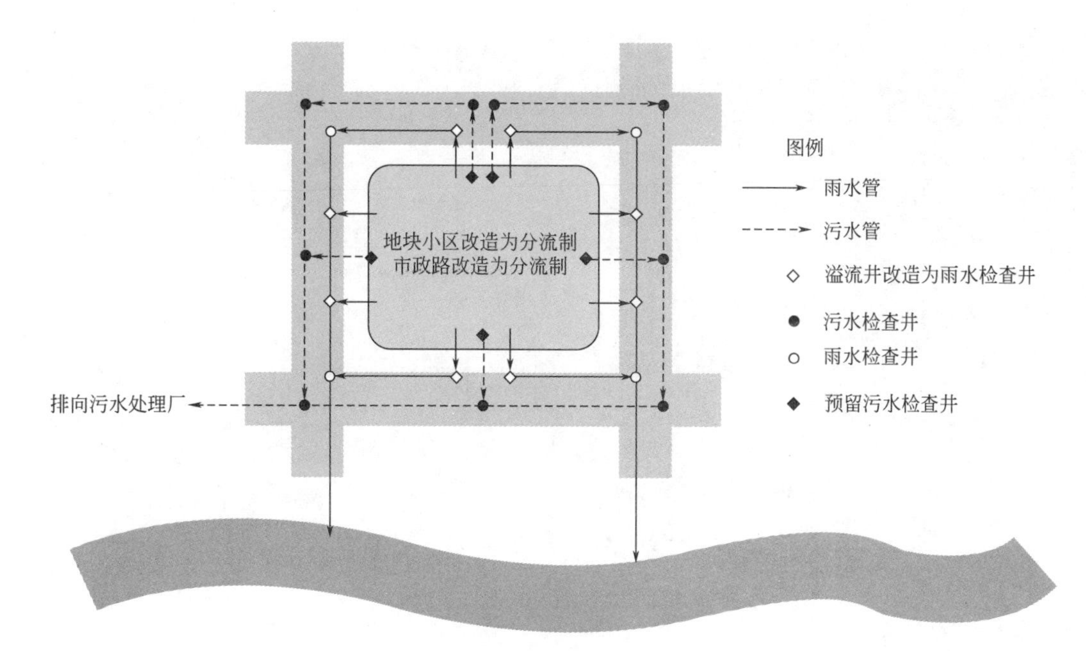

图 5-9　合流制区域雨污分流改造示意图

分”工作完成后仍存在上游市政分流制排水管接入下游市政合流管、上游合流制排水管接入下游市政分流制排水管等情况。因此，雨污分流改造应根据市政排水系统的实际情况，因地制宜采取合理的工程改造方案。

① 在内涝情况相对严峻、原有合流制管道难以满足地块雨水排放的情况下，宜优先考虑将原有市政合流管改造成市政污水管，确保地块污水接入市政污水管；同时，新建一套市政雨水管，封堵原排入市政合流管的雨水管，确保地块雨水接入市政雨水管。

② 在地块内涝积水问题不明显、原有市政合流管符合设计标准的情况下，宜考虑新建一套市政污水管，将地块污水管接入新建的市政污水管，确保地块内的污水接入市政污水管，雨水接入原有市政合流管。

(4) 地块排水系统雨污分流改造

由于地块建筑物建成年代较早、规划不够全面、雨污水管设施老化、居民擅自私接等原因，造成雨污混接错接等现象较为突出，如阳台洗衣机、洗手盆等设施产生的废水直接进入雨水立管，生活废水与屋面雨水共用排水立管等（图 5-10）。因此，地块排水系统的雨污分流改造，应从源头上全面系统地展开，才能避免错漏混接，以达到全收集生活污（废）水的目的。即应结合排水口、检查井、小区地下排水管、建筑物内部排水管等调查结果，将存在雨污混接错接、直排口较多，且改造工作量较大、难度较高的排水系统，优先列为重点改造对象，主要对小区地下排水管网、阳台雨水立管、厨房废水立管等建筑物排水管道，以及非居住用房污水纳管等排水设施进行系统改造。

当地块完成雨污分流改造后，可以实现“建筑单体排水－地块小区排水－市政排水”全过程全收集（图 5-11）。通常情况下，建筑单体排水宜设置三类排水立管，分别为雨水、污水和废水立管，确保建筑雨水接入地块小区雨水管道后再进入市政雨水管网，确保建筑污（废）水都接入地块小区污水管后再进入市政污水管网。

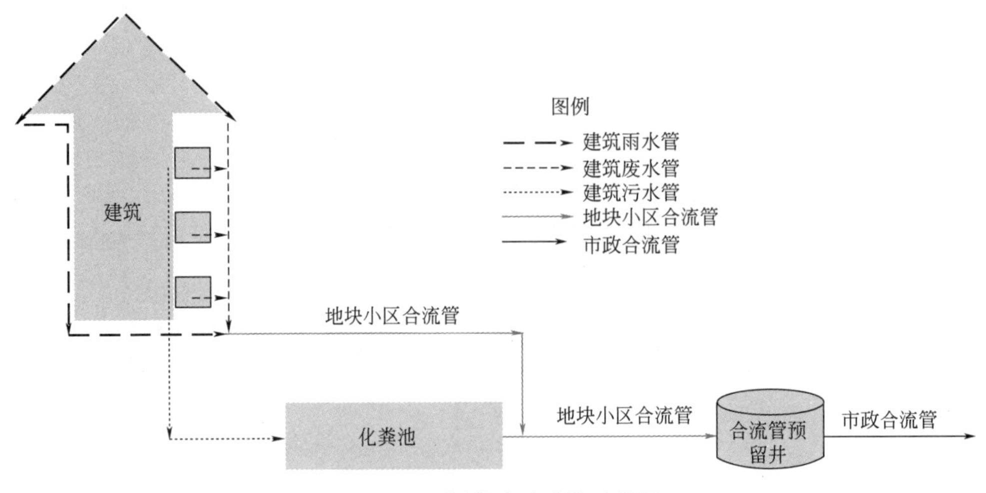

图 5-10　雨污分流改造前示意图

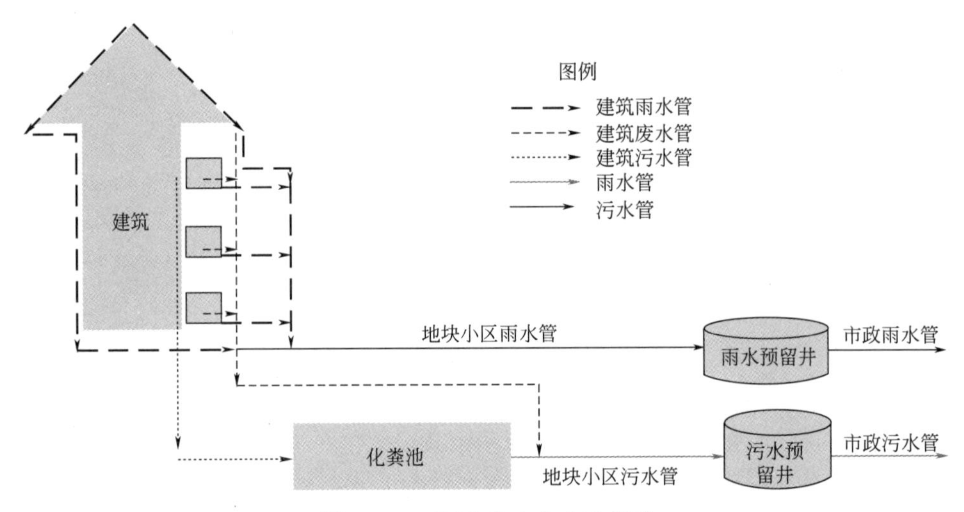

图 5-11　雨污分流改造后示意图

① 小区排水管道改造更新和修复。小区排水管道的综合改造，应根据地块内地下排水管道、检查井的排查情况，综合评估确定工程方案。对于地块内雨水管道接入市政污水管道的，应对雨水管道进行封堵并改造接入市政雨水系统。对于地块内污水管道接入市政雨水管道的，应对污水管道进行封堵并改造接入市政污水系统。对于地块内合流管道接入市政雨水管道的，应对地块进行雨污分流治理，分别接入市政雨水、污水系统。

对未实施小区雨污水管道分流的，则采用管道翻新或重新铺设雨污分流排水管网。对已实施小区雨污水管道分流的，则采用管道疏通和修复。针对因管道局部存在的渗漏、破裂现象，预防结构性损坏造成土体流失导致的路面沉陷等事故，以及结构性损坏严重、管径达标的管道，则采取开挖修复。

② 阳台雨水立管改造。阳台立管改造方案可视地块建筑物具体情况而定，如新增阳台雨水立管和埋地雨水管道，并把原来埋地雨水管道的功能转变成收集废水后再接入小区污水管道。新增阳台废水立管和埋地废水管道，将阳台废水接入污（废）水总管。

③ 厨房废水立管改造。新建建筑物废水管道连接小区污（废）水总管，在外墙统一设置厨房废水立管将其纳入新建废水管道，供各层用户接入使用，解决厨房废水排放收集的问题，保证最终接入点进入小区污（废）水总管，避免污（废）水进入雨水管道的现象。

④ 非居住用房污水纳管。加强对违法违规排放行为的集中整治，统一将违规排放管道进行堵截处理。对由历史原因造成的部分雨污混接的则应统一纳入污水总管，对改变房屋用途的则应加大违法处置力度。

5.4.2 底泥和垃圾内源治理

1. 内源治理措施

（1）生活垃圾清理。城市水体沿岸生活垃圾临时堆放点清理，特别是城市水体沿岸垃圾存放历时较长的地区，更应清理干净，若清运不彻底则可能加速水体污染。

（2）建筑垃圾及漂浮物清理。城市水体内由于历史原因堆积的建筑垃圾、漂浮物等，需要及时清理。如果不及时清理，不仅影响水体流动性，而且从视觉上给人造成不良影响。建筑垃圾可通过一次清理后，加强管理以避免再次产生；水生植物、岸带植物、落叶等水面漂浮物等，则需要长期清捞维护。

（3）清淤疏浚。可以加速降低黑臭水体的内源污染负荷，尤其对于重度黑臭水体。主要包括机械清淤、水力清淤和人工清淤等方式，在实施过程中，应结合城市水体原有黑臭水体底泥的情况，分段治理，对于不同的河段可以采取不同的清淤方式。通过技术经济分析，采取一种或者多种方式相结合的清淤疏浚方式[19]。

2. 内源治理技术

（1）底泥修复

底泥作为河流水生系统的重要组成部分，不仅是水体中污染物质的“聚集区”，而且还是向上覆水体释放有机污染物和营养盐的“源”。因此，从综合治理河流污染问题的角度出发，势必离不开对水体污染底泥修复控制的研究。按技术方法分类，城市河道受污染底泥治理技术可分为物理修复、化学修复和生物修复。按处理位置不同，城市河道受污染底泥处理技术可分为异位处理和原位处理。异位处理技术是把底泥搬至其他地方实施处理或处置的方法，最常用的是环保疏浚。即通过挖除表层受污染底泥，以减少污染物的释放，实现改善水质的功能。原位处理技术是指在原地利用物理、化学或生物方法减少受污染底泥的容积，降低污染物含量或污染物的溶解度、毒性或迁移性，并阻止污染物释放到水体中，通常又将其细分为原地覆盖、原地隔离和原地处理等技术。

1）环保疏浚

底泥疏浚是最直接、最快速消除内源的方法，该法通过挖除表层污染底泥并对底泥进行合理处置来去除水体中的污染物。底泥疏浚能够有效控制沉积物中营养物、重金属和持久性有机物等污染物的释放量，通过减少有生物或物理作用造成的二次污染，以达到改善水质的目的。根据不同的工程目标通常将底泥疏浚分为港口、河道等航道工程，水库、湖泊和河流等增容工程，渔业应用工程以及水质改善工程等四类。一般情况下，前三类工程统称疏浚工程，以改善水质为目标的底泥疏浚工程则称之为环保疏浚或生态疏浚。与一般疏浚工程相比，环保疏浚具有更高的要求，不仅要完成清除水体中污染底泥的作业，还要与河流湖泊综合整治方案相协调。

① 技术简介

环保疏浚是疏浚工程、水利工程和环境工程交叉的边缘工程技术。在基本控制河流、湖泊外源污染的情况下，环保疏浚是控制流域内源污染最有效的方法之一。环保疏浚是将污染底泥从水体中彻底去除，从根本上消除污染底泥对上覆水的影响，避免底泥污染释放造成水体二次污染现象。

② 主要参数

环保疏浚是近 30 年来发展起来的新兴产业，是目前解决黑臭水体问题最有效的工程技术手段之一[20]。与其他治理技术相比，环保疏浚治理的关键因素在于疏浚深度、疏浚方式和疏浚设备等参数的确定[21]。

a. 疏浚深度：疏浚深度是影响疏浚工程治理效果的关键因素之一。若疏浚深度过小，会导致疏浚工程达不到彻底消除污染底泥的目的。若疏浚深度过大，不仅会对水体生态系统环境恢复造成影响，还会增加不必要的经济负担。因此，确定合理的污染底泥疏浚深度具有非常重要的现实意义。河湖流域底泥从上至下可分为浮泥层、淤泥层和老土层。其中，浮泥层和淤泥层是污染上覆水的主要污染层，是环保疏浚的主要对象。底部老土层属自然构造层，是疏浚时应该保留的部分。

b. 疏浚方式：环保疏浚一般有两种疏浚方式：第一种是干床疏浚，先将水抽干然后使用推土机和刮泥机清除表层底泥；第二种是带水疏浚，利用疏浚设备对江河湖库底泥直接进行疏挖。干床疏浚仅适用于规模较小的池塘、水库和小型河道，而带水疏浚应用范围广泛，是目前应用最多的疏浚方式。

c. 疏浚设备：在底泥疏挖过程中，既要去除上部浮泥层又要去除中部淤泥层，但同时要尽量减少对底部老土层的超挖。因此，要求疏浚设备的疏挖精度要大大高于一般航道疏浚或水利疏浚的疏挖精度。目前，国际上疏浚设备主要有专用疏浚设备和常规挖泥船改造两类。专用疏浚设备多为国外产品，具有只挖除、输送原状污染底泥而不吸走过多水分的特点，设备疏浚效果较好，产品比较成熟，但该设备不适用于疏浚大量或大面积的污染底泥。常规挖泥船改造是指对普通挖泥船进行环保改造，并配备先进的定位、监控系统等以提高疏浚精度。常规疏浚设备与专用疏浚设备相比，常规疏浚设备在疏挖精度和疏浚防扩散等方面与专用疏浚设备存在一定的差距。为适应环保疏浚的要求，我国对现有中小型常规疏浚设备进行环保改造，并应用于环保疏浚实际工作中，取得了良好的效果。我国常用的疏浚设备主要有绞吸式挖泥船、链斗挖泥船、抓斗挖泥船和铲斗挖泥船四种。

③ 疏浚底泥处置方式

淤泥随意堆放不仅会占用大量土地，还会由于雨水的冲刷对环境产生二次污染。因此，对清淤底泥进行合理的处理成了首要解决的问题[22]。关于如何妥善处理疏浚底泥，将经过减量化和无害化处理后的底泥进行资源化利用，已成为当前研究的焦点。通过结合疏浚底泥的物理和化学特性以及各领域的需求、产品应用前景，已出现多种疏浚底泥资源化利用途径，主要包括直接土地利用、堆肥发酵、制备建材型材和填方利用等[23]。

2）原位覆盖

原位覆盖是一种新型的污染底泥修复技术。与传统的底泥修复技术相比，该技术从污染底泥的危害着手，具有处理成本低廉、修复效果好和生态风险低等优点，引起了广泛的关注，并在国内外得到了广泛的应用。

① 技术原理

原位覆盖是将沙、石和土壤等天然或人工改性材料覆盖于受污染的底泥之上，将污染物与上覆水完全阻隔。虽然该方法在一定程度上影响底栖生物的生存环境，但能彻底阻止沉积物的再悬浮和迁移，具有对湖泊环境影响小、施工难度低和成本可控等优点[24,25]。目前，原位覆盖技术的主要研究内容为覆盖材料性能及不同覆盖方式的外界条件对覆盖效果的影响。

② 覆盖材料

目前，掩蔽材料主要包括天然覆盖材料、改性黏土材料、活性覆盖材料和土工材料等。其中，天然覆盖材料属于惰性覆盖层，材料本身没有降解污染物的作用，主要通过水力阻滞与物理、化学吸附等作用减弱污染物经孔隙水向上覆水体扩散与迁移。由于天然覆盖材料的有机质含量较低、吸附作用均较小，这类覆盖材料的修复能力主要取决于覆盖层材料的水力传导系数。改性黏土材料有机碳含量较高，具有有机质吸附层和离子吸附层的双层结构，大幅提升了其对有机污染物的吸附能力，扩展了应用前景。活性覆盖材料具有原位覆盖和原位修复的双重功效，在阻隔污染底泥进入上覆水体的同时具有降解污染物的功能。作为活性覆盖材料，方解石在修复污染沉积物方面得到广泛的研究。土工材料是高分子聚合物产品的统称，主要应用于岩土工程材料。一般情况下，土工材料单独应用于底泥修复工程的案例较少，通常是将其他覆盖材料包裹其中，既能有效防止包裹其中的材料上浮、提高覆盖层的固定性，又使得失效覆盖材料的定期更换变得可能、简单。

不同的材料因其结构性能的差异而表现出不同的处理效果。覆盖材料的选择原则如下：首先，优选小粒径覆盖材料，覆盖材料的粒径越小，其阻隔能力越强，污染物的穿透能力越弱，越能有效防止污染底泥进入上覆水体；其次，优选有机质含量较高的覆盖材料，覆盖材料有机质含量越高，越有利于提高其对污染物的吸附能力；最后，优选高密度覆盖材料，覆盖材料的密度与其抗水流扰动、稳固污染底泥的功能相关。

③ 覆盖方式

根据覆盖层不同，原位覆盖施工方式主要包括单层覆盖和多层覆盖。单层覆盖仅采用一种覆盖材料。多层覆盖则是将两种或多种覆盖材料叠加分层覆盖，且通常粒径小的材料在下层。根据覆盖材料的倾倒方式，原位覆盖施工方式主要包括机械设备表层倾倒方式、移动驳船表层撒布方式、水力喷射表层覆盖法和驳船管道水下覆盖法。其中，机械设备表层倾倒方式利用卡车、起重机等重型机械将覆盖材料直接倾倒至水体中，并依靠覆盖材料的重力作用自然沉降到污染底泥表面，从而达到覆盖沉积物的目的。这种倾倒方式成本低廉，但撒布覆盖材料范围有限且覆盖厚度不均匀。移动驳船表层撒布方式利用驳船将覆盖材料撒布到覆盖区域。与机械设备表层倾倒方式相比，该法可以覆盖整个水域且可达到均匀铺设覆盖材料的目的。水力喷射表层覆盖法利用高压水将平底驳船上的沙子冲洗到覆盖水体中。这种方法使覆盖材料撒布均匀，避免人为因素造成的大量倾倒，适用于水深小于4m 的覆盖水域。驳船管道水下覆盖法利用驳船上的管子将覆盖材料注入到水体下层。与其他方法相比，该法对底泥的扰动较小、对底栖生物不会造成掩埋，但施工工艺比较复杂、成本较高。

3）生物修复

生物修复是传统生物处理方法的延伸，它既可以是对污染底泥进行原位生物修复，也可以是对疏浚底泥进行生物处理。与污染底泥物理修复和化学修复方法相比，生物修复法具有投入低、对环境影响小、处理污泥量大以及去污效率高等优点。按照处理方式的不同，底泥生物修复可分为原位生物修复和异位生物修复。按处理技术不同，底泥生物修复可分为生物强化和生物促生。

生物修复包括植物修复、生物强化及生物促生等技术。其中，植物修复技术应用广泛，主要通过植物生长吸收、降解污染物作用达到修复污染底泥的目的。生物强化技术是直接采用微生物制剂，利用自然界中筛选的优势菌或基因工程构建的高效工程菌、营养物质和基质类似物激活环境中原本存在但被抑制的微生物，启动或强化微生物对污染物的降解作用。生物促生技术采用复合酶制剂、提供电子受体（高锰酸盐、过氧化氢、芬顿试剂、过硫酸盐、臭氧、硝酸钙、过氧化钙以及硫酸盐等）、共代谢底物、微生物营养剂、生物促生剂、生物解毒剂、缓冲剂、表面活性剂等，通过降解有机污染物、提高底泥中溶解氧含量及促进底泥好氧微生物生长等作用修复受污染底泥。

（2）人工曝气

1）技术简介

人工曝气技术是指对处于缺氧或厌氧状态的河道进行人工复氧以增强河道水体的自净能力，达到消除水体黑臭、改善水质以及恢复水体生态平衡的目的。该技术通过增氧机等设备对水体进行扰动和曝气，不仅可以提高水体溶解氧水平，还可以恢复和提高水体好氧微生物的活性，达到恢复河流生态环境的目的。人工曝气技术一般应用在三种情况：①为解决河流水体严重的污染问题，人工曝气通常在污水截流管道施工过程中或污水处理设施完工前作为应急处理设施使用；②作为暴雨溢流、企业突发事故排放等突发性河流污染事件的应急处理设施使用；③在夏季水温升高造成的水体缺氧或溶解氧下降的情况下使用。根据人工曝气技术的应用形式，可将人工曝气技术分为固定式充氧站和移动式充氧站两类。固定式充氧站是在河岸设置固定的曝气装置：当河流较深时，通常采用鼓风机曝气或纯氧曝气的形式；当河流较浅时，通常采用机械曝气的形式。移动式充氧站是在河段上设置可以自由移动的曝气增氧设备。可根据河道溶解氧分布情况对河道进行合理充氧，但单位体积充氧量成本和充氧设备的运行成本较高，使用时应根据水体的污染实际情况与财力状况合理选择。

2）基本原理

溶解氧是反映水体污染状态的重要指标，水体中溶解氧浓度的高低反映了河流自净能力的变化过程。河流中的溶解氧主要来源于大气中的氧气渗入和植物光合作用释放的氧。当水体中溶解氧消耗过快时，水体中的溶解氧将逐渐下降乃至消耗殆尽，从而影响河流生态系统平衡，甚至出现河流黑臭现象。人工曝气直接向河流水体充氧，在加快河道复氧速度的同时提高好氧微生物活力，达到短时间内去除水体中有机污染物的目的，起到和天然曝气同样的复氧效果。此外，较高的溶解氧一方面能迅速氧化有机物厌氧降解时产生的硫化氢（H_2S）、甲硫醇及硫化亚铁（FeS）等致黑致臭的物质；另一方面能有效抑制底泥总磷释放速率，有效改善、缓和水体的黑臭程度。

3）曝气净化影响因素分析

① 曝气方式：包括连续曝气和间歇曝气等。连续曝气是指接连不断的曝气，而间歇曝气是指两次曝气中间有一次停顿，在相同时间内两种方式对溶解氧、氨氮、总氮、总磷

四大指标的去除率比较接近[26]。相比于直接曝气，间歇曝气能够为水体提供一个相互交替的好氧－厌氧环境，促进硝化及反硝化交替进行，有利于对氮的去除，增加对总氮的去除，并且其工程费用较低。

② 曝气量：曝气过程中进气量的控制十分关键，但实际应用过程中并不是曝气量越大处理效果越好，需要寻求一个合理平衡点使得处理效果与能耗达到一个最佳平衡。目前，气量控制是曝气系统效果最显著的节能方法。

③ 温度：温度会影响氧的传质系数，进而影响溶解氧含量，同时微生物生活需要适宜的温度，温度过高或者过低都可能导致生物死亡，从而降低处理效果。而通过现有实验可以得出，温度变化引起的饱和溶解氧的变化对氧转移率起着决定性作用，而温度降低有利于氧的转移[27]。

④ 曝气位置：不同的曝气位置产生不同处理效果。实验研究得出，在相同条件下，底泥曝气效果好于水体曝气，曝气的深度越深，处理效果一般更为理想[28]。

人工曝气是恢复河流生态环境和增强河流自净能力的有效措施，但单一的河道曝气手段仍存在一定的问题：第一，无法彻底去除河道污染物，对氮磷等营养污染物去除效率低；第二，影响河道整体景观环境，不利于水生生态环境的重建和食物链的形成；第三，可能引起河道底泥扰动，造成河道二次污染。

（3）微纳米曝气

1）技术原理

微纳米曝气设备箱在缺氧水域中打入微纳米气泡时，随着气泡内溶解氧的消耗，不断向水中补充活性氧，迅速增加水中的含氧量，同时分解水中的各种有机颗粒，使之变成更小的颗粒，有利于进一步生化分解，并可大量减少污泥沉淀。同时微纳米气泡又可以大幅度提高氧气的供应量，增强水中的好氧微生物、浮游生物及水生动物的生物活性，加速其对水体基层底泥中污染物的生物降解过程，实现净水目的。

2）技术特点

微纳米气泡技术有效解决了气泡在水体中的接触面积问题，其原因是微纳米气泡的表面积能有效增大，如 0.1cm 的大气泡分散成 100nm 微气泡，其表面积可增大 10000 倍，因此可以大大提高溶氧效率。因其特殊的内部结构和产气机理，可以在水中产生直径数十纳米到几个微米的气泡，而传统的微孔曝气气泡直径在 0.5～5mm 之间。巨大的比表面积以及纳米气泡在水中“弥散”运动方式大大提高了空气中氧的利用率。纳米曝气技术与常规微孔曝气相比，具有无与伦比的动力效率。根据试验测算，纳米曝气的氧利用率可以达到 60％～70％，是常规微孔曝气氧利用率的 4 倍。在河道原位修复中利用纳米曝气技术，可以节省大量的能耗[29]。

5.4.3 生态自净能力修复

水体生态修复技术是指采用生物方法强化水体自身的自净能力，使水体持续、稳定、长效地得到改善的一种技术，它以生态学原理为指导，以植物、微生物为修复主体，利用其生长代谢功能来降解、转化污染物质，净化水质。通过人工养殖抗污染和强净化功能的水生动植物，利用生物间的相互作用在水体中恢复或建立平衡的生态系统，从而增强水体的自我净化能力，达到水体净化的目的，该方法是目前认为最具有前景的修复治理技术[30]。目前，水体生态修复技术主要有水生植物净化、水生动物净化、微生物净化、生态浮床、生态护坡等技术。

1.水生植物净化技术

（1）定义

植物修复技术是利用植物根系吸收水分和养分的过程来吸收、转化污染体（如土壤和水）中的污染物，以期达到清除污染、修复或治理污染环境的目的。利用植物对污染水体进行修复，修复对象可以是无机物（重金属、氮磷营养盐等），也可以是有机物。植物生长的营养基质主要是无机氮磷钾化合物，因此植物对水体中的氮、磷营养盐有强烈的吸收、转化和积累作用，可以有效减少水体中氮、磷营养盐的含量，对富营养化水体具有良好的修复作用。

（2）净化机理

1）植物根系吸收

水环境中的某些污染物可作为植物自身营养物质被植物吸收并加以利用，以此降低环境中污染物浓度。水溶性污染物通过两条途径到达根表面：一条是通过质体流途径，污染物随植物的蒸腾拉力，在植物吸收水分的同时与水一同到达植物根部；另一条则是通过扩散到达根表面。植物对污染物的吸收特性存在差异，在氮、磷含量较低的水体中植物根系对磷的吸收会先于对氮的吸收，但就吸收速率而言氨态氮最为快速[31]。

2）植物富集作用

水生植物在吸收污染物后，尤其是重金属离子、农药和其他人工合成有机物等，将其富集、固定在其体内。植物在吸收重金属离子后，通过金属转运细胞将重金属离子转运至根细胞，随后转运至液泡中。在重金属胁迫条件下，植物会形成适应性，即耐受基因型合成较多植物螯合肽（phytochelatin，PC），并与重金属离子螯合。研究认为这是植物富集污染物后的主要解毒机制。重金属离子主要富集于植物细胞壁上，细胞壁的金属沉淀作用会对植物对污染物的耐受性起到一定作用[32]。

3）微生物作用

植物根系的分泌物能为根系微生物提供养分，促进其生长。在根系微生态系统中，微生物数量显著高于其他区域，且根系微生物能对有机污染物起到降解和代谢作用。研究发现，根系微生物群落参与水体氮循环，其中氨氧化细菌占根系微生物数量总数的10%，并同时发现了参与硝化反硝化作用的细菌[33]。

4）藻类抑制作用

水生植物对藻类的抑制作用主要来自两个方面。一方面是水生植物的生长同样需要营养物质及光热条件等环境因素，因此与藻类形成竞争效应[34]。植物在与藻类的竞争中处于优势地位，对氮、磷等营养元素的吸收能力较强，藻类由于缺少限制性营养元素，生长受到抑制。水生植物的存在也会阻碍光照进入水体，进一步抑制藻类生长繁殖。另一方面，植物分泌的化感物质可通过影响藻类呼吸作用、光合作用、酶活性及基因表达等以达到抑制藻类生长的目的[35]。

（3）水生植物选择

水生植物的品种选择，首先要基于自身的生长习性，选择根系发达、植株生物量大、净化能力强的水生植物。水生植物的茎叶茂盛、根系密集粗壮，利于吸收更多的氮、磷、有机物等营养元素成为自身物质，有利于营养元素的运输和氧气的交换，有利于良好的微生物活动环境形成。同时，不同的水生植物在不同的水环境中，生长情况、繁殖能力、污染物吸收净化能力、产氧转化能力等存在明显差异。其次，依据不同的水体环境、景观载体、基质类型、水体深度，融合季节和气候条件选择水生植物，慎用易泛滥成灾和外来的品种，注重水生植物的演替规律。此外，要遵循水环境宏观的流域生态系统总体规划，与整体的生态系统相协调，融合周边环境因素，兼顾经济效益，构建立体化、层次化的水生植物群落，展现水生植物景观美学价值[36]。

2.水生动物净化技术

(1) 定义

生物操纵是夏皮罗（Shapiro）等人于1975年提出的术语，即水生动物净化技术，其内容是利用生态系统食物链摄取原理和生物的相生相克关系，通过改变水体的生物群落结构来达到改善水质恢复生态平衡的目的。

(2) 技术特点[37]

生物操纵是一种耗资少、纯自然、不需化学和机械的方法，其水质净化原理如图5-12所示。经典生物操纵论者提出的治理对策是放养食鱼性鱼类以消除食浮游生物的鱼类（如北方狗鱼、蓝鳃太阳鱼），或捕除、毒杀湖中食浮游生物的鱼类，借此壮大浮游动物种群，然后依靠浮游动物来遏制藻类，从而避免富营养化造成的危害。在实际应用中，经典的生物操纵也因生物之间的反馈机制和病毒的影响，水体又会回到原来的以藻类为优势种的浊水状态。相对经典生物操纵理论，鱼类下行影响也很有潜力，通过植食性鱼类（如鲢鱼和鳙鱼等）来影响浮游植物，可成功控制藻类的过度生长，改善水质。

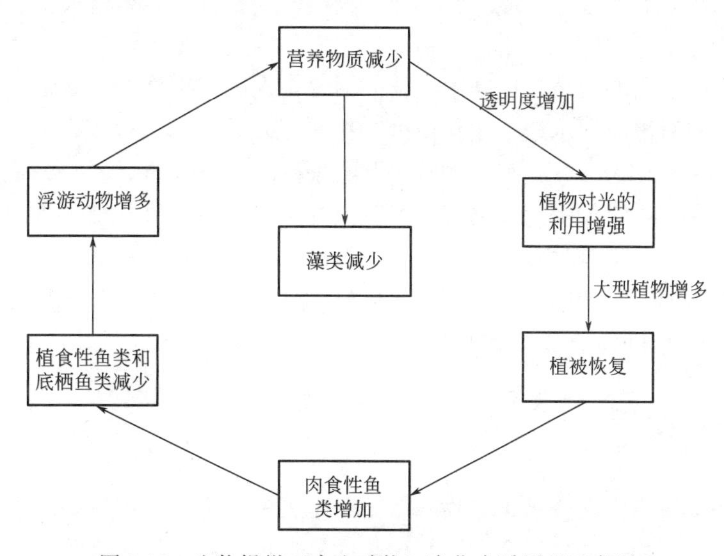

图5-12　生物操纵（水生动物）净化水质原理示意图

(3) 净化效果

浮游动物在水生生态系统中的重要作用是显而易见的。添加草食性浮游动物水蚤是一项建立大型浮游动物种群的成功技术，可很好地抑制藻类水华的发生。一种局部、小的生态环境再改变的方法，可采用培养轮虫吃掉藻类，使生态系统食物链恢复，一小块恢复后再移动恢复另一块，最终来根治富营养化。因此，可通过人工饲养、直接添加的方法来建立浮游动物种群，克服浮游动物的时滞现象，在浮游植物大爆发前达到足够的密度从而控制浮游植物，这在小型湖泊是完全可行的，对于大型湖泊也可作为一种补充措施。

3.微生物净化技术

（1）定义

选育高效菌株制成微生物复合制剂处理污染水体，其过程是：以酶促反应为基础，通过生物体内产生的具有催化功能的特殊蛋白质作为催化剂，实现净化污水、分解淤泥和消除恶臭。

（2）投菌

同时作为自然界中的生产者和分解者，微生物在物质循环过程中扮演着重要角色。而微生物菌剂利用微生物这个特殊身份，在水体净化中发挥了重要作用。复合微生物技术具有见效快、操作简单、成本低、无二次污染等优势，已广泛应用于生产、生活的各个领域。肖羽堂等[38] 采用优势菌接种法在佛山市南海区某黑臭河涌中投加土著微生物，光合菌、硝化菌等对其进行修复，实验结果表明，水体 COD 去除率达 68.1%～78.7%，NH_3-N 去除率达 79.8%～80.1%，BOD_5 去除率达 84.8%～85.2%，TP 去除率达 76.4%～83.6%，河涌透明度显著增加，水体自净能力大大提高。尹莉等[39] 考察了固化工程菌对坑塘黑臭水体的修复效果，研究表明该方法可行有效，其中 NH_3-N 去除率达 100%，TP 去除 45.49 %，COD 去除率达 93.38%。

（3）生物促生剂

土著微生物种类丰富、代谢途径多样，水体中一般都存在许多具有自净功能的微生物，当水体受到污染后，水体环境恶劣，微生物活性受到抑制，繁殖代谢变缓，生物量减少，因而无法充分发挥它们的作用。生物促生技术是通过向受到污染的水体投放生物促进剂等，促进土著微生物的繁殖，提高微生物的活性，提高污染物的降解效率。张秀芝等利用固体生物促生剂对黑臭河水进行净化研究，结果显示，TP、TN 和 NH_3-N 的去除率分别为 82.78%、98.82%和 87.89%，水质达到国家标准Ⅳ类水的要求[40]。高艳采用实验室模拟的方法研究利用生物促生剂与曝气技术对黑臭水的净化效果，结果均表明，曝气与生物促生剂相结合的治理措施使得水体 COD_{cr}、NH_3-N、TP 的去除率明显提高，溶解氧显著提升，透明度增加[41]。利用微生物促生剂净化黑臭水体，可刺激土著微生物的生长繁殖，迅速降解水体有机污染物，作用效果明显、见效快、环境友好，但成本较高不易推广[42]。

4.生物浮床技术

（1）定义

生物浮床技术是模拟适合水生植物和微生物生长的环境，在被污染水体中利用人工的栽培设施种植水生植物，构建适合微生物生长的栖息地，利用植物吸收、微生物分解等多重作用净化水质的技术，其水质净化原理和实例如图 5-13 所示。生物浮床一般由浮床载体、基质和植物三部分组成。

（2）技术特点

生物浮床是利用漂浮栽培的技术在被污染的水体中种植挺水植物和陆生植物，利用植物直接吸收水体中的氮、磷等营养元素，同时在植物根系形成生物膜，利用微生物的分解和合成代谢，有效去除水中的有机污染物和其他营养元素。

（3）生物浮床水生植物选择原则

① 选择适宜水系水质条件生长的多年生水生植物；

② 以耐污抗污且具有较强的治污净化潜能的植物为主；

③ 根系发达、根茎分蘖繁殖能力强，即个体分株快；

④ 植物生长快、生物量大；

⑤ 选择冬季常绿的水生植物或驯化后的具有景观价值的陆生植物；

⑥ 满足景观空间形态需求，综合岸线景观、湖面倒影和水面植物进行适当的景观组织。

（4）净化效果

近年来，国外有许多湖泊、池塘和河流采用了生物浮床技术，如德国很早以前就利用橡皮筏提供浮力制作干式浮床来改善景观，日本在霞浦湖利用高强度泡沫、木架、棕网制作浮床来改善水体。当然，在国内也已有许多工程实例，如南京玄武湖、上海苏州河、无锡五里湖。据文献报道，生物浮床对总氮、总磷的去除率大都能达到 70.0%以上。

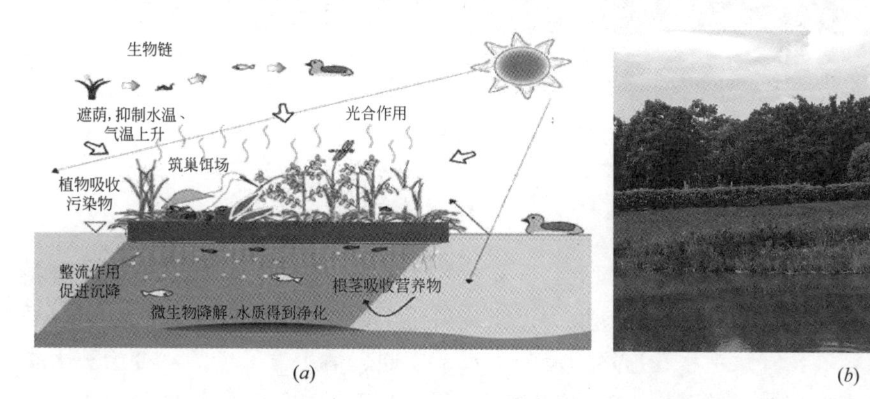

图 5-13　生物浮床水质净化原理示意及实施效果

（a）水质净化原理示意；（b）工程实例

5. 生态护坡技术

（1）定义

现代生态护坡技术是基于生态工程学、工程力学、植物学、水力学等学科基本原理，利用活性植被材料，结合其他工程材料在边坡上构建具有生态功能的护坡系统。通过生态工程自我支撑、自我组织与自我修复等功能来实现边坡的抗冲性、抗滑动和生态恢复，以达到减少水土流失、维持生态多样性、生态平衡及美化环境等目的。

（2）技术特点及适用条件

生态植物护坡可分为植草、植草皮、植树，喷播生态混凝土，栽藤和框架内植草护坡等几大类。根据不同的边坡土质条件，采用不同的施工方法和施工工艺。

① 植草，主要适用于边坡稳定、斜面冲刷轻微且宜于草类植物生长的土质边坡。它包括种草籽、植草皮和三维植草。

② 喷播生态混凝土、铺设绿化植生带，主要适用于岩质边坡不具备植物生长的土壤，无法直接在边坡上栽种护坡植物（图 5-14*a*）。

③ 栽藤，主要适用于土石夹杂难以种草植树的坡面，通过藤草爬附作用将坡面进行

覆盖，从而和周围环境协调一致。

④ 框架内植草护坡是一项类似于干砌片石护坡的边坡防护技术（图 5-14*b*）。在修整好的边坡坡面上拼铺正六边形混凝土框砖形成蜂巢式网格后，在网格内铺填种植土，再在砖框内栽草或种草的一项边坡防护措施。该技术所用框砖可在预制场批量生产，其受力结构合理，拼铺在边坡上能有效地分散坡面雨水径流，减缓水流速度，防止坡面冲刷，保护草皮生长。

(*a*)

(*b*)

图 5-14　生态护坡

（*a*）实施效果 1；（*b*）实施效果 2

5.4.4　补水和活水保质

1. 补水活水简介

补水活水实际上包含了补水和活水两部分：补水的重点是保证河道生态基流量、维持河道水面线，活水的重点是增加水的流动能力、维持河道水体流速。根据规模大小、区域环境条件和工程内容等，补水活水在应用中可分为水系连通、活水循环、清水补给三大类措施。水系连通是指采取合理的疏导、沟通、引排、调度等工程和非工程措施，以天然河道和连通工程、输水工程、配套工程为通道，建立或改善江河湖库水体之间的水力联系。活水循环是指通过人为措施改造原有水体，构建水体循环机制，使水“动起来”的一种措施。清水补给是指向水体中补充外来清洁水，提升河道流动性和增加环境容量，是改善城市缓流水体水质的有效方法[43]。

2. 活水保质要点

（1）水源选择

地表水Ⅴ类以上水质均可作为城市河道补水水源。当城镇污水处理厂及企业排放污水深度处理后达到《城市污水再生利用景观环境用水水质》（GB 18921）标准，方可作为河道补充水源。

（2）换水形式

根据水源不同，城市河道换水一般有两种形式：外部水源换水和内部循环处理换水。

① 外部水源换水：当城市水体无截污或截污不充分且黑臭严重的情况下，不提倡采用；只有在控源截污措施完善的前提下，同时外部有丰富水资源，可采用该措施加快治理黑臭水体。

② 内部循环处理换水：采取分散处理、旁路处理等方式，将黑臭水体抽起来处理后，回补水体的一种换水方式。当城市水体无截污或截污不充分且水体黑臭严重的情况下，可

作为加快治理黑臭水体的一种临时性措施。

（3）调水路线

调水路线应根据输水形式、地形地质条件、地面建筑物分布情况，结合受水区分布条件，通过综合比较工程占地、环境影响、输水安全、施工条件等进行多方案技术经济比选确定。调水路线宜布置在沿线地质构造简单，底层结构稳定、水文地质条件有利的地区；调水工程宜充分利用现有河道湖泊及建筑物，宜短而顺直；采用明渠输水时，应避免或减少调水工程沿线的高填方或深挖方地区。当不可避免时，高填方渠段宜布置在重要城镇下游。

（4）综合调水与水体补水、活水的有关要求

① 应制定切实可行的受纳水体调水标准要求和调水量。应严格按照取水许可制度、控制河道大流量取水而造成河道流量减少，保证维持河道的天然流量，满足河道生态与环境的需水量，保证水体自然净化能力，防治咸水入侵、河道断流、河道淤积、水质恶化等造成河道部分功能丧失。河道取水数量较大或提供异地供水，应进行科学论证，并应符合流域规划，控制取水比例和不同季节的取水量，保证河流维持和功能发挥所必需的水量。

② 综合调水为从水质较好的水源实施调水，应根据河道的有关规定组织实施。

③ 有条件的河道水体应尽可能实施河道活水通畅工程，通过桥涵等工程打通河道卡口，促进河网水体畅通有序流动，实现补水、活水，促进河网水体畅通有序流动，实现河道活水自流，达到持续改善河网水环境的目的。

5.5　黑臭水体治理长效机制建设

5.5.1　建立健全体制机制

虽然黑臭水体治理前期规划和治理过程很重要，但更重要的是把握好构建体制机制这个长效治水的“定海神针”。黑臭水体具有季节性、易复发等特点，要防止黑臭现象反弹，这不仅离不开监管的强化和公众的参与，进一步健全水质监测、预警应对、信息公开等机制，而且还应在落实监督考核、强化追责问责、完善治理协调机制等方面下功夫，消除漏洞，避免破窗效应。因此，通过对国家政策及广东、浙江等发达地区治水经验的研究总结，从河（湖）长制、排水许可证制度、环境管理考核机制等方面，系统阐述长效体制机制的建设策略。

1. 完善河（湖）长制

（1）组织体系

按照区域与流域相结合，分级管理与属地负责相结合的原则，建立省、市、县、乡四级河（湖）长体系，各省（自治区、直辖市）设立总河（湖）长，由党委或政府主要负责领导担任；各省（自治区、直辖市）行政区域内主要河湖设立河（湖）长，由省级负责领导担任；各河湖所在市、县（市、区）、乡镇（街道）均分级分段设立河（湖）长，由同级负责领导担任。县级及以上河（湖）长设置相应的河（湖）长制办公室，政府分管领导担任主任，相关部门主要负责同志担任常务副主任、副主任等职务。成员单位包括各级政府所有相关部门，办公室工作人员可从各成员单位抽调。各区、镇街参照市的架构设置相应的河（湖）长制办公室。

（2）河（湖）长职责

1）总河（湖）长、副总河（湖）长职责

各级第一总河（湖）长是推行河（湖）长制第一责任人，对河湖管理保护负总责，主要负责河（湖）长制的组织领导、决策部署和监督检查，解决河（湖）长制推行中遇到的重大问题。

各级总河（湖）长、副总河（湖）长协助第一总河（湖）长统筹推进河（湖）长制落实，组织完善河湖管理保护体制机制，推动落实河湖治理重点工程，协调解决河湖管理重大问题和群众反映的突出问题，做好督促检查工作，确保完成河（湖）长制各项目标任务。

2）各级河（湖）长职责

各级河（湖）长是责任河湖管理保护的直接责任人，按分级分段承担相应责任。

市级河（湖）长负责指导、协调、推动责任河道的整治与管理保护工作。指导河道水环境整治，推动河道整治重点工程建设，推进河道突出违法问题整治，协调解决河道整治和管理保护中的重点难点问题，督促市相关责任单位和下级河（湖）长履行职责。

县（市、区）级河（湖）长负责组织责任河湖的整治与管理保护工作，全面落实水污染防治行动计划；组织制定实施“一河（湖）一策”综合整治方案；完成城乡生活污水、生活垃圾收集处理设施建设任务；落实最严格水资源管理制度；加强水域岸线管理保护；严厉打击涉河湖违法行为及违法取水、排水行为；完成防洪排涝工程建设任务；按定额保障河湖及排水设施维修养护经费和人员；监督本级相关责任单位和下级河（湖）长履行职责，协调解决河湖管理保护中的重点难点问题。

镇街级河（湖）长主要负责落实责任河湖的整治与管理工作。按规定完成入河湖污染物排放量削减任务；清理整治涉河湖违法建筑和排污口；负责或配合河湖整治工程的征地拆迁；负责河湖、排水设施的维修养护和水面保洁；监督村居级河（湖）长履行职责，协调解决村居级河（湖）长上报的重点难点问题。

村居级河（湖）长主要负责实施责任河湖的保护工作，负责本村社自建污水收集管网接入市政污水管网系统，提高污水收集率；将河湖管理保护纳入“村规民约”；组织河湖周边环境整治；做好本村社保洁工作，落实河湖和排水设施一日一查。

（3）网格化治水

建立全覆盖治水网格。按照“流域为体系、网格为单元，挂图作战、销号管理”的思路，将管理单元细分到镇、村标准基础网格，在河（湖）长制工作中推行网格化治水。要求各区配齐网格员、网格长，形成横向到边、纵向到底，全覆盖、无盲区的治水网格体系。

全面压实网格责任。制定网格员、网格长职责，要求各级网格人员在各级河（湖）长领导下，开展污染源查控、违法建设及“散乱污”场所整治等工作。

将网格人员纳入河（湖）长制体系。建立“各级河（湖）长＋网格长”的多级河（湖）长体系，形成“网格员、村级河（湖）长巡查发现问题，镇街级河（湖）长处理处置问题，区级以上河（湖）长统筹协调解决问题”的多级联动机制，实现问题发现、分类、启动、处理、销号的各环节信息化管理，对河（湖）长制工作形成了有力补充。

抓好源头减污挂图作战工作。以村（居）、网格为基本单位，绘制源头减污作战图，理清网格内污染源存量，实行逐个击破。同时，对污染源查控工作进行抽查并及时通报有关情况，督促加快源头减污工作进度。

(4) 公众参与

利用媒体公告河（湖）长名单，在河湖显著位置树立河（湖）长公示牌，公布河（湖）长姓名、职责、河湖范围、管护目标、联系方式、监督渠道等内容，接受社会监督。聘请民间河（湖）长，开展党员认领河湖活动，提高党员、群众参与度。建立水务微信投诉系统，畅通投诉举报渠道。组织中小学生开展河湖管理保护教育，增强河湖保护意识。加大河（湖）长制工作宣传力度，增强全社会对河湖管理保护的责任意识、参与意识。

2. 推行排水许可证制度

明晰各级政府在污染源源头（排水户）管理中的责任，全流程监管排水户排水行为，下放排水审批与执法权限。各级水行政主管部门负责对排水户的排水行为实施全过程监管，具体负责排水许可审批、接驳核准、证后监管等工作，重点监管排水户出户管与公共污水管网的接驳情况。各级政府应组织环保、水务、公安、城管以及镇街等相关部门，对排水户错接、混接、漏接、偷排、超标排放等违法排水行为进行查处。

推进排水审批权限下放及执法重心下移工作。一是按照相关程序，加快推进排水许可审批权限、排水条件咨询业务下放工作，由各级水行政主管部门负责排水户相关业务的审批工作，研究引入第三方机构参与接驳核准、技术咨询和检测工作，水务部门组织专题培训；二是将排水执法重心由市下沉到各区，由各区具体负责属地排水户违法排水行为的执法查处工作。

建立部门联动机制。归口管理排水户相关信息，建立排水信息资源共享机制。

3. 创新维护运营管理

(1) 供排水一体化管理

1）以排定供。新增用水户（居民用水户除外）应当按供水部门的要求，在供水开始前按规划完成排水接驳。

2）以排限供。以供排水一体化管理为抓手，集中整改存量违法排水户，由供排水行政主管部门制定整治违法排水专项行动工作方案，并组织实施，对拒不整改的违法排水户，通过实施限制供水或停水，督促其进行整改。

3）构建供排水用户大数据系统。成立水务信息管理机构，集中管理水务信息化资源，构建覆盖排水全流程的水位、流量、水质即时监控系统，以及用水户供水排水平衡测量系统，为排水户管理提供数据支持，拓宽智慧水务应用。

(2) 排水设施管理体系

1）监管职责

省、市、县排水行政主管部门，统筹排水设施建设、管理工作，负责排水设施的规划编制、建设计划下达、联合执法部门对跨区域违法排水行为的调查、执法；组织开展城市污水收集处理设施的建设管理工作，对下级建设、实施及运营单位开展相关督导考核。

县（市、区）级以下政府负责属地排水工作的监督管理，对属地污水处理、防洪排涝负总责，统筹属地排水设施建设、管理工作，具体由属地负责排水户管理、雨水及合流设施管理养护；按照上级排水行政主管部门制定的考核办法，监督考核属地范围内排水设施的管养情况，制定属地排水设施养护考核办法并组织实施。

2）管理界面

政府宜组建国有专业公司负责公共排水设施管理养护，包括日常养护、权属排水口整治、隐患治理等工作，由排水行政主管部门负责监督、考核。

道路工程内的公共排水设施，按地区级别移交给相应的管理部门进行分类管养。除上述已明确管养责任单位的设施以外的公共排水设施，由各地负责管理养护，包括日常养护、属地排水口整治、错漏接整改、隐患治理等。

（3）排水设施管理制度

排水行政主管部门应持续完善排水设施管理制度体系，修订巡查办法、考核办法、维修养护标准和定额，县（市、区）级政府参照制定属地排水设施管理制度，确保设施管理专人负责，管养经费专款专用。

（4）排水设施移交管理

排水行政主管部门应牵头制定《排水设施移交管理办法》，并定期组织建设、运营单位召开设施移交工作会议，按照设施属性确定管养单位后即刻实施移交和管养。无法确定权属单位的公共排水设施，符合移交管理的，按照“自愿原则”在建成投入运行后一定时间内实施设施的资产和管养移交工作。

5.5.2 强化监督检查

1.加强机构建设和督导考核

完善水务管理机构。省、市、县政府部门以外，各镇（街）配备2～3名水务专职管理人员，接受属地水务行政主管部门指导监管，承接政府下达的水务建设管理任务，指导村（社）开展涉水相关工作，各村（社）配备1名水管员。

强化督导考核。省（市）政府与各相关部门签订黑臭水体治理工作目标责任书，由省（市）政府对相关工作不力、推诿扯皮的单位和个人实行问责。同步建立社会监督机制，充分发挥社会媒体、网络平台、志愿组织等监督力量，广泛接受市民监督。

2.完善河（湖）长制工作督查体系

明确河湖管理责任主体，成立河湖长制工作领导小组，全面建成市、县（市、区）、乡镇（街道）、村（社区）四级河湖长制体系，明确河湖长及成员单位职责，落实管护队伍，进行日常水面漂浮物和岸坡垃圾清理，保障水环境清洁宜人，并保障专项资金支持。此外，需建立工作督查制度，确保全面建成河（湖）长制和推进河湖保护工作。

3.定期开展黑臭水体水质监控

黑臭河道治理工程完工后，短期内河流水质变好，但其具有反复性。已有大量研究表明：已消除黑臭的河道营养盐仍处于较高水平，水体处于富营养化状态；当外界条件如温度、光照等条件适宜时，已消除黑臭的河道易发生水华等次生灾害，水中藻类也会导致水体发臭。因此，控制黑臭治理后的富营养化及其次生灾害是河道黑臭整治效果长治久清的关键一环。若水华现象严重，则会引起一系列后续反应。若个别时段溶解氧过高，氮元素含量较高，且水体存在一定微臭或发黄发绿现象；当温度等气象条件适宜时，藻类易大量繁殖，水体具备发生水华的基础条件，存在一定隐患。

黑臭水体治理后的氮磷控制和水华防治非常重要，加强动态监控，采取增加曝气量、提高水体流动性、引入清洁水源等科学手段防范水华发生。同时，对治理后的黑臭水体进行水质长期跟踪监测，若水质出现下降或臭味加重、颜色异常，及时反映给相关责任部门，分析其发生原因，采取应急处理措施，防止水质恶化或臭味问题反复发生。

4. 加强水生植物维护管理

水生植物的栽培不仅净化了水体，还提升了景观效果，但水体整治后底泥清淤破坏了原底质生态系统，物质循环链尚未健全，水生植物的残体腐烂分解时部分生物质和体内的氮磷元素释放到水体，后者会成为污染物，增加水体污染负荷，致使水中氮磷元素及有机物浓度不降反升，甚至导致水体富营养化加剧。因此，在利用水生植物修复污染较严重的水体时，需安排专人维护湿地植物、修剪换季植物茎叶、及时清理水中残枝败叶等植物残渣，定期保障湿地植物提升水质而不增加水体污染负荷，直至水生态环境达到健康稳定的循环状态。

5. 加强统筹协调督办和舆论宣传

加强统筹协调督办。各层级水务相关管理单位，指定1名信息报送联络员，将当月的工作情况、存在问题和水质检测结果报送治水部门。治水部门汇总有关情况，编辑工作简报，报送政府领导。

强化舆论、媒体监督，鼓励市民参与。一是通过电视台、报纸、政府门户网站、微信、微博等载体，广泛宣传治水工作，形成强大舆论攻势；二是通过建设手机APP（应用程序）、水务微信公众号等方式，鼓励市民参与治水和献计献策，并对黑臭水体、违法违规现象、河道及排水设施存在问题等方面进行监督举报。

5.6　黑臭水体治理的工程实践与效果

5.6.1　广州黄埔区乌涌流域水环境治理

1. 治理前水环境问题[44]

乌涌是广州市列入全国城市黑臭水体整治监管平台的河涌之一，同时也是广州市10条被国家挂牌重点督办河涌之一。乌涌从水口水库至珠江黄埔航道均为黑臭水体，流经广深铁路和黄埔中心城区，以及广州本田汽车制造厂等多个大中型企业，全长24.13km。河涌主要问题：一是部分村落列入“城中村”改造范围，相关区域没有彻底截污，部分生活污水、餐饮业、工业等污染源仍直排河涌；二是雨污管仍存在错接、漏接、混接情况，部分污水管道出现破损和堵塞；三是河涌底泥存在释放性污染。

2. 治理思路和措施

按照“控源、截污、清淤、调水、管理”的工作思路，从末端整治转变为源头管理，从单打独斗转变为联动作战，从临时应急转变为长治久清，通过采取系统的治理方式，实现了长治久清的治理目标。

（1）坚持源头治理，溯源排查

黄埔区联动各职能部门，溯源排查发现212家工业企业、餐饮店，12个在建项目工地，共计245处存在错接、漏接、混接、直排等问题。通过采取各种手段，绝大部分企业按要求完成了整改，乌涌沿线排放口已基本实现无污水排出。

（2）截污工程“进村入户”，效果明显

针对城中村截污难、污染物直排的难题，黄埔区创新推出“进村入户”的截污方式，取得良好效果并已经在全市推广。目前城中村外墙上都有白色的管子，分为污水管和雨水管两种，污水管接入了厕所、厨房，进而接驳到市政管网，从源头消除黑臭；而天空的雨水等仍然通过雨水管流入村里原来挖的明渠内，最终汇入风水塘。经过整治后不仅风水塘周边整洁美观，而且村里内巷也没有黑臭。

（3）建立联动机制，形成工作合力

1）建立各职能部门微信工作群、企业交流群。微信工作群用于发布联合整治行动的通知，各部门按时自觉监督落实，形成合力；企业交流群用于发布企业整改情况的动态信息，互相促进，并由区水务局和街道负责收集整治前后的图片、归纳整理信息档案。

2）区政府牵头成立了乌涌污染源摸查组、城中村截污工程组、实施乌涌清淤工程组、治理乌涌“小散乱”组、治理河岸景观组、维修堤坝保养组和河涌环卫保洁组等7个工作小组，定期开展乌涌水环境治理工作，有序推进辖区水生态环境系统建设。组建社区河道夜巡队，不分昼夜巡查乌涌流域、交通主干道、偷排黑点，遏制槽罐车偷排，切实做到职责到岗、责任到人。

3）组织会议，指导整改。黄埔区河长办牵头召集150多家企业开会讨论，核实后发出整改通知书，指导企业自查整改，解答整改存在问题。

4）联合多部门执法，做出行政处罚。黄埔区河长办协调区水务局、区环保局、辖区街道联合执法，针对屡教不改及存在偷排的企业进行行政处罚。

3.治理效果

经过治理后，乌涌已实现了水体不黑不臭的目标，河道水生态初步恢复，显现岭南水乡风貌，如图5-15所示。根据入户调查数据显示，群众对乌涌的整治效果满意度很高，达到99.2%。

(*a*)

(*b*)

图5-15　乌涌河道治理后效果

（*a*）实施效果1；（*b*）实施效果2

4.建设经验

乌涌整治工作于2017年初开始，通过制定系统治理方案，重点在控源截污方面下功夫，采取了企业自查整改、“散乱污”整治、城中村“进村入户”实施全面雨污分流等措施；其次内源治理方面，采取了清淤、河岸治理工程、河涌环卫保洁等措施，较好地实现了河涌不黑不臭，乃至长治久清的目标。

5.6.2　深圳福田区福田河综合治理

1.治理前水环境问题[45]

福田河位于深圳市福田区中心，属深圳河的一级支流，干流全长6.8km，流域面积

15.9km^2。流域上游为低山丘陵区，平均地面高程23～10m，植被覆盖良好；中、下游为已经开发建设的城区，地面坡降平缓。河道黑臭较严重，防洪能力低、易受涝，河道景观缺失、亲水性差。

2.治理思路和措施

按照综合整治、系统工程的思路，采取了截污、清理、疏浚、建闸、防洪、补水、充氧、治岸、造景等九个方面的措施。

（1）截污纳管

从源头上治理，全面普查管网，进行雨污分流的改造，从系统上解决污水入河问题；对于污染源无法查清的排水口，采用沿河截排的工程措施；对不符合雨污分流的小区和工业企业发整改通知。

（2）垃圾清理

从源头上控制，推行废物减量化技术，控制与削减地表面污染潜力，减少面源污染含量，从而达到控制进入水体面源污染负荷的目的；完善旧村及工业区垃圾储运系统；增加水面保洁船舶和设施，配备水面保洁队伍；实行“门责管理”措施，加强监管，提高市民环保意识。

（3）清淤疏浚

福田河需要清淤疏浚的河段总长为5.07km，淤泥量约为5.7万m^3，其中挖泥船能直接清理污泥量约有2.6万m^3，其余3.1万m^3由人工下河清理。

（4）河口建闸

截断顶托海水污染，增大河水交换。在福田河的出海口处建防潮闸，其作用有：第一，防止受污染的深圳河水倒灌，使河水往复流变为单向流，以保持河流水质洁净；第二，通过水闸的启闭，实现水质交换，并冲刷河道；第三，保持景观水面。福田水闸应提高自动化程度，实现以水闸前后水位、流域雨情预报以及福田河流量等因素控制闸门开启。

（5）防洪工程

根据福田河整治综合影响因素分析以及洪水灾情评估，确定福田河防洪设计标准为百年一遇。通过在河道中上游增设滞洪区削减洪峰，在维持现状下游河道过流能力的条件下，建设滞洪区与河道组合效应的防洪体系。

（6）引水补水

按照截污量达到85%（约0.5万m^3/d的剩余污水需要稀释）以上推算，福田河需要补充水量约为3.0万m^3/d。近期采用域外补水和境内补水并行，远期采用再生水回用补水。在福田河较近的现状滨河污水处理厂（二级处理工艺，现状规模30.0万m^3/d）和罗芳污水处理厂（二级处理工艺，现状规模35.0万m^3/d），有利于利用再生水补充河道基流。

（7）充氧曝气

福田河河水整体处于缺氧状态，而水体的黑臭又是无氧时厌氧菌作用的结果，因此对河流水体采用人工曝气的方式进行充氧，加速水体复氧过程，提高水体中好氧微生物的活力。在河道内结合景观设施，布置一些人工曝气装置如浮水喷泉、太阳能曝气机等来提高水体的氧含量。

（8）河岸治理

针对“三面光”驳岸进行生态驳岸改造，恢复自然形态河岸，充分保证河岸与河流水体之间的水分交换和调节功能，同时起到滞洪补枯、调节水位，增强水体自净作用，把滨水植被与堤内植被连成一体，构成一个完整的河流生态系统。

（9）景观营造

通过堤路园结合，开发沿江景观带，实行立体绿化，整治堤防滩地改善整体环境，建成带状公园，体现以人为本，回归自然理念，对于促进城市亲水环境建设，提升城市生态品位，打造城市景观新亮点，具有十分重要的意义。具体工程包括：①笔架山河段（北环大道—笋岗路），通过建设以水为主题的公园景观，实现城市生活向滨水主题的回归；②中心公园河段A（笋岗路一红荔路），定位为主题游赏园区，结合这里的特殊情况把人的视觉（河岸两旁的景色）、听觉（鸟语）、嗅觉（花香）都带动起来；③中心公园河段B（红荔西路段一振华西路段），将原有完全消极的防洪排涝空间改造成积极的滨水小空间；④河口段改造成为绿化生态功能区。

3.治理效果

福田河治理通过治污、补水、生态廊道、景观等9个方面的措施，达到截污水之流、开清水之源、拓旅游之景的水环境综合整治目标，营造了良好的人居环境（图5-16）。

(*a*)

(*b*)

图5-16　福田河治理后效果

（*a*）实施效果1；（*b*）实施效果2

注：引自 http：//www. hcstzz. com/show. aspx？ newsid=660

4.建设经验

福田河治理工作始于2006年，十余年间，按照综合整治、系统工程的思路，全面应用了控源截污（截污为主）、内源治理（垃圾清理、清淤疏浚）、生态修复（充氧曝气、河岸治理）、活水保质（引水补水）等措施，治理效果明显。

参考文献

[1] 徐敏，姚瑞华，宋玲玲等.我国城市水体黑臭治理的基本思路研究［J].中国环境管理，2015，7（02）：74-78.

[2] Lazaro TR. Urban Hydrology［M]. Michigan：Ann Arbor Science Publishers，1979.

[3] 王旭，王永刚，孙长虹等.城市黑臭水体形成机理与评价方法研究进展［J].应用生态学报，2016（04）：1331-1340.

[4] Chen J，Xie P，Ma ZM，et al. A systematic study on spatial and seasonal patterns of eight taste and odor compounds with relation to various biotic and abiotic parameters in Gonghu Bay of Lake Taihu

[J]. Science of the Total Environment，China，2010 (409)：314-325.
[5] Gao JH，Jia JJ，Kettner AJ，et al. Changes in water and sediment exchange between the Changjiang River and Poyang Lake under natural and anthropogenic conditions [J]. Science of the Total Environment，China，2014 (481)：542-553.
[6] 罗纪旦，方柏容. 黄浦江水体黑臭问题研究 [J]. 上海环境科学，1983 (05)：6-8.
[7] 丁琦，汤利华，谢丹. 校园湖水体黑臭产生机制的研究 [J]. 工业用水与废水，2012，43 (03)：28-30.
[8] 徐祖信，徐晋，金伟等. 我国城市黑臭水体治理面临的挑战与机遇 [J]. 给水排水，2019，55 (03)：1-5.
[9] 张显忠. 国外黑臭河道治理典型案例与技术路线探讨 [J]. 中国市政工程，2018 (01)：36-39+42+97.
[10] 赵展慧. 我国印发首个涉水攻坚战实施方案 治理黑臭水体还得下大气力 [N]. 人民日报. 2018-10-17.
[11] 杜娟. 广州"四洗"治理黑臭河涌 [N /OL]. 广州日报. 2018-05-15. http：//news. dayoo. com/guangzhou/201805/ 15/139995 _ 52175098. htm.
[12] 李张卿，宋桂杰，李晓. 深圳市白花河黑臭水体综合治理技术探讨 [J]. 给水排水，2018 (07)：47-50.
[13] 住房城乡建设部. 住房城乡建设部关于印发城市黑臭水体整治——排水口、管道及检查井治理技术指南（试行）的通知 [Z/OL]. [2016-09-05]. http：//www. mohurd. gov. cn/wjfb/201609/t20160920 _ 228968. html.
[14] 林培.《城市黑臭水体整治工作指南》解读 [N/OL]. 中国建设报. 2015-9-15. http：//www. mohurd. gov. cn/zxydt/ 201509/t20150915 _ 224868. html.
[15] 住房城乡建设部，环境保护部. 住房城乡建设部 环境保护部关于印发城市黑臭水体整治工作指南的通知 [EB/OL]. [2015-08-28]. http：//www. mohurd. gov. cn/wjfb/201509/t20150911 _ 224828. html.
[16] 杜娟. 广州：推动"四洗"行动升级 清除河涌污染源 [N /OL]. 广州日报. 2018-12-05. http：//gd. ifeng. com/a/20181205/ 7077574 _ 0. shtml.
[17] 广东省人民政府. 广东省人民政府关于印发广东省"散乱污"工业企业（场所）综合整治工作方案的通知 [EB/OL]. [2018- 08-12]. http：//zwgk. gd. gov. cn/006939748/201808/t20180817 _ 778187. html.
[18] 张悦，唐建国. 城市黑臭水体整治——排水口、管道及检查井治理技术指南（试行）释义 [M]. 北京：中国建筑工业出版社，2016.
[19] 韦兴浩. 城市黑臭水体的综合治理 [J]. 节能，2019，38 (04)：91-92.
[20] 彭秀达. 城市黑臭水体清淤疏浚及底泥处理处置技术探讨 [C] //国际水生态安全中国委员会，河海大学环境学院，中国疏浚协会，浙江省生态经济促进会，浙江省水利学会. 加强城市水系综合治理共同维护河湖生态健康——2016 第四届中国水生态大会论文集. 海宁，2016.
[21] 颜昌宙，范成新，杨建华，等. 湖泊底泥环保疏浚技术研究展望 [J]. 环境污染与防治，2004 (03)：189-192+243.
[22] 张春雷. 湖泊污染底泥的固化资源化技术在工程中的应用 [C] //中国环境科学学会. 2008 中国环境科学学会学术年会优秀论文集（上卷）. 北京：中国环境科学学会，2008.
[23] 柴萍，马凯. 疏浚底泥资源化利用研究综述 [J]. 绿色环保建材，2019 (03)：54-55.
[24] 王超，陈亮，廖思红. 受污染底泥原位修复技术研究进展 [J]. 绿色科技，2014 (11)：165-166.
[25] 张卫，熊邦，林匡飞等. 不同覆盖方式对底泥内源营养盐释放的控制效果 [J]. 应用生态学报，2012，23 (06)：1677-1681.

[26] Huiyu Dong，Zhimin Qiang，Tinggang Li，et al. Effect of artificial aeration on the performance of vertical-flow constructed wetland treating heavily polluted river water [J]. Journal of Environmental Sciences，2012，24 (04)：596-601.

[27] 刘星. 曝气技术中氧传质影响因素的实验研究 [D]. 大连：大连理工大学，2008.

[28] 杨兆华，何连生，姜登岭等. 黑臭水体曝气净化技术研究进展 [J]. 水处理技术，2017，43 (10)：49-53.

[29] 贾紫永，刘强，伍灵等. 微纳米曝气技术在黑臭河道治理中的应用研究 [J]. 化工管理，2017 (36)：106.

[30] 张列宇，王浩，李国文等. 城市黑臭水体治理技术及其发展趋势 [J]. 环境保护，2017，45 (05)：62-65.

[31] 韩璐瑶，吕锡武. 水生蔬菜型湿地植物对氮、磷营养盐的吸收动力学 [J]. 环境工程学报，2017，11 (05)：2828-2835.

[32] 徐勤松，施国新，杜开和. 重金属镉、锌在菹草叶细胞中的超微定位观察 [J]. 云南植物研究，2002 (02)：241-244.

[33] 尹建友，朱佳静，石娟等. 滇池水葫芦根际微生物群落的组成和分布及功能研究 [J]. 昆明学院学报，2015，37 (06)：63-68.

[34] 陈罡. 水生植物净化水体作用的研究进展 [J]. 吉林林业科技，2016，45 (06)：29-31.

[35] 边归国. 水生植物对藻类的化感抑制作用及机理 [J]. 能源与环境，2012 (06)：11-15+18.

[36] 方美清. 基于水生植物净化修复的水环境综合治理研究 [J]. 节能，2018，37 (11)：62-65.

[37] Isabelle Domaizon，Jean Devaux. Nouvelle approche des biomanipulations des réseaux trophiques aquatiques. Introduction d'un poisson phytoplanctonophage，la carpe argentée (Hypophthalmichthys molitrix) [J]. l'Annee Biologique，1999，38 (02)：91-106.

[38] 肖羽堂，王艳杰，吴玉丽等. 好氧—富氧曝气生物处理在黑臭河涌原位修复中的应用 [J]. 环境工程学报，2017，11 (05)：2780-2784.

[39] 尹莉，张鹏昊，陈伟燕等. 固定化微生物技术对坑塘黑臭水体的净化研究 [J]. 水处理技术，2018，44 (02)：105-108.

[40] 张秀芝，邱金泉，陈进斌等. 固体生物促生剂净化河道水体的效果研究 [J]. 环境科学与技术，2017，40 (S1)：196-199.

[41] 高艳. 基于曝气技术与生物促生剂结合的城市黑臭河道治理研究 [J]. 水利技术监督，2017，25 (05)：93-95.

[42] 许瑞，陈心仪，付先萍等. 微生物法治理黑臭水体的现状和发展趋势 [J]. 云南冶金，2018，47 (05)：82-88.

[43] 杨玥，陈洁. 补水活水在城市黑臭水体治理中的应用 [J]. 中国水运（下半月），2018，18 (03)：137-138.

[44] 杜娟. 确保乌涌治理工作如期完成 [N /OL]. 广州日报. 2017-05-17. http：//www. gdd. gov. cn/hp/mtxx/201705/ 2aba92acc624435a822ec6e654ba8d30. shtml.

[45] 周瑾. 城市河道综合治理及生态修复的成功经验——以深圳市福田河为例 [J]. 城市建设理论研究（电子版），2013 (14)：1.

第6章　能源综合利用

6.1　能源综合利用及推广现实意义

6.1.1　能源利用分类

1.电能利用

(1) 电能概念

电能是指使用电以各种形式做功（即产生能量）的能力，可分为直流电能、交流电能、高频电能等。电能既是一种经济、实用、清洁的，也是容易控制和转换的能源。电能是电力专业部门向用户提供由发、供、用三方共同保证质量的一种特殊产品。

(2) 电能利用

电能的利用是第二次工业革命的主要标志，从此人类社会进入电气时代。电能是科技发展和经济飞跃的主要动力，被广泛应用于动力、照明、化学、纺织、通信、广播等各个领域，并在工农业生产和日常生活中起到重大的作用。

(3) 电能特点

电能主要来自其他形式能量的转换，包括：水能（水力发电）、热能（火力发电）、原子能（核电）、风能（风力发电）、化学能（电池）及光能（光电池、太阳能电池等）等；当然，电能也可转换成其他形式的能量，如热能、光能、动能等。但是，电能一般不能直接储存，其生产、输送、分配和使用需同时完成。电能暂态过程非常迅速，以电磁波的形式传播，其传播速度为300km/ms。

2.天然气利用

(1) 天然气概念

天然气是指蕴藏在地层中的可燃性气体，主要是低分子量烷烃类混合物，有些含有N_2、CO_2、H_2S、H_2及少量He。天然气可分为四种：纯气田天然气、石油伴生气、凝析气田气和矿井气。

(2) 天然气利用技术

天然气可用于发电、燃料电池、汽车燃料、化工、城市燃气等方面，其中许多技术已经很成熟。

天然气发电包括天然气联合循环发电和楼宇热电冷联产技术。天然气联合循环发电技术采用余热锅炉，启停迅速，环保经济性高。楼宇热电冷联供系统效率高、占地小，多数应用于大型建筑。

燃料电池是一种将燃料的化学能通过电化学反应产生电能的装置，通过在电池内进行氧化还原反应产生电能。天然气燃料电池通过天然气重整制氢，其发电系统由燃料处理装置、电池单元组合装置、交流电转换装置、热回收系统组成。燃料电池的优点是效率高、占地少、无污染，缺点是需要贵金属铂，成本非常高。

世界上目前使用天然气的汽车主要是压缩天然气汽车。它是将天然气压缩至20Mpa于汽车专用储气瓶中，使用时经减压器供给内燃机，一次充气可行驶200～250km。天然气汽车环境效益显著，与燃油车相比，一氧化碳可减少85%，碳氢可减少40%，具有安全性好、发动机寿命长、燃料费用低等优点，缺点是需增加车辆的改装费用，加气站建设投资费用高。

以天然气为原料加工的化工产品有合成氨、甲醇、甲醛、乙烯、乙炔、氯化甲烷、二硫化碳、氰氢酸、炭黑等。在国内，天然气主要用于合成氨和甲醇。

天然气是理想的城市燃气，其单位体积的发热量是人工煤气（如焦炉气）的两倍多，达到35.5～41.8MJ/m^3。天然气和人工煤气相比，其热值、火焰传播速度、供气压力、组成等均有较大差异，从人工煤气向天然气转换时，需对输配管网、计量器具进行改造，对用户而言，则需要更换燃烧器具。

（3）天然气特点

天然气是较为安全的燃气之一，它不含一氧化碳，也比空气轻，一旦泄漏，立即会向上扩散，不易积聚形成爆炸性气体，安全性较其他燃料而言相对较高。采用天然气作为能源，可减少煤和石油的用量，因而可大大改善环境污染问题。天然气的优点有：

① 绿色环保。天然气是一种洁净环保的优质能源，能减少二氧化硫和粉尘排放量近100%，减少二氧化碳排放量60%和氮氧化合物排放量50%，并有助于减少酸雨形成，舒缓地球温室效应，从根本上改善环境质量。

② 经济实惠。天然气与人工煤气相比，同比热值价格相当，并且天然气清洁干净，能延长灶具的使用寿命，也有利于用户减少维修费用的支出。天然气供应稳定，为经济发展提供新动力，带动经济繁荣及改善环境。

③ 安全可靠。天然气无毒、易散发，比重轻于空气，不易积聚成爆炸性气体，是较为安全的燃气。

④ 改善生活。随着家庭使用安全、可靠的天然气，将会极大改善家居环境，提高生活质量。

3.新能源利用[1]

（1）太阳能利用

1）太阳能概念

太阳能是太阳以电磁辐射形式向宇宙空间发射的能量。太阳是一个巨大的天体，内部不断发生热核反应，释放巨大的能量，人类所需的大部分能源直接或间接来自太阳，如煤炭、石油、天然气等化石能源也是由古代深埋于地下的动植物经过漫长的地质年代形成的，它们实质上是由古代生物保存下来的太阳能。此外，水能、风能等也都是由太阳能转换来的，其转换原理如图6-1所示。

2）太阳能利用

太阳能利用技术主要有光热转换、光电转换和光化学转换三种。太阳能光热转换，是将阳光聚合，并运用其能量产生热水、蒸汽和电力。除企业运用适当的设备和技术来收集太阳能外，建筑物也可利用太阳的光和热能，方法是在建筑设计时加入能吸收及慢慢释放太阳热力的建筑材料和相应的装备。太阳能光电转换，是通过光伏效应把太阳辐射能直接

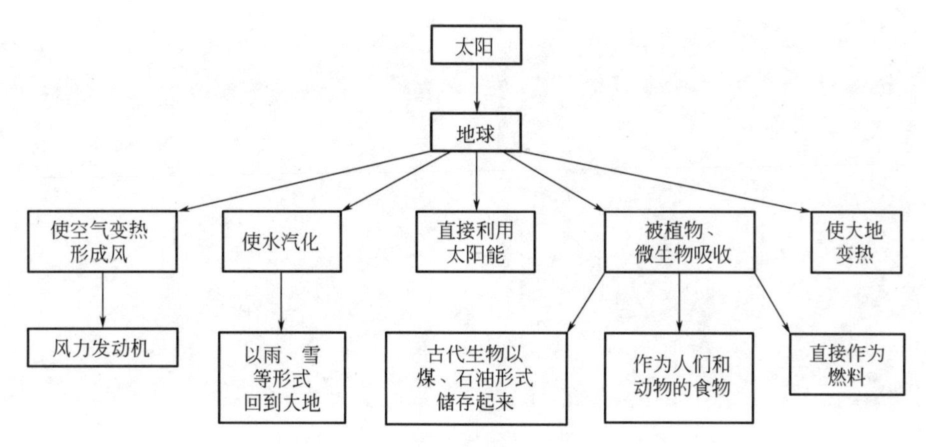

图 6-1 太阳能转换原理

转换成电能的过程。目前较普遍的有单晶硅太阳光电池、多晶硅太阳光电池及非晶硅太阳光电池等三种太阳光电池，主要功能是将光能转换成电能。光化学转换就是将太阳辐射能转化为氢的化学自由能。

3）太阳能特点

太阳能的特点有以下几方面：

① 可再生。它是人类可利用的最丰富能源，取之不尽，用之不竭。

② 普遍。无论地球的任何地方都有太阳能，可就地开发利用，不需运输，对交通不发达的农村、海岛和偏远地区更具有利用价值。

③ 清洁。在开发和利用过程中，不会产生废渣、废水、废气，也没有噪声，更不会影响生态平衡。

④ 简便。太阳能利用设备具有布置简便以及维护方便的特点。

⑤ 分散。虽然到达地球表面的太阳辐射总量很大，但是能流密度很低。

⑥ 不稳定。由于受到昼夜、季节、地理纬度和海拔高度等自然条件的限制以及各种天气因素的影响，到达某一地面的太阳辐射照度既间断又不稳定。为使太阳能成为连续、稳定的能源，必须很好地解决蓄能问题，把晴朗白天的太阳辐射能贮存起来，供夜间或阴雨天使用。目前太阳能蓄能技术正在不断地改进和更新。

总的来说，太阳能是一种清洁的可再生能源。随着利用技术的不断提高和使用成本的不断降低，太阳能的应用将会越来越普遍，其产业规模也将不断扩大。在常规能源贮量日益下降的未来，太阳能的利用将逐渐替代部分常规能源。

（2）风能利用

1）风能概念

风能是近地层风产生的动能。它利用风力带动风车叶片旋转，风能转化为动能，通过一系列传动装置，带动发电机转子转动，利用电磁感应原理，发电机就会输出感应电动势，经闭合负载回路就能产生电流。例如，新疆、珠海等地的风能发电（图 6-2 和图 6-3）。

2）风能利用

风能利用技术主要是将大气运动时所具有的动能转化为其他形式的能量，如发电、帆船应用等。

图 6-2　新疆小草湖风能发电

图 6-3　珠海横琴山风能发电

风能发电分两种形式，一类是离网型风力发电，即在市政电网未通达的地区，利用风电机组发电，独立运行供电，一般为中小型机组，解决小型社区的用电问题；另一种是并网型风力发电系统，大规模利用风力发电，作为常规电网的电源。

风力发电机一般有风轮、发电机、调向器、塔架、限速安全机构和储能装置等构件组成，其工作原理比较简单，即风轮在风力的作用下旋转，它把风的动能转变为风轮轴的机械能，风轮轴带动发电机旋转发电，主要有直接输出型风力发电系统（图 6-4）和双馈型风力发电系统（图 6-5）。

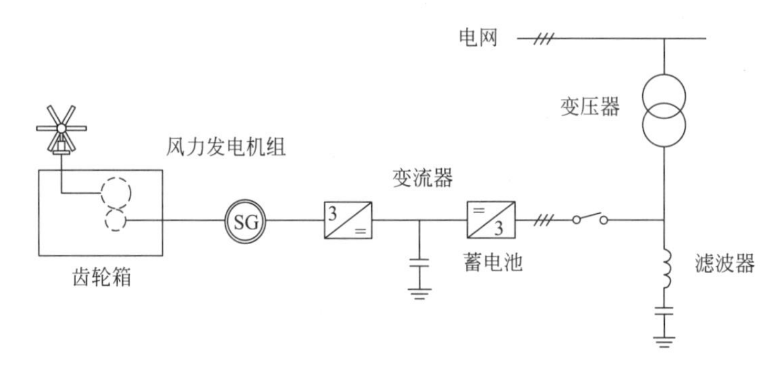

图 6-4　直接输出型风力发电系统

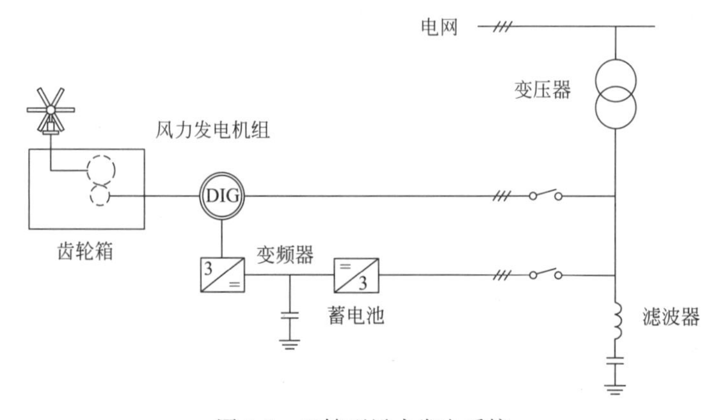

图 6-5　双馈型风力发电系统

3）风能特点

① 储量巨大。地球所吸收的太阳能约有 1%～3%转化为风能，总量相当于地球上所有植物通过光合作用吸收太阳能转化为化学能的 50～100 倍。全球风能约为 2.74×10^9 MW，其中可利用的风能约为 2.0×10^7 MW，比地球上可开发利用的水能总量要大 10 倍。全世界每年所需燃烧煤炭的能量，还不到风力在同一时间内提供给地球能量的 1%。

② 来源丰富。风是太阳使空气变热流动形成的，是周而复始的自然现象，在地球上分布广泛。

③ 污染少，清洁无害，综合社会效益高，是清洁的能源。

④ 无副产物，风能不像生物质能，利用后有大量废弃物。

⑤ 技术开发最成熟、成本相对其他新能源，价格低廉。

⑥ 不稳定，季节风力变化大，许多地区的风力有间歇性，在电力需求较高的夏季及白天，却是风力较少的时间。

⑦ 密度低，需要大量土地兴建风力发电场，才可以生产比较多的能源。

⑧ 噪声大，风力发电机会发出庞大的噪声，在生态上可能干扰鸟类，所以在选址上应避免对生态及环境造成二次污染。

⑨ 地区差异大。由于地形的影响，风力地区差异非常大。一个邻近的区域，有利地形下的风力，可能是不利地形下的几倍甚至几十倍。

风能作为一种无污染和可再生的新能源有着巨大的发展潜力，特别是对沿海岛屿，交通不便的边远山区，地广人稀的草原牧场，以及远离电网和近期内电网还难以达到的农村、边疆，作为解决生产和生活能源的一种可靠途径，有着十分重要的意义。

（3）生物质能利用

1）生物质能概念

生物质能是绿色植物通过叶绿素将太阳能转化为化学能存储在生物质内部的能量，也是太阳能以化学能形式存储在生物质中的能量。生物质能直接或间接地来源于绿色植物的光合作用，可转化为固态、液态和气态燃料，是一种可再生能源，同时也是唯一一种可再生的碳源，它包括所有的植物、微生物以及以植物、微生物为食物的动物所代谢产生的废弃物。根据不同的来源，可分为林业资源、农业资源、生活污水和工业有机废水、城市固体废物和畜禽粪便等五大类，决定生物质能源化利用的主要成分有纤维素类、淀粉和脂类。

2）生物质能利用

生物质能利用技术主要有直接燃烧、热化学转换和生物化学转换等 3 种。

生物质的直接燃烧是指全部采用生物质原料，在专用的生物质蒸汽锅炉中燃烧，产生蒸汽，驱动蒸汽涡轮机，带动发电机发电。

生物质直接燃烧的原料可为农作物秸秆、森林薪柴，与煤炭比较，其含水量高，挥发成分高、热值低。在燃烧过程，锅炉也容易积灰和结渣，影响锅炉的运行效率，导致锅炉腐蚀和结焦等问题。另外，也可采用木屑、秸秆等农林废弃物作为原材料，经过粉碎、烘干、混合、挤压等工艺，制成颗粒状的可直接燃烧的一种新型清洁燃料，可提高锅炉的使用率。生物质燃料颗粒与各种油、气燃料比较，如表 6-1 所示。

生物质燃料与各种油、气燃料的比较　　表 6-1

项目	生物质颗粒	动力煤	重油	柴油	天然气
热值(kcal/kg)	4000±100	5000±100	9800	10200	8500
单价(元/kg 或元/m^3)	1.30 元/kg	0.95 元/kg	4.64 元/kg	6.5 元/kg	6 元/m^3
锅炉热效率(%)	75	70	90	90	90
吨蒸汽燃料耗量(kg/t)	240	230	75	70	78.4
吨蒸汽燃料费用(元/t)	288	218	345	455	468

注：燃料费用比为“生物质颗粒：天然气：轻柴油：重油：动力煤等于 1：1.62：1.6：1.2：0.76”。

生物质的热化学转换，是指在一定的温度和条件下，使生物质汽化、炭化、热解和催化液化，以生产气态燃料、液态燃料和化学物质的技术。生物质的汽化是以生物质为原料，以空气、水蒸气等为汽化介质，在高温条件下通过热化学转换为一氧化碳（CO）、氢气（H_2）等可燃气体，这些气体经过净化后可以直接使用内燃机发电。

生物质的热化学转换主要有生活垃圾焚烧发电，一般炉内温度控制在高于 850℃，燃烧产生的高温气体通过垃圾锅炉内设置的热交换产生高温高压蒸汽，推动汽轮机，从而带动发电机发电。焚烧后体积比原来可缩小 50%～80%；分类收集的可燃性垃圾经焚烧处理后甚至可缩小 90%；焚烧处理与高温（1650～1800℃）热分解、融熔处理结合，可进一步减小体积。

生物质的生物化学转换包括“生物质—沼气”转换和“生物质—乙醇”转换等。

①“生物质—沼气”转换：主要用于养殖场的畜禽粪便处理和工业有机废水、废渣的处理，其主要流程为：畜禽粪便、尿液、冲洗栏舍的污水等废弃物同时进入厌氧消化池；在厌氧菌的作用下，废弃物中的碳、氢元素转化为沼气；沼气净化处理后进入储气罐，为热电联产机组发电和供气的气源；经厌氧处理后剩余的残渣进行固液分离，分离后的固体含有大量的有机物，可以制成有机肥料出售；分离后的液体有机成分含量也很高，可放进鱼塘增加水体的养分，或作为水生植物塘的肥料，如图 6-6 所示。沼气是一种有很高热值的可燃气体，可作为动力机的燃料，带动发电机旋转发电。

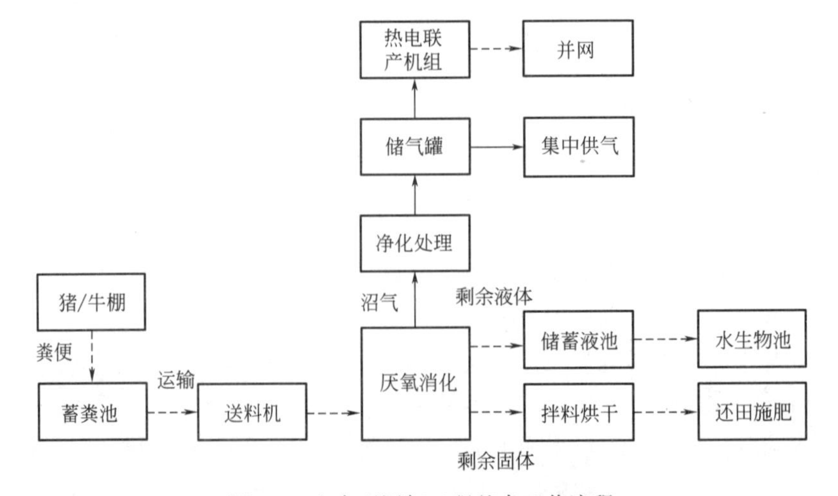

图 6-6　生态型沼气工程基本工艺流程

②“生物质—乙醇”转换：传统的制作过程是水解/发酵法，即生物质在催化剂的作用下，发生水解反应，转化为五碳糖或六碳糖，然后糖类发酵转化为乙醇，最后经过提炼为燃料乙醇。其转换的主要生物原料为甘蔗、甜菜、甜高粱等，它们的糖蜜都是生产乙醇的良好原料，这些原料主要成分是蔗糖，是一种由葡萄糖和果糖通过糖苷键结合的双糖，在酸性条件下可水解为葡萄糖和果糖，在无氧条件下，葡萄糖和果糖可生产乙醇。当然，生物也能从薯类、粮谷类、野生植物等淀粉原料中提取乙醇，主要环节有原料粉碎、蒸煮糊化、糖化、乙醇发酵、乙醇蒸馏等。

3）生物质能特点

① 低污染。生物质是通过光合作用合成的，它的硫、氮含量低，燃烧过程中生成的氧化硫、氧化氮等较少；生物质作为燃料时，理论上它在生长时需要的二氧化碳与它燃烧排放的二氧化碳的量相等，因而对大气的二氧化碳净排放量近似于零，可有效地减轻温室效应。

② 可再生。生物质能是可再生能源，是一种可通过地球自然循环不断补充的能源，它的载体是有机物，是可以存储和运输的可再生能源，相对于太阳能、风能等，它不受天气和自然条件的限制。

③ 直接利用。从化学角度，生物质是由碳氢化合物组成的，这与常规的化石能源在特性和使用方法上有很多相同之处，生物质生成电、油、气等二次能源，可直接应用于汽车和工业所需的热力设备。

④ 变废为宝。生活、生产中的废弃物在未经利用时，对自然环境产生极大的危害，而生物质能正是利用这些有害废弃物转化为人类必不可少的能源。

6.1.2　推广能源综合利用的现实意义

1. 有助于打破能源子系统间的壁垒[2]

在长期的经济发展中，我国能源生产和消费总量不断增长，传统化石能源被过度开发和利用，导致生态环境污染和能源安全等问题比较突出，制约我国可持续发展，因此需要更加注重清洁能源（包括可再生能源）的开发和利用。同时，随着经济全球化深入发展和“一带一路”建设扎实推进，我国的国际能源合作进一步加强，能源资源、技术和市场更加多元化。在此背景下，需要接纳包括清洁能源在内的多种能源，提高各种能源的利用效率，促进能源系统之间的协调优化，实现多种能源的互补互济。

传统的能源系统通常由相对独立的多个子系统构成，各类能源产业都通过自身的规划、建设、投资和运营来确保本能源的供需平衡。这种传统的能源系统，在提高能源利用效率、实现能源互补和从整体上解决能源需求问题时，面临一些障碍：一是各类能源的特性不尽相同，要在能源生产、运输和使用环节实现互补协调存在技术壁垒，特别是清洁能源和传统化石能源之间的互补协调技术发展滞后；二是各类能源子系统之间在规划、建设、运行和管理层面都相互独立，存在体制壁垒；三是各类能源子系统之间缺乏价值转换媒介和机制，难以实现能源互补带来的经济效益和社会效益，存在市场壁垒。

构建综合能源系统可以打破上述“三个壁垒”，即通过创新技术，根据异质能源的物理特性明晰能源之间的互补性和可替代性，开发能源转化和存储新技术，提高能源开发和利用效率，打破技术壁垒；通过创新管理体制，实现多种能源子系统的统筹管理和协调规划，打破体制壁垒；通过创新市场模式，建立统一的市场价值衡量标准和价值转换媒介，从而实现能源转化互补的经济价值和社会价值，打破市场壁垒。

2.有助于解决我国能源发展面临的一系列挑战和难题[2]

（1）应对复杂的国际能源格局

目前，世界经济发展处于深度调整期，国际能源格局随着经济形势、供需状况等变化而发生深刻变化，给我国能源安全带来巨大挑战。综合能源系统是一种新型的能源供应、转换和利用系统，利用能量收集、转化和存储技术，通过系统内能源的集成和转换可以形成“多能源输入—能源转换和分配—多能源输出”的能源供应体系。“多进多出”的能源供应体系将在很大程度上降低覆盖区域对某种单一能源的依赖度，对于规避能源供应风险、保障能源安全具有重要作用。

（2）破解能源电力消纳难题

目前，我国的清洁能源电力消纳尚不尽如人意，其成因较为复杂。其中有两个最重要的原因：一是清洁能源发电出力的波动特性，使电力系统调峰存在一定困难；二是清洁能源电力覆盖区域的市场消纳能力有限。综合能源系统集成多个能源子系统，通过系统内的能源转换元件实现能源的转置和梯级利用，通过供需信号对不同能源进行合理调配，使能源子系统具备更加灵活的运行方式，可以较为有效地解决上述两个问题。清洁能源电力充裕时，综合能源系统可以将其吸收转化甚至存储起来；清洁能源电力不足时，综合能源系统可调配其他能源填补空缺。此外，清洁能源可以通过综合能源系统进行能量形式转换，并利用综合能源系统中其他能源系统的管网和负荷进行输送或消纳。

（3）突破能源技术创新瓶颈

在以低碳、互联、开放为特征的现代社会，低碳低排放等环保因素、能源系统的智能化和自愈性等技术因素以及平等开放、多赢共生等市场因素变得越来越重要，正成为能源产业发展的硬约束。综合能源系统的构建将加速能源技术创新，突破技术创新瓶颈。建设综合能源系统可以促进能源产业链各个环节的技术开发和融合，进而推动保障能源产业可持续发展的基础技术创新，推动包括广域电力网络互联技术、多能源融合与储能技术、能源路由器技术和用户侧自动响应技术在内的多种技术的创新和应用。这些技术创新和革命是能源产业发展实现智能自治、平等开放和绿色低碳的必要条件，也是建设清洁低碳、安全高效的现代能源体系的基础。

3.有助于推动我国能源战略转型[2]

随着经济的发展和工业化的推进，一国的能源消费总量逐渐达到上限，以能源消费推动经济发展和工业化进程的方式就会发生改变，环境保护和能源安全将成为能源战略向多元化和清洁化方向转型的驱动力。我国目前正处于这一关键的能源战略转型阶段。特别是《巴黎协定》正式生效后，我国能源战略转型更是迫在眉睫。构建综合能源系统，有助于推动我国能源战略转型。

（1）向清洁低碳转型

综合能源系统打破不同能源行业间的界限，推动不同类型能源之间的协调互补，将改变能源的生产方式、供应体系和消费模式。通过物理管网和信息系统的互联互通，综合能源系统增强了能源生产、传输、存储、消费等各个环节的灵活性，可以大力推动清洁能源开发设备和移动能量存储设备的规模化和经济化应用，能够有效改善能源生产和供应模式，提高清洁能源的比重，实现能源生态圈的清洁低碳化。

(2) 向多元化转型

当前，能源开发利用技术不断推陈出新，供应侧的非常规油气、可再生能源技术以及需求侧的新能源汽车、分布式能源和储能技术等新技术的应用加速了能源结构调整，推动能源格局向多元化演进。综合能源系统本质上是一个多能源的综合开发利用系统，它可以简化多元能源耦合开发利用的路径，实现多元能源互补互济、协调优化，提高综合用能效率，是促进我国能源战略向多元化转型的重要助力。

(3) 向全方位国际合作转型

受世界经济和政治因素的影响，全球能源安全的不确定性增加。全方位加强国际合作是我国实现开放条件下能源安全的有效途径。未来的国际能源合作必然是多个区域、多种能源、多类主体之间的合作。综合能源系统的能源市场是电力市场、石油市场和天然气市场等传统能源市场在综合能源系统中的融合，具有更好的市场包容性和灵活性，多数能源都可在系统内实现转换和互补利用。在国际能源合作中，综合能源系统还可以增强我国在国际能源市场上对各类能源的选择性消纳能力，使我国对外能源合作方式从“只能要我需要的”向“可选综合性价比最高的”转变，在国际能源合作中真正做到互利共赢。

6.2 国内外能源综合利用实践与经验启示

6.2.1 国外能源综合利用经验启示

1. 国外新能源发展历程

20 世纪 70 年代以来，世界上许多国家都意识到矿物能源的有限性和化石能源对全球环境的影响，已开始不断开发新能源，并在政治、经济和技术上采取行动，出台了一系列的政策和措施，其基本目标是实现社会可持续发展、生态可持续发展和经济可持续发展，加快新能源与可再生能源技术产业化、商业化的步伐，使其成为现实社会的一个重要能源供应成分。

近年来，随着地球环境的不断恶化，以及《联合国气候变化框架公约》的形成和最终生效，许多国家加快了核能、风能、生物质能和太阳能等新能源的研发，以减少对石油和天然气等传统不可再生能源的依赖，已把开发和利用新能源视为国家战略发展的重要一步。

目前，新能源作为缓解能源供应问题和应对气候变化的重要措施，已在世界范围内得到迅速发展。各国的能源战略有两个方面的政策导向：一是鼓励开发新能源，给予政策、经济、税收等的扶持；二是倡导节能降耗，致力于节能技术和节能产品的研发。各国虽然对新能源的开发和利用取得了一些成绩，但从产业发展的角度看，还存在数量和质量两方面的问题：在数量上，新能源的生产量、交易量与消费量较小；在质量上，新能源产品的质量参差不齐，总体水平有待提高。

2. 典型国家能源产业发展现状

(1) 美国——从发展先锋走向保守

2005 年美国通过了《能源政策法》，鼓励提高能源效率和能源节约；2007 年 7 月，美国参议院提出《低碳经济法案》；2009 年 1 月，奥巴马宣布“美国复兴和再投资计划”，将发展新能源作为投资重点，计划投入 1500 亿美元，到 2025 年将新能源发电量提高到总发电量的25%。美国选择了以开发新能源、发展低碳经济作为应对危机、重新振兴美国经济的战略取向，短期促进就业，拉动经济，远期可摆脱对石油进口的依赖，为产业和能源结构的转型迎来了难得的历史机遇。

美国早在1974年就开始实行联邦风能计划。根据美国风能协会的统计数据，2018年美国风电装机容量增加了8%，累计达到96.5 GW，创下新高，为超过3000万美国家庭供电，风能产生的电力占总消耗量的6.5%。

美国生物质能转化为高品位能源利用，约占一次能源消耗量的4%。生物质能发电的总装机容量已超过10000MW，单机容量达10～25MW。例如，美国纽约斯塔藤垃圾处理站投资2000万美元，采用湿法处理垃圾产生沼气发电，同时生产肥料；美国开发的利用纤维素废料生产乙醇技术，建立了1MW的稻壳发电示范工程，年产乙醇2500t；美国军方从2006年开始研究军队的能源问题，国防部现已成为美国生物燃料的最大用户。为避免与农作物和森林争夺土地，军方还在计划利用荒地来种植燃料作物。2007年底，美国最大的太阳能装置在内利斯空军基地投入使用。

（2）欧盟——能源战略走向低碳

早在2001年，欧盟就通过立法，推广可再生能源发电。2006年10月，欧盟委员会公布了《能源效率行动计划》，这一计划包括降低机器、建筑物和交通运输造成的能耗，提高能源生产领域的效率等70多项节能措施。2007年1月，欧盟委员会通过一项新的立法动议，要求修订现行的《燃料质量指令》，为用于生产和运输的燃料制定更严格的环保标准。2008年1月，欧盟委员会提出《气候变化与可再生能源一揽子计划》，承诺到2020年将可再生能源使用量占欧盟各类能源总使用量的20%，将其温室气体排放量在1990年水平的基础上减少20%，将煤炭、石油、天然气等一次能源的消耗量减少20%，将生物燃料在交通的比例提高到10%。旨在带动欧盟经济走向高能效、低排放的转型道路，并以此引领全球进入“后工业革命”时代。根据英国Sandbag机构汇总的数据，欧盟国家中有21个国家有煤电，总装机容量为143 GW。目前有8个欧盟成员国明确承诺在国家能源和气候计划（NECP，2021～2030年）期间逐步淘汰煤炭；2个欧盟成员国将淘汰煤炭，但没有在NECP中明确规定；11个欧盟成员国没有到2030年淘汰煤炭的计划，其中一些煤炭产能与2019年相比几乎没有减产。到2030年，欧盟国家煤电装机仅剩60GW，主要集中在6个欧盟成员国：波兰、德国、捷克、保加利亚、罗马尼亚和希腊。

欧盟2009年27国的总耗电量为3042太瓦时（TW·h），其中19.9%来自可再生能源，发电量为608TW·h。在可再生能源中，水电11.6%、风电4.2%、生物质能电3.5%以及太阳能电0.4%。若以目前的增长速度，到2020年发电装机容量中的可再生能源发电量将达到1400TW·h，这将占到欧盟总耗电量的35%～40%，这一发展速度将大大有助于欧盟实现其到2020年将可再生能源占总能源消耗比例提高20%的目标。

1）英国——低碳经济倡导者。英国是世界上控制气候变化的倡导者和先行者，2003年的英国能源白皮书《我们的能源未来，创造低碳经济》，首次提出了低碳经济的概念；2007年5月，英国政府公布了《英国能源白皮书》，该白皮书为英国可再生能源的开发提出了具体目标，到2020年，煤炭在英国能源总量中的比重将降低到20%，石油和天然气的比重将保持在40%左右，而可再生能源的比重将扩大到35%；2007年6月，公布了《英国气候变化战略框架》提出了低碳经济的远景设想；2009年7月英国政府发布了可再生能源战略，与此同时，气候变化法案得到王室正式批准，英国成为世界上首个将温室气体减排目标写进法律的国家。在发展低碳经济上采取了开征气候变化税、成立碳基金、启动气候排放贸易计划、推出气候变化协议及使用可再生能源配额等措施。自英国实行低碳经济以来，英国低碳能源供应占比逐年提高，从 2000 年的 9.4%提高至 2017 年的 18.4%。在各种不同种类的低碳能源中，核能、风能以及生物能源占比最高。

英国受地理位置影响，太阳日照时间短，所以主要新能源为核能、风能和生物质能，近十几年来，在廉价天然气的冲击下，英国核电的发展几乎停滞。2015 年 12 月，服役时间 44 年的 Wylfa 核电站关闭，宣告着英国第一代核电站全部退役。英国目前正在运行的核电机组以第二代气冷堆和一座压水堆为主，共 16 台机组，总装机容量约为 940 万 kW，为英国提供大约 20%的电力供应。

2017 年，英国的可再生能源来源中，风电占比 21%，仅低于生物能源。在可再生能源发电上，陆上风电发电量达 29.1TW·h，占比 29.3%，海上风电发电量达 20.9TW·h，占比 21%，两者占比之和超 50%。此外，2010 年以来，陆上风能和海上风能发电量都大幅提高，陆上风能发电量从 2010 年的 7.2TW·h 提升至 2017 年的 29.1TW·h，海上风能发电量从 2010 年的 3.1TW·h 提升至 2017 年的 20.9TW·h。

英国生物质发电技术的开发利用也比较成功，发电成本已有大幅度下降，应用规模仅次于美国。英国诺丁汉大学还开发出一项新技术，能将香蕉皮转变为燃料。这项技术将有助于非洲地区减少对木材的依赖，进而有助于保护森林。2017 年，英国的可再生能源来源中，生物能源占比 66%。

2）瑞典、荷兰、德国等国家在应用大型的太阳能采暖装置上处于领先地位。丹麦马尔斯托岛太阳能供热采暖工程是世界上最大的太阳能供热采暖系统，集热器面积达 $1.83\times10^4m^2$；与社区的热力管网连接，热负荷约为 2.8×10^7kW·h/年，采用地上及地下共约 $1.6\times10^4m^3$ 的水池蓄热。瑞典哥德堡太阳能供热采暖工程的太阳能集热器设置在大面积空地上，面积 $1.0\times10^4m^2$，与社区热力网连接。德国汉堡柏拉姆富区域供热工程，利用联排别墅的屋顶，共安装 3000m^2 的太阳集热器，热负荷为 1550MW·h/年，太阳能保证率为 50%，燃气锅炉辅助加热。另外，瑞典南部及中部现有柳树能源林约有 11000hm^2，这些能源林每年每公顷平均的生物量生产为 10～12t，25～30 桶原油。

（3）日本——新能源技术飞速发展

日本是一个能源资源极度匮乏的国家，石油、煤炭、天然气等一次性能源几乎全部依靠进口，能源消费中对石油的依存度最高时接近 80%。在经历了 1973 年和 1978 年两次石油危机冲击后，日本政府和企业都认识到开发新能源的重要性，从 20 世纪 70 年代中期开始推动新能源的开发和推广利用。政府通过立法先行、政府主导、政策金融支援等三方面，把新能源开发置于国家安全的高度，推动新能源技术开发和推广普及。

在政府的大力推动下，日本研究机构和企业及时跟踪全球新能源技术的最新动态，在光伏发电技术领域居世界前列。日本推出了“先进光伏发电计划”：到 2030 年，将太阳能发电量提高 20 倍。日本三泽住宅北海道公司（位于札幌市）开发了一项新技术，可将太阳能光板安装在住宅墙面而不是屋顶上。该技术使得在积雪较厚的地区也可全年使用太阳能。使用这项技术后，人们不需要再爬上屋顶去除妨碍发电的积雪。

日本的核能发电量占总发电量的 30%，福岛核危机后，日本政府宣告终止核电的发展计划，太阳能、风能、生物质能、地热能等，迎来了新的机遇，新能源产业结构将发生调整。2011年5月，日本软体银行表示斥资数亿美元，在东日本推动大规模太阳能发电厂计划。日本政府的计划是在2020年以前将太阳能、风能、生物质能、地热能等发电量的比重提高到总能量消耗的30%，停止或限制高能耗产业发展，日本还制定了节能计划，对节能指标做出具体规定，投入巨资开发利用太阳能、风能、光能、氢能、燃料电池等替代能源和可再生能源，并积极开展潮汐能、水能、地热能等研究。

日本政府在新材料方面的研究上投入了大量的经费，在太阳能、氢能及新材料方面的研发费用，远比在电子计算机产业的研究开发费高出许多。目前日本已经使用了电动车的终极方案，用飞一般的速度将氢能源汽车带到了“量产阶段”，开始玩转氢能源汽车。而“全树脂电池”研发方案提出，将从根本预防起火事故。

3. 国外新能源利用经验启示

目前，世界上大多数国家都把应对气候变化的危机和应对金融危机同步推进。这既要促进经济的复苏，又要应对全球的气候变化，所以低碳经济领域就成为当前重点投入的领域。各国投资于新的低碳能源技术，近期有利于促进本国的经济复苏和就业，长期有利于减缓温室气体排放，应对气候变化。

（1）制定完善而具有针对性的新能源政策是发展新能源的前提

从国外新能源和节能的政策实践及发展历程中，我们可以发现这些政策措施具有一定的共性特征，就是建立完善的新能源和节能政策体系，包括战略规划、法律规划、完整的管理体系等。在发展和利用新能源的过程中，应重视新能源和节能政策的制订、修订和实施，采取不同的政策工具。例如，出台激励政策，政府拨付专项基金用于新能源的开发，投入关键技术研发资金，促使新能源的核心技术早日突破并进入国际先进行列；提出约束政策，对高污染行业进行法律约束，使行业向节约型、节能型转变；价格导向，新能源的开发成本较高，政府可对开发者和消费者实行价格补贴，提高研发的积极性；税收优惠、市场参与等措施，为新能源的健康发展创造一个良好的环境。

（2）成立新能源管理机构，建立不同相关主体间的管理体系是发展新能源的条件

先进国家为确保规划和法律、法规的有效实施，在管理政策上还建立了一个包括政府、厂商和第三方中介机构在内的管理体系，并且对各环节的政策实施效果进行反馈，及时把握新能源和节能产业的运行态势并及时调整。建议成立新能源管理机构，为新能源的普及展开各种宣传，整合各企业的核心技术进行共同研发，避免出现恶性竞争的局面，给新能源技术和产业的发展扩大创造有利条件。在政府、电力公司、新能源建设公司、新能源管理机构之间建立一套完善可行的管理体系。

（3）合力攻坚，发扬保护与限制并重是发展新能源的战略

与发达国家拥有几十年的经验相比，我国低碳经济产业化较晚，技术上有一定的差距。因此，在低碳能源技术的应用上，应培植新能源的行业龙头企业，以核心企业为攻坚主体，加紧研发出具有自主知识产权的新能源核心技术，使我国在国际竞争中立于不败的地位，保护我国新能源相关产业的利益。

6.2.2 国内能源综合利用经验启示

1. 国内新能源发展历程

20世纪80年代初期，我国新型可再生能源技术开始列入国家重点科技攻关计划，但

由于当时新能源开发的技术还比较薄弱，开发成本很高，而煤炭资源量相对也比较丰富，所以新能源没办法大规模应用。进入了 90 年代，我国经济和科技实力不断增强，与欧美等发达国家合作建立了可再生能源实验项目。到了 21 世纪，我国的能源问题更加突出，能源紧缺与环境恶劣已成为制约我国经济发展的重大因素。2007 年，国家制定的《可再生能源中长期发展规划》明确提出了可再生能源的发展目标，即 2010 年可再生能源消耗量占到能源总消耗量的 10%，2020 年提高到 15%。“十三五”期间，我国把新能源产业列入了国家重点支持的七大领域之一，不但国家政策支持，各地方也制定了很多优惠政策鼓励企业发展新能源产业。预计到 2020 年，中国新能源发电装机容量达 2.9 亿 kW，约占总装机容量的 17%。其中核电装机容量将达到 7000 万 kW，风电装机容量接近 1.5 亿 kW，太阳能发电装机容量将达到 2000 万 kW，生物质能发电装机容量将达到 3000 万 kW。根据 2016 年 12 月发布的《太阳能发展“十三五”规划》，到 2020 年底，中国光伏发电装机容量指标为 105GW、光热发电装机容量指标为 5GW。然而，事实上，截至 2018 年 9 月，中国光伏发电累积装机已经达到 165GW，远超“十三五”规划目标。

2. 我国能源产业发展现状及应用案例

(1) 电能

中国电力工业从 1882～1949 年，经过 67 年装机容量只达到 1.85GW，而在新中国成立后的半个世纪里，中国电力事业取得了迅速的发展，平均每年以 10%的速度在增长，到 1998 年全国装机容量已达到 277GW 以上，跃居世界第二位，特别是进入 20 世纪 90 年代以来，实现装机容量 8 年翻一番，缓解了多年持续缺电的局面，从 1998 年开始撤销电力部，成立 11 家电网公司，标志着我国逐步与世界接轨，向建立有序竞争的电力市场迈进。

根据国家能源局发布的 2018 年全社会用电量数据，从电力行业供给看，2018 年，全国电源新增生产能力 12439 万 kW，其中水电 854 万 kW、火电 4119 万 kW；从电力行业需求看，2018 年全社会用电量 68449 亿 kW·h，同比增长 8.5%，全国 6000kW 及以上电厂发电设备累计平均利用时间为 3862h，同比增加 73h，其中，水电设备平均利用时间为 3613h，同比增加 16h；火电设备平均利用时间为 4361h，同比增加 143h。可见，电力行业作为国民经济的基础能源供应，供需稳步提高；分产业看，2018 年第一产业用电量 728 亿 kW·h，同比增长 9.8%；第二产业用电量 47235 亿 kW·h，同比增长 7.2%；第三产业用电量 10801 亿 kW·h，同比增长 12.7%；城乡居民生活用电量 9685 亿 kW·h，同比增长 10.4%，制造业电力需求最大，也将成为电力信息化应用最广的场景。

例如，以国家电网有限公司为例，2017 年电网投资额为 4853.6 亿元，其 2017 年责任公报上承诺 2018 年电网投资额将达到 4989 亿元。电网投资额度的增加，一方面提高电力供应能力，输配电的调度能力，优化能源配置能力；另一方面，电网的智能化为电力信息化奠定了基础。另外，广东陆丰甲湖湾电厂是广东省重点能源建设项目，2018 年 11 月新建工程项目 1 号机组顺利通过 168h 满负荷试运行，正式投入商业运营。该机组集成了世界领先的品牌与技术，创新 18 项世界领先技术，实现废气“近零排放”，创下全国最低供电煤耗，实现废水零排放以及超智能化系统控制，打造成环保、节能、美丽的世界一流电厂。该机组投产后，为陆丰甲湖湾清洁能源基地的长远发展奠定了坚实基础。

(2) 燃气

从 1865 年上海租界煤气供应开始到中华人民共和国成立，中国只有东北 10 个城市有人工煤气供应，20世纪60年代，天然气和液化石油气开始进入城市，成为人工煤气的补充气源。直至2002年，人工煤气所占比例已降至50%以下。从2004年开始，随着西气东输等管网工程的建成投运，我国天然气市场开始进入快速发展时期，连续实现两位数的同比增长。2014年前后，受到宏观经济增速放缓和国际油价暴跌影响，天然气相对石油经济性优势大幅削弱，国内天然气消费增速有所下滑；进入2017年，随着宏观经济呈现稳中向好态势，工业、发电等用气需求也显著回升，天然气消费增长明显加快，加上蓝天保卫战、“煤改气”等政策带来用气增加，天然气消费量呈现两位数增长。2018年，全国天然气表观消费量达到2803亿m^3，同比增长18.1%。

例如，西气东输三线闽粤支干线是国家天然气基础设施互联互通重点工程，事关国计民生，备受国家关注。闽粤支干线作为西三线配套工程，是西二线和西三线在东南沿海地区的联络管道，可以提高管网调气灵活性，填补粤东地区管道空白。建成投产后，将为粤东地区输送大量清洁能源，进一步改善大气环境质量，促进地方产业结构升级和能源结构优化，同时也将为粤东地区“节能减排”做出重大贡献。2019年3月，西气东输三线闽粤支干线揭阳分输站正式开工，该站站场总占地面积2.99hm^2，包括生活区、维抢修队、工艺区、放空区、进场道路等，是全线占地面积最大、功能最全的一座站场。

（3）新能源

1）太阳能

目前，我国太阳能的利用主要集中在利用光热效应和光电效应两个方面。

① 利用光热效应，即把太阳光的辐射能转换为热能，其中太阳能热水器和太阳灶就是典型的例子。我国太阳能热能利用发展较为成熟，已形成较完整的产业体系，太阳能光热产业的核心技术领先于世界水平，其自主知识产权率达到了95%以上。我国已经成为世界上太阳能集热器最大的生产和使用国，2006年全国太阳能热水器累积使用已达9000万m^2，占世界总量的76%。在高速发展的同时，太阳能热水器行业的竞争非常激烈，其中山东、江苏、北京是太阳能热水器主要生产基地。

例如，亚洲第一个光热发电站于2010年8月在北京延庆建成，并网发电。被誉为“太阳能建筑示范城”的深圳，出台了建筑节能条例，要求新建建筑12层以下全部安装太阳能装置。截至2010年9月，太阳能热水应用总集热面积约40万m^2，建筑面积约820万m^2。

② 利用光电效应。我国已形成光伏发电产业。到2006年底，全国光伏发电的总容量约为2000MW，主要用于解决偏远地区居民用电。另外，我国还开展屋顶并网光伏发电示范项目。例如，2011年10月，我国第一座太阳能光伏建筑一体化消防站——乐凯北大街消防站，即保定高新区英利产业园10MW光伏屋顶并网发电站，这是全国首批13个“太阳能光伏发电集中应用示范区”之一，预计运营期为25年，年发电量为230271万kW·h，可节约标煤8万t，减排二氧化碳21万t，减排二氧化硫721t，减排氮化物615t，减排粉尘1410t，总减排效益达到8930万元。

2）风能

2006年1月1日，我国实施了《可再生能源法》，这为风力发电事业提供了法律保障。使我国的风能发电事业迅速发展起来。2008年底，我国风能装机容量约1215万kW；2009年增至2590万kW，跃居世界第二位；2017年9月底，全国并网风电装机容量1.57亿kW。目前，风电已经成为我国继水电之后最重要的可再生能源。我国政府对风能发电给予了有力的扶持，包括全额并网、电价分摊、财税优惠等，上网电价也由最初的完全竞争过渡到现在的特许权招标模式。我国的主要风资源分布在两条风带上，一条是三北北部风带，另一条是东部沿海风带。三北北部风带主要分布在我国草原牧区，新疆、内蒙古有百里风区和几处大风口，每年大风口在 300～330 天之间，风力平均 6 级以上。沿海风带主要位于沿海大陆海岸和所有海岛，其风能资源较三北风带为好。

例如，乌鲁木齐市区以东 40km 左右、312 国道旁，有亚洲最大的风电场——达坂城风电场，达坂城风力发电厂年风能蕴藏量为 250 亿 kW·h，可利用总电能为 75 亿 kW·h，可装机容量为 2500MW。

3）风光互补发电

由于风能与太阳能在时间上有一定的局限，有时有风没太阳，或有时有太阳没风。我国自主研制的新型垂直轴风力发电机（H 型），将风力和太阳能发电进行结合，形成了相对稳定的电力输出。当没有风能的时候，可通过太阳能电池组件来发电并储存在蓄电池；当有风能但没有光能的时候，可通过风力发电机来发电并储存在蓄电池；当风光都具备时，可同时发电，这弥补了风能供电或太阳能供电的单一性，使供电系统更具稳定性和可靠性。运行的时候通过蓄电池向负载放电，为负载提供电力。风光互补发电可在建筑、野外、通信基站、路灯、海岛等领域应用，可完全吸收自然界风力和太阳光热量发电，无须外接电网。

例如，广东省珠海市金湾区具有丰富的可开发风能资源和太阳能资源，海岸沿线建设 15 万 kW 装机容量的风电场，在三灶 4 个连绵山脉上建设 10 万 kW 装机容量的风电场，主要通过风力与太阳能发电，然后再由大型储能电池设备对电力资源进行存储，并为电网提供有效稳定的电力能源。国家气候观象台在深圳市最高峰梧桐山建成集风能太阳能电力互补、大功率无线数据通信能力的自动气象站。该自动气象站为克服高山环境恶劣及供电不易的难题，首次使用风能、太阳能互补的环保电源系统，并加装了数据通信功率放大器，确保了系统稳定运行。

4）生物质能

我国对农林业废弃物等生物质资源气化技术的深入研究是在 20 世纪 70 年代末、80 年代初才广泛开展起来的。其中较有代表性的是中科院广州能源所开发的上吸式生物质气化炉和循环流化床气化炉、中国农业机械化科学研究院研制的 ND 系列生物质气化炉、山东省能源研究所研制的 XFL 系列秸秆气化炉、大连环境科学院开发的木柴干馏工艺以及商业部红岩机械厂开发的稻壳气化发电技术等。国家生物质能发展“十三五”规划提出：到 2020 年，生物质能基本实现商业化和规模化利用。生物质能年利用量约 5800 万 t 标准煤。生物质发电总装机容量达到 1500 万 kW，年发电量 900 亿 kW·h，其中农林生物质直燃发电 700 万 kW，城镇生活垃圾焚烧发电 750 万 kW，沼气发电 50 万 kW；生物天然气年利用量 80 亿 m^3；生物液体燃料年利用量 600 万 t；生物质成型燃料年利用量 3000 万 t。

例如，长春市共有大型秸秆气化站 6 个，利用秸秆 2000t 左右，有近 2000 户家庭受益。秸秆固化生产线 100 多条，仅农安县就有秸秆颗粒加工企业 91 户，年可加工秸秆 20 万 t 以上。现有沼气池用户数近 3 万户，有效利用大量废弃的农作物秸秆，既解决了沼气原料问题，也解决了环境污染。合肥的龙泉山生活垃圾处理场，通过与企业合作的形式，安装了 3 台 1064kW 燃气发电机组，拥有气体收集系统、发电系统、电力输出系统、在线监测系统、自动化控制及环保系统等一系列完善装置。实施了生活垃圾填埋沼气发电，至2011年8月，共计发电超过3635万kW·h，如果按每户家庭每月用电200kW·h计算，相当于大约1.5万户家庭一年的用电量。该项目经过“垃圾填埋－气体收集－气体输送－预处理－气体发电－变配电－电力输送”等环节。在预处理环节，若发电功率不够，会将多余的气体通过一种名叫“燃烧火炬”的燃烧装置，实现充分燃烧，避免了有毒有害气体排放到空气中，不仅解决了垃圾焚烧污染空气的难题，还通过发电产生较大经济效益。2011年10月，安徽砀山生物质能发电项目竣工投产发电，工程规模为1.0×130t/h锅炉和1×30MW汽轮发电机组，砀山生物质发电项目为资源综合利用项目，主要利用砀山及周边的农作物、秸秆、草木废弃物等进行生物质能发电，年可发电2亿kW·h，年可处理30万t的生物秸秆燃料，可为当地群众增收7000余万元。

3.国内新能源利用经验启示

（1）总结建设经验，深化新能源规划

虽然近几年风能、太阳能和生物质能的开发得到快速发展，为未来降低对石化能源的依赖带来了美好的预期。但是，我国新能源的应用技术一次性投入大，研发风险和市场风险较大，新能源规划还需要深化完善。我国的能源供给在一定程度上具有自然垄断的特征，如电力供应，它需要输发电系统、供配电系统等为用户提供服务，电力网络的专用性强。因此，新能源企业如太阳能、风能发电等，在与现有电网连接时会遇到很多问题，还要总结建设经验，少走弯路错路，将新能源规划做好做细，提高新能源建设的可操作性，调整新能源在我国总能源生产量的比例，优化能源结构。

（2）结合实际，因地制宜合理开发和利用新能源

鉴于部分已建成的风电和太阳能电站闲置严重，除了并网难，还有价格较高等问题，所以各地应结合实际因地制宜更好地提高可再生能源的利用率，合理开发和利用新能源。

（3）完善新能源的质量标准体系

目前，我国新能源产品不仅质量参差不齐，而且总体水平不高。因此，要致力于新能源技术的利用、节能技术和节能产品的研发，加速技术和产品的推广和应用，增强设备制造和生产能力，推进可再生能源新技术的产业化发展，实现新能源开发利用的商业化发展，进一步健全质量标准与认证体系、质保与技术服务体系。

（4）建立政府主导的强有力机制

建立由政府统一领导协调并在战略布局下辅以强有力的实施机制，确保能源规划和相关的法律法规有效实施，完善管理机构，建立完备的管理体系，有效组织新能源的研发、生产、市场化、消费等各个阶段，实时把握行业的运行态势并及时调整。

（5）政府加强激励和扶持政策

采取优惠税收、财政补贴（包括对新能源建设者的补贴和对用户的补贴）和支持企业融资等措施，以提高企业开发新能源的积极性，实现我国的节能减排目标。

（6）加强新能源人才的管理和培训

积极采取聘用、兼职、咨询、讲学、顾问、设立研发机构等形式，引进新能源研发、工艺、管理等方面的高层次人才，采取“传、帮、带”的培训方式，使新能源人才提高技术水平、快速成长成熟。

6.3　能源综合利用关键技术要点解析

6.3.1　适用性分析

1. 电能

电能亦称电力，是由其他形式的能源（化学能、水能、原子能、太阳能等）转化而来的二次能源。由于其容易获得、便于输送、易于转换且清洁、经济，因而成为国民经济发展中的主要能源和先行行业。随着城市建设不断向现代化推进，电能的适用范围和种类日益扩大。

城市发电厂的种类主要有火电厂、水电厂、核电厂、太阳能发电厂、风力发电厂、潮汐发电厂、地热发电厂等。目前，我国供电电源仍以火电厂和水电厂为主，核电厂尚在推广应用阶段，其他电厂所占的比例较小。

火电厂是利用可燃物作为燃料生产电能的工厂。燃料在燃烧时加热水生成蒸汽，将燃料的化学能转变成热能，蒸汽压力推动汽轮机旋转，热能转换成机械能，然后汽轮机带动发电机旋转，将机械能转变成电能。火力发电是现代社会电力发展的主力军，占领电力的大部分市场。

水电厂是利用水能转化为电能的场所，要充分利用河流的水能资源，首先要使水电厂的上、下游形成一定的落差，构成发电水头。因此就开发河流水能的水电厂而言，按其集中水头的方式不同可分为坝式、引水式和混合式。

核电厂厂址所在的场地应有均匀、稳定的地质条件，地基应满足承载力的要求，地形有利于常规岛布置，方便对外交通联系，应具有充足、可靠、负荷生产和生活需要的水源，应满足规划装机容量取水的要求，常规岛及其配置设施应满足百年一遇高水位、高潮位的防洪标准，风暴潮严重地区的滨海核电厂应满足 200 年一遇高水位、高潮位的防洪标准。主要进厂道路宜采用二级公路标准，次要进厂道路宜采用三级公路标准。应具备大件运输条件，常规岛的大件设备宜采用水路运输或水路和公路联合运输。厂址应按规划装机容量留有出线走廊。

2. 燃气

（1）天然气

我国天然气资源非常丰富，可采储量占世界总量的 36.8%（煤和石油的可采储量分别占世界总量的 11%和 2.4%），供应充足，价格稳定。充分利用我国西部天然气资源，是促进东西部共同发展，调整能源结构，保护生态环境的重要国策。目前天然气主要应用于城市中，随着燃气管道建设的不断完善，天然气的适用范围也将不断扩大。

（2）页岩气

页岩气特指赋存于页岩中的天然气。它属于源生气，在源岩层内就近聚集，为典型原地成藏模式，与天然气常规气藏不同，页岩气“生、触、盖”自成一体。与常规天然气相比，具有单井产量低、开采寿命长、生产周期长、产量稳定的特点。储集空间以裂缝为主，以游离气、吸附气和水溶气形式赋存，分布在盆地内厚度较大、分布广的页岩烃源岩地层中，连续性分布。

在四川境内页岩气资源丰富，估算资源量达 27.5 万亿 m^3，可采资源量达 4.42 万亿 m^3，资源量和可采资源量均居全国第一，目前主要勘探开发地区块为长宁、威远、富顺—永川区块，类比美国已开发的页岩气，具有更加良好的开发前景。

（3）可燃冰

天然气水合物因其外观像冰一样而且遇火即可燃烧，所以又被称作“可燃冰”或者“固体瓦斯”和“气冰”。它是在一定条件（合适的温度、压力、气体饱和度、水的盐度、pH 值等）下由水和天然气在中高压和低温条件下混合时组成的类似冰状、非化学计量的笼形结晶化合物。形成天然气水合物的主要气体为甲烷，对甲烷分子含量超过 99%的天然气水合物通常称为甲烷水合物。

天然气水合物在自然界广泛分布在大陆永久冻土、岛屿的斜坡地带、活动和被动大陆边缘的隆起处、极地大陆架以及海洋和一些内陆湖的深水环境。在标准状况下，一单位体积的气水合物分解最多可产生 164 单位体积的甲烷气体，因而其是一种重要的潜在未来资源。

全球天然气水合物的储量是现有天然气、石油储量的两倍，具有广阔的开发前景，美国、日本等国均已经在各自海域发现并开采出天然气水合物。据测算，我国南海天然气水合物的资源量为 700 亿 t 油当量，约相当于目前陆上石油、天然气资源量总数的 1/2。我国在南海北部成功钻获天然气水合物实物样品“可燃冰”，从而天然气水合物成为继美国、日本、印度之后第 4 个通过国家级研发计划采到水合物实物样品的国家。2017 年，由中国地质调查局组织实施的中国海域天然气水合物试采在南海神狐海域实现连续 8 天稳定产气，累计产气超过日本此前创下的 12 万 m^3 记录。

（4）液化石油气

液化石油气是丙烷和丁烷的混合物，通常伴有少量的丙烯和丁烯，是在提炼原油时生产出来的，或从石油、天然气开采过程挥发出的气体。液化石油气是石油和天然气在适当的压力下形成的混合物，并以常温液态的方式存在。用液化石油气做燃料，由于其热值高、无烟尘、无炭渣，操作使用方便，已广泛进入人们的生活领域。此外，液化石油气还用于切割金属，用于农产品的烘烤和工业窑炉的焙烧等。液化石油气目前仍用于天然气管道未覆盖的城乡区域。

（5）人工煤气

人工煤气是由煤、焦炭等固体燃料或重油等液体燃料经干馏、汽化或裂解等过程所制得的可燃气体，按其生产方式不同可分为干馏煤气、气化煤气和油制气。采用人工煤气作为气源受制于许多因素，需要考虑原料运输条件，制气过程中会消耗大量的水资源和其他能源，并产生污染，而且供气规模不大，因此，只在少数城镇使用，目前正在逐步退出历史舞台。

3. 新能源

（1）太阳能

太阳能技术的应用必须考虑太阳能资源分布的地域性、气象条件、热源温度、价格等多种因素，并经综合计算分析确定。

太阳能资源极丰富地区：西藏大部分、新疆南部以及青海、甘肃和内蒙古的西部，年总辐射量大于 1750kW·h/m^2。这些地区最大和最小可利用日照的天数比值较小，日照稳定，是太阳能资源利用的最佳地区。

太阳能应用是建筑节能的主要手段，在建筑中的应用形式和效益如表 6-2 所示。

太阳能在区域建筑中的应用和节能效益分析　　表 6-2

应用类型	技术发展水平	主要功能	节能效益	应用场所
太阳能光伏系统	成熟	发电	发电效率约 7%～18%	住宅、路灯
太阳能空调系统	成熟度较低	同时提供空调、热水功能	可替代空调用能的 30%，采暖用能的 50%，热水用能的 80%	住宅、公建
太阳能采暖系统	相对成熟，具备规模推广	同时提供采暖热水系统	可替代采暖用能的 20%～30%，热水用能的 60%	住宅、宾馆
被动式太阳房	相对成熟，适合新农村推广	提供冬季采暖夏季降温功能	可降低采暖、空调用能的 50%	住宅
太阳能热水系统	成熟，应用广泛	供热水	可替代能耗的 40%～50%	住宅、宾馆、医院

太阳能资源丰富地区：青海、甘肃东部、宁夏、陕西、山西、河北、山东东北部、内蒙古东部、东北西南部、云南、四川西部，年总辐射量在 1400～1750kW·h/m^2。这些地区的年可利用时数还较稳定，但在一些东南部区域的最大与最小可利用日照的比值已大于 2.0，不利于利用太阳能的季节增加。

太阳能资源较丰富地区：黑龙江、吉林、辽宁、安徽、江西、陕西南部、内蒙古东北部、河南、山东、江苏、浙江、湖北、湖南、福建、广东、广西、海南东部、四川、贵州、西藏东南角、台湾，年总辐射量在 1050～1400kW·h/m^2。这些地区的月最大和最小可利用日照的比值已大于 2.0，日照数不够稳定，有些季节不利于太阳能的利用。

太阳能资源一般地区：四川中部、贵州北部、湖南西北部，这些地区的年总辐射量小于 1050kW·h/m^2。特别是四川，冬季日照时数很少，月平均日照时数大于 6 h 的只有 7～8d。从太阳能的建设成本与利用等经济角度上考虑，不适于太阳能的应用。

2009～2012 年，我国分布式光伏实行投资补贴政策，基于容量进行一次性投资补贴，开启了分布式光伏市场。随着光伏成本显著下降、产业市场化程度加深，2013 年国家开始调整光伏产业政策，明确了光伏发展的原则，确定了分布式光伏发电的范围，完善了光伏发电价格政策，由投资补贴模式调整为电价补贴，并明确了相关财税金融扶植政策。随着分布式光伏发电商业模式的成熟，2016～2018 年上半年，我国分布式光伏发电呈爆发式增长。截至 2018 年底，我国分布式光伏发电累计并网容量 5062 万 kW。

（2）风能

2018 年，全国新增装机容量 2114.3 万 kW，同比增长 7.5%；累计装机容量约 2.1 亿 kW，同比增长 11.2%，风电装机规模已跃居世界第一位。按风能资源状况和工程建设条件，可将全国分为四类风能资源区。

Ⅰ类资源区：一般年平均风速均达到 8m/s 以上。如内蒙古自治区除赤峰市、通辽市、兴安盟、呼伦贝尔市以外其他地区；新疆维吾尔自治区乌鲁木齐市、伊犁哈萨克族自治州、昌吉回族自治州、克拉玛依市、石河子市。

Ⅱ类资源区：一般年平均风速均达到 7m/s 以上。如河北省张家口市、承德市；内蒙古自治区赤峰市、通辽市、兴安盟、呼伦贝尔市；甘肃省张掖市、嘉峪关市、酒泉市。

Ⅲ类资源区：一般年平均风速均达到 6m/s 以上。如吉林省白城市、松原市；黑龙江省鸡西市、双鸭山市、七台河市、绥化市、伊春市，大兴安岭地区；甘肃省除张掖市、嘉峪关市、酒泉市以外其他地区；新疆维吾尔自治区除乌鲁木齐市、伊犁哈萨克族自治州、昌吉回族自治州、克拉玛依市、石河子市以外其他地区；宁夏回族自治区。

Ⅳ类资源区：除Ⅰ类、Ⅱ类、Ⅲ类资源区以外的其他地区。

（3）生物质能

生物质能产业发展取决于生物质资源，根据具体的调查数据，规划生物质发电站、沼气站的布局。如农作物稻壳，主要产地有东北、湖南、四川、江苏、湖北；玉米芯主要产于辽宁、吉林、黑龙江、河北、河南、山东、四川等省；蔗糖和蔗渣主要产于广东、广西、福建、云南、四川等地。

6.3.2 需求预测方法

1. 用电负荷

由于电能不能大规模经济储存，所以对未来负荷的变化和特性必须要有一个事先的预测评估过程。负荷预测就是保证电力供需平衡的基础，并为电网和电源的规划建设提供预知信息和依据。

用电负荷预测方法有平均增长率法、产值单耗法、电力弹性系数法、人均用电量指标法、类比法、增长型曲线外推法、回归模型预测法、灰色系统预测法、大用户综合分析法、综合用电指标法、组合预测法等。下面主要介绍几种常用的负荷预测方法[3~5]：

（1）产值单耗法

产值单耗法是通过对国民经济三大产业单位产值耗电量进行统计分析，根据经济发展以及产业结果调整情况，确定规划期三大产业的单位产值耗电量，然后根据国民经济和社会发展规划的指标，计算得到规划期的电量需求预测值。

使用产值单耗法预测电量的基本步骤如下：

根据负荷预测区域内的社会经济发展规划，确定未来各年的 GDP 总量 G_t，并根据规划期内三大产业的比例变化趋势，确定各年三大产业所占的比例 $k_{i,t}=1$，2，3，且有 $\Sigma k_{i,t}=1$，从而得到各年份的三大产业增加值为：

$$G_{i,t}=G_t \cdot k_{i,t}, i=1,2,3 \tag{6-1}$$

根据三大产业历史用电量和三大产业的用电单耗，使用某种方法（如平均增长率法等）预测得到各年三大产业的用电单耗 $g_{i,t}$，$i=1$，2，3.

各年份的三大产业增加值分别乘以相应年的三大产业用电单耗，即得到各年份产业的用电量预测值为：

$$w_{i,t}=G_{i,t} \cdot g_{i,t}, i=1,2,3 \tag{6-2}$$

三大产业的预测电量相加，就得到了各年份的全行业用电量

$$W_t=\Sigma w_{i,t}, i=1,2,3 \tag{6-3}$$

（2）电力弹性系数法

电力弹性系数法是根据已经掌握的未来一段时期内国民经济发展规划确定的国内生产总值的年平均增长率，以及历史阶段电力弹性系数的变化规律，预测今后一段时期电力需求的方法。电力弹性系数是一个宏观的指标，它是反映电力工业发展与国民经济发展关系

的指标。电力弹性系数法可以预测全社会用电量，也可以预测分产业的用电量，主要步骤如下：

使用某种方法预测或确定未来一段时期的电力弹性系数为 E，国内生产总值的平均增长率为 R_g。

计算得到未来一段时期的用电量增长率为：

$$R_e = E \cdot R_g \tag{6-4}$$

式中　E——电力弹性系数；

R_e——一定时期内用电量的年平均增长率；

R_g——一定时期内国内生产总值的年平均增长率。

再根据平均增长率法可以得到未来第 i 期的预测电量为

$$W_i = W_0(1+R_e)^i \tag{6-5}$$

式中　W_0——预测基准年电量。

（3）人均用电量法

人均用电量法是基于历史负荷数据统计规律得出的人均用电量指标，预测得到未来电量需求的方法，主要步骤如下：

根据政府相关规划中的人口增长速度，算出规划期各年份的总人口 P_t，再根据规划的城镇化率，算出规划期各年份的城镇人口 $P_{c,t}$ 和乡村人口 $P_{a,t}$，且 $P_t = P_{c,t} + P_{a,t}$。

根据城镇和乡村可支配收入的历史和现状，使用某种方法分别预测出规划期各年份的城镇人均可支配收入 $M_{c,t}$ 和乡村人均可支配收入 $M_{a,t}$。

再根据居民可支配收入和居民人均用电量进行回归分析，分别得到规划期各年份的城镇人均用电量 $d_{c,t}$ 和乡村人均用电量 $d_{a,t}$。

通过规划期各年份的人均用电量和人口相乘，分别得到规划期各年份的城镇用电量 $W_{c,t} = P_{c,t} d_{c,t}$ 和乡村用电量 $W_{a,t} = P_{a,t} \cdot d_{a,t}$。

城镇用电量 $W_{c,t}$ 和乡村用电量 $W_{a,t}$ 相加，得到规划期各年份的居民用电量 $W_{r,t} = W_{c,t} + W_{a,t}$。

（4）单位建设用地负荷密度法

单位建设用地负荷密度法是根据区域规划用地及分类，结合规划部门考虑的分类占地面积、建筑面积、综合用电指标进行的负荷预测。本方法适用于预测各功能分区的负荷和开发新区的负荷，主要步骤如下：

首先，获取本规划区详细用地情况，参照本地区电力系统的相关规范（表6-3），以及一些相关资料数据，确定本区域各单项规划用地的综合用电指标。其次，分类用地面积乘以此类用地的综合用电指标，并考虑一定的需用系数，就可得到此类用地的预测负荷。最后，所有项负荷相加，就得到了累加的预测负荷；考虑一定的综合负荷同时率（同期系数），就可求得规划范围内、规划目标年内的综合负荷。

规划单位建设用地负荷指标　　**表6-3**

城市建设用地类别	单位建设用地负荷指标（kW/hm^2）
居住用地（R）	100～400
商业服务业设施用地（B）	400～1200

续表

城市建设用地类别	单位建设用地负荷指标(kW/hm^2)
公共管理与公共服务设施用地(A)	300～800
工业用地(M)	200～800
物流仓储用地(W)	20～40
道路与交通设施用地(S)	15～30
公共设施用地(U)	150～250
绿地与广场用地(G)	10～30

注：引自住房城乡建设部.城市电力规划规范.2014。

(5) 类比法

类比法是对类似事物做对比分析，通过已知事物对未知事物或新事物做出预测。对于没有历史数据的区域，不可能进行模型预测，采用类比法是比较有效的。即找一个已建成的城市区域，与规划区进行比较，找出它们的共同点，利用其相似特征和比例关系，对规划区的用电需求做出预测；同时，分析他们的不同之处，并对预测结果进行校验调整。在使用类比法的时候，用于比较的两个事物对研究的问题要具有相似的主要特征，这是比较的基础。两事物之间的差异要区别处理，有的可以忽略，有的可用于对预测做个别调整或系统调整。

通过对北京、上海、广州、深圳等经济发达城市的现状及规划负荷密度水平的对比分析，规划单位建设用地负荷密度一般取值在1万～5万kW/km^{2}之间。

(6) 数据分析负荷密度法[8]

城市的电力负荷规模和增长与城市建筑、用地和开发强度密切相关。近年来，随着计算机技术的迅猛发展，使大量复杂的、用人工方法难以实现的预测方法成为可能，而且负荷预测的手段也逐渐发展为运用软件预测，使得负荷预测的方法和手段大为增加，但要做到精准预测仍存在着很大的困难。针对这一问题，基于预测区域现状各类典型建筑进行复核数据分析，通过归纳研究，得出较为准确并符合城市发展实际情况的各类典型建筑单位负荷密度指标，提出一种基于空间负荷密度法的电力负荷预测方法。

数据分析负荷密度法是一种新型的负荷预测方法，通过大数据分析得出每类用地典型日的负荷曲线和负荷密度指标，即对各类典型建筑负荷密度进行抽样实测，将近十年中每一天每隔半小时的负荷数据输入数据库进行分析，研究每类用地典型建筑的负荷特性，从而得出每类用地典型日的负荷曲线以及负荷密度指标。再通过预测建模模块提供的基于大数据的空间负荷预测算法模型，可以对预测区域范围内的典型建筑分别建模，输出各类典型建筑的负荷曲线，得出各地块的预测结果。

数据分析负荷密度法最大限度地避免了人为误差，不仅得到了负荷的大小，还得到了负荷的空间分布情况，有利于合理配置供电电源。

2.燃气负荷

(1) 负荷分类

燃气用气负荷按用户类型，可分为居民生活用气负荷、商业用气负荷、工业生产用气负荷、采暖通风及空调用气负荷、燃气汽车及船舶用气负荷、燃气冷热电联供系统用气负荷、燃气发电用气负荷、其他用气负荷及不可预见用气负荷等。

燃气用气负荷按负荷分布特点，可分为集中负荷和分散负荷；燃气用气负荷按用户用气特点，可分为可中断用户和不可中断用户。

（2）负荷预测

燃气负荷预测可采用人均用气指标法、分类指标预测法、横向比较法、弹性系数法、回归分析法、增长率法等[5,6]。

燃气负荷预测应包括以下内容：

1）燃气气化率，包括：居民气化率、采暖气化率、制冷气化率、汽车气化率等；

2）年用气量及用气结构；

3）可中断用户用气量和非高峰期用户用气量；

4）年、周、日负荷曲线；

5）计算月平均日用气量，计算月高峰日用气量，高峰小时用气量；

6）负荷年增长率，负荷密度；

7）小时负荷系数和日负荷系数；

8）最大负荷利用小时数和最大负荷利用日数；

9）时调峰量，季（月、日）调峰量，应急储备量。

燃气负荷预测应根据下列要求合理选择用气负荷：

1）应优先保证居民生活用气，同时兼顾其他用气；

2）应根据气源条件及调峰能力，合理确定高峰用气负荷，包括采暖用气、电厂用气等；

3）应鼓励发展非高峰期用户，减小季节负荷差，优化年负荷曲线；

4）宜选择一定数量的可中断用户，合理确定小时负荷数、日负荷系数；

5）不宜发展非节能建筑采暖用气。

（3）人均综合用气量法

在总体规划阶段，当采用人均用气指标法或横向比较法预测总用气量时，规划人均综合用气量指标宜符合如表 6-4 所示的规定。

规划人均综合用气量指标　　　　**表 6-4**

指标分级	城镇用气水平	人均综合用气量(MJ/人・a)	
		现状	规划
一	较高	≥10501	35001～52500
二	中上	7001～10500	21001～35000
三	中等	3501～7000	10501～21000
四	较低	≤3500	5250～10500

注：引自住房城乡建设部.城镇燃气规划规范.2015。

同时，还应根据下列因素综合确定：

1）城镇性质、人口规模、地理位置、经济社会发展水平、国内生产总值；

2）产业结构、能源结构、当地资源条件及气源供应条件；

3）居民生活习惯、现状用气水平；

4）节能措施等。

（4）分类指标预测法

各类建筑用气量指标一般采取调查值。如果实际资料获取有困难时，可参考如表6-5所示的取值。

各类建筑用气量指标　　表6-5

类别		单位	用气量指标
职工食堂		MJ/(人·年)	1884～2303
饮食业		MJ/(座·年)	7955～9211
托儿所	全托	MJ/(人·年)	1884～2512
幼儿园	半托	MJ/(人·年)	1256～1675
医院		MJ/(床位·年)	2931～4187
旅馆	有餐厅	MJ/(床位·年)	3350～5024
招待所	无餐厅	MJ/(床位·年)	670～1047
高级宾馆		MJ/(床位·年)	8374～10467
理发店		MJ/(人·次)	3.35～4.19

注：引自刘兴昌.市政工程规划.2006。

（5）弹性系数法

弹性系数法是对燃气负荷在非突变的变化趋势条件下进行预测的方法。弹性系数的定义是B、A两类量的增长率的比值，即

$$e=(\Delta y/y)/(\Delta x/x)=r_B/r_A \tag{6-6}$$

式中　e——弹性系数；

y，Δy——B类量在某年的总量及随后的增长量；

x，Δx——A类量在某年的总量及随后的增长量；

r_B，r_A——B类量和A类量的年增长量。

r_B、r_A来源于历史数据，从而给出B、A两类量增长的一般性规律及弹性系数e。用弹性系数法预测：由已知r_A和e可给出对r_B的预测：$r_B=e\cdot r_A$；由已知y当前值，得到对B类量的预测值（$y+\Delta y$），其中$\Delta y=r_B\cdot y$。

可以看到，为了对B类量做出预测，需给出A类量的未来变化Δx，即对A类量已有预测，它可采用各种分析或预测方法进行。可见，弹性系数法是一种类推的、间接的预测方法。例如，按燃气负荷对能源需求量的弹性系数，由给出的能源需求量的年增长率，即可预测燃气负荷的年增长量。

（6）回归分析法

回归分析法是对影响燃气负荷的各因素应用回归分析方法判别主要因素，建立燃气负荷与主要因素之间的数学表达式，并利用该表达式来进行燃气负荷预测的方法，称为回归分析法。对于实际燃气负荷问题，一般可以采用多元线性回归模型解决。

例如，燃气负荷（q）与人口数量（x_1），GDP总量（x_2）……能源消费量（x_m）等主要因素有关，可以建立回归模型表达式：

$$q_i=\beta_0+\beta_1x_1+\beta_2x_2+\cdots+\beta_jx_j+\cdots+\beta_mx_m+\varepsilon \tag{6-7}$$

ε为服从正态分布N（0，σ）的随机变量。

3. 新能源[7,8]

新能源的特点是可利用的总量不存在上限且可再生。在能源供应中新能源被利用的量，取决于转换成终端能源的技术水平。新能源量的估计方法，如表 6-6 所示。

新能源量的估计方法　　**表 6-6**

能源名称	资源量参数	单位	资源量估计方法
太阳能(光热、光电)	太阳能辐射强度	$MJ/(m^2 \cdot a)$	依据太阳能光伏电池、太阳能热水器等技术性能估算年所能获得的电量和热量
	全年日照时数	h/a	
风能	风能密度	W/m^2	根据风力机技术性能估算年可能发电量
	年可利用小时	h/a	
生物质能(秸秆、薪柴、能源作物、工业、农业和城市废料)	收集到的物质量	t	根据不同生物质能成型、气化和厌氧消化、发电、液化等技术性能估算可能的生物开发量或电量

注：引自龙惟定，白玮，范蕊. 低碳城市的区域建筑能源规划. 2011。

(1) 太阳能

太阳能在区域建筑的光热利用资源量可按式 (6-8) 进行计算。

$$E_{sth}=Q_0 \cdot (\nu/n) \cdot \lambda_{sth} \cdot \gamma_{sth} \cdot \eta_{sth} \cdot A \tag{6-8}$$

式中　E_{sth}——太阳能光热利用资源量 (kJ)；

Q_0——太阳能年辐射量 [kJ/ ($m^2 \cdot a$)]；

ν——容积率；

n——建筑平均层数；

λ_{sth}——屋顶面积可使用率；

γ_{sth}——太阳能热水集热器面积与水平面的面积之比；

η_{sth}——太阳能热水光热效率；

A——建筑用地面积 (m^2)。

(2) 风能

风能资源决定于风能密度和可利用的风能年累积小时数。风能密度是单位迎风面积可获得的风的功率，与风速的三次方和空气密度成正比关系。

风力发电量可根据场地风能资源和风力发电机功率输出曲线，对风力发电机的年发电量进行估算，可按式 (6-9) 进行计算。

$$E_w=\eta_w \cdot P_v \cdot T_v \tag{6-9}$$

式中　E_w——风力发电机的年发电量 (kWh)；

η_w——风机发电效率 (%)；

v——风力发电机的有效风速，即位于风力发电机切入速度和风力发电机切出速度之间的风速 (m/s)；

T_v——场地有效风速 v 下的年累计小时数 (h)；

P_v——在有效风速 v 下风力发电机的平均输出功率 (kW)；

(3) 生物质能

生物质能大致可分为两类：一类是目前已经产生而没有被充分利用的废弃物类生物质，如禽畜粪便、秸秆农作物，这类生物质的其中一部分已经被用于能源以外的其他用途；另一类是目前还没有大量生产、未被利用或利用度较低的，将来可能作为能源利用的能源作物，如杨树、柳树等大本植物，高粱、甘蔗等草本植物。

对于秸秆和农作物加工剩余物：

$$E_{CR}=\sum Q_{CRi}\cdot r_{CRi}\cdot \eta_{CRi}\cdot \lambda_{CRi} \tag{6-10}$$

式中 E_{CR}——农作物残余物能源资源量（kJ）；

Q_{CRi}——第 i 种农作物产量（kg）；

r_{CRi}——第 i 种农作物的谷草比系数，其值如表 6-7 所示；

η_{CRi}——第 i 种农作物的能源折算系数（kJ/kg），其值如表 6-7 所示；

λ_{CRi}——第 i 种农作物残余物作为能源利用的可获得系数，秸秆取 50%。

部分农作物的谷草比和秸秆的能源折算系数（kJ/kg） **表 6-7**

项目	水稻	小麦	玉米	豆类	棉花	薯类	油菜	甘蔗	麻类	其他谷物
r_{CR}	1	1.1	3	1.7	3	1	3	0.1	1.7	1.6
η_{CR}	12556	14637	15486	15896	15896	14227	15486	12910	14637	1464

注：引自龙惟定，白玮，范蕊，低碳城市的区域建筑能源规划，2011。

对于畜禽粪便类资源估算：

$$E_{M}=\sum X_{Mi}\cdot M_{Mi}\cdot \eta_{Mi}\cdot \lambda_{Mi} \tag{6-11}$$

式中 E_{M}——畜禽粪便的能源资源量（kJ）；

X_{Mi}——第 i 类畜禽的个数（只）；

M_{Mi}——第 i 类畜禽在整个饲养周期内粪便排放量（kg），其值如表 6-8 所示；

η_{Mi}——第 i 类畜禽粪便的能源转换系数（kJ/kg），其值如表 6-8 所示；

λ_{Mi}——粪便作为能源的可获得率，取 33%。

畜禽在整个饲养周期内粪便总量和各种畜禽粪便的能源转换系数 **表 6-8**

项目	M_{Mi}(kg)	η_{Mi}(kJ/kg)
肉猪	1050	12559
存栏猪	1460	
肉牛	8200	13788
奶牛	21900	
黄牛、水牛	8703	
马	5237	15486
羊	632	
驴骡	3092	
肉禽	4.5	18823
蛋禽	55	

注：引自龙惟定，白玮，范蕊.低碳城市的区域建筑能源规划，2011。

对于薪柴和林木生物质能实物量计算

$$E_{FR}=\sum Q_{FRi}\cdot r_{Fri}\eta_{FRi}\cdot \lambda_{Fri} \tag{6-12}$$

式中 E_{FR}——林木/薪柴的能源资源量（kJ）；

Q_{FRi}——第 i 种林木/薪柴的资源量（kg/单位）；

r_{FRi}——第 i 种林木/薪柴资源的折算系数（kg），其值如表 6-9 所示；

η_{FRi}——第 i 种林木/薪柴的能源转换系数，可取 16715kJ/m^3；

λ_{FRi}——第 i 种林木/薪柴的能源可利用系数，可取 40%。

林木/薪柴资源的折算系数　　表 6-9

种类	薪炭林	采伐剩余物	森工加工剩余物	抚育间伐量	四旁林	竹材加工剩余物	小杂竹、灌木、果木等
r_{FRi}	100%	40%	34.4%	100%	100%	34.4%	10%
折算	1170 (kg/m^3)	1170 (kg/m^3)	900 (kg/m^3)	900 (kg/m^3)	2 (kg/株)	5 (kg/株)	—

注：引自龙惟定，白玮，范蕊. 低碳城市的区域建筑能源规划. 2011。

对于城市污水和废水的能源量：

$$E_{WW}=Q_{WW}\cdot r_{WW1}r_{WW2}\cdot \eta_{WWi}\lambda_{WWi} \tag{6-13}$$

式中　E_{WW}——废水产生的能源资源量（kJ）；

Q_{WW}——废水总量（m^3）；

r_{WW1}——废水中 COD 的平均含量（COD/m^3）；

r_{WW2}——单位 COD 产生 CH_4 的量（m^3/COD）；

η_{WWi}——工业沼气的能源转换系数，可取 25196kJ/m^3；

λ_{WWi}——工业沼气的能源可利用系数，可取 50%。

对于城市固体垃圾焚烧发电的资源量估算

$$E_{MSW}=G_{MSW}\cdot Q_{LHV}\cdot \eta_{MSW}/3.6 \tag{6-14}$$

式中　E_{MSW}——垃圾焚烧发电量（kW·h）；

G_{MSW}——进焚烧炉的垃圾量（kg）；

Q_{LHV}——进垃圾炉的垃圾热值（kJ/kg），可参考如表 6-10 所示；

η_{MSW}——垃圾焚烧发电转换效率，其值可参考如表 6-11 所示。

垃圾热值估算方法系数　　表 6-10

基准值(kJ/kg 垃圾)	6280			
影响因素分类	一类	二类	三类	四类
城市人口(万人)	>1000	500～999	200～499	<200
城镇居民人均消费水平(元/a)	>15000	12000～14999	8000～11999	<8000
年降水量(mm/a)	>1500	1000～1499	500～999	<500
城市人口影响系数	1	0.95	0.9	0.85
城镇居民人均消费水平影响系数	1	0.95	0.9	0.85
年降水量影响系数	0.85	0.9	0.95	1

注：引自龙惟定，白玮，范蕊. 低碳城市的区域建筑能源规划. 2011。

垃圾焚烧炉规模与发电效率的关系　　表 6-11

垃圾焚烧炉规模(t 垃圾/d)	>1000	600～999	200～599	<200
发电转换率	0.256	0.244	0.233	0.221

注：引自龙惟定，白玮，范蕊. 低碳城市的区域建筑能源规划. 2011。

6.3.3 能源综合利用系统配置

通过技术创新，管理体制和市场模式创新，打破技术、体制和市场壁垒，构建能源综合利用系统，提高能源利用效率、实现能源互补，进而从整体上解决能源需求问题。

1. 电能规划要点[3]

电能传输的过程，从发电厂经输电线路到达枢纽变电站、城市地区变电站，再经各级配电网络、配电变压器到达各类用户，形成一个完整的城市供用电系统，如图6-7所示。

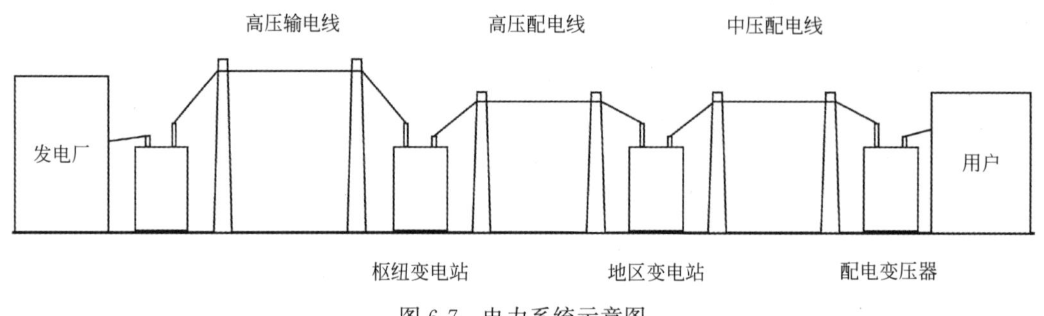

图6-7 电力系统示意图

（1）供电电源规划

1）电源种类和选择

供电电源可分为城市发电厂和接受市域外电力系统电能的电源变电站。城市供电电源的选择，应综合研究所在地区的能源资源状况、环境条件和可开发利用条件，进行统筹规划，经济合理地确定城市供电电源。以系统受电或以水电供电为主的大城市，应规划建设适当容量的本地发电厂，以保证城市用电安全及调峰的需要。有足够稳定的冷、热负荷的城市，电源规划宜与供热、供冷规划相结合，建设适当容量的冷、热、电联产电厂。以煤或燃气为主的城市，宜根据热力负荷分布规划建设热电联产的燃煤、燃气电厂，同时与城市热力网规划相协调。城市规划集中建设区，宜结合规划用地性质的冷热电负荷特点，规划中小型燃气冷、热、电三联供系统。在有足够可再生资源的城市，可规划建设可再生资源电厂。

2）电源布局规划

根据所在地区的性质、人口规模和用地布局，合理确定城市电源点的数量和布局，较大区域应组成多电源供电系统。电源布局应根据负荷分布和电源点的连接方式，合理配置城市电源点，协调好电源布点与城市港口、机场、国防设施和其他工程设施之间的关系。

3）发电厂布局规划

燃煤、燃气电厂的布局应统筹考虑煤炭、燃气输送、环境影响、用地布局、电力系统需求等因素。可再生能源电厂应依据资源条件布局，并应与城市规划建设相协调。燃煤、燃气电厂的厂址宜选用城市非耕地，并符合现行《城市用地分类与规划建设用地标准》（GB 50137—2011）的有关要求。大、中型燃煤电厂应安排足够容量的燃煤储存用地；燃气电厂应有稳定的燃气资源，并应规划设计相应的输气管道。燃煤电厂选址宜在城市最小风频上风向，并应符合国家环境保护的有关规定。供冷、供热电厂宜靠近冷、热负荷中心，并与城市热力网设计相匹配。发电厂应根据发电厂与电网的连接方式规划出线走廊。

4）电源变电站布局规划

电源变电站的位置应根据城市国土空间总体规划布局、负荷分布及外部电网的连接方式、交通运输条件、水文地质、环境影响和防洪、抗震要求等因素进行技术经济比较后合理确定。规划新建变电站应避开国家重点保护文化遗址或有重要开采价值的矿藏。为保证可靠供电，应在城区外围建设高电压等级的变电站，以构成城市供电的主网架。对用电量大、高负荷密度区，宜采用220kV及以上变电站深入负荷中心布置。

（2）电网规划

1）规划原则

电网规划应分层分区，各分层分区应有明确的供电范围，避免重叠、交错。电源应与电网同步规划，电网应根据地区发展规划和地区负荷密度，规划电源和走廊用地。电网规划应满足结构合理、安全可靠、经济运行的要求，各级电网的接线宜标准化，并应保证电能质量，满足用户用电需求。电网的规划建设应纳入国土空间总体规划，应按城市规划布局和管线综合的要求，统筹安排、合理预留各级电压变电站、开关站、电力线路等供电设施的位置和用地。

2）电压层级

电网应简化变压层级，优化配置电压等级序列，避免重复降压。电压等级应根据本地区实际情况和远景发展确定。电网规划的目标电压等级序列以外的电压等级，应限制发展、逐步改造。规划电网中的最高一级电压，应考虑电网发展现状，根据电网远期的规划负荷量和电网的连接方式确定。各级电网容量应按一定的容载比设置，各电压等级容载比宜符合如表6-12所示进行确定。

各电压等级电网容载比　　**表6-12**

年负荷平均增长率	小于7%	7%～12%	大于12%
500kV及以上	1.5～1.8	1.6～1.9	1.7～2.0
220kV～330kV	1.6～1.9	1.7～2.0	1.8～2.1
35kV～110kV	1.8～2.0	1.9～2.1	2.0～2.2

注：引自住房城乡建设部.城市电力规划规范.2014。

（3）供电设施规划

规划新建或改建城市供电设施的建设标准、结构选型，应与城市现代化建设整体水平相适应。规划新建的供电设施应根据其所处地段的地形地貌条件和环境要求，选择与周围环境景观相协调的结构形式与建筑外形。在自然灾害多发地区和跨越铁路或桥梁等地段，应提高供电设施的设计标准。供电设施规划时应考虑城市分布式能源、电动汽车充电站等布局、接入需要，适应智能电网发展。

1）变电站规划

变电站的规划选址应与城市国土空间总体规划用地布局相协调，应靠近负荷中心，便于进出线，减少对军事设施、通信设施、飞机场、导航台、国家重点风景名胜区等设施的影响，避开易燃易爆危险源和大气污秽区及严重盐雾区，220～500kV变电站的地面标高宜高于百年一遇洪水位，35～110kV变电站的地面标高宜高于50年一遇洪水位，应选择良好地质条件的地段。

变电站结构形式，在市区边缘或郊区，可采用布置紧凑、占地较少的全户外式或半户外式；在市区内宜采用全户内式或半户外式；在市中心地区可在充分论证的前提下结合绿地或广场建设全地下式或半地下式；在大、中城市的超高层公共建筑群区、中心商务区及繁华、金融商贸街区，宜采用小型户内式，可建设附建式或地下变电站。

变电站的用地面积，应按变电站最终规模预留；规划新建的 35～500kV 变电站规划用地面积控制指标宜符合如表 6-13 所示的规定。

35～500kV 变电站规划用地面积控制指标　　表 6-13

序号	变压等级(kV) 一次电压/二次电压	主变压器容量 (MVA/台)	变电站结构形式及用地面积(m^2)		
			全户外式	半户外式	全户内式
1	500/220	750～1500/2～4	25000～75000	12000～60000	10500～40000
2	220/110(35)	120～240/2～4	6000～30000	5000～12000	2000～8000
3	110/10	20～63/2～4	2000～5500	1500～5000	800～4500
4	35/10	5.6～31.5/2～3	2000～3500	1000～2600	500～2000

注：引自住房城乡建设部. 城市电力规划规范. 2014。

2）电力线路规划

架空电力线路的路径选择，应根据本地区地形、地貌特点和道路网规划，沿道路、河渠、绿化带架设，路径应短捷、顺直，减少同道路、河流、铁路等的交叉，避免跨越建筑物；35kV 及以上高压架空电力线路应规划专用通道，并加以保护；规划新建的 35kV 及以上高压架空线路，不宜穿越市中心地区、重要风景名胜区或中心景观区；宜避开空气严重污秽区或有爆炸危险品的建筑物、堆场、仓库；应满足防洪、抗震要求。

单杆单回水平排列或单杆多回垂直排列的 35～1000kV 高压架空电力线路规划走廊宽度，宜根据所在地的地理位置、地形、地貌、水文、地质、气象等条件及当地用地条件，如表 6-14 所示的规定合理进行确定。

35～1000kV 高压架空电力线路规划走廊宽度　　表 6-14

序号	线路电压等级(kV)	高压线走廊宽度(m)
1	直流±800	80～90
2	直流±500	55～70
3	1000(750)	90～110
4	500	60～75
5	330	35～45
6	220	30～40
7	66,110	15～25
8	35	15～20

注：引自住房城乡建设部. 城市电力规划规范. 2014。

规划新建的 110kV 及以下电力线路，在下列情况下，宜采用地下电缆线路：①在市中心地区、高层建筑群区、市区主干路、人口密集区、繁华街道等；②重要风景名胜区的核心区和对架空导线有严重腐蚀性的地区；③走廊狭窄，架空线路难以通过的地区；④电网结构或运行安全的特殊需要线路；⑤沿海地区易受热带风暴侵袭的主要城市的重要供电区域。

地下电缆线路路径和敷设方式的选择，除应符合现行国家标准的有关规定外，尚应根据道路网规划，与道路走向相结合，并应保证地下电缆线路与其他市政公用工程管线间的安全距离，同时电缆通道的宽度和深度应满足电网发展需求。

2.燃气规划要点[6]

城镇燃气输配系统有两种基本方式：一种是管道输配系统；一种是液化石油气瓶装系统。管道输配系统一般由门站、输配管网、储气设施、调压设施以及运行管理设施和监控系统等共同组成，如图6-8所示。

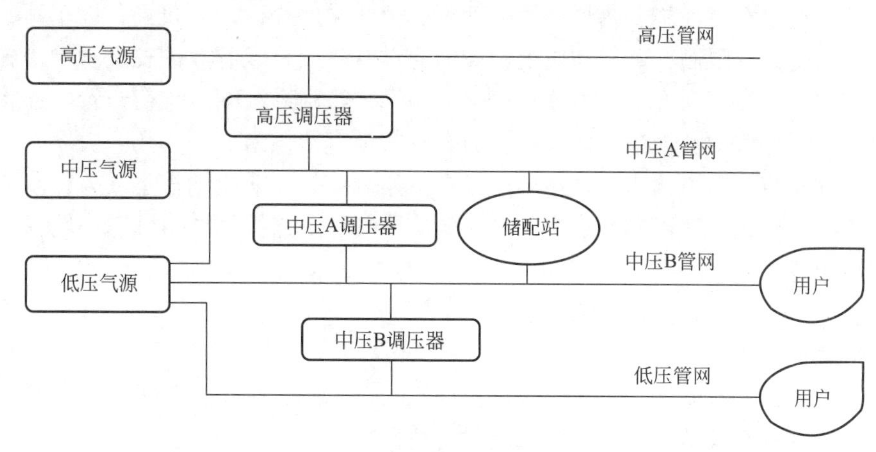

图6-8 燃气输配系统示意图

(1) 燃气气源规划

燃气气源应符合现行《城镇燃气分类及基本特性》(GB/T 13611—2018) 的规定，主要包括天然气、液化石油气和人工煤气等。

应遵循国家能源政策，坚持降低能耗、高效利用的原则；应与本地区的能源、资源条件相适应，满足资源节约、环境友好、安全可靠要求。

燃气气源宜优先选择天然气、液化石油气和其他清洁燃料。当选择人工煤气作为气源时，应综合考虑原料运输、水资源因素及环境保护、节能减排要求。

燃气气源供气压力和高峰日供气量，应能满足燃气管网的输配要求。

气源点的布局、规模、数量等应根据上游来气方向、交接点位置、交接压力、高峰日供气量、季节调峰措施等因素，经技术经济比较后确定。门站负荷率宜取50%～80%。

规划人口大于100万人的城镇输配管网，宜选择2个及以上的气源点，气源选择时应考虑不同种类气源的互换性。

(2) 燃气管网规划

1) 压力级制

应简化压力级制，减少调压层级，优化网络结构；输配系统的压力级制通过技术经济比较后确定；最高压力级制的设计压力，应充分利用门站前输气系统压能，并结合用户用气压力、负荷量和调峰量等综合确定；其他压力级制的设计压力应根据规划布局、负荷分布、用户用气压力等因素确定。燃气管网系统宜结合远期规划，优先选择较高压力级制管网，提高供气压力。

2) 管网布置

燃气主干管网应沿城镇规划道路敷设，减少穿跨越河流、铁路及其他不宜穿越的地区；应减少对城镇用地的分割和限制，同时方便管道的巡视、抢修和管理；应避免与高压电缆、电气化铁路、城市轨道等平行敷设；与建（构）筑物的水平净距应符合现行《城镇燃气技术规范》(GB 50494—2009) 和《城市工程管线综合规划规范》(GB 50289—2016) 的规定。规划人口大于 100 万人的地区，燃气主干管网应选择环状管网。

长输管道应布置在规划区域外围。长输管道和高压燃气管道应在编制国土空间总体规划时进行预留，并与公路、道路、铁路、河流、绿化带及其他管廊等的布局相结合。高压燃气管道不应通过军事设施、易燃易爆仓库、历史文物保护区、飞机场、火车站、港口码头等地区。当受条件限制，确需在以上区域内通过时，应采取有效的安全防护措施；高压管道走廊应避开居民区和商业密集区；多级高压燃气管网系统间应均衡布置联通管线，并设调压设施；大型集中负荷应采用较高压力燃气管道直接供给。

中压燃气管线宜沿道路布置，一般敷设在道路绿化带、非机动车道或人行步道下；宜靠近用气负荷，提高供气可靠性；当为单一气源供气时，连接气源与城镇环网的主干管线宜采用双线布置。

低压燃气管道不应在市政道路上敷设。

(3) 燃气厂站规划

燃气厂站的布局和选址，应符合国土空间总体规划的要求；应具有适宜的交通、供电、通信、给水排水及地质条件，并应满足耕地保护、环境保护、防洪、防台风和抗震等方面的要求；应根据负荷分布、站内工艺、管网布置、气源条件合理布置厂站数量和用地规模；应避开地震断裂带、地基沉陷、滑坡等不良地质构造地段；应节约、集约用地，结合燃气远景发展规划适当留有发展空间；燃气厂站与建（构）筑物的间距，应符合现行《建筑设计防火规范》(GB 50016—2014)、《城镇燃气技术规范》(GB 50494—2009) 及《石油天然气工程设计防火规范》(GB 50183—2004) 等规定。

燃气指挥调度中心、维修抢修站、客户服务网点等燃气系统配套设施的规划，应与燃气设施规模相匹配，并与燃气设施同步规划。

1) 天然气厂站

门站站址应根据长输管道走向、负荷分布、用户布局等因素确定，宜设在城市或镇区建设用地边缘。有 2 个以上门站时，宜均衡布置。门站用地面积指标应如表 6-15 所示的规定。

门站用地面积指标 **表 6-15**

设计接收能力($10^4m^3/h$)	≤5	10	50	100	150	200
用地面积(m^2)	5000	6000～8000	8000～10000	10000～12000	11000～13000	12000～15000

注：引自住房城乡建设部. 城镇燃气规划规范. 2015。

储配站站址应根据负荷分布、管网布局、调峰需求等因素确定，宜设在城镇主干管网附近。当城镇有 2 个及以上门站时，储配站宜与门站合建，当只有 1 个门站时，储配站宜根据输配系统具体情况与门站均衡布置。

按供应方式与用户类型，调压站可分为区域调压站和专供调压站。调压站的规模应根据负荷分布、压力级制、环境影响、水文地质等因素，经技术经济比较后确定。调压站的负荷率宜控制在 50％～75％。调压站的布局应根据管网布置、进出站压力、设计流量、负荷率等因素，经技术经济比较后确定。调压站的设置应与环境相协调，运行噪声应符合现行《声环境质量标准》(GB 3096—2008)的有关规定。居住区及商业区不宜设置高中压调压站，宜采用调压箱。高压调压站用地面积指标应如表6-16所示的规定。

高压调压站用地面积指标 **表6-16**

供气规模($10^4m^3/h$)		≤5	5～10	10～20	20～30	30～50
用地面积(m^2)	高压A	2500	2500～3000	3000～3500	3500～4000	4000～6000
	高压B	2000	2000～2500	2500～3000	3000～3500	3500～5000

注：引自住房城乡建设部.城镇燃气规划规范.2015。

2）液化石油气厂站

液化石油气厂站的供应和储存规模，应根据气源情况、用户类型、用气负荷、运输方式和运输距离，经技术经济比较后确定。液化石油气供应站应选择在全年最小频率风向的上风侧，且地势平坦、开阔，不易积存液化石油气的地段。液化石油气气化、混气、瓶装站的选址，应结合供应方式和供应半径确定，且宜靠近负荷中心。液化石油气灌装站用地面积指标应如表6-17所示的规定。

液化石油气灌装站用地面积指标 **表6-17**

灌装规模($10^4t/a$)	≤0.5	0.5～1	1～2	2～3
用地面积(m^2)	13000～16000	16000～20000	20000～28000	28000～32000

注：引自住房城乡建设部.城镇燃气规划规范.2015。

3）汽车加气站

汽车加气站气源及数量，应根据城市国土空间总体规划、资源条件、汽车数量、运营规律，以及经济发展、环保要求等因素，经技术经济比较后确定。汽车加气站站址宜靠近气源或输气管线，方便进气、加气，且便于交通组织。汽车加气站建设应避免影响城镇燃气的正常供应，常规加气站宜建在中压燃气管道附近，加气母站宜建在高压燃气厂站或靠近高压燃气管道的地方。压缩天然气常规加气站和加气子站、液化天然气加气站、液化石油气加气站可与加油站或其他燃气厂站合建，各类天然气加气站也可联合建站。

4）人工煤气厂站

人工煤气厂站的设计规模和工艺，应根据制气原料来源、原料种类、用气负荷、供气需求等，经技术经济比较后确定。人工煤气厂站应布置在该地区全年最小频率风向的上风侧。人工煤气厂站的粉尘、废水、废气、灰渣、噪声等污染物排放浓度，应符合国家现行环保标准的规定。人工煤气储配站站址应根据负荷分布、管网布局、调峰需求等因素确定，宜设在城镇主干管网附近。

(4) 燃气运行调度系统

应根据燃气供气规模、运营模式，按照安全可靠、技术先进、合理适用、有利发展的原则，规划燃气指挥调度中心、维修抢修站、客户服务网点等燃气系统配置设施。100万人口以上的区域燃气输配系统宜设置监控和数据采集系统、地理信息系统、生产调度系统、应急保障系统等的运行调度系统等。燃气运行调度系统宜设主控中心及本地站。

3.新能源规划要点

(1) 新能源站规划选址

1）基本原则

新能源站规划选址应根据建设区域内及附近可获得的可再生能源量，如太阳能、风能、生物质能等，确定新能源的性质和规模，并在可再生能源预测基础上布置能源站。

① 应满足所确定的新能源对地形、地貌、气象、地质、抗震等建站要求；

② 综合研究所在地区的能源资源状况和可开发利用的条件，确定新能源的种类，规划满足所需的交通、运输等条件；

③ 应靠近主要负荷中心，这不仅对用户的生产更有保障，而且还可缩短管网和减少投资，同时也有利于投产后的管理和维护；

④ 避开易燃易爆及严重污染的地区及其下风位，如乙炔站、锅炉房、氢氧站、堆煤场、易于散发灰尘和有害气体的站房旁和下风位。

⑤ 新能源密度低，多为周期性供应，应根据性质和规模，提供足够的面积和空间。

⑥ 新建能源站，不应布置在国家重点保护的文化遗址或有重点开采价值的矿藏上。

⑦ 当有天然的冷热源可利用且经济合理时，宜就近建设能源站，利用天然或现有的资源制冷制热和发电。

⑧ 新建的新能源站站房的布置应考虑远景规划，以满足未来发展的需要。

2）规划选址要点

① 太阳能发电站

目前，太阳能应用已较为广泛，如汽车、船、飞机等运输行业，路灯、交通信号灯、广告灯箱等太阳能公共设施，房屋、厂房等建筑，以及太阳能计算机、太阳能背包、太阳能台灯、太阳能手电筒等太阳能装置。这些小型的太阳能利用对选址要求不严格，只要能保证一定的太阳能辐射量即可。

但是，大型太阳能光热发电站的建设和选址，除考虑太阳能直接辐射的资源量和所需的土地面积外，还有发电介质、电站维护、环境效应等问题，估计太阳能热发电所需的空间布局到具体选址所依据的地形、地貌、交通分布、电网规划等要素的时空分布，同时对居民用的能耗需求、发电成本进行预测，在成本总量经济合理和节能减排高效的条件下，设置高品位的太阳能发电站，其选址流程如图 6-9 所示。

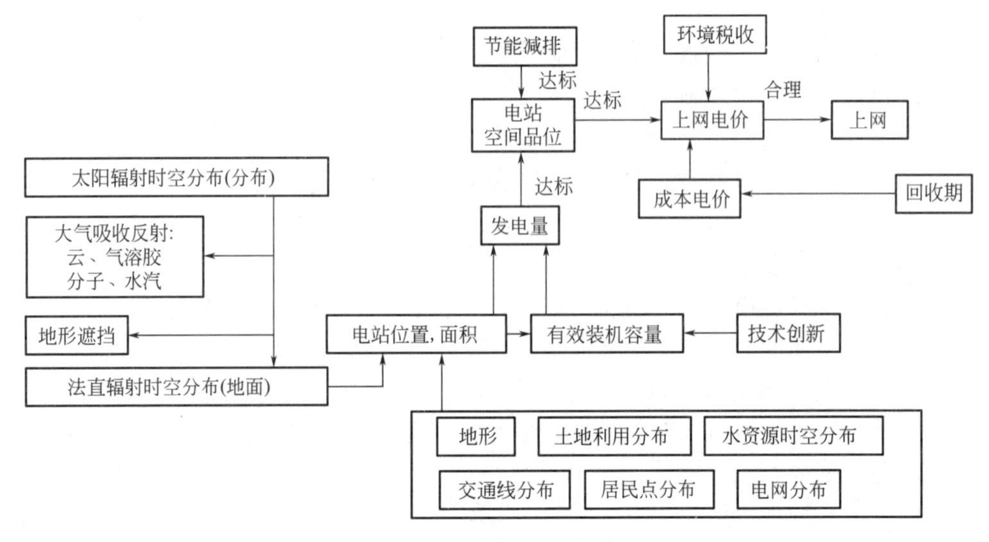

图 6-9　太阳能热发电站选址流程

② 风能发电场

风能发电场规划选址的首要条件是风资源丰富的地区，年平均风速在 6m/s 以上，30m 高处的有效风力时数为 6000h 以上，有效风能密度在 240W/m^2 以上。其次风力发电场应处于风力风向稳定的地方，不仅能提高发电效率，还可延长风机的寿命。风力发电场应在少强风、雷暴、冰雹、地震等地区，避免对风力发电机造成影响，应建在地势平坦、交通便利、靠近现有电力线路的场所，尽量少占耕地，避免影响生态；由于噪声很大，应尽量远离人员密集区、军事禁区、自然保护区（如候鸟迁移经过的地方）。

风能发电场一般会选在较大盆地的风力进出口或较大海洋湖泊的风力进出口处，如高山环绕的盆地或有贯穿环山岩溶岩洞处，可建设聚集风力构筑物和安装风力发电机的地方。由于风力风向随着时间和季节变化而变化，所以在风口处安装带有逆止阀并可接受多向的来风取风装置，且用构筑物把风集聚和引向半山腰或山顶已安装的单向风力发电机组发电。如选址好就能获得较大的风能，降低成本，提高利用效率。

风能发电场工程建设用地应按实际占用土地面积计算和征地。另外，风能发电场工程建设项目应实行环境影响评价制度，尽量避开国家级自然保护区，项目建设单位要按照环境影响报告表及其审批意见的要求，加强环境保护设计，落实环境保护措施。

③ 生物质能发电站

生物质能发电站在规划选址上应做可行性评估，并满足以下几点要求：第一，可获得足够的生物质原料的来源和便捷的运输线路；第二，与所需发电规模相适应的电站用地，不占或少占耕地，有成熟可行的生物质发电技术、设备、工艺；第三，生物质能发电站应设在交通、运输便捷的地方，靠近现有的电力线路，容易接入并网和能源输送；第四，生物质能发电站，应做好配套设施建设，特别是设备噪声、废水等，应经处理达标后排放，对生物质能利用完的废渣等产物，应考虑综合利用，不影响生态环境。

（2）区域新能源供应方式与系统配置

1）区供应方式

目前，常用的区域新能源供应方式主要有：①集中供电，全分散供冷供热；②区域供热，分散空调；③区域供热，集中空调；④区域供冷、供热；⑤区域供冷、集中供热；⑥区域供冷、供热、供电；⑦半区域供冷供热；⑧分布式能源、楼宇热电联供。

选择新能源作为区域能源的供应方式，最主要的依据是区域负荷特性和区域功能特点。如果区域内有可利用的低品位能源资源，如江河水或海水，其应用在经济上可行，对环境无影响的前提下，应优先采用作为区域供冷供热的冷热源。风能、太阳能、生物质能等发电，可以将电力在区域范围内使用，从而避免上网的麻烦。不过，在电力负荷高峰时允许上网调峰，而产出的热能又可作为区域热冷能需求的补充，对环境不造成污染。

2）系统配置原则

可再生能源和未利用能源的区域供冷供热系统，与传统的区域供冷供热系统相比，具有供能强度低、供能不稳定、供能效益低、资源分布不均等特点。因此，在新能源的区域能源系统配置上，应遵循以下规划原则：

① 可再生资源可获得原则。校核可再生能源利用在经济和技术上的可行性，确保能形成规模化应用。例如，分布式能源站的地热源泵埋地面积、天然气储量等；太阳能热水、太阳能光伏等系统的综合效益。

② 未利用能源可获得原则。即低品位的排热、废热和温差能等。例如，土壤恒温层的换热、江河湖海的温差能、工厂废热、垃圾焚烧、污水温差能等。

③ 能源梯级利用原则。应做到物尽其用，不降低高品位能源的使用价值，不浪费能量，也不提高低品位能源的使用价值。如高温蒸汽的利用不要换成生活热水，不采用太阳能热水发电等。

④ 循环回收原则。注意应将不同工艺流程之间的余热、废热等热源，进行充分的循环回收利用。

⑤ 减量化原则。低碳城市的区域能源系统必须是在碳排放量上有实质性的减量。应在能源生产端就尽量利用无碳能源（如太阳能、风能、水能等）或者低碳能源（如天然气和生物质能等）。在能源输配端，尽量梯级利用、一能多用；在能源用户端尽量利用被动式节能技术和倡议节能行为，降低能源总消耗量。

⑥ 多能源互补原则。目前各类新能源的利用率还很低，应根据具体的能源结构方式，合理采用风能、太阳能和生物质能等，构成多能源的互补供能方式，实现电、热、冷联供，做到既能充分利用资源，又能减少单一能源供电的劣势，获得较为稳定的电力输出。

（3）新能源管理体制

新能源与传统能源具有不同的技术和经济特征，需要不同的管理体制和政策。鉴于传统体制的制约，面对新能源的快速发展，亟须不断完善，从规划、审批、价格等程序上，给予支持和鼓励，使新能源健康发展。

1）将新能源发展纳入电网规划，先规划电网、后建新能源电站，新能源项目审批与电网规划结合，新能源开发与电网同步发展，制定新能源发电上网的制度。

2）统一新能源发电定价机制，新增新能源并网发电工程，不论规模大小、不管地方或国家，建议都采用特许权招标的定价机制，政府不再逐个审批新能源电价。

3）明确供电公司在发展新能源方面的义务、责任、权利，促使其主动解决新能源上网的相关投入、技术和管理等问题，使其成为发展新能源的重要责任主体。

4）加强电网建设，给电网公司适当的补偿。由于新能源发电的不稳定性和电源的不可调度性，需要电网企业提高运营风险，投入更多的技术措施和安全设备。因此，应有鼓励电网企业收购可再生能源的政策，使电网企业为了收购可再生能源发电的设施投入，得到合理的利润和效益。

5）完善补贴机制。国家应在税收、国产化、并网方面对新能源有一些鼓励政策的基础上，进一步考虑可再生能源的环保优势。

6）加强对公众的宣传教育，促进新能源市场的开放和发展。增强公众的环境意识，使公众自觉地支持可再生能源产业的发展，并通过开展绿色电价项目或设立公众基金等手段，为公众提供保护环境的机会。

6.4 能源综合利用的工程实践与效果

6.4.1 广州大学城能源站

1. 工程概况

广州大学城位于广州市番禺区，西邻广州洛溪脚，北邻生物岛，东邻长洲岛，是广州南拓发展的重要节点，规划面积 43.3km²，其中一期占地 18.0km²，用电容量约 20 万 kVA。

2. 分布式能源系统

广州大学城采用分布式能源系统，由分布式能源站、区域供冷系统和集中生活热水系统组成。

（1）分布式能源站

广州大学城已建成以天然气为燃料的热、冷、电三联产的分布式能源站，位于大学城南部，其位置如图 6-10 所示。大学城分布式能源站工作流程如图 6-11 所示，即采用燃气联合循环发电机组，蒸汽发电机组部分加中压抽汽系统，作为制热水和制冷用蒸汽，减少凝汽损失，余热锅炉延期部分加装换热器，利用烟气余热制热水和冷气。首期建设 2 套 78MW 等级燃气—蒸汽联合循环机组，并网送出 110kV 高压电源。能源站不仅可向区内同时提供电力、蒸汽、热水和空调，在大学城用电低谷（寒暑假）期间，还可以向电网送电，以缓解广州电网供电压力。

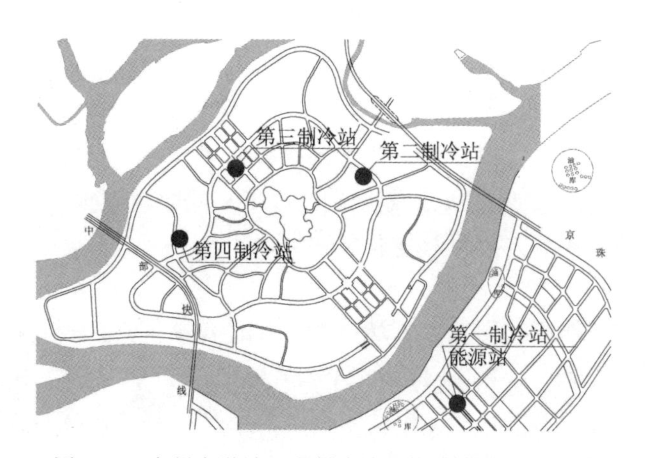

图 6-10　广州大学城四座制冷站及能源站平面布置图

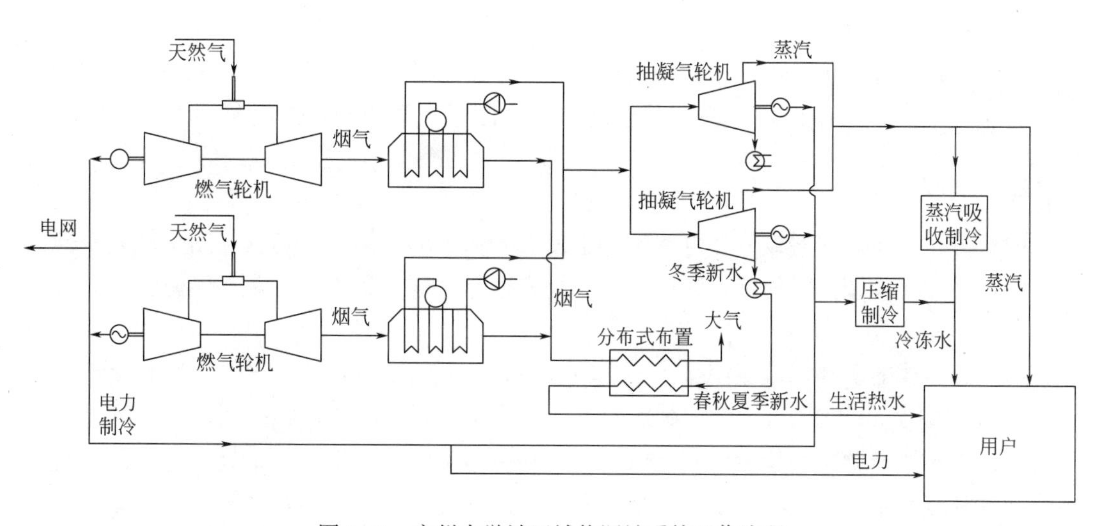

图 6-11　广州大学城区域能源站系统工作流程

（2）区域供冷系统

广州大学城设有四座制冷站，其中第一制冷站位于南岸，与能源站设在一起，采用溴化锂吸收制冷机组；第二、第三、第四制冷站分别位于华南理工大学、商业中心北区及美术学院旁，其位置如图 6-10 所示。采用冰蓄冷系统，整套系统由供冷站、空调冷水管及末端供冷系统等 3 个子系统组成。总装机容量为 37.3 万 kW（11 万 rt），总蓄冰量达到 94.9 万 kW·h（26 万 rt），供一期 350 万 m^3 的建筑空调负荷，主要是 10 所高校的教学区、生活区、中心区的商务供冷。

（3）集中生活热水系统

广州大学城集中生活热水系统是利用分布式能源站余热制备热水，热水制备中心与能源站相邻。生活热水的永久热源为 0.4MPa 饱和蒸汽与 90℃热媒水。热水采用准均衡模式制备，以热水制备中心蓄热为主，分散热力站蓄热为辅。热水采用恒压/恒压差变量方式一次热水管网送至分散热力站蓄热水池，蓄存于分散热力站蓄水池的热水由设于分散热力站的衡压变量泵组送至末端用户。

3.运行管理

广州大学城分布式能源系统，遵循高效、节能、环保的设计理念，具有开停机方便、负荷调节灵活、能源利用率高等特点。它不仅大大减少了电网损耗和投资，而且对提高用电可靠性和电网稳定性具有重要意义。与常规燃煤电站相比，分布式能源系统 CO_2 的排放减少 50%以上，占地面积和耗水量减少 60%以上，同时也减少了噪声污染。项目的实施使广州大学城在节能环保方面处于全国领先水平[9]。

4.建设经验

（1）大学城分布式能源站主要以天然气为一次能源，通过燃气-蒸汽联合循环机组发电，利用发电后的尾部烟气余热、汽轮机排汽余热生产高温热媒水，用于制备生活热水和空调冷冻水。高品位能量发电、低品位能量继续发电和供热（供冷），实现了优质能源的梯级合理综合利用，整个系统能源综合利用效率可达 80%，是常规电厂的 2 倍，是国内首个大型、高效、环保分布式能源站。

（2）供能可靠性高。目前火力发电供电系统是以大机组、大电网、高电压为主要特征的集中供电系统，在电网中一点故障所产生的扰动都可能对整个电网造成较大影响，严重时可能引起大面积的停电甚至是全网崩溃。由于大学城分布式能源站直接面对小谷围岛，所以在电网出现突发事件时，它能灵活启动并确保用电安全，减缓了对电网的过分依赖。

（3）分布式能源的建设可在电网调峰中发挥着积极的作用。它具有利用率和安全性高等特点，并可实现按需供能以及为用户提供更多选择，这也是电力行业和能源产业的重要发展方向。

（4）分布式能源环保效益明显。大学城分布式能源站二氧化硫和固体废弃物排放几乎为零，CO_2 减少 50%以上，NO_x 减少 80%，占地面积与耗水量减少 60%以上。

（5）分布式能源站的建设有利于清洁能源和可再生能源的推广。正是适应了我国有关节能减排和能源结构优化的政策，实现能源利用的多元化发展。为我国解决能源面临的效率、结构、安全、环境等问题，积累了经验，做了一次积极探索和有益尝试。

6.4.2　广州亚运城太阳能和水源热泵热水系统

1. 工程概况

广州亚运城位于广州市番禺区，是 2010 年亚洲运动会的一项大型工程项目，也是广州新城启动区。亚运城规划面积 2.73 km^2，赛时总建筑面积 148 万 m^2，主要分为运动员村、技术官员村、媒体村、媒体中心、后勤服务区、体育馆区及亚运公园等七大部分。亚运城的低碳生态理念贯穿规划、建筑、交通、市政等各个领域。例如，规划手段上，使用“微气候模型”，广州首次使用这个模型，节能约占整个项目 30%；建筑手段上，居住建筑节能 65%，公共建筑节能 50%。赛时，亚运城将减少 50%的碳排放量，相当于 25000 辆汽车的碳排放量；市政及交通运用了“七大”新技术，包括综合管廊、真空垃圾收集系统、分质供水及雨水综合利用、太阳能及水源热泵、建筑节能、数字化社区及智能家居与绿色交通。

2. 太阳能和水源热泵热水系统

广州亚运城太阳能及水源热泵系统，共设置三座能源站室如图 6-12 所示，主要为亚运城内共 89 栋约 8000 多套房住宅、办公单位提供 24h 不间断生活热水。为了解决太阳能不稳定、季节性、太阳能热水器价格高等问题，热水供应系统除采用太阳能集热板制备外，还设置水源热泵系统作为太阳能的辅助热源，水源热泵系统按生活热水耗热量的 100%备用设计，同时也作为住宅、场馆的空调冷源。亚运城集中热水系统原理如图 6-13 所示。

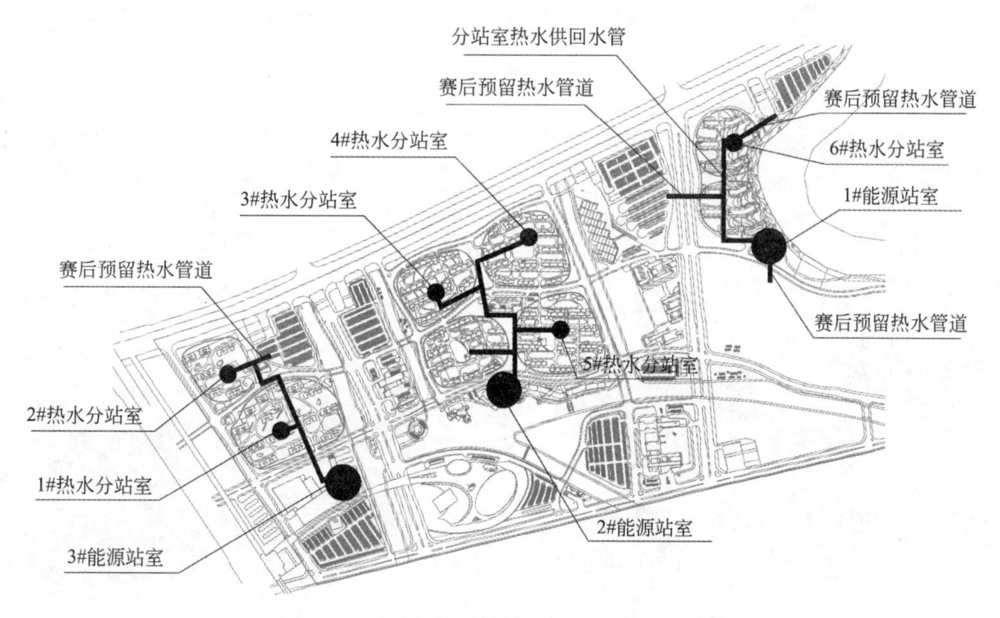

图 6-12　广州亚运城能源站室及管网平面图

(1) 太阳能

太阳能集热管采用 U 型金属－真空玻璃管，采取水平式架空设计的布置方式。设计充分考虑了屋顶花园的建筑设计和景观设计，犹如天然遮阳板，与楼顶造型设计浑然一体；太阳能热水器集热板也没有占用天台面积，天台“空中花园”依旧郁郁葱葱；楼面上

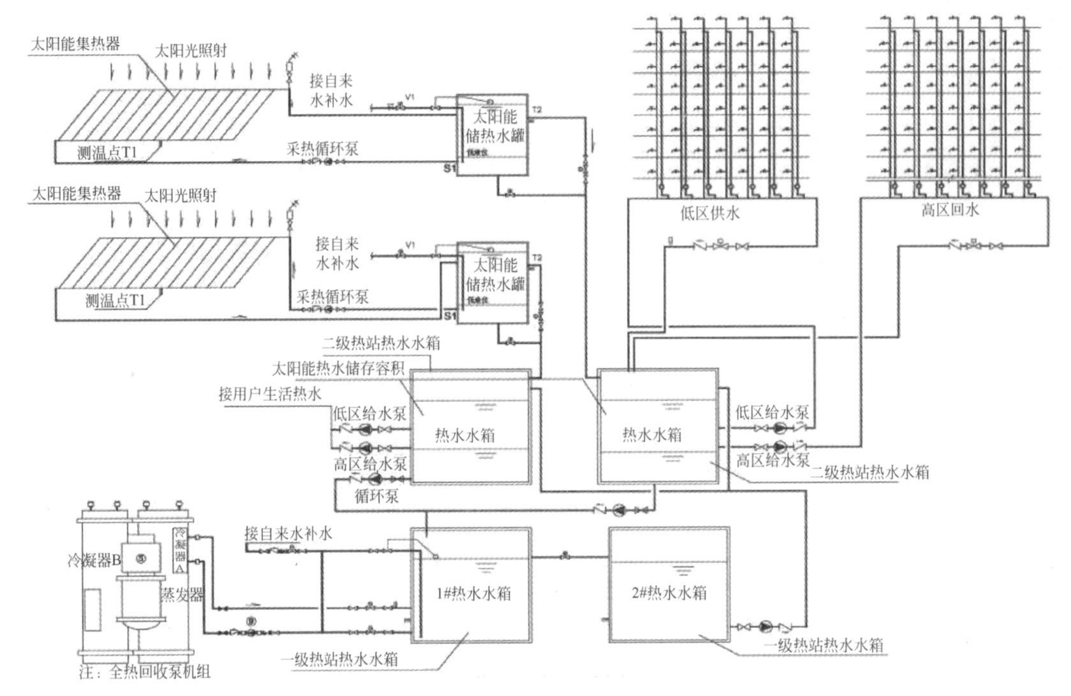

图 6-13　广州亚运城太阳能及水源热泵集中热水系统原理图

的热水管道用特殊材料“包裹”，不会烫伤在天台休闲、玩耍的居民，其工程效果如图 6-14 所示。

（2）水源热泵

亚运城共设 3 座水源热泵站室（一级站室），地下独立式建筑，每座建筑面积约 1000～1200m²，其中 1、2 号能源站室水源热泵用水均从砺江涌抽水，回水至砺江涌，3 号能源站室水源热泵用水从莲花湖抽水，回水至莲花湖，其热泵系统如图 6-15 所示。

图 6-14　太阳能集热器屋顶布置效果

图 6-15　3 号能源站水源热泵系统

（3）热水供应分站

亚运城用户均采用二级热站集中热水供应方式，每个住宅组团设热水供应分站室（二级站室），如图 6-16 所示。热水分站周边屋面设置太阳能集热器，集热器采集的热水汇集到热水分站热水箱，优先采用太阳能加热热水，热水分站设变频给水泵供各住宅生活热水。热水分站热水箱的热水由循环管道与一级热站的热水箱连接循环，由水源热泵进行加热。在每年6～10月的晴热天气下，热水基本均由太阳能制备，不用水源热泵辅助加热。

(4) 运行控制中心

亚运城每座能源站均设有控制中心，主要用来观察能源的运行控制系统即时状态。例如，3号能源站控制中心系统状态，如图6-17所示。

图6-16 二级站太阳能热循环泵站

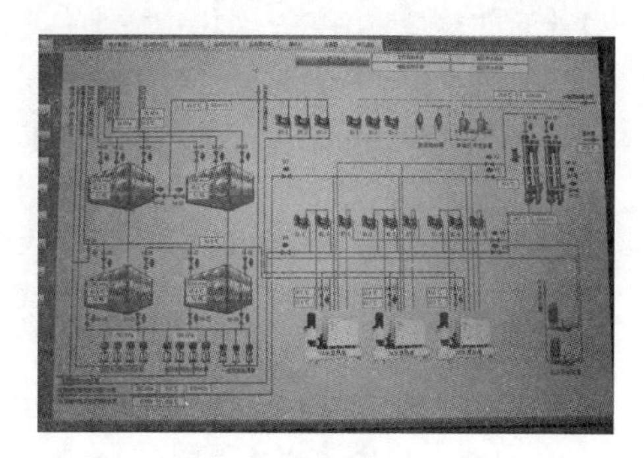

图6-17 3号能源站控制中心系统状态

3. 运行管理

广州亚运城运动员村、国际区、技术官员区、主媒体中心等22栋建筑安装了12000m^2的太阳能热水器，有效实现赛时居住面积119.79万m^2、27500人的热水供应，赛后实现居住面积192.8万m^2、56000人的热水供应，全年生活热水新能源替代率不小于75%。与常规冷源系统及热水锅炉系统比较，亚运城安装的热水工程设备每年可节电404.7万kWh，减少二氧化碳排放4496.7 t。

4. 建设经验

广州亚运城新能源项目，充分利用太阳能、水源热泵等可再生能源，体现了建设“绿色亚运、绿色广州”的理念，使之成为绿色建筑的典范，并为将来广州新城的居民创造良好的生活居住环境。该项目坚持优先使用太阳能、确保赛时用水安全、最大化使用新能源的原则，投资合理，运行经济，展现了新能源利用及区域能源供应系统优点，建成了节能环保之城。亚运城太阳能及水源热泵项目被列入住房城乡建设部、财政部“2008年度可再生能源建筑应用示范工程”。

(1) 亚运城整个建筑群按建筑节能率划分为3个层次：低能耗建筑示范——亚运城居住建筑组团（媒体村、运动员村、技术官员村居住建筑），节能率为65%，示范建筑面积约110万m^2；绿色建筑示范——广州亚运城综合体育馆（大型体育馆三星级绿色建筑），节能率为60%，示范建筑面积约5万m^2；建筑节能示范——广州亚运城整体，节能率为50%，总体节能率大大高于国家标准50%的要求。

(2) 亚运城中成功应用了太阳能水源热泵、新型环保节能材料、隔热反射涂料、遮阳和附加隔热措施及屋顶节能技术，外墙节能技术，外窗节能技术，采光、通风、遮阳照明节能综合控制技术，温湿度独立控制技术等专项技术，响应了绿色亚运的理念。证明了任何一项科研成果，不仅需要好的设计理念，还需要新技术、新产品的投入，科学的安装方法，先进的管理体系，敬业的建设团队，特别是工程建设这种多学科交叉领域的科研成果，更是多方共同努力的结果。

（3）亚运城在规划设计过程中，大量使用建筑群热环境分级模拟、建筑节能技术的优化组合和综合设计等方法，突破了原有模拟技术区域限制严格、边界条件模糊等技术障碍，从而大大提高模拟的精度和设计的质量。这些技术在国内还是首次成功运用。

（4）在亚运工程建设中，严格遵照国家节能减排方针政策，发展生态建筑，实行节能、节水、节地、节材、环境保护等措施。本次执行的《广州亚运城综合体育馆绿色建筑设计标准》是我国首个考虑南方地区气候特点并适用于场馆类建筑的绿色建筑设计标准，使“绿色亚运，绿色广州”的理念充分融入建筑设计中。

（5）亚运城在建设中还创新性地提出建筑节能技术综合应用，解决了以往多项节能技术盲目堆砌的问题，促进了各项节能技术的优势互补；在可再生能源利用上，以生活热水为主要需求，提出太阳能与浅层水源能源综合利用的系统，提高了可再生能源的利用效率。

（6）通过广州亚运城的工程建设，有利于建立一套科学、量化的建筑节能适用技术体系与综合设计方法，为日后新建居住建筑和公共建筑节能新技术的应用提供示范作用。

6.4.3 广州知识城智能电网规划

1. 工程概况

广州知识城规划区面积 123km^2，远景建设用地规模达到 60 km^2，总人口 50 万人，就业人口 25 万人。知识城电力专项规划属于广州知识城总体规划的重要组成部分，可有效解决总体规划与工程实施之间的潜在矛盾，为知识城的开发建设提供技术保障和管理依据，有利于把知识城建设成为绿色市政的成功典范。

2. 电力负荷预测

通过对北京、上海、广州、深圳等经济发达城市的现状及规划负荷密度水平的对比分析，并适当考虑未来的发展裕量，规划单位建设用地负荷密度取 3 万～5 万 kW/km^2。预测广州知识城近期、远期和远景的规划用电负荷分别为 40 万 kW、138.9 万 kW 和 218.3 万 kW，如表 6-18 所示。

广州知识城规划用电负荷预测结果 表 6-18

参数	近期	远期	远景
建设用地规模(km^2)	10	30	60
用电负荷预测(万 kW)	40	138.9	218.3

3. 高压电网规划

广州知识城规划远景 220kV 电网将形成双环网接线（图 6-18、图 6-19）。考虑到输送容量较大，规划区外进入广州知识城的高压电源线路全部采用架空线接入，而在知识城建设用地范围内则采用电缆敷设。

广州知识城规划近期需建成 2 座 220kV 变电站（容量 4×120MVA），远期需建成 6 座 220kV 变电站（容量 4×120MVA），远景需建成 9 座 220kV 变电站（容量 4×120MVA）。

远景规划网络，不仅在正常运行方式下潮流分布合理，节点电压水平合适，而且在部分线路“N-2”故障下也能够通过联络线及时调整，使网络潮流趋于合理，节点电压水平达标。可见，规划网络结构强壮，运行灵活，网络损耗最低。

图 6-18　广州知识城电网接线示意图

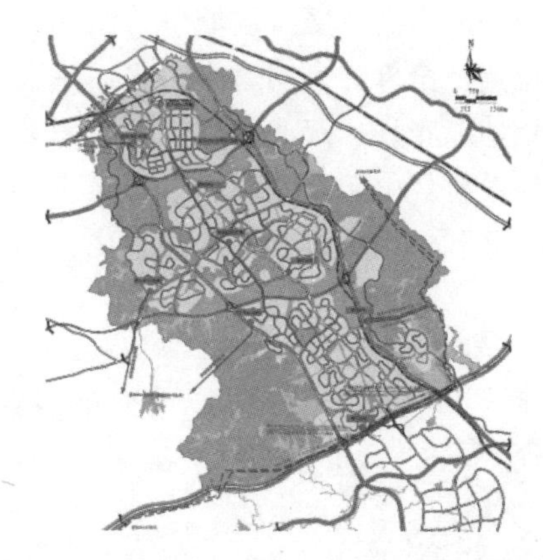

图 6-19　广州知识城高压电网布局规划图

广州知识城采用全户内紧凑型变电站。变电站的设计应与市政工程相结合，与城市建设及周围景观相协调。每座 220kV 变电站用地面积均按 4×120MVA 台主变考虑。

4. 中压配电网规划

作为南方电网广东公司智能电网示范区，广州知识城中压电压层级为 20kV。中压配电网由 20kV 电缆线路、环网柜、配电室、箱式配电室、开关站（环网点）等组成，主要为分布面广的公用电网。广州知识城 20kV 配电网采用环网布置、开环运行的结线方式，相互联络的馈线应来自不同变电站或同一变电站的不同主变供电的母线。

规划广州知识城所有 20kV 出线均采用电缆线路，近期采用“2-1”环网结构，远期随着负荷增长逐步形成“3-1”环网结构，线路平均负载率为 67%。根据广州知识城各地块的负荷分布，按 20kV 中压馈线每个主环网点供电负荷不超过 6000kW、主环网点间供电距离不超过 1km 的原则，设置主环网电房。规划近期建设 154 个公用开关/综合房，远期和远景公用电房总数将分别为 500 座和 831 座。

5. 智能电网规划

中新广州知识城是国家首批智慧城市创建示范单位，借鉴新加坡电网建设的先进经验，知识城规划建设 220/20kV 直降电压序列模式的智能绿色变电站，搭配集成花瓣形配电网、广域保护等国内外先进的电网技术，共同组成全球领先标准的智慧电网体系。

知识城智能电网，主要从发电、输电、变电、配电、用电、调度六大环节和通信信息平台入手，以 220kV 高压电网和 20kV 中压配电网为主，由电网公司统一建设集中抄表系统，客户端配置智能电表。为了提高供电的可靠性，电网公司同步建设配网自动化系统，事故状态下可实现故障区段的自动判断、自动隔离、电源转移及供电恢复；中压配网共规划建设 155 个“花瓣”，全部建成后用户年平均停电时间将控制在 1min 以内，将超过新加坡、东京、巴黎等国际顶尖的城市电网。

6.4.4　东莞滨海湾新区替代电源冷热电联供

1. 工程概况

滨海湾新区地处环珠江口城市群几何中心和珠三角城市群东西岸交汇处，规划预测 2035 年建设用地规模在 $47km^2$ 以内，常住人口为 50 万人，就业人口为 70 万人。滨海湾新区的发展定位为粤港澳协同发展新平台、珠三角核心区融合发展新枢纽、东莞高质量发展新引擎和生态智慧宜居城市（图 6-20）。沙角电厂位于滨海湾新区的沙角半岛板块临海核心位置，全部为老旧燃煤机组，耗煤量及碳排放量巨大，与滨海湾新区的发展定位、整体规划功能布局、产业定位、城市景观形象和经济性均严重冲突，需分批自然退役。因此，建设替代电源宁洲燃气电厂是非常紧迫的（图 6-21），这有利于实现滨海湾新区发展规划长远利益和整体利益的最大化。

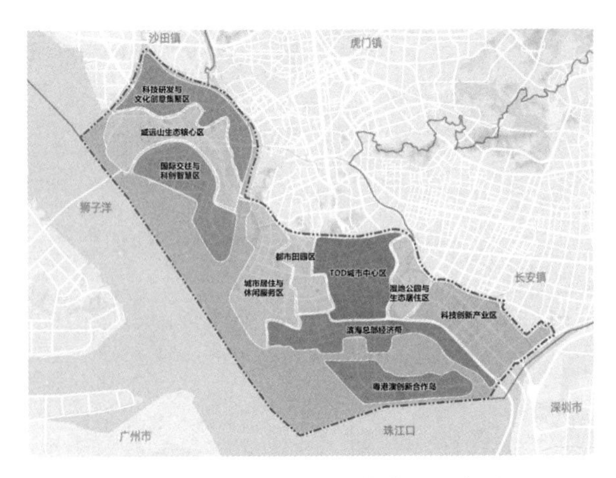

图 6-20　滨海湾新区功能分区示意图

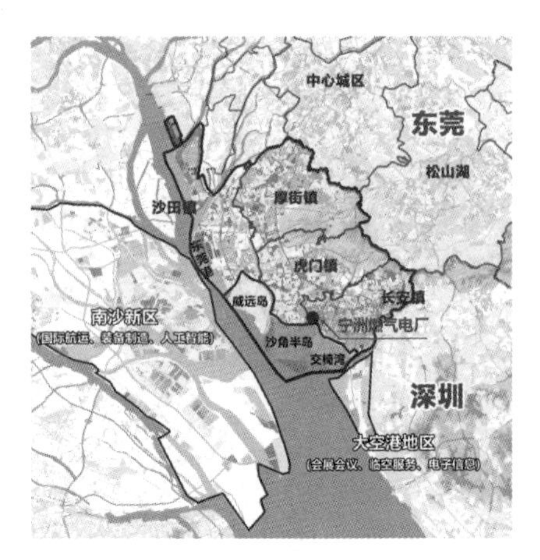

图 6-21　宁洲燃气电厂区位示意图

2. 电厂建设方案

宁洲燃气电厂规划建设 3 台 9H 级燃气蒸汽联合循环机组，总装机规模约 200 万 kW。建设项目主要由燃料供应系统、化学水处理系统、供水系统、电气系统、热力系统及热工控制系统组成。电厂建设的主体为燃气蒸汽联合循环机组主厂房，配套建设相应的辅助及附属生产设施，包括：天然气调压站、配电装置、机力通风冷却塔及循环水系统、脱硝尿素站、原水预处理站、化学水处理厂房、废水处理设施，以及行政办公楼等。

3. 电厂上网方案

宁洲电厂上网电压等级为 220kV，出线约 6 回，其中两回接入现状 220kV 则徐站，两回接入现状 220kV 长安站，两回接入现状 220kV 振安站。在沙角电厂逐步退役期间，制定供电保障措施实施细则，加强东莞电网的优化调度，保障滨海湾新区电力供应。

4. 电厂气源方案

宁洲电厂预测用气量为 22.4 亿 m^3/a。主气源引自广东省天然气管网，备用气源引自大鹏 LNG 管网。由谢岗门站至花灯盏阀室的现状高压燃气管道接入，管径为 DN600～DN800，经新建的燃气管道输往电厂内的调压站，再经厂内调压站调压后供给机组，管道路由方案与城镇规划相协调。

5. 冷热电联供方案

充分利用燃气电厂的蒸汽余热供热，实现能源高效清洁利用，保障新区能源系统低碳安全运行。规划在商业、办公、酒店、医院等用热（冷）集中的区域，设置 12 座集中供热（冷）子站，利用蒸汽作为气源实现供热（冷）子站为用户集中提供热（冷）。到 2035 年，新区公共建筑集中供热普及率达到 45%。

参考文献

[1] 高虎，王仲颖，任东明. 可再生能源科技与产业发展知识读本 [M]. 北京：化学工业出版社，2009.
[2] 曾鸣. 构建综合能源系统 [N]. 人民日报，2018-4-9.
[3] 住房城乡建设部，国家质量监督检验检疫总局. 城市电力规划规范：GB/T 50293—2014 [S]. 北京：中国建筑工业出版社，2014.
[4] 贺辉. 电力负荷预测和负荷管理 [M]. 北京：中国电力出版社，2013.
[5] 刘兴昌. 市政工程规划 [M]. 北京：中国建筑工业出版社，2006.
[6] 住房城乡建设部，国家质量监督检验检疫总局. 城镇燃气规划规范：GB/T 51098—2015 [S]. 北京：中国建筑工业出版社，2015.
[7] 龙惟定，白玮，范蕊. 低碳城市的区域建筑能源规划 [M]. 北京：中国建筑工业出版社，2011.
[8] 杜兵，卢媛媛等. 新型能源基础设施规划与管理 [M]. 北京：中国建筑工业出版社，2018.
[9] 华贵. 广州大学城分布式冷热电联供项目的启示 [J]，沈阳工程学院学报（自然科学报），2009，5（02）：97-102.

第7章　生活垃圾分类

7.1　生活垃圾分类及实行现实意义

1972年6月5日，联合国在瑞典首都斯德哥尔摩举行第一次人类环境会议，通过《人类环境宣言》及保护全球环境的“行动计划”，并提出将每年的6月5日定为“世界环境日”，引导和鼓励全世界人民保护和改善人类环境。党的十八大以来，党和国家对生态文明日益重视，将生态文明列入“五位一体”的总体布局。特别是党的十九大首次指出，建设生态文明是中华民族永续发展的千年大计。其中垃圾分类是保护环境和生态文明建设的重要环节和关键领域，是改善环境和建设生态文明的重要抓手。

7.1.1　城市公共卫生管理简史

先秦时期，城市已经颇具规模，随着人口逐步增加，产生大量的生活垃圾。当时的统治者制定了相当严格的法令。《汉书·五行志》：“商君之法，弃灰于道者，黥。”灰即垃圾，黥是在人脸上刺字并涂墨之刑，为上古五刑之一。在商鞅的时代，乱扔垃圾是要在脸上刺字，告诉所有人“此人不讲文明”的。即便制定了如此残酷的律条，也难以保证道路完全整洁，故而当时还设置了“条狼氏”一职，这是历史上最早的垃圾分类监管人员。

唐宋时期，为了处理垃圾问题，唐朝颁布相应的法规，其严格程度不逊于先秦。据《唐律疏议》记载：“其穿垣出秽污者，杖六十；出水者，勿论。主司不禁，与同罪。”在街道上扔垃圾的人，会被处罚六十大板，倒水则不受惩罚。如果执法者纵容市民乱扔垃圾的行为，也会被一起处罚。为了管理城市中的垃圾，杜绝污染现象，唐朝甚至设置专门的机构对城市垃圾进行管理。为了管理城市的环境卫生，宋朝设置了专门的机构：街道司。街道司下有专职的环卫工人，其职责包括洒扫街道、疏导积水和整顿市容。

明清时期，明朝的京城有先进的排水管道，城市和乡村垃圾处理形成了完备的产业链。以垃圾粪便为例，有专人负责在城市回收垃圾粪便，再运到乡村出售，用于耕作。除此之外，城市的垃圾会进行分类，各种生活垃圾都有专人回收。清朝的城市街道卫生状况似乎比明朝更为糟糕，到了光绪末年，政府设置了清道夫，配合街道司一起管理环境卫生，情况才有所好转。

古人为了处理垃圾颁布严刑峻法和相关的管理措施，在千年间不断地与垃圾做斗争，也未能解决垃圾污染问题；在当代社会，我们发现从垃圾的源头进行减量和分类利用是解决垃圾问题真正出路。归根结底，垃圾分类才是破解“垃圾围城”困境的最佳途径[1]。

7.1.2　生活垃圾定义和基本分类

《中华人民共和国固体废物污染环境防治法》（主席令第五十八号）规定，固体废物是指在生产、生活和其他活动中产生的丧失原有利用价值或者虽未丧失利用价值但被抛弃或者放弃的固态、半固态和置于容器中的气态的物品、物质以及法律、行政法规规定纳入固体废物管理的物品、物质。固体废物分为工业固体废物、生活垃圾和危险废物。其中生活垃圾是指在日常生活中或者为日常生活提供服务的活动中产生的固体废物以及法律、行政法规规定视为生活垃圾的固体废物。生活垃圾分类是指对生活垃圾进行分类投放、分类收集、分类运输和分类处理的活动。

根据《国务院办公厅关于转发国家发展改革委、住房城乡建设部生活垃圾分类制度实施方案的通知》（国办发〔2017〕26号）要求，必须将有害垃圾作为强制分类的类别之一，同时参照城市生活垃圾分类及其评价标准，再选择确定易腐垃圾、可回收物等强制分类的类别；未纳入分类的垃圾按现行办法处理。另外，参考住房城乡建设部、国家发展改革委等九部委印发《关于在全国地级及以上城市全面开展生活垃圾分类工作的通知》（建城〔2019〕56号）等政策文件中相关用语含义和分类要求。

（1）可回收物，是指适宜回收循环使用和资源利用的废物。主要包括：废纸、废塑料、废金属、废玻璃、废包装物、废旧纺织物、废弃电器电子产品、废纸塑铝复合包装等。

（2）易腐垃圾，是指食材废料、剩菜剩饭、过期食品、瓜皮果核、花卉绿植、中药药渣等易腐的生物质生活废弃物。主要包括：餐厨垃圾、厨余垃圾，以及农贸市场和农产品批发市场产生的蔬菜瓜果垃圾、腐肉、肉碎骨、蛋壳、畜禽产品内脏等。

（3）有害垃圾，是指生活垃圾中的有毒有害物质。主要包括：废电池（镉镍电池、氧化汞电池、铅蓄电池等），废荧光灯管（日光灯管、节能灯等），废温度计，废血压计，废药品及其包装物，废油漆、溶剂及其包装物，废杀虫剂、消毒剂及其包装物，废胶片及废相纸等。

（4）其他垃圾，是指由个人在单位和家庭日常生活中产生，除可回收物、易腐垃圾、有害垃圾之外的生活废弃物。

7.1.3　生活垃圾分类政策演变

为了推动我国垃圾分类的实施，国家和地方陆续出台了一系列有关生活垃圾分类的法律、法规、规章等政策文件，如表7-1所示。早在1995年发布的《中华人民共和国固体废物污染环境防治法》（主席令第五十八号），第三十七条就已经规定："城市生活垃圾应当逐步做到分类收集、贮存、运输及处置"。

2011年4月，《国务院批转住房城乡建设部等部门关于进一步加强城市生活垃圾处理工作意见的通知》（国发〔2011〕9号）要求，坚持发展循环经济，推动生活垃圾分类工作，科学制定生活垃圾分类办法，明确工作目标、实施步骤和政策措施，动员社区及家庭积极参与，逐步推行垃圾分类；到2015年，每个省（区）建成一个以上生活垃圾分类示范城市；50%的设区城市初步实现餐厨垃圾分类收运处理；城市生活垃圾资源化利用比例达到30%，直辖市、省会城市和计划单列市达到50%；到2030年，全国城市生活垃圾基本实现无害化处理，全面实行生活垃圾分类收集、处置。

2015年9月，中共中央、国务院印发《生态文明体制改革总体方案》[2] 要求，从制度体系构建角度出发，提出要建立和实行资源产出率统计体系、生产者责任延伸制度、垃圾强制分类制度、资源再生产品和原料推广使用制度等，从而完善资源循环利用制度。

2017年3月，《国务院办公厅关于转发国家发展改革委、住房城乡建设部生活垃圾分类制度实施方案的通知》（国办发〔2017〕26号）[3] 要求，推进生活垃圾分类要遵循减量化、资源化、无害化原则，加快建立分类投放、分类收集、分类运输、分类处理的垃圾处理系统，形成以法治为基础、政府推动、全民参与、城乡统筹、因地制宜的垃圾分类制度；到2020年底，基本建立垃圾分类相关法律法规和标准体系，形成可复制、可推广的生活垃圾分类模式，在46个实施生活垃圾强制分类的城市（直辖市、省会城市、计划单列市以及第一批生活垃圾分类示范城市，包括：河北省邯郸市、江苏省苏州市、安徽省铜陵市、江西省宜春市、山东省泰安市、湖北省宜昌市、四川省广元市、四川省德阳市、西藏自治区日喀则市、陕西省咸阳市），生活垃圾回收利用率达到35%以上。

2017年4月，国家发展改革委等14个部委联合印发《关于印发〈循环发展引领行动〉的通知》[4] 要求，实现生活垃圾分类和再生资源回收有效衔接提出了具体的工作计划，如加强城市低值废弃物资源化利用，创新服务机制和模式；健全法规体系，研究出台强制回收的产品和包装物名录及管理办法、建筑垃圾回收与资源化利用管理办法；理顺价格税费政策，探索垃圾计量收费等。

2017年6月，国家机关事务管理局、住房城乡建设部等5部委印发《关于推进党政机关等公共机构生活垃圾分类工作的通知》（国管节能〔2017〕180号）要求，2017年底前，中央和国家机关及省（区、市）直机关率先实现生活垃圾强制分类；2020年底前，生活垃圾分类示范城市的城区范围内公共机构实现生活垃圾强制分类；其他公共机构要因地制宜做好生活垃圾分类工作。

2017年12月，《住房城乡建设部关于加快推进部分重点城市生活垃圾分类工作的通知》（建城〔2017〕253号）要求，要求加快推进北京、天津、上海等46个重点城市生活垃圾分类工作；2018年，46个重点城市均要形成若干垃圾分类示范片区；2020年底前，46个重点城市基本建成生活垃圾分类处理系统，在进入焚烧和填埋设施之前，可回收物和易腐垃圾的回收利用率合计达到35%以上；2035年前，46个重点城市全面建立城市生活垃圾分类制度，垃圾分类达到国际先进水平。

2018年1月，《教育部办公厅等六部门印发关于在学校推进生活垃圾分类管理工作的通知》（教发厅〔2018〕2号）要求，要求探索建立生活垃圾分类宣传教育工作长效机制和校内生活垃圾分类投放收集贮存的管理体系；到2020年底，各学校生活垃圾分类知识普及率要达到100%。

2018年12月，《国务院办公厅关于印发“无废城市”建设试点工作方案的通知》（国办发〔2018〕128号）[5] 要求，现阶段要通过“无废城市”建设试点，统筹经济社会发展中的固体废物管理，大力推进源头减量、资源化利用和无害化处置，系统总结试点经验，形成可复制、可推广的建设模式；到2020年，系统构建“无废城市”建设指标体系，探索建立“无废城市”建设综合管理制度和技术体系。2019年4月，生态环境部公布11个“无废城市”建设试点为：广东省深圳市、内蒙古自治区包头市、安徽省铜陵市、山东省威海市、重庆市（主城区）、浙江省绍兴市、海南省三亚市、河南省许昌市、江苏省徐州市、辽宁省盘锦市、青海省西宁市。此外，将河北雄安新区（新区代表）、北京经济技术开发区（开发区代表）、中新天津生态城（国际合作代表）、福建省光泽县（县级代表）、江西省瑞金市（县级市代表）作为特例，参照“无废城市”建设试点一并推动。

2019年4月，《住房和城乡建设部等部门关于在全国地级及以上城市全面开展生活垃圾分类工作的通知》（建城〔2019〕56号）要求，加快推进以法治为基础、政府推动、全民参与、城乡统筹、因地制宜的生活垃圾分类制度，加快建立分类投放、分类收集、分类运输、分类处理的生活垃圾处理系统；到2020年，46个重点城市基本建成生活垃圾分类处理系统，其他地级城市实现公共机构生活垃圾分类全覆盖，至少有1个街道基本建成生活垃圾分类示范片区；到2022年，各地级城市至少有1个区实现生活垃圾分类全覆盖，其他各区至少有1个街道基本建成生活垃圾分类示范片区；到2025年，全国地级及以上城市基本建成生活垃圾分类处理系统。

2019年6月，国务院常务会议通过《中华人民共和国固体废物污染环境防治法（修订草案）》要求，强化工业固体废物产生者的责任，要求加快建立生活垃圾分类投放、收集、运输、处理系统；提出设立生活垃圾分类制度，要求地方政府做好分类投放、分类收集、分类运输、分类处理体系建设，为推动实施《生活垃圾分类制度实施方案》提供法律支撑。

2019年6月，习近平总书记对垃圾分类工作做出重要指示。实行垃圾分类，关系广大人民群众生活环境，关系节约使用资源，也是社会文明水平的一个重要体现。推行垃圾分类，关键是要加强科学管理、形成长效机制、推动习惯养成。要加强引导、因地制宜、持续推进，把工作做细做实，持之以恒抓下去。要开展广泛的教育引导工作，让广大人民群众认识到实行垃圾分类的重要性和必要性，通过有效的督促引导，让更多人行动起来，培养垃圾分类的好习惯，全社会人人动手，一起来为改善生活环境做努力，一起来为绿色发展、可持续发展做贡献。

为了深入贯彻习近平总书记关于生活垃圾分类工作的系列重要批示指示精神，认真落实国家有关工作要求，各省市相继出台生活垃圾分类政策和实施方案，从完善顶层设计开始补齐短板，提高垃圾分类的法治化水平和全民参与程度，进一步推动生活垃圾分类制度实施。例如，北京市、上海市、广州市、深圳市、杭州市、南京市、厦门市和桂林市作为全国首批生活垃圾分类收集试点城市，因地制宜出台了《上海市生活垃圾管理条例》等一系列生活垃圾地方性政策文件，这些对于改善城市人居环境、促进城市精细化管理、维护生态安全和保障经济社会可持续发展具有十分重要的现实意义。

当然，广东省有关城乡生活垃圾分类的工作，已开展多年。早在2016年1月，广东省就开始实施《广东省城乡生活垃圾处理条例》，这是国内第一个针对垃圾分类，并将农村生活垃圾处理纳入立法的省级法规。近年来，广东省先后制订相关规划、实施意见、技术指引等，为全省推进垃圾分类提供了法律政策和技术依据。

作为全国首批生活垃圾分类示范城市之一，广州市近年相继出台《广州市生活垃圾分类管理条例》《广州市再生资源回收利用管理规定》《广州市人民政府关于进一步深化生活垃圾分类处理工作的意见》《广州市深化生活垃圾分类工作实施方案（2017-2020年）》《广州市生活垃圾分类投放指南》《广州市机团单位生活垃圾分类指南》《广州市居住小区（社区）生活垃圾分类指南》《在全市学校推进生活垃圾分类管理工作实施方案》和《广州市居民家庭生活垃圾分类投放指南（2019年版）》等系列政策法规，全面推行生活垃圾分类，不断推动生活垃圾分类工作走在全国前列。其中《广州市生活垃圾分类管理条例》是全国第一部有关城市生活垃圾分类的地方性法规。

深圳市在已有《深圳市生活垃圾分类和减量管理办法》基础上，不断完善垃圾分类法律法规制度建设，相继出台《深圳市生活垃圾强制分类工作方案》《家庭生活垃圾分类投放指引》《深圳市大件垃圾回收利用管理办法》《深圳市机关企事业单位生活垃圾分类设施设置及管理规定（试行）》和《深圳市公共场所生活垃圾分类设施设置及管理规定（试行）》等系列政策法规，并将陆续发布垃圾分类地方性政策法规，如《深圳经济特区生活垃圾分类投放规定》《深圳经济特区生活垃圾分类管理条例》等（表 7-1）。

生活垃圾分类政策主要措施 **表 7-1**

序号	时间	发布部门	政策
（一）国家法律、行政法规、部门规章及文件			
1	2011 年 4 月	国务院	《国务院批转住房城乡建设部等部门关于进一步加强城市生活垃圾处理工作意见的通知》
2	2015 年 9 月	中共中央、国务院	《生态文明体制改革总体方案》
3	2017 年 3 月	国务院办公厅	《国务院办公厅关于转发国家发展改革委、住房城乡建设部生活垃圾分类制度实施方案的通知》
4	2017 年 4 月	国家发展改革委等 14 个部委	《关于印发〈循环发展引领行动〉的通知》
5	2017 年 6 月	国家机关事务管理局、住房城乡建设部等 5 部委	《关于推进党政机关等公共机构生活垃圾分类工作的通知》
6	2017 年 12 月	住房城乡建设部	《住房城乡建设部关于加快推进部分重点城市生活垃圾分类工作的通知》
7	2018 年 1 月	教育部办公厅等六部门	《教育部办公厅等六部门印发关于在学校推进生活垃圾分类管理工作的通知》
8	2018 年 12 月	国务院办公厅	《国务院办公厅关于印发“无废城市”建设试点工作方案的通知》
9	2019 年 4 月	住房城乡建设部、国家发展改革委等 9 部委	《住房和城乡建设部等部门关于在全国地级及以上城市全面开展生活垃圾分类工作的通知》
10	2019 年 6 月	全国人民代表大会常务委员会	《中华人民共和国固体废物污染环境防治法(修订草案)》
11	2019 年 6 月	习近平总书记关于生活垃圾分类工作的系列重要批示指示精神	
（二）地方性法规、政府规章及文件 （广东省、北京市、上海市、广州市、深圳市、杭州市、南京市、厦门市、桂林市）			
1	2016 年 1 月	广东省人民代表大会常务委员会	《广东省城乡生活垃圾处理条例》
2	2017 年 3 月	广东省住房和城乡建设厅	《广东省农村生活垃圾分类处理指引》
3	2019 年 4 月	广东省住房和城乡建设厅	《加强餐厨垃圾收运处理工作指导意见》
4	2012 年 3 月	北京市人大常委会	《北京市生活垃圾管理条例》
5	2019 年 4 月	上海市绿化和市容管理局	《上海市生活垃圾分类投放指引》
6	2019 年 4 月	上海市生活垃圾分类减量推进工作联席会议办公室	《上海市生活垃圾全程分类体系建设行动计划(2018-2020 年)》
7	2019 年 5 月	上海市绿化和市容管理局	《上海市生活垃圾定时定点分类投放制度实施导则》
8	2019 年 7 月	上海市人民代表大会	《上海市生活垃圾管理条例》

续表

序号	时间	发布部门	政策
9	2010年6月	广州市人民政府办公厅	《广州市再生资源回收利用管理规定》
10	2014年10月	广州市人民政府办公厅	《广州市人民政府关于进一步深化生活垃圾分类处理工作的意见》
11	2017年8月	广州市人民政府办公厅	《广州市深化生活垃圾分类工作实施方案(2017-2020年)》
12	2018年5月	广州市城市管理委员会	《广州市生活垃圾分类投放指南》 《广州市机团单位生活垃圾分类指南》 《广州市居住小区(社区)生活垃圾分类指南》
13	2018年7月	广州市人大常委会	《广州市生活垃圾分类管理条例》
14	2018年7月	广州市教育局、广州市城市管理委员会	《在全市学校推进生活垃圾分类管理工作实施方案》
15	2019年7月	广州市城市管理委员会	《广州市机团单位生活垃圾分类指引》 《广州市小区(社区)生活垃圾分类指引》 《广州市校园生活垃圾分类指引》 《广州市部队生活垃圾分类指引》 《广州市餐饮行业生活垃圾分类指引》 《广州市商务办公生活垃圾分类指引》 《广州市酒店/宾馆生活垃圾分类指引》
16	2019年8月	广州市城市管理和综合执法局	《广州市居民家庭生活垃圾分类投放指南(2019年版)》
17	2019年8月	广州市城市管理和综合执法局	《广州市深化生活垃圾分类处理三年行动计划(2019-2021年)》
18	2015年8月	深圳市人民政府	《深圳市生活垃圾分类和减量管理办法》
19	2017年5月	深圳市城市管理局	《深圳市生活垃圾强制分类工作方案》
20	2017年6月	深圳市城市管理局	《家庭生活垃圾分类投放指引》
21	2018年3月	深圳市城市管理局	《深圳市大件垃圾回收利用管理办法》
22	2018年6月	深圳市城市管理局	《深圳市机关企事业单位生活垃圾分类设施设置及管理规定(试行)》
23	2018年6月	深圳市城市管理局	《深圳市公共场所生活垃圾分类设施设置及管理规定(试行)》
24	2019年	—	《深圳经济特区生活垃圾分类投放规定》
25	2019年	—	《深圳经济特区生活垃圾分类管理条例》
26	2019年8月	杭州市人大常委会	《杭州市生活垃圾管理条例》
27	2013年6月	南京市人民政府	《南京市生活垃圾分类管理办法》
28	2017年11月	南京市人民政府办公厅	《南京市单位生活垃圾强制分类实施方案(2017-2020)》
29	2017年9月	厦门市人大常委会	《厦门经济特区生活垃圾分类管理办法》
30	2018年12月	桂林市人民政府办公室	《桂林市生活垃圾分类制度工作方案》

7.1.4 实行生活垃圾分类的现实意义

随着人们对人居环境关注度的不断提升，生活垃圾治理已成为城市公共环境卫生管理的重要领域。众所周知，垃圾分类可以减少垃圾处理量、降低处理成本、减少土地资源消耗，具有生态、社会、经济等多方面效益，这些对于改善城市人居环境、促进城市精细化管理、维护生态安全和保障经济社会可持续发展具有十分重要的现实意义。

1. 实现资源再生利用和减少环境污染

通过生活垃圾分类收集，能将可用资源及时进行回收，将垃圾变废为宝，进而提升垃圾的资源利用率，节省原生资源。同时，将有害垃圾分类出来，可以减少垃圾中重金属、有机污染物、致病菌的含量，降低了垃圾对水、土壤、大气污染的环境风险。

2. 节省垃圾处理费用和减少占用土地资源

各类生活垃圾“各回各家”，进入不同的终端处理通道，有助于减少垃圾清运量、提高热值，简化垃圾处理工艺，降低垃圾处理成本；垃圾分类也可提高垃圾处理的资源化和减量化程度，尽可能减少对土地资源的占用。

3. 增强生态文明意识和转变环保观念

垃圾分类能够在一定程度上激发民众的环保意识，学会节约资源、利用资源，养成良好的生活习惯，提升民众文明素养和环保素质，同时也让民众更加关注生态环境问题，对环境保护也有重要作用。当然，将垃圾分类知识和环保知识纳入学前及义务教育课程体系，开展“小手拉大手”等社区共建活动，把学生和家庭成员垃圾分类情况向学校和社区一起反馈，让更多人愿意参与、有能力参与、规范参与垃圾分类工作[6]，这有利于转变群众观念，使垃圾分类深入民心，形成全民动员、人人参与的合力。

7.2 国内外生活垃圾分类实践与经验启示

7.2.1 国外生活垃圾分类实践经验启示

1. 日本生活垃圾分类方法及经验启示

(1) 生活垃圾分类方法

日本是目前世界普遍认为生活垃圾分类做得最好的国家之一。日本垃圾处理实行的是地方自治制度，每个地方都有自己的规定，不同地区垃圾分类的方式存在差异。日本的垃圾分类非常细，少则三四类，多则几十类。以日本东京新宿为例[7]，日常生活中最简单的就是把垃圾分为资源垃圾、可燃垃圾、金属、陶瓷、玻璃类垃圾和大件垃圾。其中资源垃圾、可燃垃圾、金属、陶瓷、玻璃类垃圾是可以自行丢弃至收集站的，而大件垃圾则需要打电话预约上门回收，如图 7-1 所示。

1）资源垃圾

主要包括废旧纸张（报纸、杂志、纸箱、纸盒）、塑料容器、液化气瓶及干电池等。

2）可燃垃圾

主要包括容器包装塑料之外的塑料制品、内装物品残留或无法清除污渍的塑料容器和包装物、橡胶制品（胶皮管等较长的物体需剪切至 50cm 左右）、皮革制品、沾上油渍或不能用简单的水洗方法清除内装物的 PET 塑料瓶（Polyethylene terephthalate）、食用油油瓶（须用纸或布充分吸收，或用凝固剂固定）、纸屑（无法作为资源的纸类）、少量的庭院

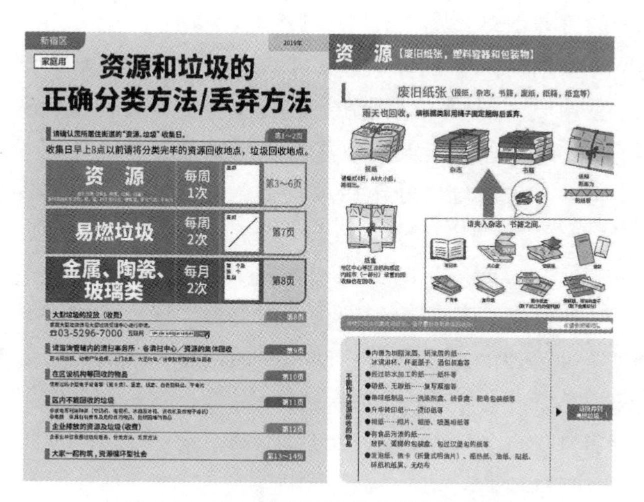

图7-1　日本新宿区垃圾分类指南示例

注：引自日本东京都新宿区政府网. http：//www. city. shinjuku. lg. jp/

树木枝叶（长度须控制在50cm以下，量多时须另行处理）、餐厨垃圾、服装、纸尿布、卫生用品（均须清除污物）等。

3）金属、陶瓷、玻璃类垃圾

主要包括一次性打火机（尽量用完，并装入可看见袋内物品的袋子）、家用水银体温计、铝箔、废旧金属、陶瓷、玻璃、破碎的瓶子（破碎的物品须用厚纸等包好，并标注"危险"字样）、小型家电产品、刀具、针、剃须刀、日光灯管和灯泡等。

4）大件垃圾

主要包括家庭丢弃的长宽高任意一边超过30cm左右的家具、寝具、电器产品（属法定回收再利用家电的除外）、自行车等，即使分解后仍视为大型垃圾。

日本能将生活垃圾分类工作贯彻落实，与其在生活宣传、政策指引、垃圾丢弃、收集和搬运等各个环节相互配合密不可分。除了规定的分类丢弃投放，还规定了详细的收集时间及日期，一旦错过该类的生活垃圾投放时间，只能等待下次的收集日再次投放。而为了更好地指导民众进行垃圾分类，政府都会印刷详尽的垃圾分类指导手册，在民众到社区登记时，会发放所在区域的垃圾分类和投入指南。

日本的垃圾分类投放，除了分类细致外，连垃圾丢弃方法也有严格的规定，如废纸须按照分类用绳子以十字固定捆绑，在投放前需要摊平，用十字捆绑法捆好，其中报纸须叠成4折，将广告单夹入报纸内，所有包装类的纸制品均须压平。纸箱应由断面为瓦楞的纸板制成。纸盒也可以送至地区中心等区内设施或区内部分超市设置的回收桶进行回收。此外，笔记本、点心盒、包装纸、信封、复印纸、面巾纸盒（须取下封口处的塑料膜）、保鲜膜和铝箔的盒子（须取下金属部分）须夹入杂志或书籍间。一旦丢弃方法没有达到要求，垃圾收集人员是不会收集的，同时会在垃圾上粘上标签，注明不达标的情况，居民需要按标签上的注明改正后于下个收集日再进行投放。

（2）生活垃圾分类经验启示

1）从上引导，鼓励居民"从自身做起"，实施垃圾分类收集

垃圾分类收集是垃圾分别处理的前提，鼓励居民"从自身做起"，自觉参与环境保护

是日本实现垃圾分类的重要保障。为了便于垃圾的分类收集，日本各市、区均会定期为居民免费印制《家庭垃圾指南》等小册子，专门指导居民进行垃圾的分类和回收，同时各市、区的政府网站首页均设有资源和垃圾分类的具体连接以方便民众查询。全国各市、区根据自身情况规定了各类生活垃圾不同的收集日，居民预先在家中对垃圾进行分类，然后按照指定的收集日，将各类垃圾分别送至指定收集点。

2）从小培养“垃圾分类意识”，环保工作从娃娃抓起

在日本，小孩子在幼儿园就会进行垃圾分类的教育，通过“归于自然”的核心思想，培养小孩子热爱大自然的情感，让小孩子学会垃圾分类，增强保护环境的意识和能力。将垃圾分类的教育内容通过游戏的方式教育给幼儿，如用废轮胎做秋千，用废纸桶搭建布娃娃家，旧瓶盖做成装饰品等。到了小学阶段，每个学生均有被组织至当地的垃圾焚烧厂进行参观学习，让学生通过亲自体验加深对垃圾分类的了解。

3）建立完善的法律保障体系

自1975年开始，静冈县沼津市第一次开始在可燃、不可燃两种垃圾的前提下，增加了资源类垃圾，以此为契机，全国范围内逐步对垃圾加以详细区分。从20世纪70年代中开始实施垃圾分类至今已有40多年，日本的相关法律仍在不断完善，从上至纲领性的《循环型社会形成推进基本法》，下至具体实施操作的如《废弃物处理法》《容器包装分类收集及再商品化促进法》《特定家用电器再商品化法》等，对于不按规定分类投放垃圾的，会处以非常高的罚款及处罚，从而对不进行垃圾分类投入的个人和企事业起到心理上的震慑作用。

4）构筑群众相互监督的生活环境

除了有从上至下的引导、从严处罚的相关法律法规，日本更建立了有效的群众互相监督环境。由于日本家庭的垃圾袋基本上都是透明的，在垃圾投放时，垃圾袋里面的垃圾物是一目了然的，这样群众之间就可以起到相互监督的作用，个别极少的垃圾分类类别错误，是不会由相关的执法人员对其进行处罚，而是由周边群众对于不按垃圾分类投放的人进行劝改、指导、警告等方式教育，对于屡教不改的人会被周围的群众所孤立，从而在思想道德上相互进行约束，有效地减少了执法成本。至于严厉的法律处罚，更多是发生重大的安全或污染事故时，才会对不法者进行惩罚。

2.德国生活垃圾分类方法及经验启示

德国是全球垃圾利用率最高的国家之一。从人口和面积上来看，德国着实不能被称为一个大国，但却是一个不折不扣的“垃圾制造”大国。在欧洲，德国人口仅次于俄罗斯位列第二，每年每个德国人制造约617kg生活垃圾，远高于欧盟人均水平（481kg）[8]。这么多的垃圾，依靠传统的焚烧或者填埋手段进行处理，显然不适合德国这样一个人口稠密、国土较小的高度工业化国家。为此，德国建立了全世界最成功的垃圾分类回收体系。

1）分设三种垃圾桶，大件垃圾不能随便扔

在德国，每个居民楼附近都有若干并排放置的蓝色、黄色和黑色垃圾桶（图7-2），这三种颜色依次针对纸张纸板垃圾、以产品包装为主的可回收物垃圾和其他垃圾。此外，每片居民区还设有几处分别回收绿色、棕色和透明玻璃制品的铁皮类型大方桶。没有押金的玻璃酒瓶通常会扔到那里；有押金的玻璃酒瓶和塑料水瓶则可以通过传送带运到各大连锁超市的自动回收机，自动回收机随后吐出的代金券可用于在超市付款或兑换现金。

此外，在德国很多人都会通过在门口贴告示或在网络平台发帖的方式试图送出自家功能完好的旧冰箱、旧洗衣机或大件家具，但这并不能说明他们有多么热心公益。因为如果要丢弃大型家电和家具，只能花钱找人上门回收或者自己想办法将其运到郊外的大件垃圾处理厂。而即便将大件垃圾运到那里，一旦垃圾的总体积超过了免费额度（例如 $3m^3$），那么超额的那部分仍然要付费才能丢弃。有鉴于此，能送掉旧电器和家具反倒两全其美。不过，弃置小家电和电池在德国并不麻烦。虽然住宅区的垃圾桶没有它们的容身之地，但很多连锁超市和电器商店都免费回收。

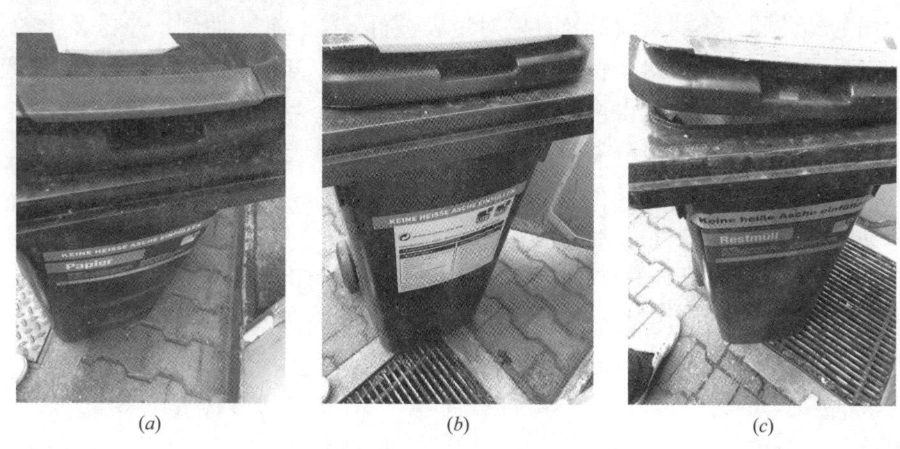

(*a*)　(*b*)　(*c*)

图7-2　德国垃圾分类收集桶

（*a*）纸类蓝色桶；（*b*）包装类黄色桶；（*c*）其他垃圾黑色桶

2）完备周全的法律体系

如今德国在垃圾分类回收方面的快速进步，首先归功于其完善的立法。据不完全统计，德国联邦和各州目前有关环保的法律、法规达8000多部，是世界上拥有最完备、最详细环境保护体系的国家。这些法律均是德国各级政府为适应不同时期生活垃圾的性质和时代要求所制定的[9]。

早在第一次世界大战前德意志帝国时期，德国就开始实施城市垃圾分类收集。但是在战后的实践过程中，效果并不明显。在20世纪70年代，德国的垃圾回收管理混乱，无论是回收端还是处理端，都没有办法实现真正的垃圾分类处理再利用。推动当时垃圾分类的大背景是环保主义在西方国家兴起，为了保护环境，从而制定了相关法律和配套措施。

在多达8000多部法律、法规中，对德国垃圾回收体系建设起到决定作用的主要有以下几部：

1972年，联邦德国政府颁布了《废物处理法》，推动垃圾从无序堆放逐渐走向集中处理。1986年，修改了《废物处理法》，改名为《废物防止与管理法》，引入了减少产生垃圾量的理念。

在20世纪90年代中期，统一后的德国实施了《资源闭合循环和废物管理法》，规定除了已经实现的金属、纺织物及纸制品的回收外，其他可循环使用的材料也必须在进行分类收集后重新进入经济循环；随后，德国政府出台了《包装废物条例》等法律法规，从而建立了双轨收集制度，用于对居民丢弃的产品包装进行分类收集、回收和处置。

2015年，修订后的《循环经济法》首次规定个人有义务分类垃圾。这意味着，不分类或错误分类垃圾从此成了违法行为。德国各地方政府对相关违法行为的处罚力度不一。根据 2019 年的德国罚款目录，违法弃置垃圾的罚款额度因恶劣程度不同在 10 欧元到 5000 欧元不等。

3）建立完整的垃圾处理产业体系

梳理垃圾回收的整个链条，最关键的毫无疑问是一头一尾——如何让民众自觉进行垃圾分类，分类回收的垃圾如何进行处理再利用。而德国正是牢牢地抓住了这两头，才实现了在垃圾分类回收领域绝对的领先地位。

在德国的幼儿园，小朋友就被教育要对垃圾进行分类投放。而到了小学，学校往往会系统性地教导学生垃圾分类对于保护生态环境的重要性，以及如何进行科学的垃圾分类。正是这种从小的教育培训，使得德国民众建立起“垃圾分类回收”的集体意识。此外，德国各州政府还会印发关于垃圾分类知识的小册子，分发给居民，进一步加强民众科学垃圾分类的意识和能力。

3. 瑞典生活垃圾分类方法及经验启示

瑞典是世界上在垃圾处理方面具有最先进水平的国家之一，垃圾回收率达到了 99％。瑞典的垃圾循环利用已经发展成为一个产业，除处理本国垃圾之外，每年瑞典进口 80 万 t 垃圾，用于冬季供暖。瑞典政府制定了到 2020 年前实现覆盖所有垃圾管理层面“零垃圾”的愿景[10]。这一切得益于瑞典完善的制度保障和领先世界的垃圾管理系统。

1）完备的法律和独特的制度体系

20 世纪 90 年代，瑞典政府通过立法并出台法律监督机制。1994 年，瑞典政府出台的《废弃物收集与处置法》，详细规定了瑞典生活垃圾的分类、收运与处理，是瑞典生活垃圾分类的开端；1999 年，瑞典政府出台的《国家环境保护法典》，规定生活垃圾管理的总原则、生活垃圾的基本概念以及政府在管理生活垃圾方面的职责，成为监管生活垃圾的主要法律。瑞典垃圾管理主要政策演变与年家庭垃圾填埋量变化（图 7-3）。

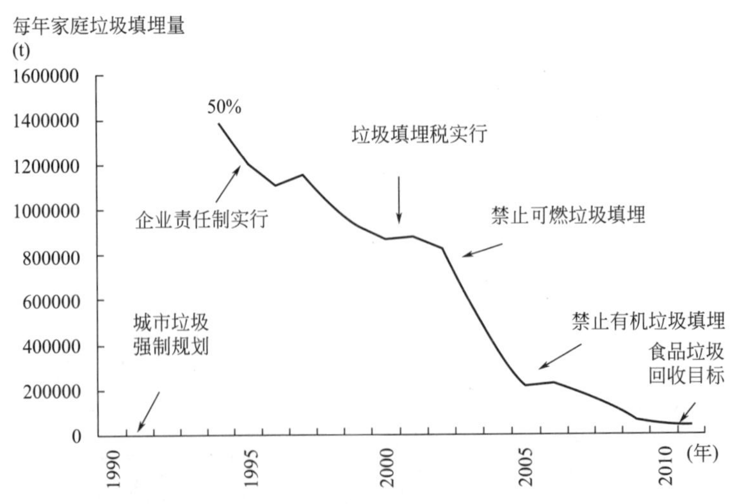

图 7-3　瑞典垃圾管理主要政策演变与年家庭垃圾填埋量变化图[10]

瑞典的生活垃圾处理原则是以资源化、减量化为终极目标，实现最大限度地循环使用，并以能源化为导向，最小限度地进行填埋处理。作为欧盟的成员国，瑞典的垃圾处理遵循《欧盟垃圾处理框架指令》，并按照优先级分成 5 种层级：①减少垃圾的产生；②回收再利用；③生物技术处理；④焚烧处理；⑤填埋处理。在完备的法律基础上，瑞典已形成一系列有效的垃圾管理制度，包括城市垃圾强制规划、生产者责任制、生活垃圾征收填埋税、严格的垃圾填埋制度（包括禁止未分类的可燃垃圾和有机垃圾填埋）、食品垃圾生化处理目标。

2）重视企业环保科技研发

2011 年，瑞典政府提出支持企业环保科技战略，包括三大主要任务：①促进瑞典环境保护科技出口并促进瑞典国内经济增长；②推动环保科技企业的研发和创新；③为环保科技的市场化应用创造条件。这项战略的财政支出总额是 4 亿克朗，2011～2014 年，每年投入 1 亿克朗。根据瑞典国家统计局和瑞典环保科技委员会的数据显示，目前瑞典在环保产业的就业人数达到 4 万，创造了 1200 亿克朗的产值。瑞典的相关政府部门、产业委员会和投资机构共同推动了瑞典环保科技的创新和环保企业的蓬勃发展。瑞典经济和区域发展署、瑞典能源署、瑞典贸易委员会、瑞典环境技术委员会、瑞典国际发展合作署、瑞典工业基金、中小企业投资公司、瑞典基金等都为企业在融资、技术开发和市场拓展等不同方面提供有力支持。

目前，环保技术已经成为瑞典科研机构和企业的优势领域。瑞典的环保技术与信息通信、工程、能源、电力、冶炼、森工、包装、汽车、石化、建筑、交通等工业与行业相互交织与融合，形成了较为完整且具有瑞典特色的产业集群。瑞典环境技术企业在环境技术创新、新能源利用、生态城市规划、环境工程咨询、垃圾能源化、工业与建筑节能、热泵与热交换、水处理与生物燃气、生物燃料、风力发电以及太阳能、海洋能利用等领域尤为领先。

3）完善的基础设施

瑞典垃圾分类是一个整体工程，居民、小区、垃圾屋、中转站、垃圾场等各个环节都有配套的系统工程，将垃圾分类运输、分类处理，如图 7-4 所示。瑞典政府系统设计了生活垃圾分类收集桶（袋）、社区生活垃圾分类收集站、区域生活垃圾分类回收站和生活垃圾转运车，确保居民户、收集站、回收站、转运车的分类体系和标识基本保持一致。

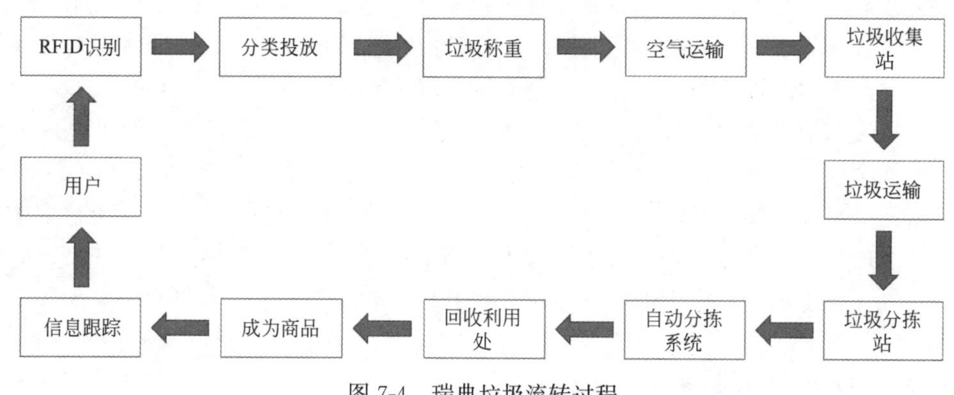

图 7-4　瑞典垃圾流转过程

① 家庭分类

瑞典小区的物业将不同颜色的垃圾分类袋分发给居民。居民将垃圾分类装进不同颜色的垃圾袋。绿色是厨余垃圾，橙色是塑料包装，黄色是纸质品，白色是废物垃圾。

② 分类投放并称重

居民将垃圾袋装满以后，将其送至附近的垃圾投放口。RFID（Radio Frequency Identification）标签（近似于二维码的识别标签）可以识别用户身份，同时解锁投放口。随后居民可以扫码，按照颜色对垃圾袋进行扫描分类。扫描完成后，垃圾袋通过投放口丢弃。居民按下 OK 键，投放口关闭，对垃圾袋进行称重。

③ 自动化运输

在垃圾收集后的运输流程上，瑞典采用先进技术以减少运输过程中产生的二次污染。瑞典的城市垃圾自动处理系统为全球城市的垃圾管理树立了表率。控制系统的电脑会根据程序设定的时间，指挥抽风机发动后，管道中“刮”起 18～25m/s 的大风，管道中的垃圾可以以 70km/h 的速度运送至中央收集站。垃圾在进入中央收集站的密闭垃圾集装箱前，需经过旋转分离器，根据空气动力学原理，在旋转中垃圾落入集装箱，废气则上升，顺着管道经过装有活性炭和除尘装置的废气处理器，在除尘除臭后被排出室外。

④ 成熟的垃圾焚烧技术

欧盟数据统计委员会的数据显示，瑞典制造的生活垃圾中，被填埋的非可再生垃圾只占 1%，36%可得到循环利用，14%制成化肥，另外 49%被焚烧发电。垃圾焚烧作为瑞典目前最主要的垃圾处理方式，垃圾焚烧厂运营商依据法律要求，取得垃圾焚烧许可，设置自我监控系统并定期完成报告声明。目前，瑞典通过技术投入，垃圾焚烧厂的有害气体排放已大幅下降。全年焚烧垃圾排放的二噁英总量相比其他二噁英来源几乎可以忽略不计。此外，瑞典利用垃圾焚烧为居民提供热能和电能，实现垃圾的循环使用。

4）环保意识纳入学前教育，注重公共宣传和参与

瑞典非常重视公民的环保理念教育，瑞典在学前教育（针对 1～5 岁的孩子）的课程和活动中就纳入环境保护和可持续发展的理念。根据瑞典国家教育局要求，所有的学前教育学校都必须教育孩子尊重和保护周边的环境和生态系统，并为符合环境教育目标的学校颁发“可持续发展卓越证书”。此举目的是鼓励学校培养有环境责任意识的下一代，使其为环境保护发挥积极作用，并让孩子起到影响父母的作用。

瑞典政府积极与有影响力的专业社会组织和非政府组织（Non-Governmental Organizations，NGO）合作，共同推动公众参与。瑞典垃圾管理回收协会是目前瑞典在垃圾处理方面最具影响力的社会组织之一，其会员包括市政府和相关企业等。该协会以零废弃为愿景，每年发布的瑞典垃圾处理报告，为政府部门、企业、行业协会和公民个人提供及时、专业而全面的信息。自 2009 年起，该协会在瑞典环保署的支持下，代表瑞典参与欧盟垃圾减量周相关主题活动的组织和协调工作，并发起各种主题倡议来调动全社会力量参与垃圾减量的活动。同时，该协会还创造了“Miljönär（环境）”标签和相关网站，告诉社会公众如何在生活和生产中践行“修理、再利用和减量”（Repair，Reuse，Reduce）的“3R”原则。

4. 澳大利亚生活垃圾分类方法及经验启示

澳大利亚的生活垃圾收运处理模式与其居住条件密切相关。澳大利亚地广人稀，垃圾

基本采用填埋处置，但 95%的人口居住在东海岸带，城市人口密集，土地资源相对紧张。垃圾产生量的持续增加，也给这些城市带来了沉重的处理压力，垃圾分类与减量，也是澳大利亚垃圾收运处理的主要发展趋势。以澳大利亚第三大城市布里斯班为例，2008 年仅循环了 18%的纸张、玻璃、金属和塑料，进入填埋场的垃圾中仍含有 43%的有机质，因此市议会 2009 年发布了趋向零废物的发展规划。在持续的努力下，布里斯班人均垃圾填埋量从 2008 年的 361.3kg/a 降至 2016 年的 313.7kg/a，并计划未来降至 250kg/a [11]。

1）垃圾分类方法

澳大利亚家庭垃圾一般分为有机废物、一般家庭垃圾和可回收垃圾三类。三类垃圾分别装在不同颜色盖子的方形垃圾桶内，这些垃圾桶统一规格，有多种尺寸，便于个人或社区使用（图 7-5）。这些垃圾桶均需要向市政部门申请购买，购买过程中也就完成了废物收运登记，这样垃圾车会在今后的固定日期来住所收集不同的垃圾。

图 7-5　澳大利亚分类垃圾桶

① 绿色垃圾桶（有机物）

绿色垃圾桶用来丢弃有机废物，主要有插条、小树枝（最长 10cm）、草坪剪枝、杂草、树叶、切花、宠物粪便（但不包括装粪便的塑料袋）、碎纸片、纸巾和头发等。绿色垃圾桶不能用来装塑料袋、园艺工具或花盆之类的东西。

② 红色垃圾桶（一般家庭垃圾）

红色垃圾桶专门用于处理一般家庭垃圾。这种类型的垃圾桶可用来存放对环境有害的废物，如尿布、衣服、抹布、绳索、破碎的玻璃器皿、餐具、聚苯乙烯和泡沫包装、肉类，食品托盘和泡沫包装。这类垃圾需要很长时间才能分解，对环境危害最大，因此需装在可生物降解的袋子中，以保护环境。

③ 黄色垃圾桶（可回收垃圾）

黄色垃圾桶用于预留可回收垃圾。清洁纸、纸板、玻璃瓶、罐子、任何种类的空罐和盖子以及塑料都可以在这个垃圾桶中处理。收集完这些垃圾后，它们将被转移到高科技机器中，该机器能够分析并将它们分成不同类型。经过一系列的消毒程序后，它们将被转移到卡车中并运往不同的工厂进行再加工以获得新产品。

2）垃圾收集模式

澳大利亚垃圾回收时间是按“垃圾日历”来循环的，这本日历上面的不同日子被标注上“红、绿、黄”3 种不同的颜色，不同颜色表示当天收集不同的垃圾。人们必须在前一天晚上或当天清早将这种颜色的垃圾桶拖放到家附近的马路旁边或指定的位置，下午或晚上再将已经清空的垃圾桶拖回自己家。垃圾日历可以在手机 APP 和网站上查询。

家庭标准垃圾桶申请费用为 30 澳元，此后每季度针对普通垃圾桶、绿化废物垃圾桶的收费为 20 澳元，按年度交费会有轻微折扣。一旦申请，该服务至少持续一年，此后可随时申请中止。为了鼓励回收，可回收垃圾桶仅收设置费，后续不再收费，而且 340L 的大型垃圾桶的申请费用也是 30 澳元。也有部分城市采用统一的市政费，即综合评估居住条件，按固定费率收取市政费，包含垃圾处理、污水处理、公共建设等等。

对于大件垃圾、危险废物，可按照规定送至资源处理中心。如有大量垃圾需要处理，可以在网站或电话通知市政部门，请求单独收运。

资源中心专门派车收集通常按照重量收费，如每车普通垃圾（不超过 500kg）收费 11.7 澳元；超过 500kg 时，超出部分每吨 125.1 澳元。对于绿化废物、商业单位产生的垃圾，也有详细的收费标准。

尽管大多数人居住在城市及周边，但是仍有不少居住在偏远地区的居民，这些居民一般需要自己将垃圾桶运送至附近的城市资源回收中心或垃圾转运站。

3）处罚模式

澳大利亚对于垃圾分类违规的处罚措施非常详尽，如市政部门收集垃圾后的空垃圾桶不及时推回家里，也会被处罚。澳大利亚各州（澳大利亚有 6 个州和两个领地）不尽相同，有些州还设有专门的环境法院。罚款额度通常由市政部门综合评估后确定，以布里斯班为例，如个人乱倒废物不到 200L，则罚款 252 澳元；如乱倒垃圾 200～2500L，则罚款 2018 澳元；再往上罚款 4323 澳元。对于公司，上述情形罚款分别为 1262、6308 和 9461 澳元。对于更严重的行为，如屡犯不改、乱扔危险废物、企业主乱倒垃圾等，市议会会进行起诉，罚款金额会达到 5 万～12 万澳元。

5. 国外生活垃圾分类经验启示

日本、德国、瑞典、澳大利亚等一些垃圾分类工作走在前列的国家，已建立周全的法律制度、完备的垃圾分类体系、完整的基础设施以及深入人心的生态环保意识等，详见表 7-2。

国外生活垃圾分类和经验做法 **表 7-2**

序号	国家	垃圾分类类别	经验做法
1	日本	资源垃圾 可燃垃圾 金属、陶瓷、玻璃类垃圾 大件垃圾	(1)鼓励居民“从自身做起”，实施垃圾分类收集； (2)从小培养“垃圾分类意识”； (3)建立完善的法律保障体系； (4)构筑群众相互监督的生活环境
2	德国	纸张纸板垃圾 可回收物垃圾 其他垃圾	(1)建立完备周全的法律体系； (2)建立完整的垃圾处理产业体系； (3)注重公共教育、宣传和参与
3	瑞典	厨余垃圾 塑料包装 纸质品 废物垃圾	(1)建立完备的法律和独特的制度体系； (2)重视企业环保科技研发； (3)建立完善的基础设施； (4)注重公共教育、宣传和参与
4	澳大利亚	有机废物 一般家庭垃圾 可回收垃圾	(1)建立垃圾分类、收运和处理模式； (2)建立严格的垃圾分类违规处罚体系

7.2.2 国内生活垃圾分类实践经验启示

1. 国内生活垃圾分类

我国早在 1995 年发布的《中华人民共和国固体废物污染环境防治法》就提出城市生

活垃圾应当逐步做到分类收集、贮存、运输及处置。多年以来，住房城乡建设部围绕垃圾分类开展了许多基础性的工作。一是开展试点示范。2000年，印发《关于公布生活垃圾分类收集试点城市的通知》（建城环〔2000〕12号），将北京、上海、广州、深圳、杭州、南京、厦门、桂林8个城市作为生活垃圾分类收集试点城市。2015年，印发《关于公布第一批生活垃圾分类示范城市（区）的通知》（建办城〔2015〕19号），选择北京市房山区等26个城市（区）作为分类示范城市（区）。二是发布相关标准。2003年，公布《城市生活垃圾分类标志》（GB/T 19095—2003），规定可回收物、有害垃圾和其他垃圾的标志和图形符号。该标准于2008年修订，名称修改为《生活垃圾分类标志》（GB/T 19095—2008），将生活垃圾类别分为可回收物、大件垃圾、可堆肥垃圾、可燃垃圾、有害垃圾及其他垃圾6大类，并下设14小类。2004年，公布《城市生活垃圾分类方法及其评价标准》（CJJ/T 102—2004），以知晓率、参与率、分类收集率、资源回收率等指标考评分类效果，目前正在修订。三是提出指标要求。《中共中央国务院关于进一步加强城市规划建设管理工作的若干意见》提出，到2020年，力争将垃圾回收利用率提高到35%以上。2017年3月，《国务院办公厅关于转发国家发展改革委、住房城乡建设部生活垃圾分类制度实施方案的通知》，明确将有害垃圾、餐厨垃圾和可回收物作为强制分类，并提出在46个城市和党政军机关、学校、医院等公共机构率先开展生活垃圾强制分类工作。2019年4月，《住房和城乡建设部等部门关于在全国地级及以上城市全面开展生活垃圾分类工作的通知》要求，到2020年，46个重点城市基本建成生活垃圾分类处理系统，其他地级城市实现公共机构生活垃圾分类全覆盖，至少有1个街道基本建成生活垃圾分类示范片区；到2022年，各地级城市至少有1个区实现生活垃圾分类全覆盖，其他各区至少有1个街道基本建成生活垃圾分类示范片区；到2025年，全国地级及以上城市基本建成生活垃圾分类处理系统。

（1）北京市生活垃圾分类

北京于1996年率先在西城区大乘巷开展垃圾分类试点，从而成为全国第一个进行垃圾分类的城市。2019年2月19日，北京市十五届人大常委会第二十五次主任会议通过的《北京市人大常委会2019年立法工作计划》，将《北京市生活垃圾管理条例（修改）》列为调研论证项目。现行的《北京市生活垃圾管理条例》由北京市十三届人大常委会第二十八次会议于2011年11月18日通过，自2012年3月1日施行。

北京生活垃圾分类一般分为四类：可回收物、厨余垃圾、其他垃圾和有害垃圾，分别对应四种颜色垃圾桶：蓝色、绿色、灰色和红色（图7-6）。可回收物是指回收后经过再加工可以成为生产原料或者经过整理可以再利用的物品，主要包括废纸类、塑料类、玻璃类、金属类、电子废弃物、织物类等。厨余垃圾是指家庭中产生的易腐食物垃圾，主要包括菜帮菜叶、剩菜剩饭、瓜果皮核、废弃食物等。其他垃圾主要包括废弃食品袋、废弃保鲜膜、废弃纸巾、废弃瓶罐、灰土烟头等。有害垃圾是指废旧灯管、废药品、废油漆及其容器等对人体健康或者自然环境造成直接或者潜在危害的生活废弃物。

（2）上海市生活垃圾分类

2019年7月1日，《上海市生活垃圾管理条例》正式实施，规定“对不进行垃圾分类的个人或企事业，个人混投行为处50元以上200元以下罚款外，单位未按照规定分类投放的行为，规定最高可处5万元的罚款”并被正式执行，标志我国进入生活垃圾“强制分

图 7-6　北京市垃圾分类投放垃圾桶[12]

类”法治时代。

上海垃圾分类分为可回收垃圾、有害垃圾、湿垃圾和干垃圾四类，如图 7-7 所示。可回收垃圾是指废纸张、废塑料、废玻璃制品、废金属、废织物等适宜回收可循环利用的生活废弃物。有害垃圾是指废电池、废灯管、废药品、废油漆及其容器等对人体健康、自然环境造成直接或者潜在危害的生活废弃物。湿垃圾即易腐垃圾，是指食材废料、剩菜剩饭、过期食品、瓜皮果核、花卉绿植、中药药渣等易腐的生物质生活废弃物。干垃圾即其他垃圾，是指除可回收物、有害垃圾、湿垃圾以外的其他生活废弃物。此外，还分别对大件垃圾、装修垃圾和电子废弃物提出了收集投放指引。大件垃圾可以预约可回收经营者或者大件垃圾收集运输单位上门回收，或者投放至管理责任人指定的场所。装修垃圾和生活垃圾应分别收集，并将装修垃圾袋装后投放到指定的装修垃圾堆放场所。大型电器电子产品可联系规范的电子废弃物回收企业预约回收，或按大件垃圾管理要求投放。小型电器电子产品可按照可回收物的投放方式进行投放。

（3）杭州市生活垃圾分类

杭州市是住房城乡建设部确定的全国首批垃圾分类试点城市之一。2015 年 12 月 1 日，《杭州市生活垃圾管理条例》正式实施，其中对个人、物业、企业、收集和运输单位等，都有明确的处罚条例。2019 年 8 月 1 日，新修订的《杭州市生活垃圾管理条例》，经浙江省十三届人大常委会第十三次会议审批通过[14]。新修订条例的最大变动是加大了对生活垃圾收集、运输单位的处罚力度，情节严重的，最高可罚款 10 万元。同时还新增加了一条“信用处罚”，违反规定受到行政处罚的，还将依照《浙江省公共信用信息管理条例》等有关规定，依法记入有关个人、单位的信用档案。

杭州市生活垃圾分为四类，分别是：可回收物、有害垃圾、易腐垃圾和其他垃圾，如图 7-8 所示。有害垃圾是指对人体健康、自然环境造成直接或者潜在危害的生活垃圾。可回收物是指未污染的适宜回收和资源利用的生活垃圾如玻璃、金属、塑料（橡胶）、纸类、纺织类、小家电。易腐垃圾是指餐饮经营者、单位食堂等生产过程中产生的餐厨废弃物，居民家庭生活中产生的厨余垃圾和集贸市场产生的有机垃圾等。其他垃圾是指除可回收物、有害垃圾和易腐垃圾之外的其他生活垃圾，如图 7-8 所示。

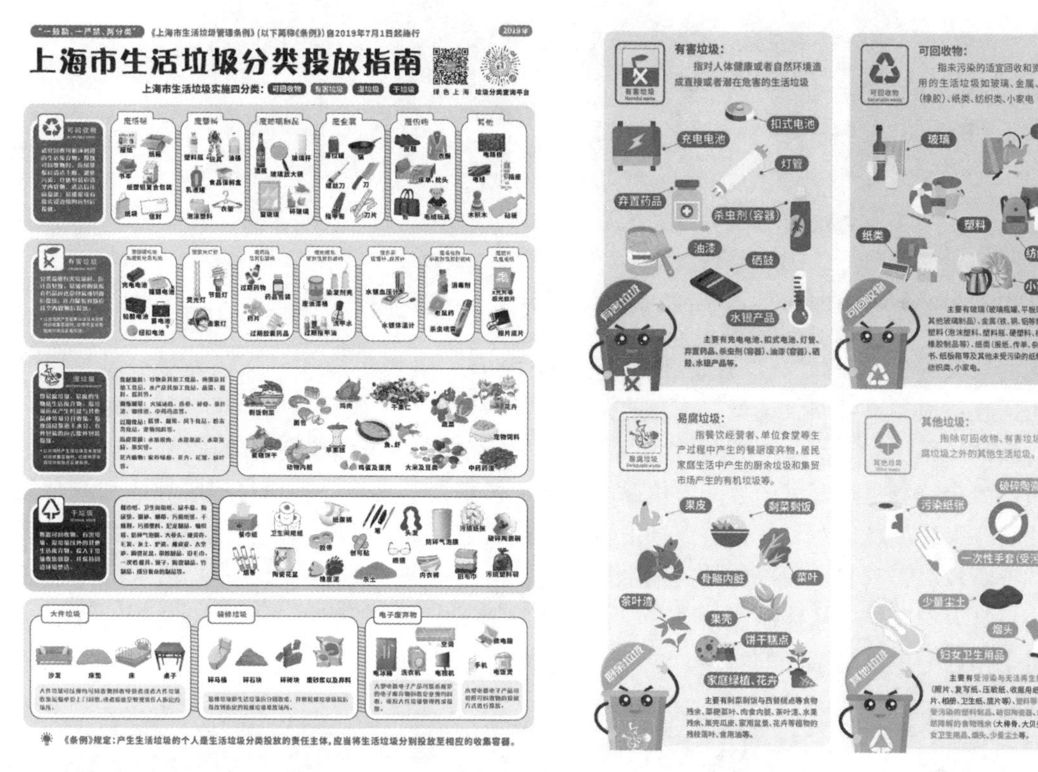

图 7-7　上海市生活垃圾分类投放指南[13]　　图 7-8　杭州市垃圾分类投放指引[14]

（4）南京市生活垃圾分类

2017 年 11 月 7 日，南京市城市管理局发布了《南京市单位生活垃圾强制分类实施方案（2017-2020）》，该方案明确了单位生活垃圾强制分类的实施范围、分类方法、工作目标、主要任务和保障措施。2018 年，南京市人民政府发布了《关于实施生活垃圾分类的通告》，正式决定在全市范围内实施生活垃圾的分类，并明确了单位应做好生活垃圾强制分类工作，以及任何单位违反该通告，城市管理行政执法部门将依据《南京市生活垃圾分类管理办法》的有关规定进行处罚[15]。

南京市生活垃圾分类一般分为四类：可回收垃圾（蓝色垃圾桶）、餐厨垃圾（绿色垃圾桶）、有害垃圾（红色垃圾桶）和其他垃圾（灰色垃圾桶），如图 7-9 所示。可回收垃圾包括玻璃、废纸、金属、塑料、织物等固体废物。餐厨垃圾是指餐饮垃圾、厨余垃圾和集贸市场有机垃圾等易腐蚀性垃圾，包括食品交易、制作过程废弃的食品、蔬菜、瓜果皮核等。有害垃圾是指生活垃圾中对人体健康、自然环境造成直接或者潜在危害的物质，包括废充电电池、废扣式电池、废灯管、弃置药品、废杀虫剂（容器）、废日用化学品、废水银产品、废电器以及电子产品等。其他垃圾除可回收物、有害垃圾和餐厨垃圾之外的其他生活垃圾，包括废旧家具等大件垃圾以及其他混杂、污染、难分类的塑料类、玻璃类、纸类、布类、木类、金属类等生活垃圾。

（5）厦门市生活垃圾分类

厦门于 2017 年 8 月 25 日，在第十五届人大常务委员会第六次会议通过《厦门经济特

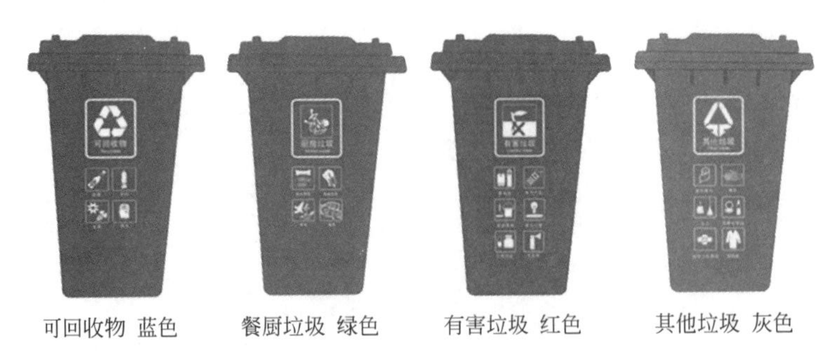

图 7-9 南京市垃圾分类投放垃圾桶[16]

区生活垃圾分类管理办法》，并于 2017 年 9 月 10 日起正式施行[17]。厦门垃圾分类主要分为可回收垃圾和不可回收垃圾，细分之下可以分为可回收垃圾、厨余垃圾、其他垃圾和有害垃圾，如图 7-10 所示。可回收垃圾是指生活垃圾中未被污染的适宜回收和资源利用的垃圾。厨余垃圾是指家庭产生的有机腐烂垃圾，包括食品交易、制作过程废弃的和剩余的食物。有害垃圾是指对人体、自然环境造成直接或潜在危害的物质。其他垃圾是指可回收物、餐厨垃圾、有害垃圾以外的其他生活垃圾。厦门市是 2018 年第二季度全国 46 座重点城市垃圾分类考核，从体制机制建设、示范片区建设、设施建设、分类作业、教育工作、宣传工作评分中排名第一的城市。

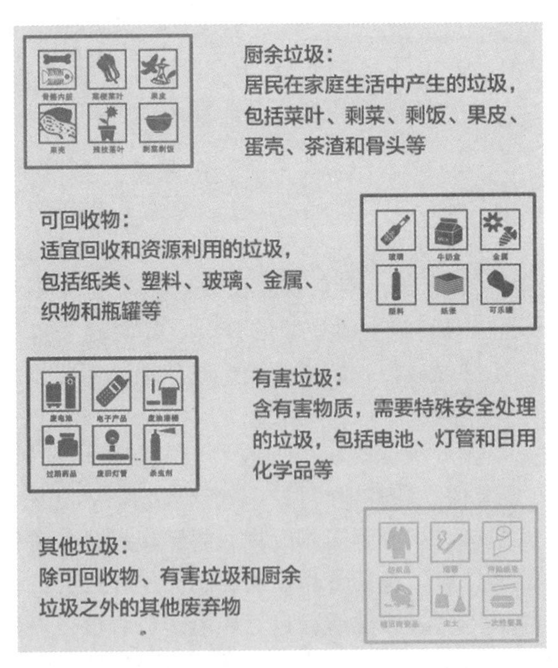

图 7-10 厦门市垃圾分类投放指引[17]

（6）桂林市生活垃圾分类

2014 年 11 月，广西壮族自治区住房和城乡建设厅、财政厅联合下发“桂财建［2014］300 号”文，将桂林市列为全区首座垃圾分类试点示范城市，并于 2015 年 7 月举办了“桂林市城市居民生活垃圾分类启动仪式”，正式进驻第一个试点小区开展垃圾分类工作。截至 2019 年 3 月，桂林市垃圾分类工作已进驻高档住宅小区、机关生活区、企业单位生活区共计 70 个，推行“一户・一卡・一桶”垃圾分类智能家庭 12975 户，覆盖 50000 余人，如图 7-11 所示。目前小区参与垃圾分类投放率达 65%，投放正确率达 75%，厨余垃圾回收率达 95%，垃圾处置减量化达 90%，厨余垃圾转化再利用率达 10%。

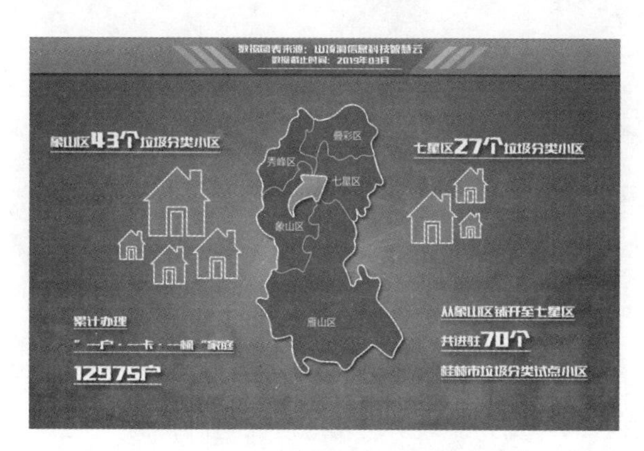

图 7-11　桂林市垃圾分类进展数据[18]

桂林市居民生活垃圾主要分为两类：厨余垃圾和其他垃圾，如图 7-12 所示。厨余垃圾（俗称湿垃圾）是指含有机物和水分多的易变质、腐烂和发酵的废弃物，包括：过期食品、剩菜剩饭、菜帮菜叶、茶渣蛋壳、瓜果皮核等。其他垃圾（俗称干垃圾）是指没有与厨余垃圾混合的废弃物，包括：废纸巾、废报纸、废塑料、废瓶子、尿不湿、砖头瓦块、尘土烟头等。

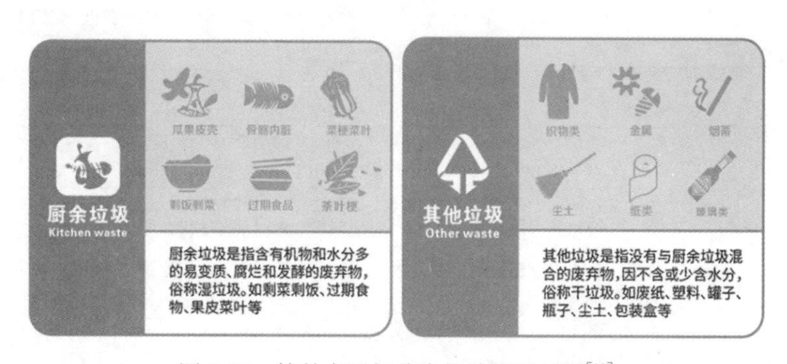

图 7-12　桂林市垃圾分类投放指引示例[18]

（7）香港特别行政区生活垃圾分类

香港从 2005 年 1 月起推行“家居废物源头分类计划”，配合“计划”的推行，香港环保署印发了《住宅楼宇废物分类源头指引手册》（图 7-13）。同年 12 月，香港特区政府又发布了《都市固体废物管理政策大纲》，要求建立垃圾收集与分类系统，并解决回收物料的出路，以杜绝“分类收集、混合处置”现象。香港的垃圾分类可以划分为两大类，分别是可回收物和不可回收物，而可回收物就分三小类，分别是废纸、塑料及金属，可回收物通过定期的企业上门回收。由于香港也是一个以填埋为主要终端处理的城市，一直没有通过再细分的措施把干湿垃圾强制分类。

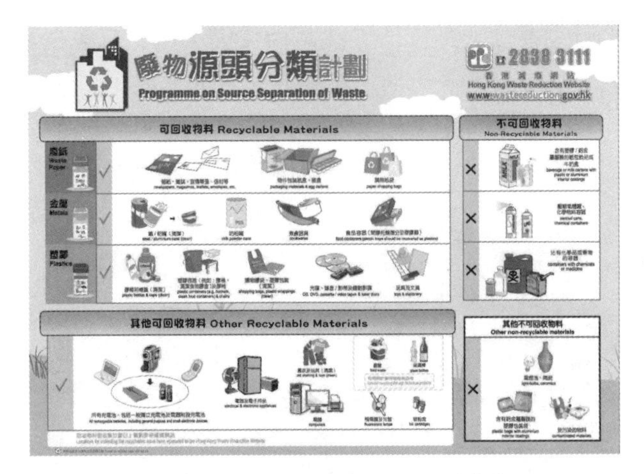

图 7-13　香港废物源头分类计划[19]

根据香港环境保护署《香港固体废物监察报告》，2008～2017 年，人均垃圾产量呈上升趋势（图 7-14），并没有因为实施垃圾分类工作推进而降低人均垃圾产量。

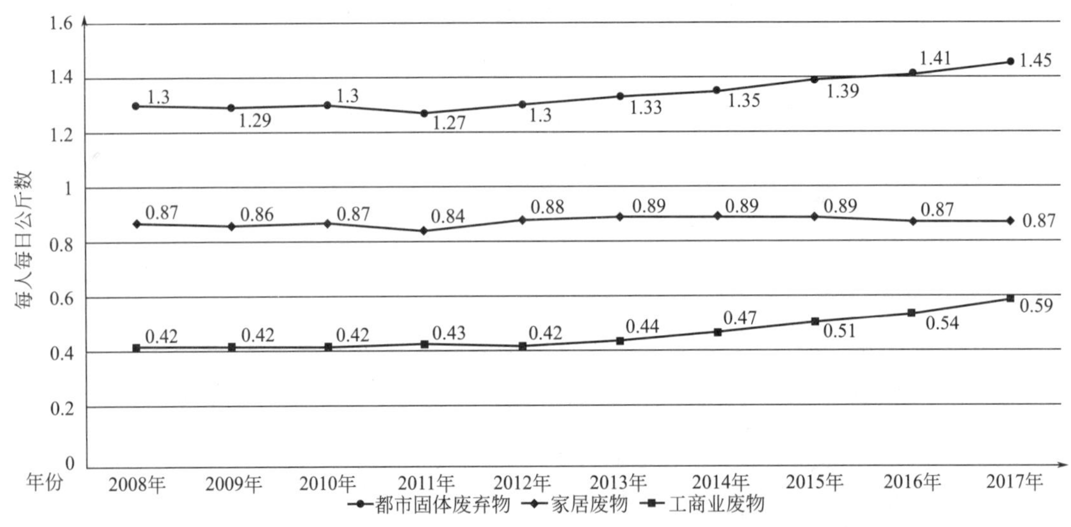

图 7-14　2008～2017 年香港都市固体废物、家居废物及工商业废物的人均弃置率[19]

注：人均弃置率是根据政府统计处于 2018 年 8 月所公布的年中人口数字计算

2. 国内生活垃圾分类经验启示

自从推行垃圾分类工作以来，我国在完善法律法规、宣传推广垃圾分类、设置垃圾分类收集设施以及建设无害化垃圾处理设施等方面做了扎实的工作，并取得了一定的成效，其经验和做法值得借鉴（表 7-3）。

国内生活垃圾分类和经验做法　　**表 7-3**

序号	城市	垃圾分类类别	经验做法
1	北京市	可回收物	(1)健全垃圾分类体系； (2)建立垃圾分类法律及政策保障体系； (3)加强垃圾分类宣传及推广，宣传进社区、学校
		厨余垃圾	
		有害垃圾	
		其他垃圾	

续表

序号	城市	垃圾分类类别	经验做法
2	上海市	可回收垃圾 有害垃圾 湿垃圾 干垃圾	(1)建立垃圾分类法律及政策保障体系，使垃圾分类进入法制化； (2)垃圾分类运输、分类处理； (3)加强垃圾分类推广及宣传工作； (4)推进末端设施建设，增强生活垃圾末端分类处理能力
3	广州市	可回收物 餐厨垃圾 有害垃圾 其他垃圾	(1)全力推动强化共识，完善制度强化指引； (2)提升能力强化保障，狠抓示范强化引领； (3)大力宣传强化氛围，严格执法强化督导
4	深圳市	可回收物 易腐垃圾 有害垃圾 其他垃圾	(1)建立生活垃圾“九大”分类体系； (2)推行“集中分类投放+定时定点督导”模式； (3)出台垃圾分类激励机制； (4)施行“蒲公英计划”，推进垃圾分类宣传教育
5	杭州市	可回收物 有害垃圾 易腐垃圾 其他垃圾	(1)制定“四分类、四阶段”全过程分类方案； (2)全方位的垃圾分类宣传引导； (3)完善垃圾分类的考核监督； (4)加强垃圾分类的宣传指导
6	南京市	可回收垃圾 餐厨垃圾 有害垃圾 其他垃圾	(1)实行垃圾定时定点收集； (2)加强垃圾分类宣传，引导群众进行垃圾分类； (3)推进垃圾分类终端系统的建设
7	厦门市	可回收垃圾 厨余垃圾 其他垃圾 有害垃圾	(1)实行垃圾分类运输、分类处理； (2)加强垃圾分类推广及宣传工作； (3)实现垃圾分类考评制
8	桂林市	厨余垃圾 其他垃圾	(1)严格源头分类和源头把关； (2)执行定时定点和分类收运； (3)做好终端验收和去除杂质； (4)采取高温好氧和生物处置
9	香港特别行政区	可回收物 不可回收物	(1)实行家居和工商业废物源头分类计划； (2)建全垃圾分类处理体系； (3)提高垃圾处理设施的建设和运营水平； (4)从小培养“垃圾分类意识”

(1) 提升生活垃圾分类投放质量

在源头分类投放及收集环节，结合绿色账户激励机制，推行生活垃圾“定时定点”投放。根据不同类型居住小区实际，因地制宜确定定时定点投放的分类投放点、投放时间安排及分类投放规范，督促居民正确开展垃圾分类。开放面向公众的监督举报平台，鼓励居民参与对分类管理责任人分类收运、存储的监督，形成市民与分类投放管理责任人双向监督的机制。

（2）执行生活垃圾分类收运

明确各类生活垃圾分类收运要求，分类后的各类生活垃圾实行分类收运。有害垃圾交由环保部门许可的危险废弃物收运企业或环卫收运企业专用车辆进行分类收运。可回收物采取预约或定期协议方式，由经商务部门备案的再生资源回收企业或环卫收运企业收运后，进行再生循环利用。易腐垃圾由环卫收运企业采用密闭专用车辆收运，严格落实作业规范，避免收集点对周边环境影响，避免运输过程滴漏、遗撒和恶臭。其他垃圾由环卫收运企业采用专用车辆收运。

（3）推进末端设施建设，增强生活垃圾末端分类处理能力

结合国土空间规划总体布局，明确生活垃圾无害化处理场和各类资源化利用设施选址。按照“统筹功能、合理布局、节约土地”的原则，做好各类垃圾处理设施的总体规划布局，充分挖掘已建成的生活垃圾处理设施周边空间潜力。建立完善垃圾无害化处理及资源化利用体系。坚持“集中与分散相结合”的布局，加快推进易腐垃圾处理利用建设。积极推进建立可回收物集散中心，结合循环利用产业园区建设，布局再生资源产业，提升资源利用水平。

（4）建立垃圾分类法律及政策保障体系

建立垃圾分类法律及政策保障体系，明确垃圾分类指导思想、工作原则、目标任务、工作职责以及资金保障措施。对没有进行垃圾分类和未投放到指定垃圾桶内的单位和个人进行罚款和行政处罚。同时加入“信用处罚”，对违反规定受到行政处罚的，依法记入有关个人、单位的信用档案。

（5）加强垃圾分类推广及宣传工作

积极与媒体协作，加大垃圾分类工作宣传力度，追踪报道各城区、街道、社区垃圾分类中好的举措和方法。制作垃圾分类动画片、公益广告片，并在电视台、公交车、户外大屏、楼宇电视等载体播放。制作发放印有垃圾分类宣传内容的宣传单、宣传册、扇子、围裙、雨伞等宣传品，深入浅出地宣传垃圾分类。建立垃圾分类网站，交流工作经验。通过开展垃圾分类培训教育、市民论坛、广场咨询、现场交流和参观教育基地，普及垃圾分类知识，明确做好垃圾分类的重要意义。

7.3 生活垃圾分类关键技术要点解析

7.3.1 生活垃圾分类工作目标要求

到 2020 年，46 个重点城市基本建成生活垃圾分类处理系统。其他地级城市实现公共机构生活垃圾分类全覆盖，至少有 1 个街道基本建成生活垃圾分类示范片区。到 2022 年，各地级城市至少有 1 个区实现生活垃圾分类全覆盖，其他各区至少有 1 个街道基本建成生活垃圾分类示范片区。到 2025 年，全国地级及以上城市基本建成生活垃圾分类处理系统[20]。

7.3.2 城镇生活垃圾分类系统建设要点

推行垃圾分类，关键是要加强科学管理、形成长效机制、推动习惯养成。重点是要加

快建立“分类投放、分类收集、分类运输、分类处理”的垃圾处理系统，力求最大减量化、全部无害化、合理资源化[21~24]。

1.分类类别

生活垃圾分类基本类型，可分为可回收物、易腐垃圾、有害垃圾和其他垃圾。

（1）可回收物，是指未污染的适宜回收和资源循环利用的生活垃圾，包括废纸类（报纸、纸箱、书本、纸塑铝复合包装、纸袋、传单广告纸等未被玷污的纸类制品）、废塑料类（塑料瓶、玩具、乳液罐、食品保鲜盒、泡沫塑料、食用油桶等塑料制品）、废玻璃类（酒瓶、花瓶、玻璃瓶、放大镜、玻璃工艺品等各类玻璃制品）、废金属类（易拉罐、锅、螺丝刀、刀、指甲钳、金属元件等金属制品）、废织物类（皮鞋、衣服、床单等织物）、废旧木材等。

（2）易腐垃圾，是指餐饮经营者、单位食堂等生产生活过程中产生的餐厨废物，居民家庭生活中产生的厨余垃圾，集贸市场产生的有机垃圾等，主要包括菜梗菜叶、动物内脏、瓜果及果皮、米面粗粮、肉蛋食品、豆制品、水产食品、碎骨、汤渣、糕饼、糖果、风干食品、茶叶渣、咖啡渣、宠物饲料、水培植物、鲜花等。

（3）有害垃圾，是指对人体健康、自然环境造成直接或者潜在危害的生活垃圾，包括废电池类（充电电池、镍镉电池、铅酸电池、蓄电池、纽扣电池等）、废灯管类（荧光灯、节能灯、卤素灯等）、废药品类（过期药品、药品包装、药片、过期胶囊药品等）、废化学品类（废油漆桶、染发剂壳、洗甲水、过期指甲油、消毒剂、老鼠药、杀毒喷雾等）、废温度计、血压计以及废胶片等。

（4）其他垃圾，是指除可回收物、易腐垃圾、有害垃圾以外的其他生活垃圾。包括餐巾纸、卫生间用纸、尿不湿、狗尿垫、猫砂、烟蒂、污损纸张、干燥剂、污损塑料、尼龙制品、编织袋、防碎气泡膜、大骨头、硬贝壳、毛发、灰土、炉渣、橡皮泥、陶瓷花盆、带胶制品、旧毛巾、一次性餐具、玷污的餐盒、垃圾袋、镜子、陶瓷制品、竹制品、榴莲壳、椰子壳、粽子叶、玉米棒、玉米衣、成分复杂的制品等。

2.分类投放

（1）可回收物

可回收物宜按照纸类、塑料类、玻璃类、金属类和纺织类分类投放。纸类垃圾投放时宜折好压平。塑料类垃圾投放时宜用水洗净塑料瓶内残留物。玻璃瓶需撕掉标签，并洗净瓶内残留物，若是碎玻璃需包装牢固。金属类易拉罐、罐头盒宜压扁，尖锐器物宜包装牢固。纺织类垃圾投放应洗净并折好压平。

（2）易腐垃圾

易腐垃圾从产生时，就应与其他品种垃圾分开收集。投放前尽量沥干水分，有外包装的应去除外包装投放，包装物应投放到对应的可回收物或者其他垃圾收集容器中。易腐垃圾投放时不应混入废餐具、塑料、饮料罐和废纸等不利于后续处理的杂质。

（3）有害垃圾

有害垃圾投放宜保持物品的完整性，应注意轻放。镉镍电池、氧化汞电池和铅蓄电池等投放时应采取防止有害物质外漏的措施。废荧光灯管投放时应防止灯管破碎。易破碎的及废弃药品应连带包装或包裹后投放，压力罐装容器应排空内容物后投放。

（4）其他垃圾

其他垃圾应单独区分，避免混入到可回收物、易腐垃圾和有害垃圾，投放到指定收集容器内。按照分类标准无法确认为可收回物、易腐垃圾和有害垃圾时，应投放入其他垃圾收集容器内。

大件垃圾如沙发、床垫、床、桌子等，可预约可回收物回收经营者或者大件垃圾收集运输单位上门回收。建筑垃圾如碎马桶、碎石块、碎砖块、废砂浆以及弃料等，应与生活垃圾分别收集，并将装修垃圾装好后投放至指定的装修垃圾堆放场所。

3.分类收运

分类后的生活垃圾必须实行分类运输，要以确保全程分类为目标，建立和完善分类后各类生活垃圾的分类运输系统。按照区域内各类生活垃圾的产生量，合理确定收运频次、收运时间和运输线路，配足、配齐分类运输车辆。对生活垃圾分类运输车辆，应喷涂统一、规范、清晰的标志和标识，明示所承运的生活垃圾种类。有中转需要的，中转站点应满足分类运输、暂存条件，符合密闭、环保、高效的要求。要加大运输环节管理力度，有物业管理的小区，做好物业部门和环境卫生行政主管部门的衔接，防止生活垃圾“先分后混”和“混装混运”。要加强有害垃圾运输过程的污染控制，确保环境安全。

（1）收运体系

建立与分类品种相配套的收运体系。完善垃圾分类相关标志，配备标志清晰的分类收集容器。改造城区内的垃圾房和转运站等，适应和满足生活垃圾分类要求。更新老旧垃圾运输车辆，配备满足垃圾分类清运需求、密封性好、标志明显、节能环保的专用收运车辆。鼓励采用“车载桶装”等收运方式，避免垃圾分类投放后重新混合收运。

（2）回收体系

建立与再生资源利用相协调的回收体系。健全再生资源回收利用网络，合理布局布点，提高建设标准，清理取缔违法占道、私搭乱建、不符合环境卫生要求的违规站点。推进垃圾收运系统与再生资源回收利用系统的衔接，建设兼具垃圾分类与再生资源回收功能的交投点和中转站。鼓励在公共机构、社区、企业等场所设置专门的分类回收设施。建立再生资源回收利用信息化平台，提供回收种类、交易价格、回收方式等信息。

4.分类处理

加快建立与生活垃圾分类投放、分类收集、分类运输相匹配的分类处理系统，加强生活垃圾处理设施的规划建设，满足生活垃圾分类处理需求。鼓励生活垃圾处理产业园区建设，优化技术工艺，统筹各类生活垃圾处理。加快生活垃圾清运和再生资源回收利用体系建设，推动再生资源规范化、专业化处理，促进循环利用。加快易腐垃圾处理设施建设和改造，统筹解决餐厨垃圾、农贸市场垃圾等易腐垃圾处理问题，严禁餐厨垃圾直接饲喂生猪。分类收集后的有害垃圾，属于危险废物的，应按照危险废物进行管理，确保环境安全。加快以焚烧为主的生活垃圾处理设施建设，切实做好垃圾焚烧飞灰处理处置工作。

（1）分类处理处置方法

1）可回收物采用资源化回收、利用方式处置，无法回收、利用的可以采用焚烧等方式进行无害化处置；

2）易腐垃圾采用生化处理、堆肥等方式进行资源化利用或者进行无害化处置；

3）有害垃圾应当进行无害化处置，其中经过分类的危险废物，由取得危险废物经营许可证的单位进行无害化处置；

4）其他垃圾采用焚烧等方式进行无害化处置。

(2) 终端处理处置设施

统筹规划建设生活垃圾终端处理、处置和利用设施，完善与垃圾分类相衔接的其他终端处理处置设施。加快培育大型龙头企业，推动再生资源规范化、专业化、清洁化处理和高值化利用。鼓励回收利用企业将再生资源送至钢铁、有色、造纸、塑料加工等企业实现安全、环保利用。已开展餐厨垃圾处理试点的城市，要在稳定运营的基础上推动区域全覆盖。严厉打击和防范“地沟油”生产流通。严禁将城镇生活垃圾直接用于肥料。加快危险废物处理设施建设，建立健全非工业源有害垃圾收运处理系统，确保分类后的有害垃圾得到安全处置。鼓励利用易腐垃圾生产工业油脂、生物柴油、饲料添加剂、土壤调理剂、沼气等，或与秸秆、粪便、污泥等联合处置。

(3) 垃圾协同处置利用基地

积极探索建立集垃圾焚烧、餐厨垃圾资源化利用、再生资源回收利用、垃圾填埋、有害垃圾处置于一体的生活垃圾协同处置利用基地，安全化、清洁化、集约化、高效化配置相关设施，促进基地内各类基础设施共建共享，实现垃圾分类处理、资源利用、废物处置的无缝高效衔接，提高土地资源节约集约利用水平，缓解生态环境压力，降低“邻避”效应和社会稳定风险。

7.3.3 农村生活垃圾分类系统建设要点

实施农村垃圾分类处理，是建设美丽乡村的有效路径，是践行“绿水青山就是金山银山”的重要思想的重要举措，是实现新农村可持续发展的必然要求。推进农村垃圾分类处理要求遵循“三化”处置要求，完善生活垃圾“四分四定”(分类投放要定时、分类收集要定人、分类运输要定车、分类处理要定位) 处理系统，完善“组保洁、村收集、镇转运、县(市) 集中处理”的城乡统筹生活垃圾收运处理体系，推动农村生活垃圾分类和资源化利用，探索农村有机易腐垃圾就地生态处理，从而有序推进农村生活垃圾分类处理[25]，如图7-15所示。

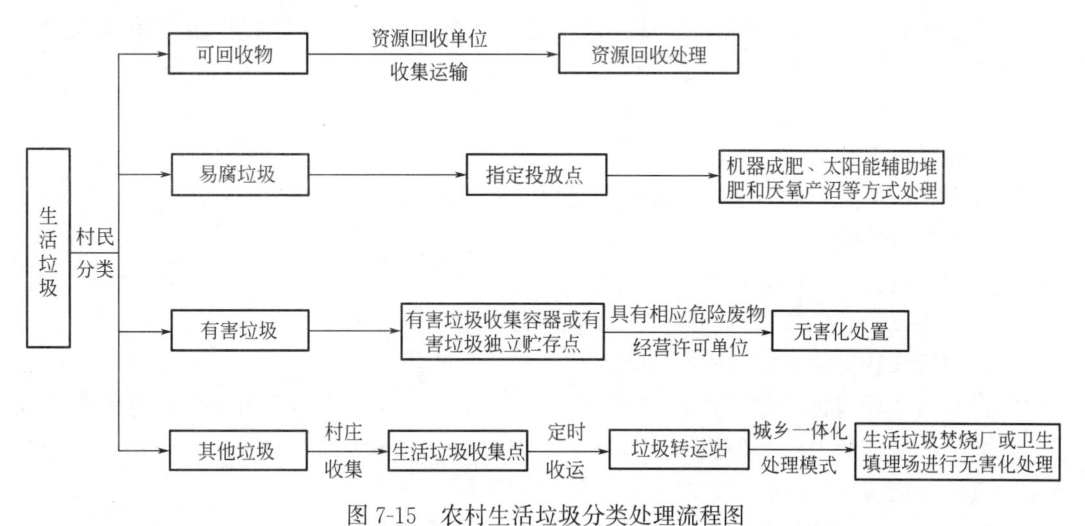

图7-15 农村生活垃圾分类处理流程图

1. 分类类别

农村生活垃圾，即农村日常生活、农户家庭生活及生活性服务业产生的固体废弃物，不包括农村的工业垃圾、建筑垃圾、医疗垃圾、农业生产产生的废弃物、畜禽和宠物的尸体。农村生活垃圾分为可回收物、易腐垃圾、有害垃圾和其他垃圾四大类。

（1）可回收物，是指可循环使用或再生利用的废弃物品，包括打印废纸、报纸、期刊、图书、烟花爆竹包装筒以及各种包装纸等废弃纸制品；泡沫塑料、塑料瓶、硬塑料等废塑料制品；废金属器材、易拉罐、罐头盒等废金属物；用于包装的桶、箱、瓶、坛、筐、罐、袋等废包装物；干净的旧纺织衣物和干净的各类纺织纤维废料等废旧纺织物；各种玻璃瓶罐、碎玻璃片、镜子、暖瓶等废玻璃；牛奶饮料纸包装、泡沫塑料泡罩包装、牙膏软管、烟箔纸、方便面碗和纸杯等废弃纸塑铝复合包装物等。

（2）易腐垃圾，是指家庭生活和生活性服务业等产生的可生物降解的有机固体废弃物，包括家庭生活产生的厨余垃圾；乡村酒店、民宿、农家乐、餐饮店、单位食堂等集中供餐单位产生的餐厨垃圾；农贸（批）市场、村庄集市、村庄超市产生的蔬菜瓜果垃圾、腐肉、肉碎骨、蛋壳、畜禽产品内脏等有机垃圾；村民自带回家的农作物秸秆、枯枝烂叶、谷壳、笋壳和庭园饲养动物粪便等可生物降解的有机垃圾。

（3）有害垃圾，是指对人体健康、生态环境造成直接危害或潜在危害的家庭源危险废物，包括家庭日常生活中产生的废弃药品及其包装物；废弃的生活用杀虫剂和消毒剂及其包装物；废油漆和溶剂及其包装物、废矿物油及其包装物；废胶片及废相纸；废荧光灯管；废温度计、血压计；废镍镉电池和氧化汞电池；电子类危险废物等。

（4）其他垃圾，是指除易腐垃圾、可回收物、有害垃圾以外的生活垃圾，包括不可降解一次性用品、塑料袋、卫生间废纸（卫生巾、纸尿裤）、餐巾纸、普通无汞电池、烟蒂、庭院清扫渣土等生活垃圾。

2.分类投放

（1）垃圾分类收集容器应有盖，应在显著位置印制垃圾分类标志。

（2）每户应至少配备易腐垃圾及其他垃圾 2 个分类垃圾容器并分类投放。

（3）可回收物应尽量保持清洁，清空内容物，避免污染。体积大、整体性强或需要拆分再处理的废弃家具、电器电子产品等大件垃圾，应预约再生资源回收服务单位上门收集，或投放至指定的废弃物投放点。

（4）易腐垃圾应沥干水分后投放至指定投放点，盖好垃圾桶，单独收集。集中供餐单位的餐厨垃圾应单独投放。

（5）有害垃圾应投放至有害垃圾收集容器或独立贮存点。

（6）其他垃圾投放至户分类垃圾容器或村分类垃圾投放点。

3.分类收运

（1）分类投放后的各类垃圾应分类收集、分类运输。

（2）可回收物运输至资源回收处理单位。

（3）易腐垃圾应每日定时收运，集中供餐单位的餐厨垃圾应由政府部门确定的单位收运。收运单位应与集中供餐单位约定餐厨垃圾收运的时间和频次，并及时清理作业过程中产生的废水、废渣，保持餐厨垃圾转运设施和周边环境整洁。

（4）有害垃圾应委托具有相应危险废物经营许可证的单位进行运输。

（5）其他垃圾应定时收运，转运至所属区域的垃圾处理终端。

（6）收运过程应实行密闭化管理。采用非垃圾压缩车直接清运方式的，应密闭清运，防止二次污染。

(7) 垃圾的收集频率，宜根据垃圾的性质和排放量确定，由垃圾收集人员定时收集，并在规定时间内完成。有条件的农村宜上门收集。

4. 分类处理

(1) 可回收物可由与主管部门签订购、销协议的废旧物品公司等定期收购并回收利用处置。

(2) 易腐垃圾应因地制宜采用机器成肥、太阳能辅助堆肥和厌氧产沼发酵等方式进行处理（表 7-4）。集中供餐单位的餐厨垃圾由有资质的企业统一处理。

易腐垃圾主要处理模式　　**表 7-4**

序号	处理模式	技术要求	适用范围
1	机器成肥	采用机械成肥设备，经破碎预处理、好氧堆肥发酵和除杂，处理易腐垃圾。设备应明确主体工艺、比能耗、发酵周期等运行技术参数以及菌种来源要求，堆肥发酵过程符合现行《生活垃圾堆肥处理技术规范》(CJJ 52—2014)无害化要求	人口密度高，有机肥需求较大的农村地区
2	太阳能辅助堆肥	利用太阳能辅助堆肥方式处理易腐垃圾，应符合现行《生活垃圾堆肥处理技术规范》(CJJ 52—2014)的要求。堆肥设施应根据垃圾日处理量合理设置单室体积，具备密封性、保温性，配备污水收集或废水和恶臭污染物达标排放处理系统	人口密度不高，生活垃圾人均日产量也相对稳定的农村地区
3	厌氧产沼发酵	利用微生物厌氧发酵技术将易腐垃圾转化为清洁燃料沼气进行资源化利用的处理方式。设施选址应符合沼气工程安全防护要求，容积在 $50m^3$ 以下的农村户用沼气池应符合现行《农村户用沼气发酵工艺规程》(NY/T 90—2014)的要求，农村沼气集中供气工程应符合现行《农村沼气集中供气工程技术规范》(NY/T 2371—2013)的要求。沼渣和沼液应有合理消纳的途径	人口密度较高、易腐垃圾量相对较大、易腐垃圾纯度高、有沼渣沼液消纳利用途径和有一定沼气池使用经验的农村地区

注：引自浙江省质量技术监督局. 农村生活垃圾分类处理规范. 2018。

(3) 有害垃圾应委托有相应危险废物经营许可证的单位进行无害化处置。

(4) 其他垃圾转运至所属区域的生活垃圾焚烧厂或卫生填埋场进行无害化处理。

7.4　封闭式生活垃圾自动收集系统

7.4.1　生活垃圾自动收集技术产生背景

目前，城市生活垃圾的收运系统主要包括收集和转运两部分，其中收集方式主要有居民自行投放、保洁工人上门收集和封闭式自动收集等。

1. 传统生活垃圾收运模式

(1) 相对落后的生活垃圾收运方式

目前，国内许多城镇的生活垃圾收运处理系统相对落后，即生活垃圾从源头收集、清运到处理的各个环节都采用敞开式的设备工具（图 7-16*a*），如简易的人力车、斗车，简易的收集桶、收集点，时常出现垃圾跑、滴、漏，以及滋生蚊、虫、鼠、蝇等现象。

（2）一般常用的生活垃圾收运方式

先进国家或地区的生活垃圾收运方式，也遵循从源头收集、清运到处理的工作流程，但其采用封闭式的存放及运输工具（图 7-16*b*），并通过环保措施减少对环境的二次污染。

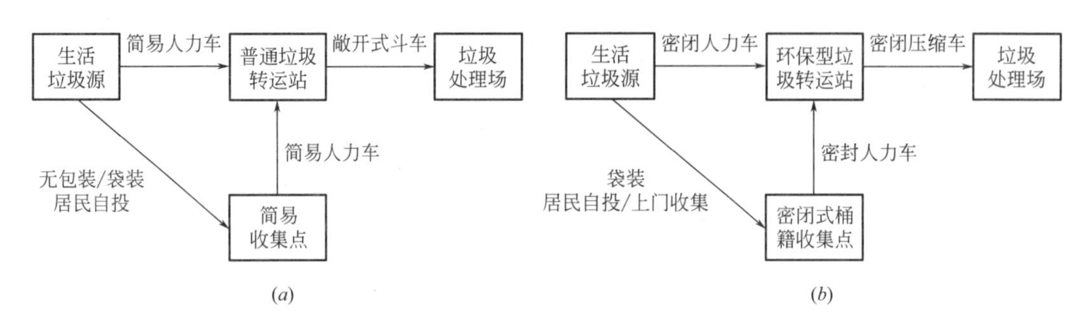

图 7-16　传统的生活垃圾收运流程

（*a*）相对落后的工作流程；（*b*）一般常用的工作流程

2. 封闭式生活垃圾自动收集模式

瑞典作为世界上环保事业开展较早且取得可观成绩的国家，早在 20 世纪 30～40 年代便开始研究使用多种垃圾收运的环保技术。早在 1961 年，始创于瑞典的恩华特集团就发明了全球第一套垃圾自动收集系统，并在瑞典北部的 Sollefea 医院安装使用，至今仍保持着良好的运行状态。

随着社会经济的发展和进步，人们对生活环境的要求不断提高，封闭式垃圾自动收集系统也广泛应用于生活垃圾的收集，其工作原理是通过预先敷设的管道系统，利用负压技术，将生活垃圾输送至中央垃圾收集站，再经过压缩后，运送至垃圾处置场的过程。该系统的优势和独创性主要集中在收集阶段，将垃圾收集过程由地面转至地下，由暴露改为封闭，由人工转为自动，与传统收运模式的比较优势，如表 7-5 所示。

传统与封闭式生活垃圾收运方式比较　　表 7-5

比较对象	传统收运方式	封闭式自动收集方式
收集工具	垃圾桶、人力车、平板车、压缩转运车等	特殊投放口、真空管道
封闭情况	敞开式或半封闭式	全封闭式
收集方式	人工收集	自动化收集
运输路径	地面街巷及道路	地下管道
集与转运衔接方式	转运前需二次装车	集装箱直接转运

目前，封闭式垃圾自动收集系统已进入推广阶段，并在许多城市得到应用。例如，斯德哥尔摩、巴塞罗那、里斯本、迪拜、中国台北、首尔、新加坡、中国香港、中国澳门等多个国际大都市就有 650 多个示范项目，广泛服务于住宅区、商业区、机场和医院等场所。

封闭式垃圾自动收集系统为我们提供的不仅是一套收集系统，更重要的是通过该系统的使用和推广，倡导一种便捷的生活观念与环境美学。它带来的深远影响不仅在于人居环境的改善、社区建筑的美化、宝贵空间的释放、物业价值的提升，而且还为新城规划、房地产开发提供了新的热点与亮点，为人们日渐热衷的生态社区建设提供了有力的硬件支持和技术方案，也是符合城市规划与地产开发趋势的必然选择。

7.4.2　生活垃圾自动收集系统组成和工作原理

1. 系统基本组成

封闭式垃圾自动收集系统由垃圾投放系统、管道输送系统和中央收集站组成。投放系统包括室内外投放口、进气口、竖向垃圾管道、垃圾储存和排放装置、排放阀及其控制线路。管道输送系统包括地下垃圾收集管道网络、地下控制线网络、地下压缩空气管网络、分段阀井、检修口室、进气阀室、接驳分叉口等[26]。中央收集站包括切替装置、垃圾分离器、通风机、冷却器、脱臭装置、计量装置、排出装置、垃圾压实机、集装箱移动系统和中央控制系统等。

（1）垃圾投放系统

1）投放口和竖向垃圾管道

垃圾投放口有室内和室外两种，室内垃圾投放口一般安装在住户的厨房内、公共的走廊和楼梯间，可采用手动或脚踏进行开闭。室外垃圾投放口设在小区内，可以收集室外的垃圾（图 7-17*a*）。竖向垃圾管道一般安装于建筑中，通过垃圾储存和排放装置连接至水平输送管道。每层楼的垃圾口与竖向管道相连。竖向垃圾管道一般由高质量的纤维加固水泥管或钢管做成，内壁光滑。

2）垃圾储存和排放装置

安装在每个竖向垃圾管道的下端，垃圾储存和排放装置的底部有一个垃圾排放阀，它也是竖向垃圾管道和水平垃圾输送管道的分隔板。垃圾储存和排放装置一般安装于建筑物地下一层（图 7-17*b*），用户投放的垃圾暂存在装置内。垃圾排放阀由中央控制系统统一控制，当垃圾排放阀打开时，垃圾会因重力下落并被气流吸进水平输送管道内。

(*a*)

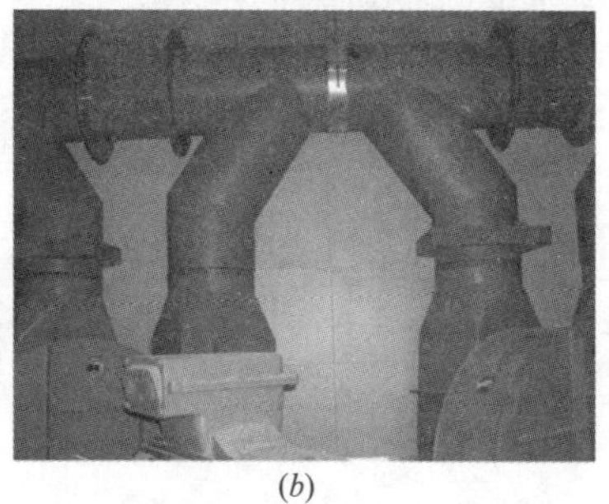

(*b*)

图 7-17　投放口和垃圾收集管道实施效果图

（*a*）室外投放口；（*b*）垃圾收集管道

（2）管道输送系统

管道输送系统把每个住宅、小区和中央垃圾收集站连接在一起，服务半径一般不超过 1.5km。管道输送系统一般由低碳钢制成，埋地敷设。在每个输送管道的末端都装有吸气阀以控制空气的吸入，吸气阀也由中央控制系统控制。在正常情况下，同一时间只开启一个吸气阀；当系统不输送垃圾时，所有吸气阀都会关闭。

（3）中央收集站

每座中央垃圾收集站可配套若干个垃圾集装箱、垃圾分离器（图 7-18）、数台压缩机和抽风机。垃圾集装箱轮换使用，装满后由专用车辆运送至生活垃圾处理场进行处理。站内都设有除臭器、除尘器及消声器，以减少对公众可能产生的滋扰。中央控制系统负责控制整个垃圾输送、装箱过程，主要由计算机、操作台、动力控制屏、垃圾压缩机和集装箱移动装置控制屏组成。

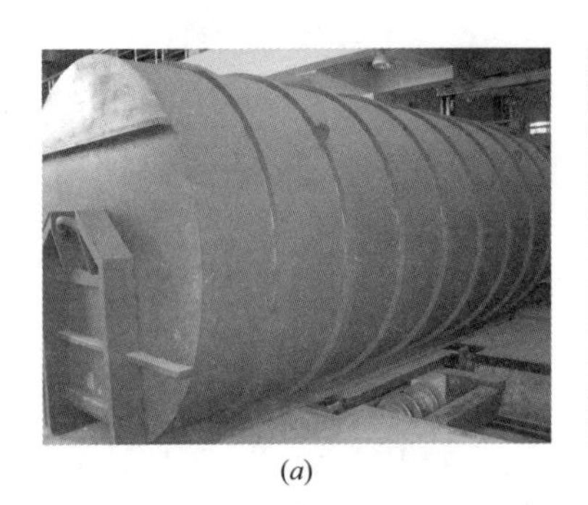

(*a*)

(*b*)

图 7-18　垃圾收集箱和垃圾分离器实施效果图

（*a*）垃圾收集箱；（*b*）垃圾分离器

2.系统工作原理

（1）工作原理

封闭式垃圾自动收集系统的工作原理，是通过收集站的抽风机进行抽吸，通过地下敷设好的真空输送管道，使垃圾袋利用空气负压技术，以 50～70km/h 的速度抽送到中央垃圾收集站，再通过垃圾分离器将垃圾和废气分开，废气通过抽风机进入收集站的空气净化系统，而垃圾通过垃圾压实机进行压缩，使垃圾的体积减小 1/4～1/3，接着垃圾被推进一个密封的垃圾收集箱中完成收集，最后由环卫专用车运往垃圾处理场进行最终处理和处置，其工艺流程如图 7-19 所示。

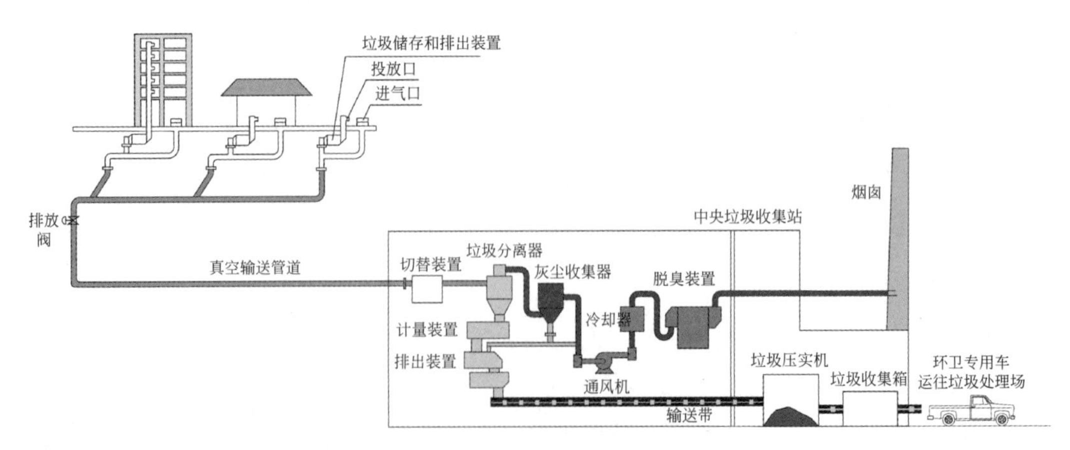

图 7-19　封闭式生活垃圾自动收集系统工艺流程

（2）操作流程

封闭式生活垃圾自动收集系统的操作流程，如图 7-20 所示。

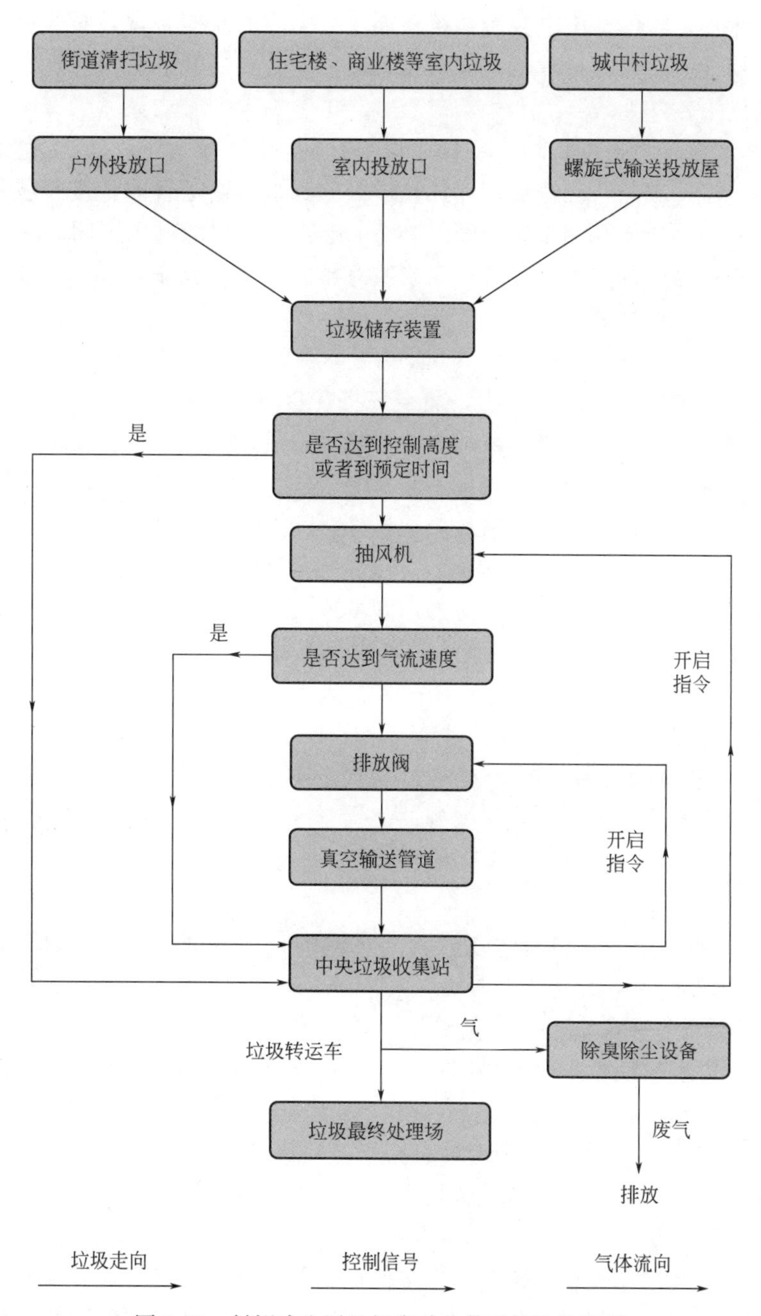

图 7-20　封闭式生活垃圾自动收集系统操作流程

1）居民通过室内外投放口投放垃圾后，垃圾将顺着竖向垃圾管道掉落在垃圾储存和排放装置（排放阀上方）进行暂时储存。排放阀在收到中央控制系统发出的启动命令前，一直处于密封关闭状态，此时竖向垃圾管道内的气流将在顶部排风机的带动下，保持着向上的轻微负压，以确保气体不会顺着投放口溢出。

2）当垃圾储存和排放装置的感应器检测到垃圾已满或到操作员预先设定的时间时，中央控制系统将启动中央收集站内的抽风机，进气阀同时也将被打开，空气在强力的负压作用下涌入水平输送管内。中央控制系统将通过管网内的监控装置，对气流速度进行远程控制与调节，使气流始终保持着稳定的负压，避免不必要的管道磨损。通常，运输垃圾时的气流平均速度为18～24m/s。

3）中央控制系统将根据垃圾量或预先设定好的顺序，依次向每栋住宅楼内的排放阀发出排放指令，将垃圾储存和排放装置的垃圾排放到水平输送管内，接着被负压气流输送到中央收集站。每个排放阀的工作时间约30s，随后排放阀将再次关闭，接着另一栋住宅楼内的排放阀将被打开并开始抽吸垃圾。当所有排放阀都排放完毕后，系统将再次进入待机状态，等待下一次垃圾的收运。

4）垃圾被气流带入中央收集站后，通过切替装置进入垃圾分离器，然后凭借地心引力的作用，垃圾会掉落在计量装置内，而空气将在负压的作用下，排往垃圾分离器顶部。在垃圾分离器被沉淀下来的垃圾通过计量装置测算重量，并会被送去排出装置。排出装置能隔绝流动的空气，以防止通风机吸入不必要的空气。然后垃圾通过输送带输送到垃圾压实机进行压缩。压实机通过推板，将垃圾通过推压的方式压缩进密封的垃圾集装箱内进行密封存储（垃圾集装箱的标准载重为10t）。根据当地环卫部门的收运时间，由垃圾转运车前来将装满垃圾的垃圾集装箱运往最终的填埋场或焚烧厂进行处理，整个输送过程垃圾均保持密封的状态。此外，收集站内存有备用的垃圾集装箱供调配使用。

3. 系统技术特点

（1）主要优点分析

1）整个收集和运输过程都是处在密封的状态中，能有效杜绝交叉污染和二次污染，最大限度地免除了恶臭异味和蚊虫鼠蚁蝇的滋扰。

2）能缓解生活垃圾运输车穿梭于居住区的交通压力，避免滋扰居民和减少居住区的环境污染。

3）全自动化处理能有效降低垃圾收集与运输的劳动强度，减少人力劳动成本，提高收集效率。

4）支持从源头上进行垃圾分类收集，不同种类的垃圾需要单独的投放口、存储阀和集装箱，但所有类型的垃圾都可通过同一根管道进行传输。其工作原理是通过提供不同类别的垃圾投放口，分类收集可回收及不可回收垃圾。通过设有电脑控制系统的切换阀，将各种已分类的垃圾通过管道传送到相对应的集装箱。可回收垃圾运往垃圾回收资源处理场，其他垃圾运往垃圾处理场进行最终处理和处置。

（2）主要缺点剖析

虽然封闭式垃圾自动收集系统具有很多优点，但它并不是一个完美无缺的系统，也存在着诸多不足。因此，使用者应科学辩证地选用，而不是一味追求所谓的高新技术。

1）使用者素质要求较高

封闭式垃圾自动收集系统对使用者的素质要求较高，特别是建成后的运行管理。如果让不适合投放的垃圾进入系统，势必对系统造成破坏，增加维修难度。

2）经济服务半径和垃圾收集种类有限

中央收集站的经济服务半径一般为1.5km，这限制了单套垃圾收集系统的服务范围。另外，该系统并不适合用于收集一些垃圾。例如，家具等大件垃圾；炭、燃烧中的香烟，汽油、煤油、食用油等油类，以及废弃的喷雾罐、火柴或打火机等易燃易爆物品；石头、金属废料、废铁等坚硬的物品；浆状胶粘剂、快速胶粘剂等黏性物品和高黏性胶粘剂；海绵、软垫等易膨胀而导致垃圾竖井和管道堵塞的物品等可膨胀物品；动物的排泄物或尸体等易腐败或散发异味的物品；酸性及碱性液体等具有腐蚀性或有毒的危险性化学物品。

3）投资和运行成本较高

由于封闭式垃圾自动收集系统较复杂且设备较多，所以工程投资成本非常高。若想在短期内收回投资成本，则收费标准就比较昂贵。同时，采用气动力和管道转输，其运行成本较传统收集方式高。

7.4.3　生活垃圾自动收集系统规划建设技术要点

1.适用性分析

封闭式垃圾自动收集系统是目前世界上垃圾收集领域较为成熟的解决方案之一，具有密闭式、自动化和无污染等技术优势。它最早应用于瑞典一家医院的医疗垃圾收集，并在随后的几十年里得到了迅速的发展。目前，有超过650个系统分布在世界上30多个国家和地区，广泛应用于住宅、大型公共设施、大型娱乐设施、医院、广场以及旧城保护等项目[27]。例如，在欧洲的城市新建区及城市卫星城、世博会、体育运动村等大型城市发展区，封闭式垃圾自动收集系统的使用较为普遍，特别是西班牙、葡萄牙的普及率已达到10%～20%。在亚洲的应用主要集中在日本、新加坡和中国香港[28]，在国内的上海浦东国际机场、广州市白云新国际机场、广州亚运城、珠江新城等区域也均有应用。

由此可见，未来封闭式垃圾自动收集系统主要适用于高层住宅楼房、现代化住宅密集区、商业密集区、大型公共设施和娱乐设施以及一些对环境要求较高地区。尽管封闭式垃圾自动收集系统具有避免环境污染，提高垃圾收运效率，改善人居环境和增强城市竞争力等优点，但其在国内外仍属于朝阳产业，特别是因其投资运行费用较高和管理较复杂制约了它的推广普及。

2.收集区域规划考虑因素

为了便于发挥封闭式垃圾自动收集系统的规模效益和保证后期的运行效果，规划设计的系统收集范围通常可以选在规划中心区、居住区、商业区、密集型企业及居住区，或者在系统服务半径1.5km内且人口密度达到3万人以上的区域。同时，还应从规划项目本身的特点出发，遵循因地制宜、按需建设的原则，充分考虑规划区的发展定位、土地利用规划及开发强度、建设运营资金、用户群特征等因素。

（1）满足城市发展定位要求

市政基础设施作为城市规划的重要内容之一，其建设发展必须符合城市的发展定位和满足城市发展战略的需求。例如，上海世博园、广州亚运城、天津生态城等发展定位较高的区域客观上要求建设先进的收运模式与之相配套，而城市工业园区则通常不宜采用封闭式垃圾自动收集系统。因此，城市环卫专项规划首先应结合规划项目定位，决定是否采用封闭式垃圾自动收集系统。

（2）与城市土地利用规划、土地开发强度相符

规划阶段收集区域宜选择在城市高档商务区、居住区，同时应结合城市开发强度，进行叠加综合分析，高开发强度的使用区域能够更好地发挥收集系统的规模效益。

（3）建设运营资金有保障

封闭式垃圾自动收集系统不仅在欧洲城市新建区、卫星城、世博会、体育运动村等大

型城市发展区使用较为普遍，而且在国内上海浦东国际机场、广州白云新国际机场等大型公共建筑也得到推广应用，该类用户的特点是用户类型比较单一，投资运营资金不靠政府承担，均由企业统一负责提供，资金有保证。因此，在规划阶段，对于用地情况明确的重要公共建筑和中央商务区可优先考虑使用封闭式垃圾自动收集系统。

（4）用户群较合理

纵观封闭式垃圾自动收集系统的使用经验，规划设计不仅要保证系统建得起、用得起，而且还要保障平时的正常运行，减少故障发生。因此，在区域选择上要尽量避开安置区、廉租房等项目，尽量选择有一定经济实力和较高素质的居民区。

3. 规划建设参数

封闭式垃圾自动收集系统的规划建设，应重点考虑规划用地要求和投资运营成本。一方面系统用地要落到实处，另一方面要能指导系统的建设，保证系统的持续运行。该系统的主要技术经济指标有：中央收集站用地规模、服务半径、系统单位投资、运行成本等，如表 7-6 所示。

封闭式垃圾自动收集系统技术参数 **表 7-6**

序号	参　数	数　值
1	中央收集站服务半径	不大于 1.5km/套
2	中央收集站占地面积	约 2000m^2/座
3	单位垃圾建设投资指标	120～140 万元/t
4	单位垃圾收集运营成本	180～200 元/t
5	单位垃圾输送电耗	120kWh/t

4. 投资建设策略

鉴于封闭式垃圾自动收集系统具有传统垃圾收集系统无法比拟的优点，所以在瑞典、韩国、中国香港等发达国家和地区得到了广泛的推广和应用。虽然近几年北京、上海、广州、深圳等国内城市也引进封闭式垃圾自动收集系统，但因系统的一次性投资较大，难于在国内普及应用[29]。影响系统建设决策的最重要的两个因素是投资成本和使用成本。

（1）政府引导，企业参与

封闭式垃圾自动收集系统通常由物业网络、公共网络和一个中央收集站构成。在项目普及和示范工程建设阶段，政府可适当协助承担公共网络的建设成本，物业网络和中央收集站的建设则可由企业负担。例如，在韩国首尔，政府规定每 500 户以上规模的住宅区都要使用封闭式垃圾收集系统。地方政府也可结合当地实际情况，制定适宜的优惠政策，以推动封闭式垃圾收集系统的普及。

（2）市场化操作，实现投资多元化

通过市场化手段，加大市场融资力度，积极引导社会和民间资本投资建设和参加运营设施。鼓励采取独资、合资、合作、联营、项目融资（建设—运营—移交 BOT、移交—经营—移交 TOT、公共部门—私人企业合作模式 PPP）等多种市场模式，以推进封闭式垃圾系统建设的市场化，从而实现投资主体的社会化和多元化。

（3）推动封闭式垃圾自动收集系统设备国产化

目前，封闭式垃圾收集系统技术主要掌握在普赛尔、恩华特等国外少数企业。为此，通过培育供方市场、设备国产化等措施，可有效降低系统的投资，以促进垃圾自动收集系统的推广应用。

(4) 委托企业管理，降低运行成本

采用托管的运营模式，即通过引入招投标的市场竞争机制，以管理合同的形式让有技术和经验的民营企业参与项目的运营，政府能有效降低运营成本。

5. 规划建设注意事项

(1) 与城市发展规划相协调

封闭式垃圾自动收集系统的建设，不仅要与城市规划相协调，而且还应与城市发展定位相适应，满足城市发展需求，因此，必须因地制宜选用系统，不能盲目跟进建设。

(2) 满足城市生活垃圾分类收集要求

在规划阶段，明确提出封闭式垃圾自动收集系统应满足城市生活垃圾分类收集的建设要求，便于日后实现垃圾分类收集功能。

(3) 预留系统地下使用空间

规划采用垃圾自动收集系统的区域，应与其他市政基础设施相协调，并在规划阶段预留地下管位和设备安装空间。

(4) 加大宣传力度

引导民众客观认识系统，熟悉系统的正确使用，以减少系统故障并延长系统寿命。

7.5 生活垃圾分类推行保障措施

7.5.1 做好顶层制度设计

做好垃圾分类的体系建设，编制完成生活垃圾分类实施方案，明确生活垃圾分类标准，以及推动生活垃圾分类的目标任务、重点项目、配套政策和具体措施。各级人民政府要完善既有实施方案，持续抓好落实，确保如期完成既定目标任务，同时要切实承担主体责任，建立协调机制，研究解决重大问题，分工负责推进相关工作；要加强对生活垃圾强制分类实施情况的监督检查和工作考核，向社会公布考核结果，对不按要求进行分类的依法予以处罚。政府有关部门也要按照分工切实履职，形成合力，共同推进生活垃圾分类工作。

7.5.2 开展示范区创建

各级人民政府要组织党政机关和学校、科研、文化、出版、广播电视等事业单位，协会、学会、联合会等社团组织，车站、机场、码头、体育场馆、演出场馆等公共场所管理单位，率先实行公共机构生活垃圾分类，并指导企业和宾馆、饭店、购物中心、超市、专业市场、农贸市场、农产品批发市场、商铺、商用写字楼等经营场所，积极落实生活垃圾分类要求。

积极开展生活垃圾分类示范片区建设，实现生活垃圾分类管理主体全覆盖，生活垃圾分类类别全覆盖，生活垃圾分类投放、收集、运输、处理系统全覆盖。以生活垃圾分类示范片区为基础，发挥示范引领作用，以点带面，逐步将生活垃圾分类工作扩大到全域。

垃圾分类试点，就是垃圾分类的“试验田”。其主要目的是通过对局部地区的试验，总结成败得失，完善方案，寻找规律，由点及面，把解决试点中的问题与攻克面上的共性难题结合起来，努力实现重点突破与整体创新，从而为更大范围的改革实践提供可复制、可推广的示范和标杆。

7.5.3 加强法律法规建设

加快完善生活垃圾分类方面的法律制度，推动出台地方性法规、政府规章，明确生活垃圾强制分类要求，依法推进生活垃圾分类。政府可结合实际制定居民生活垃圾分类指南，引导居民自觉、科学地开展生活垃圾分类。实施生活垃圾强制分类的城市，应选择不同类型的社区开展居民生活垃圾强制分类示范试点，并根据试点情况完善地方性法规，逐步扩大生活垃圾强制分类的实施范围。建立多部门协同执法机制，组织开展对全程分类的执法检查，并将垃圾分类纳入政府绩效管理的重要指标和作业企业诚信管理的重要内容。

7.5.4 强化宣传教育引导

推动垃圾分类知识“进机关、进校园、进课堂”，重点深入开展中小学垃圾分类教育，从娃娃抓起。加大对生活垃圾分类意义的宣传，普及生活垃圾分类知识。做好生活垃圾分类的入户宣传和现场引导，切实提高广大人民群众对生活垃圾分类的认识，自觉参与生活垃圾分类工作，养成生活垃圾分类习惯。

7.5.5 健全农村长效机制

各级政府应加强农村生活垃圾分类处理责任制度，多级联动落实农村生活垃圾分类工作。完善农村生活垃圾分类处理考核评分办法，健全村庄、乡镇检查、考核工作制度。以乡镇（街道）为主负责垃圾分类投放、分类收集、分类运输、分类处理设施的长效运行维护管理。做好农村生活垃圾减量与分类处理保洁人员的管理，落实定岗、定位、定责为主要内容的责任制，抓好日常工作的督查、考核。

做好生活垃圾分类的宣传工作。农村垃圾分类主管部门定期组织社会公众参观生活垃圾分类收运、处理设施，建立农村生活垃圾分类处理宣传教育基地。教育部门应把农村生活垃圾源头减量、分类、资源回收利用和无害化处理等知识作为学校教育和社会实践内容。村民村委会、社区宣传栏应定期开展农村生活垃圾分类的宣传工作。

7.6 生活垃圾分类的探索实践与效果

7.6.1 广州生活垃圾分类

1. 总体概况

2018 年末，广州市总面积 7434.4km^2，常住人口 1490.44 万人，城镇化率为 86.38%，城镇生活垃圾无害化处理率为 100%，同比提高 3.5 个百分点[30]。2018 年，广州市共处理生活垃圾 678.44 万 t，无害化处理粪便 26 万 t、动物尸骸近 4000t，发电 11.91 亿 kWh，渗滤液处理 231.54 万 t，建立分类收运点 7335 个，投入运输车辆 1500 余台次，优化和调整运输线路 470 余条，分类收运垃圾约 1.86 万 t。2018 年前 11 个月全市共回收再生资源 260.3 万 t，低值可回收物 84 万 t[31]。

2. 分类情况

作为全国首批实施垃圾分类试点城市、全国首批生活垃圾分类示范城市、全国出台

第一部有关城市生活垃圾分类的地方性法规、全国率先推广“定时定点”模式城市，广州市通过分步建设生活垃圾分类处理体系，逐步建立完善垃圾分类制度及法规体系，垃圾分类宣传营造良好氛围以及完善再生资源回收体系等一系列措施，让全社会认识到垃圾分类处理是城市治理体系的重要内容，全社会积极参与、共同参与垃圾分类处理。

在2018年，机关企事业单位、星级酒店等5908个单位开展强制分类，精准分类样板居住小区（社区）创建工作不断推进，城乡生活垃圾分类覆盖范围不断扩大。生活垃圾分类收运体系也在逐渐完善，率先实行生活垃圾源头分类分流系统与再生资源回收系统“两网融合”，扩大再生资源回收网络覆盖面，实现生活垃圾“大分流、细分类”，同时还创建“互联网＋垃圾分类＋资源回收”APP移动平台。落实购买低值可回收物补贴政策，建立低值可回收物回收处理服务供应商库。处理设施建设初步形成“以焚烧为主，生化为辅，填埋为保障”的垃圾处理格局[32]。

3. 主要经验和做法

（1）全力推动强化共识

广州市高度重视生活垃圾分类工作，把生活垃圾分类列入重要的工作日程，列入2019年市十件民生实事。将垃圾分类纳入广州市文明城市创建范畴和“不忘初心、牢记使命”主题教育重要内容，并作为当前一项重要的任务来抓。学习借鉴兄弟城市的先进经验，总结梳理广州市垃圾分类工作，检视存在的问题，不断强化工作部署，建立生活垃圾分类联席制度和召开联席会议，抓紧抓实抓细垃圾分类工作。

（2）完善制度强化指引

在以地方性法规《广州市生活垃圾分类管理条例》为主的“1＋3＋12”的垃圾分类管理体系基础上，针对广州市垃圾分类工作推进情况，出台了《广州市深化生活垃圾分类工作实施方案（2017-2020年）》等系列文件方案以及配套指引文件。

（3）提升能力强化保障

2019年，广州市新增焚烧处理能力4500t/d、生化处理能力2040t/d，形成“焚烧为主、生化处理为辅、填埋兜底”分类处理格局。同时，还通过前端配桶、推行定时定点投放，中端增加收运车辆、调整优化收运路线，向社会公布1321条收运线路信息，接受全社会监督，提升分类投放精准度和收运能力。

（4）狠抓示范强化引领

狠抓集团示范引领，在5908家机团单位、企事业单位推行强制分类，召开驻穗部队单位生活垃圾分类工作现场会，军地携手推进生活垃圾分类。狠抓行业示范引领，在医疗、酒店、餐饮、外卖等行业推行强制分类，如麦当劳、肯德基等知名连锁快餐店垃圾分类的“广州做法”已形成样板经验，美团外卖平台在广州率先开展外卖垃圾回收活动，花园酒店带头开展星级酒店垃圾分类示范。狠抓社区示范引领，积极推进600个精准分类样板居住小区（社区）创建，涌现了天河区穗园小区、越秀区广九社区、增城区碧桂园小区等各具特色的分类模式。狠抓农村示范引领，结合美丽乡村建设和农村人居环境整治，因地制宜在50条行政村打造农村生活垃圾分类资源化利用示范村，如花都区锦山村将餐厨垃圾收集后按传统方式回田沤肥，从化区南平村、莲麻村农村人居环境整治带动垃圾分类，番禺区新水坑村党建引领推动垃圾分类等农村模式。

（5）大力宣传强化氛围

“垃圾分类就是新时尚”的理念逐步深入人心，市民垃圾分类知晓率、参与率保持稳定，不断提升。

（6）严格执法强化督导

广州市不断加大执法检查处罚力度，已累计检查单位1751个，发现问题5120处，整改率100%[33]。

4.工作展望

虽然广州市开展垃圾分类工作起步较早，但在体制机制、流程体系、服务执法、群众参与、设施建设等方面仍然存在不少亟待解决的问题和短板，仍有继续发力的空间。①在推动垃圾分类投放上取得新突破，提高教育引导的针对性，耐心细致做好群众思想工作，科学设计、合理配置分类收集容器，加强日常监督管理，推动养成分类习惯，提高分类投放准确率。②在完善垃圾分类收运体系上取得新突破，配足分类收运车辆和队伍，强化垃圾收运管理，结合推进城市更新九项重点工作，推进城乡垃圾分类处理一体化，提升农村垃圾分类实效。③在垃圾分类处理设施建设上取得新突破，加快推进资源热力电厂、生物质综合处理厂建设，补齐垃圾分类处理能力的短板。④在完善再生资源回收网络上取得新突破，发挥供销系统优势，优化回收网点布局，推进环卫收运系统与再生资源回收利用系统衔接，切实提升资源回收利用效率。⑤在完善服务强化执法上取得新突破，完善垃圾投放设施指引，广泛开展志愿者服务，严格按照条例规定刚性执法，逐步形成常态化执法机制[34]。

2020年底前，建成完善的生活垃圾分类处理系统，创建“两个1000”样板，即生活垃圾精准分类样板居住小区1000个，示范行政村1000个，全市居住小区（社区）、城中村、农村行政村垃圾分类全覆盖，全市11区170条镇（街）全面推进生活垃圾强制分类制度，实现前端分类精准化、中端运输规范化、末端处置无害化、回收利用资源化[35]。

7.6.2 深圳生活垃圾分类

1.总体概况

2018年末，深圳市总面积1997.47km²，常住人口1302.66万人，生活垃圾无害化处理率100%[36]。2018年，深圳市生活垃圾处理量为671.74万t（18404t/d），分别由5座焚烧发电厂（南山能源生态园一期、盐田能源生态园、宝安能源生态园一期和二期、平湖能源生态园一期、平湖能源生态园二期）和3座卫生填埋场（下坪环境园、宝安老虎坑环境园、龙岗红花岭环境园）处理[37]。

2018年，深圳市分流分类处理量已达2200t/d，同比去年增长超10%，有效减少了进入焚烧、填埋处理设施的垃圾量。全市各区确定7家收运处理企业，建成4座处理设施，集中处理餐厨垃圾约800t/d；建成30处中小型处理点，收运处理绿化垃圾达570t/d；建成21个处理点，收运处理果蔬垃圾220t/d；住宅区、机关单位及公共场所共设置废电池回收箱2.1万个，废灯管回收箱1.1万个，共收运处理废电池36t、废灯管57t；收运处理玻金塑纸27t/d；全市436个住宅区实施厨余垃圾分类，收运处理厨余垃圾约为20t/d；配套建成废旧家具拆解处理点21处，收运处理废旧家具约610t/d，资源化利用率可达70%以上；住宅区已设置4300个回收箱，收运处理废旧织物10t/d；收运处理年花年橘超过202万盆，再利用花盆约94万个，回植复种年橘8.5万株[38]。

2. 分类情况

作为全国首批生活垃圾分类试点城市，深圳市近年来在破解“垃圾围城”上，坚持社会化和专业化相结合的双轨战略，明确以“源头充分减量，前端分流分类，中段干湿分离，末端综合利用”为战略思路，以建设“三个体系”实现“两个目标”为抓手，走出了一条具有深圳特色的垃圾分类创新之路。2018 年，在住房城乡建设部第二季度对全国 46 个重点城市生活垃圾分类工作检查考核中，深圳市排名第二[39]。

从 2018 年开始，深圳市通过在住宅区建立垃圾分类集中投放点，安排志愿者定时定点督导，小区居民的参与率和准确投放率持续提升，形成了“集中分类投放＋定时督导”模式。目前，全市 805 个住宅小区已率先实现这一垃圾分类模式，设置了 2348 个集中分类投放点，涉及 48 万户大约 167 万居民[40]。2019 年年底之前，这 805 个小区的做法将会逐步推广到全市其他的住宅小区。同时，深圳市将以国家“无废城市”建设为契机，拿出实招硬招推进固体废物处置取得实质性突破，加快补齐固体废物处置能力短板，并对标国内外先进城市，积极推广绿色生产生活方式，强力推行垃圾分类处置，在全社会形成垃圾分类的良好习惯。

3. 主要经验和做法

（1）建立“九大”分流体系

自 2012 年深圳市大力推进垃圾分类工作以来，按照“大分流细分类”的工作思路，依托垃圾分类顶层设计，其发展至今的一大亮点就是建立了覆盖全市的生活垃圾九大分流分类体系，包括玻金塑纸等低价值可回收物的收运处理体系、废旧织物收运处理体系、废旧家具收运处理体系、年花年橘收运处理体系、有害垃圾收运处理体系、餐厨垃圾收运处理体系、果蔬垃圾收运处理体系、绿化垃圾收运处理体系、厨余垃圾收运处理体系，逐步培育分流分类体系的产业链。对产生量大、产生源相对集中、处理技术工艺相对成熟稳定的垃圾实行大类别专项分流处理，绿化垃圾、果蔬垃圾、餐厨垃圾主要涉及园林、农批、餐饮等企业。居民日常生活垃圾投放主要按“玻金塑纸”“厨余垃圾”“有害垃圾”“其他垃圾”分类，废旧织物则投放到专门的废旧织物回收箱，家具等大件垃圾、年花年橘可由物业联系专门的回收公司收取。

（2）推行“集中分类投放＋定时定点督导”模式

目前，深圳市推行“集中分类投放＋定时定点督导”住宅区垃圾分类模式。即楼层不设垃圾桶，在楼下集中设置分类投放点，安排由物业管理人员、热心居民、志愿者等组成的督导员，每晚 9：00～21：00 在小区垃圾分类集中投放点进行现场督导，引导居民参与分类、准确分类。在南山区，微信小程序“互联网＋”垃圾分类督导系统——“E 嘟在线”是全国首创垃圾分类智慧督导系统平台，借助“互联网＋”平台，能科学、规范、客观、高效地推进生活垃圾分类和减量日常督导管理工作，创新垃圾分类督导新模式，切实提高垃圾分类督导工作效率。

（3）垃圾分类激励机制

深圳市拟出台《深圳市推进生活垃圾分类工作激励实施方案（2019-2021）》，从正向激励方面着手，建立生活垃圾分类激励机制，进一步引导和推动住宅区、党政机关事业单位、学校、企业、家庭和个人积极参与生活垃圾分类，提高居民参与率和投放准确率，推动全社会积极参与生活垃圾分类。同时，通过经济杠杆引导居民参与垃圾分类，为下一步探索生活垃圾“按量收费”“分类计价”积累经验和技术支撑。

（4）“蒲公英计划”

深圳市建设市、区、街道、社区公众教育基地，组建并培养垃圾分类宣传人才队伍，统一和规范垃圾分类教育培训课件和宣传资料，搭建一套垃圾分类公众教育体系，建立以社会力量为主的宣传督导体系。通过实施蒲公英计划，聘请推广大使、招募志愿讲师、建立科普教育基地和“微课堂”等形式多样的宣教活动，普及垃圾分类知识，营造垃圾分类舆论氛围，提升辖区居民对生活垃圾分类、减量工作的知晓率、参与率和分类投放准确率，实现垃圾分类公众教育的规模化、平台化和常态化。

4. 工作展望

深圳市不断总结垃圾分类的相关经验，并加快部署生活垃圾分类的相关工作。一是明确市、区、街道三级分工。市层面需做好顶层设计工作，推动法规条例的制定，向全市范围内推广垃圾分类的优秀做法；区层面需发挥承上启下的作用，动员发动各个街道做好垃圾分类，抓好垃圾分类的落实工作，搭建分流分类收运处理平台；街道层面需压实各个物业小区，需在一线做好垃圾分类工作，动员发动市民在前端参与。二是狠抓 805 个 3.0 小区的分类成效，通过有效督导，提高厨余垃圾的分类处理量和分类准确率。三是在全市 3600 个住宅区推广 3.0 模式建设，采取积极稳妥的方式开展楼层撤桶。四是各区要围绕垃圾分类热点加强宣传，为党员、学生提供督导参与平台。五是推动市政道路“撤并桶”、地埋桶建设、中转站干湿压榨等工作，减少市政道路垃圾桶数量[41]。

7.6.3 罗定农村生活垃圾分类

1. 总体概况

2018 年末，罗定市总面积 2327.5km^2，常住人口 98.41 万人，其中城镇 32.78 万人，城镇化率 33.31%[42]。近年来，罗定市不断实践与探索高质高效的农村生活垃圾收运处理模式，农村生活垃圾处理工作取得一定成效，农村环境卫生面貌得到显著的改善。罗定市已建生活垃圾卫生填埋场，垃圾处理量 300t/d，实现“户收集、村保洁、镇集中、市转运处理”的农村生活垃圾收运处理模式。

2. 分类情况

罗定市积极提升农村垃圾分类，建立“两分两减”的垃圾分类模式，实行两级分类。一级分类是户分类和保洁员上门分类收集，实现初次减量，将垃圾分为可回收垃圾、厨余垃圾和不可回收垃圾进行一次分类，可回收垃圾由村民自行卖给再生资源回收站（点），或联系本村保洁员上门回收；将厨余垃圾统一收集交由养殖场沼气池或种植场堆肥，不可回收垃圾则由村民自行投放到村收集点，再由收运服务公司清运到垃圾无害化填埋场进行无害化处理。二级分类是在转运站压缩垃圾之前进行再分类，充分利用转运站已覆盖全市各镇（街）的优势，由服务公司将压缩前的生活垃圾进行二次分类，通过二次分类解决一次分类不到位的问题和实现二次减量。2017 年 6 月，罗定市被住房城乡建设部确定为全国第一批农村生活垃圾分类和资源化利用示范县。

3. 主要经验和做法

（1）示范先行

按照新农村示范村建设的总体要求，将 33 个省定贫困村创建成为农村生活垃圾分类和资源化利用示范村，以点带面，积极探索实施“垃圾不落地”模式，采取定时定点由保洁员上门收集分类垃圾的收运方式，实现农村生活垃圾“分类减量、源头追溯、无害化资源化”的农村垃圾治理模式。充分发挥先行和示范作用，带动全市乡村推进农村生活垃圾分类和资源化利用。

（2）就近处理

由政府、环卫专业公司与罗定市稻香园农业发展有限公司、南药种植基地联合推进，将农贸市场易腐垃圾和村居民可堆肥废弃物、餐厨垃圾、园林绿化垃圾及农业生产垃圾等有机易腐垃圾采取就近处理。由市财政投资建设配套微生物有机易腐垃圾处理设施与设备（各镇单建或多镇共建），产生的半成品有机肥由稻香园农业发展有限公司、南药种植基地负责建设堆肥场并进行净化发酵处理后，就近再回用于农业生产。

（3）奖惩措施

为巩固当前建立的农村生活垃圾分类和处理长效机制，罗定市和镇两级政府还出台了奖补措施。在镇、村两级广泛开展农村环境治理工作评比，排名靠前的“上红榜，有奖励”，靠后的“进黑榜，有问责”，以确保农村生活垃圾分类处理工作在源头得到加强，在末端得到落实。

罗定市不断完善提升“两分两减”农村垃圾分类方法，按照源头清洁分类、充分回收、减少外排、有限外运的分类处理原则，开展生活垃圾分类回收处理，逐步形成适合本地实际的“罗定模式”分类方法。

4. 工作展望

为了形成全民参与、城乡统筹、因地制宜的垃圾分类制度，全力推进农村生产方式和生活方式绿色化等，罗定市提出了下一步工作部署：一要加大宣传力度，全面深入宣传农村生活垃圾分类处理、规范投放、缴交本村保洁费的意义；二要齐心合力从源头追溯垃圾分类减量和规范垃圾投放，要全面建立村级（居委）日常清扫保洁长效管理机制，推进生活垃圾分类工作，从而不断深化“两分两减”分类模式，在农村生活垃圾分类基础上，加快推进“十个一”可复制的垃圾分类示范点创建，形成可复制的经验模式，继而全面铺开，实现生活垃圾分类工作城乡全覆盖。

7.6.4　广州亚运城垃圾自动收集系统[①]

1. 工程概况

广州亚运城是2010年亚洲运动会的一项大型工程项目，其位于广州市番禺区莲花山南麓，莲花水道西岸，京珠高速公路及地铁四号线以东区域，占地面积2.73km^2，赛时总建筑面积148hm^2，主要分为运动员村、技术官员村、媒体村、媒体中心、后勤服务区、体育馆区及亚运公园等七大部分。

2. 收集规模预测

为贯彻亚运城低碳、生态的设计理念，其垃圾收运采用2套封闭式垃圾自动收集系统，设计赛时、赛后垃圾收运规模分别为53.8t/d和73.8t/d。

3. 收集系统规划

（1）中央收集站

亚运城共设置2套中央收集站，均采用地埋式。1号中央收集站位于媒体村废弃物管

① 资料来源于《2010年亚运会（广州）亚运城修建性详细规划》。

理中心相邻地块，占地约 1500m²（含停车场等用地），建筑面积约 250m²；2 号中央收集站位于石化路与赛时运动员村综合诊所之间地块，占地约 1500m²（含停车场等用地），建筑面积约 250m²。

（2）收集公共网络

与中央收集站相连的公共网络沿亚运城主干道敷设 DN500 低碳钢管，管网以树状型布局为主，管道铺设长度约 20km。公共网络布局如图 7-21 所示。

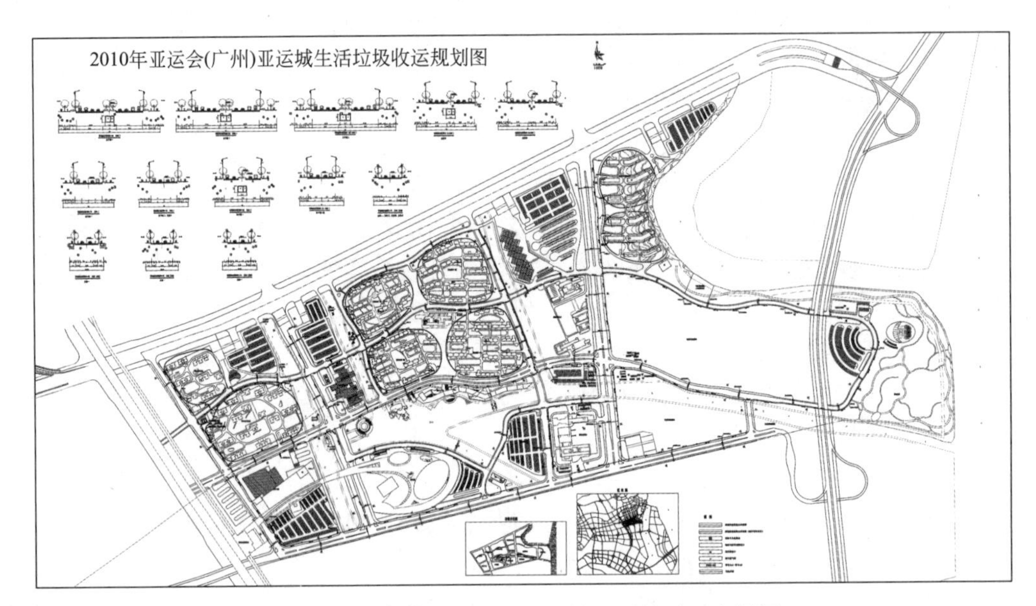

图 7-21　广州亚运城生活垃圾收运系统平面布局图

4. 运行管理

亚运城封闭式垃圾自动收集系统的应用，不仅符合规划定位，而且提升了品味价值。该系统运行效果良好，其抽送速度为 50～70km/h，可将亚运城内任何一个垃圾收集点所收集的垃圾在半小时内运至中央收集站，能基本满足整个亚运城的保洁要求。此外，该系统支持垃圾的源头分类，整个收集过程为全电脑自动控制，能够满足广州市垃圾分类要求。

5. 建设经验

（1）高标准、高要求建设项目

封闭式垃圾收运系统与亚运城的规划定位紧密结合，体现了绿色市政的规划理念，把生态、环保作为建设要求，提升了亚运城基础设施的建设品位，满足了亚运城高标准的规划要求，也为其有效运行奠定了良好的基础。

（2）投资和运营资金有保证

亚运城基础设施的投资建设及赛时运行资金，均由广州市政府统筹，以解决系统初期高昂的建设费用和赛时运营费用。与此类似的广州白云国际机场，其系统的投资和运营费用不直接依靠使用者，而是通过企业运作，计入整个机场运行费用，并通过集团盈利来解决费用问题，这都为系统的正常运行奠定了良好的基础。亚运城赛后作为住宅小区，享受得天独厚的配套基础设施，小区建筑面积达到 438hm²，居住户数较多，垃圾产量较大，易于发挥系统规模效应，对居住用户适当征收垃圾处理费，其运营资金也有保证。

参考文献

[1] 方志江苏，纪莉莉，沈萌微. 垃圾处理极简史 [EB/OL]. [2019-08-21]. https：//mp. weixin. qq. com/s? _ _ biz = MzIzNTI1N TA3MA = = &mid = 2247489347&idx = 1&sn = df579923d7259130f7bfa4ab5288e275&chksm=e8e8b332df9f3a2408bc40b59f95c6ad2e49ba6017805a0d6e76975229ef4b49bc891eb4acf4&mpshare=1&scene=23&srcid=0825yPOKlrxQoKOOGKicqfbl&sharer _ sharetime=1566689884930&sharer _ shareid=8c4cd423ce6bb0374d8eea2c1b0780dd#rd.

[2] 中共中央，国务院. 生态文明体制改革总体方案 [EB/OL]. [2015-09-21]. http：//www. gov. cn/guowuyuan/2015-09/21/content _ 2936327. htm.

[3] 国务院办公厅. 国务院办公厅关于转发国家发展改革委、住房城乡建设部《生活垃圾分类制度实施方案》的通知（国办发〔2017〕26 号） [EB/OL]. [2017-03-30]. http：//www. gov. cn/zhengce/content/2017-03/30/content _ 5182124. htm.

[4] 国家发展改革委. 关于印发《循环发展引领行动》的通知 [EB/OL]. [2017-05-04]. http：//www. ndrc. gov. cn/gzdt/201705/t20170504 _ 846514. html.

[5] 国务院办公厅. 国务院办公厅关于印发《"无废城市"建设试点工作方案》的通知（国办发〔2018〕128 号）[EB/OL]. [2018-12-29]. http：//www. gov. cn/zhengce/content/2019-01/21/content _ 5359620. htm.

[6] 腾讯网. 两张图带您了解北京开展垃圾分类的紧迫性和现实意义 [EB/OL]. [2019-08-02]. https：//new. qq. com/omn/20190802/20190802A0ENFJ00. html.

[7] 薛亮. 日本东京都新宿区垃圾分类经验 [J]. 科学发展，2017（07）：66-67.

[8] 新浪新闻. 如何培养垃圾分类习惯｜垃圾分类是德国居民"必修课" [EB/OL]. [2019-07-07]. https：//news. sina. cn/2019-07-07/detail-ihytcerm1874030. d. html? from=wap.

[9] 曾玉竹. 德国垃圾分类管理经验及其对中国的启示 [J]. 经济研究导刊，2018（30）：118-119.

[10] 杨君，高雨禾，秦虎. 瑞典的垃圾分类管理是这么做的 [J]. 世界环境，2019（03）：52-53.

[11] 李欢. 澳大利亚垃圾分类收运处理模式 [EB/OL]. [2018-01-10]. http：//huanbao. bjx. com. cn/news/20180110/873013. shtml.

[12] 北京市城市管理会. 生活垃圾分类知识图解 [EB/OL]. http：//csglw. beijing. gov. cn/sy/syztzl/shljfl/.

[13] 上海市绿化和市容管理局. 上海市生活垃圾分类投放指南 [EB/OL]. http：//sh. lhsr. cn/Plugins/ueditor _ release-ueditor1 _ 4 _ 3 _ 1-utf8-net/net/upload/handler. ashx? fileName=%E4%B8%8A%E6%B5%B7%E5%B8%82%E7%94%9F%E6%B4%BB%E5%9E%83%E5%9C%BE%E5%88%86%E7%B1%BB%E6%8A%95%E6%94%BE%E6%8C%87%E5%8D%97. jpg&fileName1=file/20190628/636973269994307598367720 6430f52a35. jpg.

[14] 任彦. 杭州官方认定的垃圾分类简化细分表来了 [N/OL]. 杭州日报. 2019-08-03. https：//hzdaily. hangzhou. com. cn/hzrb/2019/08/03/article _ detail _ 1 _ 20190803A047. html.

[15] 南京市人民政府. 南京市人民政府关于实施生活垃圾分类的通告 [EB/OL]. [2018-07-13]. http：//www. nanjing. gov. cn/zdgk/201810/t20181022 _ 574214. html.

[16] 南京市城市管理局. 南京垃圾分类指南 [EB/OL]. [2019-06-28]. http：//cgj. nanjing. gov. cn/zhuantizhuanlan/ljfl _ 20190625/flff _ 20190625/201906/t20190628 _ 1579041. html.

[17] 厦门人大. 厦门经济特区生活垃圾分类管理办法 [EB/OL]. [2017-09-12]. http：//www. xmrd. gov. cn/fgk/201709/t20170912 _ 5109069. htm.

[18] 桂林市环境卫生管理处. 桂林市垃圾分类基本情况 [EB/OL]. [2019-03-20]. http：//www. gllj-

fl. com/news/33.
[19] 香港环境保护署. 环保资料与统计数字——废物 [EB/OL]. [2019-07-02]. https：//www. epd. gov. hk/epd/sc _ chi/resources _ pub/envir _ info/envir _ info. html? tdsourcetag = s _ pctim _ aiomsg.
[20] 住房城乡建设部. 住房城乡建设部等部门关于在全国地级及以上城市全面开展生活垃圾分类工作的通知. [EB/OL]. [2019-04-26]. http：//www. mohurd. gov. cn/wjfb/201906/t20190606 _ 240787. html.
[21] 浙江省住房和城乡建设厅. 城镇生活垃圾分类标准：DB33/T1166-2019 [S]. 杭州，2019.
[22] 上海市绿化和市容管理局. 上海市生活垃圾分类投放指引 [EB/OL]. [2019-04-15]. http：//lhsr. sh. gov. cn/sites/ShanghaiGreen/dyn/xxgk _ content. ashx? ctgId = d9c3641a-2fcd-4610-be8f-dc2bf5d0f8c6&infId = ebd82bda-2525-4f4e-9f75-4fd5878ea4ec&leftBarId = d7c2aa81-db54-4754-ab81-c85fb2b683a1.
[23] 广州市城市管理和综合执法局. 广州市居民家庭生活垃圾分类投放指南（2019 年版） [EB/OL]. [2019-08-09]. http：//www. gzcgw. gov. cn/gzcgw/zhzx _ cgyw/201908/442408b6582f4c4db044e3b3907f5cc0. shtml.
[24] 杭州市人民政府. 杭州市生活垃圾管理条例 [EB/OL]. [2015-11-09]. http：//www. hangzhou. gov. cn/art/2015/11/9/art _ 1256287 _ 8305305. html.
[25] 浙江省质量技术监督局. 农村生活垃圾分类处理规范：DB33/T2030-2018 [S]. 杭州，2018.
[26] 徐建韵，范寿礼，焦文达. 封闭式垃圾自动收集系统及其应用 [EB/OL]. [2007-10-11]. http：//www. cn-hw. net/html/sort073/200710/4463. html.
[27] 林岚岚，杨硕. 告别垃圾污染时代——真空垃圾收集系统 [J]. 建筑知识，2004（04）：27-29.
[28] 任绍娟. 真空管道收运系统对厨余垃圾收运模式的启示 [J]. 现代科技，2010，9（02）：21-23.
[29] 董作刚. 垃圾真空管道收集系统及其社会经济效益分析 [J]. 中国高新技术企业评价，2008（17）：165-167.
[30] 广州市统计局. 2018 年广州市国民经济和社会发展统计公报 [EB/OL]. [2019-04-02]. http：//tjj. gz. gov. cn/gzstats/tjgb _ qstjgb/201904/369f2210193c45eb8e225374ea28d3a4. shtml.
[31] 广州市城市管理和综合执法局. 市城管委召开 2018 年度城市管理工作总结大会 [EB/OL]. [2019-01-02]. http：//www. gzcgw. gov. cn/gzcgw/zhzx _ cgyw/201901/05bfb244887b458b9ef90d5fa4c73c18. shtml.
[32] 广州市人民政府. 实现城乡垃圾分类全覆盖 [EB/OL]. [2019-07-10]. http：//www. gz. gov. cn/gzgov/gysy2/201907/ea84188db33441b5a227a25991e59832. shtml.
[33] 广州市人民政府. 分类三年走任务设时限 [EB/OL]. [2019-08-16]. http：//www. gz. gov. cn/gzgov/fljxs/201908/4976855bd678492d91acbc9947bde267. shtml.
[34] 广州市人民政府. 全链条提升全方位推动全社会动员推动广州垃圾分类工作走前列 [EB/OL]. [2019-07-15]. http：//www. gz. gov. cn/GZ46/5/201907/cb99222dc9b546b0a12d8ea6515d2b2d. shtml.
[35] 广州市人民政府. 广州全面启动整体推进城乡生活垃圾强制分类工作 [EB/OL]. [2019-07-11]. http：//www. gz. gov. cn/gzgov/fljxs/201907/36e85e8b8b854ba0957ab87813ae19df. shtml.
[36] 深圳市统计局. 深圳市 2018 年国民经济和社会发展统计公报 [EB/OL]. [2019-04-02]. http：//www. sz. gov. cn/sztjj2015/xxgk/zfxxgkml/tjsj/tjgb/201904/t20190419 _ 16908575. htm.
[37] 深圳市城市管理和综合执法局. 垃圾处理简介 [EB/OL]. [2019-07-09]. http：//cgj. sz. gov. cn/xsmh/szhw/ljcl/201611/t20161115 _ 5307186. htm.
[38] 深圳市城市管理和综合执法局. 数说 2018 深圳垃圾分类：这座城市的努力和变化都被写在数字里 [EB/OL]. [2019-01-04]. http：//cgj. sz. gov. cn/xsmh/ljfl/flxd/201901/t20190104 _ 15256340. htm.
[39] 深圳市城市管理和综合执法局. 用创新打造垃圾分类“深圳样板” [EB/OL]. [2018-12-20]. http：//

www. sz. gov. cn/szum/xsmh/ljfl/mtbd/201812/t20181220 _ 14927555. htm.
[40] 深圳市城市管理和综合执法局. 805 个小区推行“集中分类投放+定时定点督导”[EB/OL]. [2019-06-17]. http: //www. sz. gov. cn/szum/xsmh/ljfl/mtbd/201906/t20190617 _ 17895924. htm.
[41] 深圳市城市管理和综合执法局. 市城管和综合执法局杨雷副局长主持召开垃圾分类现场推进会 [EB/OL]. [2019-07-22]. http: //cgj. sz. gov. cn/zjcg/zwxw/201907/t20190722 _ 18074893. htm.
[42] 罗定市统计局. 2018 年罗定市国民经济和社会发展统计公报 [EB/OL]. [2019-05-22]. http: //www. luoding. gov. cn/info/3001769146.

第 8 章　综合管廊

8.1　综合管廊技术概况及推进现实意义

8.1.1　城市地下空间建设

随着城市现代化的发展及人口的增长，城市地面空间逐渐不足，许多国内外城市先后开始开发地下空间（图 8-1）。城市充分向地下发展延伸是城市现代化建设的鲜明特征之一。从建筑发展史看，19 世纪是造桥的世纪，20 世纪是城市高层建筑发展的世纪，21 世纪则是地下空间开发利用发展的世纪。从地铁交通工程、大型建筑物向地下的自然延伸（地下车库等），发展到与地下快速轨道交通系统相结合的地下街、文化体育工程（博物馆、图书馆、体育馆、艺术馆）、综合廊道等复杂的地下综合体，再到地下城。可见，城市地下空间已经成为社会经济发展的重要资源。

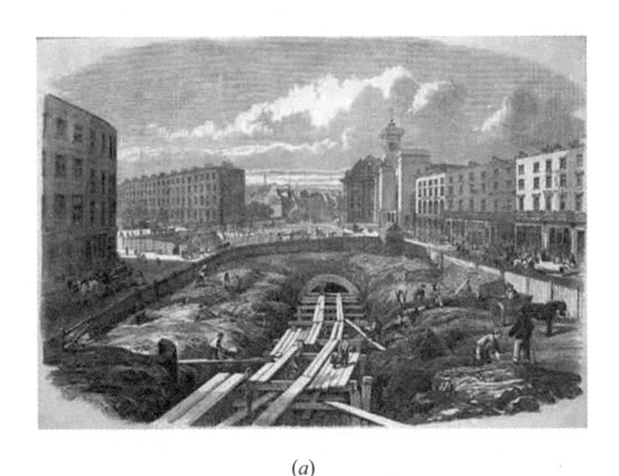

(a)

(b)

图 8-1　城市地下空间建设示例

（a）伦敦世界第一条地铁修建场景；（b）日本大阪梅田地下街

城市地下空间开发主要包含以下四类项目：

（1）地下交通工程

城市大规模开发地下空间的较早经验始于地铁建设。英国伦敦于 1863 年建成世界上第一条地铁，美国纽约于 1867 年建成国内第一条地铁，日本东京于 1927 年建成国内第一条地铁线。俄罗斯莫斯科是世界上地铁系统客运量较高的城市之一，地铁分为地下三层、纵横交错，埋深约为 80m 左右。中国首条地铁系统是北京地铁，建于 1965 年，竣工于 1969 年，试运营于 1971 年 1 月。截至 2019 年 6 月，中国已开通地铁的城市有 39 个，其中上海轨道交通是世界上规模最大、线路最长的地铁系统。

（2）地下基础设施

地下基础设施包含地下步行道、地下停车场和综合管廊等系统。地下步行道系统既能重新组织城市交通，实现人车分流，又能保证恶劣气候下城市的繁荣。大量建设地下停车场也是城市正常运转的重要条件之一。我国城市规划的地下停车库大多是附属式地下停车库，设置在高层建筑的地下层，有些与地下街相结合。另外，自从 2014 年提出要在全国 36 个大中城市全面启动地下综合管廊试点工作后，我国综合管廊的建设突飞猛进，探索形成了一系列可借鉴、可推广的经验和做法。

（3）地下商业工程

地下商业街与地下交通贯通，推动旅游业发展。1957 年，日本建成了世界上第一条地下商业街——大阪唯波地下街，1963 年大阪又建成梅田地下街，接着又建成当时日本最长的地下街——虹地下商业街，兼有商业中心、铁路中枢和游览胜地三大功能。

国内超大城市已形成世界一流水平的地下商业综合体。北京中关村广场地下建筑集商业、娱乐、餐饮、休闲为一体，其中包含拥有 1 万个停车位的地下停车场，建筑面积 20 万 m^2 的购物中心，与 100 万 m^2 的地上建筑共同构成的高科技商务中心区。上海人民广场工程将香港名店街、迪美购物广场、地下停车场、地下变电站与地铁 1、2 号线换乘站口相连，形成一个大型地下综合体，战备效益、社会效益、经济效益显著。

（4）地下文体工程

地下文化体育娱乐设施规模扩展。芬兰赫尔辛基购物中心的地下游泳馆面积超过 1 万 m^2，吉华斯柯拉运动中心 7000m^2 的球赛馆建于地下。山东青岛海底隧道博物馆是国内第一个集知识普及、安全教育、文化观摩、档案珍藏、休闲体验等多种功能于一体的海底隧道主题博物馆，目前累计接待国内外游客 5 万余人次。青岛金沙滩风景区内的啤酒城是亚洲最大的国际啤酒都会，每年能够吸引超过 200 万人次的游客。啤酒城地下餐厅在充分考虑和合理安排地下商业空间布局，以及当地的气候、日照条件的基础上，在设计上引入了自然光照明系统，实现了资源的优化配置。

总体来说，我国的城市地下空间开发在 20 世纪 80 年代以前多强调人防作用，后来逐渐在地下交通和公共空间开发方面有所推广[1]。“十二五”以来，中国城市空间需求急剧膨胀与空间资源有限这一矛盾日益突出。继住房城乡建设部发布“城市双修”指导意见后，中国全面开展“城市双修”推动城市转型发展，新一轮城市发展带动基础设施建设的新一轮需求。2016 年 5 月，住房城乡建设部发布《城市地下空间开发利用“十三五”规划》，规划中特别强调，合理开发利用城市地下空间，是优化城市空间结构和管理格局，促进地下空间与城市整体同步发展，缓解城市土地资源紧张的必要措施，对于推动城市由外延扩张式向内涵提升式转变，改善城市环境，建设宜居城市，提高城市综合承载能力具有重要的意义。

8.1.2　综合管廊定义和分类组成

1. 综合管廊定义

城市给水、排水、电力、通信、热力、天然气、广电、公安治安专线等市政基础设施，是为城市生产部门和居民生活提供共同条件和公共服务的工程性设施。随着社会经济的发展，市政管线的需求也日益复杂，其对城市道路地下空间也提出了更高要求。目前，我国大多数城市采用传统的管线敷设方式，主要有直埋敷设和架空敷设，如图 8-2

(a)

(b)

图 8-2　市政管线传统敷设方式

（a）直埋敷设；（b）架空线路

所示。随着城市化进程的不断加快，传统的管线敷设方式在城市更新改造过程中常引起交通阻塞和环境污染等突出问题。同时，由于不同的管线隶属于不同的部门或企业建设和管理，所以时常出现不同管线施工时序不同，造成路面多次开挖并出现“拉链路”等现象。

为了更好地解决直埋敷设和架空敷设带来的交通、环境和景观等问题，敷设综合管廊是城市基础设施现代化的必然要求，也是地下空间开发利用的一个重要方面。早在 19 世纪，法国（1833 年）、英国（1861 年）、德国（1890 年）等欧洲国家就开始兴建综合管廊；到 20 世纪，美国、西班牙、俄罗斯、日本、匈牙利等国家也兴建综合管廊，它的出现非常有利于充分挖掘利用地下空间和实现土地资源的集约化利用。综合管廊（Utility Tunnel，也称为共同沟、共同管道、综合管沟），是指在城市地下用于容纳两类及以上城市工程管线的构筑物及敷设设施，是由干线综合管廊、支线综合管廊和缆线管廊组成的多级网络衔接的系统，如图 8-3 所示。

(a)

(b)

图 8-3　综合管廊示意图

（a）正视图；（b）侧视图

2.综合管廊分类

根据综合管廊的重要性，分为干线、支线和缆线综合管廊。

（1）干线综合管廊

干线综合管廊是指用于容纳城市主干工程管线，采用独立分舱方式建设的综合管廊。主要负责输送原站（如自来水厂、发电厂、燃气制造厂等）到支线综合管廊，其一般不直接服务沿线地区，一般设置于机动车道或道路中央下方。干线综合管廊的特点：①稳定、大流量的运输；②高度的安全性；③内部结构紧凑；④兼顾直接供给到稳定使用的大型用户；⑤一般需要专用的设备；⑥管理及运营比较简单。

干线综合管廊收容的主要管线有电力、通信、自来水、燃气、热力等，有时根据需要也将排水管线收容在内。在干线综合管廊内，电力从超高压变电站输送至一、二次变电站，通信主要为转接局之间的信号传输，燃气主要为燃气厂至高压调压站之间的输送。

干线综合管廊采用独立分舱方式进行建设，断面通常为圆形或多格箱形，综合管廊内一般要求设置工作通道及照明、通风等设备，如图8-4所示。

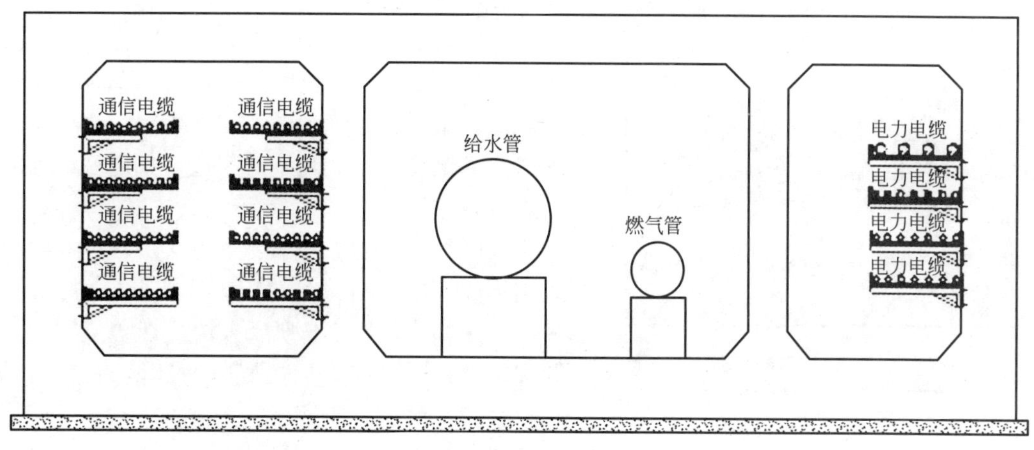

图8-4　干线综合管廊

（2）支线综合管廊

支线综合管廊是指用于容纳城市配给工程管线，采用单舱及双舱方式建设的综合管廊。主要负责将各种供给从干线综合管廊分配、输送至各直接用户，一般设置在道路两旁，收容直接服务的各种管线。支线综合管廊的特点：①有效（内部空间）断面较小；②结构简单、施工方便；③多为常用定型设备；④一般不直接服务大型用户。

支线综合管廊的断面以矩形断面较为常见，一般采用单舱或双舱的方式建设。综合管廊内一般要求设置工作通道及照明、通风等设备，如图8-5所示。

（3）缆线管廊

缆线管廊是指用于容纳电力电缆和通信电缆的管廊。主要负责将市区架空的电力、通信、有线电视、道路照明等电缆收容至埋地的管道。缆线管廊一般设置在道路的人行道下面。缆线管廊的断面以矩形断面较为常见，一般不要求设置工作通道及照明、通风等设备，仅增设供维修时用的工作手孔即可，如图8-6所示。

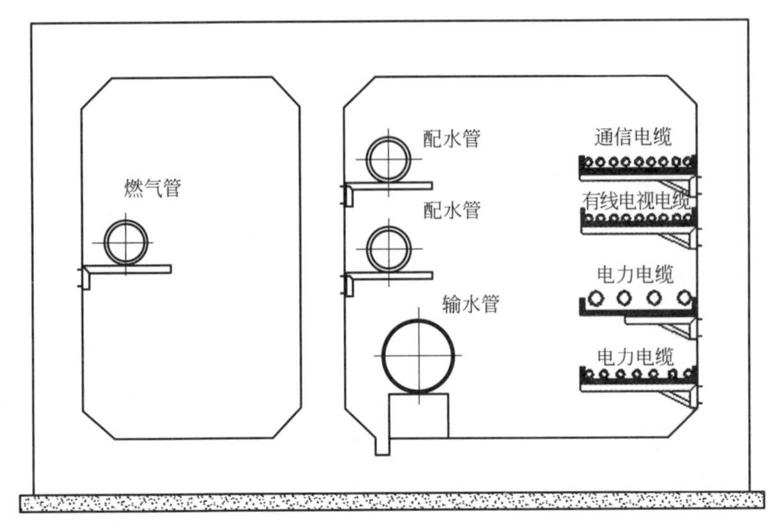

图 8-5　支线综合管廊

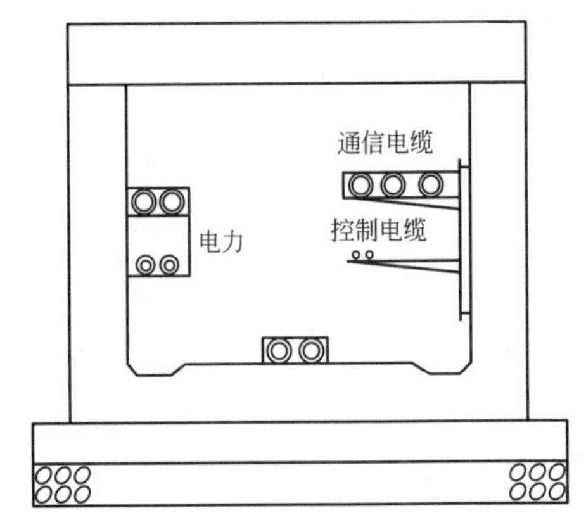

图 8-6　缆线管廊

3. 综合管廊基本组成

综合管廊一般由管廊主体、监控与报警系统、通风系统、排水系统、消防系统、供电系统、标识系统、地面设施（如监控中心、人员出入口、通风口、吊装口）等组成，如图 8-7 所示。

（1）主体

为收纳的各类城市管线提供物质载体，一般采用钢筋混凝土结构，并用现浇或预制方式建设地下构筑物，如图 8-8 所示。传统现浇工期较长，并因工期长而带来对周边影响的其他问题。预制悬拼方式是将综合管廊的主体结构分成一小节一小节，在工厂预制，然后运到施工现场，动用架桥机一节节拼起来。这种工艺最大的好处是工期只有传统现浇工艺的 1/4，还可有效提高工程质量，具有减少施工扰民，节约材料、节能环保与降低排放的优点。

（2）监控与报警系统

针对综合管廊内的温度、湿度、燃气及氧气浓度、集水井的积水深度以及廊内人员活动情况等进行监控，由设备仪表和监控中心组成，是廊内防灾的重要设施，如图 8-9 所示。

（3）通风系统

管廊内需要维持正常通风，宜采用自然进风和机械排风相结合的通风方式。一般通风设备利用管廊主体作为通风管，再交错配置强制排气通风口与自然进气通风口，如图 8-10 所示。

（4）排水系统

在使用过程中，综合管廊的结构壁面和各接缝处可能渗水漏水、管道破裂及维修放空、进出口雨季进水等，这会导致管廊内产生一定积水。因此，综合管廊内应设置排水系

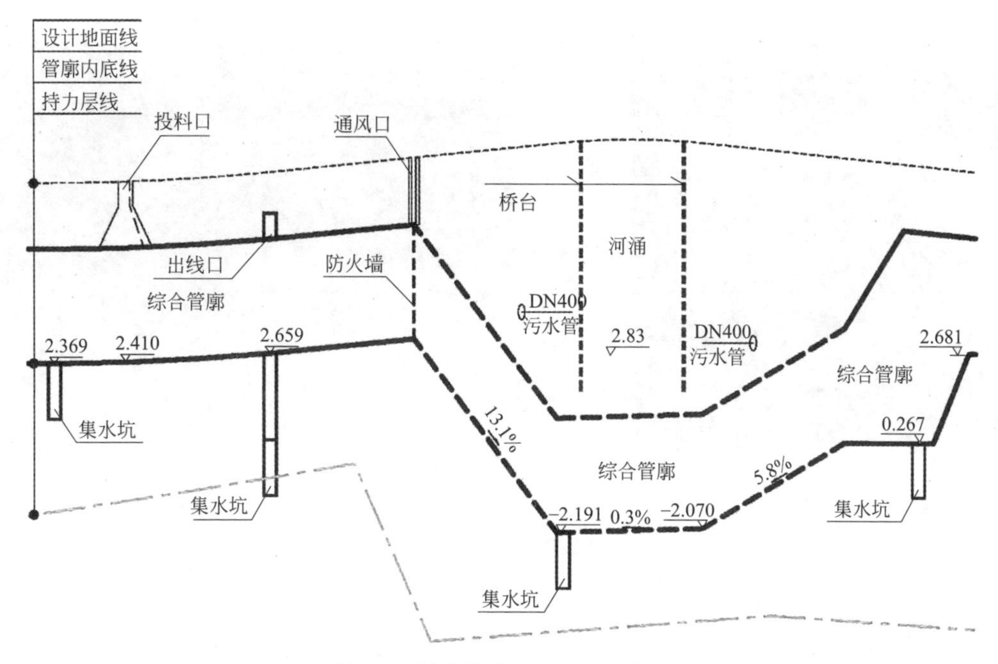

图 8-7　综合管廊基本组成示意图

(*a*)

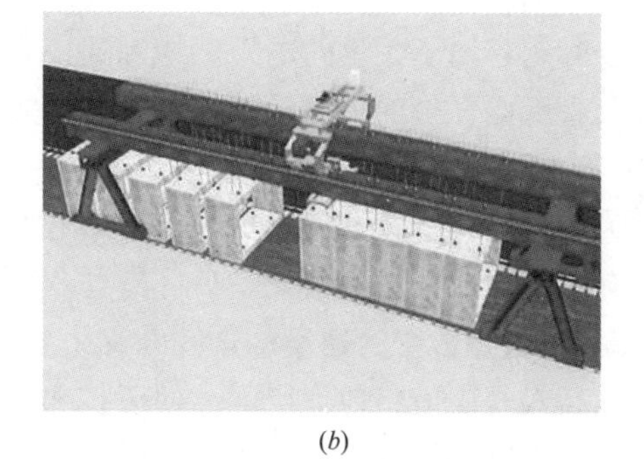

(*b*)

图 8-8　综合管廊主体施工方式

（*a*）现浇方式；（*b*）预制悬拼方式

(*a*)

(*b*)

图 8-9　综合管廊监控系统

（*a*）控制室；（*b*）操作台

(a)

(b)

图 8-10 综合管廊通风系统
（a）强制排气通风口；（b）自然排气通风口

统。排水沟沿综合管廊纵向坡度设置，在较低点和交叉口处设置集水井，集水井设置间隔不宜超过 200m，井内配备两台潜水泵将管廊内积水排至道路雨水系统。排水系统需纳入综合管廊自动检测系统。

（5）消防系统

管廊内容纳了大量的电力电缆和通信电缆。虽然这些电缆多为阻燃电缆，但为了防止和扑灭管廊内发生的火灾，需在管廊内设置必要的消防设施。

（6）通信设备

为使管廊检修及管理人员与监控中心联络方便，管廊内应配备相应的通信设备，可以采用有线与无线两套通信设备。

8.1.3 推进综合管廊建设的现实意义

1. 高效利用道路地下空间，便于扩容施工管理

综合管廊不仅可以充分利用有限的城市道路地下空间，而且还可确保综合管廊内部管线的有序排列，促进地下空间的开发利用，进而节约了城市用地，腾出大量宝贵的城市地面空间。同时，综合管廊设有专门的检修口、吊装口和监控系统，有利于对各种管线的敷设、扩容、维修及日常管理。

2. 避免出现“拉链路”，美化城市环境，提升城市综合竞争力

综合管廊的建设，降低因管线敷设或维修造成的路面反复开挖及其对交通的干扰和环境的污染，直接降低道路的二次建设、维护所花费的人力物力财力；保持各类管线和道路的完整性和耐久性，减少架空管线路面的杆柱及各种管线的检查井（室）等配套设施；保持路容街貌整齐美观，确保道路交通功能的充分发挥，创造良好的市民生活环境，提高城市综合竞争力。

3. 节约全寿命周期投资成本，增加城市防灾减灾能力

采用传统的管线敷设方式不仅浪费有限的地下空间，而且因土壤和地下水对管线的腐蚀、道路破坏或道路自身沉降等因素，经常导致管线损坏，引起自来水管爆裂、电力供应中断、通信故障、燃气泄漏等事故。而综合管廊是一个相对独立的结构体，廊内的管线不

直接与土壤、地下水、道路结构层的酸碱物质接触，延长管线使用寿命，节约全寿命周期内的投资成本，减少管网故障率，并可全面回收旧管材，实现低碳环保。在发生地震、台风、冰冻、侵蚀等多种自然灾害及次生灾害的情况下，综合管廊的自身结构具有一定的坚固性，起到抵御一定的冲击载荷作用，能较好地保护综合管廊中的各种管线，有效地增强了城市的防灾抗灾能力。另外，一些大型管廊内预留适度人员通行空间，兼顾设置人防功能，并与周边人防工程相连接，非常状态下可发挥人防功能。

4. 科技含量高，营运可靠

综合管廊内外设置现代化、智能化监控管理系统，采用以智能化固定监测与移动监测相结合为主、人工定期现场巡视为辅的手段，确保综合管廊内全方位监测、运行信息反馈不间断和低成本、高效率维护管理的效果。智能化监测使管理人员在第一时间内发现隐患，将危险控制在最小范围内，为综合管廊的安全使用提供了技术管理保障。

8.2 国内外综合管廊实践与经验启示

8.2.1 国外综合管廊应用经验启示

1. 国外综合管廊发展历程

欧洲是综合管廊的发源地。早在19世纪，法国、英国、德国就已经开始建造综合管廊。1833年法国巴黎在开始规划排水网络的同时就开始兴建综合管廊。1861年，英国伦敦修造了宽3.66m、高2.32m的综合管廊。1890年，德国在汉堡建造综合管廊。瑞典斯德哥尔摩市有综合管廊30km，建在岩石中，直径为8m，战时可作为人防工程。巴塞罗那、赫尔辛基、伦敦、里昂、马德里、奥斯陆、巴黎以及瓦伦西亚等城市也研究并规划了各自的综合管廊网络。其中，巴塞罗那的综合管廊网呈环状分布；马德里的综合管廊呈筛形网格，总长100km。到20世纪，美国、西班牙、俄罗斯、日本、匈牙利等国也开始兴建综合管廊[2]。

日本的综合管廊建设发展很快，但大规模兴建是在1963年制定《关于共同沟建设的特别措施法》之后。当时还仅限于通信、电力、煤气、上水管、工业用水、下水道6种管线入廊。随着社会经济的不断发展，目前管线种类已经突破了这6种，增加了供热管、废物输送管等设施。筑波科学城综合管廊布置了一整套垃圾管道自动收集系统。日本的综合管廊一般建在人口密度大、交通状况严峻的特大城市中，现已扩展到仙台、冈山、广岛、福冈等地方中心城市。

美国和加拿大虽然国土辽阔，但因城市高度集中，城市公共空间用地矛盾也十分尖锐，为了改变这种局面，他们早在20世纪就已经逐步形成了较完善的综合管廊系统。纽约的大型供水系统完全布置在综合管廊中，加拿大的多伦多和蒙特利尔也有很发达的综合管廊系统。

2. 国外典型城市综合管廊的应用

(1) 法国巴黎

1833年，法国巴黎有系统地在城市道路下建设规模宏大的排水网络的同时，开始兴建综合管廊，如图8-11所示。管廊断面最大的地方达到6.0m×5.0m，其中接纳了给水、通信和压缩空气管道等公共设施，形成了世界上最早的综合管廊。

（2）英国伦敦

英国伦敦于 1861 年开始修建宽 3.66m、高 2.32m 的半圆形综合管廊，如图 8-12 所示。容纳的管线除燃气管、自来水管和污水管之外，还设有通往用户的管线包括电力及通信电缆。其特点主要有综合管廊主体及附属设施均为市政府所有，容纳了燃气管，管道空间出租给各管线单位。

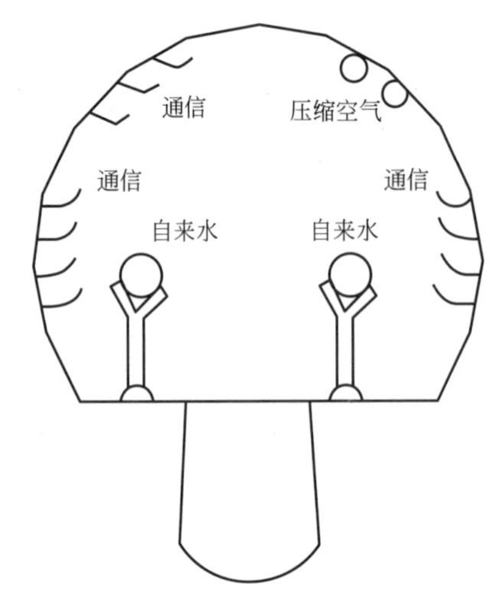

图 8-11　法国巴黎综合管廊（1833 年）

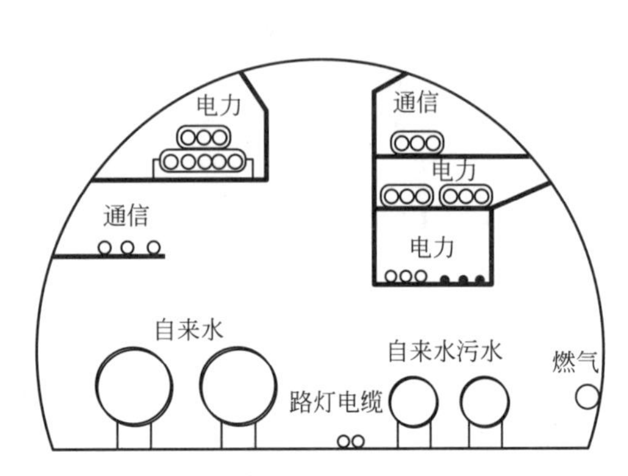

图 8-12　英国伦敦综合管廊（1861 年）

（3）德国汉堡

德国汉堡早在 1890 年就开始兴建综合管廊。在建造综合管廊的同时，直接相连在道路两侧人行道的地下与路旁建筑物用户。该综合管廊长度约 455m，如图 8-13 所示。

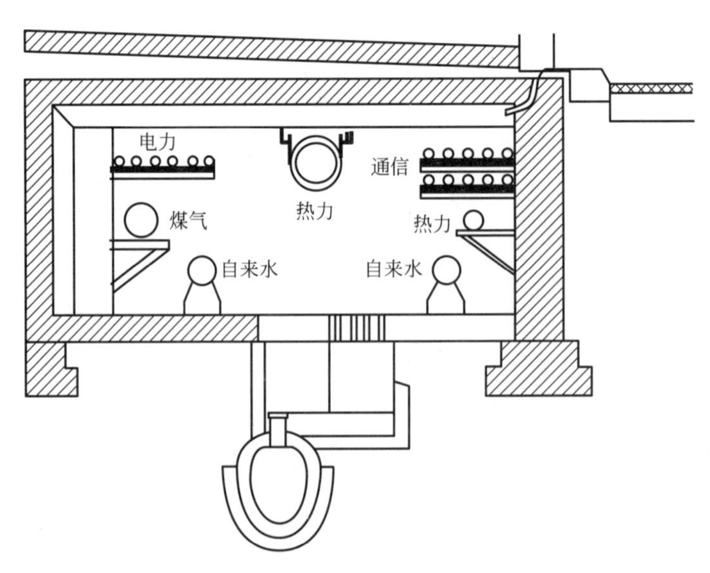

图 8-13　德国汉堡综合管廊（1893 年）

（4）西班牙

西班牙目前有 92km 长的综合管廊，除煤气管外，所有公用设施管线均进入廊道，并制定了进一步的规划，准备在马德里主要街道下面继续扩建。

（5）俄罗斯（莫斯科、列宁格勒）

1933年在莫斯科、列宁格勒、基辅等地建设了综合管廊。莫斯科地下已有130km长的综合管廊，除燃气管线外，其他各种管线均布置在综合管廊内；一般截面较小，其断面尺寸为3.0m×2.0m，管廊内不含燃气管道，内部通风条件欠佳。俄罗斯的综合管廊一般敷设在地下管线的干道下，特别是铺设在刚性基础的干道以及在干道同铁路的交叉处等。

（6）芬兰

芬兰将综合管廊深埋于地下20m的岩层中，而不直接建于街道下，其优点是可节省约30%的管线长度。

（7）日本（东京、名古屋）

日本最早于1926年开始了千代田综合管廊的建设。1958年在东京陆续修建综合管廊，并于1963年颁布了《关于共同沟建设的特别措施法》，东京综合管廊规划如图8-14所示；1973年大阪也开始建造综合管廊，长度10km左右；其他城市如仙台、横滨、名古屋等都在大量兴建综合管廊，其中名古屋综合管廊规划如图8-15所示。同时，在1991年成立了专门的综合管廊管理部门，负责推动综合管廊的建设工作。日本建设省的规划目标是21世纪初在全国80个城市的干线道路下建成约1100km的综合管廊。

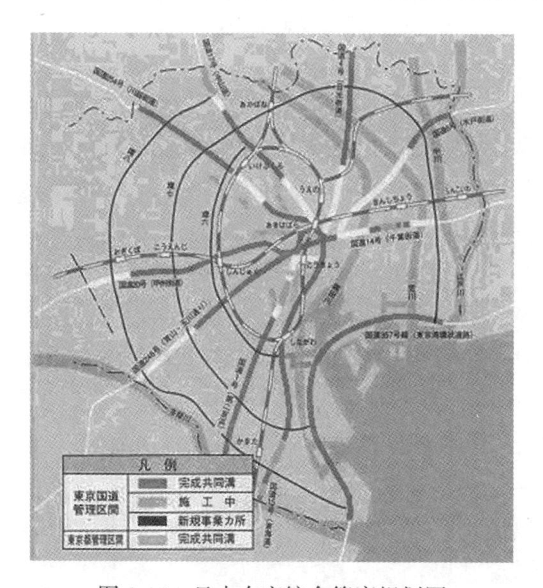

图8-14　日本东京综合管廊规划图

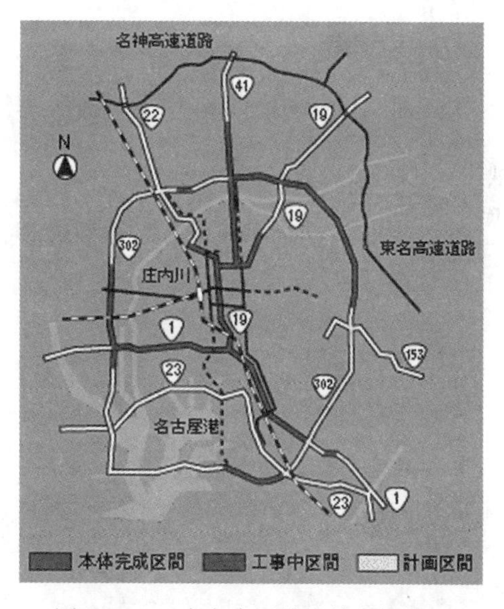

图8-15　日本名古屋综合管廊规划图

3. 国外应用经验启示

在综合管廊的线路规划、结构性能、设计理论和施工技术等方面，国外已开展了系统而深入的研究，也形成了一套较为完整的技术路线，这对综合管廊的建设具有借鉴意义。

（1）立法先行

日本综合管廊规划建设的规章制度比较完善。早在1963年，日本颁布了《关于共同沟建设的特别措施法》，从法律上明确规定了综合管廊的资金管理、所有权、使用权、管理权、地下空间有偿使用、严禁开挖已建有综合管廊路段等问题。

（2）整体规划

综合管廊的建设应根据城市经济的发展状况及发展趋势量力而行，其规划工作应建立在对城市现状的充分了解及对未来发展的合理预测的基础上，把握适度超前的原则，以达到改善城市现状、促进城市发展并有效控制建设成本的规划目标。可见，综合管廊建设的规划是一项系统工程，从整体到局部，从建设期到运营期，在空间和时间上进行统筹安排。如日本筑波科学城中心区建设了 7.4km 的综合管廊，创造了良好的城市人居环境，充分体现了规划的整体性和前瞻性。

（3）政府起到了主导和监管作用

综合管廊建设需要大量资金，政府要给予参与建设综合管廊的企业以税收优惠、财政激励等扶植政策，同时发挥政府在投融资中的主导作用。一些国家或城市通常会成立专门的市政公用事业管理机构，负责筹集建设资金并对资金的使用进行监管，以及负责处理好公共部门和私营部门在基础设施投资中的关系。发达国家对综合管廊的管制主要通过法院、行政机构或独立的管制机构来行使，以美国的独立管制机构最具有代表性。

（4）建立了有效的经费分摊办法

在综合管廊的建设与维护管理上，日本有一套完善的经费分摊办法。综合管廊建设的经费分摊方式是参与综合管廊建设的单位仅承担传统敷设的费用，其余部分则由政府承担，在很大程度上减轻了管线建设单位的资金压力，有利于综合管廊的发展。

（5）建立了地下管线的综合管理与协调机构

发达国家或城市一般都设立综合管理机构、专业管理机构、协调机构、临时机构来管理和协调地下管线的建设和利用。美国设置了一呼通中心和地下管线管理委员会两个机构。其中，一呼通中心由地下管线相关的业主、运营商、设计单位、政府部门、建设单位等组建的董事会管理，承担对外提供地下管线现状查询职能。

8.2.2 国内综合管廊应用经验启示

1. 国内综合管廊发展历程

我国虽早就接触了综合管廊或类似课题，但由于建设综合管廊存在着资金、技术和统一规划等难题，真正进行建设却起步较晚。

早在 1958 年，北京在天安门广场的地下敷设了一条 1.1km 的综合管廊。1994 年，上海市政府规划建设了我国第一条现代综合管廊——浦东新区张扬路综合管廊，为我国其他城市综合管廊的发展提供了可供借鉴的经验和教训；北京中关村西区建设的地下市政综合管廊，将水、电、气等多种管道铺设在一条综合管廊里，是我国大陆地区第二条现代化的综合管廊；广州、深圳和厦门等城市也陆续建成了适合本地的综合管廊示范区。

2007 年 3 月，上海市政工程设计研究总院主持完成了我国第一部地方标准——《世博会园区综合管廊建设标准》，为我国开展综合管廊的建设工作起到了规范指导作用。

根据财政部 2014 年 12 月发布的《关于开展中央财政支持地下综合管廊试点工作的通知》（财建［2014］839 号）规定，中央财政对地下综合管廊试点城市给予专项资金补助，一定三年，具体补助数额按城市规模分档确定，直辖市每年 5 亿元，省会城市每年 4 亿元，其他城市每年 3 亿元。对采用 PPP 模式达到一定比例的，将按上述补助基数奖励 10%。2015 年国家第一批综合管廊试点城市 10 个：包头、沈阳、哈尔滨、苏州、厦门、十堰、长沙、海口、六盘水、白银。2016 年国家第二批综合管廊试点城市 15 个：广州、四平、郑州、青岛、石家庄、威海、杭州、保山、南宁、银川、平潭、景德镇、成都、合肥、海东。2015年5月，住房城乡建设部出台《城市地下综合管廊工程规划编制指引》（建城［2015］70号）和《城市综合管廊工程技术规范》（GB 50838—2015），指导城市地下综合管廊工程规划设计工作，为城市地下综合管廊工程规划、设计、施工提供技术依据。同年8月，《国务院办公厅关于推进城市地下综合管廊建设的指导意见》（国办发〔2015〕61号）发布，明确提出加快推进地下综合管廊建设，目标要求到2020年，建成一批具有国际先进水平的地下综合管廊并投入运营。

2019年6月，住房城乡建设部出台《城市地下综合管廊建设规划技术导则》（建办城函［2019］363号），指导各地进一步提高城市地下综合管廊建设规划编制水平，因地制宜推进城市地下综合管廊建设。

近几年，我国综合管廊在规划设计、建设管理经验上都有较大幅度提升，主要集中在一些经济较发达城市和地区。目前，我国综合管廊建设较多采用现浇混凝土的施工方法，模块化的预制拼装技术未能得到大规模应用。

2. 国内典型城市综合管廊的应用

（1）北京市

1958年，北京在天安门广场的地下敷设了一条1.1km的综合管廊，断面为矩形，宽3.5～5.0m，高2.3～3.0m，埋深7.0～8.0m，内部设置有电力、通信和热力管道。2003年，北京中关村西区修建的综合管廊，铺设水电等多种管道，是我国大陆地区第二条现代化综合管廊，项目由中关村科技园有限公司投资修建并管理，土建及设备总投资约4.2亿元。

2019年4月，北京世园会综合管廊建设完工并进入试运营阶段。2017年开始规划建设，分为园区内综合管廊和园区外综合管廊，呈“十字”形分布，总长度约7.1km。世园会综合管廊统一纳入了热力、燃气、给水、再生水、电力、通信等市政管线，有效实现了园区市政基础设施建设的集约高效，提高了园区综合承载能力与运营可靠性。世园会综合管廊建设的一大亮点是以科技创新为引领，研发了集综合监控、日常管理、资产管理、应急处置、运营分析等功能于一体的智慧运维管理平台。通过该平台，能够实现对管廊内环境实时监测，在第一时间发现环境异常情况并采取措施规避风险，实时掌握主要设备状态及入廊人员情况，为运维人员指挥调度提供依据。

（2）上海市

1994年年底，在上海浦东新区张杨路初步建成了国内第一条规模较大、距离较长的综合管廊，为国内推行综合管廊的建设开了先河。张杨路综合管廊全长11.1km，埋设在路两侧的人行道之下，廊体为钢筋混凝土结构，其横断面形状为矩形，由燃气舱和电力舱两部分组成。燃气舱为单独一孔，内敷设燃气管道，电力舱则敷设8根35kV电力电缆、18孔通信电缆和给水管道。综合管廊还建造了相当齐全的安全配套设施，有排水系统、通风系统、照明系统、通信广播系统、闭路电视监视系统、火灾检测报警系统、可燃气体检测报警系统、氧气检测系统和中央计算机数据采集与显示系统，其监控中心如图8-16所示。2002年，修建的上海嘉定区安亭新镇综合管廊是我国首条完整的民用综合管廊。该管廊一期总长5.8km，矩形断面2.4m×2.4m，投资1.4亿，由上海住宅管理局与嘉定区人民政府从城市建设配套费筹集。

2010年，世界博览会在上海市召开，世博园区重点推广建设地下综合管廊。世博园区综合管廊建设长度约 6.6km，断面形式为矩形，断面尺寸为 5.4m×2.9m 和 3.2m×2.7m。管廊设置在人行道下，入舱管线为电力、通信、给水，在不同区域根据所敷设管线的数量和大小设置了单舱和双舱两种标准断面，其内部实景如图 8-17 所示。施工方法上，管廊的主体结构主要采用明挖现浇法施工，其中 200m 作为预制预应力综合管廊示范段，采用明挖预制拼装方法进行施工，其为国内第一条预制拼装综合管廊。

图 8-16　上海张杨路综合管廊监控中心

图 8-17　上海世博园区综合管廊内部实景图

（3）广州市

2003 年，广州大学城采用市场化模式投资、建设和运行管理综合管廊，其平面布局和横断面分别如图 8-18、图 8-19 所示，总投资 3.7 亿元，管廊全长 10km，断面为矩形三室，宽高为 7.0m×2.5（3.1）m，内部设置了电力、供冷、通信、有线电视 5 种管线，预留了部分管孔以备将来发展所需，建成了国内距离最长、规模最大、体系最完整的综合

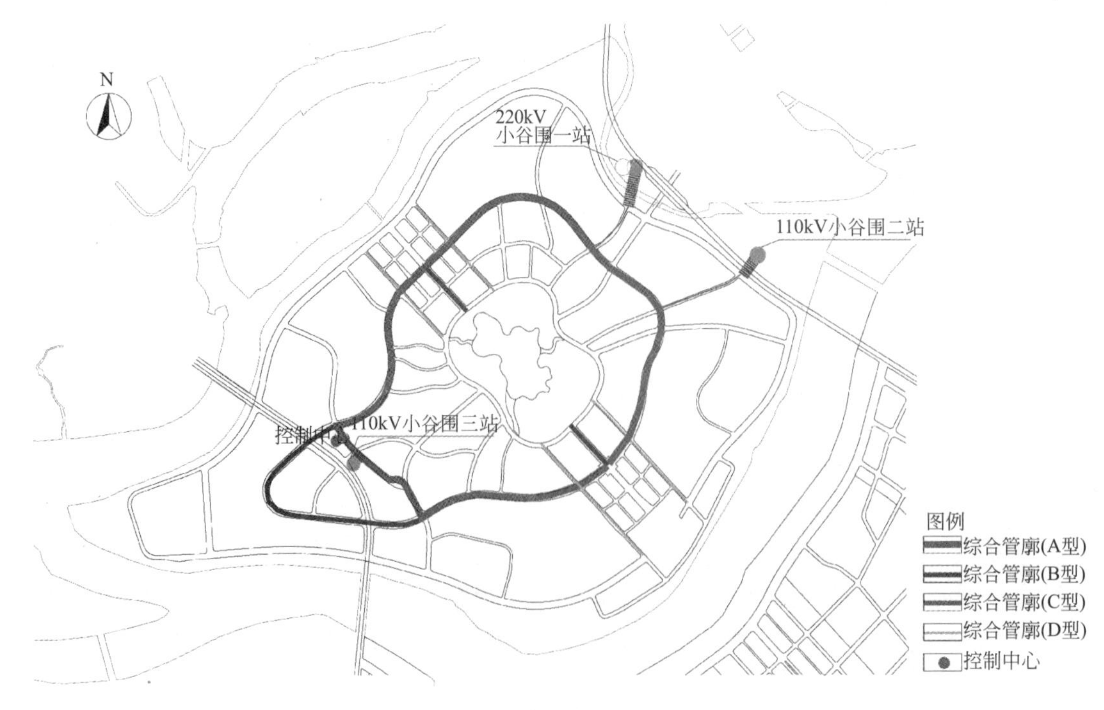

图 8-18　广州大学城综合管廊平面布置图

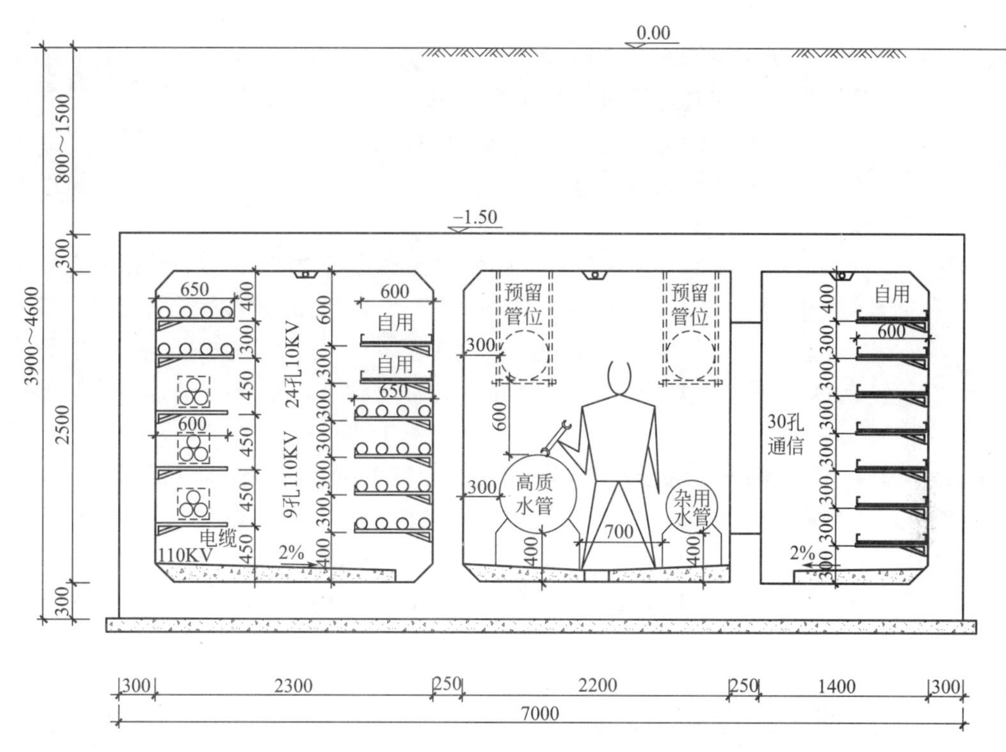

图 8-19　广州大学城综合管廊横断面

管廊系统之一，取得了良好的社会效益和经济效益。它不仅增强了道路地下空间的有效利用，为未来的发展预留了宝贵的地上空间，而且美化了城市环境，减少了地面电线杆、高压塔，避免了路面的重复开挖，降低了路面的维护保养费用，确保了道路交通功能的充分发挥，为广大师生创造了良好的学习生活环境。

2010 年，广州亚运城建成了长 5.2km 的干线、支线综合管廊和 3.5km 的缆线管廊，为亚运会的成功举办提供了安全、高效的保障，其施工现场如图 8-20 所示。在主干道一

(*a*)

(*b*)

图 8-20　广州亚运城综合管廊施工现场

(*a*) 监控中心；(*b*) 管廊主体

路、主干道二路、次干道一路设置大型综合管廊，将通信电缆、10kV电力电缆、市政给水管、高质水管、回用水管、真空垃圾管、交通信号控制线、燃气管、110kV高压电缆纳入管廊，其中燃气管和真空垃圾管位于管廊主体上部单独成舱。综合管廊内配备完善的消防、排水、通风、供配电、监控中心及监控系统等设施；设置有手提灭火器、消火栓、水喷雾三套灭火系统。主干道一路和主干道二路的综合管廊内设计有小型电瓶车通行。

2016年，在财政部、住房城乡建设部开展的“2016年全国地下综合管廊试点城市竞争性评审”中，经过激烈角逐，广州以第一位的评分，成为2016年全国地下综合管廊试点城市，也是广东省唯一入选的城市。随后，国家人民防空办公室正式批复广州为地下综合管廊建设落实防护要求试点城市。到2020年，力争建设250km地下综合管廊并陆续投入运营。

作为广州规模最大的地下综合管廊，广州市中心城区地下综合管廊（沿轨道交通十一号线）项目，线路总长约48km，其中主线长度约44.9km，支线线路长度约3.1km。主线线路主要沿着地铁11号线，全部采用地下敷设方式，全线共设46座出地面井，其中与11号线车站附属合建24座。支线线路在天河区范围内，主要沿科韵路敷设，全线设4座地面井。

（4）深圳市

2005年竣工的深圳大梅沙—盐田坳综合管廊全长2.7km，断面为半圆城门拱形，高2.85m、宽2.4m，内设给水、压力排水管、通信、燃气管，其中燃气管铺设在密封管廊内，每隔100m安装一个泄漏报警装置。

2014年，深圳光明新区综合管廊建成运营，全长约8.6km，顶板覆土2～5m，采用明挖现浇法施工，总投资额2.8亿元，断面为矩形双舱截面，高2.8m、宽6.5m，入廊管线有电力、通信、给水、中水、热力管等。

（5）厦门市

2010年，厦门市湖边水库综合管廊修建完成，管廊全长5.15km，容纳管线有电力、通信、给水等。综合管廊结构主体的施工方法主要为明挖现浇法。管廊结合片区高压架空线入地缆化同步建设，节约出片区22万m^2的城市建设用地，为厦门市乃至福建省的综合管廊推广和建设提供了经验。

2018年6月，翔安区南部新城地下综合管廊已全部建成并投入使用，总长度为14.33km，分布在肖厝南路、洪钟大道、翔安西路、石厝路等几条主干道，入廊管线有高压电力线、中压电力线、低压电力线、给水管、中水管、通信电缆等。

（6）台北市

台北市于1991年开始建设综合管廊，并在吸取发达国家的建设经验基础上非常注重科学规划和整合建设。综合管廊建设的经费分摊，主要是以各管线单位占用管道的体积为基础，再结合各类管线传统敷设成本的差异性进行综合考虑。截至2015年，台湾已建综合管廊有400多km。台湾的综合管廊建设非常重视与地铁、高架道路、道路拓宽等大型城市基础设施的建设相结合。例如，台北东西快速道路综合管廊的建设，全长6.3km，其中2.7km与地铁整合建设，2.5km与地下街、地下车库整合建设；独立施工的综合管廊仅1.1km，从而大大降低了建设总成本，有效地推进了综合管廊的发展。

3. 国内应用经验启示

总体来说，国内综合管廊的发展还处在推广应用阶段，相应的法律法规、标准规范、运营维护、投融资、费用分摊等方面，尚未形成完整的体系。

（1）加强法律法规和标准规范的建设

随着国家标准《城市综合管廊工程技术规范》（GB 50838—2015）的颁布实施，以及科技发展和实践积累，地方性的城市综合管廊建设指南、城市综合管廊管理办法等技术政策也陆续出台。但是，国内有关规划设计、建设、运营的政策法规还有待进一步完善，以便科学指导综合管廊的规划建设和投资运营。

（2）政府起到了主导和监管的作用

由于综合管廊的规划和建设往往结合国家地方重点开发项目而统一规划和实施，所以各级政府给予了很大支持，除推出一些扶持政策之外，还成立专门的管理机构。鉴于综合管廊的通用性，综合管廊的建设仍需各级政府的指导和监督管理，以积极推动综合管廊的有序发展。

（3）因地制宜推行，做好统筹规划

结合城市的社会经济现状和发展需求，科学合理规划综合管廊，不能盲目推行。因地制宜选择合适的区域、路段，以及创新优化断面形式，不能“习惯性”照搬其他地区的管廊类型。另外，综合管廊的建设，应得到当地政府及相关部门的高度重视，以保证做到统一规划、分期实施和综合管理。

（4）培育认同经费分摊等观念

虽然国内综合管廊的建设能做到统一规划和分期实施，但是部分综合管廊的实施效果并不理想，例如，有些管线单位各自为政不愿入廊，一些单位对经费分摊认识不足，这不利于综合管廊的健康发展。

8.3　综合管廊关键技术要点解析

8.3.1　规划编制层级和思路内容

1. 不同层级规划内容[3]

（1）特大及以上规模等级城市

综合管廊建设规划可分市、区两级编制。市级综合管廊建设规划，应提出综合管廊布局原则，确定全市综合管廊系统总体布局方案，形成以干线、支线管廊为主体的、完善的骨干管廊体系，并对各行政分区、城市重点地区或特殊要求地区综合管廊规划建设提出针对性的指引，保障全市综合管廊建设的系统性。区级综合管廊建设规划是市级综合管廊工程规划在本区内的细化和落实。

（2）大城市及以下城市

综合管廊建设规划是否分层级编制，可根据实际情况确定。

（3）城市新区、重要产业园区、集中更新区等城市重点发展区域

根据需要可依据市级和区级综合管廊建设规划，编制片区级综合管廊建设规划，结合功能需求，按建设方案的内容深度要求，细化规划内容。

2. 技术路线

编制综合管廊建设规划可遵循以下技术路线[3]（图 8-21）：

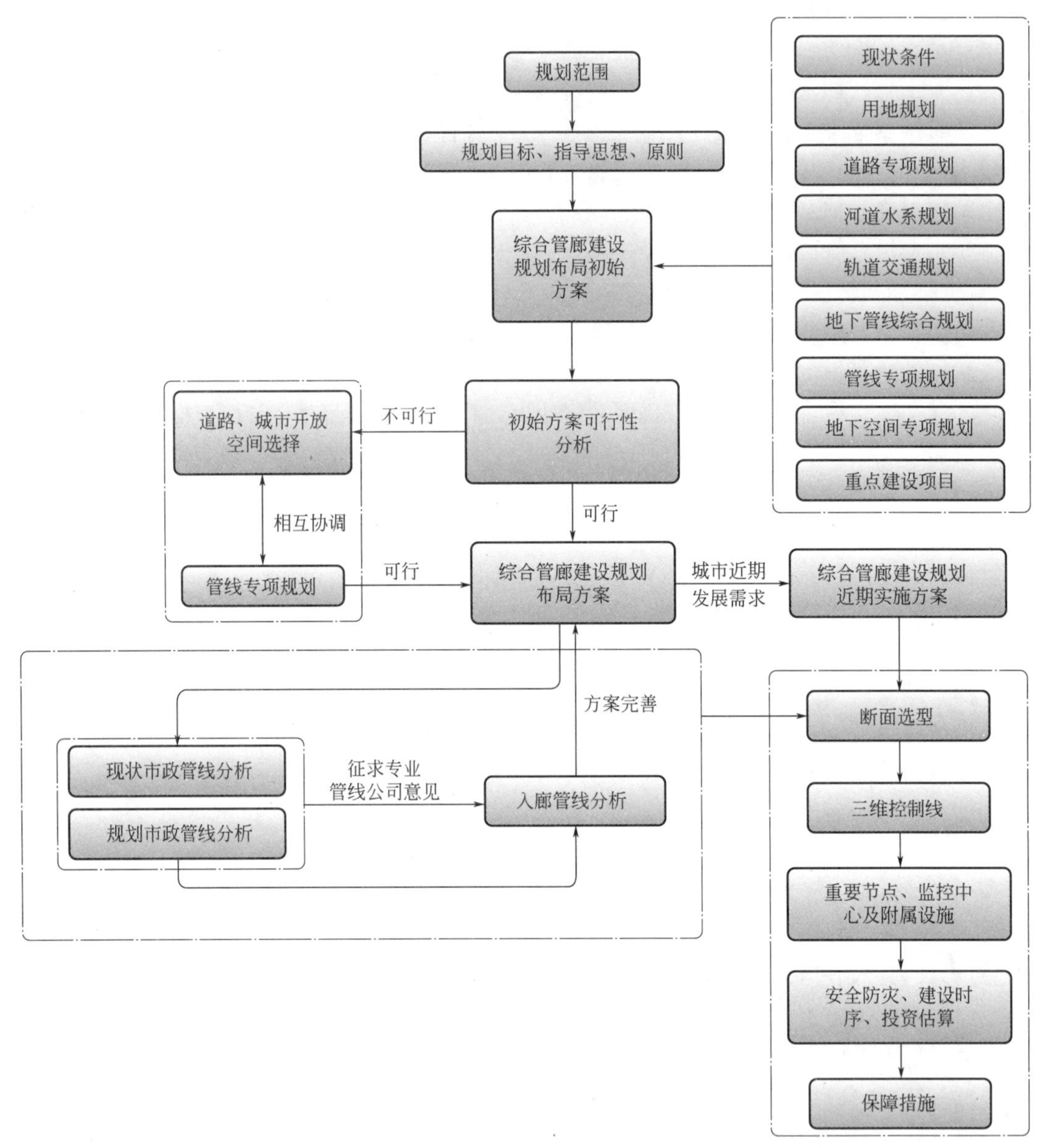

图 8-21　综合管廊建设规划编制技术路线

注：引自住房城乡建设部.城市地下综合管廊建设规划技术导则.2019

（1）依据上位规划及相关专项规划，合理确定规划范围、规划期限、规划目标、指导思想、基本原则。

（2）开展现状调查，通过资料收集、相关单位调研、现场踏勘等，了解规划范围内的现状及需求。

（3）确定系统布局方案，主要包括：

1）根据规划建设区现状、用地规划、各类管线专项规划、道路规划、地下空间规划、轨道交通规划及重点建设项目等，拟定综合管廊系统布局初始方案。

2）对相关道路、城市开放空间、地下空间的可利用条件进行分析，并与各类管线专项规划相协调，分析系统布局初始方案的可行性及合理性，确定综合管廊系统布局方案，提出相关专项规划调整建议。

3）根据城市近期发展需求，如新区开发和老城改造、轨道交通建设、道路新改扩建、地下管线新改扩建等重点项目建设计划，确定综合管廊近期建设方案。

（4）分析综合管廊建设区域内现状及规划管线情况，并征求管线单位意见，进行入廊管线分析。

（5）结合入廊管线分析，优化综合管廊系统布局方案，确定综合管廊断面选型、三维控制线、重要节点、监控中心及各类口部、附属设施、安全及防灾、建设时序、投资匡算等规划内容。

（6）提出综合管廊建设规划实施保障措施。

3.规划编制内容[3]

综合管廊建设规划，应合理确定综合管廊建设区域、系统布局、建设规模和时序，划定综合管廊廊体三维控制线，明确监控中心等设施用地范围。主要包括：

（1）分析综合管廊建设实际需求及经济技术等可行性。

（2）明确综合管廊建设的目标和规模。

（3）划定综合管廊建设区域。

（4）统筹衔接地下空间及各类管线相关规划。

（5）考虑城市发展现状和建设需求，科学、合理确定干线管廊、支线管廊、缆线管廊等不同类型综合管廊的系统布局。

（6）确定入廊管线，对综合管廊建设区域内管线入廊的技术、经济可行性进行论证；分析项目同步实施的可行性，确定管线入廊的时序。

（7）根据入廊管线种类及规模、建设方式、预留空间等，确定综合管廊分舱方案、断面形式及控制尺寸。

（8）明确综合管廊及未入廊管线的规划平面位置和竖向控制要求，划定综合管廊三维控制线。

（9）明确综合管廊与道路、轨道交通、地下通道、人民防空及其他设施之间的间距控制要求，制定节点跨越方案。

（10）合理确定监控中心以及吊装口、通风口、人员出入口等各类口部配置原则和要求，并与周边环境相协调。

（11）明确消防、通风、供电、照明、监控和报警、排水、标识等相关附属设施的配置原则和要求。

（12）明确综合管廊抗震、防火、防洪、防恐等安全及防灾的原则、标准和基本措施。

（13）根据城市发展需要，合理安排综合管廊建设的近远期时序。明确近期建设项目的建设年份、位置、长度等。

（14）测算规划期内的综合管廊建设资金规模。

（15）提出综合管廊建设规划的实施保障措施及综合管廊运营保障要求。

8.3.2 建设区域和管线入廊分析

1. 建设综合条件评价

鉴于各地社会经济发展的不平衡，综合管廊的建设应因地制宜地选择建设区域和纳入管线。根据城市经济发展水平、人口规模、用地保障、道路交通、地下空间利用、各类管线建设及规划、水文地质、气象等情况，科学论证管线敷设方式，分析综合管廊建设可行性，系统说明是否具备建设综合管廊的条件。对位于老城区的近期综合管廊规划项目，应重点分析其可实施性。

从城市发展战略、安全保障要求、建设质量提升、管线统筹建设及管理、地下空间综合开发利用等方面，分析综合管廊建设的必要性，针对城市建设发展问题，分析综合管廊建设实际需求。

2. 适宜建设综合管廊的区域

综合管廊建设区域分为优先建设区和一般建设区。城市新区、更新区、重点建设区、地下空间综合开发区和重要交通枢纽等区域为优先建设区域。其他区域为一般建设区域。

根据现行《城市工程管廊工程技术规范》（GB 50838—2015），并借鉴国内外综合管廊的实践经验，当遇到下列情况时，工程管线宜采用综合管廊集中敷设[4]：

（1）交通运输繁忙或地下管线较多的城市主干道以及配合兴建轨道交通、地下道路、城市地下综合体等建设工程地段；

（2）城市核心区、中央商务区、地下空间高强度成片集中开发区、重要广场、主要道路的交叉口、道路与铁路或河流的交叉处、过江隧道等；

（3）道路宽度难以满足直埋敷设多种管线的路段；

（4）重要的公共空间；

（5）不宜开挖路面的路段。

3. 管线入廊可行性分析

根据现行《城市综合管廊工程技术规范》（GB 50838—2015），纳入综合管廊的工程管线有电力、通信、给水（再生水）、热力、燃气、雨水、污水等。

（1）电力、通信电缆纳入综合管廊的分析

由于传统的埋设方式受维修和扩容的影响，造成挖掘道路的频率较高。而信息时代对电力、通信管线的需求则日益渐增，其受到破坏所造成的经济损失越来越大。纳入综合管廊后，其安全性得到大大提高，也方便对其维修和扩容。除此之外，电力、通信电缆在综合管廊内可灵活布置，对于综合管廊的纵断面变化和平面曲线段能较好适应。

（2）给水（再生水）管线纳入综合管廊的分析

给水（再生水）管线纳入综合管廊后可以减少土壤对管道的腐蚀，避免了外界因素引起的自来水管爆裂事故。另外，在综合管廊内能够做到统一管理和维护，减少给水管线的漏水问题，节约水资源，避免管线维护时引起的道路反复开挖和相应的交通拥堵问题。因此，一般情况下给水管线宜纳入综合管廊。

（3）热力管线纳入综合管廊的分析

热力管线一般有外套保温层，起到一定的隔水作用，直埋敷设时能起到一定的保护管道的作用，但还是会受到土壤和地下水等多种因素引起的腐蚀。热力管线纳入综合管廊后，可以减少周边因素对热力管线的影响，延长其使用寿命，方便维护管理。

（4）燃气管线纳入综合管廊的分析[5]

在管道直埋敷设的情况下，由于对地下管线较难准确定位，周边地区施工及临近管线施工维护误挖引起燃气管线爆裂的事故经常发生，导致十分严重的后果。通过完善的技术措施，把燃气管线纳入综合管廊，对其是否泄漏实时监测，发现问题及时处理。虽然这样的安全管理和安全维护的成本提高了，工程投资也相应增加了，但是可以较好地解决燃气管道的安全问题，尽可能避免事故的发生。因此，燃气管道可以因地制宜考虑进入综合管廊，国内外也有燃气管道纳入综合管廊的实例。

（5）排水管线纳入综合管廊的分析

排水管线一般情况下均为重力流，并按一定坡度埋设，其埋深一般较深。在污水管线进入综合管廊后，综合管廊的纵断面需要结合污水管线的纵坡来设计，避免中途增设污水提升泵站，对综合管廊的纵坡设计有比较大的限制。另外，污水在管道内的运输过程中会产生有毒、易燃、易爆气体，因此，污水进入综合管廊除了需设置通气系统外，还需评估污水管线进入综合管廊的经济性。当道路起伏不大或者污水管线本身就能很好地与道路纵坡一致时，污水管线纳入综合管廊就不会对综合管廊的埋深造成很大影响，污水管线可以考虑进入综合管廊。雨水管线基本就近排入水体，管道管径大、管道不长，雨水排出口分布多且分散，雨水分散布局的特点与道路上综合管廊的集约特点很难协调。因此，雨水管一般不宜进入综合管廊。

（6）垃圾收集管道纳入综合管廊的分析

垃圾收集管道进入综合管廊，需单独设置一舱敷设并设置通气系统。当污水管也纳入综合管廊时，可以考虑将污水管舱和垃圾收集管舱共用一套通气系统，以充分利用综合管廊容量，如图 8-22 所示。

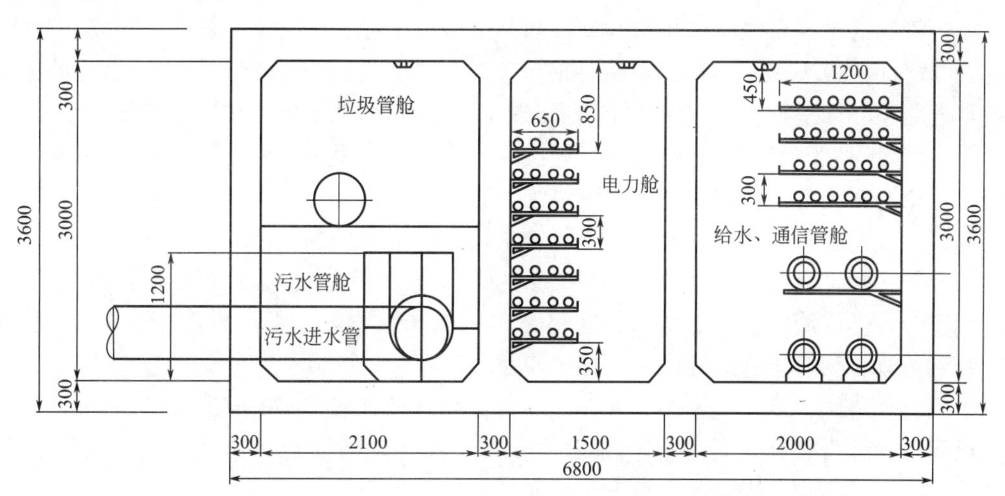

图 8-22 垃圾收集管和污水管纳入综合管廊

8.3.3 综合管廊系统和平面布局

1. 系统布局

综合管廊建设规划应根据城市功能分区、空间布局、土地使用、开发建设等，结合管线敷设需求及道路布局，确定综合管廊的系统布局和类型等。

综合管廊系统布局应综合考虑不同路经建设综合管廊的经济性、社会性和其他综合效益。综合管廊系统布局应重点考虑对城市交通和景观影响较大的道路，以及有市政主干管线运行保障、解决地下空间管位紧张、与地铁、人民防空、地下空间综合体及其他地下市政设施等统筹建设的路段。管线需要集中穿越江、河、沟、渠、铁路或高速公路时，宜优先采用综合管廊方式建设。

不同类型综合管廊系统布局可遵循以下原则：

（1）干线管廊宜在规划范围内选取具有较强贯通性和传输性的建设路由布局。如结合轨道交通、主干道路、高压电力廊道、供给主干管线等的新改扩建工程进行布局。

（2）支线管廊宜在重点片区、城市更新区、商务核心区、地下空间重点开发区、交通枢纽、重点片区道路、重大管线位置等区域，选择服务性较强的路由布局，并根据城市用地布局考虑与干线管廊系统的关联性。

（3）缆线管廊一般应结合城市电力、通信管线的规划建设进行布局。缆线管廊建设适用于以下情况：

1）城市新区及具有架空线入地要求的老城改造区域。

2）城市工业园区、交通枢纽、发电厂、变电站、通信局等电力、通信管线进出线较多、接线较复杂，但尚未达到支线管廊入廊管线规模的区域。

总体来说，综合管廊系统布局应从全市层面统筹考虑，在满足各区域综合管廊建设需求的同时，应注重不同建设区域综合管廊之间、综合管廊与管网之间的关联性、系统性。应在满足实际规划建设需求和运营管理要求的前提下，适度考虑干线、支线和缆线管廊的网络连通，保证综合管廊系统区域完整性。系统布局应与沿线既有或规划地下设施的空间统筹布局和结构衔接，处理好综合管廊与重力流管线或其他直埋管线的空间关系。

2.平面布局

综合管廊的平面布局主要是协调管廊和其他城市工程管线在地下敷设时的排列顺序和工程管线之间的最小水平间距。道路各地下工程管线的规划位置相对固定，沿道路敷设，一般与道路中心线平行。从道路红线向道路中心线方向平行布置的次序，应根据工程管线的性质、埋设深度等确定。分支线少、埋设深、检修周期短和可燃、易燃和损坏时对建筑物基础安全有影响的工程管线应远离建筑物。布置次序宜为：电力电缆、通信电缆、燃气配气、给水配水、热力干线、燃气输气、给水输水、雨水排水、污水排水。

综合管廊的平面线型应基本与所在道路的平面线形平行，但综合管廊平面线形的转折角必须符合各类管线曲折角的要求，在道路转弯或者纵坡边坡段，结合各管线本身性质，综合管廊可划分为若干直线廊，不宜偏离道路过远或过近，以免影响其他直埋管道。综合管廊也不宜从道路一侧转到道路另外一侧，降低与其他管线交叉碰撞的可能。

对于干线综合管廊、支线综合管廊和缆线管廊，它们在道路下的位置选择主要考虑更好地满足用户的需求和提高其自身安全性和便利性。

（1）干线综合管廊宜设置在机动车道（图 8-23）、道路绿化带下，其覆土深度应根据管线竖向综合规划、道路施工、行车荷载、当地的冰冻深度、绿化种植等因素综合确定。

（2）支线综合管廊宜设置在道路绿化带、人行道或非机动车道下，其埋设深度应根据管线竖向综合规划、综合管廊的结构强度以及当地的冰冻深度等因素综合确定。

（3）缆线管廊宜设置在人行道下（图 8-24），其埋设深度应根据管线竖向综合规划、综合管廊的结构强度以及当地的冰冻深度等因素综合确定。

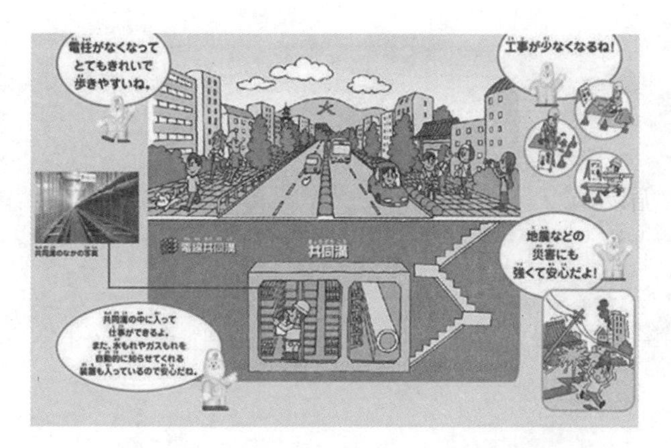

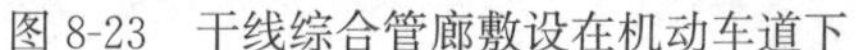
图 8-23　干线综合管廊敷设在机动车道下

图 8-24　缆线管廊敷设在人行道下

（4）综合管廊与相邻地下管线及地下构筑物的最小净距应根据地质条件和相邻构筑物性质确定，且不得小于如表 8-1 所示的规定的数值。

综合管廊与相邻地下构筑物的最小净距　　**表 8-1**

相邻情况	施工方式	
	明挖施工	顶管、盾构施工
综合管廊与地下构筑物水平净距	1.0m	综合管廊外径
综合管廊与地下管线水平净距	1.0m	综合管廊外径
综合管廊与地下管线交叉垂直净距	0.5m	1.0m

8.3.4　综合管廊纵断面设计

综合管廊纵断面设计的主要内容为确定综合管廊的覆土厚度和综合管廊的纵坡。纵断面设计过程，需要综合考虑规划路段地形、地质条件、道路的交通状况、地下构筑物和管线的位置及深度等因素。

1. 覆土厚度设计

综合管廊的覆土厚度，直接影响工程的造价，其应满足各种管线接户管横穿与道路路面结构层厚度之间的关系，满足城市工程管线的最小垂直间距，保证道路、管线的正常使用和安全。根据接户横穿管的数量和最小覆土要求，综合管廊覆土厚度一般控制在 2.0～2.5m，如图 8-25 所示。

综合管廊的最小埋设深度应满足规范要求，并考虑施工机械、路面结构厚度的影响。在满足各类管线需求的情况下应使管道的覆土厚度最小，降低工程造价。

2. 坡度设计

综合管廊内一般宜设置一定的纵向坡度，一方面是自身排水需求，其最小纵坡不宜小于 0.2%，其最大纵坡应符合各类管线敷设要求；另一方面综合管廊的坡度宜与道路和周边地势坡向一致，减少管廊的埋深，减少开挖土方量，降低工程造价。当综合管廊的纵向斜坡超过 10%时，应在人员通道部位设防滑地坪或台阶。综合管廊最低点处需设置集水坑，廊底应保证一定的横向排水坡度，一般为 2%左右。若管廊内经常有积水存在，除需设置排水系统外，还应加设人行步道，以防止因积水而影响通行。

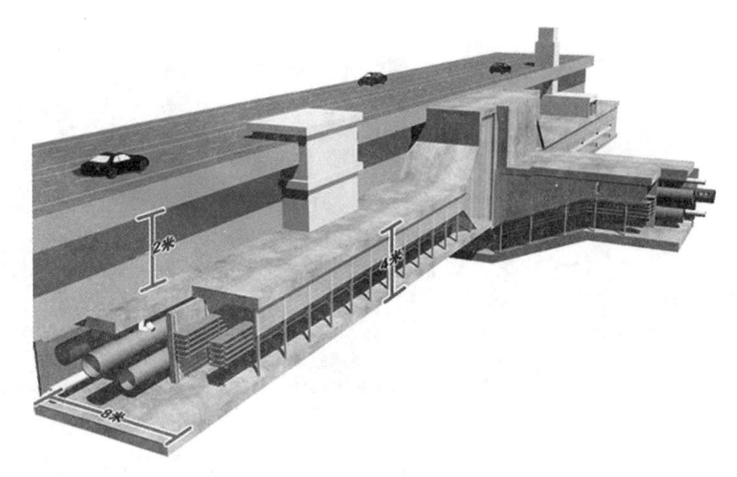

图 8-25　综合管廊在道路下敷设间距示意图

3.综合管廊与其他地下管线及构筑物交叉关系

在综合管廊的建设过程中，经常在高程上会遇到与其他工程管线、地下铁道、地下通道、人防工程等地下工程相碰的问题，此时大多遵守以下原则：

（1）压力管线让重力自流管线。如污水管线进入综合管廊后，遇到其他压力工程管线交叉发生冲突时，压力管线容易调整管线高程，因此压力管线宜避让综合管廊。

（2）可弯曲管线让不易弯曲管线。

（3）分支管线让主干管线。当干线综合管廊内容纳了较多的主干管线时，管廊外的一些分支管线需避让综合管廊，避免管廊内过多地调整主干线的弯曲度进而增加运行费用。

（4）小管径管线让大管径管线。

（5）当综合管廊与现状地下构筑物相交时，如遇高程相碰问题，综合管廊采取抬高或者降低处理，其坡度根据管线工艺要求确定，与现状构筑物之间还需有一定的安全距离，如图 8-26 所示。

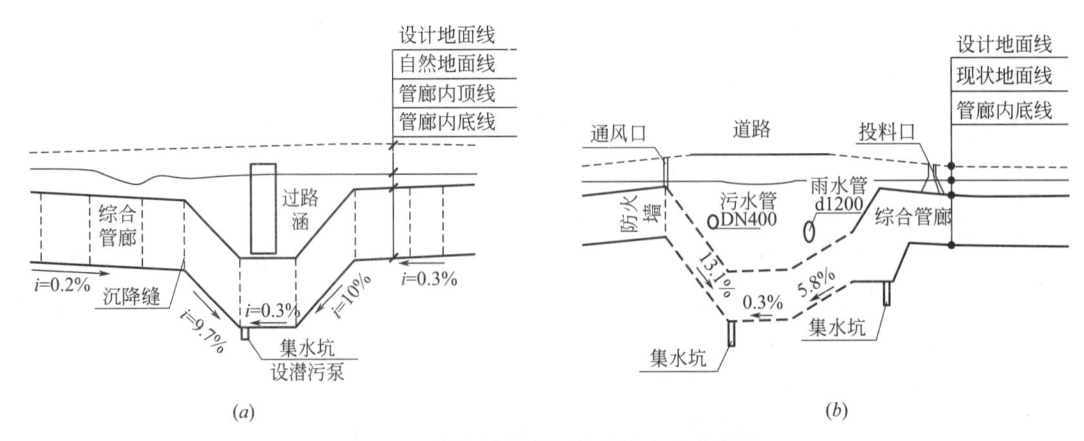

图 8-26　综合管廊交叉处避让方法示意图

（a）避让现有构筑物；（b）避让重力流管线

8.3.5　综合管廊横断面设计

横断面设计应满足各类管线合理布置、维修管理便利、运营安全及扩容空间等方面的需要，其横断面尺寸的选择直接关系管廊的功能和造价，是综合管廊规划中首要解决的关键问题。因此，综合管廊标准断面设计，需要综合考虑纳入管廊的管线种类、数量、施工方法等多方面的因素。

1.综合管廊断面形式

综合管廊横断面按其断面形状可分为圆形断面和矩形断面；按其所在系统中的位置可分为标准横断面和特殊断面，其中特殊断面是指管廊交叉口、投料口、通风口等较复杂断面。

（1）采用明挖施工时，综合管廊的横断面宜采用矩形，如图 8-27、图 8-28 所示。

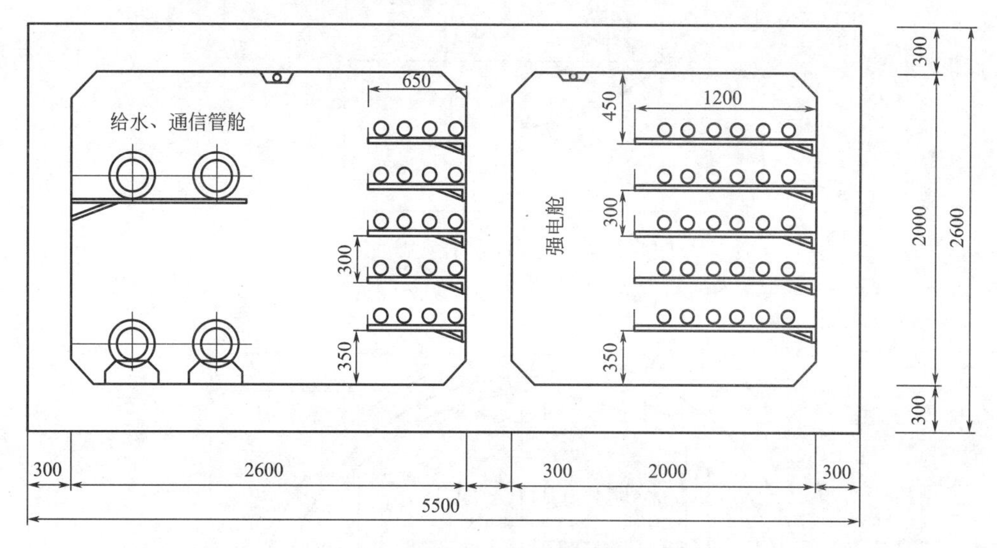

图 8-27　矩形双舱综合管廊横断面 1

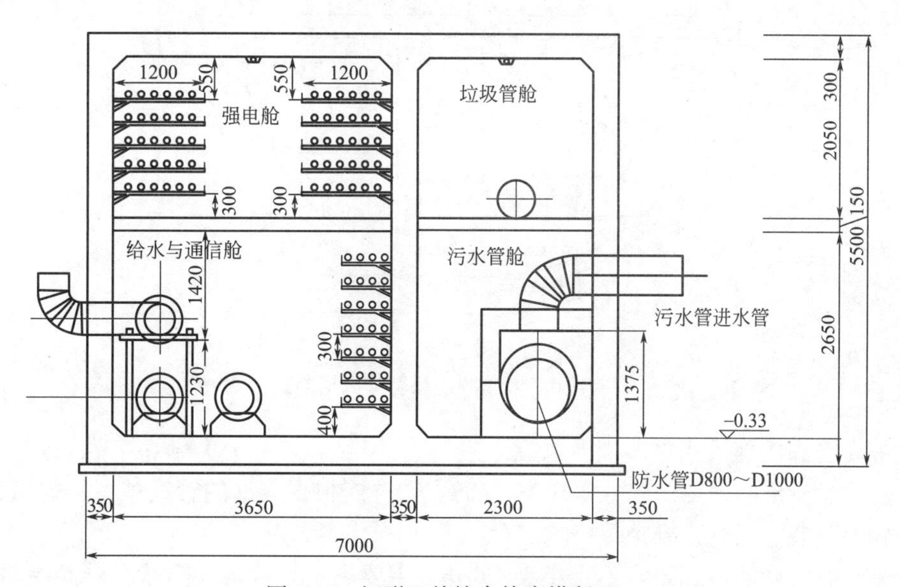

图 8-28　矩形双舱综合管廊横断面 2

（2）采用盾构法施工时，综合管廊的断面宜采用圆形，如图 8-29 和图 8-30 所示。

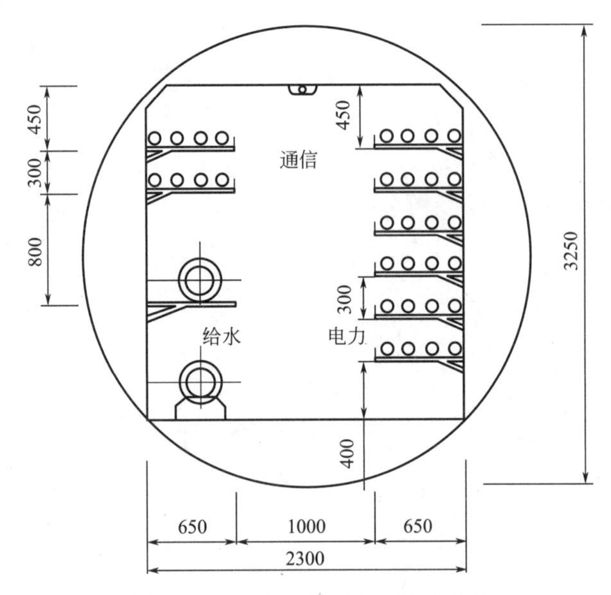

图 8-29　单舱圆形综合管廊横断面

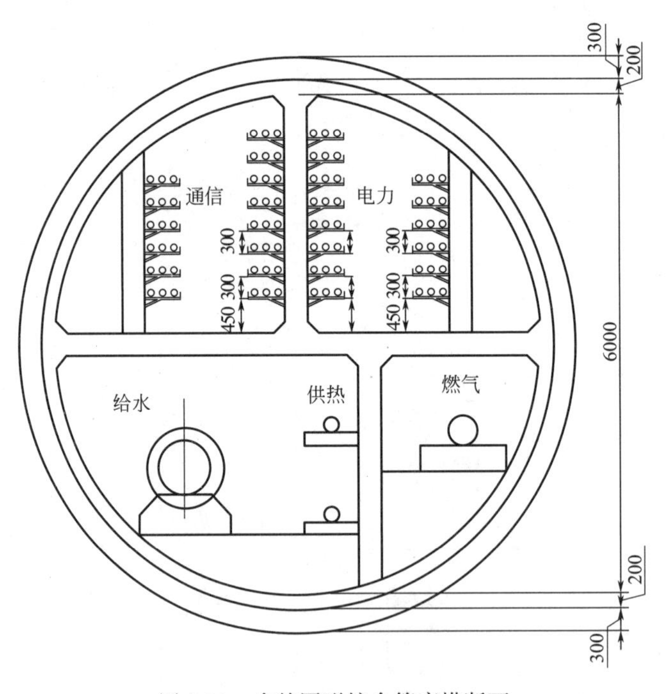

图 8-30　多舱圆形综合管廊横断面

2.综合管廊内部尺寸要求

综合管廊标准断面内部尺寸（净宽、净高等），应根据容纳的管线种类、规格、数量、管线运输、安装、运行、维护等要求综合确定。

（1）综合管廊的内部净高不宜小于 2.4m，主要满足人员戴安全帽在管廊中对管线进行维护管理，并应考虑通风、照明、监控因素。

（2）综合管廊内两侧设置支架和管道时，检修通道净宽不宜小于 1.0m；当单侧设置支架和管道时，检修通道净宽不宜小于 0.9m。配备检修车的综合管廊检修通道宽度不宜小于 2.2m。

（3）综合管廊内的缆线一般布置在支架上，支架的宽度与纵向净空应能满足缆线敷设及维修需要，支架的跨距应根据计算及实际经验确定。大口径的管道一般安置在支墩或基座上，支墩或基座的跨距也应根据计算确定，如图 8-31 所示。

(a)

(b)

图 8-31　缆线及大口径管径安装基础示意图

（a）缆线；（b）大口径管

8.3.6　节点和出线设计

1. 监控中心

监控中心为综合管廊的智能控制“大脑”，常包含综合管廊的通风系统、消防系统、报警安防系统、供电照明系统、自动化系统的控制功能。

监控中心一般位于管廊布局的中心区域，与综合管廊直接连通，方便人员巡查及参观。监控中心另配备有储藏室、变配电房、消防泵房等。监控中心宜集约用地，宜与邻近市政、交通等监控管理中心、公共建筑或公园绿地合建，建筑面积应满足使用要求。

2. 人员出入口

（1）综合管廊人员出入口宜与逃生口、吊装口、进风口结合设置，且不应少于 2 个，一般每隔 50m 需布置一个。

（2）人员出入口应结合综合管廊监控中心统一设计实施，当项目规模较大，部分附属设施均需考虑分中心时，应根据综合管廊整体布局，增设人员出入口及其他设施。考虑防灾及便于管线维修及检查，或为管理设施预留配电设备的空间，亦可兼做自然通风口部。人员出入口位置常利用道路中央绿化带或人行步道，配合综合管廊断面、穿管形式以及覆土厚度，并考虑人员进出的方便及安全。

（2）人员出入口设置标准：人员出入口需设置步级楼梯，方便人员通行，楼梯最小宽度为 1.1m，楼梯需设置不低于 1.05m 的护栏保障人员安全。步级楼梯始末落差较大时，应满足建筑逃生楼梯要求，设置起始平台、中间平台，步级的级数和级高也应满足相关要求，且经防滑处理。

3. 逃生口

（1）综合管廊逃生口作为综合管廊内工作人员的主要逃生疏散口部，人员出入口作为逃生设施的辅助、备用选项而共同构成综合管廊的逃生系统。综合管廊逃生口间距根据敷设不同管道种类而定，且不得小于如表 8-2 所示规定的数值。考虑消防人员救援进出的需要，逃生口尺寸不应小于 1m×1m，当为圆形时内径不应小于 1m。

综合管廊逃生口最小间距 **表 8-2**

	逃生口间距
敷设电力电缆的舱室	不宜大于 200m
敷设天然气管道的舱室	不宜大于 200m
敷设热力管道的舱室	不应大于 400m，当热力管道采用蒸汽介质时不应大于 100m
敷设其他管道的舱室	不宜大于 400m

（2）逃生口设置标准：逃生口可与自然进气的新风口、吊装口、管线出入口等互不影响功能的口部结合设置。逃生口处设置人行爬梯，爬梯宽度不得小于 0.6m，需对爬梯设置户内型强防腐以及进行定期检查确保安全可靠。逃生口出地面部分应设置通风百叶以利于通风和采光，百叶的尺寸间距应满足防侵入、防小动物进入的要求。

4. 吊装口

（1）综合管廊需设置材料搬运入口，以便进行管廊内的管道、缆线新装、维修等要求，将满足上述需求的口部统称为吊装口，其开口大小、形式及间距均需根据综合管廊内所容纳管线情况综合考虑。一般情况下，综合管廊每个舱室的吊装口设置间距不宜大于 400m，吊装口的长方向尺寸应超过单节管道长度 0.5m（一般刚性管道按照单节 6m 长度考虑），宽尺寸应超过最大管道外径 0.4m。

（2）吊装口设置标准：吊装口应尽量设置在运输车辆可以靠近的管廊段，以满足大管径管道的运输要求，吊装口应保障有不受阻碍不被占用的投料空间和逃生通道，吊装口可设置人行爬梯。含逃生功能的吊装口需要在地面以上部分设置通风百叶。

5. 通风口

（1）通风口作为综合管廊的换气通风设施，以保障综合管廊内的氧浓度、湿度及危险气体浓度等达标。其构造与大小应充分考虑所服务管廊段的通风范围、计划风速、换气时间等因素，通风口需根据其原理形式选择构造方式，相邻防火分区的同类型通风口可合并设置，仅需保证通风界面面积。通风口作为出地面设施应满足城市防洪的要求，且通风风向、设置高度、室外环境等因素均须明确。

（2）通风口设置标准：进、排风口应设置在人员较少的地段，且周边无其他设施的通风口，一般建议采用自然进风为主，机械排风为辅的组合方式。另外，排风机类型必须考虑排烟。进、排风口应满足规范中明确的间距要求。通风百叶的尺寸间距应满足防侵入、防小动物进入的要求，通风百叶最低处需高于地面 0.5m。排风口顶部应考虑设置可开启的顶板，方便排风机的安装和维修。

（3）天然气管道舱室的排风口与其他舱室进、排风口、人员进出口以及周边建（构）筑物口部距离不应小于 10m。天然气管道舱室的各类孔口不得与其他舱室连通，并应设置明显的安全警示标识。

6. 管线分支口

（1）综合管廊管线分支口作为管廊与外部市政管线系统衔接的部位，应结合开发地块和道路交叉口适当预留。管线分支口设计一般为放大竖向及横向管廊净空尺寸，使管廊内管线通过出线舱上预埋的防水套管引出管廊，并延伸到道路外侧的用户。

（2）管线分支口一般采用直埋出线或支沟出线两种方式[6]。

1）直埋出线

直埋出线为在管线引出处加高加宽管廊断面，管线通过综合管廊侧壁直接与外部相连接。直埋出线形式简单、投资少、施工周期短，但管线更换维修时需进行开挖，影响道路交通，一般适用于在现状道路改造时建设综合管廊的情况。

2）支沟出线

支沟出线即在管廊交叉口处分为上下两层。上层为主沟，与综合管廊主舱直接连接。下层为支沟，加高加宽断面并设置管线夹层。支沟与主沟呈十字交叉布置，在上下两层之间的中隔板处设置管道预留洞，需要引出的管线通过预留孔洞由主沟引至下层支沟，并通过支沟端墙与外部相连。支沟出线投资较高、施工周期较长，但建成后可以很好解决管线引出或两条综合管廊交叉通过的问题，也为未来管线引出预留了空间，一般适用于综合管廊与新建道路一同建设的情况。

8.3.7 附属设施设计

1.消防系统

综合管廊主结构体应按耐火极限不低于3.0h的不燃性结构设计，不同舱室之间采用耐火极限不低于3.0h的不燃性结构进行分隔。

天然气管道舱和电力电缆舱应每隔200m采用耐火极限不低于3.0h的不燃性墙体进行防火分隔。防火分隔处的门应采用甲级防火门，管线穿越防火隔断部位应采用阻火包等防火封堵措施进行严密封堵。

综合管廊交叉口及各舱室交叉部位应采用耐火极限不低于3.0h的不燃性墙体进行防火分隔，当有人员通行需求时，防火分隔处的门应采用甲级防火门，管线穿越防火隔断部位应采用阻火包等防火封堵措施进行严密封堵。

综合管廊内应在沿线、人员出入口、逃生口等处设置灭火器材，灭火器材的设置间距不应大于50m，灭火器的配置应符合现行《建筑灭火器配置设计规范》（GB 50140—2005）的有关规定。

2.通风系统

（1）综合管廊内需要维持正常通风，宜采用自然进风和机械排风相结合的通风方式。由于天然气管道舱和含有污水管道的舱室存在可燃气体泄露的情况，应采用强制通风方式。一般通风设备利用综合管廊本身作为通风管，再交错配置强制排气通风口与自然进气通风口。通风口构造形式示意，如图8-32所示。

（2）为便于管线检修，并由综合管廊外送入新鲜空气，自然通风口可兼做人员进出口使用。综合管廊内的通风系统，按以下标准设计：

1）正常通风换气次数不应小于2次/h，事故通风换气次数不应小于6次/h。天然气管道舱正常通风换气次数不应小于6次/h，事故通风换气次数不应小于12次/h。

2）舱室内天然气浓度大于其爆炸下限浓度值（体积分数）20%时，应启动事故段分区及其相邻分区的事故通风设备。

3）综合管廊的通风口处出风风速不宜大于5m/s。

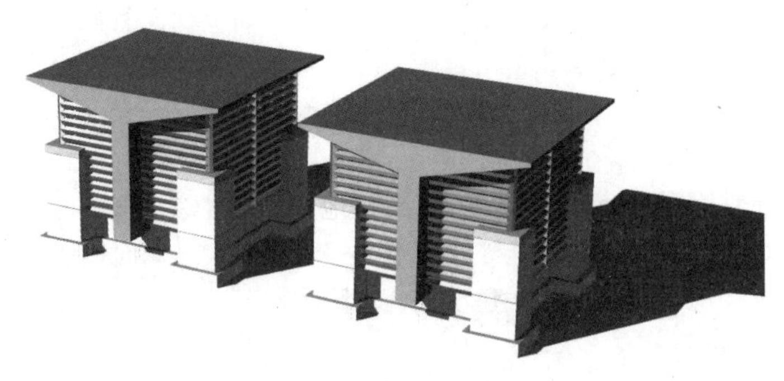

图 8-32　通风口示意图

4）综合管廊的通风口应加设防止小动物进入的金属网格，网孔净尺寸不应大于10mm×10mm。

5）综合管廊的通风设备应符合节能环保要求。天然气管道舱风机应采用防爆风机。

6）当综合管廊内空气温度高于40℃或需进行线路检修时，应开启排风机，并应满足综合管廊内环境控制的要求。

7）综合管廊舱室内发生火灾时，发生火灾的防火分区及相邻分区的通风设备应能够自动关闭。综合管廊内应设置事故后机械排烟设施。

3. 供电系统

综合管廊供配电系统接线方案、电源供电电压、供电点、供电回路数、容量等应依据周边电源情况、管廊运行管理模式，经技术经济比较后合理确定。

综合管廊附属设备中消防设备、监控设备、应急照明应按二级负荷供电，天然气管道舱的监控与报警设备、管道紧急切断阀、事故风机应按二级负荷供电，且宜采用两回线路供电；当采用两回线路供电有困难时，应另设置备用电源。其余用电设备可按三级负荷供电。综合管廊内的低压配电系统宜采用交流220V/380V三相四线（TN-S）系统，宜使三相负荷平衡，并应在各供电单元总进线处设置电能计量测量装置。一般设备供电电缆采用阻燃电缆，火灾时需继续工作的消防设备应采用耐火电缆。

综合管廊内的接地系统应形成环形接地网，接地网应满足电力公司有关接地连接技术要求和故障时热稳定的要求，接地电阻最大值不宜大于1Ω。综合管廊内的金属构件、电缆金属保护皮、金属管道以及电气设备外壳均应与接地网连通。

4. 照明系统

综合管廊内应设正常照明和应急照明。管廊内人行道照明的平均照度不应小于15lx（勒克斯），监控室照明照度不小于300lx，应急疏散照明照度不应低于5lx，监控室备用应急照明照度应达到正常照明照度的要求。管廊出入口和各防火门上方应有安全出口标志灯，灯光疏散指示标志应设置在距地坪高度1.0m以下，间距不应大于20m。

综合管廊照明灯具应为防触电等级Ⅰ类设备，能触及的可导电部分应与固定线路中的PE线可靠连接；照明灯具应采用安全电压供电或回路中设置动作电流不大于30mA的剩余电流动做保护装置；灯具应防水防潮，防护等级不低于IP54，并具有防外力冲撞的防护措施。

5. 监控与报警系统

综合管廊监控与报警系统包含三个子系统：闭路监控系统、入侵报警系统和出入口控制（门禁）系统。

综合管廊内应设置闭路监控系统：安装摄像头作为监控设备，在人员出入口、逃生口、吊装口、管线分支口等可能会有人员进出的地方均应安装摄像头作为监视系统，以备外人闯入。在综合管廊内顶棚相应位置，应每隔一定距离安装一定数量的摄像头，用以监控管线运行情况，以便在故障时迅速准确地确定故障位置。闭路监控机房设置在监控中心。

综合管廊内应设入侵报警系统，以备无关人员随意闯入。应在有可能进入的地方设置防盗报警装置，当来犯者打开盖板时，报警装置启动，实现音频报警。防盗报警装置的警戒触发装置应考虑自动和手动两种方式，安装时应注意隐蔽性和保密性。防盗报警系统的探测遥控等装置宜采用具有两种传感功能组成的复合式报警装置，并应与闭路监视系统结合，以提高系统的可靠性和灵敏性。

在综合管廊每个检修入口处及各个区域设备间门口处设置门禁读卡器。

6. 排水系统

为保障综合管廊的正常运作，管廊内需设置排水设施。保障可通过排水设施排出管廊内积水，包括供水管道检修时的放空水、供水管道事故时的部分渗漏水、供水管道接口处的渗漏水、综合管廊结构接缝处的渗漏水、综合管廊工作清洗水等。

综合管廊内每个舱室、每个防火分区内均应设置自动排水系统。同一防火分区内由于管廊纵向坡度造成的排水方向不同时，应考虑设置两个及以上排水泵坑。排水泵坑应设置在管廊较低的位置，当管廊局部交叉口、出线舱（孔）处位于管廊较低点时，也应设置排水泵坑。

综合管廊全段应设置排水明沟，排水明沟坡度同管廊纵坡，当管廊纵坡为 0 时，应考虑通过管廊铺装等措施，提高排水沟纵坡，坡度不宜小于 0.2%。排水泵坑宜就近直排管廊外的雨水系统或周边水体，应在出水管末端考虑防倒灌措施。

排水方式原则上采用纵向排水沟，排水明沟的坡度不应小于 0.2%，并于综合管廊较低点或交叉口设集水井，集水井设置间隔应不超过 200m，并按不小于 $2m^3$ 的有效容积进行设计。

每一集水井配备两台潜水泵自动交替或同时运转将集水井内积水就近排放。为便于综合管廊管理，集水井与抽水泵应纳入综合管廊的自动监控系统，井内应设集水井水位探测设备，且抽水机应具备自启动能力。

天然气管道舱应按独立集水坑设置。

7. 标识系统

综合管廊的标识系统主要实现指导工作、提醒警示的作用。旨在对内部所有设施及功能进行解读和明示，提高管廊内工作人员的工作效率，保障参观及其他人员的安全。

综合管廊的主要人员出入口应设置介绍铭牌。纳入综合管廊的管线，应根据管线危险情况，以不同颜色的涂装进行区分。综合管廊内所有电气设备及易损件均应设置标识铭牌。综合管廊的逃生口、吊装口、排风口、管线交叉口、出线舱（孔）等，需标识铭牌。综合管廊内凡存在人员可达到、地坪落差超过 0.5m 的位置均需设置警示铭牌。另外，综合管廊内应设置警示标识。

8.4 综合管廊设计与施工新技术应用

8.4.1 综合管廊设计和施工技术概况

1. 综合管廊设计技术

随着我国城市化进程的加快，各项基础设施不断完善，地下管线种类和建设需求也在增大，这些对地下综合管廊的总体布置、断面设计、管线接入引出等各方面都会增加设计难度。为便于后期施工与维护作业，在前期设计阶段就需要将便利性原则贯彻到底。在设计时应进行方案比选，合理布置各专业管线位置，提高管廊空间利用率。在常规的二维设计平台的基础上，采用 BIM 技术（Building Information Modeling，建筑信息模型）对综合管廊进行三维可视化展示，更好地提高工作效率和设计质量。

目前，BIM 技术在国外已经取得快速发展，从建筑房屋拓展到地下空间、隧道公路、水工海岸等各个方面，有诸多典型示范案例。近几年，BIM 技术在我国得到了广泛重视和推广，特别是在工业化建造的驱动下 BIM 技术成为信息管理的重要支撑，可以极大改善我国传统工程建设采用二维图纸交流所存在的沟通效率低、衍生问题复杂、执行效率低等问题，促进工程建设的质量和效率。综合管廊涉及的市政设施繁多，结构建设规模庞大，融合 BIM 技术进行规划设计，不仅可以优化综合管廊的设计配置，提高工作效率，还能为后续市政设施的维护管理提供技术支撑[7]。

2. 综合管廊施工技术

随着综合管廊建设规模不断扩大，综合管廊施工方式也呈现出多样性。根据施工方法进行分类，可分为明挖现浇法、预制拼装法、浅埋暗挖法和盾构法。

（1）明挖现浇法

在现阶段的城市地下综合管廊施工中，明挖现浇法是最普遍的施工方法，运用广泛。明挖现浇法是指挖开地面，由上向下开挖土石方至设计标高，然后进行管廊的主体结构浇筑。管廊基坑可采用原状土放坡开挖，也可采用排桩支护、锚杆、钢板桩、土钉墙等支护手段，或者两三种支护形式相互组合，如图 8-33 所示。

(a)

(b)

图 8-33 综合管廊明挖现浇施工

(a) 放坡开挖；(b) 钢板桩支护

明挖现浇法的优势是可以大面积施工作业，可划分多个施工工作面同时开展施工，极大地提高了施工效率，同时还具有技术要求低、成本低廉等优势。其不足的是，在施工过程中基坑开挖对周边交通出行影响较大，比较适合在地势平坦且周边较为空旷的区域施工。

（2）预制拼装法

预制拼装法是一种较为先进的施工方法，在发达国家较为常用。国家也出台文件要求各地积极推广应用预制拼装技术，以此来带动工业构件生产、施工设备制造等相关产业发展。总体而言，对比明挖现浇综合管廊，预制拼装综合管廊在建设周期、施工质量（防水及防沉降）和环境保护方面有着明显的优势，有着较为广阔的应用前景。

预制混凝土管廊需在工厂内提前制作成预制件，在现场进行拼装。其内涵主要是生产过程的联系性、生产物的标准化、生产过程的集成化、工程高度组织化以及生产的机械化。

在施工方式上其本质也属于明挖技术，相对于明挖后现浇廊体，预制拼装技术是一种较为领先的技术。其施工技术能更好地保证综合管廊的质量，极大缩短施工工期，节能环保显著，如图8-34所示。

(*a*)

(*b*)

图8-34　综合管廊预制拼装施工

（*a*）预制管廊构件吊装；（*b*）预制管廊构件拼装

（3）浅埋暗挖法

浅埋暗挖法是应用于离地表较近的地下进行各类地下洞室暗挖的一种施工技术，对覆土厚度要求较小，最小的覆土满足1m即可。该施工方法比较适用于地层岩性较差、地形环境较差或是存在地下水的地段。相较于其他施工方法，浅埋暗挖法具有灵活多变的优势，能够适应许多不适合盾构法和明挖现浇法的地形，对道路和地下管线的影响较小，因此在城市建设中应用也较为普遍。

浅埋暗挖法的技术核心是依据新奥法的基本原理。施工工艺在隧道施工中运用广泛，技术成熟。在应用浅埋暗挖法进行城市地下综合管廊施工时，可采用多种辅助工法，超前支护，强化围岩的稳固性和承受能力，还要及时做好封闭成环，使其与附近的围岩形成联合支护体系。但是，大范围的淤泥质软土、粉细砂地层、降水有困难或经济上不合算的地层，不宜采用浅埋暗挖法施工。其基坑开挖作业面易受到软土层的影响导致失稳，需增加额外的初期支护投资。在实际的施工过程中，应严格检测周边的地层情况和支护结构。

（4）盾构法

盾构法是一种城市地下暗挖施工的方式。如今城市建筑、公用设施和各种交通日益繁杂，市区明挖施工很容易影响城市正常的生产活动，尤其是综合管廊穿越交通繁忙的市中心或者穿越水系湖泊时，就能体现出盾构施工的明显优点，如图 8-35 所示。

图 8-35　综合管廊盾构施工

盾构法施工得到广泛使用，具有以下明显的优势[8]：

1）在盾构的掩护下进行开挖和衬砌作业，有足够的施工安全性；

2）地下施工不影响地面交通，河底下施工不影响河道通航；

3）施工操作不受气候条件的影响；

4）产生的振动、噪声等环境危害较小；

5）对地面建筑物及地下管线的影响较小。

盾构法在施工过程中基本全部采用机械化施工，施工建设中利用盾构形成保护，通过千斤顶在盾构机后端顶进，刀头在前端切削岩石或土体，顶进的同时拼装预制管片，最终形成综合管廊。在此过程中保护罩和预制管片支承已经开挖的洞体，同时挖出的土石也会用专业出土机械运出洞外。这种施工方案由于采用机械施工，便于操作易于管理，有效缩短施工工期，对周围环境影响小，而且利用该方法在施工过程中出现沉降问题较少，无须采用降水施工方案。

应用盾构法的不足之处表现为：对施工方案的细节要求严格，其综合性很强；与地下水的成分物质、地层的结构、土方装运及衬砌装配等都会有所关联，需要谨慎分析；对工程情况的变化适应性差，施工中容易增加工程费用。

8.4.2　BIM 技术在管廊设计中的应用

城市地下综合管廊具有一定的设计难度，例如管廊内部各管线的分布问题，很容易出现上下层管线碰撞的现象，还有预留套管安装的准确性和预埋构件精确定位问题等。对此，BIM 技术有着很好的应用价值，其具备可视化、可协调、可模拟、可优化等特点，有助于降低地下综合管廊的设计难度，提高工作效率，如图 8-36 所示。

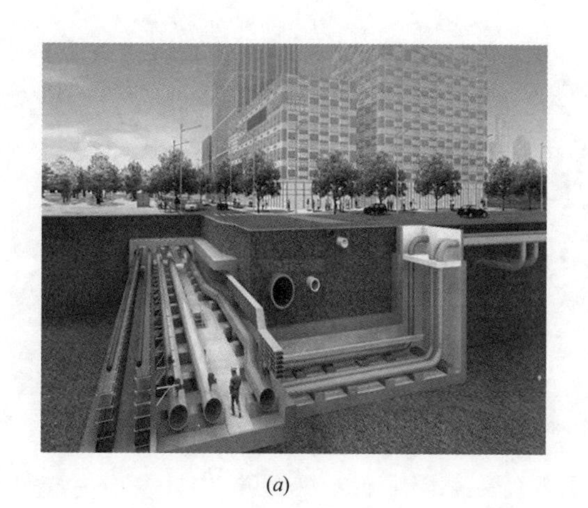

(a)

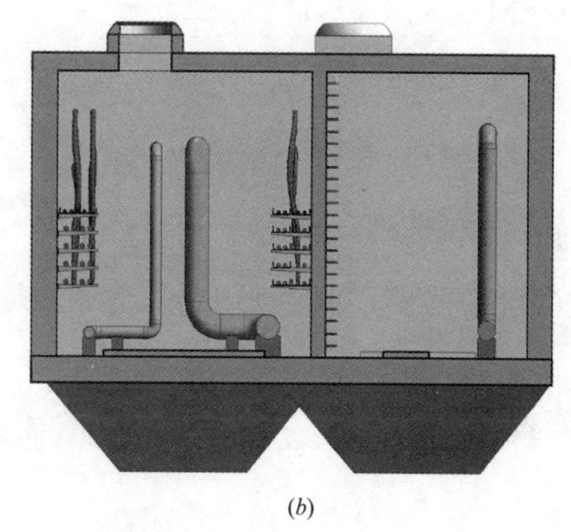

(b)

图 8-36　综合管廊在 BIM 中的可视化

（a）管线三维模型；（b）管廊断面模型

BIM 技术即建筑信息模型，可以将信息和数据完整地展现在一个模型中，形成直观立体的效果，在建筑工程项目中得到了广泛的应用，并发挥着越来越重要的作用。与传统的技术相比，BIM 技术有着独特的优势，如图 8-37 所示。

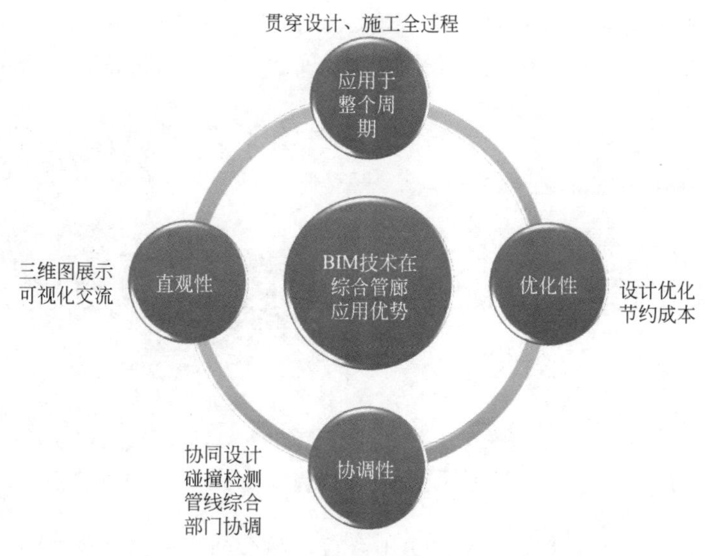

图 8-37　BIM 技术的优势

BIM 技术可直接运用于设计过程的整个周期，贯穿整个项目不同阶段。通过数据建模，将综合管廊的所有要素信息通过计算机立体直观展现出来，设计人员可以很直观地发现设计中各个环节的问题，及时进行设计处理；还可以借助 BIM 技术模拟各种因素，如光照、人员疏散等情况，从而有利于工程设计人员对设计进行优化，节约成本。

BIM 技术运用到综合管廊设计中的工作流程如下[9]：

（1）建立模型

综合管廊项目模型可应用 Revit 或 civil 3D 软件，运用各自的优势合作完成，建立起直观的建筑三维模型，同时在管廊节点、断面、工程量分析、数据碰撞等方面有机的结合。BIM 建模流程，如图 8-38 所示。

图 8-38　BIM 模型流程

（2）管线碰撞检测与工程量统计

入廊的管线有给水、电力、通信、燃气等，管廊内还有各种辅助的照明、监控、消防等管线。在以往的二维图纸设计中，很难完全规避各种管线之间的碰撞，设计人员需要耗费大量的精力复核各种管线是否冲突，且极易出错。而采用 BIM 技术进行管线的综合设计，不同管线可清晰地在三维模型中展示出来，管线交叉碰撞一目了然。还可以自动生成管线交叉碰撞的报告，并将管线碰撞位置清晰地展示出来，如图 8-39、图 8-40 所示。

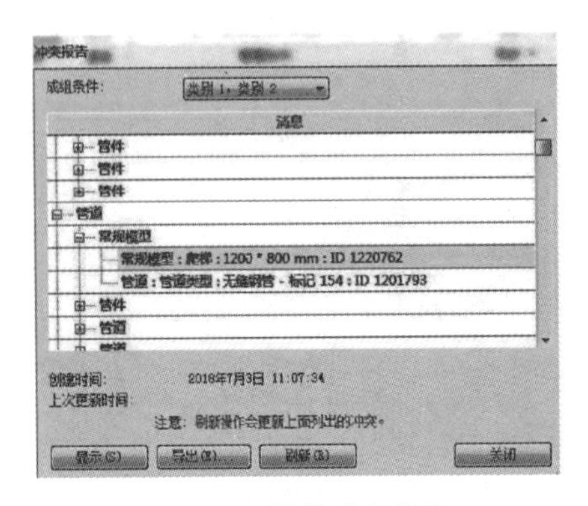

图 8-39　管线冲突报告

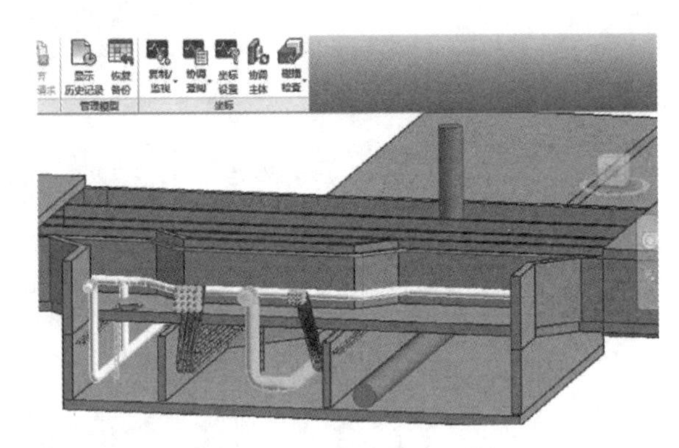

图 8-40　管线碰撞位置模拟

在工程量统计方面，软件在建模过程中已自动把各种管线模型信息记录下来，可通过软件生成局部或整体管线工程量清单表格。

（3）三维漫游

设计人员可以利用软件生成一个可执行程序的管廊模型文件，不需要安装其他软件，用户可以直接打开整个管廊模型进行浏览，还可以 360°旋转，也可以按照用户自己设定的路径生成漫游视频。还可以通过设置人物在模型中任意位置走动，呈现更好的漫游效果。

（4）二维出图

现场施工使用的是二维图纸，当前 BIM 软件技术还不够完善，不能把三维模型的内容直接转化为二维图纸。通常都需要设计人员对节点进行剖切，形成可以满足现场施工要求的二维图纸，需要投入大量人力。

随着国家对综合管廊建设的不断投入和推广，BIM 技术也会逐渐完善成熟。管廊三维设计不仅流程高效、设计准确、及时检查工程问题，在管廊交叉的节点设计方面更是具有二维平面设计无法比拟的优势。基于 BIM 的管廊三维设计是未来管廊设计的趋势，也是整个设计行业的发展方向。在设计部门、软件开发企业和其他相关单位的共同努力下，BIM 技术的应用会不断得到完善，体现出更大的价值，为我国的市政基础设施建设做出贡献。

8.4.3　装配式一体化技术在管廊施工中的应用

综合管廊预制装配技术，是运用现代工业手段和现代工业组织，对综合管廊生成的各个阶段的各个生成要素通过技术手段集成和系统的整合，达到预制装配式综合管廊的标准化。装配式一体化技术是在地下综合管廊明挖施工前，提前在工厂分块或分节预制管廊主体结构，然后运往施工现场，进行快速拼装的一种绿色施工技术，具有安全可靠的预制构件连接方式。例如，绵阳市地下综合管廊及市政道路建设项目，项目总投资 81.27 亿元，其中地下综合管廊全长 33.654km，全部采用预制装配式建造方式，为目前国内里程最长的装配式地下综合管廊。

1. 预制装配技术分类

预制装配式主体结构按照施工方法的不同，可以分为明挖预制装配法、暗挖预制装配法、盖挖预制装配法。为加快主体结构内部附属结构施工进度，通常也可以采用二次（附属）结构预制装配法，如图 8-41 所示。

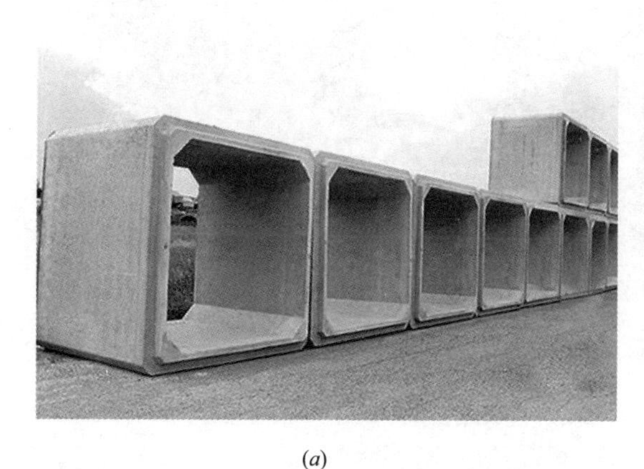

(*a*)

(*b*)

图 8-41　预制综合管廊

（*a*）廊体构件预制；（*b*）预制构件安装

明挖预制装配是目前国内综合管廊最常用的装配式施工工艺，也是目前研究的重点。其又可细分为节段预制装配、半预制装配、分块预制装配、叠合预制装配、组合预制装配等形式。每种预制装配的结构形式，应根据施工现场条件、当地预制厂的工艺水平进行选用，以保证工程质量为原则，尽量缩短工期，节约投资[10]。

2. 预制装配式技术优势

综合管廊预制装配技术较明挖现浇法，具备以下优势：

（1）施工现场基坑围护、垫层和预制厂构件预制、养护同步进行，节省工期，同时缩短基坑暴露时间，降低安全风险、节约围护成本。

（2）施工对环境影响较小，无模板、材料、混凝土带来的污染。

（3）预制构件无对拉螺栓孔，结构自防水性能优异，结构抗震及抗沉降能力突出。

（4）构件尺寸精度与预埋件精度更高。与现浇综合管廊相比，预制综合管廊具有质量稳定、工期短、成本低、节能环保、标准化程度高等优势。

3. 预制装配施工流程

预制装配式管廊实施的先后顺序分为预制厂实施、施工现场准备、预制构件现场拼装、基坑回填覆土等工序。廊体在预制厂中生产、养护，构件质量可控，生产效率较高。同时，施工现场进行基坑开挖、支护，混凝土垫层浇筑。预制装配式综合管廊施流程，如图 8-42 所示。

图 8-42　预制装配式综合管廊流程

4. 预制装配存在问题及展望

综合管廊建设是根据项目特点和政府需求来设计综合管廊类型和尺寸，并没有统一规范的尺寸和断面形式。工厂制作加工也需专门定制模具，导致效率低下造价高昂，不能广泛推广，因此综合管廊应逐步走向规范和统一。

城市地下综合管廊的发展前景势必会成为一种新兴的城建形式，不仅能够缓解城市居民日益增长的生活需求同城市经济发展之间的矛盾，还能促进土地资源节约化利用。未来的城市将会大力发展装配式综合管廊的建设，发展潜力无限。

8.5　综合管廊的工程实践与效果

8.5.1　广州大学城综合管廊①

1. 工程概况

广州大学城综合管廊是当时国内距离最长、规模最大、体系最完整的综合管廊系统之

① 资料来源于《广州大学城道路交通及市政工程综合规划》。

一，如图 8-43 所示。其设置在小谷围岛中环路中央隔离绿化带地下，沿中环路呈环状布局，全长约 17.9km，主要布置供电、供水、供热、通信、有线电视 5 种管线，预留部分管孔空间以备将来所需。

(a)

(b)

图 8-43　广州大学城综合管廊
(a) 实施效果 1；(b) 实施效果 2

2. 综合管廊平面布局

广州大学城外环路是环岛主干路，道路外侧为滨江休闲观光地带，基本没有建筑物；而道路内侧为各大学校区，其市政主要供给管线由中环线分配；从各专业管线规划分析，其管线的容量不大。内环路为大学城的城市次干路，其通过放射状的城市支路和中环线相连接，道路内侧环绕中心湖，同样为绿地、水体、景观地带；从各专业管线规划分析，其管线的容量也不大。因此，在外环路、内环路都没有必要布置综合管廊，而沿中环路布置综合管廊较为合适，外加部分支路上的管廊作为辅助，兼顾了外环路及内环路周边管线用户的需要，其平面布置如图 8-44 所示。

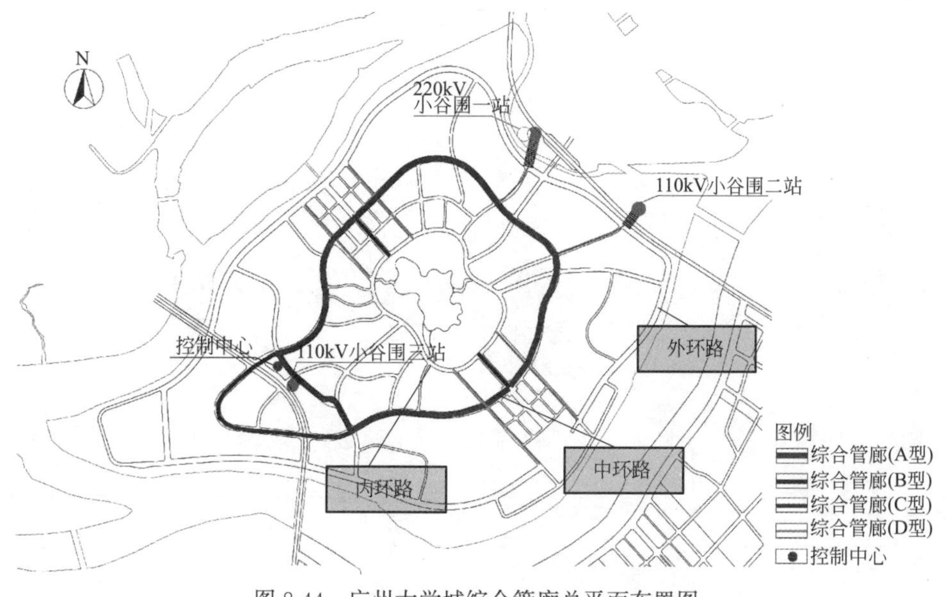

图 8-44　广州大学城综合管廊总平面布置图

3. 入廊管线分析

广州大学城的综合管廊内所纳入的工程管线有电力电缆、通信电缆、给水管线及供热供冷管道。在综合管廊内不考虑纳入燃气管道、雨污水管道。

4. 综合管廊断面设计

根据广州大学城道路的路网布置及各专业规划要求，并在整体分析和通盘考虑的基础上，确定综合管廊工程规划。

（1）中环线干线综合管廊（A 型）

作为广州大学城次干路的中环路，外侧为各大学校区，内侧为生活服务区。根据各市政专业规划可知，大部分的电力电缆、通信电缆均布置在中环道路下面，自来水管线、燃气管线也沿中环线敷设，因而在中环线道路实施综合管廊可发挥其综合优势。在中环路规划干线综合管廊时，将综合管廊建设在道路的中央绿化带下，尽量减小上部覆土厚度，降低工程造价。在综合管廊内近期必须敷设的市政管线有供水管线、电力管线、通信管线等。综合管廊 A 型断面及其在道路中的位置，分别如图 8-45、图 8-46 所示。

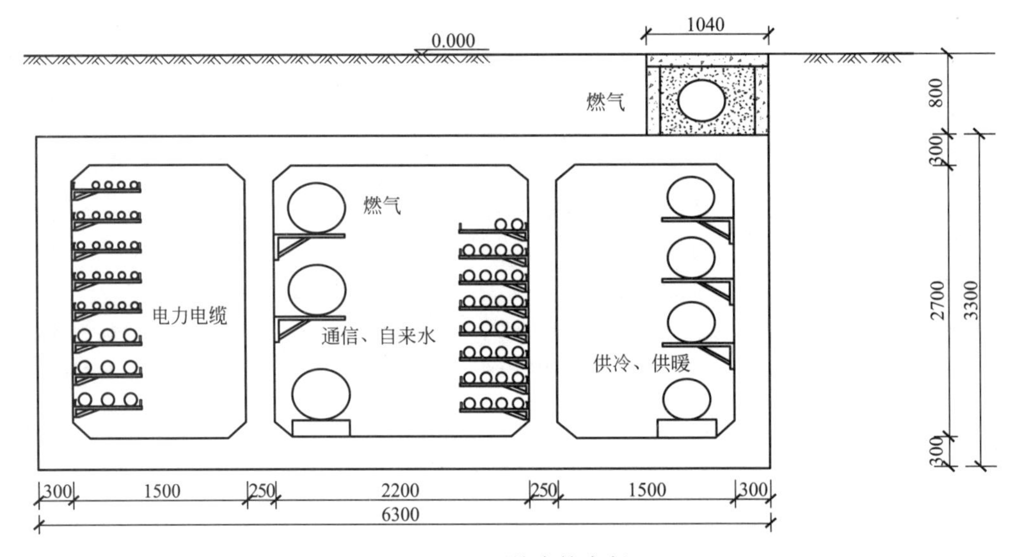

图 8-45　A 型综合管廊断面

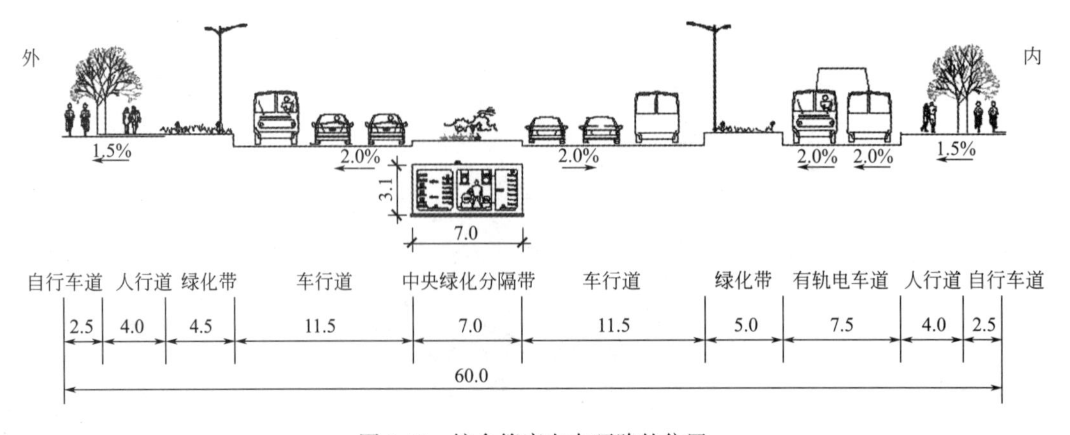

图 8-46　综合管廊在中环路的位置

(2) 中环线广州大学段支线综合管廊（B 型）

在中环线西南角即广州大学段，各种市政管线较少，因而规划为支线综合管廊（B 型），敷设有配水管线、电力管线、通信管线等。综合管廊 B 型断面，如图 8-47 所示。

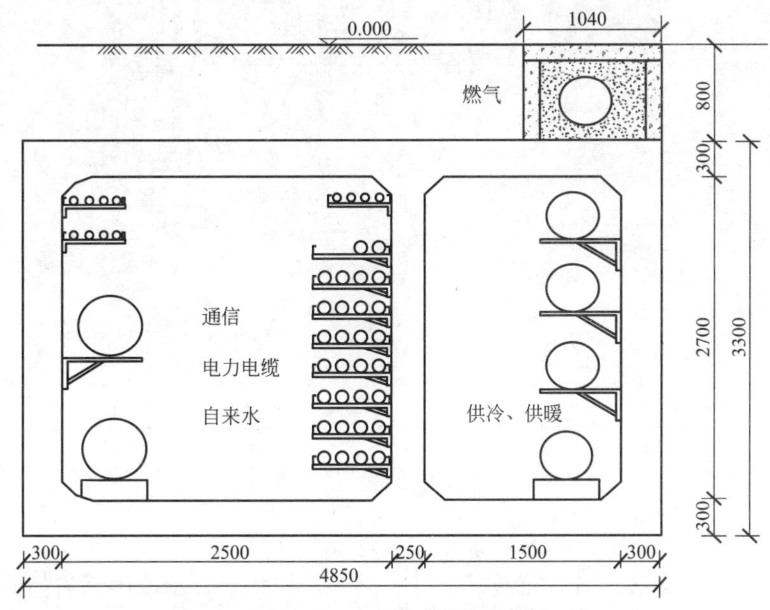

图 8-47　B 型综合管廊断面

(3) 3 号路、5 号路连接高压变电站的干线综合管廊（C 型）

虽然 3 号路、5 号路为广州大学城的支路，但在中环线外围设有 3 座高压变电站，由其向中环线供给电力。这些电缆分别通过 3 号路、5 号路进入中环路。由于从高压变电站出来的电力电缆数量很多，所以在 3 号路、5 号路建设综合管廊（C 型）。综合管廊 C 型断面及其在道路中的位置，分别如图 8-48、图 8-49 所示。

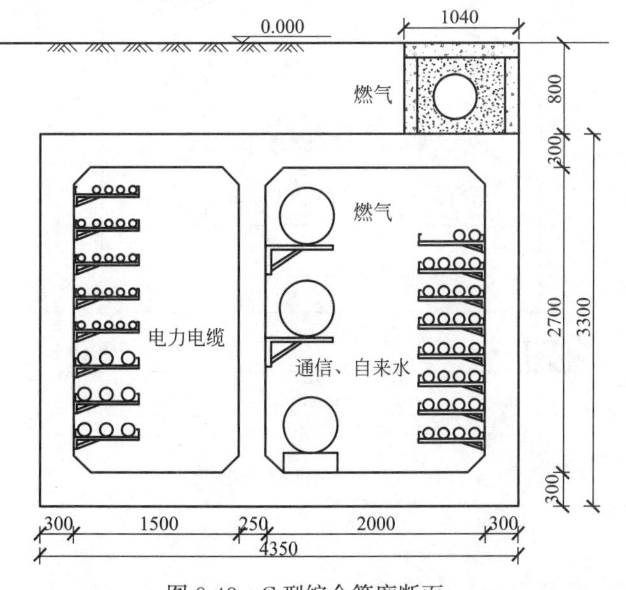

图 8-48　C 型综合管廊断面

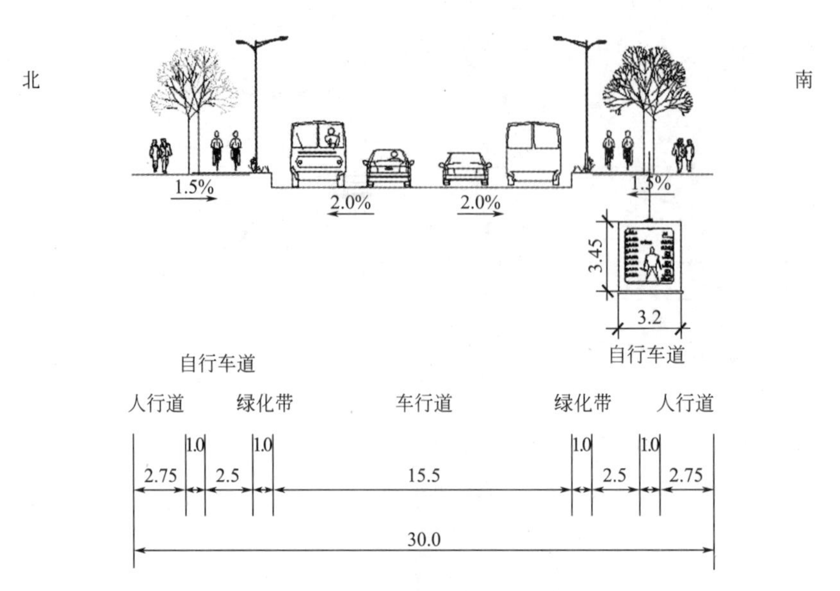

图 8-49　综合管廊在 3、5 号路的位置

（4）7 号、9 号、12 号、13 号路缆线综合管廊（D 型）

在大学城综合服务区，各种市政管线种类繁多，但数量较少，因而将经常需要维护的电力电缆、通信电缆、控制电缆纳入缆线综合管廊内，以保证服务区的环境整洁。因此，在 7 号、9 号、12 号、13 号路，建设缆线综合管廊（D 型）。综合管廊 D 型断面及其在道路中的位置，如图 8-50、图 8-51 所示。

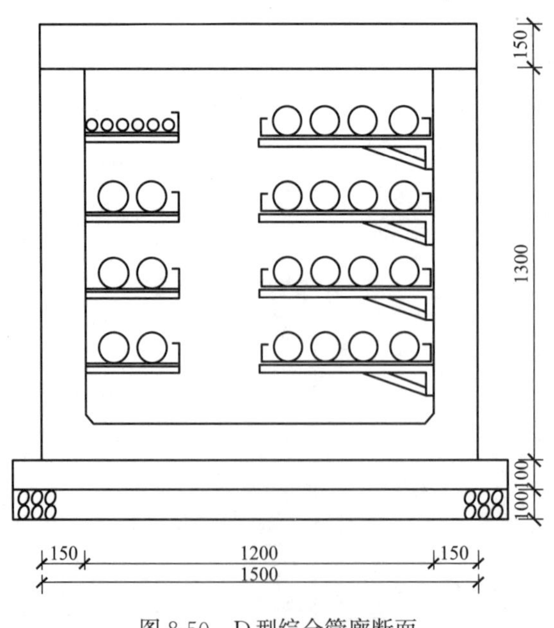

图 8-50　D 型综合管廊断面

（5）监控中心

为了综合管廊的安全运行，保障城市各种市政管线的正常使用，在综合管廊内设置了

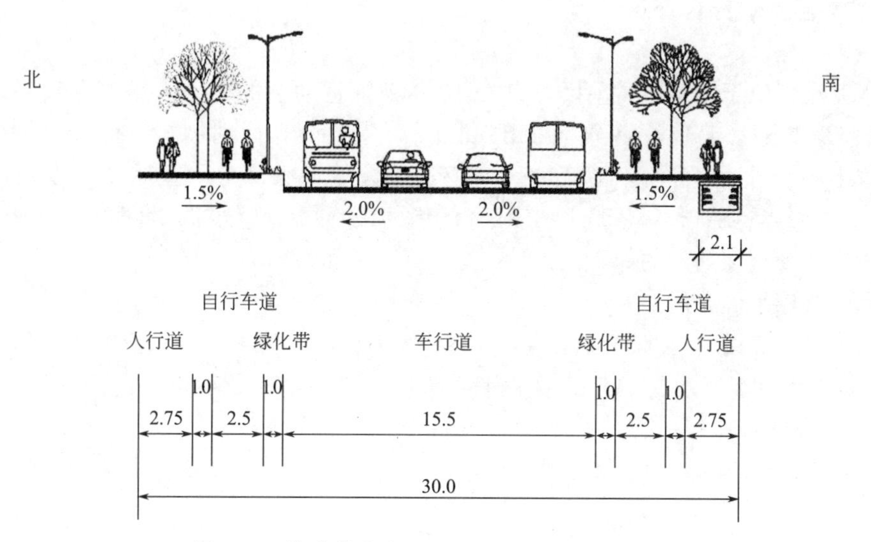

图 8-51　综合管廊在 7、9、12、13 号路的位置

监控系统，这些监控系统的信息集中传输到监控中心。监控中心占地面积约 $600m^2$，控制室面积约 $100m^2$，设置中央计算机监控系统、模拟显示屏等。

5. 运行管理

为确保广州大学城综合管廊工程的顺利实施，由广州市政府授权广州大学城建设指挥部对大学城的地下空间资源进行系统开发利用，并由广州大学城建设指挥部组建专营公司，其经营范围和价格受政府的严格监管，发展受政府的保护，使建设和运营分开。这种体制也是近年来国际主要大城市流行的做法，其优势在于充分利用城市地下空间，使城市地下空间根据“统一规划、统一建设、统一管理、有偿使用”的原则得以综合开发利用。

6. 建设经验

（1）按需选择建设综合管廊的路段

根据广州大学城的道路等级、道路横断面设置，以及道路两侧用地的市政需求，选择市政需求量大的中环路重点建设综合管廊，既能最大限度发挥综合管廊的功能，又能大大节省综合管廊的工程造价。

（2）做好投料口与室外景观的结合

鉴于大学城综合管廊线路较长且投料口多，以及美化环境景观的需要，专门委托广州美术学院对投料口外部装饰进行设计，极富创意的 108 个星座设计很好地跟广州大学城的自然景观和人文景观相结合。

（3）合理制定综合管廊的收费标准

大学城综合管廊的收费标准由广州市物价局按照直埋成本的原则统一定价，并对进驻综合管廊的管线一次性收取费用。自实施以来，各管线单位对收费存在一定的分歧和看法，因此，还需在收费标准和分摊比例上寻求新的平衡点，以缩小各管线单位的意见。此外，还需健全地下空间法律法规，严禁在综合管廊建设地区进行开挖，规划入廊的新建管线强制入廊，增加综合管廊的使用率，有利于综合管廊的发展。

8.5.2　广州亚运城综合管廊①

1. 工程概况

广州亚运城位于广州市番禺区，是2010年亚洲运动会的一项大型工程项目。亚运城占地面积2.73km²，赛时总建筑面积1.48km²，主要分为运动员村、技术官员村、媒体村、媒体中心、后勤服务区、体育馆区及亚运公园等七大部分。亚运城共规划建设了长5.2km的城市级管廊、村级管廊和3.5km的组团级管廊（缆线综合管廊），为亚运会的成功举办提供了安全、高效的保障。

2. 综合管廊平面布局

亚运城规划建设“三级”综合管廊：第一级为城市级管廊，第二级为村级管廊，第三级为组团级管廊。广州亚运城综合管廊平面布置，如图8-52所示。

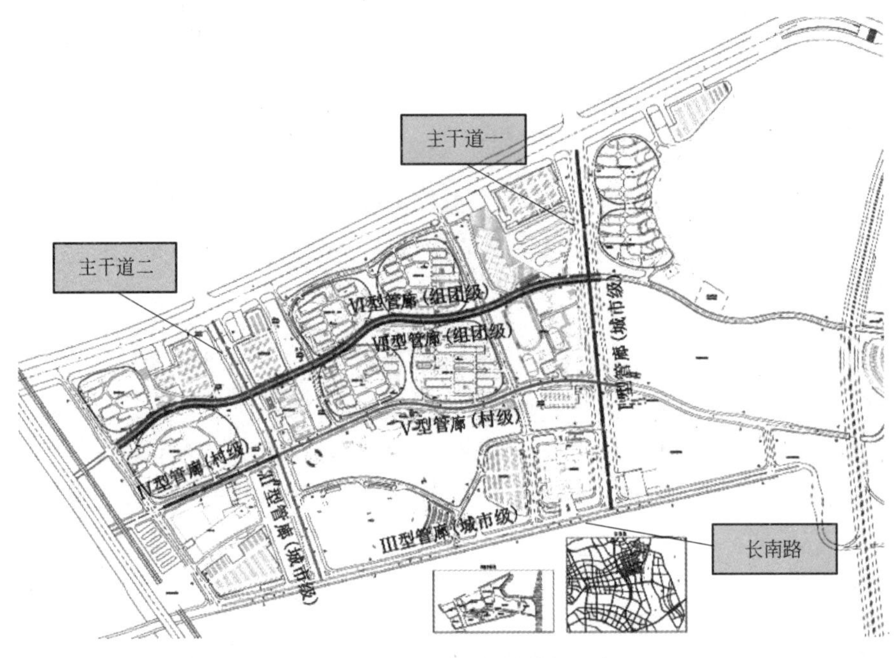

图8-52　广州亚运城综合管廊平面布置图

城市级管廊主要沿主干道一、主干道二和长南路建设，管廊内敷设管道除满足亚运城容量要求，还需要承担亚运城安置区等其他区域的转输容量。主要管廊类型有Ⅰ型管廊、Ⅱ型管廊和Ⅲ型管廊。

村级管廊主要沿次干道一路建设，以满足亚运城内各组团规划容量的要求。主要管廊类型有Ⅳ型管廊和Ⅴ型管廊。

组团级管廊主要沿支路一路建设，管廊布置相对灵活，管廊内敷设的管道可直接配线进楼宇，管廊断面除满足本次规划管线容量外还预留给水管位。主要管廊类型有Ⅵ型管廊和Ⅶ型管廊。

3. 入廊管线分析

亚运城规划管线种类共有10大类，分别为电力、通信、高质水、杂用水、雨水、污

① 资料来源于《2010年亚运会（广州）亚运村修建性详细规划》。

水、燃气、垃圾、供冷、供热。该工程将高质水管、杂用水管、市政给水管、真空垃圾收集管、电力通信电缆等纳入综合管廊，污水管和燃气管不纳入综合管廊。在主干道一路、主干道二路、次干道一路设置城市级综合管廊，将通信电缆、10kV 电力电缆、市政给水管、高质水管、回用水管、真空垃圾收集管、交通信号控制线、燃气管、110kV 高压电缆纳入管廊，其中燃气管和真空垃圾收集管位于管廊主体上部单独成舱。

4. 综合管廊断面设计

（1）主干道一路，位于亚运城东面，道路宽 60m，中间设置有 8m 宽的绿化带。在绿化带内设置宽高分别为 5.7m×3.7m 的城市级综合管廊，以满足亚运城内各组团规划容量的要求。考虑到与未来的广州新城衔接，并将主干道一路延伸到南端，总长 1170m。综合管廊Ⅰ型断面和在主干道一的位置，分别如图 8-53、图 8-54 所示。

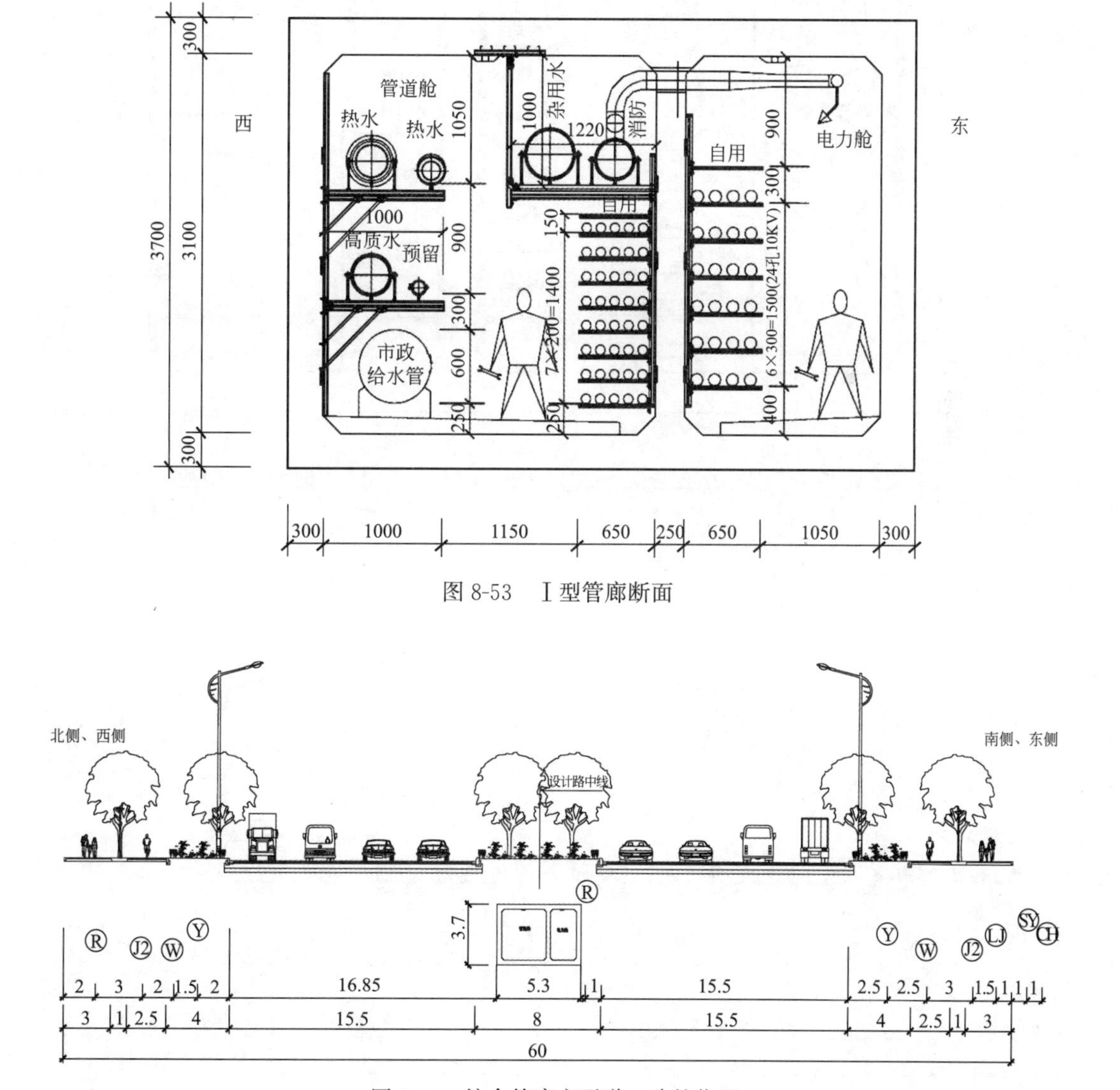

图 8-53　Ⅰ型管廊断面

图 8-54　综合管廊主干道一路的位置

（2）主干道二路，位于亚运城东面，道路宽60m，中间设置有8m宽的绿化带。在绿化带内设置宽高分别为6.3m×3.7m的城市级综合管廊，总长910m。除满足亚运城内各组团规划容量的要求外，还需要承担广州新城其他区域的转输容量。综合管廊Ⅱ型断面和在主干道二路的位置，分别如图8-55、图8-56所示。

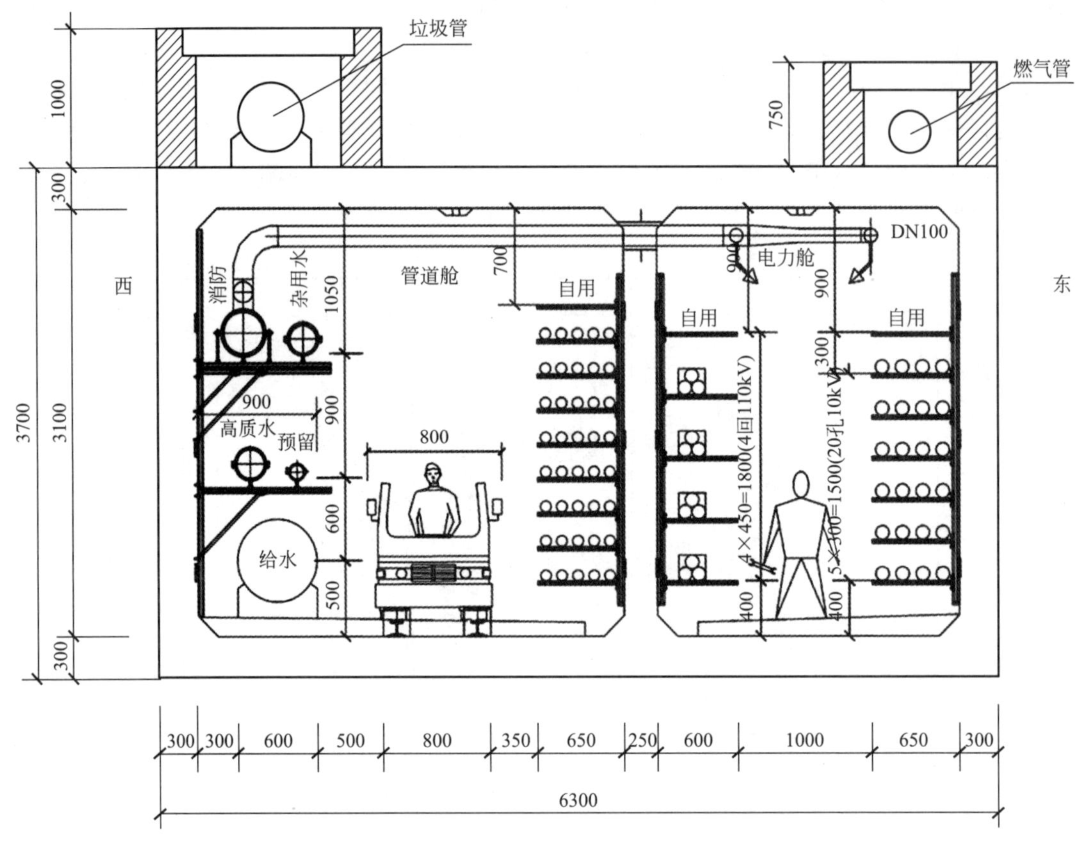

图8-55　Ⅱ型管廊断面

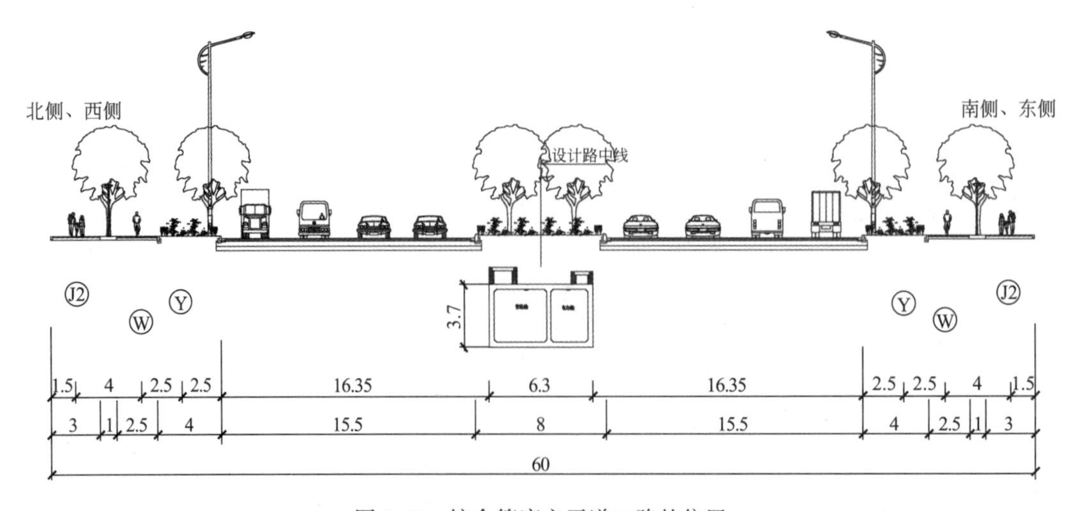

图8-56　综合管廊主干道二路的位置

（3）次干道一路，位于亚运城中部，东西走向，道路宽30m。由于中间没有设置绿化带，将村级综合管廊（Ⅳ型管廊和Ⅴ型管廊）布置在南侧人行道上，并将投料口等布置在南侧绿化带内。主干道二路以西综合管廊断面宽高分别为4.8m×3.6m，长1600m。

（4）支路一路、支路三路和次干道三路，设置组团级管廊。组团级管廊主要沿运动员村周边支路及媒体村部分支路建设，布置相对灵活，综合管廊内敷设的管道可直接配线进楼宇。支路北侧（西侧）管廊仅纳入电力电缆，管廊断面宽高分别为2.0m×1.5m；南侧（东侧）纳入通信电缆、交通信号控制线、真空垃圾收集管和高质水管，管廊断面宽高分别2.4m×2.0m，深为1.5m，半通行，不设置消防、通风和照明监控设施等。综合管廊Ⅵ和Ⅶ型断面，分别如图8-57、图8-58所示。

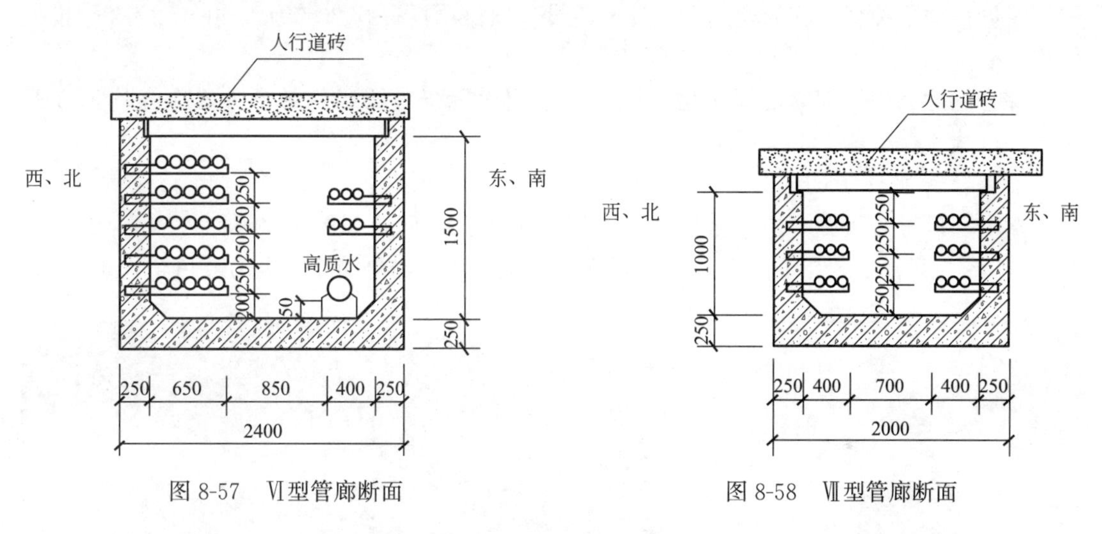

图8-57　Ⅵ型管廊断面　　　　图8-58　Ⅶ型管廊断面

5.运行管理

广州亚运城借鉴国外综合管廊建设运营模式，设立专门综合管廊管理机构，由政府部门授权行使一定的管理权力，承担相应的职责和义务，按照市场经济规律运作，主要负责综合管廊建设的系统研究和规则、综合管廊的使用管理及负责协调综合管廊建设中各管线单位的权利、义务等。

6.建设经验

（1）首先做好用户需求分析

鉴于综合管廊的规划及运行管理，与用户的位置、性质和需求量等因素密切相关，所以掌握分析用户需求是设计的首要任务。

（2）提前做好管线规划

只有当城市规划稳定后，管线规划才能最终确定何种管线进入综合管廊，进而确定管线的容量，以及综合管廊的尺寸和类型，以减少综合管廊的盲目建设。

（3）协调好道路与管廊的设计

道路是综合管廊的载体，道路设计要与综合管廊设计做好上下游专业的衔接，并确保出舱口位置的准确。另外，支架的设计除预留管线容量外还应结合施工难度和验收标准，以节省工程投资费用。

（4）消防的设计要提前论证

由于当时没有综合管廊消防设计、施工、验收等标准规范，所以在管廊消防设计时，提前组织专家及相关部门进行多方面论证，以便按照会议纪要精神进行工程验收，避免出现因缺乏依据而难以验收的局面。

8.5.3 珠海横琴新区综合管廊[①]

1. 工程概况

横琴新区坐落于广东省珠海市南侧，临近澳门的横琴岛，规划总面积 106.46km²。2009 年 8 月 14 日，国务院正式批复《横琴新区总体发展规划》，横琴新区开发上升为国家战略。为加强城市基础设施建设，进一步提高各项市政基础设施服务水平与标准，将横琴新区建设成为土地节约、集约、高效利用的示范地区，珠海市于 2010 年率先在横琴新区进行了城市地下综合管廊的规划、设计和建设，项目总投资约 20 亿元，并于 2013 年投入使用。

综合管廊为现浇钢筋混凝土框架结构，主要设置于道路绿化带下方，净高均为 3m，覆土厚度为 2m 左右，埋深约 6m。

2. 综合管廊平面布局

横琴新区综合管廊沿快速路呈“日”型布设覆盖全区，如图 8-59 所示。综合管廊全长 33.4km，设总监控中心 1 座，另外还有承担横琴新区输电功能的电力隧道全长 10km。

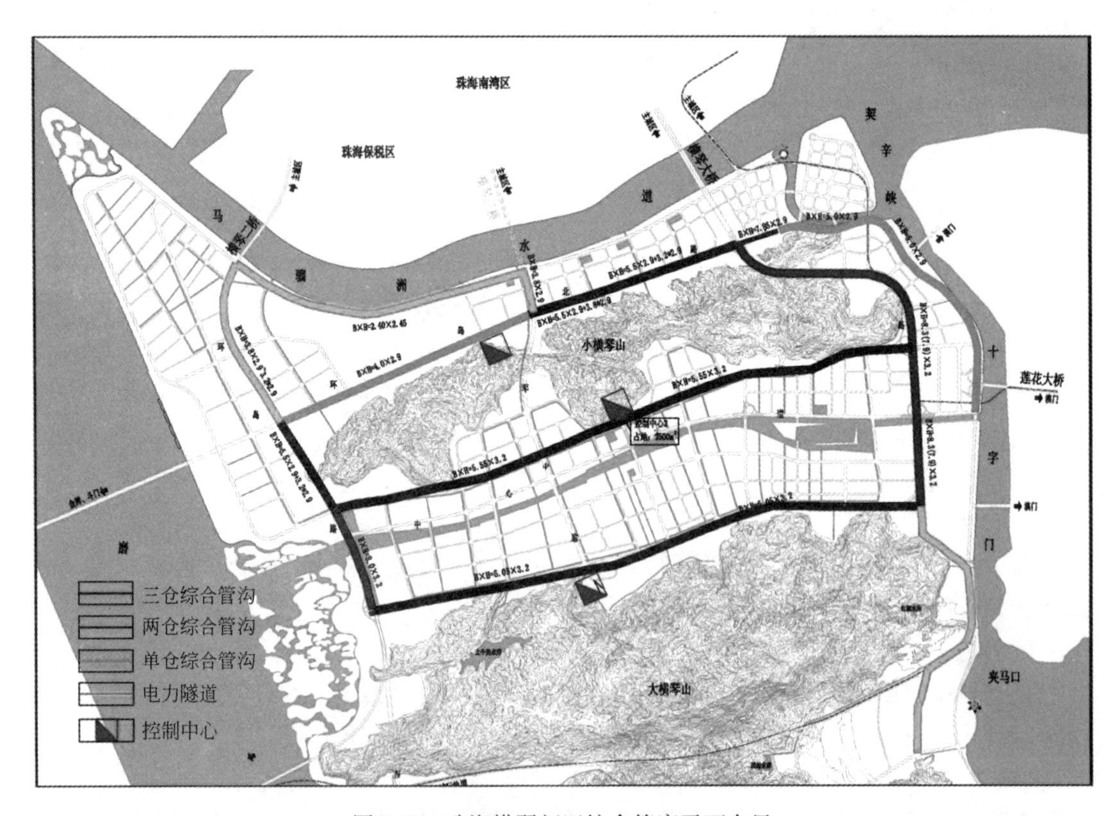

图 8-59 珠海横琴新区综合管廊平面布局

① 资料来源于《珠海市横琴新区地下综合管廊建设情况》。

3. 入廊管线分析

入廊管线包括电力、通信、给水、中水、供冷及垃圾真空收集系统等 6 种，排水、燃气、供热等管线未纳入，并预留了远期市政管线管位。

4. 综合管廊断面设计

综合管廊断面形式包括一舱式、两舱式和三舱式。其中一舱综合管廊长 7.8km，两舱综合管廊长 19km，三舱综合管廊长 6.6km，分别如图 8-60～图 8-62 所示。

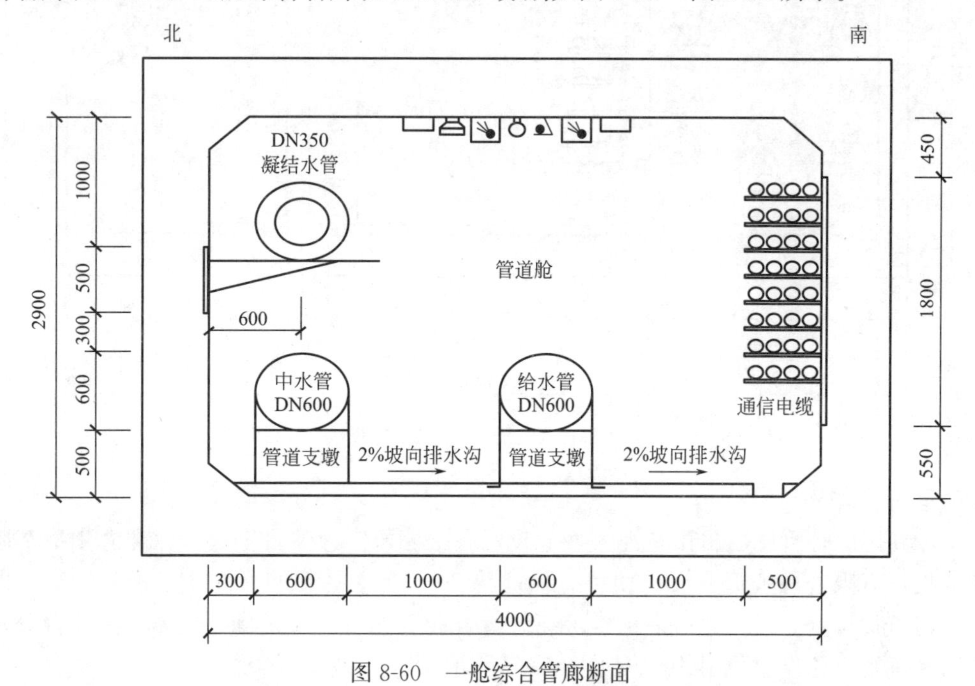

图 8-60　一舱综合管廊断面

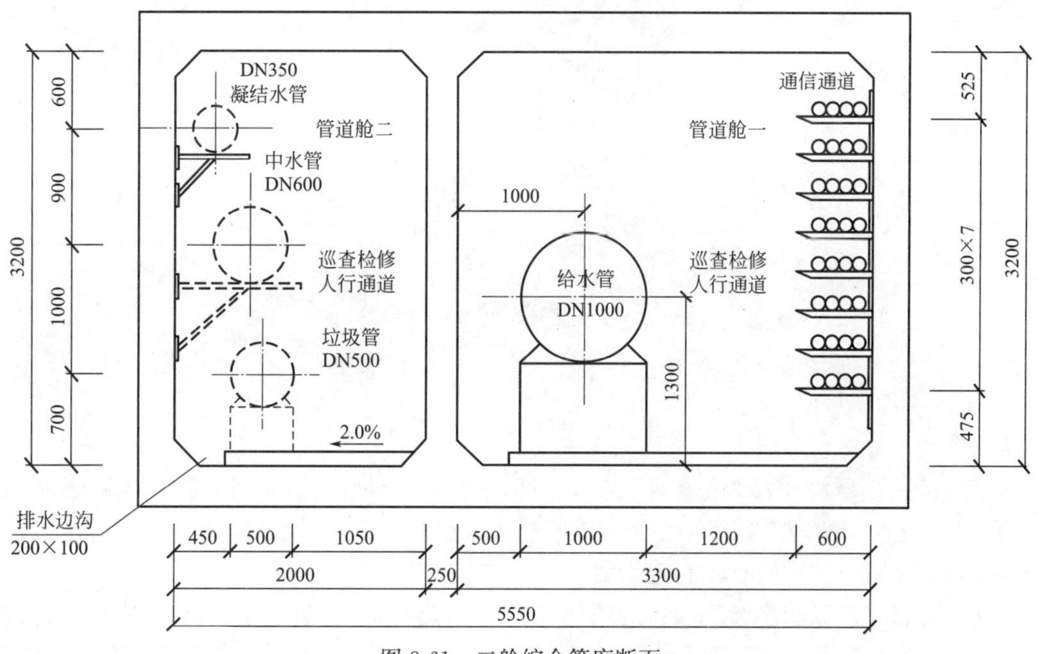

图 8-61　二舱综合管廊断面

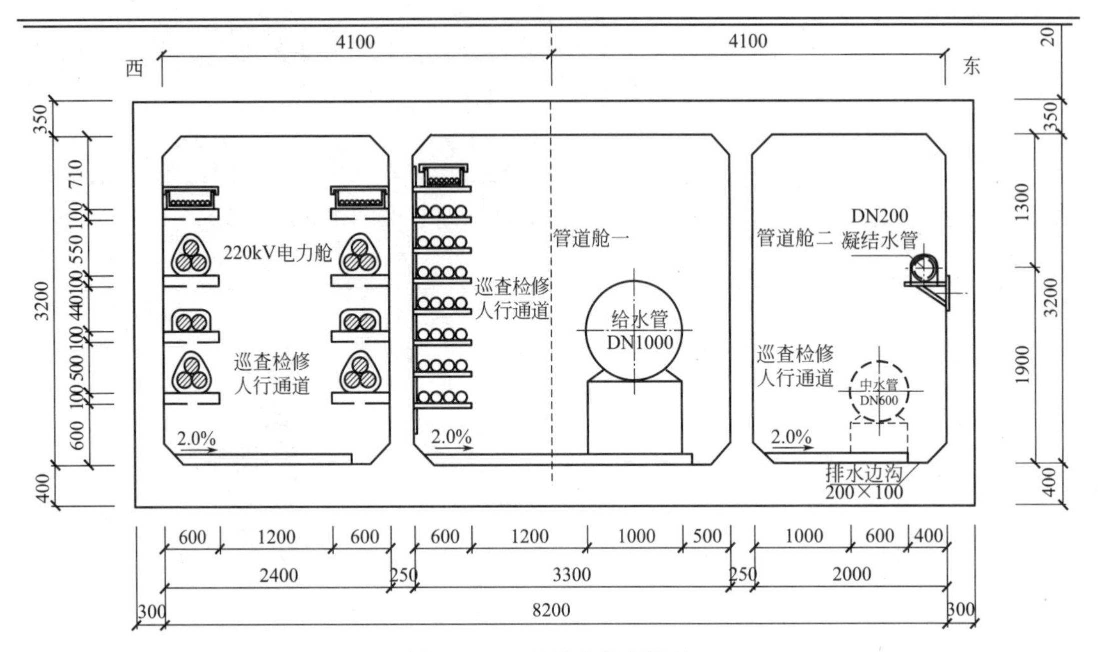

图 8-62　三舱综合管廊断面

5.运行管理

横琴新区综合管廊项目由珠海大横琴投资有限公司作为项目发起人，珠海中冶基础设施建设投资有限公司负责建设，项目总投资约 20 亿元。该项目采用 BT 模式进行，即由中冶公司负责投资建设，建成后由横琴新区管委会负责回购，保障了横琴新区综合管廊项目的顺利进行。建设单位组织架构如图 8-63 所示。

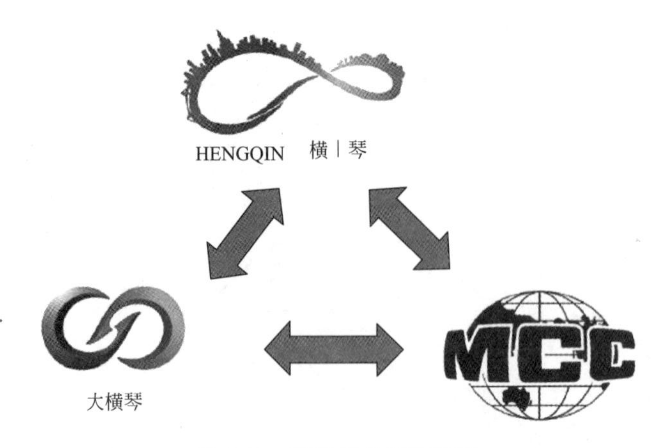

图 8-63　建设单位组织构架

通过建成横琴新区 33.4km 地下综合管廊，提升了土地的价值，集约、节约出来的 40 多万 m^2 用地产生的经济效益，完全可以回购地下综合管廊的建设成本。目前，横琴新区已提前回购了地下综合管廊项目建设成本。

为保障横琴新区综合管廊项目的顺利进行，横琴新区专门成立了项目督办组，以实现在全过程中行使监管，保证项目的顺利融资、建设和移交。同时，珠海市人民政府成立

“珠海大横琴城市公共资源经营管理有限公司”，公司组建专门的维护管理单位对综合管廊进行日常维护。横琴新区地下综合管廊运营管理采用公司化运作和物业式管理，如图 8-64 所示。

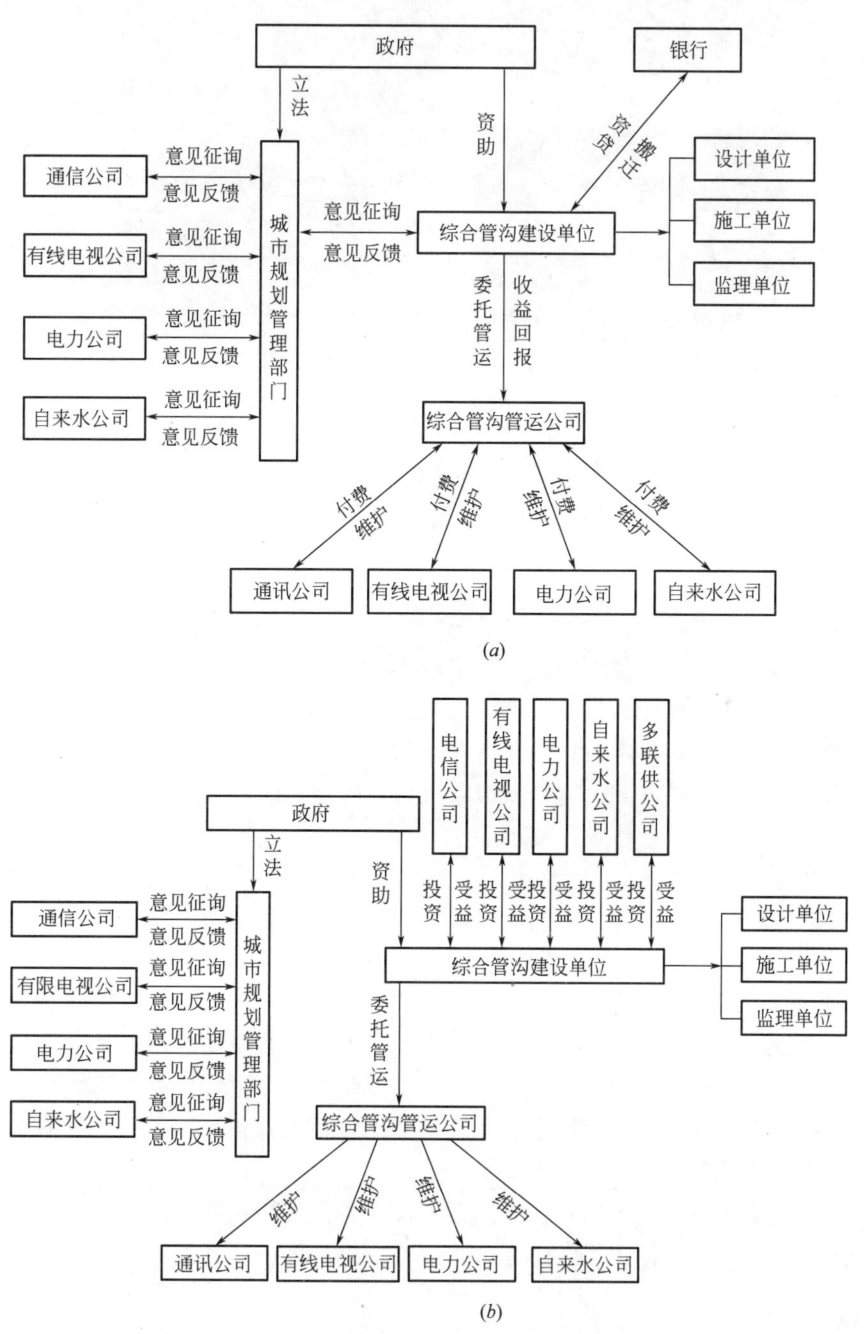

图 8-64　横琴新区综合管廊建设运营模式

(a) 建设模式；(b) 运营模式

横琴新区综合管廊是国内首先尝试采用公司＋物业管理的运营模式，积累了丰富的管理经验，建立了一支专业化运营队伍，满足不同管线的运营管理。在探索运营中，制定了地下综合管廊管理办法、综合管廊保护规定、综合管廊收费标准等一系列运营管理规章制度，如图 8-65 所示。

图 8-65　横琴新区综合管廊有偿使用费用标准核算文件

6. 建设经验

（1）初期建设费用较高、后续效果显著

横琴新区因建设地下综合管廊而节约土地 40 多万 m^2。结合当前横琴的综合地价及城市容积率，由此产生的直接经济效益就超过 80 亿元。同时减少各企业接入市政管线距离，减少企业投资成本，提高土地价值；消除横琴新区“拉链路”，保障交通通畅；为横琴新区地下空间开发利用提供基础；提高城市市政管线的运营效能。

（2）地下综合管廊设计建设存在不周全

在设计和建设中，未充分周全考虑地下综合管廊管线维修时的设备和材料在管廊内部的运输，在以后的综合管廊建设中应吸取教训，即在设计和建设阶段应充分征求各管线业主单位和运营管理单位的意见，进行修改完善。

（3）统一协调管线入廊难度较大

由于各类管线的主管部门不同，且历史直埋时无政府或企业收取日常管理费，对入廊后要交一次性入廊费和每年交日常管理费协调难度较大，可尝试采取各管线运营单位参股的模式，共同建设开发，或者由国家统一制定及完善相关入廊政策和管理费用收取标准。

（4）加强运营管理

建立专业化队伍，满足不同管线的运营管理。相关法律法规要提前制定，如地下综合管廊管理办法、综合管廊保护规定、综合管廊收费标准等一系列运营管理法律法规规定。

参考文献

[1] 余晓清. 中国城市地下空间的规划与建设［J］. 城市地理，2017（12）：1.

[2] 焦永达，关龙，黄明利. 国内外共同沟建设进展［C］//北京市市政工程总公司. 北京市政第一届地铁与地下工程施工技术学术研讨会论文集. 北京，2005.

[3] 住房城乡建设部办公厅. 住房城乡建设部办公厅关于印发《城市地下综合管廊建设规划技术导则》的

通知 [EB/OL]. [2019-06-13]. http：//www.mohurd.gov.cn/wjfb/201906/t20190620_240926.htm.

[4] 住房城乡建设部. 城市综合管线综合规划规范：GB 50289-2016 [S]. 北京：中国建筑工业出版社，2016.

[5] 李德强. 综合管沟设计与施工 [M]. 北京：中国建材工业出版社，2008.

[6] 于丹，连小英，李晓东等. 青岛市华贯路综合管廊的设计要点 [J]. 给水排水，2013，39 (05)：102-105.

[7] 张翼. 城市地下综合管廊的设计研究 [J]. 工程设计，2019 (08)：171-172.

[8] 油新华. 综合管廊工程装配式全流程一体化技术指南 [M]. 北京：中国建筑工业出版社，2019.

[9] 刘应明. 城市地下综合管廊工程规划和管理 [M]. 北京：机械工业出版社，2016.

[10] 田蕾，王观烨. BIM 技术在综合管廊工程设计中的应用 [J]. 中国设备工程，2019，3 (下)：186-187.

第 9 章　城市物联网基础设施

9.1　物联网及推广现实意义

物联网是新一代信息技术的高度集成和综合运用，对新一轮产业变革和经济社会绿色、智能、可持续发展具有重要意义。随着社会进程的加快，一方面，中国城镇化进入扩容提质的高质量发展新时期，需要利用信息化手段科学地对城市规划、建设、发展进行统筹考虑，实现可持续发展；另一方面，城市人口与日俱增，城镇化带来的负面影响日益严重，在市政、环境、教育、医疗、交通等方面的负荷逐渐加重，亟须城市运行管理的智能化、信息化，将城市资源更加合理、有序、高效地进行配置。基于现实需求，物联网随着互联网的发展应运而生。2018 年 12 月中央经济工作会议，明确提出了“加快 5G 商用步伐，加强人工智能、工业互联网、物联网等新型基础设施建设”；2019 年 2 月发布的《粤港澳大湾区发展规划纲要》提出“优化提升信息基础设施，建设全面覆盖、泛在互联的智能感知网络以及智慧城市时空信息云平台、空间信息服务平台等信息基础设施”。在万物互联的趋势下，将物联网作为新型基础设施建设，能够为城市各类设施注入感知能力，形成智慧体系，将是有效解决目前城市低效运行的弊端，促进城市自我变革、智能管理的有效途径。

9.1.1　物联网概念的提出

纵观世界物联网发展史，1995 年比尔盖茨在《未来之路》一书中提及物联网（Internet of Things，IoT）的概念；1999 年美国麻省理工学院（Massachusetts Institute of Technology，MIT）的自动识别中心阿什顿（Ashton）教授提出了基于射频识别（Radio Frequency IDentification，RFID）的理念，被国内外认为是最早提出“物联网”的概念；1999 年，中国科学院开始研究“传感网”，也就是现代物联网的前身，并建立了一批当时较为实用的传感网系统，除美国、德国、日本等发达国家，我国当时就已成为在世界传感网领域相关标准制定的主导国之一。2005 年 11 月国际电信联盟（International Telecommunication Union，ITU）发布了《ITU 互联网报告 2005：物联网》，其中介绍了物联网的特征、相关技术、面临挑战和市场机遇，对早期物联网的概念进行了拓展。2009 年温家宝总理在无锡又提出“感知中国”的理念，从此物联网正式列入国家五大新兴战略产业之一；2011 年中国第一个物联网五年规划——《物联网“十二五”发展规划》由工信部正式颁布，开启了我国物联网发展的新纪元。2012 年 6 月 ITU 对物联网做了标准化定义和描述：物联网（IoT）——信息社会全球基础设施（通过物理和虚拟手段）将基于现有和正在出现的、信息互操作和通信技术的物质相互连接，提供先进的服务。

具体来讲，物联网就是通过射频识别（RFID）、传感器、全球定位系统等信息传感设备，按照约定的协议，把任何物品与互联网连接起来，进行信息交换和通信，以实现智能化识别、定位、跟踪、监控和管理的一种网络[1,2]。

9.1.2　推广物联网的现实意义

物联网作为新一轮产业布局的战略机遇，大力推广发展物联网技术和应用，是国家落实创新驱动、培育发展新动能、建设制造强国和网络强国，实现智慧社会、工业互联网、军民融合等一系列国家重大战略部署的重要举措。

物联网现已成为全面构筑经济社会数字化转型的关键基础设施，紧抓物联网发展新机遇，加快推进物联网基础设施升级，加快培育新技术、新产业，推动传统行业智慧化转型，拓展经济发展新空间，充分发挥物联网对经济发展、社会治理和民生服务的关键支撑作用，对加快构建具有国际竞争力的产业体系，深化物联网与经济社会融合发展，推进国家治理体系和治理能力现代化，打造国际竞争新优势具有划时代的重大意义。

9.2　国内外城市物联网实践与经验启示

9.2.1　国外城市物联网发展概况

1. 美国

1993年9月，为促进经济增长，美国政府公布了“国家信息基础设施”（National Information Infrastructure，NII）行动计划，要求建成遍布全国城乡的大容量、高速、数字传输网——“信息高速公路”，大量通用的和专用的数据库，并连接全国乃至国外丰富的信息资源，为所有机构、企业和家庭用户提供带宽服务[3]。

1998年1月，美国副总统戈尔在加利福尼亚科学中心开幕典礼上发表的题为“数字地球——新世纪人类星球之认识”演说时，提出了一个与GIS、网络、虚拟现实等高新技术密切相关的数字地球概念。

2005年，美国国防部规定此后所有军需物资都要使用RFID标签，用于支持物资的监控与跟踪；同时美国社会福利局（SSA）也要求使用RFID技术追踪SSA各种表格和手册；2006年，美国食品与药品管理局（FDA）建议制药商利用RFID跟踪不合格的药品。

2008年11月，在纽约召开的外国关系理事会上，IBM以题为《智慧地球：下一代领导人议程》的演讲报告，正式提出“智慧地球”概念，旨在将新一代信息通信技术充分运用于地球的可持续发展中。2009年1月，奥巴马政府公开肯定了IBM“智慧地球”思路，随后将物联网作为美国创新战略重点发展领域之一，主要包括智能电网、智能医疗和宽带网络在内的三大领域[4]。

2017年9月，美国国会通过一项关于物联网安全的法案《物联网网络安全改进法案》，制定了政府采购和使用IoT设备（包括电脑、路由和监控摄像头等）的行业安全标准，来改善政府所面临的物联网安全问题。

2018年6月，美国政府制定了“SMART物联网法案”，旨在改变缺乏协作和对话的情况，减少不必要的障碍，以促进政府机构间的讨论，避免冲突和重复监管的问题。

目前，美国在积极推进信息技术领域的企业重组，确保其在信息技术领域的垄断地位，在国家层面上全方位地进行信息化战略部署。一方面，加强对下一代互联网（IPv6）的根服务器的控制，以巩固自己在国际上的信息主导地位；另一方面，在全球推行电子产品电子代码（EPC）标准体系，力图主导全球物联网的发展[5]。

2.欧盟

1994年，欧盟理事会和欧洲议会正式通过“欧洲信息高速公路计划”，明确了欧盟信息社会建设的总体目标和重点行动领域。其主要目标和行动领域主要集中在加快信息和通信技术的基础设施建设与应用；形成适应欧盟统一市场格局的市场环境；促进标准化和网络互联；加强协调和管理，提高公民对信息社会的认识。

此后，欧盟又基于“e-Europe”战略的评估框架，在2000年制定了“e-Europe 2002”计划，在2002年制定了“e-Europe 2005”计划，在2005年制定了“i2010”战略计划，旨在推进信息化建设向各个领域纵深发展[6]。

2009年6月，欧盟执委会发表了题为《欧盟物联网行动计划》（Internet of Things——An action plan for Europe）的物联网行动方案，描绘了物联网技术应用的前景，确保欧洲在构建物联网的过程中起主导作用。9月，发布了《欧盟物联网战略研究路线图》（Internet of Things Strategic Research Roadmap），提出欧盟到2010、2015、2020年三个阶段物联网研发路线图，并提出物联网在航空航天、汽车、医药、能源等18个主要应用领域，以及识别、数据处理、物联网架构等12个方面需要突破的关键技术领域。11月，欧盟委员会以政策文件的形式对外发布了物联网战略，提出要让欧洲在基于互联网的智能基础设施发展上领先全球，除了通过ICT研发计划投资4亿欧元，启动90多个研发项目，提高网络智能化水平外，欧盟委员会还于2011～2013年间每年新增2亿欧元进一步加强研发力度，同时拿出3亿欧元专款，支持物联网相关公司合作，进行短期项目建设。

2015年3月，欧盟成立了“物联网创新联盟（Alliance for Internet of Things innovation，AIOTI）”，汇集欧盟各成员国的物联网技术与资源，创造欧洲的物联网生态体系。5月，欧盟通过“单一数字市场（Digital Single Market）策略”，强调要避免分裂和以促进共通性的技术和标准来发展物联网。10月，欧盟发布“物联网大规模试点计划书”征求提案，广泛向全球征求各种发展物联网产业的方法。

从2014～2017年，欧盟共投资1.92亿欧元用于物联网的研究和创新。目前，欧盟物联网产业发展的重点领域包括：智慧农业、智慧城市、逆向物流（废弃产品回收）、智慧水资源管理和智能电网等。在发展物联网的同时，欧盟也同步进行了各种预防性的研究，例如隐私和安全、商业模式、可用性、法律层面和对社会可能造成的冲击。

3.日本

1994年5月，日本邮政省制定了日本信息高速公路建设计划，将在2010年建成全国性的光纤电信网。

2001年3月，日本内阁推出“e-Japan战略”计划，2002年6月提出“e-Japan战略2002”，2003年7月将“e-Japan战略”调整为“e-Japan战略Ⅱ”，8月又提出“e-Japan战略2003”，这些都可以看做是日本建设泛在信息社会的基础性先行政策[7]。

2004年5月，日本总务省正式提出“u-Japan构想”。2004年12月，发布的“实现泛在（ubiquitous）网络社会政策座谈会”最终报告书，列出了“u-Japan战略”的核心内容，排出了实现泛在网络社会的时间表，成为最早采用“泛在”一词描述信息化战略并构建无所不在的信息社会的国家。

2009年7月，日本IT战略本部发表了“i-Japan战略2015”，继续实施对“u-Japan战略”核心领域的建设，重点推进电子政务、医疗健康和教育人才三大领域的电子化进程。

2016 年，日本经产省为了应对未来数据时代的趋势，针对物联网（IoT）、大数据（Big Data）与人工智能（A. I.）技术提出战略计划，主要包括七个方面：①为促进数据活用的环境整备；②提升大数据人才的培育、取得以及雇用系统；③加速创意、技术更新，落实 Society5. 0；④强化金融功能；⑤协助产业、就业转型；⑥第四次产业革命对中小企业和地区经济波及影响的应对措施；⑦为迈向第四次产业革命，强化经济社会系统。

2017 年 4 月，日本通信运营商 NTT DoCoMo 计划结合物联网与人工智能技术，推出面向奶农的新服务，通过在奶牛脖子上安装传感器，人们可以准确监测其发情期，进而增加挤奶量，而用于肉牛则能提高其繁殖效率。7 月，日本津山市开展了一场物联网照明实验，在一条街道既有的 20 个灯座中增设物联网智慧照明系统，智慧化的路灯能配合人类的步行速度，以追踪的方式持续点灯，方便行人在夜间移动。10 月，日本重工业机械制造商小松制作所组建了一个开放性物联网平台，能够将施工现场可视化，提高施工现场整体作业效率。现今，日本物联网已经应用在农业、工业、交通、能源等领域，涉及国民经济和社会生活的方方面面[8]。

4. 韩国

1993 年 8 月，韩国通信部制定了命名为“超高速信息通信网”的信息高速公路建设基本计划[9]。

2002 年 4 月，韩国提出了“e-Korea（电子韩国）”战略，其关注的重点是如何加紧建设 IT 基础设施，使得韩国社会的各个方面在尖端科技的带动下跨上一个新的发展台阶。

2004 年 3 月，韩国情报通信部发布“u-Korea”战略，旨在使所有人可以在任何地点、任何时间享受现代信息技术带来的便利。

2009 年 10 月，韩国通信委员会通过了《物联网基础设施构建基本规划》，提出到 2012 年实现“通过构建世界最先进的物联网基础实施，打造未来广播通信融合领域超一流的信息通信技术强国”的目标，并确定了构建物联网基础设施、发展物联网服务、研发物联网技术、营造物联网扩散环境等 4 大领域、12 项子课题。

2011 年 3 月，韩国知识经济部在经济政策调整会议上发布了“RFID 推广战略”，加大了在制药、酒类、时装、汽车、家电、物流、食品等七大领域扩大 RFID 的使用范围，分别推行符合各领域自身特点的相应项目[10]。

2014 年末，韩国物联网用户人数为 374 万，2015 年增长至 428 万，到 2016 年韩国物联网用户达到 539 万。在物联网用户不断增长的趋势下，韩国各移动通信商之间在物联网上的战略也有所不同。SKT 是韩国最早搭建全国性物联网专用网络的公司，首先致力于发展车载物联网技术“T5”，搭载物联网的汽车可以与外界进行信息交换和共享，车辆可以通过网络识别信号灯、路况及周边信息。LG U＋则是在家庭用物联网领域 IoT 的表现强势，尤其是 LG U＋旗下应用“IoT@home”更是让居民的生活更加便捷。居民使用智能手机应用 IoT@home 可以对家里的电力、煤气、暖气、照明设施进行远程操控。此外，对于购买基于使用家庭物联网的空调、洗衣机、空气清新器等生活类家电的用户，也可以利用 IoT@home 进行远程控制。KT 则把物联网应用重点放在了健康领域，为防治全球传染病，KT 提出了利用大数据进行分析后，组建可以为健康服务的 IoT 网络，并提出了构建智能检疫系统的设想。

9.2.2 国内城市物联网发展概况

1.传感网

1999年，中国科学院上海冶金所亟须凝练研究方向“如果把具有传感器采集模块、能量管理模块、组网模块、处理模块和执行模块的微系统单元，通过一种特殊的体系把它们协同起来，能做什么？我们给那个‘东西’命名为微系统信息网”，这是我国物联网的原型[11]。

2001年，中科院依托上海微系统所成立微系统研究与发展中心，初步建立传感网络系统研究平台，在无线智能传感网络通信技术、微型传感器、传感器节点、簇点和应用系统等方面取得很大的进展。2004年9月，在北京进行了大规模外场演示，部分成果已在实际工程系统中使用。

2.物联网

2009年8月，温家宝总理视察无锡微纳传感网工程技术研发中心，提出要尽快建立中国的传感信息中心（“感知中国”中心）。11月3日，温家宝总理发表了题为《让科技引领中国可持续发展》的讲话，指示要着力突破传感网、物联网的关键技术，将物联网正式列为国家五大新兴战略性产业之一。

2010年3月，在第十一届全国人民代表大会第五次会议上，温家宝总理在做政府工作报告时指出，要“大力发展新能源、新材料、节能环保、生物医药、信息网络和高端制造产业。积极推进新能源汽车、‘三网’融合取得实质性进展，加快物联网的研发应用。加大对战略性新兴产业的投入和政策支持。”这是首次将物联网写入《政府工作报告》中。

2015年11月，新华社发布的《中共中央关于制定国民经济和社会发展第十三个五年规划的建议》中指出，要实施“互联网+”行动计划，发展物联网技术和应用，发展分享经济，促进互联网和经济社会融合发展。

2016年3月，李克强总理在政府工作报告中指出，要促进大数据、云计算、物联网广泛应用，加快建设质量强国、制造强国。

2017年3月，李克强总理在政府工作报告中指出，要深入实施《中国制造2025》，加快大数据、云计算、物联网应用，以新技术新业态新模式，推动传统产业生产、管理和营销模式变革。

2017年6月，工业和信息化部发布《关于全面推进移动物联网（NB-IoT）建设发展的通知》要求加快推进NB-IoT网络部署，到2017年末，实现NB-IoT网络覆盖直辖市、省会城市等主要城市，基站规模达到40万个；到2020年，NB-IoT网络实现全国普遍覆盖，面向室内、交通路网、地下管网等应用场景实现深度覆盖，基站规模达到150万个。

2018年3月，李克强总理在政府工作报告中指出，要深入开展“互联网+”行动，实行包容审慎监管，推动大数据、云计算、物联网广泛应用，新兴产业蓬勃发展，传统产业深刻重塑。

中国自上而下对物联网发展的高度重视和政策扶持，使物联网发展驶入了快车道，物联网产业发展迎来前所未有的机遇。目前，中国已形成包括芯片和元器件、设备、软件平台、系统集成、电信运营、物联网服务在内较为完整的物联网产业链，产业规模从2008年的780亿元跃升至2018年的1.35万亿元。

9.2.3 物联网在城市建设管理实践中的启示

物联网作为由互联网进化而来的新物种，近年来逐渐开始在我国城市建设管理中扮演着城市管家的角色。利用物联网自身具有的感知特性，通过在城市中布置的各类传感监测机构，全方位传递城市的各类信息，并对信息智能化过滤筛选，及时对城市建设管理过程中出现的各类状况做出反应，实现对整个城市的运行智能化管控，为人们提供更加贴心、智能的管家式服务，营造平安、和谐、宜居的城市生活空间。物联网自身也支持多种应用平台[12~16]，在公共安全、城市管理、生态环境保护、城市交通、城市管理、城市基础设施等领域都具有很好的适应性和针对性，最终使整个城市建设管理更加科学和可持续发展，部分应用场景如表 9-1 所示。

物联网在城市建设管理领域的部分应用场景　　**表 9-1**

应用领域	应用场景
公共安全	出入境人员管理,居民身份识别
	监测环境的不稳定性,根据情况及时发出预警
	加强对重点地区、重点部位的视频监测监控及预警
	对建筑工地、矿山开采、水灾、火警等现场的信息采集、分析和处理
	加强对危险物品监控、垃圾监控、可燃物排放、有毒气体排放、医疗废物等的全流程过程监测和控制
	监察执法管理的现场信息监测
城市管理	建立户外广告牌匾、城市家具、棚亭阁的管理体系
	各类作业车辆、人员的状况,对日常环卫作业、垃圾渣土消纳进行有效的监控
	提升政府政务平台工作效率
生态环境	大气和土壤治理,森林和水资源保护,应对气候变化和自然灾害
	污染排放源的监测、预警、控制
	空气质量、城市噪声监测
	水库河流、居民楼二次供水的水质检测
城市交通	道路交通状况的实时监控
	道路自动收费
	智能停车
	实时车辆跟踪
市政设施	城市道路系统
	城市水、电、燃气、热力等重点设施和地下管线实施监控
	城市轨道交通系统
	快速公共交通系统
	综合交通枢纽
	智能电网
	城市给水、排水系统
	流域水质监控
	固体废弃物处理系统
	城市地下空间
	综合管廊和海绵城市

1. 在公共安全的应用

物联网技术能够很好地应用于城市安全监控，以及海关、出入境的人员管理、车辆违法追踪、居民身份识别、消防应急人员组织等方面。在城市安全监控方面，得益于人脸识别技术的发展，通过感知智能摄像头远距离采集人像数据，将人与复杂的周边环境精准分离出来，数据通过网络传输，传送至云计算中心，与数据库人像资料进行匹配，分析人与物的不安全状态，可实现对犯罪嫌疑人的精准锁定，进行持续跟踪。在城市防灾方面，可以实时监测环境的不稳定性，对建筑工地、矿山开采、水灾、火警等现场的信息采集、分析和处理，根据情况及时发出预警。

2. 在城市管理的应用

物联网技术可以用于建立户外广告牌匾、城市家具、棚亭阁的管理体系，确保公共设施稳定运行。智慧化的城市管理能够进一步实现政府部门的工作目标，有效促进政府政务平台工作进度，及时发布城市管理相关的信息与内容；实现信息的及时反馈与处理工作，让民众能够直接对城市进行监督，及时反馈信息，促进智慧城市的建设与管理工作；促进城市的安全管理工作，政府部门能够通过物联网技术将城市的相关信息进行处理与分析，从而降低突发事件的发生概率，提高突发事件的处理效率，为居民提供更加安全、稳定、和谐的生活环境。

3. 在生态环境保护的应用

目前构建生态型城市成为新时期的发展理念，在相关物联网建设中，将智能传感器设置到各区域终端，监控环境污染情况，通过传感器将收集到的环境数据记录下来，监控大气、土壤、水、工业废弃物、废水排放等的状态，以便及时了解环境变化，及时解决环境问题，实现智慧城市的生态发展。例如，为确保城市大气质量，在城市内部和城郊植树造林是行之有效的举措。如何避免树种选择种植的不当、植被绿化效果不佳而造成重复绿化投入，物联网凭借其强大的监控、检测能力能很好地避免重复绿化投入，城市热力图可用于分析区域的实际情况，合理选种植物和有效降低投资。

4. 在交通领域的应用

智慧交通是以物联网技术为支撑，汇集交通信息，建立起城市道路交通与公众、交通管理部门之间的联系。将物联网技术应用到城市交通管理中，能够对各个路段进行实时监控，一旦发生交通事故等情况，及时帮助管理人员疏导交通，了解事故发生的原因，有效降低交通事故的风险。智慧化的城市交通，能够及时让城市居民了解各个路段的交通情况，有效避免堵车事件，通过科学配置道路的运输能力资源和自动调度，可以提高居民的出行效率，同时降低拥堵再次发生的概率。另外，交通管理部门也可以通过对交通数据的充分处理与控制，对交通情况进行优化，通过信息的收集、存储、再传输的过程，实现城市道路交通的有效管理，保障道路交通运输畅通无阻和道路运输安全，提高城市交通部门的服务水平，促进社会的进步，从而使整个城市的交通环境都能有一个质的提升与飞跃，提高居民出行质量。例如，车辆不停车收费系统（Electronic Toll Collection，ETC），利用物联网 RFID 技术，应用于车辆过站定位和车流量管理，实现不停车快捷收费，大幅提升了通行效率。

5. 在城市基础设施的应用

物联网在基础设施应用领域应用得十分广泛。基础设施物联网包括水质监测、给水排水、电力、供气、综合交通枢纽、固体废弃物处理、地下空间、海绵城市、综合管廊和城市道路等相关系统的物联网建设和智能化管理。

水质监测系统物联网应用包括取水预处理系统、数据采集系统、预警系统等，其感知层又包含温度传感器、pH值传感器、浊度传感器、氧气含量传感器等，通过传感器的感知，数据中心智能记录监测数据，对各水域采集的数据进行分析挖掘，实时在线监测水质变化，如水质出现超标情况，预警系统响应，节省大量的人力、物力和财力。

城市供水系统物联网应用是一个全方位信息化的管理系统，从水源、取水泵、自来水厂、供水管网、加压泵站、消火栓等全面进行互联，从源头开始保证供水安全。建立起供水设施管理系统、智能监控网络、指挥调度系统和客户服务体系，全面提升供水质量、应急处置能力和服务水平。

城市污水系统物联网应用是借助传感器收集污水温度、水质变化、压力变化和化学物质泄漏等数据，将这些数据回传数据中心，数据中心将这些数据信息综合成可操作的应对措施，用于跟踪整个处理厂的流量并可以访问这些数据。

城市供气系统物联网应用是建立监控、评估、预警与管网巡检养护四位一体的供气安全运行体系。如在供气设施、密闭空间和重要区域安装视频监控和红外检测；在管网主要节点、重要部位安装燃气泄漏监测仪；定期进行风险评估，确定管线腐蚀程度、风险区域等。

智能电力系统中所用到的感知层包括RFID设备、各类传感器、监控摄像头和远程抄表系统等。在用电设备物联网环境下，首先对设备进行状态监测，通过传感器采集的用电设备的运行信息，将有效信号提取出来；下一步分析诊断，对系统的数据进行分析处理，与数据库中的故障信息进行同类比对，根据数据库中的反映设备状态的征兆或特征参数的变化情况进行分析，依据特征参数的实时数据值是否超出正常取值范围进行判定，判断故障的存在、性质、原因、严重程度以及发展趋势；最后进行预防治理，根据分析、诊断得出的结论，通过软件编程在监测界面发出报警信号，并对设备进行重点监测和巡回监测。

城市道路系统物联网应用包括交通信号控制系统、地理信息系统、路灯照明系统、交通监控系统、电子警察系统、车流量检测系统等。在传统互联网范畴里，城市道路系统各子系统各成系统，独立分散控制。为加强集约共建，各地试点建设智慧杆，成为城市物联网感知设备平台，城市道路各子系统系统可实现共建共享、协同控制的目标。

智慧杆具备“有网、有点、有杆”三位一体的特点，有利于顺应物联网发展趋势，集约整合成为智慧应用的市政设施。它能够对城市照明、交通、治安、气象、环保、通信等多行业信息进行采集、发布以及传输，形成一张智慧感知网络，实现对城市各领域的精确化管理和城市资源的集约化利用。2019年3月14日，广东省智慧杆产业联盟在广州正式成立，成为全国首个由政府官方指导成立并呈产业化布局、规模化推广的智慧杆联盟。

9.3 城市物联网基础设施架构

9.3.1 物联网与互联网、智慧城市的关系

互联网（Internet），又称因特网，指的是网络与网络之间的串联而成的网络，这些网络以计算机为媒介，相互以约定通用的协议相连，将计算机网络互相连接在一起，在这基

础上发展出覆盖全世界的全球性互联网络。物联网由互联网发展而来，二者关系密切。一方面，物联网强调的是物与物之间的互联，是物与物之间信息的反馈，强调的主体是物，互联网是人与人之间的互联，是人与人之间信息的交流，交换的信息具有互动属性，强调的主体是人；另一方面，两者又紧密联系，互联网自始至终都是物联网的基础和核心，其高度的发展为物联网的出现提供了可能。物联网依附于互联网，是建立在互联网上的泛在网络，通过互联网的各种高速传输途径，准确地表达物体信息并精准传递出去，为人与物之间的沟通建立了纽带，最终实现人与物、物与物的相互联系，可以说，物联网是互联网发展进程的一次重大的变革。

2008 年 11 月，IBM 正式提出“智慧地球”概念，之后国内逐渐衍生出了“智慧城市”的概念。智慧城市是城市发展和网络信息技术的有机融合，是社会发展到一定程度的产物，目前还没有标准定义。智慧城市的核心是利用物联网、云计算、互联网、大数据等新一代信息技术，提高城市规划、建设、管理、服务、生产、生活的自动化、智能化水平，实现透彻感知、泛在互联、普适计算与融合应用，进而实现城市的更高效、更便捷、更低碳的智慧运行和管理，促进城市和谐、可持续发展。相比于传统的数字化城市，智慧城市是更高阶段的发展[17]，如图 9-1 所示。

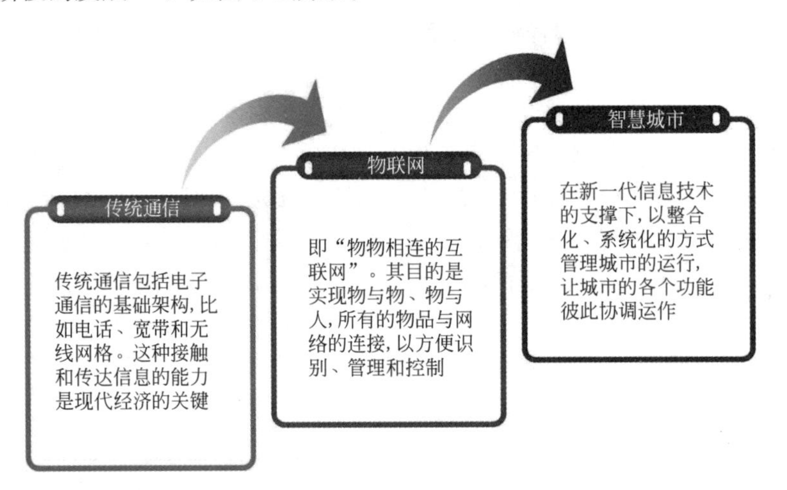

图 9-1　信息通信技术的演进趋势

物联网技术和应用是智慧城市“智慧”功能的重要组成部分，物联网作为智慧城市建设的基础，利用其可感知特性，接收城市的各种信息，实现城市全方位感知，再通过智能化集中平台对收集的各类数据及时进行分析、过滤和处理，实现城市物理空间和数字化空间互联融合，对城市市政、交通、监控、环境等方面的动态变化做出智能化响应和快速决策支持，更好地对城市进行智慧管理。智慧城市可以理解为城市的拟人化，通过物联网的这双“触手”，能够像人一样用智慧的理念、方式、手段来规划、建设、管理、发展自身，从而使城市在今后的发展中能更具有活力和潜力。智慧城市实际是物联网技术在城市发展建设应用的具体表现形式，两者相辅相成、联系密切。

9.3.2　城市物联网基础设施框架体系

物联网系统架构目前尚未形成全球统一标准，国际上普遍将物联网系统架构模型分为三层，即感知层、网络层和应用层。感知层主要完成信息的采集、转换和收集，网络层主要完成信息传输和汇集，应用层主要完成数据的分析处理和应用挖掘。鉴于感知层和网络层与城市基础设施关系密切，因此，文中所讲的物联网基础设施架构模型的核心就是感知层和网络层，如图 9-2 所示。

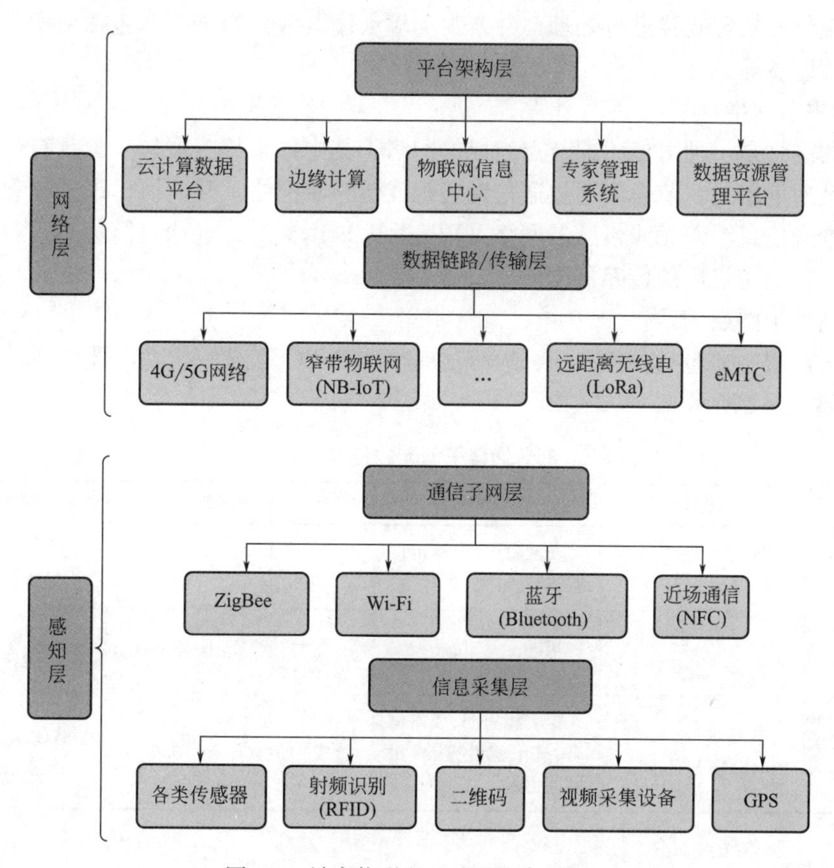

图 9-2　城市物联网基础设施参考架构

1. 感知层

感知层是物联网的“皮肤”和“五官”，可以识别物体，采集信息。其主要功能是利用多种设备采集物品的信息数据，并将采集到的数据通过通信模块与网络层的网关交互信息。感知层又可以分为信息采集和通信子网两个子层。

（1）信息采集层

信息采集层主要包括：二维码标签和识读器、RFID 标签和读写器、摄像头、全球定位系统（GPS）、传感器、传感器网关等数据采集设备。

1）二维码

二维码通常为方形结构，是点阵形式，用黑白相间的几何图形来记录数据符号信息的，是由某种特定的几何图形按一定的规律分布在平面上，通过光电扫描设备或者图像输入设备自动识别并读取其中的信息。

2）RFID

RFID 全称为 Radio Frequency Identification，即射频识别，又称为电子标签。RFID 是一种非接触式的自动识别技术，可以通过无线电信号识别特定目标并读写相关数据。它主要用来为物联网中的各物品建立唯一的身份标示。

3）传感器

传感器是物联网中获得信息的主要设备，它利用各种机制把测量数据转换为电信号，然后由相应信号处理装置进行处理，并产生响应动作。常见的传感器包括温度、湿度、压力、光电传感器等。

4）传感器网络

传感器网络是一种由传感器节点组成的网络，其中每个传感器节点都具有传感器、微处理器以及通信单元。节点间通过通信网络组成传感器网络，共同协作来感知和采集环境或物体的准确信息。而无线传感器网络（Wireless Sensor Network，简称 WSN），则是目前发展迅速，应用最广的传感器网络。

（2）通信子网层

通信子网层主要包括：ZigBee、Wi-Fi、蓝牙、NFC 等通信技术。部分通信子网无线技术比较如表 9-2 所示。

部分通信子网无线技术比较 **表 9-2**

WLAN 技术	优点	缺点	安全性	通信距离(m)	应用场景
Wi-Fi	覆盖范围广、成本低	安全隐患大、稳定性差、功耗较大	低	20～300	智能家居、智慧公交、地铁、公园等
Bluetooth	低功耗、低延时、低成本	传输速率一般	高	10～300	智能家居、可穿戴设备、手机等
Zigbee	低功耗、短延时、网络容量大	穿墙能力弱、成本偏高、抗干扰性差、自组网能力差	中	20～350	智能家居、工业、汽车、农业、医疗等

1）ZigBee

紫蜂（Zigbee）是基于 IEEE802.15.4 标准的低速、短距离、低功耗、双向无线通信技术的局域网通信协议，主要用于距离短、功耗低且传输速率不高的各种电子设备之间进行数据传输以及典型的有周期性数据、间歇性数据和低反应时间数据传输的应用，具有近距离、低复杂度、自组织（自配置、自修复、自管理）、低功耗、低数据速率等特点。Zigbee 的节点非常省电，其电池工作时间可以长达 6 个月到 2 年左右，在休眠模式下可达 10 年，适合用于自动控制和远程控制领域，可以嵌入各种设备。

2）Wi-Fi

Wi-Fi 是创建于 IEEE 802.11 标准的短程无线局域网技术，是当今使用最广的一种无线网络传输技术。其优点是频段无须授权，局域网部署无须使用线缆，降低部署和扩充的成本，适用于物联网智能家居应用；缺点是安全性、稳定性差、功耗较大。

3）Bluetooth

蓝牙（Bluetooth）是一种无线技术标准，可在包括移动电话、无线耳机、笔记本电脑、相关外设等众多设备之间进行无线信息交换。蓝牙使用短波特高频（Ultra High Frequency，UHF）无线电波，经由 2.4～2.485GHz 的 ISM（Industrial Scientific Medical）频段来进行通信，通信距离从几米到几百米不等。为适应物联网发展，蓝牙推出了很多优秀特性：一是实现了低功耗，覆盖范围最大可超过100m；二是支持复杂网络，优化了一对一连接，支持一对多连接；三是增加设置设备间连接频率的支持；四是使用AES-128 CCM加密算法提高了安全性。其缺点主要是各个版本不兼容，组网能力差，以及在2.4GHz频率上的电波干扰问题等。

4）NFC

NFC全称为Near Field Communication，即近场通信，是由RFID技术及互连互通技术整合演变而来的，通过在单一芯片上集成感应式读卡器、感应式卡片和点对点通信的功能，利用移动终端实现移动支付、电子票务、门禁、移动身份识别、防伪等应用。

2. 网络层

网络层是物联网的“神经”，起到数据终端接入和传输汇集作用。感知层获取信息后，依靠网络层传输至网关或数据中心。网络层包含各种无线/有线网关、接入网和传输网，实现感知层数据和控制信息的双向传送、路由和控制。

物联网网络层主要包括传输网和蜂窝物联网。传输网由公网与专网组成，典型传输网络包括电信固网、移动传输网、广电网、电力通信网、专用网（数字集群）等，目前以光纤宽带网络为主。蜂窝物联网（C-IoT）是以蜂窝网络为主要接入手段的低功率广域物联网，是蜂窝移动通信网和物联网相结合的产物。C-IoT主要包括4G网络、5G网络、增强型机器类通信（eMTC）、窄带物联网（NB-IoT）和远距离无线电（LoRa）等技术。蜂窝物联网主要技术比较如表9-3所示。

多种蜂窝物联网技术比较 **表9-3**

C-IoT技术	频谱	信道带宽	吞吐量	优点	缺点	应用场景
5G	授权频谱	450～6000MHz，24250～52600MHz	约1Gbps	传输速度快、稳定性好、延时短，网络容量大、兼容性强，支持高频传输	信号穿透率较弱	有较高精度要求的远程控制应用，如自动驾驶、远程医疗、虚拟现实等
NB-IoT	授权频谱	180kHz	＜250kbps	覆盖广、功耗低、容量大、架构优、成本低	速率低、移动性差、不支持语音	低速或固定设施领域，如远程抄表、资产跟踪、智慧路灯、智慧农业等
eMTC	授权频谱	1.4MHz	＜1Mbps	速率高、支持连接态的移动性、可定位、支持语音	覆盖能力弱，成本较高	可穿戴设备、楼宇安防、智慧物流等
LoRa	非授权频谱	125/250/500kHz	＜50kbps	传输距离长、功耗低、容量大、成本低	速率低、移动性差、存在时延、需独立组网	远程抄表、资产跟踪、智慧路灯、智慧农业等

（1）4G网络

4G即第四代移动通信网络，包括TD-LTE和FDD-LTE两种制式，是基于3G通信技术基础上不断优化升级、创新发展而来，融合了3G通信技术的优势，并由此衍生出了一系列自身固有的网络特征。

（2）5G 网络

5G 即第五代移动通信网络，是 4G（LTE-A、WiMAX）、3G（UMTS、LTE）和 2G（GSM）的技术演进，其最高理论传输速度可达每秒数十 Gb。5G 是移动通信和物联网的未来，是新一代信息技术的发展方向和数字经济的重要基础。它能为各种设备或应用服务提供异常快的通信速度、最大的连接性、超低延迟（目标是小于 1ms），支持移动边缘计算（MEC）和网络切片技术，以及无处不在的覆盖范围，这些优势将使 IoT 比现在更加优越和有效，例如工业物联网、虚拟现实和自动驾驶等场景必须 5G 技术才能实现。

5G 网络能够实现人与人、人与物、物与物的连接，广覆盖、大连接的特点将为海量物联网设备接入和移动数据采集奠定良好基础，为智慧城市提供精准、全面、实时、高价值的数据分析和决策支持，促进城市治理更加科学高效、居民生活更加智能便捷。

（3）NB-IoT

NB-IoT 全称为 Narrow Band Internet of Things，即窄带物联网，定位于运营商级、基于授权频谱的低速率物联网市场，可直接部署于 GSM 网络、UMTS 网络或 LTE 网络。它支持低功耗设备在广域网的蜂窝数据连接，具有覆盖广（有能力覆盖地下停车场、地下管网）、连接多（单个扇区可支持 5 万～10 万个终端的接入）、速率快、成本低、功耗低、架构优等特点，在位置跟踪、环境监测、智能泊车、远程抄表等领域拥有广阔的应用前景。

（4）eMTC

eMTC 全称为 enhanced Machine-Type Communication，是基于 LTE 演进的物联网接入技术，与 NB-IoT 一样使用的是授权频谱，支持高速移动、可靠性和拥塞控制，支持独立定位。其特点一是速率高，支持上下行最大 1Mbps 的峰值速率；二是移动性好，支持连接态的移动性，物联网用户可以无缝切换；三是可定位，有利于物流跟踪；四是支持语音，可用于紧急呼救相关的物联网设备；五是支持 4G 网络复用，可基于现有 4G 网络直接升级部署[18]。

（5）LoRa

LoRa 全称为 Long Range Radio，即远距离无线电，是 Semtech 公司研发的低功耗广域网无线通信技术，其产业链成熟比 NB-IoT 早，并在全球超过 100 个国家布置了 LoRa 网络。LoRa 联盟成立于 2015 年 3 月，目前全球拥有超过 500 个会员（阿里巴巴、腾讯和中兴已加入），已构成完整的生态系统。LoRa 最大特点就是在同样的功耗条件下比其他无线方式传播的距离更远，实现了低功耗和远距离的统一，在同样的功耗下比传统的无线射频通信距离扩大 3～5 倍，适合于低功耗、低成本、广域物联网应用的非授权频段技术，用户不依靠运营商就可完成 LoRa 网络部署，但也有无法移动的致命缺点，也使其无法实现深度覆盖。

9.4 城市物联网基础设施关键技术要点解析

9.4.1 感知层规划要点

1. 建设现状

物联网感知层主要包括传感器、摄像头、定位系统、RFID 标签和读写器等各类感知设备，对任何需要监控、连接、互动的物体或过程实时采集，实现对物和过程的智能化感知、识别和管理。目前，全国各地都在大力推动智慧城市建设，在初期阶段，物联网感知设施是智慧城市基础设施建设的重中之重。

传统的市政基础设施建设，由行业部门在各自领域独立设置监测装置，独立进行管理，如公安部门的治安监控、交通部门的桥梁隧道监测、环保部门的空气质量监测、运营商的基站杆塔等均为独立建设、独立运维，数据无法共享，并且一定程度上存在重复建设问题，甚至对城市景观造成影响，迫切需要加强统筹部署、推进资源整合。

路灯在城市中分布广泛，在智慧城市建设中成为重要的感知终端载体，成为物联网感知设施全面覆盖落地实施的最佳切入点。智慧灯杆遵循城市道路、街道分布，是按照“共建共享、一杆多用”理念，将各种技术和应用集于一身的新型信息基础设施，在物联网中扮演“末梢神经元”的角色。它融合路灯、交通灯、安防监控、基站、交通指示、环境监测、应急求助、充电桩、显示屏、垃圾箱和市政井盖监测等多种功能于一体，能够对照明、公安、通信、气象、环保、市政等多行业信息进行采集、发布以及传输，形成一张智慧感知网络[19]。

智慧灯杆可以模块化设计实现“一杆多用”，既不破坏公共设施的可用性、安全性以及城市的美观性，又能够有效解决感知设备快速布局的选址难题和城市里“杆塔林立”的问题，实现对城市各领域的精确化管理和城市资源的集约化利用。自 2014 年国内提出以来，智慧灯杆技术上已日趋成熟，随着 4G、5G 网络的快速建网需求，各地纷纷开展示范项目或示范工程，如北京副中心智慧灯杆、上海莘庄商务区智慧路灯、广州广钢新城智慧社区试点、深圳东门智慧路灯、天津于家堡智慧城市项目等。

2. 国内外智慧灯杆建设案例[20]

中国香港特区由政府资讯科技总监办公室与路政署领导，计划 2019～2022 年建设 400 根智慧灯杆，集成路灯、4G/5G 基站、全景摄影机、蓝牙交通探测器、气象传感器、空气质量传感器等多种功能，每根灯杆处设置工业计算机和网络设备，数据加密后传送至相关管理部门。

深圳市多条市政道路改造已将多功能智慧杆纳入方案，借助智慧杆的物联网感知点，打造具备无线 Wi-Fi、车路协同功能的智慧道路，具备集约整合、精细服务、精明管理、数据开放等特征。

雄安新区容城县采用物联网无线组网技术对路灯集中控制，做到按需亮灯，可节约城市路灯综合用电量的 72%左右，节省人力物力的维护成本约 60%。它集成了 Wi-Fi、摄像头、气象监测器、充电桩等设备，未来还将垃圾箱、检查井盖监测以及更多的物联网检测设备集成进来，为共享单车停放、广场舞扰民、施工工地噪声和粉尘等难题提供有效解决方案。

天津市于家堡智慧城市项目包括以智慧路灯为载体的物联网基础设施、智慧交通设施、智慧城市物联网总控中心以及智慧交通、智慧安防、智慧环保、智慧应急、智慧停车等智慧应用，具备 Wi-Fi、视频监控、城市环境监测、公共广播、一键报警和显示屏信息发布、5G 微基站、充电桩等多项功能。

美国芝加哥智慧杆应用具有“基站＋识别车辆碰撞”的特点。在路灯杆安装传感器，收集城市路面信息，检测环境数据，如空气质量、光照强度、噪声水平、温度、风速。通过检测蓝牙和 Wi-Fi 信号，感知附近用户的手机，计算某一特定区域实时的人数。

洛杉矶利用智能互联路灯，布设新技术和物联网功能，包括对路灯配备传感器，安装软件以收集数据、分析信息。通过新的声学传感和环境噪声监测传感器，可探测车辆碰撞的声音，直接向市通信调度系统提供及时信息。将路灯与枪声收集设备相结合，可有效、精准地定位犯罪地点，降低犯罪率。

3.智慧灯杆建设面临的问题

（1）规划设计层面缺乏统筹

一是功能集成缺少规划统筹。目前各地的智慧灯杆普遍为局部试点，各类功能以零碎需求为主，往往建设初期才去征求相关部门的需求，各部门建设计划难以统一，缺乏系统性的统筹规划。

二是缺少与相关规划的衔接。智慧灯杆集成的功能种类，与建设道路所处区域有较强的相关性，需加强与城市规划的有效衔接、全局谋划，例如商业、居住和景观用地区域，与工业、物流用地区域对安防监控、环境监测、基站、显示屏等功能需求会有较大差异。同时，智慧灯杆的用电负荷约是传统路灯的 10 倍左右，还需加强与供电部门配网规划的衔接，合理落实电源。

（2）建设组织与运维管理职责不明确

智慧灯杆集成多种功能，涉及部门多、管理难度大、建设成本高，围绕智慧灯杆建设，很多城市编制了相应的技术标准，能够有效指导工程建设，但在具体建设组织和运维管理环节，目前全流程管理不明确、职责权限不清晰。

（3）商业盈利模式不清晰

智慧灯杆的综合造价高昂，是传统道路照明的 5～10 倍左右。目前投资主体不明确，且尚未形成成本分摊机制；同时仅靠运营商的基站租金难以为继，缺少足够的利润来源，盈利模式尚在探索中，对大规模普及建设造成了较大的制约。

（4）功能集成创新不足

在现阶段，智慧灯杆以物理整合为主，各类监测感知设备直接挂载于灯杆上，小型模块化的系统集成不足，除了少量大型交通指示牌合杆以外，其他大部分杆体荷载较大，杆体和基础成本较高。

（5）数据管理平台有待整合

目前智慧灯杆主要完成了各类功能物理上的集约整合，初步形成一张智慧感知网络。但在各行业中呈现“烟囱化”——他们有独立的应用管理系统、有独立的接口标准和数据格式，甚至有独立的网络和“碎片化”——无法实现互联互通、数据的汇聚和综合，缺乏真正有效的途径对各类资源实行跨地域、跨领域、跨行业、跨平台的统筹管理，难以为城市决策者提供全面的数据支撑。例如，路灯中心管理路灯、公安部门管理治安监控、运营商管理基站，缺少统一的物联网数据管理平台，信息孤岛无法破除，难以实现城市大数据的智慧应用服务。

4.智慧灯杆规划要点

（1）加强与城市规划衔接

智慧灯杆建设应以智慧城市为导向，紧密衔接城市规划，明确不同区域智慧灯杆功能种类需求指标，通过详细规划完成智慧灯杆的建设布点。在城市开发边界内的智慧灯杆建设，要纳入城市控制性详细规划，落实管理单元的功能需求、空间管控要求，对应控规“图、表、则”控制内容，输出刚性控制和弹性控制等两类管控内容[20]，以更好地满足提升基础设施智慧水平的建设需求。

（2）坚持主体功能优先原则

智慧灯杆是以交通灯和路灯为主体，集成多种功能的“综合体”（图 9-3）。具体布置应根据交通信号灯和路灯的需要，先路口再路段的顺序，合理调整杆体间距，整体布局设计。在路口区域，智慧灯杆布设应以交通信号灯和交通监控的点位为控制点；其他功能的设置，应根据以上控制点进行统筹布设。在路段区域，以路灯点位为控制点设置灯杆或智慧灯杆。

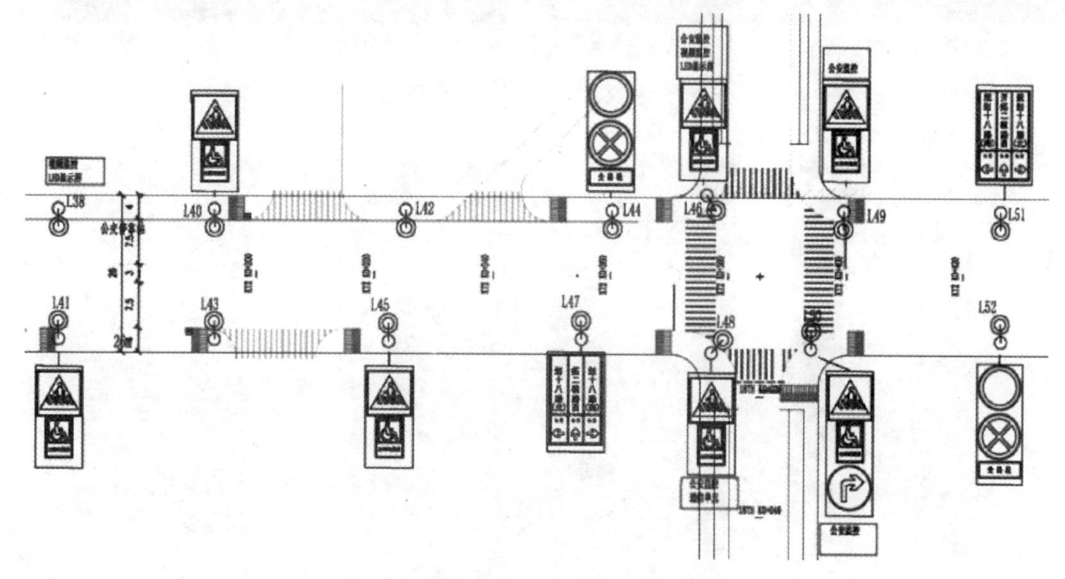

图 9-3　智慧灯杆合杆方案平面示意图

（3）满足多元化需求

一是满足行政部门的日常管理需求。例如，路灯中心管理路灯，公安部门管理治安监控，市政部门需要对检查井盖实现全面监测等，如图 9-4 所示。

二是满足各企业的市场业务需求。例如，运营商需要完成通信基站覆盖，物联网企业需要嵌入和装备传感器，以实现万物互联，如图 9-5 所示。

三是满足安全性需求。智慧灯杆应按照多杆合一、多箱合一和多头合一的要求，对各类杆件、机箱、配套管线、电力和监控设施等进行集约化设置，严格落实相关标准规范，在确保安全性的前提下，实现共建共享和互联互通。

四是满足景观性需求。智慧杆、杆上设施、综合机箱、指示牌、各类监控和监测设备等，应进行系统设计，如“一路一设计”，其色彩、风格、造型等应与道路环境景观整体协调。

五是满足建设方统一建设管理杆体的需求。由于智慧杆同时具有照明、通信、视频监控、环境监测、显示屏、应急求助、充电桩等多项功能，需要统一规划、统一建设、统一运营和统一管理。

照明	经信	公安	住建	环保	交通	城管
• 城市亮化美化 • 促进城市安全	• 监测分析市场经济运行态势 • 通信行业管理	• 侦查违法犯罪行为 • 维护社会治安秩序	• 指导城市建设 • 监督工程质量	• 监督管理环境污染防治工作	• 协调监督道路工程 • 道路交通管理	• 监管违法行为 • 应急求助

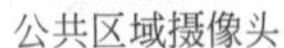
公共区域摄像头

大气扬尘环境监测设备

道路摄像头

水环境监测设备

图 9-4　行政部门日常管理需求

电信	移动	联通	广播广电	物联网
通信基站、天线等通信基础设施的建设，了解各种各种人群的使用数据及使用需求			保证广播信号的传输	传感器的嵌入和装备

通信基站　　通信天线　　电视信号塔　　各类传感器

图 9-5　各类企业市场业务需求

（4）强化管控要求

一是建立联动审批管理机制。明确立项—设计—建设—验收—管理的全流程建设监管模式；注重部门联动协作，提升行政效率。

二是构建城市基础设施物联网服务平台。实现对终端设备和资产的管理、控制、运营一体化；实现信息的上下互联、平行互通，解决物联大数据开发利用问题；研发功能系统模块，提供辅助决策依据。

三是成立管理机构，明确管理职责。道路杆件产权复杂，维护及运营存在多头管理问题，可在地级市层面成立专门的“智慧灯杆”管理机构，加强规划统筹，建立推进机制，制订标准规范。智慧灯杆集成多种功能，各需求单位宜统一协调形成成本分摊机制，明确管理主体和职责权限，实现可持续发展。

（5）提升城市环境品质

智慧灯杆可以成为城市精细化管理、提升发展品质的物联网感知设施载体，在市政道路沿线、古驿道、绿道、碧道、滨水空间等线性空间和重要公共空间，集约整合建设智慧灯灯杆，实现多杆合一，不仅可以提升通信便利，实现环境监测、增强标识性等功能，还可提升城市景观风貌和城市建设品质。

9.4.2　网络层规划要点

城市物联网基础设施架构中的网络层主要是指通信基础设施，包括无线网络、传输网络、局站机房等，其中作为城市基础设施的无线网络重点考虑授权频谱下的运营商移动通信网络。在城市基础设施规划阶段，需结合城市规划，重点完成移动通信基站布局、市政道路下传输管线规划和局站机房布局等内容[21～25]。

1. 物联网对通信基础设施的需求分析

（1）基础设施资源的集约共享

物联网建设的基本要求是“全面覆盖、互联互通、集约共享”。通信基础设施作为物联网感知网络和数据汇聚的重要支撑，是物联网基础设施建设的关键环节，是实现智慧城市的首要基础条件。智慧城市建设需要整合互联网、通信网、物联网各方资源，加快推进通信基础设施的集约共建，实现资源的优化配置，降低建设成本。

（2）全面覆盖支撑智慧业务应用

智慧业务应用能推动政府科学决策水平和工作效能的提高，更好地提升城市智能化精细化管理水平。通信设施的建设将从纵横两个维度全面覆盖，高效支撑智慧业务的各种应用。在纵维度，将打造市、区、街道、社区、家庭各级各层贯穿延伸的基础设施体系，同时为提高政府管理服务水平，把基础设施的触角延伸到公共服务场所等热点区域，实现无线网络的覆盖。在横维度，实现城管、公安、水务、应急等跨部门、多部门、多岗位、多行业、多系统间的统一规划和互联互通，确保为服务对象提供高效能的智慧服务。

（3）对智能应用终端的全面物连

物联网的建设将依赖各类通信基础设施的全面覆盖实现全面物联的目标。充分运用物联网新技术手段实时感测、采集、分析和整合城市运行的各类设施的智能终端数据，形成智慧型基础设施，从而对于各种城市需求做出及时、智能的响应，为人们创造更加美好的城市生活。

（4）与城市规划的协同

进一步加大对通信基础设施的统筹和保护力度，实现通信基础设施建设与城市规划相统一。将通信基础设施建设纳入城市规划，实现通信基础设施与其他规划的有效衔接和同步实施，并在新建的小区和楼宇中预留通信管道和足够大的机房扩容空间，提升信息基础设施服务能力。全面考虑通信基础设施规划建设的总体布局，避免通信基站的布点及配套设施、通信管道等的建设处于被动局面。道路新建时应对通信管道与其他管道的建设进行综合统筹、避免因管道建设而进行道路重复开挖。

（5）基础设施的智能管理

建立物联网基础设施智能管理平台，利用平台汇集和共享城市其他基础设施信息，推动无线传感网络和远程控制技术在城市基础设施监测的应用，建立通信基础设施运行状态预警和辅助决策模型，实现基础设施的实时监测和精细化管理。

2. 基站规划

（1）不同制式网络对基站布局的影响

不同运营商的不同制式或不同频率的基站是逻辑站址，城市规划阶段控制基站站址是指物理站址而非逻辑站址，一个物理站址可能包括多种逻辑基站，如 900MHz、1800MHz、2100MHz、2600HMz，或者 2G、3G、4G、5G 的站址，或者直放站、微基站，或者不同运营商的不同制式的逻辑基站。将不同逻辑站址通过集约化手段梳理成物理站址，是选址规划的任务之一，这样既避免陷入不同制式用户动态变化而难以得出基站的数量，也便于将基站的设置规律纳入城市规划而普遍推广。

典型基站选址按覆盖半径最小、市场份额较大制式的基站所承载用户数来总结基站的设置规律，而其他制式的设置规律也能满足或基本接近使用要求。最终基站布局是要满足各种制式的要求，同时结合各功能片区及其周边片区的现状基站分布、规划用地性质及远期要达到的规划目标等要素进行综合确定。

随着移动通信的演进升级，工作频段逐渐升高，其基站的覆盖半径也不断减小。5G基站覆盖半径经测试已远小于4G基站，规划选址阶段也将以满足5G最高工作频段基站覆盖为主。2019年6月6日，工信部正式向中国电信、中国移动、中国联通和中国广电发放5G商用牌照，标志着我国正式进入5G商用元年，大规模网络建设随之展开。

（2）业务密度分区

无线传播特性主要受地形地貌、建筑物材料和分布、植被、车流、人流、自然和人为电磁噪声等多个因素影响。规划综合考虑城市建成后的无线环境，结合城市规划确定的地块用地性质，将城市移动通信网络服务区域的无线传播环境分为密集城区、普通城区、郊区（含乡镇）等三大类。

当网络服务区域划定后，除非城市规划进行较大调整，原则上保持稳定。规划移动通信业务密度分区建议如表9-4所示。

移动通信业务密度分区建议 **表9-4**

业务密度分区	区域位置	主要特征
密集城区	城市中心、组团中心	区域内建筑物平均高度或平均密度明显高于城市内周围建筑物，地形相对平坦，中高层建筑较多；工作人口、流动人口密度较高
普通城区	一般城市建设区	具有建筑物平均高度和平均密度的区域，工作人口、流动人口密度不高
郊区	城市边缘、非建设区	城市边缘地区、乡村地区，建筑密度较小，以低层建筑为主，人口稀少或季节性差异明显

（3）基站覆盖标准

基站覆盖规划流程包括需求分析、链路预算、小区半径计算、单站覆盖面积计算等步骤。根据网络类型、覆盖区域类型、覆盖目标和校正后的传播模型进行反向链路预算，并结合实际无线网络规划设计经验确定，根据不同的基站高度、城市用地规划和业务密度分区情况，选取不同覆盖半径和站间距。

根据目前5G技术研究分析和试验网测试数据，5G基站各种场景下的规划参考站间距如表9-5所示。

5G基站参考站间距（单位：m） **表9-5**

工作频段	密集城区	一般城区	郊区
2.6GHz	300～400	500～600	1000～1500
3.5GHz	180～260	300～400	400～600
4.9GHz	150～200	200～300	500～600

（4）选址要求

一是加强集约共建，满足互联网、物联网各种应用需求。室外基站是移动通信网络的主要覆盖方式，5G基站将比4G基站数量大幅增加，其建设方式应充分加强与其他设施的集约共建，减少重复建设。站址的选取要与城市规划紧密衔接，与智慧灯杆有效融合，遵循“依法合规、市场运作、统筹规划、合作建设、资源共享、安全可靠”的原则，满足多种应用场景需求，实现区域无线网络多层次、深度覆盖。当常规宏基站难以满足电磁信号覆盖要求时，应通过室内分布系统或其他形式基站来延展天线的覆盖范围。

二是基站应与周围景观协调一致。推广美化天线的使用，并对馈线、机房进行美化。在满足移动通信网络建设目标要求的前提下，对普通天线（定向或全向），采用装饰性材料对天线进行装饰、隐蔽或者遮挡，或采用特型天线，对天线（含天线支撑件）的外观进行美化，实现天线外观与周围景观的和谐统一。

三是符合电磁辐射控制要求。移动通信基站电磁辐射应遵循国家标准《电磁环境控制限值》（GB 8702—2014），当公众暴露在多个频率的电场、磁场、电磁场中时，应综合考虑多个频率的电场、磁场、电磁场所致的暴露，积极采取有效的降低措施。

3. 传输管线规划

（1）城市光缆网络规划

光纤是迄今为止最好的通信传输媒介，光纤接入技术最大的优势在于可用带宽大，可以突破接入部分的带宽“瓶颈”。城市光缆网规划应以“一张光缆网”统一承载为目标，整合多种业务需求、合理划分区域，统一规划，实现资源效能最大化。

光缆网络建设宜基于机房、管道、光缆资源限制并适度超前，按“整体规划、分层建设、分步实施”的原则开展。规划光缆网的网络拓扑结构应满足3年以上需求，光缆容量满足3～5年需求，采用分区分层原则规划。分区即按照综合业务汇聚区、综合业务接入区进行划分。分层即按照逻辑层、物理层划分，逻辑层结合各类传输网络设备统一分层，全网统一规划划分；物理层结合光缆的网络架构，如骨干层、汇聚层、有线接入主配线光缆层、有线接入层光缆，具体如图9-6所示。

（2）通信管道规划

结合区域的发展目标、通信需求、运营商实际需求及管线资源现状，预测规划期内各区域的管道需求。通信管道路由通道大致分为四类：城市快速路、主干路、次干路、支路。快速路属于各区域对外交通系统的组成部分，快速路的管道主要解决长距离通信管道需求。

规划通信网络将全面实现光纤化，逐步实现光纤到户、光纤到桌面，对远期管孔总数的预测不仅要考虑业务量的增长，还要看到以下因素：

首先，从网络结构上，宽带接入光纤到户（Fibre To The Home，FTTH）将采用无源光网络（Passive Optical Network，PON）结构和技术，一根接入主干光纤可以分支成16或32根以上光纤接入住户。单位客户的FTTH可以使光纤至客户驻地网，可采用无源光网络结构，也可采用有源环形结构或者独立的点对点结构。

其次，从技术上看，光纤本身是一种海量的传输介质。光纤实际传输的速率取决于两端的光传输设备，在当前已使用的传输系统中一根光纤上的传输速率已达400Gb/s。光传

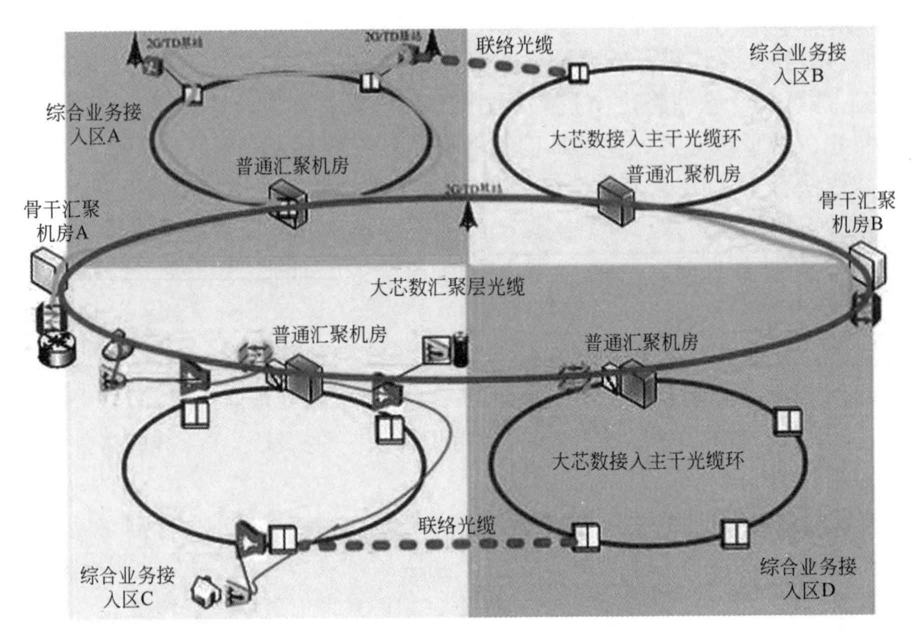

图 9-6　城市光缆网规划总体架构示意图

输设备的成本在逐渐下降，未来信息量的增长可依靠单纤速率的提升来承载，而非完全靠新敷光缆。主干光缆的芯数将逐步增大，成本则不断下降，以现有的实用技术，一根 288 芯的束状光缆直径不足 2.5cm，对地下空间要求较少。

另外，随着国内电信市场的逐步开放，电信行业必将涌现大批的宽带运营企业，城市同一道路两侧会出现多家运营商的业务需求，又会增加对通信管道数量的需求。因此，建议结合城市规划定位、发展现状、互联网及物联网接入需求，针对不同建设区域的需求预留一定弹性空间，合理确定通信管道需求标准（表 9-6）。

通信管道数预测与分配建议（单位：孔）　　　**表 9-6**

道路类型	光缆需求管道					备用	合计
	电信	移动	联通	有线电视	其他运营商		
快速路	2	2	2	2	2	4	14
主干路	4	4	4	2	4	4	22
次干路	2	2	2	2	4	4	16
支路	1	1	1	1	2	2	8

4. 局站规划

按照网络架构进行分类，通信局站可分为核心局房、汇聚机房及接入机房三种类型。其中核心局房一般为网络核心节点，安装核心网络设备，业务范围可以覆盖全市或部分区域，包括省通信枢纽、本地通信枢纽、互联网数据中心、客服呼叫中心、应急通信用房、国际出入口局、国际海缆登陆站、卫星通信地球站等；汇聚机房为局部区域业务汇聚节点，主要安装传输、数据等汇聚设备；接入机房主要指接入节点机房，安装有线和无线接入设备。

（1）核心局房

核心局房应根据运营商需求和城市国土空间总体规划进行均衡布局，按照大容量、少局所（核心局房）、多业务接入、广覆盖的原则进行建设，在新开发区域应合理预留通信机房用地。核心局房宜由运营企业自行建设，不同企业的核心局房避免集中设置。

（2）汇聚机房

汇聚机房应根据城市规划和通信网络发展目标，考虑固定通信和移动等多业务的统一承载要求进行布局，结合地理位置，在业务需求多、发展快的重点区域选取，并尽量位于其覆盖范围的中心区域，便于各类业务的接入。汇聚机房可采用“建、购、租相结合”的原则进行建设，对于新开发区域，则应根据城市规划用地性质，提前预留汇聚机房用地，或者在新建商业楼宇或市政设施中预留汇聚机房位置，建议多家运营商尝试共建共享。

（3）接入机房

接入机房一般为安装有线和无线末端接入设备机房，民用建筑及工业建筑应规划设置通信接入机房，并应满足多家通信企业接入的要求。

9.4.3　数据平台规划要点

物联网是个复杂的生态系统，其越来越多的数据呈现大数据特征。物联网加速了大数据进程，而大数据又推动了云计算的发展；同时借助人工智能和大数据分析挖掘技术，又可以实现物联网业务的智慧化升级。鉴于物联网数据平台的重要性，本节将其从网络层内容独立出来进行描述。

物联网数据平台是支撑多领域碎片化业务的基础设施，它需要做到下与底层设备、上与智慧应用有效联通，而云计算和物联网的结合，能够实现后端数据平台“智慧中枢”的作用。

物联网与云计算的结合存在多种模式，如将云计算按服务类型分类，可分为基础设施即服务（IaaS）、平台即服务（PaaS）、软件即服务（SaaS）；如按云计算资源的使用方式，可分为公共云、私有云和混合云[23]，都可以与物联网有效结合起来。同时，随着部分应用对实时交互功能的快速精准要求，边缘计算近年异军突起，有效提升了物联网边缘节点的数据处理能力。

1. 云计算数据中心

目前，运营商、设备商和互联网公司都在加速构建物联网数据平台，在城市基础设施规划阶段，重点围绕 IaaS 和 PaaS 功能开展相关基础设施规划。

数据中心（IDC）的主要服务包括整机租用、服务器托管、机柜租用、机房租用、专线接入和网络管理服务等。广义上的 IDC 业务，实际上就是数据中心所提供的一切服务。客户租用数据中心的服务器和带宽，并利用数据中心的技术力量来实现自己对软、硬件的要求，搭建自己的互联网平台，享用数据中心所提供的一系列服务。随着互联网用户的迅速增长和企业信息化过程的加速以及电子商务的逐渐成熟，IDC 的发展仍将有极大的空间。

数据中心目前已形成较为成熟的市场化建设模式，一般由运营商、设备商和互联网公司等相关企业，通过梳理、分析自身业务需求或业务发展规划，将其转化为数据中心建设需求或数据中心项目建设规划。城市基础设施规划中，应结合智慧城市规划，重点规划面向公共服务的公共云，需充分调研相关企业的建设需求以落实用地，或在适宜区域预留建设用地。

（1）数据中心分级

数据中心划分为 A、B、C 三级，应根据数据中心的使用性质、数据丢失或网络中断在经济或社会上造成的损失或影响程度确定所属级别[26]。数据中心基础设施各组成部分宜按照相同等级的技术要求进行规划设计，也可按照不同等级的技术要求进行规划设计。

（2）选址要求（表 9-7）

各级数据中心选址要求[26]　　**表 9-7**

项目	技术要求			备注
	A 级	B 级	C 级	
距离停车场	不应小于 20m	不宜小于 10m	—	包括自用和外部停车场
距离铁路或高速公路	不应小于 800m	不宜小于 100m	—	不包括各场所自身使用的数据中心
距离地铁	不应小于 100m	不宜小于 80m	—	不包括地铁公司自身使用的数据中心
在飞机航道范围内建设数据中心距离飞机场	不宜小于 8000m	不宜小于 1600m	—	不包括机场自身使用的数据中心
距离甲、乙类厂房和仓库、垃圾填埋场	不应小于 2000m		—	不包括甲、乙类厂房和仓库自身使用的数据中心
距离火药炸药库	不应小于 3000m		—	不包括火药炸药库自身使用的数据中心
距离核电站的危险区域	不应小于 40000m			不包括核电站自身使用的数据中心
距离住宅	不宜小于 100m			—
有可能发生洪水的区域	不应设置数据中心		不宜设置数据中心	—
地震断层附近或有滑坡危险区域	不应设置数据中心		不宜设置数据中心	—
从火车站、飞机场到达数据中心的交通道路	不应少于 2 条道路	—	—	—

1）电力供给应充足可靠，通信应快速畅通，交通应便捷。

2）采用水蒸发冷却方式制冷的数据中心，水源应充足。

3）自然环境应清洁，环境温度应有利于节约能源。应远离产生粉尘、油烟、有害气体以及生产或贮存具有腐蚀性、易燃、易爆物品的场所。

4）应远离水灾、地震等自然灾害隐患区域。

5）应远离强振源和强噪声源。应避开强电磁场干扰。

6）A 级数据中心不宜建在公共停车库的正上方。

7）大中型数据中心不宜建在住宅小区和商业区内。

8）数据中心机房应能在满足业务需要的前提下，从建筑节能、机房网络、存储和服务器设备节能、机房专用空调系统节能、供电系统节能、环保等方面进行统筹规划建设。

9）新建超大型数据中心，重点考虑气候环境、能源供给等要素。鼓励超大型数据中心，特别是以灾备等实时性要求不高的应用为主的超大型数据中心，优先在气候寒冷、能源充足地区建设。

（3）落实用地

现行《城市用地分类与规划建设用地标准》（GB 50137—2011）并未明确数据中心的用地性质，全国各地已批复的有科研用地（A35）、一类工业用地（M1）、新型产业用地（M0）及通信设施用地（U16）等用地性质。

相关的规划设计标准也未明确数据中心的建设规模所对应的用地规模，规划数据中心的用地规模，应按选址要求，在节约用地的前提下充分考虑建设需求，并避免在土地价值高的地区选址。

2.边缘计算

物联网与云计算的结合，对网络传输能力和后台处理能力有较高要求，一旦终端数量越来越多，数据量将越来越大，后端平台的响应速度将会变慢，对于部分即时交互要求极高的应用将造成极大影响。例如自动驾驶汽车，需要极快的反应速度，如果没有强大的计算能力处理即时数据，即使 100ms 的延时都难以避免事故的发生。因此，边缘计算的投入正当其时。

所谓边缘计算（Edge Computing），就是将应用程序、服务、存储功能放在网络的边缘，在靠近物或数据源头的一侧，采用网络、计算、存储、应用核心能力为一体的开放平台，以此产生更快的网络服务响应，满足行业在实时业务、应用智能、安全与隐私保护等方面的基本需求。

在边缘计算整个体系中包含了四个关键部分：智能设备、智能网关、智能系统、智能服务，它是连接物理世界和虚拟世界的一道“桥梁”[27]。通过边缘计算，物联网末端感知到的数据先由终端单元预处理，然后根据需求将结果再上传到后端平台分析处理。边缘计算具有明显的四个优势及主要应用场景：①低时延：自动驾驶、云游戏；②省传输：视频监控分析、微型蜂窝数据通信网（Micro-Cellular Data Network，MCDN）；③高隔离：工厂、校园本地网；④强感知：智慧网络。在很多应用场景下，信息的采集、处理和反馈都在末端完成，如智能家居、智慧安防、车联网和工业领域等应用，边缘计算都是必要的选择。

在物联网数据处理平台层面，边缘计算将整合大数据、AI、区块链等技术，构建边缘应用。云计算和边缘计算未来将会相互分工、相互融合、优势互补，共同实现智慧应用的良好体验。

9.5 城市物联网基础设施的工程实践与效果

9.5.1 广州广钢新城智慧社区试点

1. 工程概况

广钢新城位于广州市花地大道南128号附近，东临芳村大道、西接花地大道、北靠鹤洞路、南临环城路，整体分四期进行建设，规划总建筑面积1024万m^2，毛容积率1.56；规划居住人口可达19万人；定位为商业中心、高端居住中心、生态中心三大黄金板块，打造广州唯一的国际中央居住区。

鉴于以前的市政道路路面上各种杆塔林立，同类杆件的重复建设及互不共享，不仅严重影响市容，而且极度浪费城市中宝贵的空间资源。另外，部分相邻杆件存在互相遮挡问题，影响驾驶人员及行人识别，使用上造成相互影响。因此，提出基于资源共享的“智慧城市、智慧道路，一杆多用”的智慧灯杆设计方案用于广钢新城智慧社区建设。

2. 功能集成

智慧灯杆主要由杆体、物联网网关、光电盒组成。设计智慧灯杆杆型高9m，可搭载照明、通信设备、LED屏幕、监控等设施，并预留接口满足未来其他设施搭载需要。物联网网关可实现前端智慧灯杆路由汇聚功能，灯控、监控、广播、Wi-Fi、信息发布、交互、应急求助、环境监测可通过网线接入智慧灯杆物联网网关，从而通过光纤接入管理平台。光电盒拥有光电一体的功能，市电和光缆两路接入，内置光网络单元（Optical Network Unit，ONU)，多路输出，可实现网络通信、电源分配、电能计量、远程控制、光分路等功能。

整合后的智慧杆分层设计[28] 如下（图9-7）：

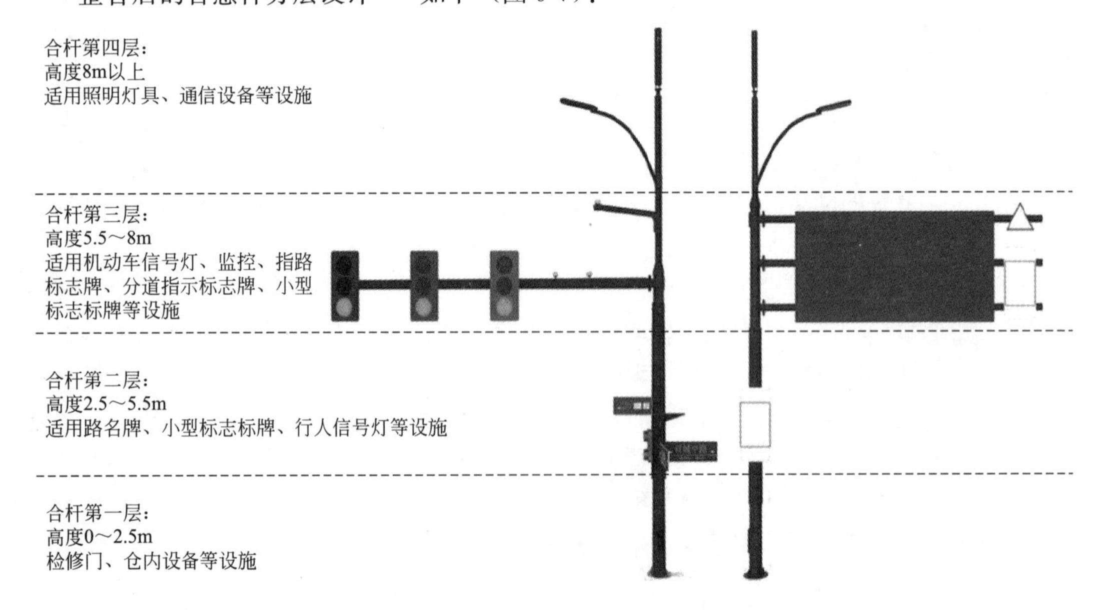

图9-7 广钢新城智慧灯杆分层设计方案图

注：引自广州市住房和城乡建设委员会.广州市智慧灯杆及道路合杆整治技术导则.2018

（1）高度 0.5～2.5m，适用于检修门、仓内设备等设施。

（2）高度 2.5～5.5m，适用路名牌、小型标志标牌、行人信号灯等设施。

（3）高度 5.5～8m，适用机动车信号灯、监控、道路指示牌、分道指示标志牌、小型标志标牌等设施。

（4）高度 8m 以上，适用照明灯具、通信设备等设施。

根据智慧灯杆对宽带的需求及每根预留模块的需求，智慧灯杆采用光纤通信方案及无线自组网方案进行通信网络建设，对纤芯总需求较少。光缆组网方案如图 9-8 所示。

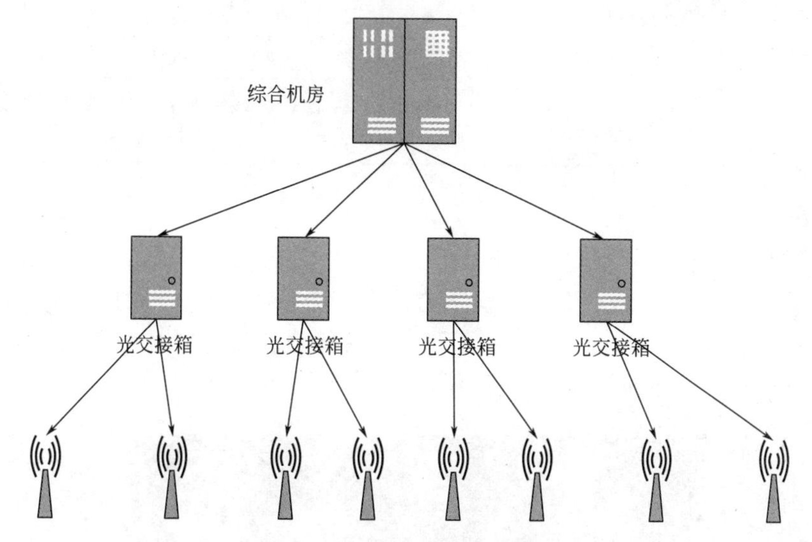

图 9-8　广钢新城光缆组网方案

基于以上硬件设施，后期计划建立一个有效的综合管理平台，对其进行实时管理。平台可通过新型的物联网、云计算、视频技术、地理信息系统（GIS）等多种前沿技术，面向智慧灯杆管理和平台化建设需求，解决杆体收集数据的综合感知、标准化接入、可视化展示及智能化联动问题，并具备与智慧灯杆上各应用模块兼容以及开放与外部第三方系统对接的能力。

管理平台规划接入智慧照明、智慧安防、LED 彩屏等功能模块（图 9-9）；并且后期支持扩展智能感知、一键呼叫、公共广播、公共 Wi-Fi 等各种功能模块。公安视频监控、智慧交通、通信网络等功能模块接入各自原有平台，各功能的接入平台分配如表 9-8 所示。

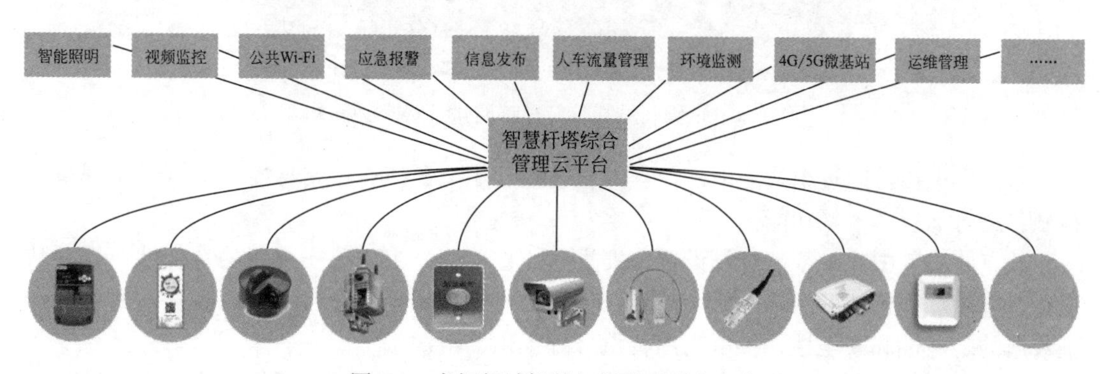

图 9-9　广钢新城智慧灯杆管理平台方案

各功能平台接入情况　　表 9-8

序号	应用领域	接入平台	接入理由
1	智慧照明	智慧灯杆综合管理云平台	实现单灯或批量精细化控制，智能调光二次节能，并结合光感应控制器设置特定智能策略
2	智慧安防	智慧灯杆综合管理云平台	实现人脸识别、车辆识别，实现监控无死角
3	LED 彩屏	智慧灯杆综合管理云平台	与平台进行对接，管理部门可以在后台信息发布应用，对信息公告屏远程发送节目
4	通信网络	营运商原有运维平台	营运商自有通信专网，自行接入
5	公安视频监控	公安视频专网自有平台	公安视频要求信息保密，接入他们原有的平台
6	智慧交通	自适应交通控制系统	交通控制系统必须与现在使用的广州市 SCATS 系统兼容，并接入原有的平台

3. 建设方案

广钢新城智慧灯杆试点项目方案试点首期路段（图 9-10）全长约 0.7km，分 2 个路段，总共设置智慧灯杆 31 根。开拓一横路东设置 23 根，按 25m 间距单边布置；团结路中设置 8 根，按 25m 间距单边布置。光缆管道与电缆管道合建，采用 4 根 110PVC，每根灯杆处设手孔井，预留管道布放线缆线管至路灯集中布线器。

图 9-10　广钢新城智慧灯杆首期建设路段示意图

路灯供电接自附近箱式变电站，与综合管廊共用电源。通过路灯控制平台可实现单灯控制、路灯运行监测等功能。

试点路段其中 5 根智慧灯杆设置公安视频监控功能。由于公安视频的特殊性，视频数据通过智慧灯杆预留的两芯光纤（裸芯）传回公安视频系统。平台不参与数据的回传，保证数据的隐蔽性和安全性。供电则用智慧灯杆提供的电源端子。

试点路段将交通指示牌和交通灯合建于智慧灯杆上，结合原有开拓一横路、团结路交通工程规划，共规划 15 根智慧灯杆设置交通标志牌功能，6 根智慧灯杆设置交通灯功能。交通控制信号系统可提供两种接入方案：一是接回交通部门的控制系统，二是接入智慧灯杆的管理平台，通过平台再把数据传输给交通部门，可根据交通部门要求确定。供电则用智慧灯杆提供的电源端子。

试点路段其中 6 根智慧灯杆设置 LED 彩屏功能。利用光纤与平台进行对接，管理部门可以在后台发布应用信息，以及对远程信息公告屏发送节目。

智慧灯杆设置基站，可以缓解通信容量需求不断上涨与通信基站建设密度不够的矛盾，改善信号覆盖状况。通过智慧灯杆的微型基站部署满足小区外围的路面以及沿街商铺的无线覆盖，满足 5G 演进，解决智慧小区无线通信、手机上网、“物联网＋应用”回传链路等一系列问题。

广钢新城智慧杆作为广州智慧城市的重要设施，充分利用物联网、云计算、移动互联网等新一代信息技术的集成应用，将为社区居民提供一个安全、舒适、便利的现代化、智慧化生活环境。

9.5.2　中山翠亨新区通信基础设施规划

1. 工程概况

中山翠亨新区位于中山市南朗镇、马鞍岛及东部临海区域，总规划面积约 $230km^2$。规划远期（2030 年）人口 85 万人，城市建设用地规模控制在 $80km^2$，规划范围如图 9-11 所示。

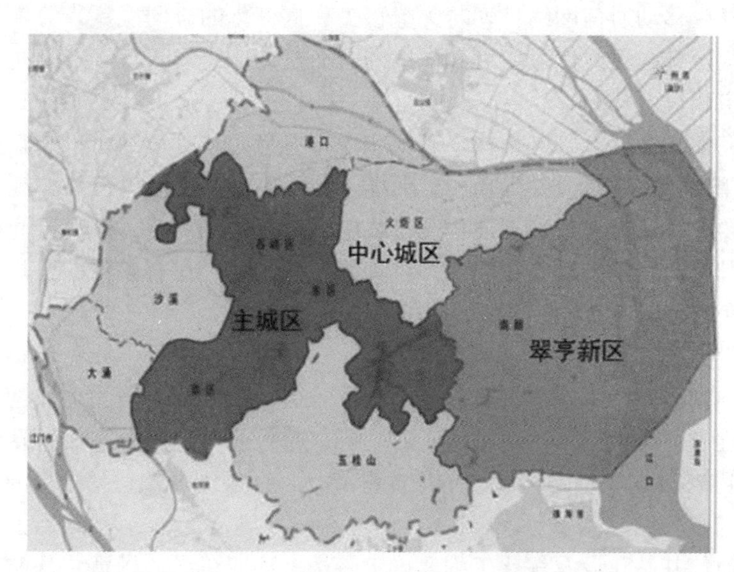

图 9-11　翠亨新区规划范围示意图

中山翠亨新区规划构建宽带、融合、安全的下一代通信网络，以智能化、可持续发展、具有物联网时代特征的“智慧城市”发展目标为重点，在新区建设中进一步优化通信基础网，同时积极推进传统网络向数字化方向的升级转化，促进信息产品的数字化、宽带化和综合化，大力发展社会服务信息化。

翠亨新区通信基础设施建设，以“全面规划，分步实施”为原则，根据新区相关政策和规划，结合现状、人口规模进行相关的业务预测，给出满足业务容量需求和对可持续发展的统筹考虑有机的相结合，合理使用资源，按轻重缓急分批建设，如图 9-12 所示。

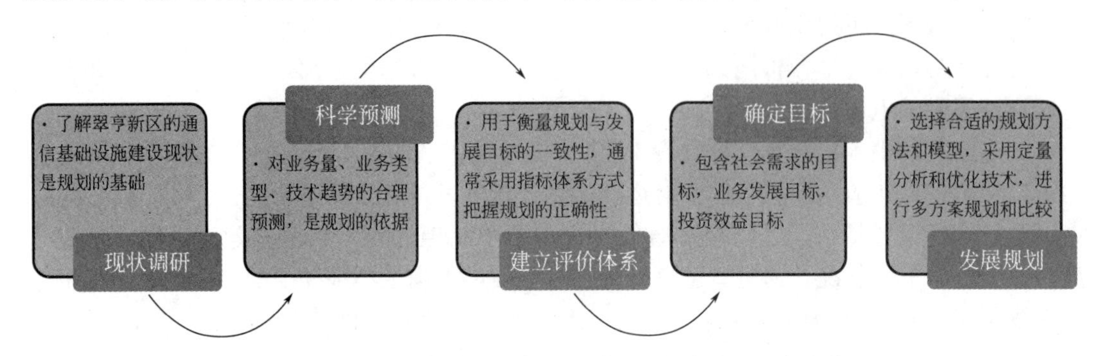

图 9-12　翠亨新区通信基础设施建设规划步骤和基本内容

2. 通信局房建设

推进光缆网络建设，新建 110 个光缆交接节点，全面覆盖翠亨新区各功能组团；5 年内家庭和企事业单位将普及光纤网络，铜缆线路区域改造成光纤到户；翠亨新区新建通信线路原则上全部采用全光网络。

3. 无线基站建设

规划将翠亨新区建设为一个有线和无线相结合的立体通信网络，提供全方位、先进的通信应用。移动通信网络是满足翠亨新区智慧城市随时随地高速互联要求的公共通信平台。中山翠亨新区移动通信网络将朝着无缝覆盖和宽带化的方向发展，分期建设基站，逐步实现翠亨新区区域内无线信号广度和深度的全面覆盖。

4. 通信管道建设

构建体系完整的多层次管网架构，基本实现有道路即有管道的水平。在原有城区实现小于 400m 的管道接入距离，在新城区实现小于 200m 的管道接入距离。规划管孔数除考虑语音通信需要外，还需考虑数据通信、有线电视及备用等需要。在完善光纤到小区和光纤到大楼的基础上，逐步推动光纤向用户延伸的传输方式。在有条件的路段，采用市政综合廊敷设，避免道路重复开挖，集约利用地下空间资源。

5. 近期建设方案

（1）管道规划。充分考虑电信、广电、邮政等通信业务，通信管道成网状布置，以增加配线的灵活性和可靠性。市政道路施工时，要求与管线部门配合，按远期管孔数一次性预埋。近期达到 70%铜缆线路区域改造成光纤到户，新规划区域通信配套原则全部采用全光网络的目标。

（2）移动通信基站建设及优化工程。确定基站中远期布局、景观化基站分布及建设形式、基站的适建条件、共建基站的适建范围和逐步减少基站铁塔的应对措施等。根据移动通信业务需求，测算在满足业务需求下的基站分布密度，达到翠亨新区无缝覆盖的目标。

（3）通信局房建设工程。局房是为通信网络和业务发展提供基本保证的基础设施，随着智慧业务的发展和通信网络的规模逐步扩大，通信设备对局房的需求也将有所增长。由于局房的建设周期较长，应根据业务发展趋势适当超前建设，把握好新建局房的时机。在满足通信业务发展需要的基础上，应对现有局房资源进行合理规划和使用，在规划期内提高局房的有效利用率。

6. 建设经验

（1）通信管道由中山市组建的专门管道公司进行新建管道的建设和经营，统一规划、统一建设、统一管理。在管道建设时，统筹考虑广电、邮政等相关通信业务，满足未来各领域发展的通信需求。

（2）无线基站采用报建监督的方式共建共享，以避免重复建设。共建共享的具体操作事宜由运营商之间进行协商，政府有关部门在审批站点报建时检查和监督。

（3）通信局房特别是通信枢纽机楼推动开展集约化建设运营，实现统一用地、统一筹建，提高通信基础设施利用率。

参考文献

[1] 工业和信息化部. 信息通信行业发展规划物联网分册（2016-2020年）[R]. 北京，2016.

[2] 中国信息通信研究院. 物联网白皮书（2015）[R]. 北京，2015.

[3] 柏枝. 从Internet到NII——美国国家信息基础设施介绍 [J]. 世界电信，1994（03）：40-42.

[4] 百度百科. 智慧地球 [DB/OL]. [2019-7-15]. https：//baike. baidu. com/item/%E6%99%BA%E6%85%A7%E5%9C%B0%E7%90%83/1071533? fr=Aladdin.

[5] 周拴龙. 美国物联网政策及对我国的启示 [J]. 现代商贸工业，2014，26（16）：61-63.

[6] 黄林莉. 欧盟信息社会发展战略的演变及启示 [J]. 电子政务，2009（11）：7-15.

[7] 刘小风. 日本e-Japan战略实施状况 [J]. 全球科技经济瞭望，2005（07）：12-17.

[8] 日中资本市场. 2017年日本物联网产业动态 [EB/OL]. [2017-12-12]. http：//www. sohu. com/a/209917464_481520.

[9] 臧毅，霍华明. 我国信息化建设情况与发达国家的比较分析 [J]. 集团经济研究，2006（06S）：60-61.

[10] 夏聃. 国外物联网产业发展概览 [J]. 中国信息安全，2017（08）：62-66.

[11] 刘海涛. 物联网的“感知中国”之路 [J]. 网络传播，2017（05）：34-35.

[12] 徐均，张谦，张文博等. 物联网技术在智慧城市管理中的应用 [J]. 中国高新科技，2019（04）：89-91.

[13] 孙涛，董永凯. 物联网产业发展对智慧城市建设影响研究 [J]. 理论探讨，2015，（02）：86-90.

[14] 余来文，林晓伟，封智勇等. 互联网思维2.0物联网、云计算、大数据 [M]. 北京：经济管理出版社，2017.

[15] 强百详，胡田力，张炯. 市政工程物联网建设现状和发展 [J]. 物联网学报，2019（01）：106-110.

[16] 王志民. 市政物联网方案设计与分析 [D]. 青岛：中国海洋大学，2013.

[17] 杨靖，张祖伟，姚道远. 新型智慧城市全面感知体系 [J]. 物联网学报，2018，2（03）：91-97.

[18] 小枣君. eMTC到底是什么？[EB/OL]. [2018-3-7]. https：//www. sohu. com/a/225096518_160923.

[19] 广东南网能源光亚照明研究院. 2018中国智慧灯杆调研报告 [R]. 广州：广东南网能源光亚照明研究院，2018.

[20] 邱衍庆. 多元整合、分类布局、协同管控-智慧杆规划、建设和管理关键问题的思考 [EB/OL]. [2019-3-29]. https：//mp. weixin. qq. com/s/Mjue0-T9-AGeY4z0cVbTQA.

[21] 丁飞. 物联网开放平台-平台架构、关键技术与典型应用 [M]. 北京：电子工业出版社，2018.

[22] 李林. 智慧城市建设思路与规划 [M]. 南京：东南大学出版社，2012.

[23] 金江军，郭英楼. 智慧城市-大数据、互联网时代的城市治理 [M]. 北京：电子工业出版社，2017.

[24] 李晓辉. 面向智慧城市的物联网基础设施关键技术研究 [J]. 计算机测量与控制，2017，25（07）：8-11.

［25］王思博，夏磊.面向智慧城市的物联网应用新进展和新模式分析［J］.电信技术，2018（09）：71-74.
［26］工业和信息化部，住房城乡建设部.数据中心设计规范：GB50174-2017［S］.北京：中国计划出版社，2018.
［27］彭昭.智联网——未来的未来［M］.北京：电子工业出版社，2018.
［28］广州市住房和城乡建设委员会等.广州市智慧灯杆及道路合杆整治技术导则［Z］.广州，2018.